U0240689

锅炉压力容器焊接技术培训教材

第2版

主　编　杨　松　李宜男

副主编　王晓辉　李世魁

　　　　赵玉虹　李长宝

参　编　孙国辉　程　悦

　　　　于　淏　陈　怡

　　　　张亚奇　刘　海

主　审　高增福

机械工业出版社

根据国家颁布的 TSG G0001—2012《锅炉安全技术监察规程》和 TSG R0004—2009《固定式压力容器安全技术监察规程》等新法规和新标准对锅炉和压力容器的材料、设计、制造和检验试验所提出的新要求，根据锅炉压力容器焊接技术的新发展，修订了 2005 年版《锅炉压力容器焊接技术培训教材》。这次修订保持了原教材的总体结构，在内容上进行了调整和跟进。

本教材共分十三章，并含两个附录。前六章介绍了与锅炉压力容器产品的基本知识以及与焊接技术相关的金属学、焊接基础、焊接设备、焊接材料和锅炉压力容器常用材料焊接等方面的基本知识；后七章着重介绍了锅炉压力容器常用焊接方法、焊接应力及变形、焊接缺欠、焊接工艺设计及管理、焊接检验、焊接安全技术等方面的内容，并对锅炉压力容器通用工艺，典型产品或部件的专用工艺作了较详细描述。附录部分列出了《特种设备焊接操作人员常用操作技能评定项目代号说明及适用焊件范围》和《焊缝符号表示法》简介，便于查询和使用。

本教材主要取材于锅炉压力容器的生产实际，具有较强的实用性和先进性。既可作为焊工、焊接技师、焊工培训教师的培训教材，又可作为一般工艺员、焊接工艺员、现场施工人员的学习课本，同时也可供焊接专业大专院校、高职高专、技校师生参考。

图书在版编目（CIP）数据

锅炉压力容器焊接技术培训教材/杨松，李宜男主编. —2 版 .—北京：机械工业出版社，2013.10（2024.8 重印）
ISBN 978-7-111-43925-7

Ⅰ.①锅… Ⅱ.①杨… ②李…Ⅲ.①锅炉–焊接–技术培训–教材②压力容器–焊接–技术培训–教材 Ⅳ.①TK226

中国版本图书馆 CIP 数据核字（2013）第 202613 号

机械工业出版社（北京市百万庄大街 22 号 邮政编码 100037）
策划编辑：俞逢英 侯宪国 责任编辑：俞逢英 侯宪国
版式设计：霍永明 责任校对：陈延翔
封面设计：张 静 责任印制：郜 敏
北京富资园科技发展有限公司印刷
2024 年 8 月第 2 版第 5 次印刷
184mm×260mm · 30 印张 · 2 插页 · 755 千字
标准书号：ISBN 978-7-111-43925-7
定价：69.80 元

电话服务 网络服务
客服电话：010-88361066 机 工 官 网：www.cmpbook.com
010-88379833 机 工 官 博：weibo.com/cmp1952
010-68326294 金 书 网：www.golden-book.com
封底无防伪标均为盗版 机工教育服务网：www.cmpedu.com

第 2 版前言

《锅炉压力容器焊接技术培训教材》一书，自 2005 年由机械工业出版社出版以来，广受焊接技术人员和焊工的好评与欢迎，并应用于实际工作，已多次重印，发行量超过 20 000 册。

近年来随着锅炉、压力容器制造业的发展，锅炉及压力容器制造的相关法规，以及原材料和焊接材料的相关标准都有了较大的变化。为了使原教材更切合当前实际，更具指导意义，经与机械工业出版社商定，对原教材进行修订再版。

修订版的章节安排基本上保持了原教材的框架结构，对各章节内容作了适当的调整与增删，并结合与锅炉、压力容器制造有关的新法规与新标准对本教材的第一章～第三章、第五章、第六章、第七章、第九章、第十章、第十二章及附录进行了全面修订，对第四章、第八章、第十一章和第十三章进行了局部修订。

第 2 版的内容不仅保持了第 1 版实用性、先进性的特点，而且还补充了与锅炉、压力容器制造有关的新材料、新工艺、新方法及新设备方面的最新资料，以适应锅炉、压力容器制造业的发展，满足广大焊接技术人员和焊工的需要。

本教材由杨松、李宜男任主编，王晓辉、李世魁、赵玉虹、李长宝任副主编，孙国辉、程悦、于淏、陈怡、张亚奇、刘海参与编写，全书由高增福主审。

对在本教材修订过程中给予大力支持的同仁以及所参考并引用的有关书籍、手册、文献资料和图稿的作者、编者深表感谢。

由于时间仓促，水平有限，书中难免存在缺点和错误，恳切希望广大读者批评指正。

编　者

第 1 版前言

焊接是用于材料连接的一种低成本的、可靠的工艺方法。焊接质量直接关系到产品质量和使用寿命。焊接工程的失效和恶性事故，国内外时有发生，其中很多是由于焊接接头质量问题造成的，特别是锅炉压力容器的焊接。因此，无论现在还是将来，焊接都是锅炉压力容器和压力管道制造的主导工艺和关键技术。只有按照正确的焊接工艺指导生产，由考试合格的焊工进行焊接，才能生产出合格的焊接产品。为提高焊接技术人员的焊接技术水平和焊工的焊接操作技能，我们编辑、出版了本书。

由于焊接技术是综合性工程技术，同时焊接工艺和焊接操作技能是影响焊接质量的两大因素，本书以锅炉压力容器焊接工艺和焊接技能为两条主线，从金属学的一般知识、焊接基础知识、锅炉和压力容器用原材料到焊接设备、焊接材料、焊接方法、焊接接头和坡口、焊接工艺制定、焊接操作过程、焊后热处理、检验和焊接缺欠等众多技术过程都作了必要的叙述。

本书注重实际应用，作者根据多年从事锅炉和压力容器焊接技术的实践，参阅国外焊接技能培训资料，吸取了众多焊工高手的操作技巧，对有关焊接方法、不同焊接位置和各种焊接接头形式的操作技能都有较详细的叙述，图文并茂、要领突出。在基础理论知识的叙述方面，则力求简明扼要、通俗易懂。为便于焊接人员所需要的各种数据资料，本书附录还列出了《锅炉压力容器压力管道焊工考试与管理规则》及"焊缝代号和图样识别等，以供参考。

本书第一章由樊险峰、李国继负责编写；第二章由林海燕负责编写；第三章由李宜男负责编写；第四章由李景世负责编写；第五章由赵玉虹负责编写；第六章由王建伟负责编写；第七章由杨松负责编写；第八章由高增福负责编写；第九章由王萍负责编写；第十章由孙国辉、冯希庆负责编写；第十一章由李世魁、龙友松负责编写；第十二章由施文忠、杜宁负责编写；第十三章由于江涛、王富州负责编写。全书由杨松主编，高增福主审。对在本书编写过程中给予大力支持的丁冶、唐丽萍、王常华、马东华、史青松、吕海惠、徐佳、祁广杰以及所参考并引用的有关书籍、手册、文献资料和插图的作者，编者在此深表感谢。

编　者

目　　录

第 2 版前言

第 1 版前言

第一章　锅炉压力容器基本知识 ………… 1

第一节　锅炉的分类、型号、参数及
　　　　主要技术经济指标 ………… 1

一、锅炉的分类 ………………………… 1

二、锅炉的参数、主要技术经济指标和
　　型号 ………………………………… 2

第二节　电站锅炉的结构 ……………… 6

一、亚临界锅炉的总体结构 …………… 6

二、超临界及超超临界锅炉的总体结构 … 11

三、循环流化床锅炉的总体结构 ……… 14

四、联合循环余热锅炉的总体结构 …… 14

第三节　压力容器的分类及基本
　　　　结构 ……………………………… 16

一、压力容器的分类 …………………… 17

二、圆柱形压力容器的结构 …………… 19

第四节　典型压力容器概述 …………… 23

一、球形压力容器 ……………………… 23

二、换热器 ……………………………… 23

三、塔器 ………………………………… 26

四、反应器 ……………………………… 27

第二章　金属学的一般知识 …………… 28

第一节　金属的特点及分类 …………… 28

一、按基本元素分类 …………………… 28

二、按密度分类 ………………………… 28

第二节　金属的晶体结构及合金的
　　　　组织 ……………………………… 28

一、金属的晶体结构 …………………… 28

二、合金的组织 ………………………… 30

第三节　金属材料的性能及试验 ……… 31

一、金属材料的物理性能 ……………… 31

二、金属材料的力学性能 ……………… 32

三、金属材料的常规力学性能试验 …… 32

第四节　铁碳合金 ……………………… 34

一、铁碳合金相图和铁碳合金的组织 …… 34

二、奥氏体等温转变图 ………………… 36

第五节　钢材的冶炼及分类 …………… 37

一、钢材的冶炼 ………………………… 37

二、钢材的分类 ………………………… 39

第六节　常用钢材牌号表示方法 ……… 39

一、我国锅炉压力容器常用钢材牌号 … 39

二、国外钢材牌号的表示方法 ………… 42

第七节　钢的热处理 …………………… 46

一、淬火 ………………………………… 46

二、回火 ………………………………… 46

三、退火 ………………………………… 47

四、正火 ………………………………… 48

第三章　焊接基础知识 ………………… 49

第一节　金属焊接方法的分类及焊接
　　　　热源 ……………………………… 49

一、金属焊接的定义 …………………… 49

二、焊接方法的分类 …………………… 49

三、焊接热源 …………………………… 50

第二节　熔焊焊接热过程 ……………… 50

一、焊接热效率 ………………………… 50

二、焊接热过程 ………………………… 51

三、焊接热循环 ………………………… 52

第三节　熔池保护和焊缝金属中元
　　　　素的控制 ………………………… 54

一、焊接熔池 …………………………… 54

二、焊接区金属的保护 ………………… 55

三、焊缝金属中的氧、硫、磷及其
　　控制 ………………………………… 55

四、焊缝金属的合金化 ………………… 58

第四节　焊接熔池的结晶和焊缝
　　　　组织 ……………………………… 58

一、焊接接头的组成及特点 …………… 58

二、焊缝金属的一次结晶组织 ………… 59

三、焊缝金属的二次结晶组织 ……… 61
四、焊缝金属组织与性能的关系 …… 63
第五节　熔合区和热影响区的组织和
　　　　性能 …………………………… 64
一、不易淬火钢 ……………………… 64
二、易淬火钢 ………………………… 64
三、不锈钢 …………………………… 65
第六节　坡口、焊接接头和焊缝的
　　　　形式 …………………………… 66
一、坡口形式 ………………………… 66
二、焊接接头的形式 ………………… 67
三、焊缝的形式 ……………………… 69
第七节　焊接性和焊接性试验方法 …… 69
一、金属材料的焊接性 ……………… 70
二、工艺焊接性试验方法 …………… 71
三、使用焊接性试验方法 …………… 75
第八节　焊接工艺内容概述 …………… 79
一、电特性参数 ……………………… 79
二、温度参数 ………………………… 80
三、焊接操作技术 …………………… 80
四、焊接位置 ………………………… 81
五、焊后热处理 ……………………… 84

第四章　弧焊电源 ……………………… 86
第一节　焊接电弧的特性及其分类 …… 86
一、焊接电弧的电特性 ……………… 86
二、电弧的力学特性 ………………… 87
三、焊接电弧的分类 ………………… 88
第二节　电弧的偏吹 …………………… 90
一、电弧偏吹的产生机理 …………… 90
二、焊接电弧磁偏吹的产生原因 …… 91
三、电弧偏吹的消除及防止措施 …… 93
第三节　对弧焊电源电气性能的基本
　　　　要求 …………………………… 94
一、对弧焊电源外特性的要求 ……… 94
二、对弧焊电源调节性能的要求 …… 96
三、对弧焊电源动特性的要求 ……… 98
第四节　弧焊电源的分类、特点和
　　　　用途 …………………………… 99
一、常用弧焊电源的特点及应用 …… 99
二、按电源外特性控制方式不同分类的
　　弧焊电源特点及应用 …………… 100

三、弧焊电源的型号 …………………… 101
第五节　各种弧焊电源的基本原理
　　　　介绍 ………………………… 104
一、交流弧焊电源 …………………… 104
二、直流弧焊电源 …………………… 108
三、脉冲弧焊电源 …………………… 112
四、逆变式弧焊电源——弧焊逆变器 …… 114
五、数字控制式智能弧焊电源和数字化
　　弧焊电源 ………………………… 116
第六节　弧焊电源的选择 …………… 118
一、根据焊接方法选择 ……………… 118
二、根据生产工艺和施工条件选择 …… 119

第五章　焊接材料 …………………… 121
第一节　焊接材料的定义和
　　　　基本要求 …………………… 121
一、焊接材料的定义 ………………… 121
二、对焊接材料的基本要求 ………… 121
第二节　焊条的组成、分类及型号 … 123
一、焊条的组成 ……………………… 123
二、焊条的分类 ……………………… 124
三、焊条的型号及牌号 ……………… 125
第三节　焊丝的分类、型号及牌号 … 130
一、焊丝的分类 ……………………… 130
二、实芯焊丝的型号及牌号 ………… 131
三、药芯焊丝的型号 ………………… 132
第四节　焊剂的分类、型号及牌号 … 137
一、焊剂的分类 ……………………… 137
二、焊剂的牌号 ……………………… 137
三、焊剂的型号 ……………………… 138
第五节　焊接用气体和钨极 ………… 141
一、氩气 ……………………………… 141
二、氧气 ……………………………… 142
三、二氧化碳 ………………………… 142
四、焊接用钨极 ……………………… 143
第六节　焊接材料的采购、验收
　　　　及管理 ……………………… 144
一、焊接材料的采购与验收 ………… 144
二、焊接材料的保管 ………………… 145
三、焊接材料的烘干 ………………… 146
四、焊接材料的发放与回收 ………… 147
第七节　国内外焊接材料简介 ……… 148

第六章　锅炉压力容器常用钢材的
　　　　焊接 …………………… 156
　第一节　锅炉压力容器常用碳素结构
　　　　　钢的焊接 …………… 156
　　　一、锅炉压力容器常用碳素结构钢 … 156
　　　二、碳素结构钢的焊接特点 ……… 159
　第二节　锅炉压力容器常用低合金高
　　　　　强度结构钢的焊接 …… 163
　　　一、锅炉压力容器常用低合金高强
　　　　　度结构钢 ………………… 163
　　　二、低合金高强度结构钢的焊接特点 …… 166
　第三节　锅炉压力容器常用低、中
　　　　　合金耐热钢的焊接 …… 169
　　　一、锅炉压力容器常用低、中合金耐
　　　　　热钢 …………………… 169
　　　二、低、中合金耐热钢的焊接特点 …… 170
　第四节　锅炉压力容器常用不锈钢的
　　　　　焊接 ………………… 176
　　　一、锅炉压力容器常用不锈钢 … 176
　　　二、锅炉压力容器常用不锈钢的焊接
　　　　　特点 …………………… 177
　第五节　锅炉压力容器常用低温钢
　　　　　的焊接 ……………… 187
　　　一、低温钢的分类 ……………… 187
　　　二、常用低温钢的焊接特点 ……… 187
　第六节　锅炉压力容器常用异种金属
　　　　　的焊接 ……………… 190
　　　一、异种金属焊接的分类 ……… 190
　　　二、异种金属焊接的特点 ……… 190
　　　三、异种钢的焊接 ……………… 191
　第七节　压力容器常用有色金属的
　　　　　焊接 ………………… 195
　　　一、容器用铝材的焊接 ………… 195
　　　二、容器用钛材的焊接 ………… 201
　　　三、容器用镍基合金的焊接 …… 205
　　　四、容器用铜及铜合金的焊接 … 208

第七章　锅炉压力容器制造常用焊接
　　　　工艺方法简介 ………… 211
　第一节　焊条电弧焊 …………… 211
　　　一、焊条电弧焊原理 …………… 211

　　　二、焊条电弧焊的设备 ………… 211
　　　三、焊条的选择及性能 ………… 212
　　　四、焊条电弧焊各种焊接位置的操作
　　　　　技术 …………………… 215
　第二节　熔化极气体保护电弧焊 … 221
　　　一、熔化极气体保护电弧焊的
　　　　　原理及分类 …………… 221
　　　二、熔化极气体保护焊的特点 … 222
　　　三、熔化极气体保护焊的设备 … 223
　　　四、熔化极气体保护焊的熔滴过渡
　　　　　形式 …………………… 226
　　　五、熔化极气体保护焊的焊接材料 … 227
　　　六、熔化极气体保护焊的焊接参数 … 228
　　　七、半自动熔化极气体保护焊各种焊接位
　　　　　置的操作技术 ………… 231
　第三节　钨极惰性气体保护电弧焊 … 236
　　　一、钨极惰性气体保护电弧焊的
　　　　　原理及分类 …………… 236
　　　二、钨极惰性气体保护电弧焊电源 … 238
　　　三、钨极氩弧焊的焊接参数 …… 240
　　　四、手工钨极氩弧焊常见接头形式的操
　　　　　作要点 ………………… 241
　第四节　埋弧焊 ………………… 246
　　　一、埋弧焊的原理 ……………… 246
　　　二、埋弧焊的分类、特点及应用 …… 246
　　　三、丝极埋弧焊设备 …………… 248
　　　四、埋弧焊的焊接材料 ………… 251
　　　五、埋弧焊的主要焊接参数 …… 252
　　　六、埋弧焊的操作技术 ………… 255
　　　七、窄间隙埋弧焊 ……………… 258
　　　八、带极埋弧堆焊 ……………… 260
　第五节　电渣焊 ………………… 264
　　　一、电渣焊的基本原理 ………… 264
　　　二、电渣焊的分类及应用 ……… 264
　　　三、电渣焊的特点及局限性 …… 265
　　　四、电渣焊的设备及辅助机具 … 267
　　　五、电渣焊的焊接参数 ………… 268
　　　六、电渣焊的操作技术 ………… 270
　第六节　螺柱焊 ………………… 273
　　　一、螺柱焊的分类及基本原理 … 273
　　　二、螺柱焊方法的选择 ………… 276
　　　三、电弧螺柱焊的材料 ………… 276

四、电弧螺柱焊的设备 ……………… 277

五、电弧螺柱焊的工艺 ……………… 278

第七节　摩擦焊 ……………………… 279

一、摩擦焊的分类及特点 …………… 279

二、连续驱动摩擦焊的原理及设备 …… 282

三、连续驱动摩擦焊的焊接参数 …… 283

第八节　等离子弧焊 ………………… 284

一、等离子弧的产生、类型和特点 …… 284

二、等离子弧焊的分类及应用 ……… 286

三、等离子弧焊的类型 ……………… 287

四、等离子弧焊的设备 ……………… 288

五、等离子弧焊的焊接材料 ………… 289

六、等离子弧焊的焊接参数 ………… 290

第九节　药芯焊丝气体保护电弧焊 … 291

一、药芯焊丝电弧焊的原理 ………… 291

二、药芯焊丝熔化极气体保护焊的特点

及应用 …………………………… 292

三、药芯焊丝熔化极气体保护焊的焊

接参数 …………………………… 292

四、药芯焊丝熔化极气体保护焊的操

作技术 …………………………… 293

第八章　焊接应力及变形 …………… 295

第一节　焊接应力和变形的一般

概念 ……………………… 295

一、金属的变形和应力概述 ………… 295

二、焊接应力及焊接变形的产生原因 …… 296

第二节　焊接应力和焊接变形的

分类 ……………………… 297

一、焊接应力的分类 ………………… 297

二、焊件加热、冷却后残留应力和变形

产生的简单原理 ………………… 297

三、中厚板对接焊接结构中残留应力的

典型分布规律 …………………… 298

四、焊接残留变形的分类 …………… 299

五、焊接应力和变形的危害 ………… 301

第三节　焊接应力和变形的控制与

消除 ……………………… 301

一、焊接应力的控制 ………………… 301

二、焊接应力的消除 ………………… 303

三、焊接变形的控制与矫正 ………… 303

第九章　焊接缺欠 …………………… 306

第一节　常见焊接缺欠及其分类 … 306

一、焊接缺欠与焊接缺陷 …………… 306

二、常见焊接缺欠 …………………… 306

三、焊接缺欠的分类 ………………… 306

第二节　裂纹 ………………………… 317

一、按形成机理对裂纹分类 ………… 317

二、按裂纹的方向和所在位置对裂纹

分类及概述 ……………………… 320

第三节　气孔 ………………………… 322

一、气孔的形成机理 ………………… 322

二、气孔的分类 ……………………… 323

第四节　其他常见焊接缺欠 ……… 323

第十章　焊接工艺设计与管理 ……… 327

第一节　焊接工艺设计的依据 ……… 327

一、产品设计图样 …………………… 327

二、产品的设计、制造和检验法规或

标准 ……………………………… 327

三、产品专用技术条件和焊接专用标

准 ………………………………… 331

四、制造企业的设备能力和工艺水平 …… 331

五、各种焊接试验数据 ……………… 331

第二节　焊接工艺准备阶段 ……… 331

一、产品图样焊接工艺性审查 ……… 331

二、制定产品的焊接方案 …………… 336

三、提出新的焊接工艺评定项目 …… 338

四、编制新的焊接材料采购规程 …… 338

五、焊工资质的确定 ………………… 338

第三节　焊接工艺评定试验 ……… 339

一、焊接工艺评定（Welding Procedure

Qualification）概述 …………… 339

二、焊接工艺评定规则 ……………… 339

三、焊接工艺评定试件的检验项目及合

格标准 …………………………… 341

四、焊接工艺评定报告包括的内容 …… 343

五、焊接工艺评定的一般程序 ……… 343

第四节　焊接工艺文件的制定 ……… 344

一、焊接工艺规程（焊接工艺指导

书） ……………………………… 345

二、产品的焊缝识别卡 ……………… 346

第五节　焊接工艺设计及生产管理 … 347

一、焊接工艺设计管理及生产管理
流程 ……………………………… 347
二、焊接生产管理措施 ………………… 347
三、焊工资质的管理 …………………… 349

第六节　TSG Z6002—2010《特种设备焊接
作业人员考核细则》简介 …… 349
一、焊工技能评定概述 ………………… 349
二、焊工技能评定内容 ………………… 350
三、焊工操作技能评定规则概述 ……… 350
四、焊工技能评定的流程 ……………… 355

第十一章　锅炉压力容器的制造工艺 … 356
第一节　锅炉压力容器的通用制造
工艺 ……………………………… 356
一、坡口制备 …………………………… 356
二、板材的成形 ………………………… 356
三、管子的弯曲 ………………………… 358
第二节　圆筒形储罐的制造工艺 ……… 360
一、储罐零部件的加工 ………………… 360
二、储罐的组装 ………………………… 361
三、制造实例 …………………………… 361
第三节　热交换器的制造工艺 ………… 363
一、壳体的制造 ………………………… 363
二、管板的制造 ………………………… 364
三、水室的制造 ………………………… 364
四、管系的组装工艺 …………………… 364
五、制造实例 …………………………… 367
第四节　塔器的制造工艺 ……………… 369
一、塔器的制造工艺特点 ……………… 369
二、制造实例 …………………………… 370
第五节　球形容器的制造工艺 ………… 372
一、球瓣的压制 ………………………… 372
二、球瓣坡口的加工 …………………… 372
三、球壳的组装 ………………………… 372
四、球瓣的焊接特点 …………………… 373
五、制造实例 …………………………… 373
第六节　奥氏体型不锈钢容器的制造
特点 ……………………………… 374
一、不锈钢的切割下料 ………………… 374
二、圆筒形不锈钢容器的成形 ………… 375
三、不锈钢封头的冲压 ………………… 375
四、不锈钢的焊接特点 ………………… 375

五、不锈钢的酸洗和钝化处理 ………… 375
六、制造实例 …………………………… 375
第七节　复合板容器的制造特点 ……… 377
一、复合板的切割下料 ………………… 377
二、不锈钢复合板的热加工要求 ……… 377
三、不锈钢复合板的焊接特点 ………… 377
四、制造实例 …………………………… 380
第八节　锅炉锅筒的制造工艺 ………… 382
一、锅筒的结构 ………………………… 382
二、锅筒受压件的材料 ………………… 382
三、锅筒的制造工艺简介 ……………… 383
第九节　锅炉集箱的制造工艺 ………… 388
一、集箱的结构简介 …………………… 388
二、集箱的制造 ………………………… 389
第十节　锅炉受热面管件的制造
工艺 ……………………………… 397
一、受热面管件的制造工艺简介 ……… 397
二、膜式水冷壁管屏的制造 …………… 399
三、蛇形管管屏的制造 ………………… 406

第十二章　焊接检验 …………………… 411
第一节　焊接检验的目的和方法 ……… 411
一、焊接检验的目的 …………………… 411
二、常用的焊接检验方法 ……………… 411
第二节　外观检验 ……………………… 413
一、焊缝的目视检验 …………………… 413
二、焊缝外形尺寸的检验 ……………… 414
第三节　无损检测 ……………………… 417
一、射线检测——Radiographic Testing
(缩写 RT) …………………………… 419
二、超声波检测——Ultrasonic Testing
(缩写 UT) …………………………… 427
三、磁粉检测——Magnetic particle Testing
(缩写 MT) ………………………… 433
四、渗透检测——Penetrant Testing
(缩写 PT) …………………………… 437
五、涡流检测——Eddy current Testing
(缩写 ET) …………………………… 439
第四节　产品整体性能和产品接头
表面性能检验 ………………… 440
一、耐压检验 …………………………… 440
二、密封性检验 ………………………… 442

三、产品接头表面性能检验 ·········· 443

第五节　焊接接头的破坏性检验 ······ 443
　一、破坏性检验的项目 ·············· 443
　二、理化性能检验 ·················· 443
　三、产品焊接试件的破坏性检验 ········· 445

第十三章　焊接安全与卫生 ·········· 447
第一节　焊接过程中的有害因素 ······ 447
　一、电对人体的危害 ·············· 447
　二、辐射线的危害 ················ 447
　三、热源的危害 ·················· 447
　四、噪声的危害 ·················· 448
　五、焊接烟尘与气体的危害 ·········· 448
第二节　焊接烟尘及噪声的控制 ······ 448
　一、烟尘与气体 ·················· 448
　二、噪声 ······················ 448
第三节　焊接安全及防护 ············ 448
　一、工作区域的防护 ·············· 449
　二、人身防护 ···················· 449
　三、通风 ······················ 450

四、消防措施 ···················· 450
五、灭火 ························ 450
六、封闭空间内的安全要求 ·········· 451
七、公共展览及演示时的安全技术 ······ 452
八、警告标志 ···················· 452
第四节　焊接安全操作 ·············· 452
　一、电弧焊安全操作 ·············· 452
　二、其他焊接方法安全操作 ·········· 454
　三、气焊（割）安全操作 ············ 455

附录 ····························· 458
　附录A　特种设备焊接操作人员常用
　　　　操作技能评定项目代号说明
　　　　及适用焊件范围（依据 TSG
　　　　Z6002—2010） ········ 见书后插页
　附录B　GB/T 324—2008《焊缝符号
　　　　表示法》简介 ··············· 458

参考文献 ·························· 468

第一章　锅炉压力容器基本知识

第一节　锅炉的分类、型号、参数及主要技术经济指标

根据《特种设备安全监察条例》定义：锅炉，是指利用各种燃料、电或者其他能源，将所盛装的液体加热到一定的参数，并对外输出热能的设备。

常见的锅炉通过煤、油、天然气等燃料的燃烧释放出化学能，并通过传热过程将能量传递给水，使水转变成蒸汽。蒸汽直接供给生产中所需的热能，或通过蒸汽动力机械转换为机械能，或通过汽轮发电机转换为电能。所以锅炉也称为蒸汽发生器。

一、锅炉的分类

锅炉用途广泛，形式众多，主要有以下几种分类方法：

（一）按用途分类

1. 电站锅炉　用于火力发电厂，一般为大容量、高参数锅炉。燃料主要在炉膛空间悬浮燃烧（称为火室燃烧），热效率高，出口工质为过热蒸汽。

2. 工业锅炉　用于工业生产和采暖，大多为低压、低温、小容量锅炉。燃料主要在炉排上燃烧（称为火床燃烧）居多，热效率较低，出口工质为热水的称为热水锅炉，出口工质为蒸汽的称为蒸汽锅炉。

3. 船用、机车用锅炉　用作船舶和机车动力，一般为低、中参数，大多以燃油为燃料，体积小，重量轻。

（二）承压锅炉按锅炉设备级别及额定工作压力分类

承压锅炉的范围规定为容积大于或者等于30L的承压蒸汽锅炉；出口水压大于或者等于0.1MPa（表压），且额定功率大于或者等于0.1MW的承压热水锅炉；有机热载体锅炉。

TSG G0001—2012《锅炉安全技术监察规程》规定，承压锅炉按锅炉设备级别及额定工作压力分类：

1. A级锅炉（是指锅炉额定工作压力$\geqslant$3.8MPa的锅炉）

（1）超临界锅炉　$p \geqslant 22.1$MPa。

（2）亚临界锅炉　$16.7\text{MPa} \leqslant p < 22.1\text{MPa}$。

（3）超高压锅炉　$13.7\text{MPa} \leqslant p < 16.7\text{MPa}$。

（4）高压锅炉　$9.8\text{MPa} \leqslant p < 13.7\text{MPa}$。

（5）次高压锅炉　$5.3\text{MPa} \leqslant p < 9.8\text{MPa}$。

（6）中压锅炉　$3.8\text{MPa} \leqslant p < 5.3\text{MPa}$。

2. B级锅炉

（1）蒸汽锅炉　$0.8\text{MPa} < p < 3.8\text{MPa}$

（2）热水锅炉　$p < 3.8\text{MPa}$，且$t \geqslant 120℃$（t为额定出水温度，下同）。

（3）气相有机热载体锅炉　$Q > 0.7$MW（Q为额定热功率，下同）。

液相有机热载体锅炉　　$Q > 4.2\text{MW}$。

3. C 级锅炉

（1）蒸汽锅炉　　$p \leqslant 0.8\text{MPa}$，且 $V > 50\text{L}$（V 为设计正常水位水容积）。

（2）热水锅炉　　$p < 3.8\text{MPa}$，且 $t < 120\text{℃}$。

（3）气相有机热载体锅炉　　$0.1\text{MW} < Q \leqslant 0.7\text{MW}$。

液相有机热载体锅炉　　$0.1\text{MW} < 0.2\text{MW}$。

4. D 级锅炉

（1）蒸汽锅炉　　$p \leqslant 0.8\text{MPa}$，且 $30\text{L} \leqslant V \leqslant 50\text{L}$

（2）汽水两用锅炉　　$p \leqslant 0.04\text{MPa}$，且 $D < 0.5t/h$（D 为额定蒸发量）。

（3）仅用自来水加压的热水锅炉　　$t \leqslant 95\text{℃}$。

（4）气相或液相有机热载体锅炉　　$Q \leqslant 0.1\text{MW}$。

（三）锅炉按运行时所处的状态分类

1. 固定式锅炉　在运行时锅炉本体处于固定状态的锅炉，如电站锅炉，工业锅炉（热水锅炉和蒸汽锅炉）等。

2. 移动式锅炉　在运行时锅炉本体处于移动状态的锅炉，如船舶锅炉，火车机车锅炉等。

（四）按燃烧方式分类

1. 火床燃烧锅炉　主要用于工业锅炉，燃料主要在炉排上燃烧。

2. 火室燃烧锅炉　主要用于电站锅炉，燃料主要在炉膛空间悬浮燃烧。

3. 流化床燃烧锅炉　可以稳定、高效率地燃烧各种燃料，特别是低质和高硫煤，并可以在燃烧过程中控制 SO_X 及 NO_X 的排放，是一种新型清洁煤燃烧技术。

（五）按排渣方式分类

1. 固态排渣锅炉　燃料燃烧后生成的灰渣以固态排出，是燃煤锅炉的主要排渣方式。

2. 液态排渣锅炉　燃料燃烧后生成的灰渣以液态从渣口流出，在裂化箱的冷却水中裂化成小颗粒后排入水沟中冲走。

（六）按燃料或能源分类

1）固体燃料锅炉。

2）液体燃料锅炉。

3）气体燃料锅炉。

4）余热锅炉。

5）核能锅炉。

二、锅炉的参数、主要技术经济指标和型号

（一）锅炉参数及主要技术经济指标

1. 锅炉参数　锅炉参数一般指锅炉容量、蒸汽压力、蒸汽温度和给水温度等。

（1）额定蒸发量　工业蒸汽锅炉和电站锅炉的容量用额定蒸发量表示。其额定蒸发量是指锅炉在额定蒸汽压力、蒸汽温度、规定的锅炉效率和给水温度的情况下，连续运行时所必须保证的最大蒸发量，通常以每小时提供的以吨计的蒸汽量来表示，单位为 t/h。

（2）额定供热量　热水锅炉的容量用额定供热量表示，单位为 kW 或 MW 或 kcal/h。$^{\ominus}$

$\ominus$　kcal/h 系非法定单位制，其换算关系为：1kcal = 4186.8J，下同。

（3）锅炉蒸汽压力和温度　锅炉蒸汽压力和温度是指过热器主蒸汽阀出口处的过热蒸汽的压力和温度，对于无过热器的锅炉，用主蒸汽阀出口处的饱和蒸汽压力和温度来表示，压力的单位为 MPa，温度单位为 K 或℃。

（4）锅炉给水温度　锅炉给水温度是指进入省煤器的给水温度，无省煤器的锅炉是指进入锅筒的给水温度，单位为 K 或℃。

2. 锅炉主要技术经济指标　锅炉的技术经济指标通常用锅炉热效率、锅炉成本及锅炉可靠性来表示。优质锅炉应具有热效率高、成本低及运行可靠等特点。

（1）锅炉热效率　锅炉热效率是一项重要的节能指标，主要是指送入锅炉的全部热量中被有效利用的百分数，现代电站锅炉的热效率都在90%以上。

（2）锅炉成本　锅炉成本一般用一个重要的经济指标钢材消耗率来表示。钢材消耗率的定义为锅炉单位蒸发量所用的钢材重量，单位为 t·h/t。锅炉参数、循环方式、燃料种类及锅炉部件结构对钢材消耗率都有影响。锅炉蒸汽参数高、容量小、燃煤、采用自然循环、采用管箱式空气预热器和钢柱构架可增大钢材消耗率；蒸汽参数低、容量大、采用直流锅炉、燃油或燃气、采用回转式空气预热器和钢筋混凝土柱构架可降低钢材消耗率。工业锅炉的钢材消耗率一般为 $5 \sim 6t \cdot h/t$，电站锅炉的钢材消耗率一般在 $2.5 \sim 5 t \cdot h/t$ 的范围内，在保证锅炉安全、可靠、运行经济的基础上应合理地降低钢材消耗率，尤其是高强度耐热合金钢、不锈钢等高等级钢材的消耗率。

（3）锅炉的可靠性　锅炉的可靠性一般用下列三种指标来衡量：

1）连续运行时间 = 两次检修之间的运行时间，单位为小时。

2）事故率 = 事故停用时间/（运行总时间 + 事故停用时间）×100%。

3）可用率 = （运行总时间 + 备用总时间）/统计的总时间×100%。

目前我国规定，电站锅炉可靠性较好一般需达到的指标为，连续运行时间在 4000h 以上、可用率约为 90%，年运行时间≥6000h。

（二）锅炉的型号

锅炉型号对锅炉是一种十分重要的标识方法，它体现着锅炉的主要技术信息以及锅炉的种类，锅炉型号主要包括产地、锅炉参数、结构形式和燃料种类等信息。下面对我国的锅炉型号进行简要介绍。

1. 电站锅炉型号　电站锅炉型号由三部分组成，如图 1-1 所示。第一部分表示锅炉的制造厂家代号（见表 1-1）；第二部分表示锅炉参数，分为两段，中间用斜线隔开，前一段为锅炉额定蒸发量，后一段为锅炉额定蒸汽压力；第三部分表示设计燃料种类及设计次序，见表 1-2。

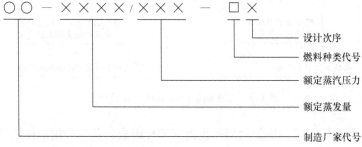

图 1-1　电站锅炉型号

表 1-1　锅炉制造厂代号

锅炉制造厂	代号	锅炉制造厂	代号	锅炉制造厂	代号
北京锅炉厂	BG	杭州锅炉集团 （杭州锅炉厂）	NG	武汉锅炉股份有限公司 （武汉锅炉厂）	WG
东方锅炉股份有限公司 （东方锅炉厂）	DG	上海锅炉厂有限公司 （上海锅炉厂）	SG	济南锅炉集团有限公司 （济南锅炉厂）	YG
哈尔滨锅炉厂有限责任公司 （哈尔滨锅炉厂）	HG	江苏无锡锅炉厂	UG		

注：采用联合设计图样制造的电站锅炉，可在型号的第一部分制造厂家代号后加 L 表示。

表 1-2　设计燃料种类代号

设计燃料	代号	设计燃料	代号	设计燃料	代号
燃煤	M	燃气	Q	燃煤和燃油	MY
燃油	Y	其他	T	燃油和燃气	YQ

表 1-2 中燃煤的种类分为以下几种，见表 1-3。

表 1-3　燃煤的种类

设计燃料	代号	设计燃料	代号
烟煤	YM	无烟煤	WM
褐煤	HM	贫煤	PM

例如：HG—1025/18.2—YM11 表示制造厂家为哈尔滨锅炉厂有限责任公司、额定蒸发量为 1025t/h、额定蒸汽压力为 18.2MPa、设计燃料为烟煤、第 11 次改型设计；DG—670/13.7—MY 表示东方锅炉股份有限公司制造、额定蒸发量 670t/h、额定蒸汽压力 13.7MPa、设计燃料为油煤两用、原型设计。

2. 工业锅炉的型号　我国工业锅炉的型号是依据原机械行业标准 JB/T 1626—2002 的规定而编制，其锅炉型号的表示方式如图 1-2 所示。

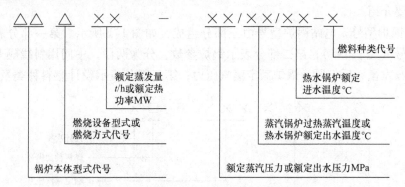

图 1-2　工业锅炉产品型号组成示意图

从图 1-2 中可看出，工业锅炉的型号也由三部分组成，各部分用短横线连接。

第一部分分为三段，用两个大写汉语拼音字母代表锅炉本体型式（见表 1-4）；第二段用一个大写汉语拼音字母代表燃烧设备型式或燃烧方式（见表1-5）；第三段用阿拉伯数字表示蒸汽锅炉额定蒸发量为若干 t/h，或热水锅炉额定热功率为若干 MW，各段连续书写。

第二部分表示介质参数，对蒸汽锅炉分两段，中间以斜线相连，第一段用阿拉伯数字表示额定蒸汽压力为若干 MPa；第二段用阿拉伯数字表示过热蒸汽温度为若干℃，蒸汽温度为饱和温度时，型号的第二部分无斜线和第二段。对热水锅炉分为三段，中间也以斜线相连，第一段用阿拉伯数字表示额定出水压力为若干 MPa；第二段和第三段分别用阿拉伯数字表示额定出水温度和额定进水温度为若干℃。

第三部分表示燃料种类，用大写汉语拼音字母代表燃料品种，同时用罗马数字代表同一燃料品种的不同类别与其并列（见表1-6）。如同时使用几种燃料时，主要燃料放在前面，中间以顿号隔开。

锅炉本体型式、燃烧设备型式或燃烧方式、燃料种类超出表1-4、表1-5和表1-6的规定时，企业可参照上述规定自行编制产品型号。

工业蒸汽锅炉型号实例：DZL4—1.25—WⅡ表示单锅筒纵置式水管或卧式水火管链条炉排，额定蒸发量为4t/h，额定蒸汽压力为1.25MPa，蒸汽温度为饱和温度，燃用Ⅱ类无烟煤的蒸汽锅炉；SZS10—1.6/350—Y、Q表示双锅筒纵置式室燃，额定蒸发量10t/h，额定蒸汽压力为1.6MPa，过热蒸汽温度350℃，燃油、燃气两用，以燃油为主的蒸汽锅炉。

热水锅炉型号实例：QXW2.8—1.25/95/70—AⅡ表示强制循环式往复炉排，额定热功率为2.8MW，额定出水压力1.25MPa，额定出水温度95℃，额定进水温度70℃，燃用Ⅱ类烟煤的热水锅炉。如采用管架式（或角管式）结构，可在铭牌上用中文说明，以示其锅炉特点。

表1-4 锅炉本体型式代号

锅炉类别	锅炉本体型式	代号
锅壳锅炉	立式水管	LS
	立式火管	LH
	立式无管	LW
	卧式外燃	WW
	卧式内燃	WN
水管锅炉	单锅筒立式	DL
	单锅筒纵置式	DZ
	单锅筒横置式	DH
	双锅筒纵置式	SZ
	双锅筒横置式	SH
	强制循环式	QX

注：水火管混合式锅炉，以锅炉主要受热面型式采用锅壳锅炉或水管锅炉本体型式代替，但在锅炉名称中应写明"水火管"字样。

表1-5 燃烧设备型式或燃烧方式代号

燃烧方式	代号	燃烧方式	代号
固定炉排	G	下饲炉排	A
固定双层炉排	C	往复炉排	W

（续）

燃烧方式	代号	燃烧方式	代号
链条炉排	L	鼓泡流化床燃烧	F
抛煤机	P	室燃炉	S
滚动炉排	D	循环流化床燃烧	X

注：抽板顶采用下饲炉排的代号。

表 1-6　燃料种类代号

燃料种类	代号	燃料种类	代号
Ⅱ类无烟煤	WⅡ	气	Q
Ⅲ类无烟煤	WⅢ	水煤浆	J
贫煤	P	木柴	M
型煤	X	甘蔗渣	G
Ⅰ类烟煤	AⅠ	稻壳	D
Ⅱ类烟煤	AⅡ	褐煤	H
Ⅲ类烟煤	AⅢ	油	Y

3. 特种设备代码　为表明设备的唯一性，国家特种设备安全技术规范中对特种设备代码编号方法进行明确，即由 XXXX（设备基本代码）＋XXXXX（制造单位代号）＋XXXX（制造年份）＋XXXX（制造顺序号）的代码格式组成，中间无空格。以锅炉设备为例，例如，11002301020120089 代码表示黑龙江省一锅炉制造单位 2012 年制造的顺序编号为 89 的承压蒸汽锅炉。

第二节　电站锅炉的结构

对于电站锅炉来说，其受压元件大体上分为锅筒、水冷壁、集箱、蛇形管和连接管道等五大类。这些受压元件的材料与结构各异，制造工艺也大不相同。对于各种等级的电站锅炉，如高压、超高压、亚临界、超临界以及超超临界的锅炉来说，同类的受压部件其结构特点基本相似，制造工艺也相近，只是在结构尺寸和材料选用上有所不同，且由于锅炉的各种设计流派的差异，在某些具体零部件的实际结构上也有所不同。另外，在超临界及超超临界锅炉、循环流化床锅炉和联合循环余热锅炉中，由于整体结构布置的不同，还存在一些特殊结构的受压元件，其制造工艺与常规锅炉也不相同。

一、亚临界锅炉的总体结构

图 1-3 所示为某台国产亚临界压力自然循环电站锅炉的结构简图，锅炉一般为露天布置，整体外形呈 Π 型，带有一次中间再热，采用平衡通风、四角切圆燃烧方式，设计燃料为烟煤。

（一）锅筒

锅筒作为锅炉的心脏，其作用是进行汽水分离，保证正常的水循环，除去盐分，获得良好的蒸汽品质，负荷变化时起蓄热和蓄水作用，在整个锅炉制造工艺中，锅筒将占有十分重要的地位。

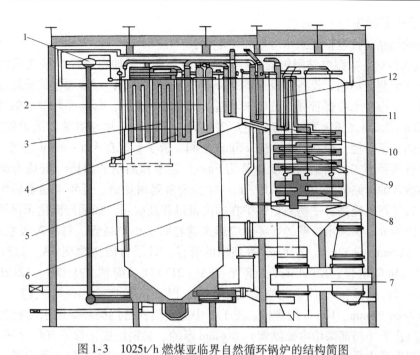

图 1-3　1025t/h 燃煤亚临界自然循环锅炉的结构简图

1—锅筒　2—后屏再热器　3—分隔屏　4—后屏过热器　5—水冷壁　6—炉膛
7—回转式空气预热器　8—省煤器　9—水平低温过热器　10—末级再热器　11—末级过热器　12—立式低温过热器

锅筒一般由封头、筒体和内部设备组成。封头上装有人孔、安全阀接管、加药管、连续排污管、水位表接管、给水调节器接管、水位指示器接管、液面取样器接管等。筒体上装有大直径（$\phi710\text{mm}\times135\text{mm}$）下降管、给水管及紧急放水管、蒸汽引出管及汽水引入管、起吊耳板和外部附件等。如图 1-4 所示。锅筒内部布置有 80 多个直径为 $\phi254\text{mm}$ 的轴流式旋风分离器，可作为一次分离元件，二次分离元件为波形板分离器，三次分离元件为顶部立式百叶窗分离器。典型的亚临界自然循环锅炉的锅筒，其内径为 $\phi1778\text{mm}$，筒体壁厚 178mm，筒体长度 18000mm，两侧封头为半球形封头，封头壁厚为 152.4mm，锅筒总长 20184mm，总重 204t，用 SA-299 材料制成。锅筒外部焊接附件包括起吊耳板、水位表支架、壁温测点的预焊件、下降管接头上装焊的安装附件等。

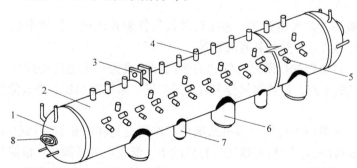

图 1-4　锅炉锅筒结构简图

1—半球形封头　2—筒体　3—起吊耳版　4—蒸汽引出管接头　5—汽水引入管接头
6—下降管　7—给水管　8—人孔装置

（二）受热面管件

锅炉的受热面管件包括膜式水冷壁和蛇形管。

1. 膜式水冷壁　大型电站锅炉的炉膛水冷壁都是由管子加扁钢经焊接而成的气密性膜式壁。由于受到制造场地、设备以及运输条件等几方面的限制，一般要把炉膛四面墙的膜式壁管屏分成若干小片水冷壁管屏，分别来制造，如图 1-5 所示。每一小片管屏的外形尺寸一般不大于 22m × 3.2m（长 × 宽）。等到电厂安装时，再一片一片地组装成锅炉的整台炉膛。膜式壁管屏的管子外径一般在 $\phi42 \sim \phi63.5$mm 之间，管子壁厚在 4.5 ~ 8mm 之间。管子有光管和内螺纹管两种形式。扁钢的厚度通常为 6mm。管子和扁钢的材质一般均为碳钢，但在大容量、高参数的电站锅炉中也会采用 Cr – Mo 合金系列耐热钢。近年来随着锅炉产品的发展，锅炉参数等级的提高，一些新型锅炉在国内得以普及应用，如循环流化床锅炉、超临界及超超临界锅炉等，炉膛水冷壁的管径选取越来越趋向于小口径管，材料等级也逐步提高，例如出现了 $\phi28$mm、$\phi32$mm、$\phi38$mm 等规格的管径，管子材质选取到 SA – 213T12（简称 T12 钢）、15CrMoG 钢管、12Cr1MoVG 钢管、SA – 213T91（简称 T91 钢）、12Cr18Ni9Ti 钢（1Cr18Ni9Ti）等，扁钢的材质也相应地随之变化，但其厚度上变化不大，仅在个别产品中出现了厚为 4mm、8mm、10mm 的扁钢。图 1-5 中为亚临界自然循环炉的水冷壁管屏，由外径 63.5mm 的管子（局部采用内螺纹管）和 6mm 厚的、扁钢组成，管子节距为 76.2mm。在管屏上可布置有看火孔、测温孔、人孔等开孔，在后水上部组成的折烟角等位置，管屏上还带有成排弯头，单屏上最多有 3 只成排弯头。

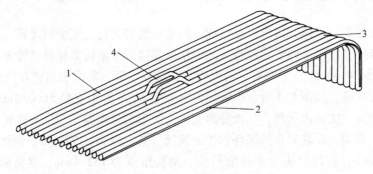

图 1-5　水冷壁管屏
1—管子　2—扁钢　3—成排弯头　4—孔弯管

2. 蛇形管　蛇形管主要由管子、连接附件及吊挂装置组成。锅炉中蛇形管结构的部件一般包括锅炉的过热器、再热器和省煤器等。

（1）过热器　过热器的作用是将饱和的蒸汽加热成为一定温度的过热蒸汽。根据其布置位置和传热方式的不同，过热器又分为后屏过热器、末级过热器、立式低温过热器和水平低温过热器等。

（2）再热器　一般用于高压大型电站锅炉，作用是把在汽轮机高压缸作部分功的蒸汽，送回锅炉中重新加热，然后再送回汽轮机的中、低压缸继续做功。根据其传热方式与布置位置的不同，过热器又分为墙式辐射再热器、后屏再热器、末级再热器、立式低温再热器和水平低温再热器等。

（3）省煤器　省煤器安装在锅炉尾部的烟道内，作用是利用烟气的余热对给水加热，达到节约燃料的目的。

蛇形管一般是由长短不一、同种或不同种规格与材质的管子经焊接而成，管子规格为
$\phi32 \sim \phi70mm$、壁厚 $3 \sim 12.7mm$，接长后长度范围为 $20 \sim 70m$，管子再通过来回的弯曲，使
之成为蛇形管，在同一根管上可以有不同的弯曲半径，将不同长度和节距的蛇形管套装在一
起形成蛇形管组或管屏。

蛇形管屏的结构，按照在锅炉中的安装方式，大体上分为垂直悬吊式和水平悬吊式两
种，如图 1-6a、b 所示。垂直悬吊式蛇形管屏，一般均为单层结构，主要应用在过热器和再
热器的高温段，管屏端部直接与集箱的管接头相接，在集箱的纵向上吊挂排列，并穿出炉膛
的顶棚，通过管屏上的附件与之密封；水平悬吊式蛇形管屏，绝大部分为双层结构，中间用
水冷吊挂管来进行固定和吊挂，一般应用在过热器和再热器的低温段，以及省煤器蛇形
管中。

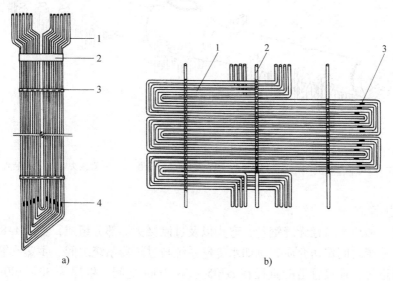

图 1-6　锅炉蛇形管屏
a）垂直悬吊式
1—管子　2—密封板　3—定位板　4—活动夹块
b）水平悬吊式
1—管子　2—吊挂管　3—连接钢板

蛇形管材质的选取，对于低温段的过热器和省煤器来说，一般采用碳钢、SA－213T12
或 15CrMo 钢等材料；对于高温段的过热器和再热器来说，可采用 12Cr1MoV、进口材料
SA－213T22（简称 T22）、SA－213T91（简称 T91）、SA－213TP304H（简称 TP304H）、
SA213－TP347H（简称 TP347H）等材料。但随着超临界、超超临界锅炉的广泛应用，锅炉
参数如蒸汽出口压力和温度的逐步提高，受高温或高压的过热器和再热器的材料等级也逐步
提高，一些新开发的材料也逐步得到应用，如 SA－213T92（简称 T92）、SA－
213TP347HFG、SA－213S30432 或 Super304H、SA－213TP310HCbN 或 HR3C 等。

（三）集箱

集箱是锅炉中重要受压元件之一，起着工作介质的汇集和分配的作用。集箱的结构一般
由筒体、端盖、大小管接头、三通及附件组成，筒体、端盖和三通经过环缝的焊接连接在一

起，筒体通过大小不一的开孔与各种管接头相连，形成一个承压容器，如图1-7所示。筒体都是由大口径厚壁无缝钢管来制造的，管径的范围一般在 $\phi219 \sim \phi914mm$ 之间，壁厚在 $20 \sim 150mm$ 之间，集箱材质为碳钢、15CrMoG、12Cr1MoVG、SA – 335P12（简称P12）、SA – 335P22（简称P22）、SA – 335P91（简称P91）、SA – 335P92 等；集箱端盖的结构一般分为平端盖和半球形端盖两种，平端盖为锻件经机械加工而成，而半球形端盖一般为板材冲压加工而成；集箱管接头外径的分类一般规定在 $\phi101.6mm$ 以下为小管接头，其余为大管接头，管径与材质按照集箱不同的布置位置而变化，并与水冷壁、过热器、再热器、省煤器，以及连接管道等相连，相应的各水冷壁管屏、蛇形管屏均吊挂在集箱上；集箱的三通按制造方式不同，一般分为锻造挤压三通、冲焊三通和焊接三通等几种。

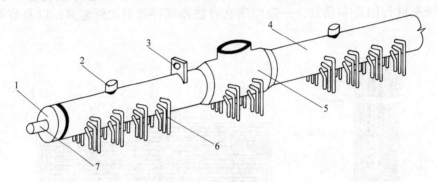

图1-7　集箱

1—端盖　2—大管接头　3—起吊耳板　4—筒体　5—三通　6—小管接头　7—手孔装置

（四）连接管道

连接管道一般由大口径无缝钢管、弯头以及过渡接头等部分组成，如图1-8所示。主要用在锅炉的各系统之间传送介质，例如水冷壁系统与过热器系统之间、主蒸汽输送管道和再热蒸汽输送管道等。连接管道的直径在 $\phi406 \sim \phi813mm$ 之间、壁厚为 $30 \sim 100mm$，材质有

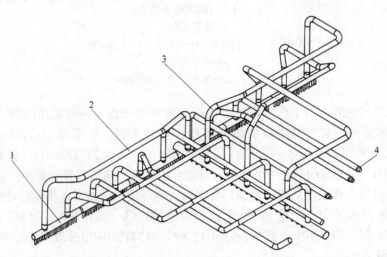

图1-8　连接管道

1—集箱　2—连接管道　3—直角锻造弯头　4—过渡管接头

P12、P22、P91、P92、WB36 钢等多种，此类连接管道上的弯头处壁较厚、半径小，故一般在加热后采用压力机锻压制成单个弯头，然后与大口径无缝钢管对接，焊接工作量较大。压制弯头的弯曲半径分为两种：一种为短半径，即 $R/D = 1$；另一种为长半径，即 $R/D = 1.5$。对于外径小于 $\phi406mm$ 的连接管道，由于管子外径较小、壁厚较薄、弯曲半径变化较大，故一般采用大型机械弯管机或中频感应弯管机进行热弯加工。

为保证介质的流动特性，各种连接管道的外径并不一致，在接口处就需要有过渡管接头，即俗称的"大小头"，例如蒸汽出口与汽轮机相接的管道等。

二、超临界及超超临界锅炉的总体结构

对于超临界、超超临界锅炉来说，依据所采用燃料特性的不同、锅炉运行方式及习惯的不同、所处地域自然环境的不同，可选用的锅炉结构形式有很多。而国内的发电设备制造厂家，在引进、消化、吸收国外超临界、超超临界锅炉技术的基础上，又经过多年的实践，已经进入到改造再创新的阶段，但由于当初引进技术源的不同，也使得在锅炉结构形式上出现了多种多样的变化。一般来说，由于煤种、选用磨煤机形式的不同，使得锅炉的燃烧方式、燃烧器的布置、炉膛及烟道的结构尺寸与形式都发生变化。锅炉的整体布置结构形式按照炉膛及烟道的布置方式，或者说按照烟气的走向大体上分为两种，即塔式炉和 Π 型炉，在这两种炉型的基础上，依据燃烧器布置方式的不同，又可分为以下几种：

1. 墙式切圆燃烧塔式炉　燃烧器布置在炉膛的四面墙上，共八只，形成八角单切圆火焰，一般采用水平浓淡分离式煤粉燃烧器，燃烧器的上部配有高位燃烬风口，下部炉膛水冷壁为螺旋管圈式结构，上部炉膛水冷壁为垂直管圈式结构，高温受热面及省煤器沿塔式烟道内纵向依次布置，并且均为水平悬吊结构。

2. 四角切圆燃烧塔式炉　燃烧器布置在炉膛的四个角部，共四只，形成四角单切圆火焰，也采用水平浓淡分离式煤粉燃烧器，并在燃烧器上配有高位燃烬风口，其他受压部件的布置方式与墙式切圆塔式炉布置的一致。

3. 前后墙对冲燃烧 Π 型炉　燃烧器布置在炉膛的前后墙，一般采用旋流式煤粉燃烧器，数量在单台炉 30 只至 36 只之间不等，炉膛四周配有高位燃烬风口，下部炉膛水冷壁为螺旋管圈式结构，上部炉膛水冷壁为垂直管圈式结构，中间采用混合集箱过渡，水冷壁下集箱采用缩径管孔，高温过热器、再热器布置在水平烟道内，为垂直悬吊结构；低温过热器、再热器及省煤器布置的尾部垂直烟道内，为水平悬吊结构；尾部烟道为双竖井结构。

4. 墙式切圆燃烧 Π 型炉　燃烧器布置在炉膛的四面墙上，采用水平浓淡分离式煤粉燃烧器，并配有高位燃烬燃烧器，火焰切圆有四角单切圆、八角双切圆之分，双切圆一般应用于百万等级的超超临界锅炉，炉膛为双炉膛；炉膛水冷壁有的全部采用垂直管圈，有的采用螺旋管圈加垂直管圈，水冷壁下集箱入口管接头内加装节流孔圈，以提高流量调节能力；高温过热器、再热器布置在水平烟道内，为垂直悬吊结构；低温过热器、再热器及省煤器布置的尾部垂直烟道内，为水平悬吊结构；尾部烟道为双竖井结构。

5. 四角切圆燃烧 Π 型炉　锅炉外形结构与亚临界锅炉相似，燃烧器布置在炉膛的四个角部，共四只，单切圆火焰，采用水平浓淡分离式煤粉燃烧器，并配有高位燃烬燃烧器，炉膛下部水冷壁采用螺旋管圈式结构，上部水冷壁为垂直管圈式结构，其余布置方式与墙式切圆燃烧 Π 型炉一致。

6. "W" 型火焰燃烧 Π 型炉　燃烧器布置在炉膛前后墙水冷壁的肩部炉拱上，使火焰在炉膛内成"W"型，炉膛水冷壁采用垂直管圈，受热面在水平及尾部烟道的布置方式与其他 Π 型炉基本一致。

另外，近几年国内高参数、大容量的循环流化床锅炉发展较快，国内已有多台 300MW 和 600MW 等级的超临界循环流化床锅炉在建或即将投运，其锅炉整体布置形式与上述超（超超）临界的煤粉炉有较大区别，其中 600MW 等级超临界循环流化床锅炉采用 H 型布置、单炉膛双布风板，中间水冷隔墙，炉膛内布置屏式过热器，炉膛周围布置大型旋风分离器、冷渣器及外置式换热器等流化床锅炉特有的部件；低温过热器、再热器及省煤器布置的尾部垂直烟道内，为水平悬吊结构。

当然，对于国内几家发电设备制造厂家来说，在超临界、超超临界锅炉的整体布置方式上都各有各的特点，由于引进技术流派的不同，所适应的煤种也不同，在选取炉型上就各有侧重。但基本上都是在塔式炉、Π 型炉这两类布置方式上再配以燃烧方式的不同加以变化。由于炉型众多，以下就超临界锅炉中比较典型的前后墙对冲燃烧 Π 型布置方式的整体结构做实例介绍。

采用 Π 型布置方式的超临界及超超临界锅炉与亚临界锅炉相比，在锅炉整体结构上基本相似，大多数同类受压元件也基本相同，例如垂直水冷壁、绝大部分的过热器、再热器、集箱及管道等受压件，在结构上均没有太大的差别，只是在材料的选用等级上有所不同，高强度等级的耐热钢、不锈钢等材料选用较多。但由于设计流派的不同，在某些受压元件的具体结构上差异很大，同时也出现了一些新型结构的受压元件。例如，由于没有明显的汽水分界面，超临界锅炉中没有锅筒，而在锅炉前部上方布置汽水分离器，在锅炉起动时代替锅筒的功能；虽然炉膛水冷壁均为膜式水冷壁，但下部水冷壁及灰斗采用螺旋管圈，螺旋管圈的倾角约为 18°，上部水冷壁为垂直管屏，以利于采用悬吊结构；在折焰角附近布置了环绕炉膛四周的中间混合集箱，螺旋管圈通过此集箱与垂直管屏相连。下面仅对启动汽水分离器、贮水箱和螺旋管圈水冷壁作一介绍。图 1-9 所示为某台国产 600MW 等级的超临界参数变压运行直流锅炉的结构简图，锅炉整体布置为单炉膛、一次再热、全悬吊结构 Π 型布置、全钢架、燃烧器前后墙布置对冲燃烧，炉膛尾部烟道为双烟道，采用挡板调温。

（一）启动汽水分离器和贮水箱

启动汽水分离器为立式筒体，共 4 只，布置在锅炉前部的上方，分离器外径为 φ610mm，壁厚为 65mm，高度约为 9500mm，材料为 WB36 钢。从水平烟道出口集箱出来的介质由 6 根下倾 15° 的切向引入管引入分离器内。在分离器的底端轴向布置有 1 根出口导管，将分离出来的水引至贮水箱；在分离器的上端轴向也布置有 1 根出口导管，将蒸汽引至顶棚过热器入口集箱，如图 1-10 所示。贮水箱的数量为 1 只，结构也为立式筒体，外径、壁厚及材质与分离器相同，高度约为 11000mm，在其下部共有 4 根径向导管分两层引入 4 只分离器的疏水，如图 1-11 所示。通过水位控制阀的控制，储水箱内保持一定的水位，为分离器提供稳定的工作条件。贮水箱悬吊于锅炉顶部框架上，下部装有导向装置，以防其晃动。

（二）螺旋管圈水冷壁

此台超临界锅炉的炉膛水冷壁采用焊接膜式壁，炉膛断面尺寸为 22187mm × 15632mm。给水经省煤器加热后进入外径为 φ219mm、材料为 SA-106C 钢的水冷壁下集箱，经水冷壁下集箱进入冷灰斗的水冷壁，冷灰斗的角度为 55°，炉膛的冷灰斗及下部水冷壁均为螺旋管圈，由下集箱引出的 436 根直径 φ38mm、壁厚 6.5mm、节距 53mm、材料为 T12 的管子组

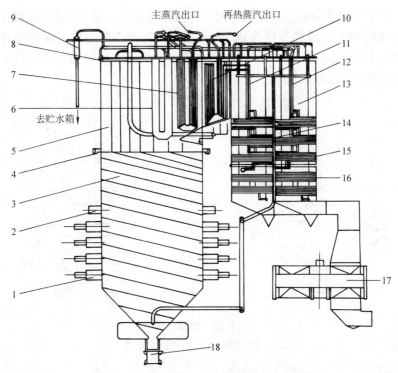

图 1-9　1950t/h 燃煤超临界锅炉结构简图

1—LNASB 燃烧器　2—燃烬风口　3—螺旋管圈　4—中间混合集箱　5—垂直管屏　6—屏式过热器
7—末级过热器　8—顶棚管　9—启动汽水分离器　10—高温再热器　11—立式低温再热器　12—立式低温过热器
13—尾部烟道及包墙过热器　14—水平低温再热器　15—水平低温过热器　16—省煤器　17—空气预热器　18—除渣系统

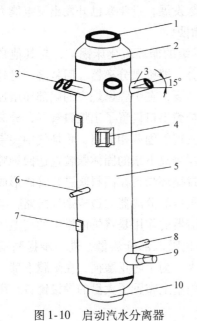

图 1-10　启动汽水分离器

1—蒸汽出口管　2—半球形封头　3—切向引入管
4—固定支架　5—筒体　6—平衡管接头
7—圆弧板　8—水位计　9—检查管　10—水出口管

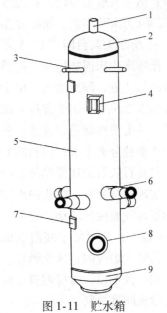

图 1-11　贮水箱

1—放气管接头　2—半球形封头　3—平衡管接头
4—支撑耳板　5—筒体　6—给水管接头
7—圆弧板　8—溢流管　9—过渡管

成两个管带，沿炉膛四壁盘旋围绕上升，经过冷灰斗拐点后，管圈以约 18°的倾角继续盘旋上升，直至标高约 44m 处通过直径为 ϕ219mm、材料为 P12 的中间混合集箱转换成垂直管屏，垂直管屏由 1312 根 ϕ31.8mm×5.6mm、节距 57.5mm、材料为 T12 的管子组成。螺旋管屏的螺旋方式如图 1-12 所示。

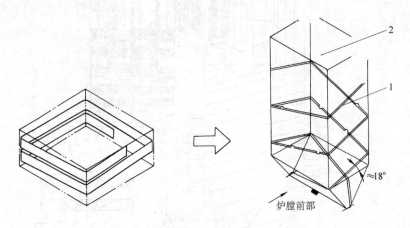

图 1-12　螺旋管屏
1—螺旋管圈　2—围绕而成的炉膛

三、循环流化床锅炉的总体结构

循环流化床锅炉（CFB）是 20 世纪 80 年代发展起来的高效率、低污染和良好综合利用的燃煤技术。由于在煤种适应性、变负荷能力以及污染物排放上具有的独特优势，循环流化床锅炉得到迅速发展与应用，并逐步向大容量、高参数发展，近年来已开发出发电能力达到 30 万 kW、60 万 kW 等级、超临界参数的循环流化床锅炉。

图 1-13 所示为某台国产 13.5 万 kW（440t/h）等级的循环流化床锅炉，与其他常规锅炉相比，循环流化床锅炉增加了高温物料循环回路部分，即旋风分离器、回料阀；另外还增加了底渣冷却装置，即冷渣器。由于燃烧室流化风的需要，在炉膛燃烧室的底部还增加了水冷布风板和水冷风室；由炉膛进入旋风分离器时，在炉膛出口设置了出烟口管屏，分离器和尾部烟道之间由连接烟道相连接。分离器的作用在于实现气固两相分离，将烟气中夹带的绝大多数固体颗粒分离下来；回料阀的作用一是将分离器分离下来的固体颗粒返送回炉膛，实现锅炉燃料及石灰石的往复循环燃烧和反应，二是通过循环物料在回料阀进料管内形成一定的料位，实现物料密封，防止炉内增压烟气反窜进入负压的分离器内造成烟气短路，破坏分离器内的正常气固两相流动及正常的燃烧和传热；冷渣器的作用是将炉内排出的高温底渣冷却到 150℃以下，从而便于底渣的输送和处理，同时也吸取部分热量，进一步提高锅炉效率。由于物料在炉膛内是流化燃烧，烟气中含灰量较大，为了防止磨损，在炉膛下部、分离器、回料阀、抽烟口、连接烟道等处的管屏或钢板的内壁上布置了大量的焊接销钉，用于敷设保温、耐火防磨材料。

四、联合循环余热锅炉的总体结构

余热锅炉是利用工业生产中的余热来产生蒸汽的蒸汽发生设备，其结构的显著特点是一般不用燃料，因此也没有燃烧装置（除非有补燃要求）。按照其结构特点，余热锅炉可分为

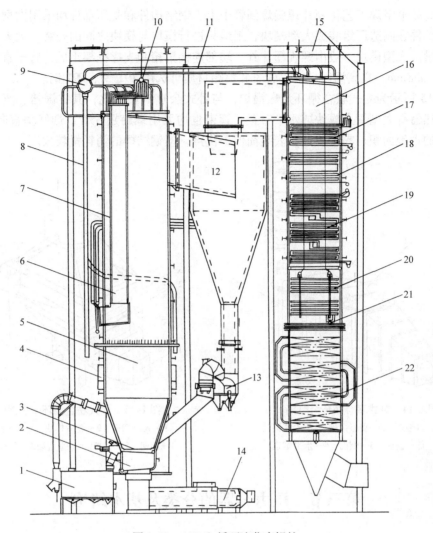

图 1-13　440t/h 循环流化床锅炉

1—冷渣器　2—水冷风室　3—水冷布风板　4—床上启动燃烧器　5—炉膛燃烧室　6—二级过热器　7—高温再热器
8—下降管　9—锅筒　10—再热器出口集箱　11—连接管　12—旋风分离器　13—回料阀　14—床下启动燃烧器　15—梁和柱
16—尾部烟道　17—三级过热器　18—一级过热器　19—低温再热器　20—省煤器　21—省煤器入口集箱　22—空气预热器

管壳式和烟道式两大类，其中烟道式余热锅炉按照气流的流通方式可分为卧式和立式两大类。管壳式余热锅炉一般为紧凑型小型余热锅炉，大型的余热锅炉一般采用烟道式，其应用较为广泛，主要用于热电联产为工厂提供工业用汽，以及联合循环电厂为蒸汽轮机提供蒸汽。联合循环余热锅炉就是联合循环电厂中的关键设备之一，其热源为燃气轮机的排气，利用余热而产生蒸汽，提供给蒸汽轮机发电。联合循环余热锅炉与常规锅炉的受压件种类相近，由省煤器、蒸发器（包括锅炉管束和水冷壁）、过热器、再热器及锅筒等组成，一般布置在余热锅炉的水平或垂直烟道中，图 1-14 所示为大型卧式三压带再热联合循环余热锅炉。

　　卧式联合循环余热锅炉的受热面均为立式布置，采用的是对流热交换，而不是像一般锅炉的辐射热交换，其蒸发器不采用膜式水冷壁结构，与省煤器、过热器及再热器一样采用翅片管，可提高传热效率，螺旋翅片管有两种形式：螺旋锯齿状翅片管和螺旋环片状翅片管，采用连续高频电阻焊工艺将翅片螺旋焊到管子上。钢结构件和受压部件均采用大型模块化设计,受压部件在制造厂组装成大型模块,工地只进行模块与模块之间的安装,大大减少了工地的组装量。大型模块一般由螺旋翅片管、端部连接集箱和支撑框架组成,管子直径一般为ϕ32mm 或 ϕ38mm,在高温区域内,管子和集箱材质可选用 T91 钢、P91 钢。

图 1-15 所示为立式联合循环余热锅炉,与卧式余热锅炉相比,其省煤器、蒸发器、过热器及再热器等大型管束模块成水平布置,管束也均采用螺旋翅片管,烟气垂直向上流动,具有较小的占地面积、易于改造和安装简便等优点,但钢结构的消耗量较大。

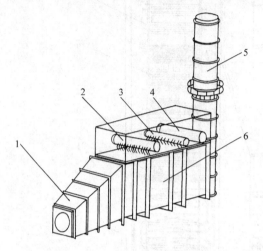

图 1-14　卧式联合循环余热锅炉
1—入口烟道　2—高压锅筒　3—中压锅筒
4—低压锅筒　5—烟囱　6—水平烟道

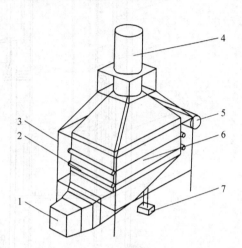

图 1-15　立式联合循环余热锅炉
1—入口烟道　2—管束模块　3—钢结构
4—烟囱　5—锅筒　6—垂直烟道　7—水泵

第三节　压力容器的分类及基本结构

根据《特种设备安全监察条例》定义:压力容器,是指盛装气体或者液体,承载一定压力的密闭设备,其范围规定为最高工作压力大于或者等于0.1MPa(表压),且压力与容积的乘积大于或者等于2.5MPa·L的气体、液化气体和最高工作温度高于或者等于标准沸点的液体的容器;盛装公称工作压力大于或者等于0.2MPa(表压),且压力与容积的乘积大于或者等于1.0MPa·L的气体、液化气体和标准沸点等于或者低于60℃液体的气瓶,氧舱等。

压力容器早期主要应用于化学工业,压力多在10MPa以下。自合成氨和高压聚乙烯等高压生产工艺出现后,要求压力容器承受的压力提高到100MPa以上。随着石油和化学工业的发展,压力容器的工作温度范围也越来越宽,新工作介质的不断出现,还要求压力容器能耐介质腐蚀。许多工艺装置规模越来越大,压力容器的容量也随之不断地增大。在工厂内制造的压力容器单台重量就达千余吨,在现场制造的球形压力容器、预应力混凝土压力容器的直径可达数十米。20世纪60年代开始,核电站的发展对反应堆压力容器提出了更高的安全和技术要求,进一步促进了压力容器的发展。许多生产工艺过程需要在一定的压力下进行,许多气体和液化气需要在压力下储存,因此压力容器越来越广泛地应用于各个行业。近年来,许多新技术的发展对压力容器的设计、制造和检验不断提出了新的更高的要求。如煤转化工业的发展，需要单台重量达数千吨的高温压力容器；快中子增殖反应堆的应用，需要解决高温耐液态钠腐蚀的压力容器；海洋工程的发展，需要能在水下几百至几千米深度工作的外压容器。

一、压力容器的分类

根据使用位置的不同，压力容器可分为固定式容器和移动式容器。安装在固定位置使用的压力容器称为固定式容器；在移动中使用的压力容器称为移动式容器。

为了便于技术管理和监督检查，国家有关标准对压力容器类别等进行了划分，以 TSG R0004—2009《固定式压力容器安全技术监察规程》为例，其附件 A 对压力容器类别、压力等级和品种进行了划分。

（一）按压力类别划分

压力容器类别的划分应当根据介质特性，按照以下要求选择类别划分图，再根据设计压力 p（单位 MPa）和容积 V（单位 L），标出坐标点，确定压力容器类别：

（1）第一组介质　压力容器类别的划分见图 1-16。第一组介质是指毒性程度为极度危害、高度危害的化学介质，易爆介质，液化气体。

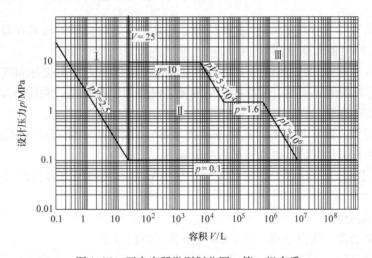

图 1-16　压力容器类别划分图－第一组介质

（2）第二组介质　压力容器类别的划分见图 1-17。第二组为除第一组以外的介质。

（二）按压力等级划分

容器的设计压力 p 划分为低压、中压、高压和超高压容器四个压力等级。

（1）低压容器（代号 L）　　0.1 MPa $\leqslant p <$ 1.6MPa。

（2）中压容器（代号 M）　　1.6 MPa $\leqslant p <$ 10.0MPa。

（3）高压容器（代号 H）　　10.0 MPa $\leqslant p <$ 100.0MPa。

（4）超高压容器（代号 U）　　$p \geqslant$ 100.0MPa。

（三）按压力容器品种划分

压力容器按照在生产工艺过程中的作用原理，划分为以下品种：

（1）反应压力容器（代号 R）　主要是用于完成介质物理、化学反应的压力容器。例如各种反应器、反应釜、聚合釜、合成塔、变换炉和煤气发生炉等。

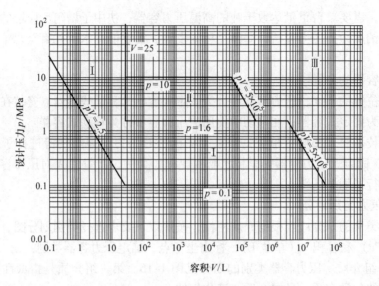

图 1-17　压力容器类别划分图 – 第二组介质

（2）换热压力容器（代号 E）　主要是用于完成介质热量交换的压力容器。如各种热交换器、冷却器、冷凝器和蒸发器等。

（3）分离压力容器（代号 S）　主要用于完成介质流体压力平衡缓冲和气体净化分离等的压力容器。例如各种分离器、过滤器、集油器、洗涤器、吸收塔、铜洗塔、干燥塔、汽提塔、分汽缸和除氧器等。

（4）储存压力容器（代号 C，其中球罐代号 B）　主要用于储存或者盛装气体、液体、液化气体等介质的压力容器。如各种形式的储罐。

此外，还可以按压力容器工作时的壁温、压力容器形状和压力容器的制造方法等进行分类。

（四）按壁温分类

1. 常温压力容器　指温度在 – 20 ~ 200℃条件工作的容器。

2. 低温压力容器　指工作时壁温在 – 20℃以下的压力容器。液化乙烯、液化天然气、液氮和液氢等的储存和运输用容器均属低温压力容器。一般压力容器常用的铁素体钢在温度降低到某一温度时，钢的韧性将急剧下降而显得很脆，通常称这一温度为脆性转变温度。压力容器在低于转变温度的条件下使用时，容器中如存在因缺陷、残留应力、应力集中等因素引起的较高局部应力，容器就可能在没有出现明显塑性变形的情况下，发生脆性破裂而酿成灾难性事故。对于低温压力容器首先要选用合适的材料，这些材料在使用温度下应具有良好的韧性。经细化晶粒处理的低合金钢可用到 – 45℃，2.25Ni 钢可用到 – 60℃，3.5Ni 钢可用到 – 104℃，9Ni 钢可用到 – 196℃。低于 – 196℃时可选用奥氏体不锈钢和铝合金等。为了避免在低温压力容器上产生过高的局部应力，在设计容器时应避免有过高的应力集中和附加应力；在制造容器时应严格检验，以防止容器中存在危险的缺陷。对于因焊接而引起的过大残留应力，应在焊后进行消除焊接残留应力处理。

3. 高温压力容器　高温压力容器是指使用过程中，容器壁处于高温下的压力容器。所谓高温，通常是指壁温超过容器材料的蠕变起始温度（对于一般钢材约为 350℃）。火力发电站的锅炉锅筒、煤转化反应器，某些核电站的反应堆压力容器（高温气冷堆和增殖反应堆）等，都是高温压力容器。高温压力容器因材料的蠕变会产生形状和尺寸的缓慢变化。材料在高温的长期作用下，其持久强度较短时抗拉强度低得多。此外，容器内部的介质对材料的腐蚀作用（例如氧化）也会因高温而加剧。制造高温压力容器所使用的材料，应根据工作温度和工作介质的不同选用热强钢或耐热钢，在个别场合还需要选用高温合金。高温压力容器的设计寿命通常要求在 10 万 h 以上，在设计时必须正确地选择材料和进行应力分析。压力容器在使用期间一般允许形状和尺寸有一定的变化容限，因此选择材料的主要依据是高温持久强度和耐腐蚀性。高温压力容器的应力分析比较复杂，要求理论解释相当困难，现代实践表明，采用有限元分析法是切实可行的手段。如果容器承受交变载荷（例如反复升压和降压），还应考虑疲劳和蠕变的交互作用。碳钢或低合金钢容器温度超过 420℃、低合金耐热钢如（Cr – Mo 钢）超过 450℃、奥氏体不锈钢超过 550℃的情况，属此范围。

（五）按形状分类

根据压力容器的形状，可分为圆柱形、球形、锥形、椭圆形等，其中以圆柱形压力容器使用最多。

（六）按制造方法分类

根据压力容器的制造方法，可分为焊接、铸造、铆接、锻造等容器，其中以焊接容器应用最为普遍。

二、圆柱形压力容器的结构

圆柱形压力容器主要由封头、筒体、法兰、端盖、锥体、接管等部件组成。其主要结构形式为圆柱形，少数为球形或其他形状。圆柱形压力容器通常由筒体、封头、接管、法兰等零件和部件组成，如图 1-18 所示为核电站反应堆压力容器，是一种典型的圆柱形压力容器。压力容器工作压力越高，它的筒壁就应越厚。直径大的压力容器壁厚可达 100 ~ 400 mm。对于直径较小的厚壁压力容器，往往采用整体锻造的厚壁筒体。圆柱形压力容器有多种结构形式，如单层式、多层式、绕板式、型槽绕带式、热套式、厚板卷焊式、厚板压制形式和锻焊形式等，其中最为常用的是单层板式压力容器。

（一）压力容器筒体的结构形式

1. 单层板卷焊式　压力容器的筒体一般是用单层钢板卷成圆柱形后焊制而成。也可直接采用钢板卷焊成筒节，再将各筒节焊制成筒体。由于受钢板生产和卷板设备等条件的限制，钢板厚度一般不应超过 200mm。采用这种结构形式的压力容器有电站锅炉中的锅筒、石化设备中的气化炉、氨合成塔、加氢反应器以及核电站中的核岛压力壳等，如图 1-19 所示。

2. 层板包扎式　在 20 世纪 30 年代，层板包扎式结构就已开始在工业上使用。这种结构的压力容器由若干个多层筒节组焊而成。各筒节由内筒和在外面包扎的层板组成。内筒厚度一般为 12 ~ 25mm，外层层板由厚度为 6 ~ 12 mm 的两瓦片组成，并借包扎力和纵焊缝的焊接收缩力使层板与内筒互相贴紧，并使内筒产生预加的压应力。第一层层板包扎、焊接后，用相同的方法包扎、焊接以后各层层板，达到所需要的筒体厚度为止，如图 1-20 所示。这种结构压力容器的优点是制造设备较简单，材料的选用有较大的灵活性，可按介质的腐蚀性选用合适的内筒材料，而层板可以用一般压力容器用钢。这种结构即使在某一层钢板中出现裂纹，裂纹也只能在该层层板中扩展，不会扩展到其他层板上。在每个筒节的层板上开有通气孔，可用来监测内筒是否泄漏，以防止发生事故。安全性高是这种容器的突出优点。其缺点是生产工序多、劳动生产率低。

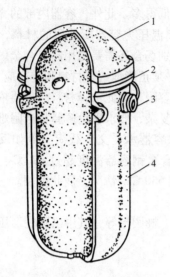

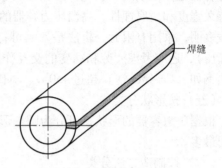

图 1-18　核电站反应堆压力容器　　　　　　　　图 1-19　单层板卷焊式筒节
1—封头　2—法兰　3—接管　4—筒体

　　3. 绕板式　这种结构是对层板包扎式容器的改进，容器内壁厚度为 10～40mm，将厚度 3～5mm 的薄板的一端与内筒焊接，然后将薄板连续地缠绕在内筒上，达到需要的厚度时便停止缠绕，并将薄板割断再焊接在内筒上，便成为厚壁筒节，如图 1-21 所示。其特点是机械化生产程度高，材料利用率高，但与层板包扎式结构相比，深厚环焊缝却有增无减。

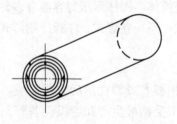

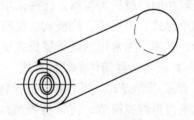

图 1-20　多层包扎式结构　　　　　　　　　　图 1-21　绕板式结构

　　4. 钢带错绕式　这种结构采用简单的预应力冷绕与压辊予弯贴紧技术，在薄内筒外倾角错绕扁平钢带，从而有效地避免了钢带对内筒的扭剪作用，如图 1-22 所示。这种扁平钢带倾角错绕式压力容器（可简称钢带错绕式），是我国首创研制成功的一种缠绕式压力容器，其特点是设计灵活、制造简便、使用安全、适用性广等。

　　5. 热套式　这种结构的内筒外面套合上一层或多层外筒组成筒节。通常先将外层筒体加热使其直径增大，以便套在内层筒体上。冷却后的外层筒体就能紧贴在内筒上，同时对内筒产生一定的预加压应力，如图 1-23 所示。内筒和外筒的厚度一般是相同的，常用 25～50mm 的钢板卷焊而成。热套式压力容器用的钢板比多层包扎式压力容器的层板厚、层数少（一般 2～3 层，最多为 5 层），所以生产效率比多层包扎式压力容器高。

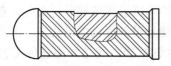

图1-22　扁平钢带错绕式结构

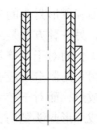

图1-23　热套式结构

6. 厚板压制式　厚板压制式压力容器采用单层厚钢板在大型压力机上压制成形，将2～3个瓦片组焊成筒体，如图1-24所示。这种容器的特点是筒节长，根据压力机结构，最长筒节可达到8m，压制厚度可以很大，热态压制厚度最大可达到300mm，压制筒体还可采用不等厚结构。

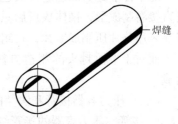

图1-24　厚板压制式

7. 锻焊结构式　锻焊式压力容器由锻造的筒节经组焊而成，结构上只有环焊缝而无纵焊缝。20世纪70年代以来，由于冶炼、锻造和焊接等技术的进步，已可供应500多吨重的大型优质钢锭，并能锻造最大外径为10m、最大长度为4.5m的筒体锻件，因而大型锻焊式压力容器得到了发展，成为轻水反应堆压力容器、石油工业加氢反应器和煤转化反应器的主要结构形式。

工业上有些工艺过程要在工作压力高于100MPa条件下进行，如高压法生产聚乙烯和人造水晶等。这时因所使用的压力容器的壁厚很大，当容器的直径比（外径与内径的比值）增大到1.5以上时，容器筒壁上沿厚度分布的应力就很不均匀，内壁所受的切向应力和径向应力会大大高于外壁，当容器尚未达到工作压力时，内壁就过早屈服。为此，常采用预应力的措施，使容器内壁产生较大的预压应力，以改善容器受压时筒壁上受力状况。在结构上可采用热套式容器，控制热套过盈量以达到所要求的内壁预压应力；也可采用绕丝结构，在内筒的外层缠绕若干层控制预拉应力的高强度钢丝，以使内壁得到所需的预压应力。

（二）压力容器封头的结构形式

压力容器的封头有多种形式，一般常见的有椭圆形、球形、碟形和平底形式等，其中以标准椭圆形和球形封头应用最多。几种封头的结构形式如图1-25所示。

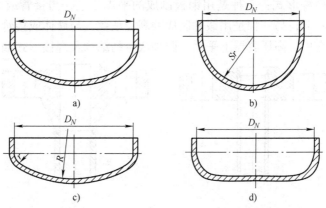

图1-25　压力容器几种常见的封头形式

a) 椭圆形封头　b) 球形封头　c) 碟形封头　d) 平底形封头

对于椭圆形和碟形封头的成形主要有两种方法：一种方法是采用专用模具将圆形钢板加热后冲压成形，另一种方法是采用旋压机旋压成形，对于旋压成形的封头多为直径较大而且壁厚较薄的封头，而对于厚壁封头需要采用热冲压成形。

对于球形封头的制造一般有两种方法：对于小直径的半球形或球缺形封头可以直接利用模具一次冲压成形，而对于较大直径的球形封头，由于受到设备规格的限制，应采用分片压制球瓣再组装成球形封头的方式进行，如大型石油天然气球罐，就是采用这种工艺方法制成的。

对于锥形封头的制造一般也有两种方法：对于厚度较薄且锥角不大的锥体可以采用卷板机直接卷制成形，锥体成形后只需焊接一条纵缝即可。对于厚度较厚且锥角较大的锥体一般需要采用分片压制成锥片，再组焊成锥体的方法制造。

而对于平板封头的制造方法比较简单，可采用钢板进行压制成形或用锻件直接加工而成。

（三）压力容器接管和法兰的结构形式

1. 接管　压力容器的接管结构形式有多种多样，但对于其材料形式主要有两种：一种是采用钢管直接作为接管；另一种是采用锻件加工而成。接管与容器本体的连接形式主要有三种形式：一种是插入式全焊透结构形式，一种是采用骑座式接管不开坡口的角焊缝焊接形式，而另一种为骑座式接管开坡口的全焊透焊接形式。三种接管与筒体的焊接形式如图1-26所示。

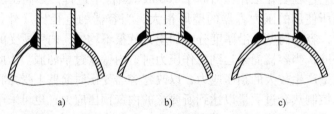

a)　　　　　　　b)　　　　　　　c)

图1-26　接管与筒体的焊接形式

a) 插入式结构　b) 骑座式结构　c) 骑座焊透式结构

2. 法兰　压力容器的法兰有装于接管上的接管法兰，还有装于筒体上的筒体法兰。对于法兰结构一般有两种形式：一种是用钢板制成的平焊法兰，与接管或筒体的连接为角焊缝，一般用于低压容器；另一种是用锻件制成的高径法兰，与筒体或接管的连接采用对接形式，这种法兰一般在中、高压容器上采用。两种法兰的结构及焊接形式如图1-27所示。

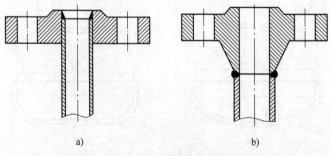

a)　　　　　　　　　b)

图1-27　法兰焊接结构形式

a) 平焊法兰　b) 对接法兰

第四节　典型压力容器概述

一、球形压力容器

压力容器做成球形有两个显著的优点：在相同的内压力作用下，球形压力容器壳体上所受的应力，仅为相同直径和相同壁厚的圆筒形压力容器壳体上切向应力的一半。因此，球形压力容器的壁厚，可减薄到同一直径圆筒形压力容器壁厚的一半；在容积相同时，以球形压力容器表面积为最小。因此，在同一工作压力下，相同容积的压力容器中以球形压力容器的重量为最轻。球形压力容器常用作储罐，因而有时也称为球罐。图1-28为球形储罐的外形图。

球形压力容器可用以储存各种气体、液化石油气、液化天然气、液态烃、液氨、液氮、液氧和液态氢等。工作压力一般均低于3MPa，但在特殊情况下也可高达100MPa。当用作储罐时，其容积一般为$100 \sim 1000 m^3$，但少数的容积也可达数万立方米。球形压力容器与圆筒形压力容器相比，制造中的特点如下：

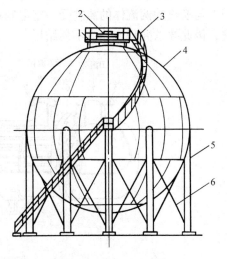

图1-28　球形储罐外形图
1—平台　2—顶盖　3—梯子
4—球体　5—支柱　6—拉杆

1）大型球形压力容器为节省材料、便于制造，常采用强度级别较高的低合金高强度钢，以尽量减薄壁厚，但这类钢的焊接性一般较差，故需采取可靠的焊接工艺措施。

2）球形压力容器由多块球瓣拼装而成，需严格保证装配尺寸精度，以防止在球壳局部部位产生过高的附加应力。

3）很多球形压力容器因体积大，只能在现场拼装焊接，需要更为严格的现场施工质量管理。

球形压力容器用作储罐时，常储存大量的易燃、易爆或有毒介质，一旦泄漏或破裂就会造成严重的恶果。历史上发生的破坏事故曾造成重大的人身伤亡和经济损失。因此，对球形压力容器的制造和运行，必须进行严格的检验和监督。

二、换热器

换热器是化工、炼油工业中普遍应用的典型工艺设备，用来实现热量的传递，使热量由高温流体传给低温流体。换热器在动力、冶金、核能、食品、交通等工业部门也有着广泛的应用。根据工艺过程或热量回收用途的不同，换热器可以是加热器、冷却器、蒸发器、再沸器、冷凝器、余热锅炉等。按照传热方式的不同，换热器可分为三类，即混合式换热器、蓄热式换热器和间壁式换热器，其中间壁式换热器是工业中应用最为广泛的换热器，间壁式换热器又分为管式换热器、板式换热器和扩展表面式换热器三种类型，其中管式换热器中的管壳式换热器在各个行业中占有主导地位，应用最为广泛。

（一）固定管板式换热器

它是管壳式换热器的基本结构形式如图1-29所示。管子的两端分别固定在与壳体焊接的两块管板上。在操作状态下由于管子与壳体的壁温不同，二者的热变形量也不同，从而在管子、壳体和管板中产生温差应力。这一点在分析管板强度和管子与管板连接的可靠性时必须予以考虑。为减小温差应力，可在壳体上设置膨胀节。固定管板式换热器一般只在适当的温差应力范围、壳程压力不高的场合下采用。固定管板式换热器的结构简单、制造成本低，但参与换热的两流体的温差受一定限制；管间用机械方法清洗有困难，必须采用化学方法清洗，因此要求壳程流体应不易结垢。

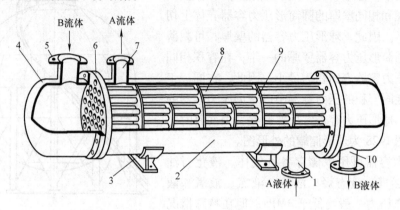

图1-29　固定管板式换热器

1—接管1　2—壳体　3—支座　4—管箱　5—接管2　6—管板　7—接管3　8—传热管　9—折流板　10—接管4

（二）浮头式换热器

为减小壳体与管束之间的间隙，以便在相同直径的壳体内排列较多的管子，常采用浮头式换热器的结构，即把浮头管板夹持在用螺栓联接的浮头盖与钢圈之间，图1-30所示为浮头式换热器的结构。管子一端固定在一块固定管板上，管板夹持在壳体法兰与管箱法兰之

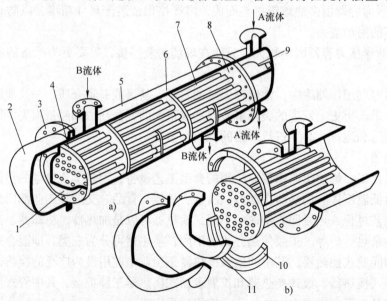

图1-30　浮头式换热器

1—浮头　2—管箱　3—法兰　4—浮头管板　5—壳体　6—折流板

7—传热管　8—固定管板　9—分程隔板　10—钢圈　11—浮头盖

间，用螺栓联接；管子另一端固定在浮头管板上，浮头管板与浮头盖用螺栓联接，形成可在壳体内自由移动的浮头。由于壳体和管束间没有相互约束，拆下管箱可将整个管束直接从壳体内抽出，即使两流体温差较大，也不会在管子、壳体和管板中产生温差应力。浮头式换热器适用于温度波动和温差大的场合，管束可从壳体内抽出，用机械方法清洗管间或更换管束，但与固定管板式换热器相比，浮头式换热器的结构复杂、装拆较为困难、造价高。

（三）U 形管式换热器

一束管子被弯制成不同曲率半径的 U 形管，其两端固定在同一块管板上，组成管束，如图 1-31 所示为 U 形管式换热器。管板夹持在管箱法兰与壳体法兰之间，用螺栓联接。拆下管箱即可直接将管束抽出，便于清洗管间。管束的 U 形端不加固定，可自由伸缩，故它适用于两流体温差较大的场合；又因其构造较浮头式换热器简单，只有一块管板，单位传热面积的金属消耗量少，造价较低，也适用于高压流体的换热。但管子有 U 形部分，管内清洗较直管困难，因此要求管程流体清洁，不易结垢。

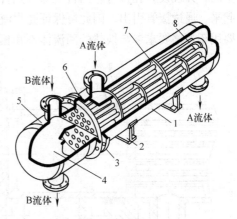

图 1-31　U 形管式换热器

1—壳体　2—支座　3—法兰　4—分程隔板
5—管箱　6—管板　7—折流板　8—U 形管

管束中心的管子被外层管子遮盖，损坏时难以更换。相同直径的壳体内，U 形管的排列数目较直管少，相应的传热面积也较小。

（四）双重管式换热器

将一组管子插入另一组相应的管子中而构成的换热器，如图 1-32 所示。管程流体（B流体）从管箱进口管流入，通过内插管到达外套管的底部，然后返回，通过内插管和外套管之间的环形空间，最后从管箱出口管流出。其特点是内插管与外套管之间没有约束，可自由伸缩。因此，它适用于温差很大的两流体换热。但管程流体的阻力较大，设备造价较高。

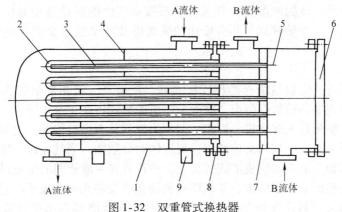

图 1-32　双重管式换热器

1—壳体　2—外套管　3—内插管　4—折流板　5—管箱　6—管箱盖　7、8—管板　9—支座

（五）填料函式换热器

图 1-33 所示为填料函式换热器的结构。其管束一端与壳体之间用填料密封。管束的另一端管板与浮头式换热器同样夹持在管箱法兰与壳体法兰之间，用螺栓联接。拆下管箱、填

料压盖等有关零件后，可将管束抽出壳体外，便于清洗管间。管束可自由伸缩，具有与浮头式换热器相同的优点。由于减少了壳体大盖，它的结构较浮头式换热器简单，造价也较低；但填料处容易渗漏，工作压力和温度受一定限制，直径也不宜过大。

（六）双管板换热器

双管板换热器的管子两端分别连接在两块管板上（见图1-34），两块管板之间留有一定的空间，并装设开孔接管。当管子与一侧管板的连接处发生泄漏时，漏入的流体在此空间内收集起来，通过接管引出，因此可保证壳程流体和管程流体不致相互串漏和污染。双管板换热器主要用于严格要求参与换热的两流体不互相串漏的场合，但造价比固定管板式换热器高。

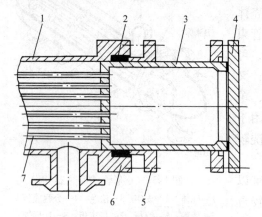 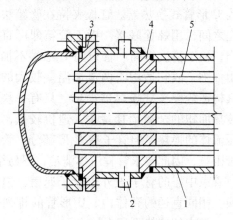

图1-33　填料函式换热器　　　　　　　　图1-34　双管板式换热器结构
1—壳体　2—填料　3—管箱　4—管箱盖　　　1—壳体　2—接管　3、4—管板　5—管子
5—填料压盖　6—管板　7—管子

三、塔器

塔设备是石油、化学、医药和食品工业生产中重要的设备之一，它可使气-液或液-液两相之间进行充分接触，达到相际传热及传质的目的。在塔设备中能进行的单元操作有吸收、精馏、解吸以及气体的增湿和冷却等。塔器按系统内的两传质相间组分变化形式的不同，又可分为按层级（即阶梯式）组分变化的板式塔及连续组分变化（亦称微分式）的填料塔两大类。

（一）板式塔

塔器内部装置着一定数量塔板的称作板式塔。根据气-液相接触的状态及其特点的不同，塔板又分为鼓泡型和喷射型两类。鼓泡型塔板的板式塔在正常操作时，塔板上的液体为连续相，气体通过塔板进入液体成分散相，即成为鼓泡状态进行传质。喷射型塔板的板式塔在正常操作条件下塔板上的气体为连续相，而液体为分散相。当气体以一定速度通过塔板的定向孔时，已将塔板上的液体吹成液滴式流束，进行着气-液相间的传质过程。

属于鼓泡型塔板的有泡罩塔板、浮阀塔板和筛孔塔板等几种。属于喷射型塔板的有舌形塔板、浮动舌形塔板、斜孔塔板和钢板网形塔板等。板式塔具有单位处理量大、分离效率高、重量轻、造价低、清理检修方便、操作弹性较大（如浮阀塔和泡罩塔）和便于多段分馏的取出，以及当处理系统的气-液比很低时亦可正常操作等优点。如图1-35所示为一板式塔结构示意图。

（二）填料塔

塔器内堆积着一定高度的填料层的称作填料塔。液体从塔顶沿着填料的表面呈薄膜状下流，气体则通过填料层逐渐上升，这样气－液相就通过填料表面的薄膜层进行传质。

填料塔所使用的填料按形状的不同，可分为实体填料和网体填料两类。属于实体填料的有拉西环、鲍尔环、鞍形和环矩鞍及波纹填料等。属于网体填料的有丝网及多孔延压薄板制成的各种填料，如鞍形网、目形网和延压孔环等。

填料塔多用于气－液比大、压强降很低（如减压、真空系统）的情况。除具有施工安装方便、填料更换灵活的优点外，填料还可采用某些非金属（如陶瓷、玻璃、塑料等）制成。因此填料塔还可用作某些强腐蚀系统的蒸馏塔。

四、反应器

许多石油化学工业的生产工艺过程，都有对原料进行若干物理过程处理后，再按一定的要求进行化学反应，以得到最终的产品，这种完成化学反应的设备统称为反应器。

常用的反应设备主要有固定床反应器、流化床反应器和搅拌反应器。

（一）固定床反应器

固定床反应器多用于大规模气相反应，在一些场合反应器采用管子，故也称管式反应器，这类反应器广泛用与催化反应，如合成氨、合成甲醇等。

（二）流化床反应器

流化床反应器多用于固体和气体参与的反应，在这类反应器中，细颗粒的固体物料装填在一个垂直的圆筒形容器的多孔板上，气流通过多孔板向上通过颗粒层，以足够大的速度使颗粒浮起呈沸腾状态，如催化裂化炉就是这种反应器。

（三）搅拌反应器

搅拌反应器是搅拌设备用于化学反应，多用于液－液相反应、液－气相反应和液－固相反应。搅拌反应器的主要特征是搅拌，在有机化学中广泛应用，在合成橡胶、塑料、化纤三大合成材料的生产中，搅拌反应器约占反映设备的90%以上，如图1-36所示就是一种典型的搅拌反应器。

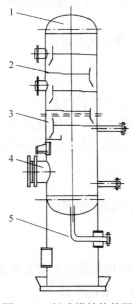

图 1-35 板式塔结构简图
1—封头 2—塔盘 3—筒体
4—接管 5—裙座

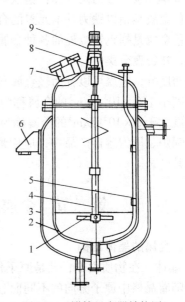

图 1-36 搅拌反应器结构图
1—搅拌器 2—罐体 3—夹套 4—搅拌轴
5—压出管 6—支座 7—人孔 8—轴封 9—传动装置

第二章　金属学的一般知识

第一节　金属的特点及分类

金属是地球上最重要的原材料，传统的定义为纯金属是具有良好的导电性、导热性、延展性（塑性）和金属光泽的物质。但有些金属元素（如锑、铈等）并不具有良好的延展性或导电性也不如某些非金属元素（例如石墨）好。因此，严格的定义应该为纯金属是具有正的电阻温度系数的物质，即所有金属的电阻都随着温度的升高而升高。

两种或两种以上的纯金属元素或金属元素与非金属元素熔合或熔炼在一起形成具有金属性质的物质，称作合金。工程上，常把纯金属和合金通称为金属或金属材料。

金属（纯金属或合金）的组织及性能与外界条件变化之间有着密切的关系。所谓外界条件是指温度、加热及冷却速度、冷加工塑性变形、浇铸及结晶条件等。金属熔化焊接就是靠近焊缝的母材被加热、冷却和焊缝金属结晶并随后冷却的过程。因此，掌握一定的金属学知识，对于了解和研究焊接中的某些规律，更好地从事焊接工作是十分必要的。

金属的分类方法很多，主要有以下几种：

一、按基本元素分类

按基本元素可分为两大类：钢铁材料（黑色金属）和非铁金属（有色金属）。

黑色金属是指以铁为基本元素的合金，如钢和铸铁等。

有色金属是指钢铁以外的各种金属材料，如铝、镁、铜等及其合金。

二、按密度分类

按密度分，金属可以分为轻金属和重金属两种。

密度小于 $5 \times 10^3 \mathrm{kg/m^3}$ 的金属称为轻金属，如铝、钛、镁等及其合金。

密度大于 $5 \times 10^3 \mathrm{kg/m^3}$ 的金属称为重金属；如铜、锰、镍、铁、铬等及其合金。

在锅炉、压力容器产品中，应用最多的是黑色金属——钢，有色金属——镍、铝、钛、铜等及其合金。

第二节　金属的晶体结构及合金的组织

一、金属的晶体结构

1. 晶体　在物质内部，凡是原子作有序、有规则排列的称为晶体，金属是晶体。晶体的性能随着晶格中原子方向的不同而有所不同，即晶体具有"各向异性"。

2. 晶格与晶胞　晶体内部原子是按一定的几何规律排列的，为了形象的表示晶体中原子的排列规律，可以将原子简化成一个点，用假想的线将这些点连起来，构成了有明显规律的空间网格，这种表示原子在晶体中排列规律的空间网格叫做晶格。能够完整的反映晶格特征的最小几何单元称为晶胞。

3. 常见的金属晶格类型　金属的原子有一定的排列规则，形成了所谓"空间晶格"。金属的晶格类型有很多，主要有体心立方晶格与面心立方晶格两种类型。

图 2-1a 是体心立方晶格结构，它的原子位于立方体的八个顶角和立方体的中心，属于这种晶格类型的金属有铬、钒、钨和钼等。图 2-1b 是面心立方晶格结构，它的原子位于立方体的八个顶角和立方体六个面的中心，属于这种晶格类型的金属有铝、铜、铅和镍等。

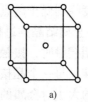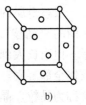

a)　　　　　　b)

图 2-1　常见的金属晶格
a) 体心立方晶格　b) 面心立方晶格

立方晶格的铁由于所处的温度不同，有时是体心立方晶格，有时是面心立方晶格，这种晶格类型的转变叫做"同素异构"转变。纯铁在常温下是体心立方晶格，晶格组织为 α - Fe；当温度升高到 912℃ 时，纯铁的晶格由体心立方晶格转变为面心立方晶格，晶格组织为 γ - Fe；再升温到 1394℃ 时，面心立方晶格又重新转变为体心立方晶格，晶格组织为 δ - Fe，然后一直保持到纯铁的熔化温度，如图 2-2 所示。利用铁的同素异构转变，可使钢铁材料能够通过不同的热处理获得不同性能。

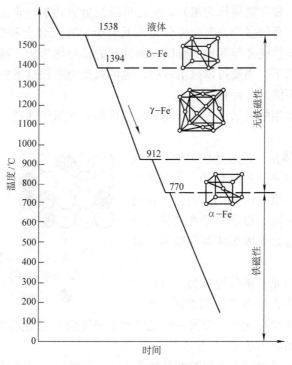

图 2-2　纯铁冷却及凝固转变图

在晶格结点上的原子并不是固定不动的。原子常围绕某一固定的位置做轻微的振动。随着温度的升高，振动的范围也增大，因而晶格有了膨胀，这就是金属热胀冷缩的原因。当温度升高到熔点后，原子的振动范围显著增大，而且全部脱离原有位置，这时金属已经熔化。

4. 金属的结晶　金属由液态转变为固态的过程叫做结晶。随着液体金属温度的降低，原子之间的吸引力逐渐增大。当温度降低到凝固温度以下时，原子之间的吸引力已达到足以克服原子混乱运动的力量，原子重新规则地排列起来，即液体金属开始结晶。结晶的过程就是原子由不规则排列的液体逐步过渡到原子规则排列的晶体的过程。金属的结晶由晶核产生和长大这两个基本过程组成。

液态金属的温度降到低于熔点时，在液态金属中就开始有一些原子最先排列起来，形成所谓的"晶核"。在金属结晶的过程中，每个晶核起初都自由地生长，并保持比较规则的外形。但当长大到互相接触时，接触处的生长就停止，只能向尚未凝固的液体部分伸展，直到液体全部凝固。这样，每一个晶核就形成一个外形不规则的晶体。这些外形不规则的晶体通常称为晶粒。晶粒的大小对金属的力学性能影响很大。晶粒越细，金属的力学性能就越好。反之晶粒越粗大，力学性能就越差。

二、合金的组织

两种或两种以上的纯金属元素或金属元素与非金属元素熔合或熔炼在一起形成具有金属性质的物质，叫做合金。例如，普通碳钢和铸铁是铁和碳的合金。合金比纯金属在工业上的用途更为广泛，这是由于与纯金属相比，合金的性能良好。为满足需要可通过调整合金元素成分和含量，以获得不同性能的合金。合金中各种元素的原子也和纯金属一样，在物体内部做有规则、有次序的排列。但合金的晶体构造比纯金属的晶体构造复杂得多。

组成合金最基本的独立物质称为组元，组元可以是金属元素、非金属元素或稳定的化合物，根据合金中组元数目的多少，合金可分为二元合金、三元合金和多元合金。在合金中，具有相同的物理和化学性能并与其他部分以界面分开的部分称为相，液态物质称为液相，固态物质称为固相。固态下，物质可以是单相的，也可以是由多相组成的。合金是由数量、形状、大小和分布方式不同的各种相所组成。

根据组元间相互作用的关系，以及形成晶体结构和显微组织的特点，可将合金的结构组织分为如下三类：

1. 固溶体　固溶体是一种组元均匀地分布在另一种组元内而构成的固态的复合体。在固溶体中保持原子晶格不变的组元叫溶剂，而分布在溶剂中的另一组元叫作溶质。根据原子在晶格上分布的形式，固溶体分为置换固溶体和间隙固溶体两类，如图2-3所示。

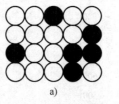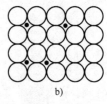

图 2-3　固溶体的两种形式
a）置换固溶体　b）间隙固溶体
● —溶质原子　○ —溶剂原子

一种组元晶格上的原子部分地被另一种组元的原子所取代的固溶体，叫做置换固溶体；如果某一组元晶格上的原子没有缺少，而另一组元的原子挤塞到上述组元晶格原子之间的空隙中去，这种固溶体叫做间隙固溶体。

在固溶体中溶质原子的溶入而使溶剂晶格发生畸变，这种现象称作固溶强化。两种组元的原子大小的差别越大，形成固溶体后引起的晶格畸变的程度也就越大。畸变的晶格增加了金属塑性变形的阻力，因此，固溶体较纯金属硬度高、强度大。通过固溶强化是提高金属材料力学性能的重要途径之一。

2. 金属化合物　两个组元按一定的原子数比例化合，形成与组元晶格类型及性质完全不同的复合体，称为化合物。金属化合物的晶格类型和性能完全不同于任一组元，可用化学分子式来表示。金属与金属或金属与非金属之间的化合物，一般情况下有较高的硬度和脆性，并有较高的熔点和比纯金属大的电阻，因此不宜直接使用。金属化合物存在于合金中一般起强化作用。

3. 混合物　两种或两种以上的相按一定质量分数（质量百分数）组成的物质称为混合物。混合物中的各组成部分，仍保持自己原来的晶格。混合物的性能取决于各组成相的性能以及它们分布的形态、数量和大小。

第三节　金属材料的性能及试验

锅炉及压力容器生产中，大量的部件是用金属材料制造的。设计时应根据各种部件的工况条件合理地选择材料，因此必须首先了解材料的各种性能，以达到既节约钢材又保证产品质量的目的。

一、金属材料的物理性能

1. 密度　某种物质单位体积的质量称为该物质的密度（也称为体积质量）。金属的密度即是单位体积金属的质量。用符号 ρ 表示。

密度是金属材料的特性之一，金属材料的密度直接关系到由它所制成设备的自重和效能。

2. 熔点　纯金属和合金从固态向液态转变时的温度称为熔点。纯金属有固定的熔点，合金的熔点决定于它的成分，例如钢和生铁虽然都是铁和碳的合金，但由于含碳量的不同，熔点也不同。熔点对于金属和合金的冶炼、铸造和焊接都是重要的影响因素。

3. 导热性　金属材料传导热量的性能称为导热性。导热性的大小通常用热导率来衡量。热导率符号为 λ，热导率越大，金属的导热性越好。银的导热性最好，铜、铝次之。合金的导热性比纯金属差。

导热性是金属材料的重要性能之一，在制定焊接、铸造和热处理工艺时，必须考虑材料的导热性，防止金属材料在加热或冷却过程中形成过大的内应力，以免金属材料变形或破坏。

4. 热膨胀性　金属材料随着温度变化而膨胀、收缩的特性称为热膨胀性。一般来说金属受热时膨胀而体积增大，冷却时收缩而体积缩小。热膨胀的大小可用线胀系数和体胀系数来表示。

在实际工作中考虑热胀性的地方很多，例如，异种金属焊接时要考虑它们的热胀系数是否接近，否则会因热胀系数的不同，使金属构件变形，内应力增大，甚至破坏。

5. 导电性　金属材料传导电流的性能称为导电性。衡量金属材料的导电性的指标是电阻率，电阻率越小，金属导电性越好。金属的导电性以银最好，铜、铝次之。合金的导电性比纯金属差。

6. 磁性　金属材料在磁场中受到磁化的性能称为磁性。根据金属材料在磁场中受到磁化程度的不同，可分为铁磁材料（如铁、钴等）、顺磁性材料（如锰、铬等）、抗磁性材料（如铜、锌等）三类。铁磁性材料在外磁场中能强烈地被磁化；顺磁性材料在外磁场中只能微弱地被磁化；抗磁性材料能抗拒或削弱外磁场对材料本身的磁化作用。工程上实用的强磁性材料是铁磁材料。

磁性与材料的成分和温度有关，不是固定不变的。当温度升高时，有的铁磁材料的磁性会消失。

二、金属材料的力学性能

金属材料的力学性能是金属受力时所反映出来的性能。金属材料的力学性能主要有强度、塑性、硬度和韧性等。

1. 强度 材料在缓慢加载的静力作用下，抵抗永久变形和断裂的能力称做强度。

（1）根据载荷作用形式区分 强度可分为抗拉强度、抗压强度、抗弯强度、抗剪强度和抗扭强度等。

（2）根据温度条件区分 常温条件下的强度包括静强度、疲劳强度（或疲劳极限）和断裂强度等。高温条件下的强度包括高温短时抗拉强度、蠕变强度（或蠕变极限）和高温持久强度等。

在工程上常用的是抗拉强度。

2. 塑性 金属材料受到外力的作用时，首先产生的是弹性变形。当外力增加到一定程度，金属发生屈服，开始产生塑性变形。塑性是指断裂前材料发生不可逆永久变形的能力。金属材料塑性的好坏，可用拉伸试样的断后伸长率和断面收缩率来衡量。此外，还常采用冷弯试验来检验金属原材料或焊接接头的塑性。

3. 韧性 冲击载荷作用下金属材料在破断前，吸收变形能量的能力称为材料的韧性，衡量金属材料韧性的指标有冲击吸收功和冲击韧度。

4. 硬度 硬度是金属材料抵抗局部变形，特别是塑性变形、压痕或划伤的能力，是衡量金属软硬的依据。

5. 断裂韧度 断裂韧度是材料阻止裂纹开始扩展的能力。材料断裂韧度的大小一方面取决于材料的成分、组织及内部结构情况，另一方面又受加载速度、温度、试件厚度等外部条件的影响。金属材料的断裂韧度指标有应力强度因子、裂纹尖端张开位移和应力应变场强度等。

三、金属材料的常规力学性能试验

表示金属材料的各项力学性能的数据是通过在专门的试验机上试验和测定而获得的。常规力学性能试验的种类主要有拉伸试验、冲击试验和硬度试验等。

1. 拉伸试验 拉伸试验可以测得金属材料的抗拉强度、屈服强度、断后伸长率和断面收缩率等。我国颁布了 GB/T 228.1—2010《金属材料 拉伸试验 第 1 部分：室温试验方法》标准，该标准对金属材料的拉伸试验方法的原理、符号、试样及其尺寸测量、试验设备、试验要求、性能测定、测定结果数值修约和试验报告等内容进行了说明和定义。

拉伸试验是在拉伸试验机上进行的，拉伸试样最重要的两个尺寸是：试样的原始横截面积（用 A_0 表示）和试样的原始标距（用 L_0 表示）。试样原始横截面可以为圆形、矩形、多边形、环形，特殊情况下可以为某些其他形状。常用的拉伸试样是圆形断面的，如图 2-4 所示，当选用圆形断面试样时，可以用试样的原始直径 d_0 来表示。原始标距与原始横截面积

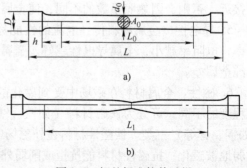

a)

b)

图 2-4 钢的标准拉伸试样

a）拉伸前 b）拉伸后

有 $L_0 = k \sqrt{A_0}$ 关系的试样称为比例试样。国际上使用的比例系数 k 的值为 5.65。原始标距应不小于15mm。当试样横截面积太小，以致采用比例系数 k 为 5.65 的值不能符合这一最小标距要求时，可以采用较高的值（优先采用11.3 的值）或采用非比例试样。

（1）抗拉强度　指试样拉断前承受的最大标称力对应的应力，其表示符号为 R_m [⊖]（原标准表示符号为 σ_b），计算公式如下：

$$R_m = \frac{F_m}{A_0}$$

式中　R_m——抗拉强度（MPa[⊖]）；

　　　F_m——试样拉断前所能抵抗的最大力（N）；

　　　A_0——试样的原始横截面积（mm^2）；

（2）屈服强度和规定非比例延伸强度（条件屈服强度）　材料承受载荷时，当载荷不再增加而仍继续发生塑性变形的现象叫"屈服"。当金属材料呈现屈服现象时，在试验期间达到塑性变形而力不增加的应力称为屈服强度，其表示符号为 R_e（原标准表示符号为 σ_s）。许多金属材料在拉伸时，没有明显的屈服现象，通常采用规定非比例延伸强度，其表示符号为 R_p。它为非比例延伸率等于规定引伸标距百分率的应力。例如，$R_{p0.2}$ 规定非比例延伸率为 0.2% 时的应力（原标准表示符号为 $\sigma_{0.2}$）。

屈服强度又分上屈服强度和下屈服强度。试样发生屈服而力首次下降前的最高应力为上屈服强度，其表示符号为 R_{eh}；在屈服期间，不计初始瞬时效应时的最低应力为下屈服强度，其表示符号为 R_{eL}，材料的屈服强度一般指下屈服强度。计算公式如下：

$$R_{eL} = \frac{F_{eL}}{A_0}$$

式中　R_{eL}——屈服强度，也就是不计初始瞬时效应时的最低应力（MPa），

　　　F_{eL}——屈服期间，试样不计初始瞬时效应时的最低力（N），

　　　A_0——试样的原始横截面积（mm^2）。

（3）断后伸长率　指试样断后标距的残余伸长与原始标距的百分比，其表示符号为 A（原标准表示符号为 δ），其计算公式如下：

$$A = \frac{L_u - L_0}{L_0} \times 100\%$$

式中　A——断后伸长率（%）；

　　　L_0——试样的原始标距（mm）；

　　　L_u——试样拉断后的标距（mm）。

（4）断面收缩率　拉伸试验时，试样拉断后，试样原始横截面与断后最小横截面之差除以原始横截面的百分比，其表示符号为 Z（原标准表示符号为 ψ），计算公式如下：

⊖　金属材料力学性能新符号见国家标准 GB/T 24182—2009。其部分新旧符号对照为：抗拉强度 R_m（σ_b），抗压强度 R_{mc}（σ_{bc}），抗弯强度 σ_{bb}（σ_w），伸长率 A（δ），断面收缩率 Z（ψ），屈服强度 R_e（σ_s）……由于新旧标准符号许多不对应，全面贯彻新标准目前还不具备条件，故本书仍沿用旧标准符号，请读者注意。

⊖　$1MPa = 1N/mm^2$，下同。

$$Z = \frac{A_0 - A_u}{A_0} \times 100\%$$

式中 Z——断面收缩率（%）；

A_0——试样的原始横截面积（mm^2）；

A_u——试样拉断后，颈缩处的最小横截面积（mm^2）。

断后伸长率和断面收缩率是评定材料塑性好坏的主要指标，其百分率越大，则表示材料的塑性越好。

2. 冲击试验 按照 GB/T 229—2007《金属材料夏比摆锤冲击试验方法》要求进行冲击试验。我国目前常用的冲击试样是夏比 V 形缺口或 U 形缺口试样，由于试样尺寸国际通用，因此也以冲击吸收功（A_K）的数值作为材料韧性的指标，其代表符号分别是 A_{kv}、A_{ku}，冲击吸收功的单位为焦耳（J）。冲击韧度（a_K）的代表符号是 a_{kv} 或 a_{ku}，单位为 J/cm^2。金属材料的冲击韧性（冲击韧度值和冲击吸收功值）与冲击试验温度有关，随着试验温度降低，冲击吸收功减小。降低到一定温度时，冲击吸收功显著减小，冲击试验断口呈脆性状态断裂，该温度称为"脆性临界转变温度"。

3. 弯曲试验 把金属材料或焊接接头试样绕一定直径的轴（压头）进行弯曲，以检验材料的塑性和表面质量的试验，称做弯曲试验。弯曲试验时，轴的直径通常为弯曲试样厚度的 2 倍、3 倍和 4 倍。在室温下进行的弯曲试验叫做冷弯试验。弯曲试验时把弯曲的角度叫做弯曲角，角度的计量单位是度。

4. 硬度试验 硬度试验可采用不同的方法在不同的仪器上进行。测定硬度常用的仪器为布氏硬度计。在布氏硬度计上测定材料硬度的原理是，用一定外力将一定大小的钢珠压在被试金属磨光的表面上，除去外力和钢珠后，在金属表面留下钢珠的印痕，然后根据印痕直径大小来测定金属的硬度值，这种硬度称为布氏硬度，布氏硬度的代表符号是 HBW。金属越硬，印痕的直径越小，换算出的布氏硬度值（HBW）越大。

除布氏硬度外，还有洛氏硬度（HRA，HRB 及 HRC）及维氏硬度（HV）等。

第四节 铁 碳 合 金

钢铁材料是现代工业中应用最为广泛的合金，是铁和碳两个组元组成的合金。在铁碳合金中，碳可以和铁组成化合物，也可以形成固溶体，或者形成混合物。钢是碳的质量分数 $[w(C)]$（含碳量）低于 2.0% 的铁碳合金。

一、铁碳合金相图和铁碳合金的组织

铁碳合金相图是研究铁碳合金的基础。它是在平衡或接近平衡状态下，不同成分的铁碳合金在不同温度下，加热和冷却时，组织转变的一种图解，图 2-5 为铁碳合金相图。

由于温度和含碳量不同，铁碳合金有五种基本组织。三种是单相组织，即铁素体、奥氏体、渗碳体，它们是铁碳合金的基本相。两种是由基本相混合组成的多相组织，即珠光体和莱氏体。

1. 铁素体 铁素体是碳溶解在 $\alpha-Fe$ 中形成的间隙固溶体，用符号 F 表示。它是由铁和碳形成的具有体心立方晶格结构的固溶体，晶格间隙较小，碳在 $\alpha-Fe$ 中的溶解度较低，且随着温度的降低而减少。由于铁素体的含碳量较低，所以铁素体的性能与纯铁相似，具有良好的塑性和韧性，强度和硬度也较低。

2. 奥氏体　奥氏体是碳溶解于面心立方晶格 γ - Fe 铁中的固溶体，用符号 A 表示。由于奥氏体是面心立方晶格，晶格的空间较大，所以奥氏体的溶碳能力较强，在 1148℃ $[w(C)]$（溶碳量）可达 2.11%，随着温度的下降，溶解度逐渐减小。

奥氏体的强度和硬度不高，但是其塑性和韧性好，是绝大多数钢在高温进行锻造和轧制时所要求的组织。

3. 渗碳体　渗碳体是 $[w(C)]$（含碳量）为 6.69% 的铁与碳的金属化合物。其分子式为 Fe_3C。渗碳体具有复杂的斜方晶体结构，它与铁和碳的晶体结构完全不同，并与铁素体相反，硬度极高，但强度很低，脆性也很大，伸长率和冲击韧度都等于零，是一种硬而脆的组织。在钢中，渗碳体以不同形态和大小出现在组织中，对钢的力学性能影响很大。随着钢中含碳量的增加，钢中渗碳体含量也增多，钢的硬度、强度增加，塑性、韧性下降。

4. 珠光体　珠光体是铁素体和渗碳体的机械混合物，平均 $w(C)$ 为 0.77%，用符号 P 表示。它只在低于 723℃ 时才存在。在缓慢冷却的条件下，珠光体中的铁素体与渗碳体都呈片状，并且是一层一层交替地排列着。珠光体的力学性能是由铁素体和渗碳体的性质和特点决定的。因此珠光体的强度较高，硬度适中，具有一定的塑性。

铁素体、珠光体和渗碳体主要力学性能见表 2-1。

表 2-1　铁素体、珠光体和渗碳体的力学性能

性　能	铁　素　体	珠　光　体	渗　碳　体
布氏硬度（HBW）	80	220	800
抗拉强度 σ_b/MPa	30	80	—
断后伸长率 σ（%）	50	14	0
断面收缩率 ψ（%）	75	20	—
冲击韧度 α_K/（J/cm²）	20	1.5	—

5. 莱氏体　莱氏体是 $w(C)$ 为 4.3% 的合金，是在 1148℃ 时从液相中同时结晶出来奥氏体和渗碳体的混合物。用符号 Ld 表示。莱氏体的力学性能和渗碳体相似，硬度高，塑性很差。

从图 2-2 可知，α 铁加热到 910℃ 以上就变为 γ 铁，如再冷却到 910℃ 以下又变为 α 铁。碳钢与纯铁的转变情况不同，碳钢加热至 A_1 温度时开始出现 γ 固溶体（奥氏体），继续加热至一定温度以上才全部变为奥氏体，该温度称为 A_3 转变温度 [$w(C)$ 小于 0.8% 时] 或 A_{cm} 转变温度 [$w(C)$ 大于 0.8% 时]。钢的 A_3 转变温度随着含碳量的增加而降低，A_{cm} 转变温度随着含碳量的增加而升高，如图 2-5 所示。

碳钢从 A_3 以上冷却至 A_3 温度时，开始出现铁素体；从 A_{cm} 以上冷却至 A_{cm} 温度时，则开始出现渗碳体。继续冷却，直至 A_1 温度以下，$w(C)$ 为 0.8% 以下的钢变为铁素体 + 珠光体，$w(C)$ 为 0.8% 以上的碳钢变为渗碳体 + 珠光体。图 2-5 所示的 A_1、A_3 和 A_{cm} 转变温度是指加热和冷却速度非常缓慢的情况下，即所谓平衡状态下的转变温度。但是，在通常的加热或冷却速度下这种转变有滞后现象，加热时的转变温度高于平衡状态下的转变温度，冷却时的转变温度低于平衡状态下的转变温度，因此，便用 Ac_1 和 Ac_3 代表加热时的转变温度，Ar_1，Ar_3 代表冷却时的转变温度，这些转变温度简称"临界点"，有时还把 Ac_3 叫上临界点。

钢中加入合金元素，能提高或降低钢的临界点。

铁碳合金相图仅为铁－碳两元的合金。钢中的合金元素对相图有很大影响。例如，镍、锰等元素能扩大奥氏体区，镍、锰含量较高的合金钢可以在室温下获得全奥氏体组织。

二、奥氏体等温转变图

铁碳合金相图的应用条件是，加热和冷却相当缓慢，组织转变是在平衡或接近平衡状态下进行的。而实际钢材焊接和热处理时，加热和冷却都十分迅速，达不到平衡状态。

由于焊接和热处理不同的冷却速度对钢的组织转变会产生很大影响，生产中常采用奥氏体等温转变曲线来分析奥氏体冷却时的组织转变情况。奥氏体等温转变曲线因曲线呈C形，故又称C曲线，某种钢的等温转变曲线如图2-6所示。

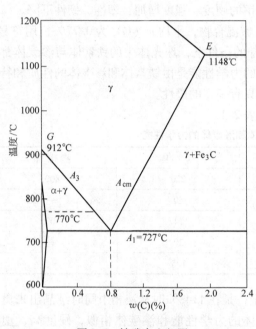

图 2-5　铁碳合金相图

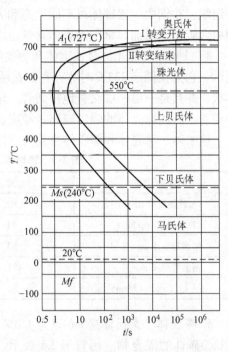

图 2-6　某种钢的等温转变曲线

图2-6中左边的曲线Ⅰ是奥氏体转变开始线。曲线Ⅰ以左的区域为过冷奥氏体区，即过冷到 A_1（727℃）以下温度奥氏体尚未发生转变的区域，此时，处于过冷状态的奥氏体是不稳定的。在恒温下经过一段时间（称为孕育期）便开始转变。恒温温度不同，孕育期的长短也不同，并由转变开始曲线Ⅰ所确定。曲线Ⅰ距离纵坐标最近的位置约在550℃左右，在此温度范围内孕育期最短，奥氏体最不稳定，最容易发生转变。右边的曲线Ⅱ是奥氏体转变终止线。曲线Ⅱ以右的区域为转变产物区，按转变温度和转变产物不同可分为三个区域：

1）在 A_1（727℃）~550℃之间为珠光体转变，称为高温转变区。钢冷却时，冷却速度不同，珠光体的片层间距也不同。冷却速度越大，片层间距越小。根据珠光体的片层间距的大小，珠光体又分为粗、细、极细三种。细珠光体又称为索氏体，极细珠光体又称为屈氏体。

2）在550℃~Ms（240℃）之间为贝氏体转变，称为中温转变区，贝氏体是铁素体与渗碳体的聚合组织，按转变温度的高低转变产物分别为粒状贝氏体、上贝氏体和下贝氏体。

3）在 Ms（240℃）－Mf 之间为马氏体转变区，称为低温转变区，转变产物为马氏体。马氏体是碳在体心立方晶格 α－Fe 中的过饱和固溶体，在显微镜下观察，马氏体呈白色针状组织。由于溶入了过多的碳而使 α－Fe 晶格严重畸变，增加了塑性变形的抗力，从而具有高硬度（600~650HBW）。马氏体硬度高、脆性大、强度高，但塑性、韧性较低。

图 2-6 中的 Ms 和 Mf 所代表的分别为奥氏体向马氏体转变的开始温度和终了温度。碳钢中的马氏体转变没有孕育期，当奥氏体过冷到 Ms 温度以下就立即形成马氏体。Ms 和 Mf 温度范围与冷却速度无关，在图中为两条水平线。

第五节　钢材的冶炼及分类

一、钢材的冶炼

在自然界中，重金属很少以纯的化学形式出现。他们大多化合成其他物质，而作为矿石存在。铁矿石在高炉中通过化学反应炼制成生铁，生铁经过精炼制成钢。

生铁是碳的质量分数大于 2.0% 的铁碳合金。从矿石中制取铁的过程称为炼铁。进行炼铁的炉子叫高炉。由于铁是以氧化物状态存在于矿石中，因此炼铁就是用化学反应还原的方法从矿石中制取铁。

炼钢的过程是以铁液和废钢作为原料，装入炼钢炉中，在加热熔化的同时，用氧或铁矿石氧化除去铁液中的杂质，炼成所要求成分的钢，再用连续铸造设备或铸锭法制造钢坯（粗钢、小方坯、大方坯、板坯）、钢锭。钢铁制造的典型工序如图 2-7 所示。

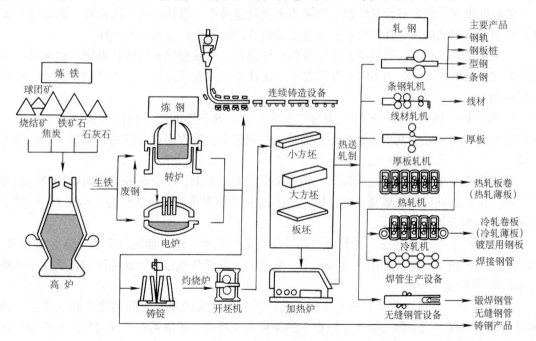

图 2-7　钢铁制造的典型工序

炼铁过程中由于是采用焦炭来去除氧化性矿石中的氧，造成在高温渗碳区中铁与焦炭直接接触吸收了大量的碳。炼钢的基本任务就是把生铁中的碳氧化到规定的范围内，通常将钢中碳的质量分数控制到 2.0% 以下，但这并不是炼钢的唯一目的，主要目的是将金属中的有害杂质——硫、磷及气体和非金属夹杂物一并去除。

（一）炼钢方法

炼钢法可分为转炉炼钢法、电炉炼钢法及平炉炼钢法三种。目前各国广泛采用的炼钢方法为转炉炼钢法和电炉炼钢法，平炉炼钢法因其设备复杂、能耗大、效率低，目前已经被淘汰。

1. 转炉炼钢法　所谓转炉炼钢法就是使用鸭梨形的转炉，以铁液作为原料，以空气或纯氧作为氧化剂，靠杂质的氧化所放出的热量，把不期望存在的杂质氧化并变成熔渣，这种使生铁变成钢的方法称为转炉炼钢法。转炉炼钢法一般不需从外部供给附加的能量。其主要优点是设备投资小，生产效率高，炼制成本低。但仅适用于炼制普通钢，对于优质钢种，由于受到原料成分的限制，都不采用此种炼制方法。

2. 电炉炼钢法　电炉炼钢法是将固态或液态的炉料通过电弧加热、感应加热或电阻加热来熔化炼制钢材的一种方法。加热过程通过热辐射或热传导实现，由于在电炉中温度高达 3000℃，并且不存在加热气体，因此可以炼制出高纯度的钢材。电炉炼钢法可生产质量高、性能特殊的钢材和高合金钢等。

（二）浇铸

精炼后，把钢液浇铸到钢锭模中做成铸锭，或者进行连续铸造，其尺寸应适合于紧接着的进一步成形加工。同样也可以把钢液直接浇铸成铸钢件，例如不需要进行锻造和轧制的工件。

浇铸的钢液中仍含有大量的氧，如果不事先在钢液中采取特殊的预防措施，则这些含氧成分会与钢液中的碳发生强烈反应，引起浇铸时在钢锭模中产生大量的气体。

根据钢的脱氧情况，可将钢分为沸腾钢、镇静钢、半镇静钢和特殊镇静钢，在钢材牌号表示方法中分别用 F、Z、b 和 TZ 符号表示。在牌号组成表示方法中，"Z" 与 "TZ" 符号可以省略。

1. 沸腾钢　钢液中碳与氧的反应会产生大量的一氧化碳和二氧化碳气体，由于这些气体的移动，使钢液处于剧烈沸腾状态。沸腾钢的钢锭中含有许多被凝固的钢液包含在内部的气体。

钢在钢锭模中由外向内进行凝固，钢的杂质元素硫和磷，还有碳和氮均向钢锭的内部聚集。因此从钢锭的内部区域到外部区域就会出现钢的杂质元素的浓度梯度（分层），一般把这种现象称为偏析。

沸腾钢的表层（外表皮）比较纯，几乎没有偏析现象，但内部区域杂质元素含量较多，偏析较严重。由于沸腾钢的冶炼过程简单，造价低，有偏析现象，因此沸腾钢仅适用于非重要结构件的焊接生产中。

2. 镇静钢　如果在钢液中添加硅和少量的锰和铝，采用硅锰或硅铝联合脱氧方法，沸腾过程和分层倾向就会随之减小，钢锭中的偏析现象减轻。镇静钢在凝固过程中不产生气体而平静地凝固，但最后凝固的部分会产生因钢液凝固的孔洞。由于这部分要切除，一般需设保温帽集中缩孔以求提高收得率。镇静钢脱氧较完全，钢材产生偏析的程度小，气孔含量低，因此在焊接过程中有利于保证焊接质量。

3. 半镇静钢　半镇静钢是脱氧程度为与前两者中间的钢锭，在铸模内不发生沸腾反应，平静的凝固，但在钢锭上部使其产生若干气泡而消除凝固收缩导致的管状气孔，内部均匀接近镇静钢。半镇静钢和沸腾钢一样，可提高收得率，且在质量上接近于镇静钢的中间产品。

二、钢材的分类

（一）按用途分类

1. 结构钢　用于制造各种工程结构和各种机器零件的钢总称为结构钢。其中用于制造工程结构的钢又称为工程用钢或构件用钢，它包括碳素结构钢（非合金结构钢）中的甲类钢、乙类钢、特类钢以及低合金结构钢等；机器零件用钢则包括渗碳钢、调质钢、弹簧钢和滚动轴承钢等。

2. 工具钢　用于制造各种加工工具的钢种，根据工具的不同用途，可分为刃具钢、模具钢、量具钢等。

3. 特殊性能钢　是指具有某种特殊物理或化学性能的钢种，包括不锈钢、耐热钢、耐磨钢、电工钢等。

（二）按化学成分分类

1. 碳素结构钢　低碳钢 $[w(C) \leqslant 0.25\%]$、中碳钢 $[w(C) 0.25 \sim 0.60\%]$、高碳钢 $[w(C) > 0.60\%]$。

2. 合金钢　低合金钢（合金元素总的质量分数 $< 5\%$），中合金钢（合金元素总的质量分数为 $5\% \sim 10\%$），高合金钢（合金元素总的质量分数 $> 10\%$）。

（三）按品质分类

主要是按钢中的硫、磷等有害杂质的含量分类。

1. 普通质量钢　$w(P) \leqslant 0.045\%$，$w(S) \leqslant 0.055\%$。

2. 优质钢　$w(P) \leqslant 0.040\%$，$w(S) \leqslant 0.040\%$。

3. 高级优质钢　$w(P) \leqslant 0.035\%$，$w(S) \leqslant 0.030\%$。

（四）按组织结构分类

1. 按平衡状态或退火状态的组织分类　可分为亚共析钢、共析钢、过共析钢和莱氏体钢。

2. 按金相组织分类　可分为珠光体钢、马氏体钢、铁素体钢和奥氏体钢。

3. 按钢在加热和冷却过程中有无固态相变分类　可将钢分为铁素体钢和奥氏体钢（国外常采用该分类方式）。

另外铁素体和奥氏体的体积分数（φ）各占 50% 左右的不锈钢又称为双相钢。

第六节　常用钢材牌号表示方法

一、我国锅炉压力容器常用钢材牌号

（一）我国锅炉压力容器常用钢材牌号的表示方法

我国钢材牌号采用大写汉语拼音字母、化学元素符号和阿拉伯数字相结合的方法表示。按照 GB/T221—2008《钢铁产品牌号表示方法》规定，采用汉语拼音字母或英文字母表示产品名称、用途、特性和工艺方法时，一般从产品名称中选取有代表性的汉字的汉语拼音的首位字母或英文单词的首位字母。钢材的牌号中常见的符号及在钢材牌号中的位置见表2-2。

表 2-2　钢材牌号中常见的符号

名称		汉字	采用符号	在钢材牌号中的位置
焊接气瓶用钢		焊瓶	HP	牌号头
管线用钢		—	L	牌号头
锅炉、压力容器用钢		容	R	牌号尾
锅炉用钢（管）		锅	G	牌号尾
低温压力容器用钢		低容	DR	牌号尾
桥梁用钢		桥	Q	牌号尾
耐候钢		耐候	NH	牌号尾
碳素结构钢		屈	Q	牌号头
低合金高强度钢		屈	Q	牌号头
焊接用钢		焊	H	牌号头
矿用钢		矿	K	牌号尾
脱氧方法	沸腾钢	沸	F	牌号尾
	半镇静钢	半	b	牌号尾
	镇静钢	镇	Z	牌号尾
	特殊镇静钢	特镇	TZ	牌号尾
质量等级		—	A B C D E	牌号尾 牌号尾 牌号尾 牌号尾 牌号尾

我国锅炉、压力容器常用钢材牌号的表示方法通常有如下两种：

1. 屈服强度数值法　钢材牌号的表示方法为：前缀符号 + 屈服点（强度）数值（以 MPa 或 N/mm² 为单位）+ 质量等级符号 + 脱氧方法符号 + 产品用途、特性、工艺方法等。

2. 国际化学元素符号法　钢材牌号的表示方法为：碳平均含量数字代号（质量分数 × 10^4）+ 合金的国际化学元素符号 + 合金元素含量 + 产品用途、特性、工艺方法的表示符号。

合金元素平均质量分数 [w(Me)] 小于 1.50% 时，牌号中仅标明元素，一般不标明含量。

锅炉、压力容器常用材料为碳素结构钢、低合金高强钢、合金结构钢、耐热钢和不锈钢。下面对它们的表示方法进行简单介绍。

（二）碳素结构钢牌号的表示方法

1. 屈服强度数值法　根据 GB/T700—2006《碳素结构钢》标准，普通碳素结构钢牌号由代表屈服点的拼音字母 "Q"、材料的屈服点数值（单位为 MPa）、质量等级符号、脱氧方法符号等 4 个部分按顺序组成。碳素结构钢共有四个强度级别，即 195MPa、215MPa、235MPa 和 275MPa（Q275 牌号已在 GB/T 700—2006 中取消）。

例如，Q235AF 表示屈服点为 235MPa 质量级别为 A 级的碳素结构沸腾钢。

2. 国际化学元素符号法　优质碳素结构钢采用国际化学元素符号法。例如，08F 表示碳的平均质量分数为 0.08% 的沸腾钢。镇静钢一般不标符号"Z"，如 45 表示碳的平均质量分数为 0.45% 的镇静钢。

较高含锰量的优质碳素结构钢，在二位阿拉伯数字（碳的质量分数 $\times 10^4$）后加锰元素符号。例如，50Mn 表示碳的平均质量分数为 0.50%，锰的平均质量分数为 0.70% ~ 1.00% 的优质碳素结构钢。

3. 专用碳素结构钢的表示方法

（1）采用代表专门用途的特征符号 + 材料的屈服点数值　例如，L175、L225、HP245 和 HP265 等，其中 L、HP 分别代表管线用钢和焊接气瓶用钢。

GB 713—2008 锅炉、压力容器钢板中将 20R、20g 合并成 Q245R，其中 Q 代表屈服点，245 代表屈服点数值为 245MPa，R 为锅炉、压力容器用钢。

（2）采用优质碳素结构钢牌号的国际化学元素符号法例如 20G。

（三）低合金高强度结构钢牌号的表示方法

1. 屈服强度数值法　根据 GB/T1591—2008《低合金高强度结构钢》标准，该钢简称为低合金高强钢，其牌号用屈服强度数值法。低合金高强钢牌号共有八个强度级别，即 345MPa、390MPa、420MPa、460MPa、500MPa、550MPa、620MPa 和 690MPa。质量等级有 A、B、C、D 和 E，分别表示不同的冲击试验要求。例如 Q345B，345 表示屈服点数值为 345MPa，B 表示 +20℃ 冲击吸收功 A_{KV} 为 34J。

2. 专用低合金结构钢的表示方法

（1）采用代表专门用途的特征符号 + 材料的屈服点数值　例如，L290、L485、HP295 和 HP365 等。

（2）采用 GB/T1591—2008《低合金高强度结构钢》标准中牌号 + 代表专门用途的特征字母例如，Q345R 表示屈服点数值为 345MPa 的压力容器用低合金高强度结构钢。

（四）合金结构钢牌号的表示方法

合金结构钢牌号采用国际化学元素符号法表示。表 2-3 为合金元素的质量分数标注方法。

表 2-3　合金元素的含量标注方法　　　　　　　（质量分数，%）

合金元素平均 w（Me）	< 1.5	1.5 ~ 2.49	2.5 ~ 3.49	3.5 ~ 4.49	4.5 ~ 5.49
标注数字	不标	2	3	4	5

例如，30CrMnSi 表示碳的平均质量分数为 0.30%，铬、锰、硅的质量分数都小于 1.5%。

20CrNi3 表示碳的平均质量分数为 0.20%，铬、镍的质量分数分别为 < 1.5%、2.5% ~ 3.49%。

（五）低、中合金耐热钢

低、中合金耐热钢不仅要满足常温力学性能要求，更重要的是要满足高温力学性能、高温抗氧化和耐腐蚀性能要求。因此，如果用常温屈服点数值法来表示低、中合金耐热钢的牌号，则不能反映对高温力学性能、抗氧化和耐腐蚀性能的特殊要求。所以低、中合金耐热钢的牌号采用国际化学元素符号法，其表示方法与合金结构钢牌号基本相同。

（六）不锈钢和高合金耐热钢

GB/T20878—2007《不锈钢和耐热钢牌号和化学成分》标准规定了不锈钢和耐热钢的牌号表示方法，不锈钢和高合金耐热钢牌号采用化学元素符号和表示各元素合金含量的阿拉伯数字表示，"Cr"前面的数字表示平均含碳量，用两位或三位阿拉伯数字表示含碳量（万分之几或十万分之几）最佳控制值，化学元素后面的数字表示该元素平均含量，表示方法与合金结构钢相同，钢中若有添加铌、钛、锆、氮等合金元素，虽然含量很低，但也要在牌号中标出。对于只规定含碳量上限者，当 $w(C)$ 上限 ≤0.10% 时，$w(C)$ 以其上限的 3/4 表示；$w(C)$ 上限 > 0.10% 时，$w(C)$ 以其上限的 4/5 表示。例如，$w(C)$ 上限为 0.20% 时，其牌号中的 $w(C)$ 以 16 表示；$w(C)$ 上限为 0.15% 时，其牌号中的 $w(C)$ 以 12 表示；$w(C)$ 上限为 0.08% 时，其牌号中的 $w(C)$ 以 06 表示；规定上、下限者，用平均 $w(C) \times 100$ 表示。$w(C)$ <0.030% 的不锈钢称为超低碳不锈钢，对超低碳不锈钢，用三位阿拉伯数字"以十万分之几"表示含碳量，例如：$w(C)$ 上限为 0.030% 时，其牌号中的 $w(C)$ 以 022 表示，$w(C)$ 上限为 0.010% 时，其牌号中的 $w(C)$ 以 008 表示。不锈钢和高合金耐热钢牌号中含碳量的典型数字表示方法举例见表 2-4。

例如，06Cr19Ni10 不锈钢，表示碳的质量分数 ≤0.08%，Cr 的平均质量分数为 19%，Ni 的平均质量分数为 10% 的铬镍不锈钢。

022Cr19Ni10 表示 C 的质量分数上限 0.030%，Cr 的平均质量分数为 19%，Ni 的平均质量分数为 10% 的超低碳不锈钢。

表 2-4　不锈钢和高合金耐热钢牌号中含碳量的典型数字表示方法（质量分数,%）

平均含碳量	≤0.010	≤0.020	≤0.030	≤0.08	≤0.12	≤0.15
典型数字表示方法	008	016	022	06	10	12

二、国外钢材牌号的表示方法

（一）德国钢材的牌号

德国工业标准（DIN）规定牌号的表示方法是由三部分组成。第一部分是在牌号主体部分前冠以表示冶炼或原始特性的缩写字母；第二部分是表示钢的强度或化学成分的主体部分；第三部分是在主体部分后面附有代表热处理状态或保证性能指标范围的数字，第一部分和第三部分也可以省略。

1. 普通碳素钢

（1）强度级别主体的牌号　主体由代表"钢"的英文字母"st"和抗拉强度下限数值组成，必要时在主体前后标以冶炼或原始特性的字母，如：

st45.8——表示抗拉强度不小于（45.8kgf/mm²）363MPa

st52——表示抗拉强度不小于（52kgf/mm²）509MPa。

st45.6N——表示抗拉强度不小于（45kgf/mm²）441MPa，正火处理的耐时效平炉钢。

（2）化学成分主体的牌号，牌号主体由碳元素符号"C"和随后的表示平均碳质量分数万分率的数字组成，也可在主体前或后加注表示冶炼和原始特性的字母等，如：

C15E——表示平均碳的质量分数为 0.15%，经渗碳淬火的钢。

C35N——表示平均碳的质量分数为 0.35%，经正火处理的钢。

另外根据碳素钢的质量、用途的不同（如 P、S 含量等），还可在牌号开头冠以 CK、Cf 等字母，如：

CK××——CK 表示 P、S 含量较低的优质钢。

Cf××——Cf 表示淬火钢。

2. 低合金结构钢　低合金结构钢的牌号，由表示碳含量的数字、合金元素符号及表示其含量的数字组成。合金元素符号按其含量的多少依次排列，元素含量的数字是将该元素的质量分数乘上一个指数（倍数）表示（同时去掉百分号），各元素指数见表 2-5。元素的质量分数可用元素的含量数字除以该元素指数的百分数来确定。例如，15Cr3 表示 C 的平均质量分数为（15/100）% = 0.15%，Cr 的平均质量分数为（3/4）% = 0.75%；24CrMoV52 表示 C 的平均质量分数为（24/100）% = 0.24%，Cr 的平均质量分数为（5/4）% = 1.25%，Mo 的平均质量分数为（2/10）% = 0.2%。

表 2-5　元素指数

元素	元素指数（元素的质量分数的倍数）
Cr、Mn、Ni、Si、W	4
Al、Cu、Mo、V、Ti、Nb、Ta	10
C、N、P、S	100

3. 高合金钢　牌号冠以字母"X"，以表示高合金钢，其后为表示平均碳质量分数万分率数值和按含量多少依次排列的合金元素化学符号；最后是标明各主要合金元素的质量分数的平均百分率数值（按四舍五入化为整数）。例如：

X10CrNi18.8 表示，C 的平均质量分数为 0.10%，Cr 的平均质量分数为 18%，Ni 的平均质量分数为 8% 的不锈钢。

X10CrNiTi18.9 表示，C 的平均质量分数为 0.10%，Cr 的平均质量分数为 18%，Ni 的平均质量分数为 9% 的不锈钢。

（二）ASME（美国机械工程师学会）钢铁材料牌号的编制

美国机械工程师学会为锅炉、压力容器用钢制定了一系列标准，见"ASME"标准"Ⅱ卷 A 篇"。其大部分被批准为美国国家标准，不仅美国国内广泛采用，且世界很多国家引用该标准。

"ASME"标准的牌号表示方法是在牌号开头冠以字母"SA"，"S"表示"ASME"代号，A 表示钢铁材料，接着标在"-"后面用数字表示该材料的标准号，标准号后面紧接类型号或级别号。类型号或级别号由字母或数字或字母 + 数字组成，它反映了材料的等级、产品形式或主要合金元素等。

"ASME"标准中锅炉、压力容器常用钢的标准号及标准名称见表 2-6。

1. 碳素钢和低合金钢　碳素钢和低合金钢牌号中材料的标准号后面的类型号或级别号，用代表不同强度等级的代号 Gr（A、B、C 和 D）或 Gr（1、2 和 3）表示，有的直接用该材料的最低抗拉强度数字表示。例如，SA - 106GrB 和 SA - 516Gr70（A、B、C 和 D 前的"Gr"字母可省略），根据材料的标准号，从材料对应的标准中可知，SA - 106GrB 中的"GrB"表示该材料的最低抗拉强度为 60ksi[⊖]，"Gr70"直接表示材料的最低抗拉强度为 70ksi。如果同一标准号，同一强度等级中有几种因化学成分或其他要求不同的材料，则在

⊖　ksi 为非法定计量单位，它与 kPa 的换算关系为 1ksi = 6894.76kPa，下同。

强度等级的代号后面，用类别号 CL1、2、3 来区分，如 SA – 508Gr3CL2。

表 2-6　"ASME" 标准中锅炉、压力容器常用钢的标准号及标准名称

标准号	标准名称
SA—105	管道元件用碳钢锻件不同等级的板材
SA—106	高温用无缝碳钢管
SA—178	电阻焊碳钢和碳锰钢锅炉及过热器管子
SA—182	高温用锻制或轧制合金钢管道法兰、锻制管配件、阀门和零件
SA—192	高压用无缝碳钢锅炉管子
SA—204	压力容器用钼合金钢板
SA—209	锅炉和过热器用无缝碳钼合金钢管子
SA—213	锅炉、过热器和换热器用无缝铁素体和奥氏体合金钢管子
SA—217	高温承压零件用马氏体不锈钢和合金钢铸件
SA—285	压力容器用中、低强度碳素钢板
SA—299	压力容器用碳锰硅钢板
SA—335	高温用无缝铁素体合金钢管
SA—336	高温承压件用合金钢锻件
SA—387	压力容器用铬 – 钼合金钢板
SA—516	中、低温压力容器用碳钢板
SA—556	给水加热器用无缝冷拔碳钢管子

2. 低、中合金耐热钢　低、中合金耐热钢牌号中的类型号或级别号，采用产品形式代号 + Cr、Mo 含量数字和类别号表示。低、中合金耐热钢牌号中常用的类型号和化学成分的表示内容见表 2-7。

例如，SA – 213T11、SA – 335P91、SA – 182F21、SA – 387Gr22 和 SA – 182F11CL1 等（T、P、F 字母前的 "Gr" 可省略）。

表 2-7　低、中合金耐热钢牌号中常用的类型号和化学成分（质量分数，%）的表示内容

类型号或级别号	表示内容	类型号或级别号	表示内容
(Gr)T	换热管	21	$w(Cr):2.65\% \sim 3.35\%$,$w(Mo):0.80\% \sim 1.05\%$
(Gr)P	通用管	22	$w(Cr):2.00\% \sim 2.50\%$,$w(Mo):0.87\% \sim 1.13\%$
(Gr)F	锻件	1	$w(Mo):0.44\% \sim 0.65\%$
Gr	级别号	2	$w(Cr):0.50\% \sim 0.81\%$,$w(Mo):0.44\% \sim 0.65\%$
CL	类别号	5	$w(Cr):4.00\% \sim 6.00\%$,$w(Mo):0.44\% \sim 0.65\%$
11	$w(Cr):1.00\% \sim 1.50\%$,$w(Mo):0.44\% \sim 0.65\%$	9	$w(Cr):8.00\% \sim 10.00\%$,$w(Mo):0.44\% \sim 0.65\%$
12	$w(Cr):0.80\% \sim 1.25\%$,$w(Mo):0.44\% \sim 0.65\%$	91	$w(Cr):8.00\% \sim 9.50\%$,$w(Mo):0.44\% \sim 0.65\%$ 和其他微量元素

3. 不锈钢和高合金耐热钢　不锈钢和高合金耐热钢牌号中的型号或等级号，采用三位数字代号表示。三位数字代号的表示内容见表 2-8。

表 2-8　不锈钢和高合金耐热钢牌号中常用的类型号和化学成分（质量分数，%）的表示内容

类型号或级别号	表示内容	类型号或级别号	表示内容
（Gr）TP	不锈钢管	316	18Cr,12Ni,Mo
（Gr）F	锻件	317	19Cr,13Ni,3.5Mo
Type	钢板	321	18Cr,10Ni,Ti
304	18Cr,10Ni	347	18Cr,10Ni,Cb
309	23Cr,13.5Ni	410	12.5Cr,0.75Ni
310	25Cr,20Ni		

例如，SA – 213TP304，SA – 182F347、SA240Type321（TP、F 字母前的 "Gr" 一般不标出）。

（三）日本钢材牌号的编制

日本工业标准 JIS 钢铁材料的牌号由三部分组成：

第一部分采用英文字母表示材料分类，如钢用 "S" 表示。

第二部分采用字母表示材料用途、钢材种类，或者主要化学成分等。第二部分常用字母如下：

K——工具钢（Kong）。　　　　　W——线材、钢丝（Wire）。

U——特殊用途钢（Use）。　　　　C——铸件（Casting）。

P——钢板（Plate）。　　　　　　F——锻件（Forging）。

T——钢管（Tube）。

为了进一步区分，牌号第二部分常采用几个字母组合来表示。合金结构钢的第一、第二部分代表的字母见表 2-9。

表 2-9　合金结构钢的第一、第二部分代表的字母

钢组	代表字母	钢组	代表字母
锰钢	Mn	镍铬钢	NC
锰铬钢	MnC	镍铬钼钢	NCM
铬钢	Cr	铝铬钼钢	ACM
铬钼钢	CM		

第三部分一般为数字，表示钢种的顺序编号或强度值下限。有的牌号在数字序号后还附加 A、B、C 等字母，表示不同等级、种类或厚度。

1. 碳素结构钢　碳素结构钢牌号采用 "S××C" 的表示方法，其中，S 表示钢，×× 表示碳的质量分数，C 表示碳素结构钢。如 S10C，表示碳的平均质量分数为 0.10% 的碳素结构钢。

2. 合金结构钢　合金结构钢牌号采用 "S $X_1X_1 \times_1 \times_2$ X_2" 的表示方法。其中，S 表示钢，X_1X_1 表示主要合金元素符号，其含义见表 2-9，$\times_1$ 表示主要合金元素的含量代号，$\times_2$ 表示含碳量代号，X_2 表示附加符号（也可以没有附加符号）。

例如，SCM420 为 CrMo 钢，主要合金元素的含量代号 4 表示 Cr 的质量分数为 0.80% ~

1.40%，Mo 的质量分数为 0.15% ~ 0.30%（查有关主要合金元素的含量代号与元素实际含量对应表——本书没有列出），20 表示碳的平均质量分数为 0.20%。

结构钢也可以采用抗拉强度表示方法。例如，普通结构用轧钢牌号采用"SS××"，其中，××表示抗拉强度值下限。

3. 不锈钢　不锈钢牌号采用"SUS ××× X"的表示方法，其中，第一个 S 表示钢（Steel），U 表示特殊用途（Use），第二个 S 表示不锈钢（Stainless），SUS 后面的三位数字×××代表 Cr、Ni 和其他合金元素的含量范围，三位数字的表示意义见表 2-8。X 表示附加符号，TB 表示锅炉及热交换器用钢管，TP 表示通用钢管等，也可以没有附加符号。

例如，SUS347TB 表示锅炉及热交换器用不锈钢管，从表 2-8 可知，347 表示"18Cr，10Ni，Cb"。

4. 专用钢　对于一些专用钢牌号，日本 JIS 标准采用其他表示方法，具体表示方法如下：

"SB××"锅炉及压力容器用碳钢板（JIS G3103），××表示抗拉强度下限值。

"SB××M"锅炉及压力容器用碳钼钢板（JIS G3103），××表示抗拉强度下限值。

"SPV××"常温压力容器用钢板（JIS G3115），××表示屈服点下限值。

"STB××"锅炉及热交换器用钢管（JIS G3461），××表示抗拉强度下限值。

"STBA××"锅炉及热交换器用合金钢管，××为钢种序号。

第七节　钢的热处理

热处理是将钢在固态下加热到一定温度，并在该温度下保持一定时间，然后以一定的速度冷却下来的一种热加工工艺。其目的是改变钢的内部组织结构，以改善钢的性能。

根据加热、冷却方式及获得的组织和性能的不同，钢的热处理可分为普通热处理（退火、正火、淬火和回火）、表面热处理（表面淬火和化学热处理）及形变热处理等。热处理通常由加热、保温和冷却三个阶段组成。大多数的热处理过程，首先必须把钢加热到奥氏体状态，然后以适当的方式冷却，以获得所期望的组织和性能。

一、淬火

1. 定义　将钢加热到 Ac_3 或 Ac_1 以上 30 ~ 50℃，并保持一定时间，然后以大于临界冷却速度的速度冷却，以获得马氏体或贝氏体组织的热处理工艺称为淬火。

2. 目的　淬火的目的是使奥氏体化后的工件获得尽量多的淬硬组织（如马氏体），并配以不同温度回火获得各种需要的性能。淬火可以显著提高钢的强度和硬度。为了消除淬火钢的残留内应力，得到不同强度、硬度和韧性配合的性能，需要配以不同温度的回火。因此淬火和回火是不可分割、紧密衔接在一起的两种热处理工艺。在淬火后，必须配以适当的回火，淬火马氏体在不同的回火温度下，可以获得不同的力学性能。

二、回火

1. 定义　钢件淬火后，再加热到 Ac_1 点以下的 30 ~ 50℃，保温一定时间，并以适当方式冷却到室温的工艺过程。回火的冷却方式一般为空冷。一些重要的机器零件，为了防止重新产生内应力、变形和开裂，通常采用缓慢冷却的方式。对于有高温回火脆性的钢件，应进行油冷或水冷，以抑制回火脆性。

2. 目的

1）减少或消除工件淬火时产生的内应力，防止工件在使用过程中的变形和开裂。

2）通过回火提高钢的韧性，适当调整钢的强度和硬度，使工件达到所要求的力学性能，以满足各种工件的需要。

3）稳定组织，使工件在使用过程中不发生组织转变，从而保证工件的形状和尺寸不变。

3. 分类　按温度的不同，回火可分为低温回火（150～250℃）、中温回火（300～450℃）和高温回火（500～700℃）。

低温回火的硬度高，多用于耐磨件。中温回火的硬度较高，多用于具有一定韧性要求的冲压件。而高温回火可消除钢中的内应力，降低钢的强度、硬度，提高塑性及韧性，可用于力学性能要求较高的结构件。回火处理的保温时间为1～4h，然后在空气中冷却。

如果单纯为了消除焊接残留内应力而对焊件进行回火处理，也可以叫做消除应力回火处理。对回火温度不敏感的钢种，如20G、19Mn6、Q345（16Mn），可将回火处理与消除应力处理合为一个工序进行。

某些合金钢及其焊接结构，在淬火后随即进行高温回火，这一连续的热处理操作叫做调质处理。调质处理能使钢在保持高的冲击韧度的同时，获得高的强度。

三、退火

1. 定义　将钢加热至临界点 Ac_1 以上或以下温度，在该温度保持一段时间，然后缓慢而均匀地冷却（一般随炉冷却）以获得近于平衡状态组织的热处理工艺称为退火。

2. 目的

1）降低钢的硬度，提高塑性，以利于切削加工及冷变形加工。

2）细化晶粒，均匀钢的组织及成分，改善钢的性能。

3）消除钢中的残留内应力，以防止变形和开裂。

3. 退火的种类　常用的退火方法有完全退火、扩散退火、不完全退火、球化退火和去应力退火等几种。

（1）完全退火　将钢件或钢材加热至 Ac_3 点以上的20～30℃，经完全奥氏体化后进行缓慢冷却，获得接近平衡状态组织的工艺称为完全退火。它可以降低钢的强度，细化晶粒，充分消除内应力。

完全退火主要用于中碳钢及低、中碳合金结构钢的锻件、铸件等。

（2）扩散退火　扩散退火又称为均匀化退火，它是将钢锭、铸件或锻坯加热至 Ac_3 点或 Ac_3 点以上的150～300℃的温度下长时间保温，然后缓慢冷却以消除化学成分不均匀现象的热处理工艺。其目的是消除铸锭或铸件在凝固过程中产生的枝晶偏析及区域偏析，使成分和组织均匀化。

（3）球化退火　为使钢中碳化物呈球状化而进行的退火称为球化退火。球化退火加热温度一般在 Ac_1 点以上的20～30℃，保温时间也不能太长，一般为2～4h，冷却方式通常采用炉冷。它不但可使材料硬度降低，便于切削加工，而且在淬火加热时，奥氏体晶粒不易长大，冷却时工件的变形和开裂倾向小。

球化退火适用于碳素工具钢、合金工具钢及轴承钢等。

（4）不完全退火　不完全退火是将钢加热至 $Ac_1 \sim Ac_3$（亚共析钢）或 $Ac_1 \sim Ac_{cm}$（过共

析钢）之间，经保温后缓慢冷却以获得近于平衡组织的热处理工艺。由于加热至两相区温度，仅使奥氏体发生重结晶，故基本上不改变先共析铁素体或渗碳体的形态及分布。如果亚共析钢原始组织中的铁素体已均匀细小，只是珠光体片间距小，硬度偏高，内应力较大，那么只要在 Ac_1 以上、Ac_3 以下温度进行不完全退火即可达到降低硬度、消除内应力的目的。由于不完全退火的加热温度低，时间短，因此对于亚共析钢的锻件来说，若其锻造工艺正常，钢的原始组织分布合适，则可采用不完全退火代替完全退火。

不完全退火主要用于过共析钢获得球状珠光体组织，以消除内应力、降低硬度、改善切削加工性。故不完全退火又称球化退火。实际上球化退火是不完全退火的一种。

（5）去应力退火 钢材在热轧或锻造后，在冷却过程中因表面和心部冷却速度不同造成内外温差会产生残留内应力。这种内应力和后续工艺因素产生的应力叠加，易使工件发生变形和开裂。焊接件焊缝处由于组织不均匀也存在很大的内应力，显著地降低焊接接头的强度。为了消除由于变形加工以及铸造、焊接过程引起的残留内应力而进行的退火称为去应力退火。除消除内应力外，去应力退火还可降低硬度，提高尺寸稳定性，防止工件的变形和开裂。

钢的去应力退火加热温度较宽，但不超过 Ac_1 点，一般在 500~650℃ 之间。铸铁件去应力退火温度一般为 500~550℃，超过 550℃ 容易造成珠光体的石墨化。焊接件的退火温度一般为 500~600℃。一些大的焊接件，难以在加热炉内进行去应力退火。常常采用火焰或工频感应加热局部退火，其退火加热温度一般略高于炉内加热。

去应力退火后的冷却应尽量缓慢，以免产生新的应力。

四、正火

1. 定义 正火是将钢加热到 Ac_3（或 A_{cm}）以上适当温度，保温以后在空气中冷却得到珠光体类组织的热处理工艺。与完全退火相比，二者的加热温度相同，但正火冷却速度较快，转变温度较低。因此，相同钢材正火后获得的珠光体组织较细，钢的强度、硬度也较高。

2. 目的

1）改善钢的切削加工性能。

2）消除热加工缺陷。

3）消除过共析钢的网状碳化物，便于球化退火。

4）提高普通结构零件的力学性能。

第三章　焊接基础知识

第一节　金属焊接方法的分类及焊接热源

一、金属焊接的定义

金属焊接是指通过加热或加压，或两者并用，用或不用填充材料，使两个分离的金属物体（同种金属或异种金属）产生原子（分子）间结合而连接成一体的连接方法。

二、焊接方法的分类

按焊接工艺特点和母材金属所处的状态，可以把焊接方法分成熔焊、压焊和钎焊三类。金属焊接的分类如图 3-1 所示。

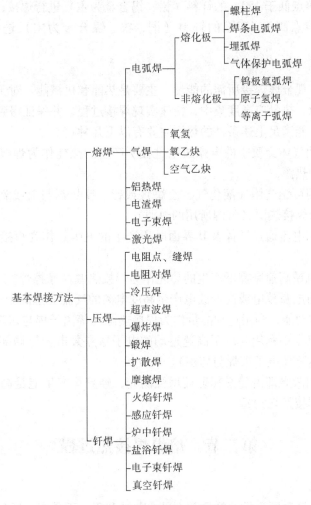

图 3-1　焊接方法的分类

（一）熔焊

将待焊处的母材金属熔化，但不加压力以形成焊缝的焊接方法，称为熔焊。熔焊是目前应用最广泛的焊接方法，最常用的有焊条电弧焊、埋弧焊和气体保护焊等。

（二）压焊

压焊是指焊接过程中，必须对焊件施加压力（加热或不加热）以完成焊接的方法。包括固态焊、热压焊、锻焊、扩散焊、气压焊及冷压焊等。压焊有两种形式：

1. 加热　将被焊金属的接触部位加热至塑性状态，或局部熔化状态，然后加一定的压力，使金属原子间相互结合形成焊接接头。例如，电阻焊、摩擦焊等。

2. 不加热　仅在被焊金属接触面上施加足够大的压力，借助于压力引起的塑性变形，使原子相互接近，从而获得牢固的压挤接头。如冷压焊、超声波焊和爆炸焊等。

（三）钎焊

采用比母材熔点低的金属材料作为钎料，将焊件和钎料加热到高于钎料熔点，但低于母材熔点的温度，利用液态钎料润湿母材，填充接头间隙，并与母材相互扩散而实现连接焊件的方法。根据使用钎料的不同，可分为硬钎焊和软钎焊两类。

1. 软钎焊　用熔点低于450℃的钎料（铅、锡合金为主）进行焊接，接头强度较低。

2. 硬钎焊　用熔点高于450℃的钎料（铜、银、镍合金为主）进行焊接，接头强度较高。

三、焊接热源

到目前为止，实现金属焊接所需的能量，主要是热能和机械能。对于熔焊来说，主要是热能。作为焊接热源，热量应高度集中，快速实现焊接过程，并保证得到高质量的焊缝和最小的焊接热影响区。能满足上述条件的热源主要有以下几种：

1. 电弧热　利用气体介质中的电弧放电过程所产生的热能作为焊接热源，是目前焊接中应用最广泛的一种热源。

2. 化学热　利用可燃气体（液化气、乙炔）或铝、镁热剂与氧或氧化物发生强烈反应时所产生的热能作为焊接热源（气焊所用的热源）。

3. 电阻热　利用电流通过导体及其界面时所产生的电阻热作为焊接热源（电阻焊和电渣焊）。

4. 摩擦热　由机械高速摩擦所产生的热能作为焊接热源（摩擦焊）。

5. 等离子焰　由电弧放电或高频放电产生高度电离的气流（远高于一般电弧的电离度）并携带大量的热能和动能，利用这种能量作为焊接热源（等离子焊与切割）。

6. 电子束　在真空中利用高压下高速运动的电子猛烈轰击金属局部表面，使这种动能转为热能作为焊接热源（电子束焊与切割）。

7. 激光束　利用激光即由受激辐射而增强的光，经聚焦产生能量高度集中的激光束作为焊接热源（激光焊接及切割）。

第二节　熔焊焊接热过程

一、焊接热效率

在焊接过程中由热源所提供的热量并不是全部被利用，而是有一部分热量损失于周围介质和飞溅等。如果由热源提供的热量为 Q_0，而有效地用于加热焊件的热量为 Q，那么热效率的定义：

$$\eta = Q/Q_0$$

η 称为热效率或加热功率的有效系数。在一定条件下 η 是常数，主要决定于热源的性质、焊接工艺方法、焊接材料的种类（焊条、焊剂、保护气体等）、被焊金属的性质、尺寸及形状等。

应当指出，所说的热效率 η，只是考虑焊件所能吸收到的热能。实际上这部分热能又分流为两部分：一部分用于熔化金属而形成焊缝；另一部分由于热传导而流失于母材形成热影响区。

二、焊接热过程

金属材料的熔焊，一般都要经历加热、熔化、冶金反应、结晶、固态相变至形成焊接接头等过程（见图3-2）。为了便于研究，我们将焊接过程分为焊接传热过程、焊接化学冶金过程和焊接时金属的结晶和相变过程。

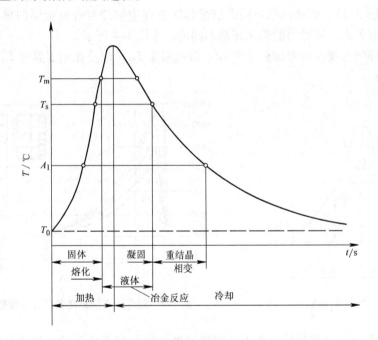

图 3-2　焊接经历的过程

T_m—金属熔化的温度（液相线）　T_s—金属的凝固温度（固相线）　A_1—钢的 A_1 变态点　T_0—初始温度

（一）焊接传热过程

熔焊焊接时，被焊金属在热源的作用下，将发生局部受热和局部熔化。因此被焊金属中的热传播和分布贯穿整个焊接过程的始终，可以这样说，一切焊接冶金过程都是在热过程中发生和发展的。焊接温度场决定了焊接应力应变的分布，同时也与冶金反应、结晶、相变和变形等有密切的关系。

（二）焊接化学冶金过程

熔焊时，在熔化金属、熔渣和气相之间进行一系列的化学冶金反应，如金属的氧化、还原、脱硫、脱磷、渗合金、除氢等。这些冶金反应直接影响焊缝金属的成分、组织和性能。

（三）焊接时金属的结晶和相变过程

随着热源的离开，局部熔化的金属就开始结晶、金属原子由远程有序排列转变为近程有序排列，即由液态转变为固态。对于具有同素异构转变的金属，随温度的下降，将发生固态相变。由于焊接条件下快速连续冷却和受局部拘束应力的作用，使焊缝金属的结晶和相变具有各自的特点，并且有可能在这些过程中产生偏析、夹杂、气孔、热裂纹、脆化、冷裂纹等缺陷。

三、焊接热循环

（一）焊接热循环的主要参数

焊接过程中热源沿着焊件移动，在焊接热源作用下，焊件上某点的温度随时间变化的过程，称为该点的焊接热循环。当热源向该点靠近时，该点的温度随之升高，直至达到最大值，随着热源的离开，温度又逐渐降低，整个过程可以用一条曲线来表示，则该曲线称为热循环曲线（见图3-3）。焊接热循环用来描述焊接过程中热源对母材金属的热作用。在焊缝双侧不同距离的各点，所经历的热循环是不同的，如图3-4所示。

焊接热循环的主要参数有加热速度 v_H、最高温度 T_M，以及在相变温度 T_H 以上停留时间 t_H 和冷却速度 v_c。

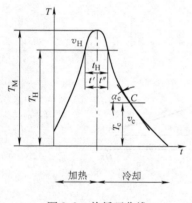

图3-3　热循环曲线

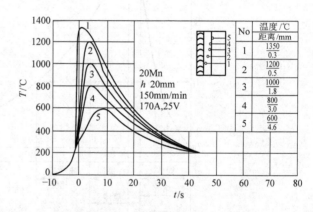

图3-4　距焊缝不同距离各点的焊接热循环

1. 加热速度（v_H）　在焊接条件下的加热速度比热处理条件下的加热速度要快得多，随着加热速度的提高，相变温度也随之提高，同时奥氏体的均质化和碳化物的溶解也越不充分。因此，必将会影响到焊接热影响区冷却后的组织与性能。加热速度受许多因素影响，例如不同的焊接方法、不同的被焊金属、不同的厚度及不同的焊接热输入等。

2. 加热的最高温度（T_M）　距焊缝中心不同的各点，加热最高温度不同（见图3-4）。金属的组织和性能除化学成分的影响之外，主要与加热的最高温度和冷却速度有关。焊接时焊缝两侧热影响区加热的最高温度不同，冷却速度不同，就会有不同的组织和性能。例如在熔合线附近的过热段，由于温度高，晶粒发生严重的长大，从而使韧性下降。一般对于低碳钢和低合金钢来讲，熔合线的温度可达 1300～1350℃。

3. 在相变温度以上的停留时间（t_H）　在相变温度以上停留的时间越长，越有利于奥氏体的均质化，但温度太高时，即使停留时间不长，也会发生严重的晶粒长大（如电渣焊时）。为了便于分析研究，把相变温度以上的停留时间又分为加热过程的停留时间 t' 和冷却过程的停留时间 t''，所以 $t_H = t' + t''$。

4. 冷却速度 v_c（或冷却时间 $t_{8/5}$）　冷却速度是决定热影响区组织性能最重要的参数之一，是研究焊接热过程的主要内容。应当指出，这里所指的冷却速度是指焊件上某点热循环的冷却过程中某一瞬时温度的冷却速度。对于低合金钢来讲，人们感兴趣的是熔合线附近的点（最高加热温度为 1350℃）冷却过程中约在 540℃ 左右的瞬时冷却速度。近年来，为了便于测量和分析比较，采用 800~500℃ 的冷却时间（$t_{8/5}$）来代替瞬时冷却速度，因为 800~500℃ 是相变的主要温度范围。

低合金钢焊接时，不同焊接方法、不同板厚及不同焊接热输入，对加热速度的影响是不同的。单层电弧焊和电渣焊近缝区的部分热循环参数见表 3-1。

表 3-1　单层电弧焊和电渣焊低合金钢近缝区部分热循环参数

板厚 /mm	焊接方法	焊接热输入 / (J/cm)	900℃时的加热速度 / (℃/s)	900℃以上的停留时间 / (t_H/s)		冷却速度 / (℃/s)		备　注
				加热时 t'	冷却时 t''	900℃	500℃	
1	钨极氩弧焊	840	1700	0.4	1.2	240	60	对接不开坡口
2		1680	1260	0.6	1.8	120	30	
3	埋弧焊	3780	700	2.0	5.5	54	12	对接不开坡口，有焊剂垫
5		7140	400	2.5	7	40	9	
10		19320	200	4.0	13	22	5	
15		42000	100	9.0	22	9	2	
25		105000	60	25.0	75	5	1	
50	电渣焊	504000	4	162.0	335	1.0	0.3	双丝
100		672000	7	36.0	168	2.3	0.7	三丝
100		1176000	3.5	125.0	312	0.83	0.28	板极
220		966000	3.0	144	395	0.8	0.25	双丝

（二）影响焊接热循环的因素

1. 焊接参数和热输入　焊接参数如焊接电流、电弧电压和焊接速度等，对焊接热循环有很大影响。在功率大、焊接速度快时，加热时间短、范围窄，冷却得快。焊接速度慢时，则相反。

熔焊时，由焊接能源输入给单位长度焊缝上的能量，称为热输入，亦称线能量。电弧焊接时的热输入，可用下式表示：

$$q/v = \eta(IU/v)$$

式中　q/v——热输入（J/cm）；

I——焊接电流（A）；

U——电弧电压（V）；

v——焊接速度（cm/s）。

η——电弧的加热功率有效系数。焊条电弧焊 $\eta \approx 0.70~0.80$；埋弧焊 $\eta \approx 0.85~$

0.95；钨极氩弧焊 $\eta \approx 0.50$。

η 与电弧长度有关，弧长增加时 η 降低，反之则增加。

热输入对热影响区的大小和接头的性能有直接的影响。热输入越大，热影响区越宽，反之则越窄。

2. 预热和层间温度　预热温度和层间温度过高，会延长焊缝组织在高温的停留时间。

3. 其他因素的影响　板厚、接头形式和材料的导热性对焊接热循环也有很大影响。板厚增大时，冷却速度加快。角焊缝比对接焊缝冷却速度快。材料的导热性越好，冷却速度也越快。

第三节　熔池保护和焊缝金属中元素的控制

一、焊接熔池

熔焊时，在热源的作用下，填充金属熔化的同时，被焊金属母材也发生局部的熔化。由熔化的填充金属与局部熔化的母材金属所组成的具有一定几何形状的液体金属称做焊接熔池。

熔池的形状、尺寸、体积、温度和存在时间以及液态金属的流动状态，对熔池中的冶金反应、结晶方向、晶体结构、焊缝中夹杂物的数量和分布以及焊接缺陷的产生等，均有极其重要的影响。

熔池的形成需要一定的时间，这段时间称做过渡时期。经过过渡时期以后，就进入准稳定时期，这时熔池的形状、尺寸和质量不再变化，只取决于被焊材料和焊接工艺条件并随热源作同步运动。在电弧焊的条件下，熔池的形状如图3-5所示，它很像一个非标准的半椭圆球，其轮廓应正好为熔点的等温面。在一般情况下，随着电流的增加，熔池的最大深度 H_{max} 增大，熔池的最大宽度 B_{max} 相对减少；而随着电压的升高，H_{max} 减少，B_{max} 增大。

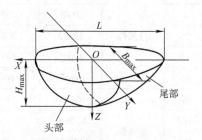

图3-5　焊接熔池形状示意图

熔池中的液态金属，在各种因素的作用下，将发生强烈的搅拌，正是因为这种搅拌运动使得熔池中的填充金属和母材能均匀混合，使冶金反应能顺利进行。

熔池中液态金属运动的原因主要有以下三个方面：

（1）液态金属的密度差造成的自由对流运动　在熔池温度分布不均匀的情况下，由于液态金属的密度差而造成的自由对流运动。我们知道，温度高的地方金属密度小，温度低的地方金属密度大，这种密度差将使液态金属从低温区向高温区流动。

（2）表面张力差所引起的强制对流运动　由物理学可知，表面张力是温度的函数，温度越高，表面张力越小，反之则越大。因此，由于熔池温度分布的不均匀，也带来了表面张力的分布不均匀。这种表面张力差将迫使熔池金属发生对流运动。

（3）热源的各种机械力所产生的搅拌作用　在电弧焊时，作用在熔池上的力主要有气流的吹力、电磁力、离子的冲击力、熔滴下落的冲击力等。在这些机械力的作用下，足以使熔池处于运动状态。

二、焊接区金属的保护

一般焊接过程的保护不如钢铁冶金过程，必然会有较多空气中的氧、氮侵入焊接区，使焊缝金属中氧、氮增加，有益合金元素被烧损，并严重影响其力学性能，特别是使塑性和韧性急剧下降。为了提高焊缝金属的质量，就必须尽量减少焊缝金属中的有害杂质的含量和有益合金元素的损失。迄今为止，已找到许多保护材料（如，焊条药皮、焊剂、焊丝药芯、保护气体等）和保护手段，见表3-2。

表3-2 熔焊方法的保护方式

保 护 方 式	熔 焊 方 法
熔渣	埋弧焊、电渣焊、不含造气成分的焊条和药芯焊丝焊接
气体	气焊、在惰性气体和其他保护气体（如 CO_2、混合气体）中焊接
熔渣和气体	具有造气成分的焊条和药芯焊丝焊接
真空	真空电子束焊接
自保护	用含有脱氧、脱氮剂的所谓自保护焊丝焊接

各种保护方式的保护效果是不同的。埋弧焊是利用焊剂熔化以后形成的熔渣隔离空气来保护金属，焊剂的保护效果取决于焊剂的粒度和结构。多孔性的浮石状焊剂比玻璃状的焊剂具有更大的表面积，吸附的空气更多，因此保护效果较差。试验表明，焊剂的粒度越大，其松装比（单位体积内焊剂的质量）越小，透气性越大，焊缝金属中含氮量越多，说明保护效果越差。但是不应当认为焊剂的松装比越大越好。因为当熔池中有大量气体析出时，如果松装比过大，则透气性过小，将阻碍气体外逸，促使焊缝中形成气孔，使焊缝表面出现压坑等缺陷。埋弧焊时，焊缝中氮的体积分数（φ）（含量）一般为 $0.002\% \sim 0.007\%$，比焊条电弧焊的保护效果好。

气体保护焊时的保护效果取决于保护气体的性质、纯度、焊枪的结构以及气流的特性等因素。一般说来，惰性气体（氩、氦等）的保护效果比较好，因此适用于焊接合金钢和化学活性金属及其合金。

焊条药皮和焊丝药芯一般是由造气剂、造渣剂和铁合金等组成。这些物质在焊接过程中能形成渣-气联合保护。造渣剂熔化以后形成熔渣，覆盖在熔滴和熔池的表面上将空气隔开。熔渣凝固以后，在焊缝上面形成渣壳，可以防止处于高温的焊缝金属与空气接触。同时造气剂（主要是有机物、碳酸盐等）受热以后分解，析出大量气体。这些气体在药皮套筒中被电弧加热膨胀，从而形成定向气流吹向熔池，将焊接区与空气隔开。

在真空度高于 $0.0133Pa$ 的真空室内进行电子束焊接，保护效果是最理想的，这时虽然不能把空气完全排除掉，但随着真空度的提高，可以把氧和氮的有害作用减至最小。

自保护焊是利用特制的实芯或药芯光焊丝在空气中焊接的一种方法。它不是利用机械隔离空气的办法来保护金属，而是在焊丝或药芯中加入脱氧和脱氮剂，使得由空气进入熔化金属中的氧和氮能够脱出来，故称自保护。

三、焊缝金属中的氧、硫、磷及其控制

（一）焊缝金属中的氧

1. 氧对焊接质量的影响　氧能以氧化铁和原子氧形式溶解在液态铁中。氧在焊缝中不论以何种形式存在，对焊缝的性能都有很大的影响。随着焊缝中含氧量的增加，其强度、塑

性、韧性明显地下降，如图 3-6 所示，尤其是低温冲击韧度急剧下降。此外，氧还引起热脆、冷脆和时效硬化。氧对焊缝金属的物理和化学性能也有影响，如降低焊缝的导电性、导磁性和耐蚀性等。在有色金属、活性金属和难熔金属焊接时，氧的有害作用则更加突出。

溶解在熔池中的氧与碳发生反应，生成不溶于金属的 CO，在熔池结晶时 CO 气泡来不及逸出就会形成气孔。

氧会烧损钢中的有益合金元素，使焊缝性能变坏。熔滴中含氧和碳多时，它们相互作用生成的 CO 受热膨胀，使熔滴爆炸，造成飞溅，影响焊接过程的稳定性。

2. 控制氧的措施　　在正常焊接条件下，焊缝中氧的主要来源不是热源周围的空气，而是焊接材料、水分、焊件和焊丝表面上的铁锈和氧化膜等。

（1）纯化焊接材料　　在焊接某些要求比较高的合金钢、合金、活性金属时，应尽量采用不含氧或含氧少的焊接材料。

（2）控制焊接参数　　焊缝中的含氧量与焊接工艺条件有密切关系。增加电弧电压，使空气易于侵入电弧，并增加氧与熔滴接触的时间，所以焊缝中含氧量增加，为了减少焊缝中含氧量，应采用短弧焊。此外，焊接电流的种类和极性以及熔滴过渡的特性等也有一定的影响，焊条药皮电弧焊电弧电压对焊缝含氧和氮的影响如图 3-7 所示。

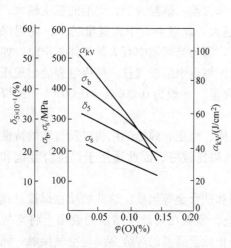

图 3-6　含氧量对焊缝性能的影响

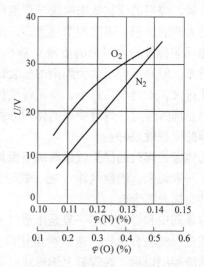

图 3-7　焊条药皮电弧焊电弧
电压对焊缝含氧和氮的影响

3. 脱氧　　所谓脱氧，就是减少被焊金属的氧化和从液态金属中排除氧的过程。用控制焊接工艺焊接参数的方法减少焊缝含氧量是很受限制的，必须用冶金的方法进行脱氧。脱氧的主要措施是在焊丝、焊剂或药皮中加入合适的元素，使之在焊接过程中夺取氧。用于脱氧的元素或铁合金称为脱氧剂。

脱氧的目的是尽量减少焊缝中的含氧量。这一方面就要减少在液态金属中溶解的氧；另一方面要排除脱氧的产物，因为它们是焊缝中金属氧化物夹杂的主要来源，而这些夹杂物会使焊缝含氧量增加。为了满足这两条基本要求，选择脱氧剂应遵循以下原则：

（1）脱氧剂在焊接温度下对氧的亲和力应比被焊金属对氧的亲和力大　　焊接铁合金时，C、Al、Ti、Si、Mn 等可作为脱氧剂。实际生产上，常用他们的铁合金或金属粉，如锰铁、硅铁、钛铁、铝粉等。在其他条件相同的情况下，元素对氧的亲和力越大，脱氧能力越强。

（2）脱氧的产物应不溶于液态金属，其密度也应小于液态金属的密度 同时应尽量使脱氧产物处于液态 这样有利于脱氧产物在液态金属中聚合成大的质点，加快上浮到渣中去的速度，减少夹杂物的数量，提高脱氧效果。

焊接化学冶金反应是分阶段进行的。脱氧反应也是分阶段和区域进行的，按其进行的方式和特点可分为先期脱氧、沉淀脱氧和扩散脱氧。

（1）先期脱氧 在药皮加热阶段，固态药皮中进行的脱氧反应叫先期脱氧，其特点是脱氧过程和脱氧产物与熔滴不发生直接关系。

（2）沉淀脱氧 沉淀脱氧是在熔滴和熔池内进行的。其原理是溶解在液态金属中的脱氧剂和 FeO 直接反应，把铁还原，脱氧产物浮出液态金属。这是减少焊缝中含氧量的具有决定意义的一环。

（3）扩散脱氧 扩散脱氧是在液态金属与熔渣界面上进行的，利用 FeO 既能溶解在熔池的金属中，又能溶解在熔渣中的特性，扩散 FeO 从熔池进入熔渣中，这种方式的脱氧称为扩散脱氧。

（二）焊缝金属中的硫

1. 硫的危害 硫是焊缝金属中极有害的杂质，是焊缝产生热裂纹的主要原因，硫能引起偏析，降低焊缝金属的冲击韧度和耐蚀性。钢中的硫主要以 FeS 和 MnS 两种形式存在。

MnS 不溶于液态铁中，能在熔渣中排出。

FeS 能溶于液态铁中，冷却时，FeS 从熔池中析出，并与 Fe 或 FeO 形成低熔点共晶，聚积在晶界上，破坏晶粒间的联系而引起热裂纹。因此，应尽量减少焊缝中的含硫量。

一般在低碳钢焊缝中应控制硫的质量分数在 0.035% 以下；而合金钢焊缝中则应小于 0.025%。

2. 控制硫的措施

（1）限制焊接材料中的含硫量 焊缝中的硫主要来源于三个方面：

1）来源于母材：母材中的硫几乎可以全部过渡到焊缝中去，但母材中的含硫量是比较少的。

2）来源于焊丝：焊丝中硫的质量分数约有 70%~80% 可以过渡到焊缝中去。

3）来源于药皮和焊剂：药皮和焊剂中约有质量分数为 50% 的硫可以过渡到焊缝中。严格控制焊接材料中含硫量是限制焊缝含硫量的关键。

（2）用冶金方法脱硫 为减少焊缝中的含硫量，可选择对硫亲和力比铁大的元素进行脱硫。脱硫方法有元素脱硫和熔渣脱硫。元素脱硫常用的脱硫元素是锰，脱硫产物 MnS 不溶于金属，而进入熔渣中；熔渣脱硫是利用熔渣中的碱性氧化物进行脱硫，脱硫产物 CaS 不溶于金属，而进入熔渣中排出。

（三）焊缝金属中的磷

1. 磷的危害 磷在多数钢的焊缝中是一种有害的杂质。在液态铁中可溶解较多的磷，在熔池快速结晶时，磷易发生偏析。磷化铁常分布于晶界，减弱了晶粒之间的结合力，同时它本身既硬又脆。这就增加了焊缝金属的冷脆性，即冲击韧度降低，脆性转变温度升高。焊接奥氏体钢或焊缝含碳量高时，磷也促使形成结晶裂纹。

2. 控制磷的措施 为减少焊缝中的含磷量，必须限制母材、填充金属、药皮、焊剂中的含磷量。药皮和焊剂中的锰矿是导致焊缝增磷的主要来源。高锰熔炼焊剂磷的质量分数为

0.15%，而不含锰矿的熔炼和粘结焊剂中，一般磷的质量分数不超过 0.05%。脱磷较脱硫更困难，为了减少焊缝中的含磷量，只有限制母材、焊丝、药皮和焊剂中的含磷量。

四、焊缝金属的合金化

（一）焊缝金属合金化的目的

焊缝金属合金化就是把所需要的合金元素通过焊接材料过渡到焊缝金属（或堆焊金属）中去的过程。合金化的目的，首先在于补偿焊接过程中由于蒸发、氧化等原因造成合金元素的损失。其次是消除焊接缺陷，改善焊缝金属的组织和性能，例如，为了消除因硫引起的热裂纹需要向焊缝中加入锰等。最后是获得具有特殊性能的堆焊金属。

（二）焊缝金属合金化的方式

1. 应用合金焊丝或带极　把所需要的合金元素加入焊丝、带极或板极内，配合碱性药皮或低氧、无氧焊剂进行焊接或堆焊，从而把合金元素过渡到焊缝中去。其优点是可靠，焊缝成分稳定、均匀，合金损失少。缺点是制造工艺复杂，成本高。

2. 应用药芯焊丝或药芯焊条　药芯焊丝结构是各式各样的。最简单的是具有圆形断面的，其外皮可用低碳钢或其他合金卷制而成，在其里面填满铁合金、铁粉等物质。用这种药芯焊丝可进行埋弧焊、气体保护焊和自保护焊，也可以在药芯焊丝表面涂上碱性药皮，制成药芯焊条。这种合金化的方式的优点是药芯中合金成分的配比可任意调整，因此可得到任意成分的堆焊金属。合金的损失较少。缺点是不易制造，成本高。

3. 应用合金药皮或粘接焊剂　这种方式是把所需要的合金元素以铁合金或纯金属的形式加入药皮或粘接焊剂中，配合普通焊丝使用。它的优点是简单方便，制造容易，成本低。但由于氧化损失较大并有一部分残留在熔渣中，故合金利用率较低，合金成分不够稳定、均匀。

4. 应用合金粉末　将需要的合金元素按比例配制成具有一定粒度的合金粉末，把它输送到焊接区，或直接涂敷在焊件表面或坡口内，它在热源作用下与金属熔合后就形成合金化的堆焊金属。其优点是合金的比例调配方便，不必经过轧制、拔丝等工序，合金的损失不大。但成分的均匀性较差，制粉工艺较复杂。

5. 应用置换反应　在药皮或焊剂中放入金属氧化物，通过熔渣与液态金属的置换反应过渡合金元素。埋弧焊主要靠这种方式进行合金化。此种方法的缺点是合金化的程度有限，而且还伴随着焊缝金属中含氧量增加。

合金元素在过渡时，有一部分被烧损掉，为了评价合金元素的利用程度，常运用合金过渡系数这一概念，即焊接材料中的合金元素过渡到焊缝金属中的数量与其原始含量的百分比。

影响合金元素过渡系数的因素很多，其中主要因素有焊接熔渣的酸碱度、合金元素与氧的亲和力等。

焊接熔渣的碱度越大，越有利于合金元素过渡，合金元素与氧亲和力越弱，则该合金元素的过渡系数越大。此外，电弧越长，过渡系数越小。所以短弧焊接有利于合金过渡。

第四节　焊接熔池的结晶和焊缝组织

一、焊接接头的组成及特点

熔焊的实质是利用热源产生的高温，将填充金属熔化和母材局部熔化而形成焊接熔池，但热源离开后，由于周围冷金属的导热及其他介质的散热作用，焊接熔池温度迅速下降并凝固形成焊缝，靠近焊缝被加热到母材也相应冷却，在焊接过程中的热力、物理和冶金等因素的作用下，焊缝及邻近区域的母材，其组织和性能将发生较为复杂的变化。

焊接接头一般由焊缝、熔合区、热影响区及母材等部分组成（见图3-8）。检验焊接接头性能应考虑焊缝、熔合区、热影响区及母材的相互影响。

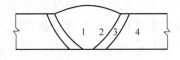

图3-8　焊接接头示意图
1—焊缝　2—熔合区
3—热影响区　4—母材

1. 焊缝　填充金属与熔化的母材凝固后形成的区域为焊缝。

2. 熔合区　焊缝和母材相邻的半熔化区称熔合区。熔合区又称半熔化区，是焊缝和热影响区互相过渡的区域。

3. 热影响区　在焊接过程中，因受焊接热的影响，靠近焊缝、熔合区的（未熔化）母材发生金相组织和力学性能变化的区域称为热影响区。热影响区又称为近缝区。

焊接接头在整个焊接结构中是一个关键性的部位，其性能的优劣直接影响整个焊接结构的制造质量和使用安全性。

由于焊接接头各个区域不同的焊接冶金过程，并经过不同的热循环和应变循环作用，所以各区的组织和性能产生较大差异，从而使焊接接头具有组织和性能的不均匀性这一重要特征。焊接接头的组织和性能的不均匀性不仅与母材所用的钢种、焊接材料有关，而且还与结构特征、接头和坡口形式、焊接工艺方法、焊接参数和热处理有着相当重要的关系。

焊接接头除了具有组织和性能的不均匀性的特征外，在焊接接头区，还容易产生各种焊接缺陷，存在应力集中和残留应力等，这些因素都对焊接接头的性能有着很大的影响。

焊接接头的组织和性能与焊接熔池的结晶有着密切的联系。

二、焊缝金属的一次结晶组织

钢熔焊时，液态金属熔池从高温向室温的冷却过程中，一般要经过两次组织转变。第一次是液态转变成固态的形核、结晶和长大过程，即焊缝金属晶粒结构的形成过程，称为焊缝金属的一次结晶。一次结晶得到的组织，称为焊缝金属的一次结晶组织。在大多数情况下，一次结晶组织为柱状奥氏体，在一定条件下焊缝也会产生等轴奥氏体。焊缝金属一次结晶后，随着焊缝温度的不断降低，大部分材料的固态焊缝金属还要经过一系列的相变过程，这种固态相变过程就称为焊缝金属的二次结晶。

（一）一次结晶的特点

1）熔池的体积小，冷却速度快，对于含碳量高、含合金元素较多的钢种，容易产生硬化组织和结晶裂纹。

2）熔池中的液态金属处于过热状态，因此合金元素的烧损比较严重，使熔池中作为晶核的质点大为减少，促使焊缝得到柱状晶。

3）熔池在运动状态下结晶，即熔池的前半部处在熔化过程，其后半部处在结晶过程。此外，熔池在结晶过程中，由于熔池内部的气体外逸、焊条的摆动、气体的吹力对熔池产生搅拌作用，这一点有利于气体、夹杂物的排除，有利于得到致密而性能良好的焊缝。

4）结晶以母材或前道焊缝局部熔化部位上的晶粒为基晶进行结晶。

（二）一次结晶的过程

熔池的一次结晶包括产生晶核和晶核长大两个过程。随着电弧移去，熔池液体金属逐渐降低到凝固温度时，形成最原始的微小晶体——晶核。在熔池中，最先出现晶核的部位在熔合线上，如图 3-9 所示的焊缝轮廓线上。因为熔合线处散热快，是熔池中温度最低的地方，也是最先达到凝固温度的部位。随着熔池温度的不断降低，晶核开始向着与散热方向相反的一方长大，由于熔池的散热方向垂直于熔合线的方向指向金属内部，所以晶体只能向熔池中心生长，从而形成柱状晶。当柱状晶体不断长大至互相接触时，焊缝这一断面的结晶过程结束。

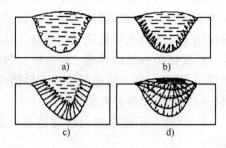

图 3-9　熔池的结晶过程

在某些情况下，一次结晶过程不仅在熔合线上，半熔化状态的基本晶粒表面形成晶核，有时在液态金属内部也会生成晶核，产生等轴晶粒，等轴晶粒的产生是由于液态金属温度梯度很小，液态金属中形成浓度过冷，达到凝固温度，在周围晶粒没有长到该区域前就形成晶核，并向四个方向长大，形成等轴晶。

（三）一次结晶过程中的偏析

由于冷却速度快，已凝固的焊缝金属中的化学成分来不及扩散，因此化学成分分布是不均匀的，这种现象称为偏析。焊缝中的偏析有显微偏析、区域偏析和层状偏析三种。

1. 显微偏析　在一个晶粒内部和晶粒之间的化学成分是不均匀的，这种现象称为显微偏析。影响显微偏析的主要因素是金属的化学成分。因为金属的化学成分决定金属结晶区间的大小，结晶区间越大，越容易产生显微偏析，严重的偏析会引起热裂纹等缺陷。

2. 区域偏析　熔池结晶时，由于柱状晶体的不断长大和推移，会把杂质"赶"向熔池中心，使熔池中心的杂质比其他部位多，这种现象称为区域偏析。

焊缝熔池形状对区域偏析分布有很大的影响，窄而深的焊缝，杂质聚集在焊缝中心，极易形成热裂纹；宽而浅的焊缝，杂质便聚集在焊缝上部，具有较高的抗热裂能力，如图3-10所示。

焊缝成形系数是描述焊缝熔池形状的最常用术语。焊缝成形系数又称焊缝形状系数，是指熔焊时，在单道焊缝横截面上焊缝宽度（B）与焊缝计算厚度（H）的比值（$\phi = B/H$），如图 3-11 所示。

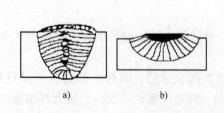

图 3-10　焊缝的熔池形状对区域偏析的影响

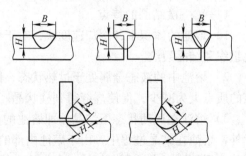

图 3-11　焊缝成形系数示意图

熔融金属从温度较低的区域开始凝固，不断向焊缝中心推动。熔融焊缝金属一直处于凝固的焊缝金属之上。由于凝固过程是垂直于固液线进行，焊缝成形系数越大，熔池中的低熔点组成物、偏析的杂质物越容易浮在熔池上部。焊缝成形系数小，将导致杂质物、低熔点组成物沿着焊缝中心线沉淀，造成界面结合力减弱，增加产生裂纹倾向。这种裂纹在凝固后立即产生或在凝固过程中的高温段产生。

焊缝成形系数是被用来估测焊缝抗中心裂纹倾向的经验数字。但是焊缝中心裂纹倾向大小不仅由焊缝成形系数决定，而且填充金属材料、母材的化学成分（特别是碳当量）和接头拘束度也对中心裂纹倾向产生影响。可以用焊接参数来控制焊缝熔池形状，即焊缝成形系数的大小。一般说来，增加电弧电压会使焊缝成形系数增大，增加焊接电流会使焊缝成形系数减小。

另外，焊接材料的合金成分或杂质越多，则区域偏析越严重，熔池的冷却速度越慢，各种元素和杂质越易集中，区域偏析也越严重。焊接速度越高时，柱状晶的成长方向越垂直于焊缝的中心，易形成脆弱的焊缝断合面，偏析会聚集在焊缝中心线附近，此处易产生焊缝的纵向裂纹。当焊接速度越慢时，偏析情况有所减轻。

3. 层状偏析　焊缝断面上不同分层的化学成分分布不均匀的现象称为层状偏析。层状偏析是由于熔池在凝固过程中，晶粒成长速度发生周期变化，从而形成周期性的偏析。

层状偏析中常集中了一些有害元素，因而缺陷也往往出现在偏析中。图 3-12 所示为由层状偏析造成的气孔。层状偏析同样使焊缝的力学性能不均匀。

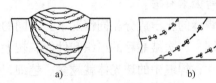

a)　　　　　b)

图 3-12　层状偏析中的缺陷

（四）夹杂

1. 氧化物夹杂　主要是 SiO_2、MnO、TiO_2、Al_2O_3 等。这些夹杂物的危害较大，是在焊缝中引起夹渣的原因之一。

2. 硫化物夹杂　主要是 MnS 和 FeS，其中的 FeS 形式存在的夹杂，对钢的性能影响最大，它是促使形成热裂纹的主要因素之一。

三、焊缝金属的二次结晶组织

一次结晶结束后，熔池转变为固态焊缝。在大多数情况下一次结晶组织为柱状奥氏体，一定条件下焊缝中心也会产生等轴奥氏体晶粒。高温的焊缝金属冷却到室温时，要经过一系列的相变过程，这种固态相变过程就称为焊缝金属的二次结晶。焊缝金属自高温冷却时，因固态相变而形成的组织称为二次结晶组织。

焊缝金属的二次结晶组织与焊缝金属的化学成分和焊接工艺（冷却条件等）有关，最终焊缝组织还与热处理工艺有关。

（一）焊缝熔合比

焊缝金属的化学成分不仅与母材和填充金属的成分有关，还与局部熔化的母材在焊缝金属中所占的比例有关。焊缝金属是由填充金属和局部熔化的母材组成的。局部熔化的母材在焊缝金属中所占的比例称为熔合比。改变熔合比可以改变焊缝金属的化学成分。

根据图 3-13，材料堆焊时，焊缝熔合比可用下面公式表示：

$$D = A/(A + S) \times 100\%$$

式中　D——焊缝熔合比；

　　　A——局部熔化的（母材）基本金属横截面积；

　　　S——填充金属的横截面积。

根据图 3-14，开坡口的异种材料双面焊接时，焊缝总熔合比可用下面公式表示：

$$D = (A + B)/(A + B + S)$$

材料 A 和 B 的熔合比分别可用下面公式表示：

$$D_a = A/(A + B + S)$$
$$D_b = B/(A + B + S)$$

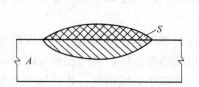

图 3-13　堆焊焊缝熔合比的计算

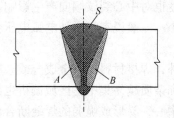

图 3-14　开坡口的异种材料焊缝熔合比的计算

焊缝金属的熔合比与采用的焊接方法、焊接热输入、焊接坡口形式和被焊接材料的热物理性能等因素有关。

在焊缝的化学成分相同情况下，不同的焊接工艺条件，焊缝金属在二次结晶时的冷却速度不相同，二次结晶后的组织和性能有较大差别。例如，低碳钢焊接时，二次结晶时的冷却速度越大，焊缝中的珠光体就越多、越细，同时焊缝的硬度增高。低合金钢焊接时，二次结晶时的冷却速度增大，铁素体数量减少，珠光体和贝氏体数量增加，合金元素含量较多的低合金高强钢焊缝中还会出现马氏体组织。冷却速度不同，珠光体、贝氏体和马氏体的组织结构也不相同，随着转变温度的降低，珠光体的层状结构越来越细，贝氏体中的铁素体条越来越细，所产生贝氏体的强度越大。

在焊缝化学成分和焊接工艺条件相同情况下，不同的焊后热处理，最终焊缝组织也不相同。例如，对焊接接头进行正火处理，会使焊缝柱状组织消失，使晶粒细化，大大改善焊缝的力学性能。

（二）各类焊缝的组织

1. 低碳钢焊缝的组织　　低碳钢的焊缝金属含碳量很低。其组织为粗大的铁素体加少量珠光体，若高温停留时间过长，铁素体还具有魏氏体组织特征。

多层多道焊缝由于后一焊缝对前一焊缝的再加热作用，部分柱状晶消失，形成细小的等轴晶，其组织为细小的铁素体加少量珠光体。

2. 低合金钢焊缝的组织　　低合金钢焊缝中常见的显微组织为铁素体、珠光体、贝氏体和马氏体。

合金元素含量较少的低合金钢，焊缝组织与低碳钢焊缝相近。在一般冷却条件下为铁素体加少量珠光体；冷却速度加大时也会产生粒状贝氏体。

合金元素含量较多的低合金高强钢，焊态下焊缝组织为贝氏体或低碳马氏体。高温回火后为回火索氏体。

3. 钼和铬 – 钼耐热钢焊缝的组织　　合金元素含量较少 $[w(Cr) < 5\%]$ 的耐热钢，在焊前预热、焊后缓冷的焊接条件下得到珠光体和贝氏体组织；高温回火后可得到完全的珠光

体组织。

合金元素含量较多 [w（Cr）为 5% ~ 9%] 的耐热钢，当焊接材料成分与母材相近时，在焊前预热，焊后缓冷的焊接条件下，得到贝氏体和马氏体组织；高温回火后可得到回火索氏体组织。

4. 不锈钢焊缝的组织　奥氏体型不锈钢，焊缝组织一般为奥氏体或奥氏体加少量铁素体 [φ（F）为 2% ~ 6%]。

铁素体型不锈钢，当采用成分与母材相近的焊接材料焊接时，焊缝组织为铁素体；当采用铬镍奥氏体材料焊接时，焊缝组织为奥氏体或奥氏体加少量铁素体。

马氏体型不锈钢，当采用成分与母材相近的焊接材料焊接时，焊态及回火后的焊缝组织为马氏体或回火马氏体。

四、焊缝金属组织与性能的关系

（一）一次结晶组织与性能的关系

焊缝金属的一次结晶过程及组织特征，不仅影响焊缝金属的抗裂性能，而且对焊缝金属的强度、塑性、韧性和耐腐蚀能力等都有一定的影响。

当焊缝的一次结晶组织为细的柱状晶时，其性能要比粗大的柱状晶好。粗大的柱状晶不仅降低焊缝的强度，而且也降低了焊缝的塑性和韧性。

从焊缝中的偏析来看，偏析越严重、化学成分越不均匀，焊缝的抗裂性能越差，力学性能和耐腐蚀性能的不均匀程度也越大。当 S、P 等杂质元素严重偏析，且集中到焊缝中心处时，很容易产生热裂纹。由于收弧时，熔池中心处在没有热源的条件下凝固，弧坑处的凝固组织往往是粗大的树枝晶，又由于是最后凝固，偏析严重，很容易产生弧坑裂纹。层状偏析会使焊缝中力学性能不均匀，耐腐蚀性能不一致。

（二）二次结晶组织与性能的关系

由于焊缝的化学成分、焊接工艺条件和热处理工艺不同，会产生不同的焊缝金属二次结晶组织，二次结晶组织的类型、特征和形态直接影响焊缝金属的性能。

从强度上看，马氏体比其他组织的强度高，贝氏体的强度介于马氏体和铁素体加珠光体组织之间，铁素体和奥氏体的强度则较低。从塑性和韧性上来看，奥氏体在温度下降时，无明显的脆性转变倾向，塑性和韧性也比其他组织好。铁素体加珠光体组织的塑性和韧性次之；在贝氏体组织中，粒状的贝氏体强度较低，但具有较好的韧性，下贝氏体具有较高的强度，又具有良好的韧性。从抗裂性看，铁素体加珠光体和奥氏体的抗裂性较好；奥氏体加少量铁素体比单相奥氏体具有更好的抗裂性；贝氏体、贝氏体加马氏体和马氏体对冷裂纹的敏感性大。

焊缝金属的化学成分不仅可以通过不同组织来影响焊缝的性能，而且在相同组织中，化学元素的不同含量对性能也有较大的影响，例如高碳马氏体硬而脆，几乎没有韧性，而低碳马氏体具有一定的强度和良好的塑性、韧性。组织相同但不同元素形成的固溶体，焊缝性能也存在很大差异。

另外，组织越细、越均匀，其焊缝性能要比组织粗大而不均匀的组织好。例如，低碳钢的焊缝由于过热形成的粗大魏氏体组织，将使焊缝的塑性和韧性下降。

第五节 熔合区和热影响区的组织和性能

早期，对于一些低碳钢结构，人们把主要注意力集中放在解决焊缝的质量问题上。随着低合金高强钢、耐热钢和高合金高强钢的应用，逐步认识到接头的质量不仅决定于焊缝，同时还决定熔合区和热影响区，有时熔合区或热影响区存在的问题比焊缝更为复杂和严重。

下面对不易淬火钢、易淬火钢和不锈钢的熔合区、热影响区组织进行讨论。

一、不易淬火钢

对于一般常用的低碳钢和某些低合金钢，根据组织上的特征，焊接热影响区可分为四个区，如图 3-15 所示。

（一）熔合区

熔合区的温度处于固液相线之间，此区的范围虽然很窄，但温度梯度非常大。金属处于部分熔化状态，又称半熔化区。该区晶粒十分粗大，化学成分和组织性能极不均匀，冷却后的组织为过热组织。

当焊缝和母材化学成分相差较大或进行异种钢焊接时，在熔合区附近还会发生碳和合金元素的互相扩散，导致化学成分和组织的差异更大，产生不利的组织带。由于熔合区产生过热组织、晶粒粗大或产生不利的组织带，使该区的塑性和韧性下降，性能恶化。因此熔合区是产生裂纹和脆性破坏的发源地，成为焊接接头的薄弱地带。

（二）过热区

此区的温度范围是处在固相线以下到 1100℃ 左右，金属是处于过热的状态，奥氏体晶粒发生严重的长大现象，冷却之后便得到粗大的组织，在气焊和电渣焊的条件下，常出现魏氏组织。此区的韧性很低，通常冲击韧度要降低 20% ~ 30%。因此，焊接刚度较大的结构时，常在过热区产生脆化或裂纹。过热区的大小与焊接方法、焊接热输入和母材的板厚等有关，气焊和电渣焊时比较宽，焊条电弧焊和埋弧焊时较窄，而真空电子束、激光焊接时过热区几乎不存在。过热区与熔合区一样，都是焊接接头的薄弱部分。

（三）相变重结晶区（正火区）

焊接时母材金属被加热到 Ac_3 以上的部位，将发生重结晶（即铁素体和珠光体全部转变为奥氏体），然后在空气中冷却就会得到均匀而细小的珠光体和铁素体，相当于热处理时的正火组织。此区的塑性、韧性都比较好，所处的温度范围约在 Ac_3 ~ 1000℃ 之间。

（四）不完全重结晶区

焊接时处于 Ac_1 ~ Ac_3 之间范围内的热影响区就是属于不完全重结晶区。因为处于 Ac_1 ~ Ac_3 范围内只有一部分组织发生了相变重结晶，成为晶粒细小的铁素体和珠光体，而另一部分是始终未能溶入奥氏体的铁素体，成为粗大的铁素体。所以此区特点是晶粒大小不一，组织不均匀，力学性能也不均匀。

二、易淬火钢

包括低碳调质高强钢 $[w（C）≤0.25\%]$、中碳调质高强钢 $[w（C）：0.25\%$ ~ $0.45\%]$、中碳钢（35、45、50 钢）、耐热钢和低温钢等，其热影响区的组织分布与母材焊前的热处理状态有关。如果母材焊前是退火状态，则可分为完全淬火区和不完全淬火区两个区；如果母材焊前是淬火状态，则还要形成一个回火区，如图 3-15 所示。

（一）完全淬火区

焊接时热影响区处于 Ac_3 以上的区域，由于这类钢的淬硬倾向较大，故焊后将得到淬火组织（马氏体）。在靠近焊缝附近（相当于低碳钢的过热区），由于晶粒严重长大，故得到粗大的马氏体，而相当于正火区的部位得到细小的马氏体。根据冷却速度和线能量的不同，还可能出现贝氏体，从而形成了与马氏体共存的混合组织。这个区在组织特征上都是属同一类型（马氏体），只是粗细不同，因此统称为完全淬火区。

（二）不完全淬火区

母材被加热到 $Ac_1 \sim Ac_3$ 温度之间的热影响区，在快速加热条件下，铁素体很少溶入奥氏体，而珠光体、贝氏体、索氏体等转变为奥氏体。在随后快冷时，奥氏体转变为马氏体。原铁素体保持不变，并有不同程度的长大，最后形成马氏体 - 铁素体的组织，故称不完全淬火区。若含碳量和合金元素含量不高或冷却速度较小时，也可能出现索氏体和珠光体。

如果母材在焊前是调质状态，那么焊接热影响区的组织，除上述的完全淬火和不完全淬火区之外，还可能发生不同程度的回火处理，产生回火区（低于 Ac_1 以下的区域）。在回火区内组织和性能发生的变化程度决定于焊前调质状态的回火温度。例如，焊前调质时的回火温度为 T_1，那么低于此温度的部位，其组织性能不发生变化，而热影响区高于此温度的部位，组织性能将发生变化，出现软化现象。

总之，金属在焊接热循环的作用下，热影响区的组织分布是不均匀的。熔区和过热区出现了严重的晶粒粗化，是整个焊接接头的薄弱地带。对于含碳高、合金元素较多、淬硬倾向较大的钢种，还出现淬火组织马氏体，降低塑性和韧性，因而易于产生裂纹。

低合金高强钢含有一定量的合金元素及微合金化元素，其焊接性与碳钢有差别，主要是焊接热影响区组织与性能的变化对焊接热输入较敏感。热影响区淬硬倾向增大，对氢致裂纹敏感性较大，含有碳、氮化合物形成元素的低合金高强度钢还存在再热裂纹的危险等。

三、不锈钢

根据不锈钢（如奥氏体型不锈钢和铁素体型不锈钢等）可能出现的影响焊接接头性能的各种变化，不锈钢的热影响区可划为过热、δ 相脆化区、敏化区和 475℃脆性区，如图 3-16 所示。应当指出，不是在所有焊接条件下，不锈钢的热影响区都会出现 δ 相脆化区、

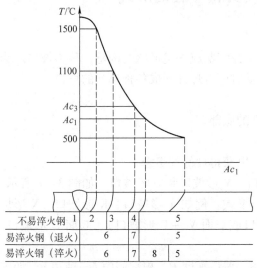

图 3-15 不易淬火钢、易淬火钢焊接热影响区

1—熔合区 2—过热区 3—正火区 4—不完全重结晶区
5—母材 6—淬火区 7—部分淬火区 8—回火区

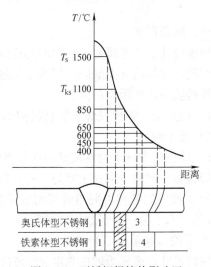

图 3-16 不锈钢焊接热影响区

1—过热区 2—δ 相脆化区 3—敏化区 4—475℃脆性区

敏化区和 475℃脆性区，这些区域只是在一定焊接热循环条件下才会出现。只要焊接时控制得当，这些区域的形成有时是可以避免的。

（一）过热区

加热温度在 $T_{ks} \sim T_s$ 之间。由于加热温和冷却时，奥氏体型不锈钢和铁素体型不锈钢都不发生相变，故该区母材中仍为奥氏体或铁素体组织。因为该区温度超过了 T_{ks}，奥氏体或铁素体晶粒急剧长大，温度越高，停留时间越长，晶粒越粗大。冷却后为粗大的奥氏体或粗大的铁素体晶粒，使该区的塑性和韧性下降。

（二）相脆化区

加热温度在 650～850℃之间，在该温度下停留时间过长，铁素体型不锈钢会析出一种脆性相——δ 相；而某些奥氏体型不锈钢在一定条件下也有可能析出 δ 相。由于 δ 相的析出，割断了晶间的联系，δ 相本身又很硬很脆，使该区的塑性和韧性严重降低，而且耐晶间腐蚀性能也有所下降。

（三）敏化区

加热温度在 850～450℃之间。在该温度下停留一定时间（如在 700～750℃只需停留十几秒到几分钟）后，奥氏体型不锈钢中的碳和铬在晶粒边界处形成碳化铬（Cr_2C_6）而使晶粒边界处奥氏体局部贫铬，晶粒边界处奥氏体局部贫铬，将使奥氏体型不锈钢丧失耐晶间腐蚀的能力。

（四）475℃脆性区

加热温度在 600～400℃之间。在该温度下停留一定时间后，铁素体型不锈钢的硬度显著增高，冲击韧度严重下降，这种现象通常称为 475℃脆性，某些奥氏体型不锈钢在一定条件下也会产生 475℃脆性。

第六节　坡口、焊接接头和焊缝的形式

一、坡口形式

根据设计和工艺需要，在焊件的待焊部位加工并装配成一定形状的沟槽，称为坡口。为保证焊缝全部焊透又无缺陷，当板厚超过一定厚度时应将焊件开成各种形状的坡口。

焊接坡口的作用是：

1）使焊条、焊丝或焊枪能直接伸到待焊工件的底部。

2）便于脱渣。

3）能使焊条或焊枪在坡口内作必要的摆动，以获得良好的熔合。

焊接坡口的基本形式主要为三种，即 I 形坡口、V 形坡口和 U 形坡口，如图 3-17 所示。基本形式坡口的各种不同组合可形成不同的坡口形式。例如 Y 形坡口、K 形坡口、X 形坡口、J 形坡口、V+U 形坡口（单面 V+U 形坡口或双面 V+U 形坡口）、双面 U 形坡口、单边 V 形坡口和单边 U 形坡口等。

坡口尺寸可表示为坡口角度 α、坡口面角度 β、坡口深度 H、根部间隙 b、钝边 p，如图 3-18 所示。V 形坡口张开角度用坡口角度 α 表示，U 形坡口和单边 V 形坡口角度用坡口面角度 β 表示。

焊接坡口的形状和尺寸主要取决于所采用的焊接方法和被焊材料种类。例如，药皮焊条

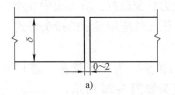 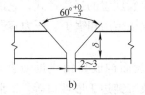 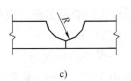

图 3-17　焊接坡口的基本形式

a）I 形坡口　b）V 形坡口　c）U 形坡口

电弧焊时，由于熔深较浅，6mm 以上的钢板就需开坡口，而埋弧焊具有深熔深的特点，双面焊接 20mm 以下的钢板可不必开坡口。对于不同钢材焊接，其坡口形状和尺寸也有差异。若焊接普通碳钢时在保证焊接质量的前提下，可减小坡口尺寸，而对于不锈钢焊接，则应适当加大坡口角度。另外坡口形状和尺寸的选用还取决于制造厂的加工条件和设备能力，从经济上考虑 U 形坡口要比 V 形坡口节省焊接时间和填充金属。我们国家已经制定了坡口推荐系列标准，即 GB/T 985.1—2008《气焊、手工电弧焊、气体保护焊和高能束焊的推荐坡口》、GB/T 985.2—2008《埋弧焊的推荐坡口》、GB/T 985.3—2008《铝及铝合金气体保护焊的推荐坡口》、GB/T 985.4—2008《复合钢的推荐坡口》，制造企业可根据本企业的设备情况，制定本企业的坡口标准。

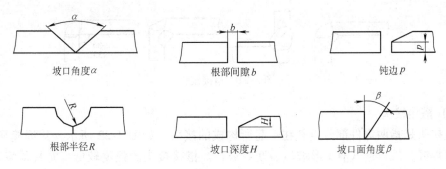

图 3-18　坡口尺寸示意图

二、焊接接头的形式

焊接接头形式主要有对接接头、T 形接头、角接接头、搭接接头 4 种，其次还有十字接头、卷边接头、端接接头、锁底接头、套管接头等。

（一）对接接头

两焊件表面构成大于或等于 135°，小于或等于 180°夹角的接头，称为对接接头。常见对接接头形式如图 3-19 所示。

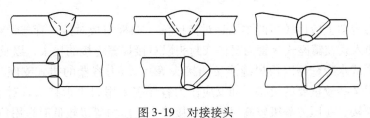

图 3-19　对接接头

对接接头从力学角度分析是比较理想的接头形式，它的受力状况较好，应力集中较小，能承受较大的静载荷或动载荷，是焊接结构和锅炉、压力容器承压元件应用最多的接头形式。

（二）T 形接头

一焊件的端面与另一焊件的表面构成直角或近似直角的接头，为 T 形接头。坡口形式为单边 V 形、I 形、K 形、U 形及带钝边 J 形坡口等。T 形接头如图 3-20 所示。

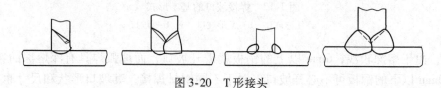

图 3-20 T 形接头

由于 T 形接头的焊缝向母材过渡较急剧，接头在外力作用下内部应力分布极不均匀，特别是角焊缝，其根部和过渡处都有很大的应力集中。因此这种接头承受载荷尤其是动载荷的能力较低。对于重要的 T 形接头必须开坡口并焊透，或采用深熔焊接，可大大降低应力集中。

（三）角接接头

两焊件端部构成大于 30°、小于 135°夹角的接头，称为角接接头。坡口形式有 I 形、Y 形、单边 Y 形及 K 形坡口（双面单边 V 形坡口）。角接接头如图 3-21 所示。

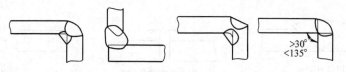

图 3-21 角接接头

（四）搭接接头

搭接接头是指两焊件部分重叠在一起所构成的接头，如图 3-22 所示。其焊缝形式有角焊缝、塞焊缝，坡口形式有 I 形坡口、塞焊坡口。搭接接头的强度较低，尤其是疲劳强度，故只用于不重要结构的焊接。

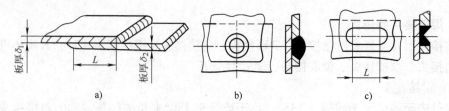

图 3-22 搭接接头
a) I 形坡口 b）、c）塞焊坡口

锅炉、压力容器上应用较多的主要是对接接头（如板与板对接，管与管对接），其次是 T 形接头（如插入式或骑座式接管与筒体或封头以对接焊缝连接的接头，以及锅炉换热器的管子与管板和膜式水冷壁等以角焊缝连接的接头等）。压力容器的裙式支座与筒体的连接，多属于搭接。但某些较重要的设备，如反应压力容器多采用斜 T 形接头。对于接管与法兰，人孔与法兰的连接，在压力等级较高时采用对接接头，压力等级较低时采用角焊缝连接，属于套管接头。

三、焊缝的形式

焊件经焊接后所形成的结合部分，即填充金属与熔化的母材凝固后形成的区域，称为焊缝。通常，焊缝可分为对接焊缝（坡口焊缝）和角焊缝。

在焊件的坡口面间或一焊件的坡口面与另一焊件端（表）面间焊接的焊缝，称为对接焊缝，（ASME 法规称坡口焊缝），如图 3-23 所示。

图 3-23　对接焊缝示意图

两焊件结合面构成直交或接近直交所焊接的焊缝，称为角焊缝，如图 3-24 所示。

另外，如果一个焊接接头既有对接焊缝，又有角焊缝，这样的焊缝称为组合焊缝，如图 3-25 所示。

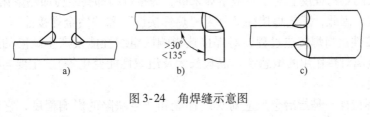

图 3-24　角焊缝示意图

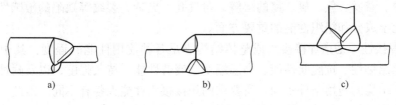

图 3-25　组合焊缝

连接对接接头的焊缝形式可以是对接焊缝，也可以是角焊缝或组合焊缝，但以对接焊缝居多。连接 T 形接头的焊缝形式有角焊缝、对接焊缝和组合焊缝。

必须指出不能混淆对接接头与对接焊缝，角接接头与角焊缝的概念（详见 GB/T 3375—1994《焊接名词术语》标准）。有的对接接头的焊缝形式是角焊缝（见图 3-24c），有的角接接头的焊缝形式是对接焊缝（见图 3-25c）。按焊缝横截面形状，可分为卷边焊缝、I 形焊缝、V 形焊缝、单边 V 形焊缝、带钝边 V 形焊缝、带钝边单边 V 形焊缝、带钝边 U 形焊缝、带钝边 J 形焊缝、封底焊缝、角焊缝、塞焊缝或槽焊缝、点焊缝和缝焊缝等。

第七节　焊接性和焊接性试验方法

锅炉、压力容器常用的金属材料，一般要求具备一定的常温力学性能、高温强度、低温韧性、耐蚀性、耐辐射性等一些基本性能。绝大部分作为结构材料的金属要通过焊接方法进行连接，并且要求在焊接后仍能保持这些基本性能。但是，在焊接过程中，焊缝和热影响区金属却要经受一系列复杂的物理、化学变化，这就可能引起在焊接区内产生各种类型的缺陷，使焊接接头丧失其连续性，即使没有形成缺陷，也可能降低了某些必要的基本性能，影响焊接结构的使用寿命或者使之根本不能使用。因此，就要求从焊接工艺方面和接头使用性能方面来分析研究金属材料，焊接时会出现什么问题以及焊接后接头性能是否能满足使用要求，也就是所谓焊接性问题。金属材料的焊接性是焊接金属材料的一项非常重要的性能指标。

一、金属材料的焊接性

（一）焊接性概述

根据 GB/T 3375—1994《焊接术语》中的定义，金属焊接性定义为金属材料在限定的施工条件下，焊接成符合规定设计要求的构件，并能满足预定服役要求的能力称为该材料的焊接性。

焊接性包括工艺焊接性和使用焊接性两个方面的内容。

1. 工艺焊接性　是指金属材料对焊接加工的适用性。即在一定的焊接工艺条件下，获得优质焊接接头的难易程度。对于一般熔焊来讲，焊接过程都要经历加热熔化、冶金反应和随后冷却的过程。因此，工艺焊接性又分为"热焊接性"和"冶金焊接性"。

（1）热焊接性　指焊接热过程，对焊接热影响区组织性能及产生缺陷的影响程度，它用于评定被焊金属对热作用的敏感性（晶粒长大及组织性能变化等）。主要与被焊材质及焊接工艺条件有关。

（2）冶金焊接性　是指冶金反应对焊缝性能和产生缺陷的影响程度，它包括合金元素的氧化、还原、蒸发、氢、氧、氮的溶解，对气孔、夹杂、裂纹等缺陷的敏感性，这些是影响焊缝金属化学成分和组织性能的重要方面。

2. 使用焊接性　是指焊接接头或整体结构满足各种使用性能的程度，其中包括常规的力学性能、低温韧性、抗脆断性能、高温蠕变、疲劳性能、持久强度，以及耐蚀性和耐磨性能等。总之，结构的使用条件不同，所要求的焊接接头性能也各有不同。因此，焊接技术必须满足不同使用条件下各种性能要求。

在正式施工制造之前，焊接工作者对新材料、新结构和新的工艺方法都要经过焊接性分析和试验，以评定其工艺焊接性及使用焊接性是否能达到要求。

焊接性是一个相对的概念。例如，铝与铜相焊时，采用熔焊方法，很难获得良好的焊接接头，焊接性差；采用压焊方法，很容易焊接，焊接性好。

（二）焊接性试验方法

评定工艺焊接性的准则是评定焊接接头产生工艺缺陷的倾向，为制定出合理的焊接工艺提供依据。根据结构和钢材的具体要求评定工艺缺陷的内容主要是进行抗裂性试验，其中包括热裂纹试验、冷裂纹试验、再热裂纹试验和层状撕裂试验等。有时还可能进行抗气孔试验。

评定使用焊接性要根据结构的工作条件和设计上提出的技术规定。通常有常规的力学性能试验（拉伸、弯曲、冲击等）。对于在高温、深冷、腐蚀、磨损和动载或疲劳等不同环境中工作的结构，应根据不同的要求，分别进行相应的高温性能（持久、蠕变等）、低温性能、脆断、耐腐蚀性、耐磨性等试验。有时效脆化敏感性母材，还应进行焊接接头的热应变时效脆化敏感性试验。

根据上述内容，评定焊接性的方法分为直接试验和间接试验两种类型。

值得提出，近年来随着计算机的发展。根据所建立的数据库和数学模型等开发了各种类型的专家系统、仿真系统等。利用这些现代化的手段来评定钢的焊接性和优化焊接工艺，是近年来评价材料焊接性方法的新发展。

焊接性的评定方法分类如图 3-26 所示。

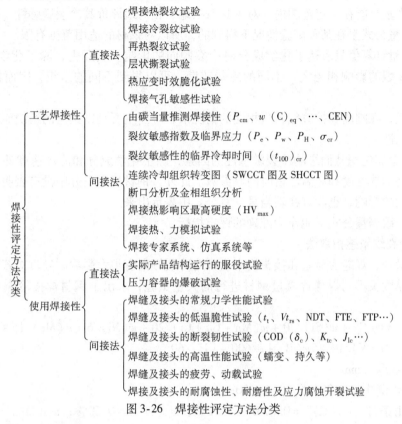

图 3-26　焊接性评定方法分类

其中，焊接热裂纹试验方法有 T 形接头焊接裂纹试验（GB 4675.3）、压板对接（FIS-CO）焊接裂纹试验（GB 4675.4）、十字搭接裂纹试验、鱼骨状裂纹试验和可调拘束裂纹试验等。

焊接冷裂纹试验方法有斜 y 形坡口焊接裂纹试验、搭接接头（CTS）焊接裂纹试验、刚性对接焊接裂纹试验、里海（Lehigh）拘束裂纹试验、插销试验（Implant Test）、拉伸拘束裂纹试验、刚性拘束裂纹试验和平板刚度的拘束裂纹试验等。

焊接再热裂纹试验方法有斜 y 形坡口再热裂纹试验、改进里海（Lehigh）拘束再热裂纹试验、插销再热裂纹试验等。

焊接层状撕裂试验方法有 Z 向拉伸试验、Z 向窗口试验和 Granfield 试验等。

二、工艺焊接性试验方法

（一）碳当量法

将钢中包括碳在内的元素对淬硬、冷裂及脆化等影响，折合成碳的相当含量，称为钢的碳当量，常以符号 CE 表示。国际焊接学会推荐的碳当量计算公式为：

$$w(\mathrm{C})_{\mathrm{eq\ IIW}} = w(\mathrm{C}) + w(\mathrm{Mn})/6 + w(\mathrm{Ni+Cu})/15 + w(\mathrm{Cr+Mo+V})/5$$

式中　$w(\mathrm{X})$——表示该元素在钢中的质量分数，计算碳当量时，应取其成分的上限。

碳当量 $w(\mathrm{C})_{\mathrm{eq\ IIW}}$ 值越高，钢材淬硬倾向越大，冷裂敏感性也越大。经验指出，当

$w(C)_{eq\ IIW} < 0.4\%$ 时，材料的淬硬性不大，焊接性良好，不需预热。当 $w(C)_{eq\ IIW} > 0.5\%$ 时，就容易产生冷裂纹，焊接前必须预热。

上面的碳当量计算公式主要适用于中、高强度的非调质低合金高强钢。

利用碳当量只能在一定范围内，对钢材概括地、相对地评价其冷裂敏感性，因为：

1）碳当量公式是在某种试验情况下得到的，所以对钢材的适用范围有限。

2）碳当量计算值只表达了化学成分对冷裂倾向的影响。实际上，除了化学成分以外，冷却速度对冷裂的影响相当大，不同的冷却速度，可以得到不同的组织，因而抗裂性也不一样。

确切地说，在刚度和扩散氢含量相同的情况下，应当主要是以钢材的组织而不是碳当量确定冷裂敏感性。

3）影响金属组织从而影响冷裂敏感性的因素，除了化学成分和冷却速度外，还有焊接热循环的最高加热温度和高温停留时间等参数。此外，钢材规定成分中没有表明微量合金元素和杂质元素的影响，也没有在碳当量计算公式中表示出来。

因此说，碳当量公式不能作为准确的评定指标。

（二）冷裂纹敏感指数法

除碳当量外，焊缝含氢量和接头拘束度都对冷裂倾向有很大影响。经过对若干种不同成分、不同的厚度及不同焊缝含氢量钢材进行的大量试验，求出了钢材焊接冷裂纹敏感性指数 P_c。

$$P_c = w(C) + w(Si)/30 + w(Mn + Cu + Cr)/20 + w(Ni)/6 + w(Mo)/15 + w(V)/10 + 5w(B) + \delta/600 + [H]/60$$

式中　δ——板厚（mm）；

[H]——焊缝中扩散氢含量（mL/100g）。

此式适用条件：$w(C) = 0.07\% \sim 0.22\%$；$w(Si) \leqslant 0.60\%$；$w(Mn) = 0.40\% \sim 1.40\%$；$w(Cu) \leqslant 0.50\%$；$w(Ni) \leqslant 1.20\%$；$w(Cr) \leqslant 1.20\%$；$w(Mo) \leqslant 0.70\%$；$w(V) \leqslant 0.12\%$；$w(Nb) \leqslant 0.04\%$；$w(Ti) \leqslant 0.05\%$；$B < 0.005\%$；$\delta = 19 \sim 50mm$；$[H] = 1.0 \sim 5.0mL/100g$。

求得 P_c 后，利用下式即可求出为防止冷裂纹所需要的最低预热温度 T_0（℃）。

$$T_0 = 1440P_c - 392$$

上式的应用条件为 $w(C) \leqslant 0.17\%$ 的低合金钢，$[H] = 1 \sim 5mL/100g$，$\delta = 19 \sim 50mm$。

（三）热影响区最高硬度法（GB 4675.5—1994）

焊接热影响区最高硬度比碳当量能更好地判断钢种的淬硬倾向和冷裂纹的敏感性，因为它不仅反映了钢种化学成分的影响，而且也反映了金属组织的作用。测量硬度时，试样表面经研磨后，进行腐蚀，按图 3-27 所示位置，在 O 点两侧各取 7 个以上的点作为硬度测定点，每点的间距为 0.5mm，按标准的规定进行维氏硬度测量。把测量点中维氏硬度最大值与该钢材的热影响区最大允许值作比较，若超过允许值，则材料冷裂倾向

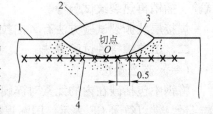

图 3-27　测量硬度的位置

1—轧制表面　2—焊缝金属

3—熔合线　4—硬度测定线

大。这种方法比较简便，对于判断热影响区冷裂倾向有一定价值。但它只考虑了组织因素，没有涉及氢及应力，所以不能借以判断实际焊接产品的冷裂倾向，仅适用于相同实验条件下，不同母材焊接冷裂倾向的相对比较。

（四）斜 y 形坡口焊接裂纹试验方法（GB 4675.1）

斜 y 坡口对接裂纹试验广泛用于评定碳钢和低合金高强钢热影响区冷裂倾向，通称为"小铁研式"抗裂试验。

1. 试验程序　试板尺寸如图 3-28 所示，A—A 剖面为试验焊缝坡口，B—B 剖面为拘束焊缝坡口。试验所用焊条原则上采用与试验钢材相匹配的焊条，焊条焊前要严格进行烘干，用被焊材料制成的试板，试板之间预留间隙为 2~3mm，两端先焊拘束焊缝固定，试板中间焊试验焊缝，拘束焊缝采用双面焊接。当采用焊条电弧焊时，试验焊缝按图 3-29 所示方法进行焊接；采用焊条自动送进装置焊接时，试验焊缝按图 3-30 所示方法进行焊接。

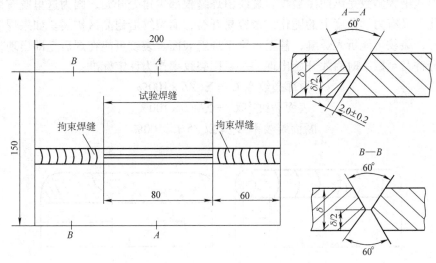

图 3-28　斜 y 坡口对接裂纹试验图

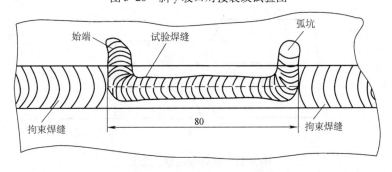

图 3-29　采用手工焊时试验焊缝位置

试验时，通常以标准焊接参数（焊条直径 4mm，焊接电流 150A，焊接速度 150mm/min，电弧电压 24V）在三个试件上重复进行焊接。

2. 评定方法　焊完的试件经 48h 时效后，再做裂纹的检测和解剖。产生的裂纹可分为根部裂纹、表面裂纹、断面裂纹三种形式，如图 3-31 所示。首先用放大镜目测或用磁粉荧光粉检查焊缝表面裂纹，然后用机械方法切开等长度横向试片，检查五个断面上的裂纹情

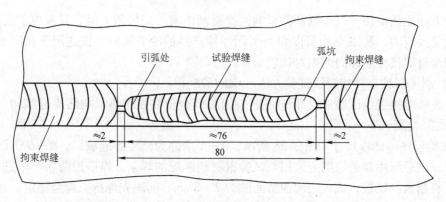

图 3-30　采用焊条自动送进装置焊接时试验焊缝位置

况。裂纹形式绝大多数是纵向冷裂纹。裂纹由焊缝根部尖角处开始，因为这里既有组织转变引起的脆化，又有力学角度上的脆化，最容易开裂，而裂纹沿粗晶区扩展。如果焊缝金属抗裂性能不好，裂纹可能折入焊缝，甚至贯穿至焊缝表面。裂纹可能在焊后立即出现，也可能在焊后数分钟乃至数小时后才开始出现。一般用裂纹率作为评定标准：

$$根部裂纹率\ C_r = \Sigma l_r/L \times 100\%$$
$$表面裂纹率\ C_f = \Sigma l_f/L \times 100\%$$
$$断面裂纹率\ C_s = \Sigma l_s/5H \times 100\%$$

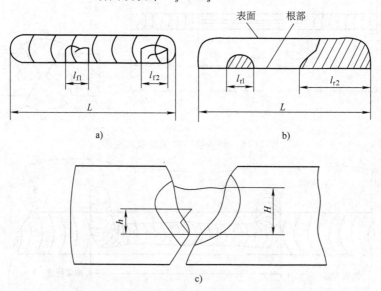

图 3-31　试件裂纹率计算图

a）根部裂纹　b）表面裂纹　c）断面裂纹

　　由于试验接头的拘束程度往往比实际结构（如船体、球形容器、桥梁等）的长焊缝还要大，根部尖角又有应力集中，所以实验条件比较苛刻。一般认为，只要裂纹率不超过20%，在实际生产中就不致发生裂纹。

　　如果保持焊接参数不变，而采用不同预热温度进行试验，可以测出防止冷裂纹的临界预热温度。另外，也可以将斜 y 形坡口改为直 Y 形坡口，用来检验焊条的抗裂性能。

这种试验方法的优点是，试件易加工，无需特殊装置，试验结果可靠；缺点是试验周期比较长。

三、使用焊接性试验方法

使用焊接性就是"整个焊接接头或整体结构满足技术条件规定的使用性能的程度"。对于各种焊接结构的接头都应具有足够的常规力学性能和抗脆性断裂性能，对于在高温下工作的接头、在腐蚀下工作的接头，以及承受交变载荷的接头，都要进行高温性能、耐腐蚀性能和疲劳性能方面的试验。即根据焊接结构的不同使用条件，进行不同的使用焊接性试验。

下面详细介绍焊接接头的常温力学性能试验，并对焊接接头高温性能试验、焊接接头耐腐蚀性能试验和焊接接头的疲劳试验作简单介绍。

（一）焊接接头的常规力学性能试验

焊接接头常规力学性能试验主要有焊接接头的拉伸试验、焊缝及熔敷金属拉伸试验、焊接接头弯曲及压扁试验、焊接接头冲击试验、焊接接头及堆焊金属硬度试验等。

1. 焊接接头的常温拉伸试验

（1）试样的基本形式　GB/T 2651—2008《焊接接头拉伸试验方法》中常温拉伸试验所用试样，分别为板状试样、管接头板状试样、整管试样和实芯截面试样。试样具体形式如图3-32中的a～d所示。

（2）测定的性能指标　焊接接头的拉伸试验可测出接头的抗拉强度 σ_b（MPa）并确定拉伸试验试样的断裂位置。

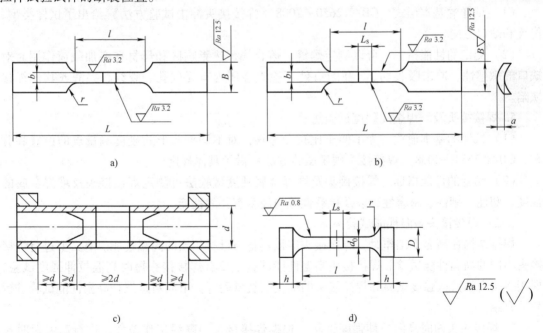

图3-32　拉伸试样

a) 板接头板状试样　b) 管接头板状试样　c) 整管形试样　d) 圆形试样

2. 焊缝及熔敷金属拉伸试验法

（1）试样的基本形式　GB/T 2652—2008《焊缝及熔敷金属拉伸试验方法》规定了试样的取样位置和尺寸，试样的夹持端应满足所使用的拉伸试验机的要求。

（2）测定的性能指标　焊缝及熔敷金属拉伸试验可测出下列性能指标：

1）抗拉强度 σ_b（MPa）；

2）屈服点 σ_s（MPa）或条件屈服强度 $\sigma_{0.2}$（MPa）；

3）伸长率 δ（%）；

4）断面收缩率 ψ（%）。

3. 焊接接头弯曲

（1）试样的基本形式　GB/T 2653—2008《焊接接头弯曲试验方法》规定了对接接头和带堆焊层的正弯、侧弯试样。试样具体形式如图3-33所示。

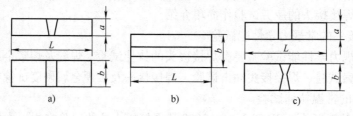

图3-33　弯曲试样

（2）测定的性能指标　焊接接头弯曲试验法可检验塑性金属材料变形能力，焊接接头各区的塑性差别，焊接接头和熔合线的接合质量。

4. 焊接接头冲击试验法

（1）试样的基本形式　GB/T 2650—2008《焊接接头冲击试验方法》给出了试样类型、位置和缺口方向。

（2）测定的性能指标　可以测定焊缝、熔合线、热影响区和母材在突加载荷作用时对缺口的敏感性、冲击吸收功 J。在断口处可检查金属内有无气孔、裂纹、夹渣或其他焊接缺陷。

5. 焊接接头及堆焊金属硬度试验法

（1）试样的基本形式　为了便于比较和考核，对不同接头形式硬度测量点的位置和分布，GB/T 2654—2008《焊接接头硬度试验方法》做了具体规定。

（2）测定的性能指标　焊接接头及堆焊金属硬度试验法可测定焊接接头及堆焊金属的强度、塑性、韧性、耐磨性，以及抗裂性等与硬度有关的性能。

（二）焊接接头高温性能试验

焊接结构在高温下工作时，焊接接头应该具备与母材相当的高温性能。有必要进行焊接接头不同的高温性能试验。焊接接头高温性能试验主要有焊接接头短时高温拉伸强度试验、焊接接头高温持久强度试验和焊接接头的蠕变断裂试验等。下面对这三种高温性能试验进行简单介绍。

1. 焊接接头短时高温拉伸强度试验　根据焊接接头的高温工作条件，进行高温短时拉伸试验时，按标准 GB/T 4338—2006《金属材料　高温拉伸试验方法》的规定进行，以求得不同温度的抗拉强度、屈服点、伸长率及断面收缩率等。

2. 焊接接头高温持久强度试验　在高温工作的构件，如高压蒸汽锅炉管道及焊接接头，虽然所承受的应力小于工作温度的屈服点，但在长期的服役过程中可导致管道破裂。因此，对于高温下工作的材料及焊接接头，必须测定高温长期载荷作用下的持久强度，即在给定温度，材料经过规定时间发生断裂的应力值。

3. 焊接接头的蠕变断裂试验　金属在高温（恒温）和恒应力作用下，发生缓慢的塑性变形的现象称为蠕变。蠕变可以在单一应力（拉力、压力或扭力），也可以在混合应力下产生，典型的蠕变曲线如图 3-34 所示。$a'a$ 为开始加载后所引起的瞬时变形（ε_0）；ab 为蠕变第 I 阶段，在此阶段中材料的蠕变速度随时间的增加而逐渐减慢；bc 为蠕变的第 II 阶段，在此阶段材料以恒定的蠕变速度产生变形；cd 为蠕变的第 III 阶段，此阶段材料的蠕变加速进行，直至 d 点发生断裂。

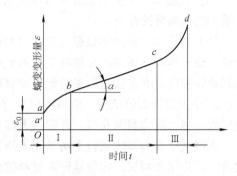

图 3-34　典型的蠕变曲线

蠕变极限是试样在一定温度下和规定的持续时间内，使蠕变变形量即蠕变速度达到某规定值时所需的最大应力。焊接接头的蠕变断裂试验可参照标准 GB/T 2039—2012《金属材料单轴拉伸蠕变试验方法》的规定进行。

（三）焊接接头耐腐蚀性能试验

1. 焊接接头耐晶间腐蚀试验法　奥氏体型不锈钢焊缝或热影响区在经受 450～850℃ 加热时，会产生铬的碳化物由晶界折出，从而在某些介质中导致焊缝或热影响区发生晶间腐蚀。评定奥氏体型不锈钢晶间腐蚀的试验方法很多，GB/T 4334—2008 标准《金属和合金的腐蚀　不锈钢晶间腐蚀试验方法》介绍了几种常用的方法，焊接接头试样尺寸和取样方法见图 3-35。

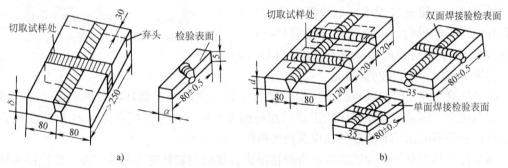

图 3-35　焊接接头晶间腐蚀试样的尺寸和取样方法

a）单焊缝取样　b）交叉焊缝取样

（1）方法 A　不锈钢 φ（草酸）10% 浸蚀试验方法。适用于奥氏体型不锈钢晶间腐蚀的筛选试验。

（2）方法 B　不锈钢硫酸-硫酸铁腐蚀试验方法（失重法）。适用于将奥氏体型不锈钢在硫酸硫酸铁溶液中煮沸试验后，以腐蚀速率评定晶间腐蚀倾向。本方法适用于对耐晶间腐蚀有较严格要求的钢种。

（3）方法 C　不锈钢 ψ（硝酸）65% 腐蚀试验方法（失重法）。适用于将奥氏体型不锈钢在体积分数为 65% 的硝酸溶液中煮沸试验后，以腐蚀速率评定晶间腐蚀倾向。本方法适用于对耐晶间腐蚀有严格要求的钢种。

（4）方法 D　不锈钢硝酸 – 氢氟酸腐蚀试验方法（失重法）。适用于检验含钼奥氏体型不锈钢的晶间腐蚀倾向。

（5）方法 E　不锈钢硫酸 – 硫酸铜腐蚀试验方法（弯曲法）。适用于检验奥氏体型、奥氏体 – 铁素体型不锈钢。在加有铜屑的硫酸 – 硫酸铜溶液中煮沸试验后，由弯曲或金相判定晶间腐蚀倾向。本方法适用于对耐晶间腐蚀性能仅有一定程度要求的钢种。

2. 应力腐蚀裂纹试验　金属在应力（拉应力或内力）和腐蚀介质联合作用下引起的断裂失效，称为应力腐蚀开裂。评定应力腐蚀的试验方法很多，一般多用光滑试样。

光滑试样应力腐蚀试验方法是用光滑试样在应力和腐蚀介质共同作用下，根据发生断裂的持续试样作为判据，定量地评定材料抗应力腐蚀的性能。试验程序和要求按 YB/T 5362—2006《不锈钢在沸腾氯化镁溶液中应力腐蚀试验方法》标准的规定进行。加载的方法有两种：

（1）恒负载拉伸试验　把光滑拉伸试样装在专用的试验装置中，将配制好的溶液加热，待到沸腾时开始加载，并记录加载到断裂的时间（断裂时间）。

（2）U 形弯曲试验　如图 3-36 所示，把厚 1 ~ 3mm，宽 10mm 或 15mm，长 75mm 的试样，用半径为 8mm 的压头压成 U 形，用适当的夹具加压将两臂间的宽度压缩 5mm。放入沸腾的试验溶液中，每隔一定时间取出试样，检查开裂情况，记录出现宏观裂纹的时间及裂纹贯穿时间。

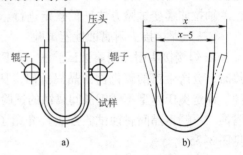

图 3-36　U 形弯曲应力腐蚀试验
a）试样弯曲方法　b）试样夹紧方法

（四）焊接接头的疲劳试验

焊接结构在服役过程中，如果承受载荷的数值和方向变化频繁时，即使载荷比静载的抗拉强度 σ_b 小，甚至比材料的屈服点 σ_s 还低得多，仍然可能发生破坏，称为疲劳破坏。

疲劳试验是在专门的试验机上选用一定的应力（或应变）循环特性的载荷，进行多次反复加载试验，测得使试样破坏所需要的加载循环次数 N，将破坏应力 σ 与 N 绘成疲劳曲线，从而获得不同循环下的疲劳强度及疲劳极限。

焊接接头和焊缝的疲劳试验方法有焊接接头和焊缝的旋转弯曲疲劳试验、焊接接头轴向疲劳试验等。

焊接接头和焊缝的旋转弯曲疲劳试验按照 GB/T 2656《焊缝金属和焊接接头的疲劳试验方法》的规定进行，试样的度量、对试验机的要求、试验结果的计算按照 GB/T 4337《金属材料　疲劳试验　旋转弯曲试验方法》的规定进行。

焊接接头轴向疲劳试验按照 GB/T 13816—1992《焊接接头脉动拉伸疲劳试验方法》的规定进行。

（五）焊接接头的步冷试验

钢材在回火缓慢冷却过程中或在某温度范围长期使用后，出现钢材韧性明显降低、脆性转变温度升高的现象称为回火脆性或回火脆化，其开裂特征是沿奥氏体晶界断裂。加氢反应器常用的 Cr – Mo 钢（特别是当 w（Cr）为 2.0% ~ 3.0% 时）有回火脆化倾向。

1. 试验方法　通常采用步冷试验来进行钢材及焊接接头的回火脆化倾向的评定。按图

3-37 所示的曲线对焊接接头进行加热，使之发生快速回火脆化。分别对步冷试验前后的焊接接头（焊缝和热影响区）进行系列冲击试验，绘出步冷试验前、后回火脆化程度的曲线。根据回火脆化程度曲线（见图 3-38），确定延脆性转变温度 vTrs（断口纤维率为 50% 时所对应的温度）或 vTr54（冲击吸收功为 54J 时所对应的温度）及 ΔvTrs 或 ΔvTr54。

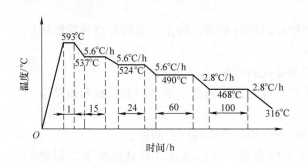

图 3-37　步冷处理曲线　　　　　　图 3-38　回火脆化程度曲线

2. 考核指标　回火脆化倾向评定的考核指标应由设计部门给定。常见的考核指标如下：

（1）美国雪弗龙公司早期提出的考核指标　$vTr54 + 1.5\Delta vTr54 \leqslant 38℃$（100 ℉）

（2）20 世纪 90 年代普遍采用的考核指标　$vTr54 + 2.5\Delta vTr54 \leqslant 38℃$（100 ℉）

（3）近期随着对设备安全性要求的提高，又相继出现了一些新的考核指标　$vTr54 + 2.5\Delta vTr54 \leqslant 10℃$；$vTr54 + 3\Delta vTr54 \leqslant 0℃$。

第八节　焊接工艺内容概述

焊接工艺是指完成焊接接头所采用的方法、程序和实施要求。完整的焊接工艺包括焊接方法、母材、焊接材料的选定、焊前准备、接头坡口、电特性参数、温度参数、焊接操作技术、焊接位置和焊后检验等方面的内容。

电特性参数包括电源的种类及极性、焊接电流、电弧电压和焊接速度等。温度参数包括预热温度、层间温度和后热温度等。操作技术参数主要包括焊接位置、焊接顺序、是否摆动（摆动方式）、焊接方向、焊道层次和清根方法等。焊接方法不同，焊接参数内容也不相同。现对电弧焊焊接有关参数介绍如下：

一、电特性参数

1. 焊接电流　焊接电流是指焊接时，流经焊接回路的电流。焊接电流的符号为"I"，单位为 A（安培）。

2. 电弧电压　电弧电压是指电弧两端（两电极）之间的电压。电弧电压的符号为"U"，单位为 V（伏特）。

3. 焊接速度　焊接速度是指单位时间内，完成单道焊缝的长度。焊接速度的符号为"v"，单位为 m/h（米/小时），cm/s（厘米/秒）。

4. 焊接电源　必须明确焊接采用的电源的交/直流性，采用直流电源应注明是正接，还是反接。

5. 脉冲参数　当采用脉冲电流焊接时，脉冲参数为基值电流、脉冲电流和脉冲频率

（或基值电流时间和脉冲电流时间）。

二、温度参数

（一）焊前预热

1. 焊前预热目的　对于碳钢、低合金钢、耐热钢来说，焊前预热是主要的焊接参数之一。焊前预热具有下列方面的有利作用：

1）降低焊接热影响区的冷却速度，避免淬硬组织的形成，防止冷裂纹并改善热影响区的塑性。

2）减少焊接区的温度梯度，从而降低焊接接头的内应力。

3）扩大焊接区的加热范围，使焊接接头在较宽的区域内处于塑性状态，减弱焊接应力的不利影响。

4）改变焊接区的应变集中区部位，降低促进冷裂纹形成的应力峰值。

5）延长焊接区在高温停留时间，有利于焊缝金属中氢的逸出，降低氢致裂纹形成的危险。

2. 焊前预热温度的确定　主要根据钢材的焊接性试验结果，确定焊前预热温度。由于焊接件的形状和尺寸以及焊接条件往往是多变的，因此确定焊前预热温度时，应考虑下列因素：

1）材料的实际碳当量。

2）焊件的结构形状和拘束度。

3）焊接工艺及操作技术（单道焊、多道焊、摆动焊、窄焊道焊、回火焊道、脉冲焊、双丝焊等）。

4）焊接材料的扩散氢含量。

5）焊件和周围环境的冷却条件。

6）施工条件（室外焊接、室内焊接、难焊位置的焊接等）。

（二）层间温度

层间温度是指焊接过程中，每道焊道焊接前焊件应控制的温度范围。对于碳钢、低合金钢、耐热钢来说，层间温度的下限一般为焊件的预热温度，层间温度的上限一般为 350 ~ 400℃。层间温度控制过高，会延长焊缝组织在 500℃/800℃的停留时间，使焊缝金属的抗拉强度降低。一些耐热钢层间温度过高还会产生脆性组织。奥氏体型不锈钢的层间温度一般控制得较低，通常小于 250℃，如果层间温度太高，接头的腐蚀性能会大大降低（奥氏体型不锈钢一般不需要预热）。

（三）后热、消氢处理

1. 后热、消氢的定义　焊后立即对焊件的全部（或局部）进行加热和保温，使其缓冷的工艺措施称为后热或消氢。后热的温度一般为 150 ~ 250℃。消氢的温度一般为 300 ~ 400℃。

2. 后热、消氢的目的　避免形成淬硬组织，以及使扩散氢逸出焊缝表面，从而防止产生冷裂纹。

三、焊接操作技术

焊接技术操作参数还包括焊接操作程序、有无清根和清根方式、有无摆动、多道焊/单道焊、手工焊/自动焊、有无锤击、单丝/多丝。对于埋弧焊和气体保护焊，还有焊丝伸出长度、导电嘴至焊件的距离等。对于不同的焊接方法，焊接技术操作参数包含的内容各不相同。

四、焊接位置

（一）焊接位置的分类

焊接位置分为平焊位置、横焊位置、立焊位置（向上立焊和向下立焊）和仰焊位置。

不同的焊接位置对焊工的操作技能有不同的要求，不同的焊接位置对焊接接头的质量有不同的影响。焊接位置是根据焊缝倾角和焊缝转角的大小定义的。

焊缝倾角（S）为焊缝轴线与水平面之间的夹角。

焊缝转角（R）为焊缝中心线（焊根和盖面层中心的连线）与垂直面之间的夹角。

（二）典型的焊接位置的定义

平焊位置（PA）：典型平焊位置为焊缝倾角0°，焊缝转角90°的焊接位置（ASME代号：F）。

横焊位置（PC）：典型横焊位置为焊缝倾角0°，180°，焊缝转角0°，180°的焊接位置（ASME代号：H）。

立焊位置：典型立焊位置为焊缝倾角90°为向上立焊（PF），焊缝倾角270°为向下立焊（PG）的焊接位置（ASME代号：V）。

仰焊位置（PE）：典型仰焊位置为焊缝倾角0°，180°，焊缝转角270°的焊接位置（ASME代号：O）。

全位置：熔焊时焊缝所处的空间位置包括平、立、横、仰等焊接位置。

TSG Z6002—2010《特种设备焊接操作人员考核细则》（简称"考核细则"）对考试试板的各种焊接位置及代号进行规定（见表3-3）。代号中"1"表示平焊位置，"2"表示横焊位置，"3"表示立焊位置，"4"表示仰焊位置，"5"表示全位置，"6"表示管子45°固定的特殊位置；"G"表示对接焊缝即坡口焊缝，"F"表示角焊缝，"R"表示管子旋转，"FG"表示对接焊缝加角焊缝的组合焊缝，"S"代表螺柱焊。

表 3-3　考核细则中对考试试件的各种焊接位置及代号的规定

	板材对接焊缝试件	管材对接焊缝试件	管板角接头试件
平焊位置	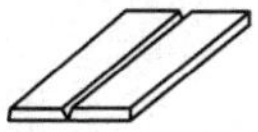 代号1G	 管子水平转动　代号1G	
横焊位置	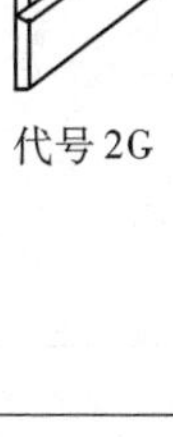 代号2G	管子垂直固定　代号2G	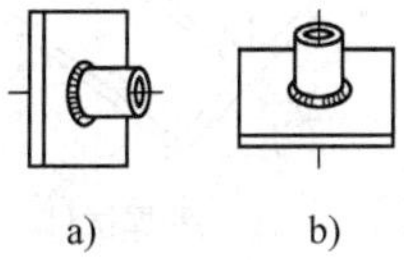 a)　b) a) 管子水平转动　代号2FRG（该接头为组合焊缝，其中坡口焊缝为平焊位置，角焊缝为横焊位置。） b) 管子水平固定　代号2FG

（续）

板材对接焊缝试件	管材对接焊缝试件	管板角接头试件
 **立焊位置** 代号 3G		
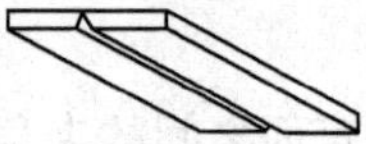 **仰焊位置** 代号 4G		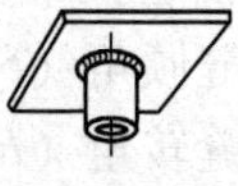 管子垂直固定　代号 4FG
全位置	 管子水平固定 代号 5G（向上焊）或 5GX（向下焊） 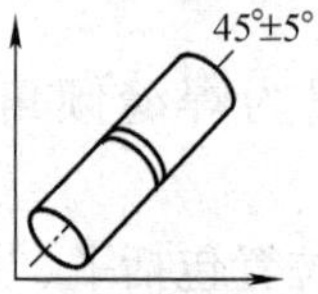 45°±5° 管子 45°固定 代号 6G（向上焊）或 6GX（向下焊）	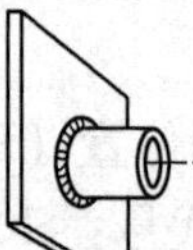 管子水平固定　代号 5FG 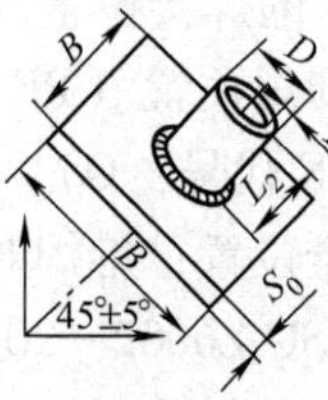 B　D　T L_2 B 45°±5°　S_0 管子 45°固定　代号 6FG
板材角焊缝试件	管材角焊缝试件	螺柱焊试件
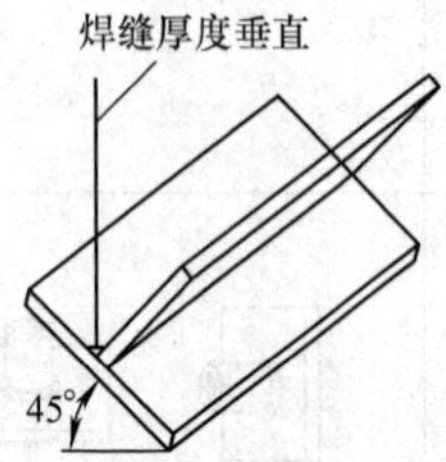 **平焊位置** 焊缝厚度垂直 45° 平焊试件 代号 1F	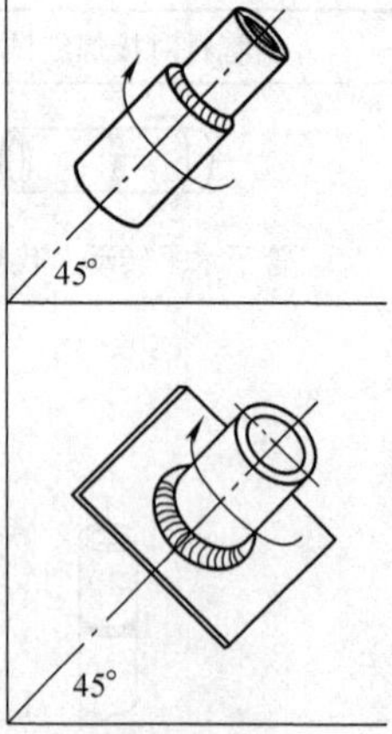 45° 45° 45°转动试件 代号 1F	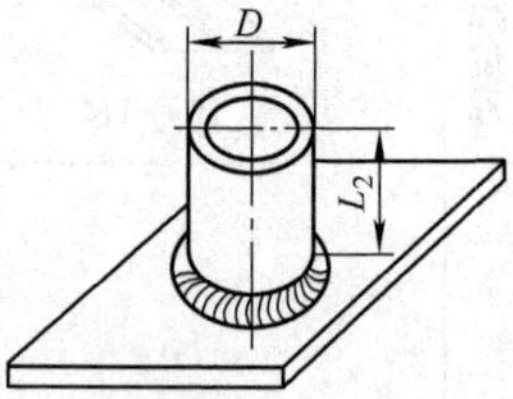 D L_2 平焊试件 代号 1S

（续）

板材角焊缝试件	管材角焊缝试件	螺柱焊试件
横焊位置		

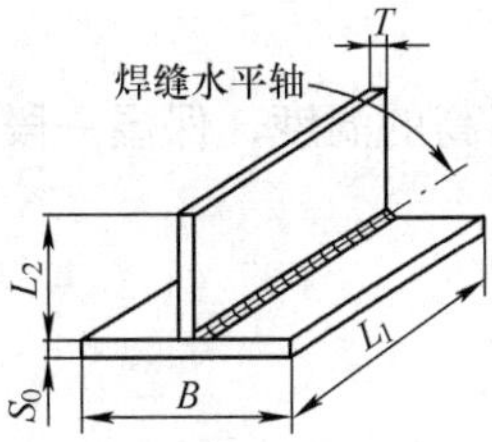

焊缝水平轴

横焊试件
代号 2F

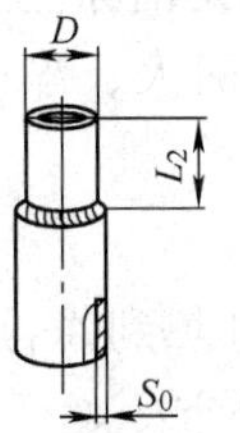

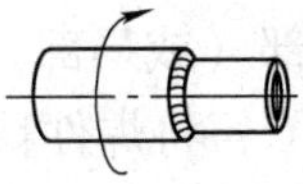

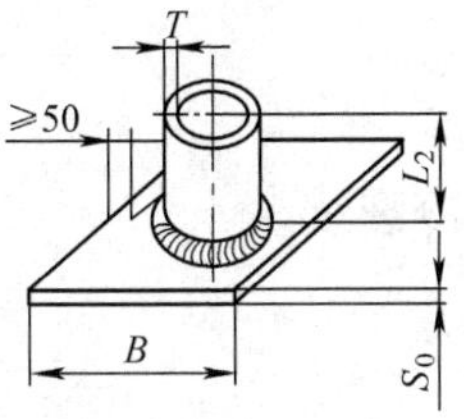

垂直固定横焊试件
代号 2F

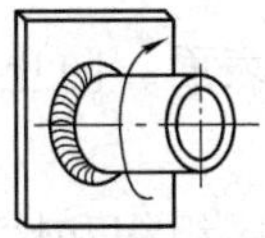

水平转动试件
代号 2FR（转动）

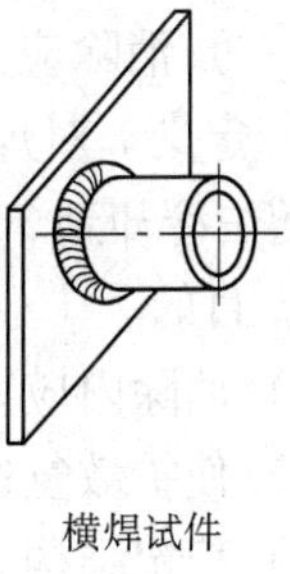

横焊试件
代号 2S

立焊位置

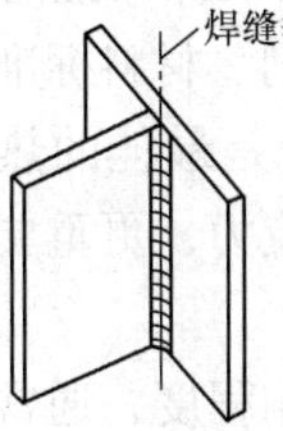

焊缝垂直轴

立焊试件
代号 3F

仰焊位置

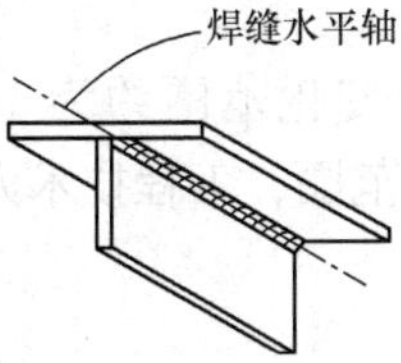

焊缝水平轴

仰焊试件
代号 4F

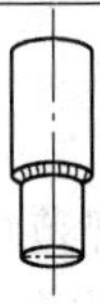

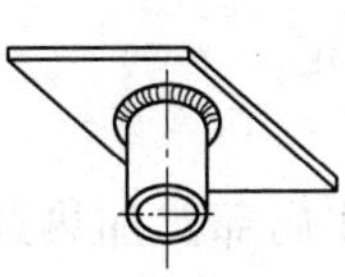

垂直固定仰焊试件
代号 4F

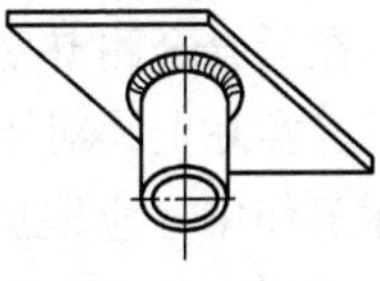

仰焊试件
代号 4S

全位置

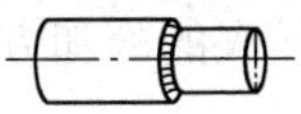

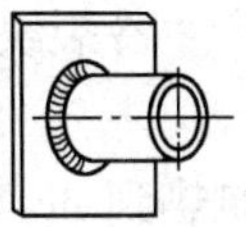

水平固定试件
代号 5F

五、焊后热处理

对于焊接件来说，焊后热处理的主要作用是消除应力和改善接头的组织及性能。常见的焊后热处理有消除应力退火、正火、正火 + 回火、淬火 + 回火、固溶热处理与稳定化热处理。

（一）消除应力退火

1. 定义　对焊件的全部（或局部）进行加热到 Ac_1 点以下足够高的温度，保温一段时间后，随炉冷却到 300 ~ 400℃，将焊件移到炉外空冷。

2. 目的

1）消除内应力。

2）使扩散氢逸出焊缝表面，防止产生冷裂纹。

3）稳定结构。

4）改善焊缝和热影响区组织和性能。

3. 消除应力退火参数对接头性能的影响　消除应力退火参数主要是指热处理温度和保温时间。各国制造法规对消除应力热处理的最低温度（或温度范围）及最低保温时间都有规定。但各国法规的相关规定也不完全相同，这与法规所遵循的设计准则、材料标准、工艺评定准则等不同有关。法规所列的最低热处理温度和保温时间，不一定是最佳的热处理制度。尤其是对于低合金钢来说，焊后热处理的目的不仅是消除焊接残留应力，更重要的是改善金属组织，提高接头的综合力学性能。

焊后热处理的规范参数，对低合金耐热钢焊接接头的力学性能的影响程度，通常利用回火参数 $[P]$ 值来评定。$[P]$ 值的计算公式如下：

$$[P] = T(20 + \log t) \times 10^{-3}$$

式中　T——热处理绝对温度；

　　　t——保温时间（h）。

在低合金耐热钢焊件的各种热处理规范中，回火参数 $[P]$ 的变化范围约为 18.2 ~ 21.4。实际上，对于每一种低合金耐热钢均有一个最佳的热处理参数范围，工程技术人员在实际工作中，应根据材料的不同来确定。

（二）正火、正火 + 回火

1. 正火定义　将焊件的全部（或局部）加热到 Ac_3（或 Ac_{cm}）以上适当温度，保温一段时间后，在空气中冷却。

2. 正火 + 回火定义　焊件正火后，再加热到 Ac_1 点以下的 30 ~ 50℃，保温一定时间，并以适当方式冷却到室温的工艺过程。回火的冷却方式一般为空冷。

3. 目的

1）细化晶粒，改善焊缝和热影响区组织和性能。

2）使扩散氢逸出焊缝表面，防止产生冷裂纹。

（三）淬火 + 回火

1. 定义　焊件的全部（或局部）加热到 Ac_3 以上 30 ~ 50℃，并保持一定时间，然后以大于临界冷却速度的速度冷却。焊件淬火后，再加热到 Ac_1 点以下的 30 ~ 50℃，保温一定时间，并以适当方式冷却到室温的工艺过程。回火的冷却方式一般为空冷。

2. 目的　提高焊缝和热影响区的强度和韧性，以更好地发挥接头的综合性能。

（四）固溶热处理与稳定化热处理

1. 定义　固溶热处理是把焊接接头加热到 1050～1100℃，使焊接过程中晶界上析出的碳化物重新熔入到奥氏体中，然后迅速冷却，将奥氏体组织固定下来。稳定化热处理是把焊接接头加热到 850～900℃，保温 2h 后空冷，使奥氏体晶粒内的铬逐步扩散到晶界上，以消除晶界上的贫铬层，从而提高耐晶间腐蚀性能。

2. 目的　固溶热处理与稳定化热处理都是为了改善奥氏体不锈钢焊接接头的耐晶间腐蚀性能。

各种金属材料的焊接工艺将在以后章节中分别叙述。

第四章 弧焊电源

电弧是在两电极之间的气体介质所产生强烈而持久的放电现象。通过电弧放电，将电能转变成热能、机械能和光能。焊接电弧是各种弧焊方法的热源。弧焊电源是为电弧提供能量的设备。弧焊电源的特性好坏会直接影响电弧燃烧的稳定性，而焊接电弧是否稳定燃烧又直接影响焊接过程的稳定性和焊接质量。所以必须先了解焊接电弧的特性及分类，才能理解电弧对弧焊电源电气性能的要求。

第一节 焊接电弧的特性及其分类

焊接电弧的特性包括焊接电弧的热特性、电特性和力学特性三部分，这里仅对焊接电弧的电特性和力学特性作一介绍。

一、焊接电弧的电特性

焊接电弧的电特性包括焊接电弧的静特性和动特性。

（一）焊接电弧的静特性

在电极材料、气体介质和弧长一定的情况下，电弧稳定燃烧时，电弧电压（U）与焊接电流（I）变化的关系，称为焊接电弧的静特性，又称伏 – 安特性，也称为电弧的静特性曲线，如图 4-1a 所示。电弧属非线性负载（电弧电阻不是常数），电弧电压与焊接电流之间成非正比关系。当电流在很大范围内从小到大变化时，电弧静特性曲线近似 U 形，故也称 U 形静特性曲线。

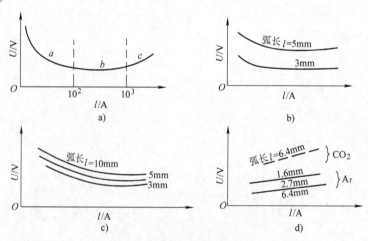

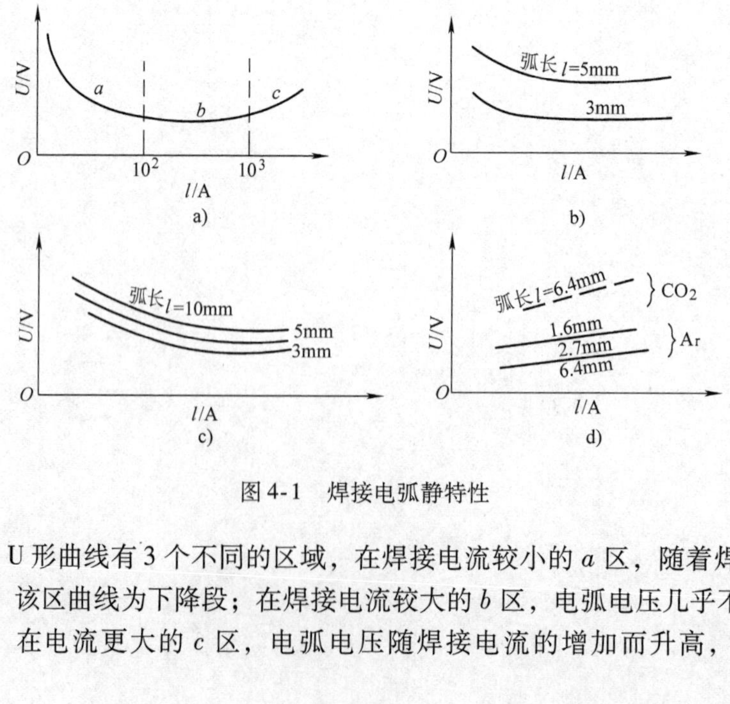

图 4-1 焊接电弧静特性

图 4-1a 中 U 形曲线有 3 个不同的区域，在焊接电流较小的 a 区，随着焊接电流的增加电弧电压减小，该区曲线为下降段；在焊接电流较大的 b 区，电弧电压几乎不变，该区曲线为近似水平段；在电流更大的 c 区，电弧电压随焊接电流的增加而升高，该区曲线为上

升段。

在正常工作范围内，不同的焊接方法，并不采用电弧静特性曲线的所有区段，而只是其中某一区段。在下降段，由于电弧燃烧不稳而很少采用；焊条电弧焊、埋弧焊多数工作在静特性曲线的水平段，这时电弧电压只随弧长而改变，与焊接电流关系很小；非熔化极气体保护焊、等离子弧焊也多工作在水平段，只有焊接电流较大时，工作在上升段；熔化极气体保护焊及水下焊接基本工作在上升段。焊条电弧焊、钨极氩弧焊和熔化极气体保护焊电弧静特性的工作区段部分，如图 4-1b、c 和 d 所示。

影响电弧静特性的因素主要有电弧长度、电弧周围气体种类及气体介质的压力。

电弧长度增加时，弧柱长度变长。从图 4-1b、c 和 d 可发现，一定条件下的电弧静特性，随着电弧电压增加，电弧静特性曲线位置上升。

（二）电弧的动特性

所谓焊接电弧的动特性，是指对于一定弧长的电弧，当电弧电流发生连续的快速变化时，电弧电压和电流瞬时值之间的关系。

如图 4-2 中的电流由 a 点以很快的速度连续增加到 d 点，则随着电流增加，使电弧空间的温度升高。但是后者的变化总是滞后于前者，这种现象称为热惯性。当电流增加到 I_b 时，由于热惯性关系，电流空间还没有达到 I_b 所达到稳定状态的温度。由于电弧空间温度低，弧柱导电性差，阴极斑点和弧柱截面积增加较慢，维持电弧燃烧的电压不能降至 b 点，而是高于 b 点的 b' 点。依此类推，对应于每一瞬间电弧电流的电弧电压，就不再是在 $abcd$ 实线上，而是在 $ab'c'd$ 虚线上。这就是说，在电流增加的过程

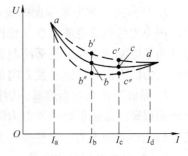

图 4-2 焊接电弧的动特性

中，动特性曲线上的电弧电压比静特性曲线上的电弧电压高；反之，当电弧电流从 I_b 迅速减小到 I_a 时，同样由于热惯性的影响，电弧空间温度来不及下降。此时，对应于每一瞬间电弧的电压将低于静特性曲线上的电压，而得到 $ab''c''d$ 曲线。图 4-2 中的曲线 $ab'c'd$ 和 $ab''c''d$ 曲线为电弧的动特性曲线。电流按照不同规律变化时，将得到不同形状的动特性曲线。电流变化速度越小，静特性、动特性曲线就越接近。

二、电弧的力学特性

在焊接过程中电弧既是热源，同时又是力源。电弧所产生对熔滴、熔池的机械作用力，称电弧力。电弧力包括电磁收缩力、等离子流力、斑点力和短路爆破力等。这些电弧力对焊缝成形和焊接过程稳定具有重要影响。若控制不当，将破坏正常熔滴过渡，产生飞贱，甚至形成焊瘤、咬肉和烧穿等缺陷。

（一）电弧力的形成及其作用

1. 电磁收缩力 电磁收缩力是由磁压缩效应引起的，有使导体截面收缩的趋势。若导体为液体或气体，其作用非常明显，对于等截面的液态或气态导体只产生径向作用，使导体变细，内压升高；对不等截面的液态或气态导体，则在截面扩张区既产生指向轴心的径向作用力，又产生轴向推力，推力的方向总是从小截面指向大截面，而与电流大小无关。

电磁收缩力往往是形成其他电弧力的力源。电磁收缩力形成的轴向推力可以使电弧产生下面所述的等离子流力，也可以直接作用于熔池表面，使熔池下凹产生一定熔深。熔化极电

弧焊时，轴向推力可促使熔滴过渡，电弧磁收缩力可束缚弧柱扩展，使弧柱能量集中，并提高电弧的刚直性（挺度）。由于电磁力径向分布不均匀，对熔池产生搅拌作用，有利于细化晶粒，排出气孔、夹杂、改善焊缝力学性能。当弧根直径小于熔滴直径时，电磁收缩力形成的轴向推力推向熔滴，反而阻碍熔滴过渡，甚至会造成金属飞溅。

2. 等离子流力　在焊接条件下，电弧是在小截面的焊条（丝）和大截面的焊件之间产生，且呈圆锥形。在电磁收缩力作用下，形成了从焊条（丝）指向焊件的轴向推力，迫使靠近焊条（丝）端部的高温等离子气向焊件移动，随着高温等离子气的轴向移动，从电弧上方不断流入新空气，新空气在电弧高温下电离，并继续向工件冲击，形成具有一定速度的连续气流，对熔池产生附加压力，这种由等离子体流动而引起的压力，即为等离子流力，又称电弧动压力。等离子流力能增大电弧的刚直性；促进熔滴过渡，减少金属飞溅；还可以增大熔深和对熔池的搅拌作用。但过大的等离子流力可能造成液态金属排出熔池之外，使焊缝成形变坏。气体保护焊时，当保护气流不足，等离子流的高速流动会卷入空气，使保护效果变差。

3. 斑点力　在电极端面的斑点上由于导电和导热过程的特点而产生的附加压力称斑点力。斑点力包括带电质点在电场作用下向两极冲击的力，电磁收缩力引起的轴向推力以及斑点处由于电流密度大，局部高温引起金属强烈蒸发，形成蒸气流对斑点产生的反作用力。这些斑点力的方向与熔滴过渡方向是相反的，它们总是阻碍熔滴过渡。

4. 爆破冲击力　当熔滴和熔池发生短路时，短路电流使液柱温度急剧升高，金属内部气化而爆破，爆破引起的冲击力简称爆破力。此外，弧间气体受高温加热迅速膨胀，也对熔池和熔滴形成冲击力。这些冲击力对熔滴过渡和焊缝成形不利，甚至会造成飞溅。

（二）影响电弧力的因素

为了发挥电弧力好的作用和避免它的不利影响，需了解影响电弧力的主要因素。这些因素有：

1. 气体介质　具有导热性强的气体或多原子气体均能引起电弧收缩，导致电弧力增加；当增加气体流量或电弧间气体压力时，也会引起电弧收缩，使电弧力和斑点力增大。斑点力增大不利于熔滴过渡。

2. 电流　电磁收缩力与电流成正比，电流增大，电磁收缩力和等离子流力也随之增大。

3. 电弧电压　在一定条件下，电弧电压的升高，意味着电弧长度增加，则电弧力降低。

4. 极性　一般情况下，电弧在阴极区的收缩程度比阳极区大。钨极氩弧焊的钨极接负（正接法）时，会形成锥度较大的电弧，产生较大的电弧力；熔化极气体保护焊时，若焊丝接负，则熔滴受到较大的斑点压力而阻碍熔滴过渡，不会形成较强的电弧推力和等离子流力，若焊丝接正时，则电弧力较大。

5. 钨极端部的几何形状　钨极氩弧焊时，钨极端部锥角越小（即越尖），则锥形电弧越明显，电磁收缩力越大，越有利于等离子流的形成，所以电弧力越大。

6. 机械压缩　等离子弧焊接时，通过喷嘴的机械压缩，加大电弧力。

三、焊接电弧的分类

焊接电弧的性质与供电电源的种类、电弧的状态、电弧周围的介质以及电极材料有关。按照不同的分类方法，可做如下的分类：

1）按电流种类可分为交流电弧、直流电弧和脉冲电弧（包括高频脉冲电弧）。

2）按电弧状态可分为自由电弧和压缩电弧。

3）按电极类型可分为熔化极电弧和非熔化极电弧。

下面对自由电弧中的非熔化极电弧、熔化极电弧、压缩电弧和脉冲电弧的特点作简单的介绍。

（一）自由电弧

自由电弧可分为非熔化极电弧和熔化极电弧两种。

1. 非熔化极焊接电弧　电极本身在焊接过程中不熔化，没有金属熔滴过渡，通常都采用惰性气体（如氩气、氦气等）保护。在我国因氦气甚为昂贵，故多数情况下是采用氩气保护，电极多采用钨极或钨中掺有少量稀土金属，如钍或铈制成的钍钨极或铈钨极。钨极氩弧是常用的非熔化极焊接电弧。

钨极氩弧又分为直流电弧与交流电弧两种。

2. 熔化极焊接电弧　焊丝（条）作为电弧的一个极，在焊接电弧燃烧过程中不断地熔化并过渡到焊接工件上去。根据电弧是否可见，熔化极焊接电弧又可分为明弧和埋弧两大类。

明弧的电极也有三种：一种是在金属丝表面敷有涂料的焊条或金属管内装有药粉的自保护药芯焊丝，由于涂料或药粉中含有大量稳弧剂，所以这种明弧也能稳定燃烧。在该种情况下，不需要保护气体；第二种明弧是采用光电极（光焊丝），在这种情况下，一般都要采用保护气体。它的保护气体可以是惰性气体，如氩气，也可以是活性气体，如 CO_2、$CO_2 + Ar$、$O_2 + Ar$、$CO_2 + O_2 + Ar$ 等。上述各种活性气体中，除单独使用 CO_2 气体之外，其余也称为混合气体保护电弧；第三种明弧是采用保护气体和药粉联合保护，如普通药芯焊丝气体保护焊。

采用光焊丝的电弧多数用直流电源，特别是采用活性气体保护焊的电弧必须采用直流电源；用惰性气体保护焊的电弧，则可用脉冲电源、矩形波交流弧焊电源或普通交流电源。

埋弧焊采用的也是光焊丝（包括金属粉芯焊丝），在焊接过程中要不断地往电弧周围送给颗粒状焊剂（或称焊药），电弧在焊剂中燃烧，或者说电弧被埋在焊剂下。因为焊剂中含有稳弧元素，电弧燃烧很稳定。这种电弧既可以是直流电弧，也可以是交流电弧。

因为熔化极在焊接过程中不断地熔化并过渡到焊缝中去，故电极需要连续地向电弧区送进，以维持弧长基本上不变。除涂料焊条是靠手工送进之外（市场上已出现采用送丝机，自动地向电弧区送进的盘装涂料焊条），所有采用光焊丝或药芯焊丝的焊接方法都是利用送丝机自动地向电弧区送进焊丝的。

对于熔化极电弧，电极在熔化过程中形成的熔滴有大有小，不同情况下选用的弧长也有差异。其中有些方法，如焊条电弧焊、CO_2 气体保护（短弧）焊，电弧经常被熔滴短路。这种经常被熔滴短路的电弧，不仅弧长会发生激烈的变化，更重要的是在熔滴短路之后，存在重新引燃电弧的问题。因此，存在熔滴短路的情况下电弧常常变得不稳定，进而需对弧焊电源提出更高的要求。

（二）压缩电弧

上面所讲的电弧均属自由电弧。如果把自由电弧的弧柱强迫压缩，可获得一种比一般电弧温度更高、能量更集中的热源，即压缩电弧。等离子弧就是一种典型的压缩电弧，它靠热收缩、磁收缩和机械压缩效应，使弧柱截面缩小，能量集中，从而提高了电弧电离度，形成高温等离子弧。等离子弧又可分为转移型等离子弧、非转移型等离子弧和混合型等离子弧三种形式。

这三种形式的等离子弧均采用非熔化极，因而它们除具有高能量密度的压缩电弧特点外，还具有非熔化极电弧的特点，即影响电弧稳定燃烧的主要因素是电弧电流和空载电压。要保持电弧的稳定燃烧，应尽可能使电弧电流不变，并采用较高的空载电压。等离子弧焊中通常是采用直流和脉冲等离子弧，但也有用交流的等离子弧。20世纪70年代还出现了熔化极等离子弧。这种方法可视为等离子弧和熔化极电弧的结合。

（三）脉冲电弧

电流为脉冲波形的电弧称为脉冲电弧。它可分为直流脉冲电弧和交流脉冲电弧两种。它与一般电弧的区别在于，电弧电流周期地从基本电流（维弧电流）幅值增至脉冲电流幅值，也可以把它看成为由维持电弧和脉冲电弧两种电弧所组成。维持电弧（或称基本电弧）用于在脉冲休止期间来维持电弧的连续燃烧；脉冲电弧用于加热熔化焊件和焊丝，并使熔滴从焊丝脱落，向焊件过渡。

脉冲电弧的电流波形有许多种形式，例如矩形波脉冲、梯形波脉冲、正弦波脉冲和三角形波脉冲等。

第二节　电弧的偏吹

电弧偏吹是指焊接过程中，因气流干扰、磁场作用或焊条偏心等影响，使电弧的中心偏离电极轴线的现象。电弧偏吹会使焊接电弧失去刚直性，造成电弧飘摆和不稳定，甚至导致电弧熄灭；电弧不稳定，使熔滴过渡不规则，导致焊缝成形不良，在焊缝中引起未焊透、夹渣等缺陷；此外，偏吹还会混入有害气体，影响焊缝的内在质量。因此，必须研究电弧偏吹产生的原因，尽可能克服有害影响。

一、电弧偏吹的产生机理

（一）焊条偏心产生的偏吹

焊条的偏心度过大，造成焊条药皮厚薄不均匀，药皮较厚的一边比药皮较薄的一边熔化时吸收的热量多，药皮较薄的一边很快熔化而使电弧外露，迫使电弧偏吹，如图4-3所示。

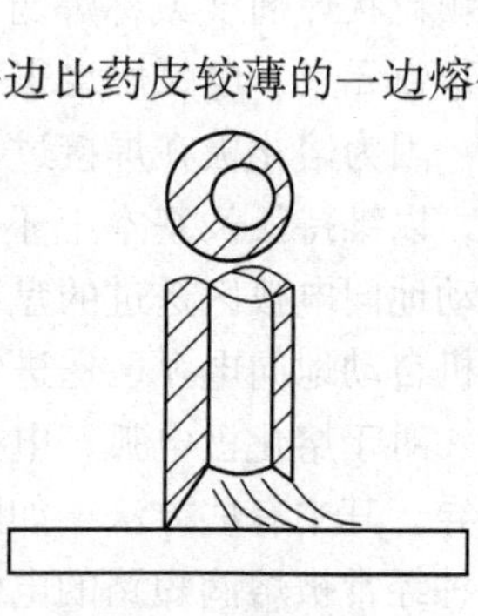

（二）电弧周围气流产生的偏吹

电弧周围气体流动过强也会产生偏吹。造成电弧周围气体流动过强的因素主要是大气中的气流和热对流作用。若在露天大风中焊接操作时，电弧偏吹就很严重；在管线焊接时，由于空气在管子中的流速较大，形成"穿堂风"，使电弧偏吹；如果对接接头的间隙较大，在热对流的影响下也会产生偏吹。

图4-3　焊条药皮偏心引起的偏吹

（三）热偏吹

由于电极与熔池间的空气已被电离，所以其电导率大于电极到冷区域的电导率，电极向较冷区域移动引起电弧的滞后趋势，使电弧向温度高的焊缝金属方向偏吹，这种偏吹称为电弧热偏吹。当采用焊条电弧焊时，热偏吹引起的电弧滞后不会起主要作用，但当采用高速自动焊时，热偏吹能增加磁偏吹的作用。

（四）焊接电弧的磁偏吹

当焊接电弧中有电流通过时，在其周围将产生磁场，在正常情况下，磁场在电弧轴线四周的分布是对称的（见图4-4），因此电弧才能保持一定的挺度。如果因为某种原因磁场分布的均匀性受到破坏，使电弧四周受力不均匀，电弧就会偏向一侧，这种自身磁场不对称，促使电弧偏离电极轴线的电弧偏吹，称为焊接电弧的磁偏吹。磁偏吹现象实质上是焊接电弧中带电粒子在磁场中受到洛仑兹力作用的结果，洛仑兹力的方向决定了电弧偏离中心线的方向。如图4-5所示，空间磁力线密集侧产生的力 $F_左$ 与磁力线稀疏的地方产生的力 $F_右$ 的合力作用在焊接电弧上，由于洛仑兹力与磁力线密度成正比，因此，$F_左 > F_右$，使焊接电弧产生向右磁偏吹。

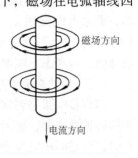

图4-4　导线的磁力线分布示意图

二、焊接电弧磁偏吹的产生原因

（一）接地线位置引起的磁偏吹

焊接时，不仅通过电极与电弧的电流会在空间产生磁场，通过焊件的电流也会在空间产生磁场。如图4-6所示，当电极垂直于焊件时，则电弧左侧空间为两段导体产生的磁力线同方向叠加，提高了该处的磁力线密度，而电弧右侧空间只有电弧本身产生的磁力线，它相对于左侧磁力线密度较小，其分布失去对称性，从而产生了磁力线密度较大的一方指向磁力线密度较小的一方的横向推力，方向由磁力线密度较大的一方指向磁力线密度较小的一方，使电弧偏离电极轴向，形成向右磁偏吹。同理，当接线位置在焊件的右侧时，则电弧将向左侧偏吹。

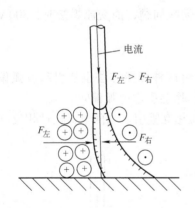

图4-5　焊接电弧的磁偏吹

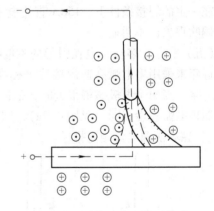

图4-6　接线位置产生的磁偏吹

（二）电弧附近的铁磁性物质引起的磁偏吹

当电弧的一侧放置可磁化物质（钢板）时，则电弧偏离焊条（电极）轴线指向钢板，产生磁偏吹，如图4-7所示。在电弧一侧放置钢板后，由于钢板是良导磁体，磁力线将力求走磁阻小的通路，使较多的磁力线集中到钢板中，电弧空间右侧磁力线的密度会显著降低，破坏了磁力线分布的均匀性，电弧偏向有钢板的一侧，看上去好像钢板吸引了电弧，实质上电弧是被另一侧较强的磁场推了过去。电弧一侧放置的钢板越大或距离越近（T形接头角焊缝），则所引起的磁力线密度分布不对称越加剧，电弧的磁偏吹就越厉害。

对于电弧磁偏吹，应该注意的一个问题是电弧磁偏吹与夹具的关系。钢制夹具对电弧周围的磁场和电弧磁偏吹都有影响，而且可能被磁化。通常，焊条电弧焊的焊接电流不大于250A时，夹具不会引起电弧偏吹。因此大电流自动焊用夹具设计时，应考虑电弧偏吹问题。

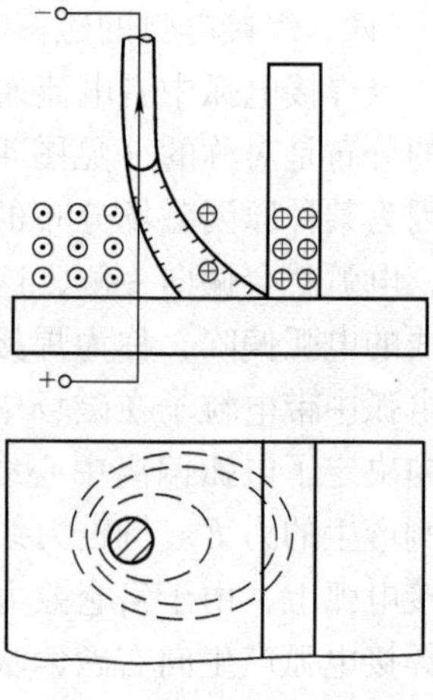

（三）焊件端部引起的磁偏吹

当焊接电弧移到钢板的端部时，也容易产生电弧向钢板一侧的磁偏吹现象，如图4-8所示。这是因为电弧到达钢板的端头时，导磁面积发生变化引起的。靠近端部导磁面积小，结果使靠近焊件边缘地方的磁力线密度增加，也造成了空间磁力线密度的不均匀，故产生指向焊件内侧的磁偏吹。特别是在坡口内部焊接时，焊件一侧铁磁性物质所占体积较大，磁偏吹现象更为严重。

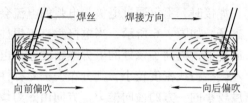

图4-7　电弧一侧有铁磁
物质引起磁偏吹

（四）交流电弧的磁偏吹

磁偏吹现象主要出现在直流电弧中。因为，交流电流的方向不断地变化，电弧自身引起的磁场方向也在不断地变化，而电流导体受磁场作用力的方向却是不变的。如果在电弧周围空间磁场分布不均匀，也会引起磁偏吹。实践证明，交流电弧的磁偏吹比直流电弧弱得多。例如，在一定的焊接条件下，150A直流电流就会出现磁偏吹问题，而交流焊接时，300A电流的磁偏吹现象也不明显。

图4-8　电弧在钢板端部的磁偏吹

（五）平行（多丝）电弧引起的磁偏吹

近年来采用多电弧高速焊接法来提高生产效率，但这种焊接方法也易引起电弧偏吹问题。通常，当两个电极靠得很近时，他们的磁场相互作用会引起电弧偏吹。

如果电弧极性相同（见图4-9a），则磁场使两电弧相互吸引。当两电弧极性相反（见图4-9b），磁场使两电弧相互排斥。

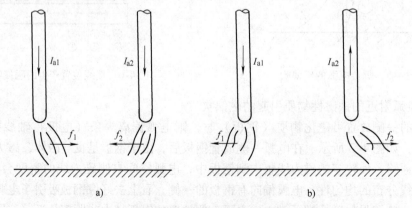

图4-9　平行电弧引起的磁偏吹
a) 同向电流的电弧互相吸引　b) 反向电流的电弧互相排斥

三、电弧偏吹的消除及防止措施

（一）电弧偏吹的消除

1）焊接过程中遇到焊条偏心引起的偏吹，应立即停弧。如果偏心度较小，可以转动焊条将偏心位置移到焊接前进方向，调整焊条角度后再施焊；如果偏心度较大，就必须更换新的焊条。

2）焊接过程中遇到气流引起的偏吹，应停止焊接，查明原因，采用遮挡等方法来解决。

（二）防止措施

可能发生磁偏吹时，可根据不同的产生原因进行相应的防止措施。

1）理论上讲，当接线位置在电弧轴线的下方，则电弧四周的磁场分布是均匀的，将不会产生磁偏吹。但实际上焊接过程中电弧将始终沿着焊接方向在焊件上移动，不可能停留在某一点，所以接线位置对电弧永远是偏离的。对于长和大的焊件，采用在焊件两侧接地或多点接地等分布式接地的方法，可减少因导线接地位置引起的磁偏吹。同时，操作中调整焊枪或焊条角度，将电极向磁偏吹相反的方向倾斜，调整电弧左右两侧空间的大小，使两侧磁力线密度趋于平衡，则可以减少电弧磁偏吹的程度，如图4-10所示。

2）电弧长度减小，磁场对电弧的作用减弱，磁偏吹的现象也减弱，因此尽量用短弧进行焊接，电弧越短磁偏吹的程度越轻。

3）因为磁感应强度与焊接电流的大小成比例，在可能的情况下减小焊接电流，有助于减少磁偏吹。

4）焊接过程中要避免周围铁磁性物质的影响，如果焊件有剩磁，焊前应消除焊件的剩磁。焊接用夹块应该是无磁的，不应将接地电缆接在铜滑块上，接地线应尽可能接在焊件上。夹具要有足够长度，以便尽可能地使用引弧板。采用连续的夹具，因为不连续的夹具存在空隙容易产生磁偏吹。

5）在可能的条件下，使用交流电源代替直流电源，或采用脉冲焊或高频电弧焊方法。一般来说，采用两个电弧时，可使其一为直流，另一为交流。这样交流磁场每个周期都在变化，它对直流电弧的影响很小。另一种常用的方法是采用两个交流电弧。电弧电流的相位差为80°～90°，这样可以在很大程度上避免电弧相互影响。由于存在相位差，当一个电流产生的磁场最大时，另一个为最小或接近最小，一般不会有电弧磁偏吹产生。

6）合理的焊接顺序及操作技术克服磁偏吹。一般远离接地点方向焊接，可减小向后偏吹，朝向接地点方向焊接则可减小向前偏吹；若存在装配间隙时，则采用分段焊，朝向定位焊处或正式焊缝处焊接；采用后退焊法也能克服磁偏吹现象，如图4-11所示。

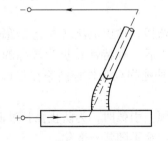

图4-10　倾斜焊条减小磁偏吹

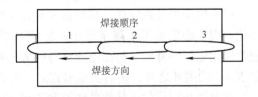

图4-11　采用分段退焊方法克服磁偏吹

第三节　对弧焊电源电气性能的基本要求

供给焊接电弧电能，并具有适宜于电弧焊电气性能的设备，称为弧焊电源。电弧是所有电弧焊方法的热源，电弧能否稳定地燃烧除取决于焊接材料、焊接参数之外，还决定于弧焊电源的特性。

弧焊电源是电弧焊机中的主要部分，也是用来对焊接电弧提供电能的一种专用设备。对弧焊电源应具有与一般电力电源相同的要求，如经济性、稳定性和安全性等。然而，在弧焊电源的电气特性和结构方面，还应具有不同于一般电力电源的特点。这主要是由于弧焊电源的负载是电弧，它的电气性能应适应电弧负载的特性。因此，弧焊电源需具备工艺适应性，即应满足弧焊工艺对电源的下述要求：

①保证引弧容易。②保证引弧稳定。③保证焊接参数稳定。④应具有足够宽的焊接参数调节范围。

为满足上述工艺要求，弧焊电源的电气性能还应考虑以下三个方面：

①对弧焊电源外特性的要求。②对弧焊电源调节性能的要求。③对弧焊电源动特性的要求。

上述几点是对弧焊电源的基本要求。此外，在特殊环境下（如高原、水下和野外焊接等）工作的弧焊电源，还必须相应具备对环境的适应性。

一、对弧焊电源外特性的要求

（一）弧焊电源的外特性

在稳定状态下，弧焊电源的输出电压与输出电流的关系曲线，称为弧焊电源的外特性。所谓稳定状态，是指电弧电压和焊接电流在较长时间内不改变数值，即焊接电弧处于稳定燃烧的工作状态，故弧焊电源的外特性也称为静特性。

弧焊电源的外特性分为平特性、下降特性和双阶梯形特性三大类。表4-1列出了弧焊电源外特性形状的分类及其应用范围。下面对弧焊电源三大类的外特性做简单描述。

1. 下降特性　这种外特性的特点是当输出电流在工作范围内增加时，其输出电压随之下降。根据斜率的不同又可分为垂降（恒流）特性，缓降特性和恒流带外拖特性等。

（1）垂降（恒流）特性　垂降特性也叫恒流特性。其特点是：在工作部分当输出电压变化时输出电流几乎不变，见表4-1中的图a。

（2）缓降特性　其特点是当输出电压变化时，输出电流变化较恒流特性的大。外特性曲线近似于斜线或椭圆形弧线，见表4-1中的图b和图c。

（3）恒流带外拖特性　其特点是在其工作部分的恒流段，输出电流基本上不随输出电压变化。但在输出电压下降至低于一定值（外拖拐点）之后，外特性转折为缓降的外拖段，随着输出电压的降低，输出电流将有较大的增加，而且外拖拐点和外拖斜率往往可以调节。除表4-1的图d之外，还有其他形式的外拖特性。

这种组合而成的外特性曲线有利于焊条电弧焊的引弧。引弧时，为防止弧长过低，焊条与熔池粘接，而在曲线上部分即正常焊接操作时，焊接电流不随弧长变化。

2. 平特性　平特性有两种，一种是在运行范围内，随着焊接电流增大，电弧电压接近于恒定不变（又称恒压特型）或稍有下降，见表4-1的图e；另一种是在运行范围内随着焊接电流增大，电弧电压稍有增高（有时称上升特性），见表4-1的图f。

3. 组合特性（双阶梯型）　利用电子控制技术使一台电源的设计既能输出恒压特性又能输出恒流特性，这种电路可被用于多种焊接方法，例如用于脉冲电弧焊双阶梯型特性。维弧阶段工作于 L 形特性（基值）上，而脉冲阶段工作于 T 形特性（峰值）上。由这两种外特性切换而成组合特性，或称框形特性，见表4-1图g。

表4-1　弧焊电源外特性的分类及其应用范围

外特性	下 降 特 性			
图形	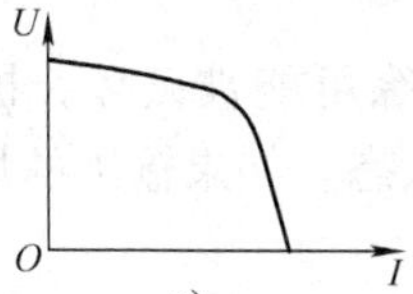 a)	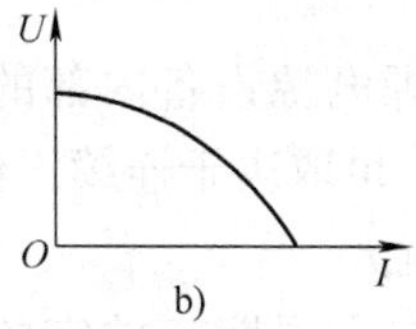 b)	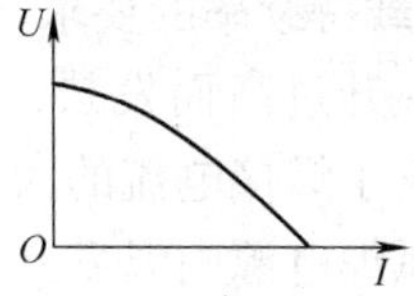 c)	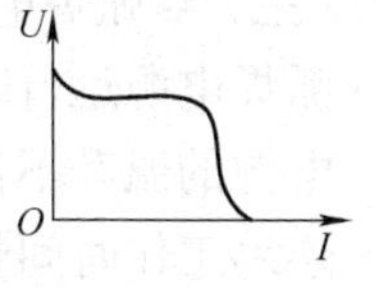 d)
特性	在运行范围内，焊接电流基本不变。又称垂降特性或恒流特性	曲线图形接近1/4椭圆，又称缓降特性。其焊接电流随电弧电压变化较恒流特性大	在运行范围内，曲线图形接近斜线，又称缓降特性	在运行范围内，恒流带外拖，外拖的斜率和拐点可调
一般使用范围	钨极氩弧焊、非熔化极等离子弧焊	焊条电弧焊、变速送丝埋弧焊	焊条电弧焊、特别适合立焊、仰焊 粗丝 CO_2 焊、埋弧焊	一般焊条电弧焊

外特性	平 特 性		双阶梯形特性
图形	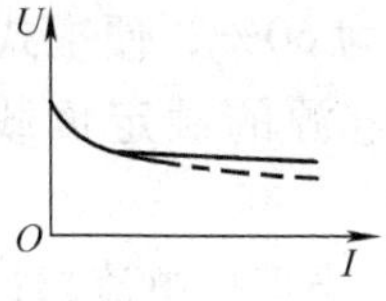 e)	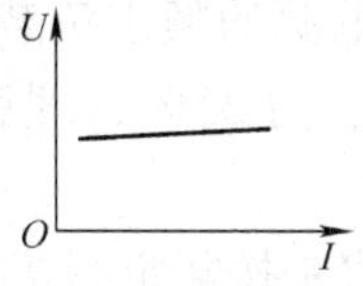 f)	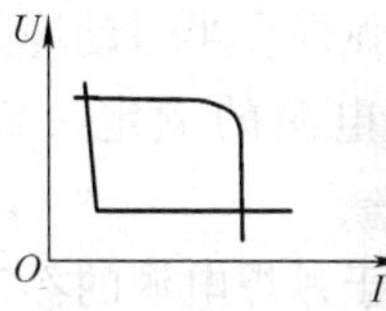 g)
特性	在运行范围内，电弧电压基本不变，又称恒压特性，有时电压稍有下降	在运行范围内，随焊接电流增加电弧电压稍有增加，有时称上升特性	由L形和T形外特性切换而成双阶梯型外特性
一般使用范围	等速送丝的粗细丝气体保护焊和细丝（直径<3mm）埋弧焊	等速送丝的细丝气体保护焊（包括水下焊）	熔化极脉冲弧焊、微机控制的脉冲自动弧焊

（二）对弧焊电源空载电压的要求

空载电压是弧焊电源在无负载状态运行时即焊接回路开路时的输出端电压，它是弧焊电源的重要技术特性之一。

空载电压低，可达到节能和节省材料的目的，但空载电压过低时，引弧困难，且电弧燃烧不稳；空载电压过高时不仅电源所需材料增加，设备体积增大，不经济，也不利于焊工人身安全。为此在确保引弧容易、电弧稳定的条件下，空载电压尽可能低些。一般空载电压 $U_0 \geq (1.5 \sim 2.4) U_f$（电弧电压），并不得超过100V。

焊条电弧焊时，弧焊变压器 $U_o \leqslant 80V$，弧焊整流器 $U_o \leqslant 85V$，直流弧焊发电机 $U_o \leqslant 100V$。

手工钨极氩弧焊时，交流电源 $U_o = 70 \sim 90V$；直流 $U_o = 65 \sim 80V$。

对于一些特殊的弧焊电源，如有引弧和稳弧装置的非熔化极气体保护焊电源，或在特殊环境下（如高空作业、水下和在金属容器内）的焊条电弧焊电源，其空载电压应尽可能低些。用于自动熔化极、半自动熔化极保护焊的平特性弧焊电源空载电压也可低些，并可根据额定焊接电流进行相应的调整。

（三）对弧焊电源负载持续率的要求

弧焊电源运行时，温升过高而发热，弧焊电源设备内部的绝缘可能被破坏，机件会烧损。电源的温升不仅取决于焊接电流的大小，也取决于连续工作状态。如果输出的焊接电流大，连续工作时间长，弧焊电源内温度升高就大。

负载持续率是焊机负载工作的持续时间与全周期（选定的工作时间周期）的比值。负载持续率可用 FS 表示，其计算公式如下：

负载持续率(FS) = （焊机负载工作的持续时间/选定的工作时间周期） $\times 100\%$

$$= \left[连续燃弧时间/（连续燃弧时间 + 休止时间）\right] \times 100\%$$

例如，一根焊条持续焊接时间 3min，更换焊条时间为 2min，负载持续率（FS）为 3/(3 + 2) = 60%。

弧焊电源的额定负载持续率 FS_e 为额定焊接电流（即焊机铭牌上标明的电流）工作状态下，允许的最大负载持续率。

我国的有关标准规定，弧焊电源的额定负载持续率为 35%、60%、100% 三种。大功率焊条电弧焊和半自动埋弧焊用弧焊电源的额定负载持续率 FS_e 为 60%，便携式焊条电弧焊用弧焊电源的额定负载持续率 FS_e 为 35%，埋弧焊用弧焊电源的额定负载持续率 FS_e 为 100%。

由于弧焊电源的额定负载持续率是按额定焊接电流计算的，当焊接电流超过额定焊接电流时，应降低负载持续率，否则将引起过热。反之，当焊接电流小于额定焊接电流时，可适当提高实际使用的负载持续率。

（四）对弧焊电源稳态短路电流的要求

在弧焊电源外特性上，当 $U_f = 0$（即短路）时，对应的电流为稳态短路电流 I_{wd}。在电弧引燃和金属熔滴过渡到熔池时，经常发生短路。如果稳态短路电流 I_{wd} 过大，会引起金属飞溅；过小则不易引弧，且电磁推力不足，会导致熔滴过渡困难。为此，对于具有下降特性的弧焊电源，要求其稳态短路电流 I_{wd} 与焊接电流的比值范围为：

$$1.25 < I_{wd}/I_f < 2$$

焊条电弧焊，应使用具有恒流带外拖外特性的弧焊电源最为理想，当电压垂直到一定值（约 10V 左右）之后，即转入外拖（见表 4-1 的图 d）。

借助现代的大功率电子元器件和电子控制技术，可以对外特性短路区段的拐点和外拖的斜率进行任意控制，以达到控制引弧过程、熔滴过渡和减少金属飞溅之目的。

二、对弧焊电源调节性能的要求

弧焊电源能输出不同工作电压、电流的可调性能称为电源的调节特性。

要获得优质的焊接接头，必须选择合理的焊接参数。与弧焊电源有关的电参数为焊接电

流 I_f 和电弧电压 U_f。为了满足各种焊接条件下选择不同焊接电参数的要求，弧焊电源应具备良好的调节性能。

（一）弧焊电源的调节性能

电弧电压和焊接电流是由电弧静特性与弧焊电源外特性曲线相交的一个稳定工作点决定的。同时，对于一定弧长只有一个稳定工作点。为获得一定范围所需的焊接电流和电弧电压，弧焊电源的外特性曲线必须可以均匀调节，以便与电弧静特性曲线在许多点相交，得到一系列的稳定工作点。

通过改变弧焊电源的外特性曲线来调节焊接电参数焊接电流 I_f、电弧电压 U_f 的方法有三种。一种是通过调节弧焊电源中的等效阻抗，在空载电压 U_o 不变的情况下，使外特性曲线移动，如图 4-12 所示。图 4-12a、b 分别为下降特性和平特性曲线的调节图。下面就以图 4-12a 为例，说明如何通过改变弧焊电源的外特性曲线来调节焊接电流 I_f。在图 4-12a 中，当弧焊电源的外特性曲线在最左边时，它与电弧静特性曲线交于"1"点，焊接电流为 I_1，如果调节弧焊电源中的等效阻抗，使之变小，外特性曲线右移，与电弧静特性曲线交于"2"点，焊接电流为 I_2，继续减小弧焊电源中的等效阻抗，外特性曲线不断地右移，则焊接电流逐渐增大。第二种是通过调节弧焊电源的空载电压 U_o，在弧焊电源中的等效阻抗不变的情况下，使外特性曲线移动，如图 4-13 所示。第三种是通过同时调节弧焊电源的空载电压 U_o 和等效阻抗，使外特性曲线移动，如图 4-14 所示。

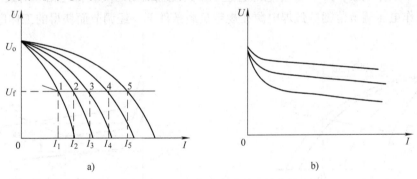

图 4-12 改变等效阻抗时的外特性

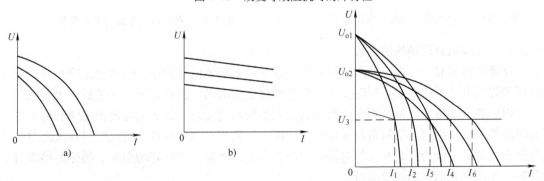

图 4-13 改变空载电压时的外特性 　　图 4-14 改变空载电压和等效阻抗的外特性

（二）弧焊电源的可调参数

1. 下降外特性弧焊电源的可调参数（见图 4-15）

（1）焊接电流 I_f　在进行弧焊时的电流或实时电源输出的电流。

（2）工作电压 U_w　即在焊接时弧焊电源的负载电压。这时负载不仅包括电弧，还应包括焊接回路的电缆等在内的压降，即 $U_w = U_f + U_e$（U_f 为电弧电压，U_e 为电缆上的压降）。随着工作电流的增大，电缆上的压降也增大。为保证一定的电弧电压，要求工作电压随工作电流增大而增大。因而根据生产经验规定了工作电压与工作电流的关系为一缓升直线，称为负载特性。

（3）最大焊接电流 $I_{f_{max}}$　弧焊电源通过调节外特性曲线到最右边与负载特性相交的电流。

（4）最小焊接电流 $I_{f_{min}}$　弧焊电源通过调节外特性曲线到最左边与负载特性相交的电流。

（5）电流调节范围　在规定负载特性条件下，通过调节所能获得的焊接电流范围。

2. 平外特性弧焊电源的可调参数（见图4-16）

（1）焊接电流 I_f　它的定义与下降特性电源的 I_f 相同。

（2）工作电压 U_w　它的定义也同于下降特性电源的 U_w。也要求工作电压随 I_f 增大而增大。

（3）最大工作电压 $U_{w_{max}}$　弧焊电源通过调节所能输出的与负载特性相应的最大电压。

（4）最小工作电压 $U_{w_{min}}$　弧焊电源通过调节所能输出的与负载特性相应的最小电压。

（5）工作电压调节范围　弧焊电源在规定负载条件下，经调节而获得的工作电压范围。

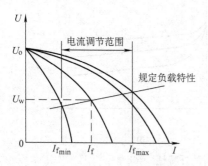

图4-15　下降外特性电源的可调参数

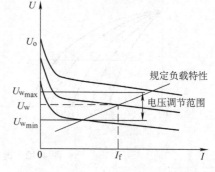

图4-16　平外特性电源的可调参数

三、对弧焊电源动特性的要求

熔化极电弧焊时，在焊条或焊丝熔化形成熔滴进入熔池的过程中，经常会出现短路，电弧电压和焊接电流不断地发生瞬间变化，因此焊接电弧对供电的弧焊电源来说是一个动态负载。弧焊电源的动特性，就是指电弧负载状态发生突然变化时，弧焊电源输出电流和输出电压与时间的关系，用以表征对负载瞬变的反应能力。弧焊电源的动特性可说明弧焊电源对负载突然变化的适应能力。只有弧焊电源的动特性合适，才能获得良好的引弧、燃弧和熔滴过渡状态，从而得到满意的焊缝质量。

动特性表现在以下两个方面：一是对负载变化的响应。如在利用自身调节作用的熔化极气体保护焊（GMAW）焊接过程中，要求弧长变化能引起电流的迅速变化；当焊丝与焊接熔池短路时要求有合适的短路电流上升速度等。二是对控制信号输入的影响。如脉冲焊电源及波形控制电源，要求电源对控制信号的输入有足够快的响应速度。弧焊电源必须适应电弧焊过程中的各种瞬时变化，而电源的稳态或静态外特性对弧焊系统的动特性影响不大。

焊条电弧焊电源的动特性指标主要有瞬时短路电流峰值（包括空载至短路和负载至短路电流峰值），稳态短路电流、短路至空载恢复电压最低值等。

短路电流峰值和稳态短路电流都不能过大，否则将引起飞溅。但也不能过小，否则不利于引弧。弧焊电源的有关标准规定：空载至短路和负载至短路时短路电流峰值与负载电流之比为≤3（或2.5）；稳态短路电流为负载电流的1.5~2倍。

CO_2 气体保护电弧焊电源的动特性指标主要是短路电流峰值和短路电流上升率。

动特性良好的弧焊电源，引弧容易，焊接时飞溅少，电弧突然拉长时也不易熄灭，并利于熔滴过渡，可获得满意的焊缝质量。所以弧焊电源动特性的基本目标是，提高引弧性能和稳弧性能，改善熔滴过渡的稳定性。

弧焊电源动特性的改善方式：

1）通过并联电容器或串联直流电抗器进行自身储能，降低输出电流脉冲率。

2）借助电流、电压反馈系统控制静特性的斜率和形状。

3）通过电子控制系统控制输出波形和短路电流的上升速度。

4）通过电子控制系统实现对功率元件的工作频率控制，提高弧焊电源的动态响应速度。

第四节 弧焊电源的分类、特点和用途

对弧焊电源的分类方法较多，归纳起来大致有以下几种：按输出电流的种类可分为直流、交流和脉冲弧焊电源；按电源输出的外特性可分为恒流（垂直下降）外特性、恒压（平）外特性和介于这两者之间的缓降外特性三种弧焊电源；按对外特性和焊接参数的控制与调节方式可分为机械控制、电磁控制和电子控制三种类型。弧焊电源按输出电流种类进行分类如图4-17所示。

一、常用弧焊电源的特点及应用

（一）交流弧焊电源

1. 弧焊变压器（交流正弦波） 将网路电压（220V或380V）的交流电变为适宜于弧焊的低压交流电。这种弧焊电源具有结构简单、易造易修、成本低、耐用、磁偏吹小、空载损耗小等优点，但其电流波形为正弦波，电弧稳定性差。一般适用于酸性焊条电弧焊、埋弧焊和钨极氩弧焊等方法。

2. 矩形波交流弧焊电源 将网路电压（220V或380V）的交流电变为适宜于弧焊的低压交流电后，采用半导体控制技术来获得矩形波交流电流。这种电源电流过零点快，电弧稳定性好，可调参数多，但设备复杂、成本高。除了适用于交流钨极氩弧焊外，还可用于埋弧焊，甚至可代替直流焊接电源用于碱性焊条电弧焊。

（二）直流弧焊电源

1. 直流弧焊发电机 由（燃料或电力）发动机驱动发电机而获得直流电。该弧焊电源具有过载能力强、输出脉动小的特点，可适用于各种弧焊方法。但由于空载损耗较大、效率低、噪声大、造价高、维修困难，已被列为淘汰产品，目前仅在无电源的野外作业时仍在使用。

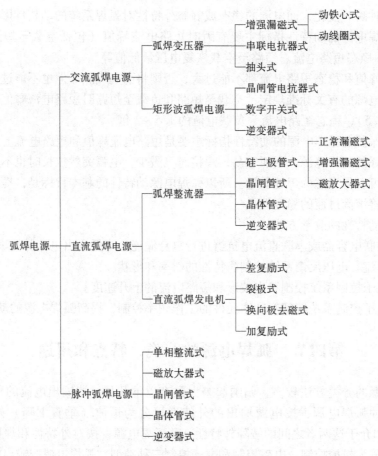

图 4-17　弧焊电源的分类

2. 弧焊整流器　它是把网路交流电经压降整流后获得直流电的。与直流弧焊发电机相比，它具有制造方便、造价低、空载损耗小、节约能源、噪声小等优点，而且大多数可以远距离调节，能自动补偿电弧电压波动对输出电压、电流的影响。可适用于各种弧焊方法。

（三）脉冲弧焊电源

一般是由普通的弧焊电源与脉冲发生电路组成，也有其他结构形式。其输出电流幅值的大小周期性变化，具有效率高、可调参数多、可在较宽范围内控制热输入等优点。这种弧焊电源适用于对热输入比较敏感的高合金材料、薄板和全位置焊接。

二、按电源外特性控制方式不同分类的弧焊电源特点及应用

根据电源外特性控制方式不同，弧焊电源可分为机械调节型、电磁控制型和电子控制型。

1. 机械调节型　其特点是借助于机械移动装置来实现其对弧焊电源外特性调节，交流弧焊变压器就属于这种调节类型。例如移动弧焊变压器的动铁心、动线圈或改变线圈匝数（抽头）等就可以改变外特性。

2. 电磁控制型　这种弧焊电源靠改变励磁电流的大小，调节铁心饱和程度来实现对外特性曲线和参数的控制。根据电磁器件不同，典型的电磁控制型的弧焊电源有饱和电抗式弧焊变压器、磁放大器（饱和电抗器）式弧焊整流器和磁放大器式脉冲弧焊电源。

3. 电子控制型　电子控制型弧焊电源无论外特性还是动特性都完全借助于电子线路

（含反馈电路）来进行控制，包括对输出电流、电压波形的任意控制，而与本身结构没有决定性的关系。这种电子控制型弧焊电源根据控制信号的不同可分为移相式、模拟式和开关式三种。移相式电子控制型电源包括晶闸管式弧焊整流器、晶闸管式脉冲弧焊电源；模拟式弧焊电源包括模拟式晶闸管弧焊整流器和模拟式晶闸管脉冲弧焊电源；可通过改变开关频率或开关时间来控制外特性的电源（开关式电源），主要包括开关式晶体管弧焊电源，开关式晶体管脉冲弧焊电源，数字开关式晶闸管矩形波交流弧焊电源及各种弧焊逆变器（晶闸管式、晶体管式、场效应管式和 TGBT 式）。

电子控制弧焊电源一般都采用闭环反馈控制它的外特性、动特性，其基本原理框图，如图 4-18 所示。电源的供电系统由电子功率系统和电子控制系统调节，而输出又由检测电路 M 监控，从检测电路 M 取得的信号与给定电路 G 的给定值比较后，其差值 e 经放大器 N 放大后再送往电子控制系统和电子功率系统进行调整，从而实现整个闭环电路的反馈控制。

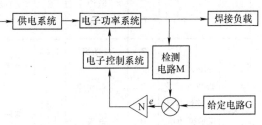

图 4-18　电子弧焊电源基本原理框图

三、弧焊电源的型号

我国弧焊电源型号是按标准 GB/T 10249—2010《电焊机型号编制方法》统一规定编制的。弧焊电源型号采用汉语拼音字母及阿拉伯数字，见表 4-2。弧焊电源型号编制方法示例见图 4-19。

表 4-2　电焊机的型号编制次序及代表符号含义（摘自 GB/T 10249—2010）

产品名称	第一字母 代表字母	第一字母 大类名称	第二字母 代表字母	第二字母 小类名称	第三字母 代表字母	第三字母 附注特征	第四字母 数字序号	第四字母 系列序号	单位	第五字母 基本规格
电弧焊机	B	交流弧焊机（弧焊变压器）	X	下降特性	L	高空载电压	省略	磁放大器或饱和电抗器式	A	额定焊接电流
			P	平特性			1	动铁心式		
							2	串联电抗器式		
							3	动圈式		
							4			
							5	晶闸管式		
							6	交换抽头式		
	A	机械驱动的弧焊机（弧焊发电机）	X	下降特性	省略	电动机驱动	省略	直流		
			P	平特性	D	单纯弧焊发电机	1	交流发电机整流		
			D	多特性	Q	汽油机驱动	2	交流		
					C	柴油机驱动				
					T	拖拉机驱动				
					H	汽车驱动				
	Z	直流弧焊机（弧焊整流器）	X	下降特性	省略	一般电源	省略	磁放大器或动铁式		
			P	平特性	M	脉冲电源	1			
			D	多特性			2			
					L	高空载电压	3	动圈式		
							4	晶体管式		
							5	晶闸管式		
					E	交直流两用电源	6	变换抽头式		
							7	逆变式		

（续）

产品名称	第一字母 代表字母	第一字母 大类名称	第二字母 代表字母	第二字母 小类名称	第三字母 代表字母	第三字母 附注特征	第四字母 数字序号	第四字母 系列序号	单位	第五字母 基本规格
电弧焊机	M	埋弧焊机	Z B U D	自动焊 半自动焊 堆焊 多用	省略 J E M	直流 交流 交直流 脉冲	省略 1 2 3 9	焊车式 — 横臂式 机床式 焊头悬挂式	A	额定焊接电流
	N	MIC/MAG 焊机（熔化极惰性气体保护弧焊机/活性气体保护弧焊机）	Z B D U G	自动焊 半自动焊 点焊 堆焊 切割	省略 M C	直流 脉冲 二氧化碳气体保护焊	省略 1 2 3 4 5 6 7	焊车式 全位置焊车式 横臂式 机床式 旋转焊头式 台式 焊接机器人 变位式		
	W	TIG 焊机	Z S D Q	自动焊 手工焊 点焊 其他	省略 J E M	直流 交流 交直流 脉冲	省略 1 2 3 4 5 6 7 8	焊车式 全位置焊车式 横臂式 机床式 旋转焊头式 台式 焊接机器人 变位式 真空充气式		
	L	等离子弧焊机/等离子弧切割机	G H U D	切割 焊接 堆焊 多用	省略 R M J S F E K	直流等离子 熔化极等离子 脉冲等离子 交流等离子 水下等离子 粉末等离子 热丝等离子 空气等离子	省略 1 2 3 4 5 6	焊车式 全位置焊车式 横臂式 机床式 旋转焊头式 台式 手工等离子弧		
电渣焊接设备	H	电渣焊机	S B D R	丝板 板板 多用极 熔嘴	—	—				
		钢筋电渣压力焊机	Y		S Z F 省略	手动式 自动式 分体式 一体式				

（续）

产品名称	第一字母		第二字母		第三字母		第四字母		单位	第五字母
	代表字母	大类名称	代表字母	小类名称	代表字母	附注特征	数字序号	系列序号		基本规格
电阻焊机	D	点焊机	N	工频	省略	一般点焊	省略	垂直运动式	kVA	标准输入视在功率
			R	电容储能	K	快速点焊	1	圆弧运动式		
			J	直流冲击波			2	手提式		
			Z	次级整流			3	悬挂式		
			D	低频		网状点焊				
			B	逆变	W		6	焊机机器人		
	T	凸焊机	N	工频			省略	垂直运动式		
			R	电容储能						
			J	直流冲击波	—	—				
			Z	次级整流						
			D	低频						
			B	逆变						
	F	缝焊机	N	工频	省略	一般缝焊	省略	垂直运动式		
			R	电容储能	Y	挤压缝焊	1	圆弧运动式		
			J	直流冲击波	P	垫片缝焊	2	手提式		
			Z	次级整流			3	悬挂式		
			D	低频						
			B	逆变						
	U	对焊机	N	工频	省略	一般对焊	省略	固定式		
			R	电容储能	B	薄板对焊	1	弹簧加压式		
			J	直流冲击波	Y	异形截面对焊	2	杠杆加压式		
			Z	次级整流	G	钢窗闪光对焊	3	悬挂式		
			D	低频	C	自行车轮圈对焊				
			B	逆变	T	链条对焊				
	K	控制器	D	点焊	省略	同步控制	1	分立元件		额定容差
			F	缝焊	F	非同步控制	2	集成电路		
			T	凸焊	Z	质量控制	3	微机		
			U	对焊						
螺柱焊机	R	螺柱焊机	Z	自动	M	埋弧			A	额定焊接电流
			S	手工	N	明弧				
					R	电容储能				
摩擦焊接设备	C	摩擦焊机	省略	一般旋转式	省略	单头	省略	卧式	kN	顶锻压力
			C	惯性式	S	双头	1	立式		
			Z	振动式	D	多头	2	倾斜式		
		搅拌摩擦焊机	产品标准规定							
电子束焊机	E	电子束焊枪	Z	高真空	省略	静止式电子枪	省略	二极枪	kW	输出功率
			D	低真空	Y	移动式电子枪	1	三极枪		
			B	局部真空						
			W	真空外						

（续）

产品名称	第一字母		第二字母		第三字母		第四字母		单位	第五字母
	代表字母	大类名称	代表字母	小类名称	代表字母	附注特征	数字序号	系列序号		基本规格
光束焊接设备	G	光束焊机	S	光束			1 2 3 4	单管 组合式 折叠式 横向流动式	kW	输出功率
	G	激光焊机	省略 M	连续激光 脉冲激光	D Q Y	固体激光 气体激光 液体激光				
超声波焊机	S	超声波焊机	D F	点焊 缝焊			省略 2	固定式 手提式	kW	发生器输入功率
钎焊机	Q	钎焊机	省略 Z	电阻钎焊 真空钎焊					kVA	额定输入视在功率
焊接机器人	产品标准规定									待定

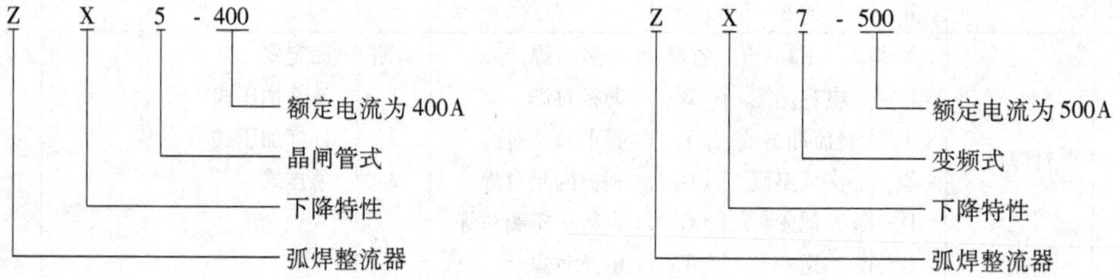

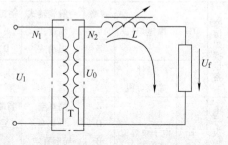

图 4-19　弧焊电源型号编制方法示例

第五节　各种弧焊电源的基本原理介绍

一、交流弧焊电源

根据输出交流的波形，交流弧焊电源可分为交流正弦波弧焊电源（交流正弦波弧焊变压器）和交流方波弧焊电源

（一）交流正弦波弧焊电源——交流正弦波弧焊变压器

交流正弦波弧焊变压器是一种具有下降特性的特殊的变压器弧焊电源。它是将电网正弦波交流电变成适宜于电弧焊的弧焊电源。这种弧焊变压器，在原理上由普通变压器串联可调电抗器构成，其电路原理如图 4-20 所示。变压器 T 将电压降到焊接所需要的空载电压 U_0，通过可调电抗器 L 获得下降特性和调节

图 4-20　弧焊变压器的电路原理

焊接参数。

根据电抗方式不同，弧焊变压器可分为串联电抗式、增强漏磁式两种。

1. 串联电抗式弧焊变压器 串联电抗式弧焊变压器的下降特性就是由电抗器获得的，因为电抗器是一种电磁元件，当交流电通过电抗线圈时，将产生自感电场而形成电压降或电感电压降，此外电抗器还可调节焊接电流，限制短路电流的增加速度，改善动特性。当电感足够大时，弧焊变压器就成为徒降（恒流）特性电源。

串联电抗器式弧焊变压器根据电抗器与变压器配合方式的不同，又可分为同体式、分体式两种。图 4-21 为同体串联电抗器式弧焊变压器示意图。

2. 增强漏磁式弧焊变压器 增强漏磁式即通过弧焊变压器自行漏抗获得下降特性和调节焊接参数。所谓漏抗就是指变压器一次绕组的磁通不相同的现象，这种现象称为漏磁。漏磁形成的电感成为漏感，漏感形成的电抗成为漏抗。由于漏磁回路空间周围介质是空气，不存在饱和的磁通，所以相当于线性电感。这类弧焊变压器主要有如下几种：

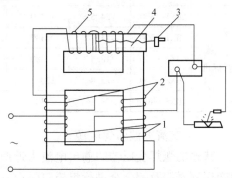

图 4-21 同体串联电抗器式弧焊变压器示意图
1——一次绕组 2—二次绕组 3—手柄
4—动铁心 5—电抗线圈

1）动铁心式弧焊变压器。

2）动线圈式弧焊变压器。

3）抽头式弧焊变压器。

动铁心式弧焊变压器的特点是，在一次线圈之间增加一个活动铁心作为磁分路，以增加漏磁、漏抗，以改变铁心的位置，使变压器的漏感随之改变，等效的电抗也发生改变。图 4-22 为动铁心式弧焊变压器电气原理图。

动线圈式弧焊变压器的特点是，其一次线圈相对独立，减弱一次线圈间的耦合度增强磁漏，增大漏抗，以改变一次和二次间距离，使变压器的漏感随之改变，即等效的串联电抗改变。图 4-23 为动线圈式弧焊变压器结构简图。

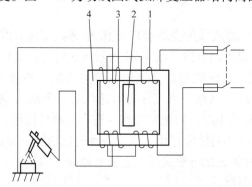

图 4-22 动铁心式弧焊变压器的电气原理图
1——一次线圈 2—动铁心 3—二次线圈 4—静铁心

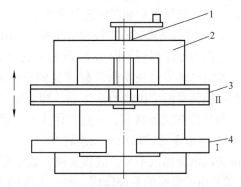

图 4-23 动线圈式弧焊变压器的结构简图
1—调节丝杆 2—铁心 3—二次线圈 4—一次线圈

抽头式弧焊变压器同样是利用一次线圈耦合不紧密而增大漏抗，改变一次线圈的配置（不改变电压），使变压器的漏抗随之变化实现调节。表 4-3 为常用交流弧焊电源的型号和技术数据。

表 4-3　常用交流弧焊电源的型号和技术数据

产品名称	产品型号	额定输入容量/kVA	一次电压/V	空载电压/V	额定焊接电流/A	焊接电流调整范围/A	额定负载持续率(%)	重量/kg
交流弧焊机	BX1—300	24.5	380	78	300	75 ~ 360	60	180
	BX1—500	42	380	80	500	80 ~ 750	60	310
	BX3—250	18.4	380	70 ~ 78	250	40 ~ 370	60	150
	BX3—300	23.4	220/380	70 ~ 78	300	40 ~ 400	60	183
	BX3—400	29.1	380	70 ~ 75	400	50 ~ 510	60	200

（二）交流方波弧焊电源

普通的弧焊变压器的输出电流为近似的正弦波，一般用于普通钢材的焊接。如果采用弧焊变压器对铝及铝合金进行钨极氩弧焊，由于电流过零点缓慢，电弧稳定性差，正负半波通电时间比不可调，还需增设消除直流分量的装置。特别对于一些要求较高的焊接结构，如铝薄件小电流焊接、单面焊双面成形、高强度铝合金焊接等，很难得到满意的焊缝质量。而方波交流弧焊电源，输出电流为交流矩形波，电流过零点极快，且电弧稳定性好，通过电子控制电路，正负半波通电时间比和电流比都可以自由调节。因此采用交流方波弧焊电源，在钨极氩弧焊接时具有以下特点：

1）电弧稳定，电弧电流过零点快，重新引弧容易，不必加稳弧措施。

2）通过调节正负半波通电时间比，在保证阴极雾化的前提下增大正极性电流，从而获得最佳的熔深，提高生产率和延长钨极使用寿命。

3）可以不采用消除直流分量的装置。

交流方波弧焊电源可以应用于碱性焊条电弧焊，电弧稳定、飞溅小。用于埋弧焊时，焊接过程稳定，焊缝成形良好，提高了焊接接头的力学性能。

交流方波弧焊电源常用的电路形式主要有晶闸管式（记忆电感式）、逆变器式和数字开关式三种。这里仅对前两种进行介绍：

1. 记忆电感式交流方波弧焊电源（晶闸管电抗器式弧焊变压器）　记忆电感式交流方波弧焊电源的电路原理如图 4-24 所示，它的输出电流近似方波。图 4-24 所示的交流电源是将足够大的电感 L 接在晶闸管整流器的直流输出端，而整流器的交流输入端与负载（电弧）串联连接到交流变压器的输出端。即输出（电抗器）电感一直工作在直流状态，负载（电弧）却工作在交流状态。一直工作在直流状态的输出电感，对电源工作状态产生两种作用。

1）负载电流波形由正弦波转变为方波。由于电感的储能作用，就像一种记忆功能一样，保持交流电流幅值不变，故该交流方波弧焊电源称为记忆电感式交流方波电源。

2）由于电感的储能作用，易于电弧的过零再引燃。

由于记忆电感式交流方波弧焊电原中主电路采用晶闸管，并通过电抗器的电感记忆，可获得交流方波，故又称为晶闸管电抗器式交流方波弧焊电源。

记忆电感式方波弧焊电源通过调节正负半波晶闸管的导通时间比，还可以获得正负半波

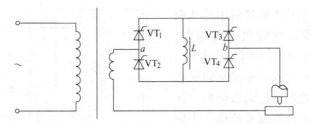

图 4-24　记忆电感式交流方波弧焊电源电路原理图

时间宽度不等的矩形波。

2. 可变极性交流方波弧焊电源（逆变式交流方波弧焊电源）　可变极性交流方波弧焊电源的主电路由变压器、晶闸管整流器、晶闸管逆变器组成。即由直流电源再次变极性，可获得性能更为优良的交流方波电源，这种方波电源不但正负半波的时间可在一个非常宽的范围内调节，其频率不受工业电网频率的限制，而且正负半波的幅值也可以分别调节。从电源的输出看，其极性和幅值随时可变，故称为可变极性电源。可变极性交流方波弧焊电源的电路中含有正弦波交流电转变成直流电，再由直流电转变成方波交流电的逆变过程，故又称为逆变式交流方波弧焊电源。但是，该弧焊电源的正弦波交流电转变成直流电过程中，没有低频转变成中频的变频电路，所以逆变式交流方波弧焊电源不是通常的逆变式弧焊电源。变极性电源有双电源和单电源两种实现方式。

图 4-25 是双电源方式，在 DCEN（直流正接）期间，开关元件晶闸管 VT_1 VT_4 导通，主电源向电弧提供电流。在 DCEP（直流反接）期间，开关元件晶闸管 VT_2 VT_3 导通，二极管 VD 也导通，主电源和辅助电源共同向电弧提供电流 $I_1 + I_2$，波形如图 4-25 所示。在这种方式中，DCEN 和 DCEP 期间的电流幅值是由两个恒流电源分别设置的，故对这两个电源无特殊要求。

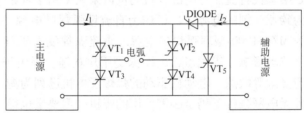

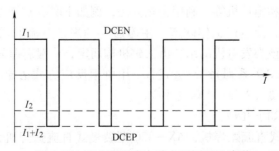

图 4-25　双电源逆变方波电源原理及波形

图 4-26 是单电源方式，其工作原理与双电源相同，四个晶体管对称布置。由于没有反相辅助电源，所以不需要续流晶体管和旁路二极管。

变极性电源的一个最主要的应用是在铝合金的交流钨极氩弧焊或等离子弧焊中，DCEP 期间，即在焊件为负的半波通过使用高而窄的电流波形，最大程度地满足阴极雾化的需要，同时又有效地降低钨极烧损。这对于提高交流电弧稳定性有重要价值。实质上，变极性交流方波电源是由通用直流弧焊电源与方波发生器组成。其交变频率和正负半波通电时间比例均通过调节方波发生器的功率开关的通断来实现。

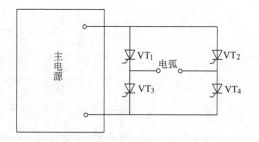

图 4-26　单电源交流方波逆变器

单电源和双电源式可变极性交流方波弧焊电源输出方波的频率可以改变，但记忆电感式交流方波弧焊电源输出方波的频率仍然是工频（50Hz）。

表 4-4 列出了国外交流方波弧焊电源的型号和技术数据。

表 4-4　国外交流方波弧焊电源的型号和技术数据

产品名称	产品型号	额定输入容量/kVA	一次电压/V	空载电压/V	额定焊接电流/A	焊接电流调整范围/A	额定负载持续率(%)	重量/kg	生产国
交流弧焊机	300AD—GP	12.5	380	62	300	5~300	40	—	日本
	OMNITIG400	13.8	220/380	100	400	7~400	35	298	德国
	DTB200	18.4	220/380	41	200	5~200	35	135	瑞典
	TIG404	13.4	220/380	98	400	6~400	35	280	德国

二、直流弧焊电源

（一）直流弧焊发电机

直流弧焊发电机是第一代直流弧焊电源，自问世以来大多用于焊条电弧焊。有时，这种直流弧焊发电机还作为碳弧气刨的电源，也可作为直流埋弧焊的电源。例如两台 AX1—500 型直流焊机并联可作为 MZ—1000 型埋弧焊的电源。直流弧焊发电机具有输出电流脉动小、工作电流稳定，受电网波动影响小等优点，因而深受用户欢迎。但由于其耗能大、耗材多、噪声大、效率低和制造复杂等缺点，电动机驱动的弧焊发电机已列为淘汰产品。但内燃机驱动的弧焊发电机在野外无电网条件下仍是必需使用的焊机，需要量也很大。

直流弧焊发电机由驱动装置、发电机、调节装置和指示装置等组成。驱动装置可以是电动机、汽油机、柴油机和拖拉机等。利用去磁方法，例如串联去磁绕组、电枢反应去磁和换向极绕组等去磁等方式，使电枢工作磁道（主磁通）随焊接电流的增加而迅速降低，从而获得缓降型的外特性。该类发电机的结构由去磁机构而定，一般有差复励式——用串联去磁绕组方式去磁（AX1、AX7 系列）；裂极式——用电枢反应方式去磁（AX 系列）；换向极式——用换向极绕组去磁（AX3、AX4 系列）。

常用的焊机型号有如下几种：

A1—500 型差复励式直流弧焊机，AX—320 型裂极式直流弧焊机，AX4—300 型换向极式直流弧焊机。其中最常用的为差复励式直流弧焊机和裂极式直流弧焊机。其工作原理见图 4-27 和图 4-28。

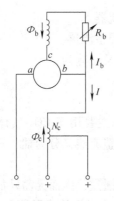
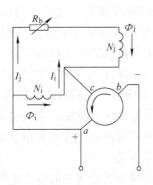

图 4-27　差复励式直流弧焊机原理　　　　图 4-28　裂极式直流弧焊机原理

（二）硅弧焊整流器

硅弧焊整流器是一种直流弧焊电源，它以硅二极管作为整流元件，将交流电整流成直流电。虽然最早使用的直流弧焊电源是直流弧焊发电机。但随着半导体技术的发展，具有优越性能的大容量硅二极管问世，使硅弧焊整流器应运产生。它与直流弧焊发电机相比有以下优点：

1）易造好修、节省材料、减轻重量、降低成本、提高效率。

2）易于获得不同形状的外特性，以满足不同焊接工艺的要求。

3）噪声小。

由于硅弧焊整流器有以上优越性，曾成为直流弧焊发电机的部分替代产品。

1. 硅弧焊整流器的组成　为了获得脉动小、较平稳的直流电，以及使电网三相负荷均衡，通常都采用三相整流电路。其组成如图 4-29 所示。

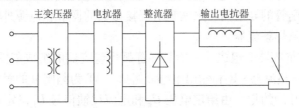

图 4-29　硅弧焊整流器的组成

（1）主变压器　其作用是降压，把三相 380V 电压降至所要求的空载电压。

（2）电抗器　用以控制外特性形状并调节焊接参数。可以是交流电抗器或磁放大器（磁饱和电抗器）。当主变压器为增强漏磁式或要求得到平外特性时，则可不用电抗器。

（3）整流器　其作用是把三相交流电整流成直流，常采用三相桥式电路。

（4）输出电抗器　这是接在直流焊接电路中的直流电感（由带空气隙的铁心和线圈构成），其作用主要是改善和控制动特性，其次是滤波。

2. 硅弧焊整流器的分类　可按有无电抗器来分，可分为如下两种：

（1）有电抗器的硅弧焊整流器　这类硅弧焊整流器所用的电抗器都是磁放大器式的。根据其结构特点不同又可分为：

1）无反馈磁放大器（或称为磁饱和电抗器）式硅弧焊整流器。

2）外反馈磁放大器式硅弧焊整流器。

3）全部内反馈磁放大器（自饱和电抗器）式硅弧焊整流器。

4）部分内反馈磁放大器（内桥自饱和电抗器）式硅弧焊整流器。

（2）无电抗器的硅弧焊整流器　按主变压器的结构不同又可分为：

1）主变压器正常漏磁式硅弧焊整流器。

2）主变压器增强漏磁式硅弧焊整流器。

主变压器为正常漏磁的这类电源的外特性是近于水平，主要用于 CO_2 气体保护焊及其他熔化极气体保护焊。按调节空载电压的方法不同，硅弧焊整流器又分为抽头式、辅助变压器式和调压器式。

主变压器为增强漏磁的这类电源，由于主变压器增强了漏磁，因而无需外加电抗器即可获得下降外特性并调节焊接参数。按增强漏磁的方法不同，硅弧焊整流器可分为动线圈式、动铁心式和抽头式。

表4-5列出了部分硅弧焊整流器的型号和技术数据。

表4-5　部分硅弧焊整流器的型号和技术数据

产品名称	产品型号	额定输入容量/kVA	一次电压/V	空载电压/V	额定焊接电流/A	焊接电流调整范围/A	额定负载持续率（%）	结构形式
硅弧焊整流器	ZX—400—1	30	380	80	400	100~500	60	磁放大器
	ZP—400	29.7	380	—	400	—	60	磁放大器
	ZX3—250	17.3	380	71.5	250	63~300	60	动线圈式
	ZX3—400	27.8	380	71.5	400	100~480	60	动线圈式

（三）晶闸管式弧焊整流器

以晶闸管为整流元件的弧焊电源称为晶闸管式弧焊整流器。该弧焊电源不需要磁放大器，而是通过改变晶闸管的导通角，来实现对焊接参数的调节和电源外特性的控制。其性能更优于磁放大器式硅弧焊整流器。

1. 晶闸管式弧焊整流器的组成　一般晶闸管弧焊整流器的组成如图4-30所示。主电路由主变压器T、晶闸管整流器UR和输出电感L组成。AT为晶闸管的触发电路。当要求得到下降外特性时，触发脉冲的相位由给定电压 U_{g_i} 和电流反馈信号 U_{f_i} 确定；当要求得到平外特性时，触发脉冲相位则由给定电压 U_{g_u} 和电压反馈信号 U_{f_u} 确定。此外，还有操纵、保护电路CB。

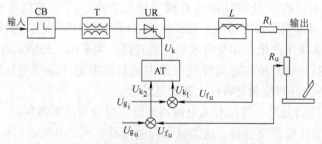

图4-30　晶闸管弧焊整流器的组成

2. 晶闸管式弧焊整流器的主要特点

（1）动特性好　这种弧焊整流器与弧焊发电机和磁放大器式弧焊整流器相比，其内部电感要小得多，具有电磁惯性小、反应速度快的特点。在其用作平特性电源时，可以满足所需的短路电流增长速度；而当用作下降外特性电源时，不易产生有过大的短路电流冲击。且在必要时可以对其动特性指标加以控制和调节。

（2）控制性能好 由于晶闸管式弧焊整流器可以用很小的触发功率来控制整流器的输出，并具有电磁惯性小的特点，因而易于控制。通过不同的反馈方式可以获得所需的各种外特性形状。电流、电压可在宽广的范围内均匀、精确、快速地调节。并且易于实现电网电压补偿。因此，这种整流器可用作弧焊机器人的配套电源。

（3）节能 晶闸管式弧焊整流器与弧焊发电机相比，前者没有机械损耗，而且其空载电压可较低些，而效率、功率因数较高，输入功率较小，因而可节约电能。

（4）省料 晶闸管式弧焊整流器与弧焊发电机相比，无原动机。与磁放大器式硅弧焊整流器相比，它没有磁放大器。因而可以节省材料，减轻重量。

（5）噪声小 与弧焊发电机相比因其无旋转运动的部分，噪声明显减小。

（6）电路较复杂 该弧焊整流器除主电路之外，还有触发电路，使用的电子元器件较多。因而，元器件的质量、组装的水平等对电源使用的可靠性有很大影响；同时，这种电源对调试和维修的技术水平要求也较高。

晶闸管式弧焊整流器的电路结构有许多种，其主电路结构有三相桥式全控整流式、六相半波整流式及带平衡电抗器双反星形整流式等；触发脉冲发生电路有单结晶体管式、晶体管式、数字式等。国产设备的主流电路结构为带平衡电抗器双反星型整流配单结晶体管式触发电路。

晶闸管式弧焊整流器的外特性是由闭环反馈控制系统的反馈性质决定的，与主电路结构基本无关。若只采用电压反馈控制，获水平外特性（也称恒压特性）；若只采用电流信号反馈控制，获垂直陡降外特性（也称恒流特性）；若采用电压、电流信号联合反馈控制，则获缓降外特性；若取不同信号分段反馈控制，则得到组合形状的外特性。

图 4-31 所示是三相桥式全可控晶闸管弧焊整流器的主电路原理图，它主要由三相降压主变压器、晶闸管整流器（$VT_1 \sim VT_6$）、电抗器（DK）和控制电路等组成，外特性和工艺参数靠调节晶闸管整流器获得，同组各晶闸管的触发电路互差 120°，两组之间互差 60°，在电阻电感负载条件下，移相范围为 90°。

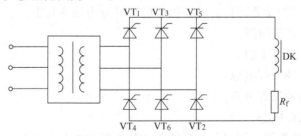

图 4-31　三相桥式全可控晶闸管弧焊整流器的主电路原理图

国产晶闸管式弧焊整流器有多种型号。其主要型号有下降外特性的 ZX5 系列和多种外特性的 ZDK 系列等。常用晶闸管式下降特性弧焊整流器的型号有 ZX5—250、ZX—400、ZX—500、ZX—630 和 ZX—800。表 4-6 为三种国产常用晶闸管式弧焊整流器的型号和技术数据。

表4-6 国产常用晶闸管式弧焊整流器的型号和技术数据

产品名称	产品型号	额定输入容量/kVA	一次电压/V	空载电压/V	额定焊接电流/A	焊接电流调整范围/A	额定负载持续率(%)	重量/kg
晶闸管或弧焊整流器	ZX5—250	14	380	21~30	250	25~250	60	150
	ZX5—400	24	380	21~36	400	40~400	60	200
	ZX5—630	48	380	44	630	130~630	60	260

三、脉冲弧焊电源

脉冲弧焊电源与一般弧焊电弧的主要区别就在于所提供的焊接电流是周期性脉冲式的，包括基本电流和脉冲电流，它的可调参数较多，如脉冲频率、幅值、宽度、电流上升速度和下降速度等，还可以变换脉冲电流波形，以便最佳地适应焊接工艺的要求。

（一）脉冲弧焊电源的应用范围

脉冲弧焊电源的应用范围十分广泛，大体可以归纳为如下几方面：

1）这种电源适用于熔化极和非熔化极的气体保护焊接。其中包括熔化极、非熔化极的氩弧焊、混合气体保护焊，等离子弧焊和微束等离子弧焊等主要的焊接方法，也可以用于焊条电弧焊。

2）该电源不仅可应用于窄间隙脉冲气体保护焊方法，对几十至150mm以上的厚板焊件进行焊接，而且可以采用微束等离子弧焊工艺，实现对超薄金属板（厚度仅为几十微米）的焊接。

3）可用于普通金属材料的焊接，也可用于普通电弧焊难以胜任的对热输入敏感性大的高合金钢、铝合金或稀有金属的焊接。

4）对于全位置自动焊，它具有独特的优越性。正因为它的可调焊接参数很多，可以根据各个位置的成形要求通过程控、数控和微计算机的自适应控制，选择最佳的焊接参数进行焊接，从而使各个位置的焊缝获得几乎均匀的成形和良好的质量。

5）在单面焊双面成形和封底焊等工艺上，也具有突出的优点，既能保证质量又可提高工作效率。

（二）脉冲弧焊电源的分类

按照获得脉冲电流的主要器件，脉冲弧焊电源可分为如下几类：

1）晶闸管式脉冲弧焊电源。

2）晶体管类脉冲弧焊电源。

3）磁放大器式脉冲弧焊电源。

4）单相整流式脉冲弧焊电源。

5）逆变式脉冲弧焊电源。

其中晶体管类脉冲弧焊电源又分为晶体管式脉冲弧焊电源、场效应管式脉冲弧焊电源和IGBT式脉冲弧焊电源。

（三）晶闸管式脉冲弧焊电源

晶闸管式脉冲弧焊电源是利用晶闸管的电子开关作用而获得脉冲电流的弧焊电源，可分为晶闸管给定值式和晶闸管断续器式脉冲弧焊电源两种类型。

1. 晶闸管给定值式脉冲弧焊电源 晶闸管给定值式脉冲弧焊电源的主电路和控制电路

工作原理，与晶闸管式弧焊整流器的工作原理基本相同。两者不同之处在于，晶闸管式弧焊整流器控制电路中的比较电路环节的给定值为直流电压，其主电路输出电流为一般直流电；晶闸管式脉冲弧焊电源控制电路中的比较电路环节的给定值为脉冲电压，其主电路输出电流为脉冲电流，即焊接脉冲电流是由脉冲式给定电压控制的，这就是所谓的给定信号变换式的脉冲弧焊电源。当脉冲式给定电压为高幅值时，主电路将输出相应幅值的脉冲电流；当脉冲式给定电压为低幅值时，主电路则输出与其相应的基本电流。通过调节脉冲给定电压的脉冲宽度和脉冲间歇时间，就可以实现输出电流的脉宽比和脉冲频率的调节。当晶闸管式弧焊电源为平外特性时，如采用上述脉冲式给定电压，则输出为电压脉冲。

2. 晶闸管断续器式脉冲弧焊电源　晶闸管断续器式脉冲弧焊电源，主要由直流弧焊电源（弧焊整流器或直流弧焊发电机）和晶闸管断续器两个部分组成。

晶闸管断续器在脉冲弧焊电源中所起的作用，从本质上说相当于开关。正是依靠这种开关作用，把直流弧焊电源供给的连续直流电流，切断变为周期性间断的脉冲电流。

晶闸管关断的基本原理是，只要晶闸管同时具备下列两个条件，就可由不通（阻断）变为导通。

1）晶闸管阳极加上正向电压 U。

2）控制极加上适当的同步正向触发电压 U_g。

如图 4-32 所示，当晶闸管 VT 导通后，只要正向电流 I 的大小等于或大于晶闸管的维持电流，即使去掉控制极上的触发电压 U_g，晶闸管也仍然维持导通状态。

一般采用如下两种方法使晶闸管关断：

1）使晶闸管的阳极电流低于维持电流或切断阳极电流，设法使阳极电流小于维持电流或为零时，晶闸管就由导通变为关断。但是，这仅适用于低频电路，在高频电路中并不适用。

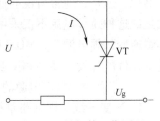

图 4-32　晶闸管工作原理

2）在晶闸管阳极和阴极之间加一反向电压，这是使晶闸管强迫关断常用的一种方法，也是晶闸管式脉冲弧焊电源通常所用的方法。

（四）晶体管式脉冲弧焊电源

晶体管式脉冲弧焊电源主电路特点是：在变压、整流后的直流输出端串入大功率晶体管组，但这种弧焊电源是依靠大功率晶体管组、电子控制电路与不同的闭环控制相配合，从而获得不同的外特性和不同的输出电压、电流波形。

大功率晶体管组在主电路可以起线性放大调节器作用，也可以起电子开关作用，前者称为模拟式晶体弧焊电源，后者称为开关式晶体管弧焊电源。晶体电源的两种形式均可以输出平稳的直流电压、电流，也可以输出脉冲电压电流，但是后者更能体现它的优越性。

（五）MOSFET（场效应管）式和 IGBT（绝缘极栅双极晶体管）式脉冲弧焊电源

MOSFET（场效应管）式和 IGBT（绝缘极栅双极晶体管）式脉冲弧焊电源的主要特点有：

1）用 MOSFET 和 IGBT（绝缘极栅双极晶体管）代替双极型晶体管作为电源二次侧快速开关，使它与晶闸管式、晶体管式脉冲弧焊电源比较具有许多优点，如工作性能好、可靠工作范围大、效率高（开关速度快，开关损耗小），采用电压驱动便于采用微机控制。

2）低频脉冲调制获得脉冲输出。其峰值电流、基值电流、脉冲频率及脉宽比均可独立调节，可获得任意形状的波形。

常用脉冲弧焊电源型号有 ZXM—25、ZXM—160、ZXM—250 和 ZXM5—100，表 4-7 列出了常用脉冲弧焊电源型号和技术数据。

表 4-7　常用脉冲弧焊电源型号和技术数据

产品名称	产品型号	空载电压/V	额定焊接电流/A	脉冲电流调整范围/A	基值电流调整范围/A	脉冲率/Hz	额定负载持续(%)	额定输入容量/kVA
脉冲弧焊电源	ZXM—25	40	25	1～25	1～5	1.5～25	60	1.65
	ZXM—160	90	160	10～160	—	—	60	8.6
	ZXM—250	90	250	10～300	10～300	0.5～10	60	37
	ZXM5—100	80	100	10～130	—	0.25～10	60	9

四、逆变式弧焊电源——弧焊逆变器

逆变式弧焊电源是 20 世纪 70 年代末问世的一种新型电子控制的弧焊电源。交流—直流之间的变换称为整流，实现这种变换的装置称为整流器。直流—交流之间的变换称逆变，实现这种变换的装置称为逆变器。从广义上讲，只要采用逆变技术的弧焊电源应称为逆变式弧焊电源。但是，通常所说的逆变式弧焊电源（又称弧焊逆变器）使用了中频逆变技术，也就是说这种弧焊电源不仅采用了逆变技术，还采用了工频—中频的变频技术。继晶闸管和晶体管逆变弧焊电源后，MOSFET（场效应管）式和 IGBT（绝缘极栅双极晶体管）式大功率逆变元件的开发，使中频逆变技术得到迅速发展。

（一）逆变式弧焊电源的逆变系统及组成

1. 逆变系统　把网路单相或三相 50Hz 工频交流电整流成直流电，再借助大功率电子开关器件（如晶闸管、场效应管等），把直流电变换成几千至几万赫兹的中频交流电，后经中频变压器降压和输出整流器整流，最后经电抗器滤波即得所需的电弧电压和电流。输出电流可以是直流或交流。

在逆变式弧焊电源中可采用三种逆变系统：

1）AC（交流）—DC（直流）—AC（交流）。

2）AC（交流）—DC（直流）—AC（交流）—DC（直流）。

3）AC（交流）—DC（直流）—AC（交流）—DC（直流）—AC（交流）。

通常多用 AC—DC—AC—DC 系统。

2. 基本组成　从图 4-33 中看出，逆变式弧焊电源主要由主回路系统和控制回路系统两大部分构成。主回路系统又由输入整流器、滤波器、变频电子开关、中频变压器、输出整流器和输出滤波等六个组成部分；控制回路系统包括控制电路和给定反馈电路，主要作用是控制大功率开关器件以获得弧焊工艺所需的外特性、调节特性、动特性和电压、电流波形等，并通过检测电路、给定电路实现电流、电压反馈闭环控制。

（二）逆变式弧焊电源的分类及特点比较

1. 逆变式弧焊电源的分类　按照逆变式弧焊电源的输出电流种类不同，可分为交流式逆变弧焊电源、直流式逆变弧焊电源和脉冲式逆变弧焊电源（含高频脉冲弧焊逆变器）等。

按照逆变式弧焊电源采用的不同的快速开关电子元件类型进行分类。一般可分为四个

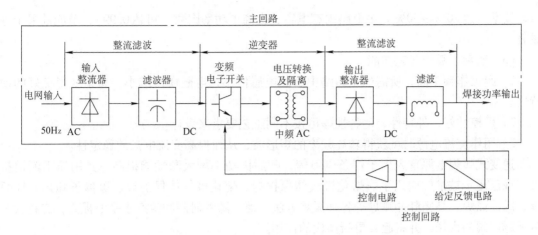

图 4-33 逆变式弧焊电源基本原理框图

种类：

晶闸管式逆变弧焊电源、晶体管式逆变弧焊电源、MOSFET（场效应管）式逆变弧焊电源、IGBT（绝缘极栅双极晶体管）式逆变弧焊电源等。按快速开关电子元件类型进行分类的四种逆变弧焊电源所用的大功率开关器件和对应工作频率见表 4-8。

表 4-8 四种逆变弧焊电源所用的大功率开关器件和对应工作频率

序号	种类名称	所用的大功率开关器件	工作频率/kHz
1	晶闸管式逆变弧焊电源	快速晶闸管（FSCR）	0.5~5
2	晶体管式逆变弧焊电源	开关晶体管（GTR）	可达 50
3	场效应管式逆变弧焊电源	功率场效应管（MOSFET）	20
4	绝缘栅双极晶体管式逆变弧焊电源	绝缘栅双极晶体管（IGBT）	10~30

2. 四种快速开关电子元件的逆变式弧焊电源的特点比较

1）晶闸管式逆变弧焊电源，其频率偏低，有噪声，控制性能也不够理想。

2）晶体管式逆变弧焊电源，其频率较高，控制性能较好，但单管功率太小，需要多管并联工作，给制造和调试等带来不便。

3）MOSFET（场效应管）式逆变弧焊电源，其频率更高，控制功率小，能耗低，控制性能优越。

4）IGBT（绝缘极栅双极晶体管）式逆变弧焊电源，除了具有 MOSFET 逆变的优点外，其突出的优点是单管的功率较大，耐压性较高，既便于制造调试，又提高了可靠性。它是当今逆变式弧焊电源发展的主要方向。

（三）逆变式弧焊电源的特点及应用

逆变式弧焊电源具有如下特点：

（1）省料、质量轻、体积小 传统的弧焊电源用工频传递电能，逆变弧焊电源采用几千至几万赫的中频，而制作变压器的用料多少与工作频率成反比；另外，工作频率提高还可减少制作滤波电感的用料。由上所述，可使逆变弧焊电源的质量减为传统电源的 1/5~1/10，体积减至 1/3 左右。

（2）高效节能 由于电子功率器件工作于开关状态，变压器等可采用铁损小的磁芯材料，效率可达80%~90%。主电路内有电容，提高了功率因数（可达0.99），节能效果十分显著。

（3）改善了弧焊工艺性能

1）因工作频率高，所需的主回路中滤波电感值小，电磁惯性减小，易于获得良好的动特性。

2）可控性好，外特性、动特性等可按不同工艺要求来设计。

3）用作交流电源时可获得较高频率的矩形波，从而提高交流电弧的稳定性。

逆变式弧焊电源首先用于焊条电弧焊，随后因功率增大和性能提高，其用途不断地扩大，现已逐步被推广应用于非熔化极气体保护焊、熔化极气体保护焊、等离子弧焊、埋弧焊、脉冲弧焊、高频脉冲弧焊等各种弧焊方法。而且随着研制和生产水平的提高，它将会有越来越广阔的市场，并将起着更新换代的作用。

常用逆变式弧焊电源的型号为 ZX7—160、ZX7—250 和 ZX7—400，表4-9 为其主要技术数据。

表4-9　常用逆变式弧焊电源型号和技术数据

产品名称	产品型号	开关电子元件	一次电压/V	空载电压/V	额定焊接电流/A	焊接电流调整范围/A	额定负载持续(%)	功率因素 $\cos\phi$	重量/kg
逆变式弧焊电源	ZX7—160	场效应管	380	50	160	5~160	60	0.99	15
	ZX7—160	IGBT	380	70	160	1~165	60	—	16
	ZX7—250	晶闸管	380	70	250	50~300	60	0.95	33
	ZX7—400	晶闸管	380	80	400	80~400	60	0.95	75
	ZX7—400	IGBT	380	75	400	—	60	0.95	33

五、数字控制式智能弧焊电源和数字化弧焊电源

弧焊电源的控制电路可以采用模拟量控制也可以采用数字量控制。采用数字量控制的电源称为数字控制式智能弧焊电源。它与数字化弧焊电源的区别在于：数字控制式智能弧焊电源仅实现控制电路的数字量控制，而数字化弧焊电源的控制电路、主回路、控制面板和综合平台都实施数字化。

（一）数字控制式智能弧焊电源

由于数字控制式智能弧焊电源的控制电路实施数字控制（通过 A/D 转换器——模拟信号转换成数字信号和 RMA——双面记忆的集成高性能的微处理器），不仅实现了焊接过程中从开关量（包括起停焊、空载调节、填弧坑控制和电弧燃烧时间）到模拟量（包括焊接电流、电弧电压、送丝速度和焊接速度）的数字化控制，对电源外特性和输出电流波形也完成了数字化控制。从而使焊接参数达到精确控制和具有再现性。

例如，普通熔化极脉冲气体保护焊需要控制的参数较多，操作起来较困难，且焊接过程中难以保证稳定的电弧参数。但数字控制式智能弧焊电源是由响应速度较快、输出脉冲频率较宽的逆变式电源和带有检测送丝速度和电弧电压的微机数字式控制系统组成。焊接材料的材质、直径和送丝速度被预置在计算机里，开始焊接前，操作者只需根据要求选择焊丝材质直径和送丝速度，计算机系统便会计算出所需要的脉冲参数和电弧电压，并使焊接电源输出适当的焊接能量。焊接过程中，微机系统适时监测电弧参数（电压）和送丝速度，自动调

整脉冲频率以适应电弧的变化。

（二）数字化弧焊电源

数字化弧焊电源不仅在性能上要优于模拟弧焊电源，在功能上也对传统的弧焊电源进行了大幅度的扩充，而且在灵活性、多样性和通用性等方面也大大优于模拟弧焊电源。

现有的弧焊电源无论在电源形式上，还是在电源的控制模式上大多数仍停留在由普通集成电路和分立元件为主的硬件模拟结构上，线路复杂，结构不紧凑，各部分之间相互干扰，这在一定程度上影响了设备的可靠运行，很难优化控制，难以适应复杂焊接工艺的要求，而解决这一问题的关键在于数字化。开放的焊接工作过程，其焊接质量直接受到诸多现场不确定因素的影响，因此，大量的工作现场信息处理和优化的控制规律对于提高焊接电源可靠运行、确保焊接质量起着非常重要的作用。这就要求具有控制和运算双功能的处理器来完成。

数字化弧焊电源实现数字化包括控制数字化、主电路数字化、控制面板数字化和综合平台数字化四个方面。其中控制和主电路是实现数字化弧焊电源的关键，控制面板是数字化弧焊电源的外在表现，而综合平台则是数字化弧焊电源更高层次研究。数字化弧焊电源系统的结构图如图4-34所示。控制系统一方面输出焊接主电路所需要的控制信号，从工作现场（电弧、熔池）采集信息（焊接电流、电弧电压、熔深、熔宽等）；另一方面，接受人机交互系统的指令，对现场信息进行处理，并将处理结果送到人机交互系统和综合平台，由人机交互系统显示，由综合系统评价。同时，控制系统还对焊接主电路和电弧进行现场故障实时监控，以实现故障的自动诊断、报警和处理。综合系统平台接受人机交互系统的指令，并从控制系统和焊接熔池得到间接和直接的现场信息，进行综合评价。人机交互系统是人机最直接的操作界面，是操作者发出指令、观察现场参数和信息的窗口。

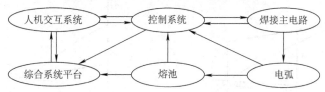

图4-34　数字化弧焊电源系统的结构图

数字化弧焊电源有如下特点：

1）进行在线监控，自动显示运行参数。

2）自动记录焊接现场参数，以供后面的过程参考。

3）实现网络化监控管理，利用其良好的串行通信能力，采用RS232等标准接口与上位机通信，利用上位机对电源进行监测，可自动实现各种状态转换，显示各种参数，使数字化电源实现网络化监控。

4）焊接电弧的实时控制和焊接现场操作的实时监控，对焊接电弧进行自适应控制的电源外特性，实现优化的控制规律，并进行数字化的人机交互操作。

5）焊接过程的综合评价，能综合进行焊接过程、焊接性能及焊接质量的综合评价，即过程—性能—质量系统的自检自评，逐步升级为具有专家系统的智能型焊接电源。

随着IT产业和现代通信技术的迅速发展，数字化技术越来越成为应用领域的重要攻关研究技术。由于焊接过程的特殊性，弧焊电源的数字化有其自身的特点和难点。数字化弧焊电源是焊接电源发展的一个总体趋势。

第六节　弧焊电源的选择

在弧焊机中弧焊电源是决定电气性能和焊接性能的关键部分。尽管它具有一定的通用性，但不同类型的弧焊电源，其电气性能和主要技术参数等都有所不同。在应用时只有合理地选择，才能充分发挥其工作性能，确保焊接过程的顺利进行，获得良好的焊接结果和经济效益。一般应根据如下几个方面来选择弧焊电源。

一、根据焊接方法选择

不同的弧焊方法对弧焊电源的空载电压、外特性、动特性和参数范围的要求也不同。现列举几种常用弧焊方法来说明。

（一）焊条电弧焊

一般来说，焊条电弧焊电弧的静特性曲线工作段为水平形状，要求使用具有下降特性（或恒流加外拖特性或缓降特性）的弧焊电源。如图 4-35a 所示，这种特性的电源当电流增加时，电压在一定范围内迅速下降，这样，当弧长变化引起电压变化时并不显著影响电流输出和熔敷速度。如图 4-35 中虚线所示电压下降几伏特，输出电流基本不变。用酸性焊条焊条电弧焊时可选用弧焊变压器（动铁心式、动线圈式或抽头式）。用碱性焊条焊条电弧焊焊接重要的结构钢，可选用直流弧焊电源，如硅弧焊整流器、晶闸管式弧焊整流器和弧焊逆变器等。这些弧焊电源均为下降（或恒流加外拖或缓降）特性，空载电压有效值为 80V 以下，额定工作电流为 200~500A，额定负载持续率为 35% 或 60%。

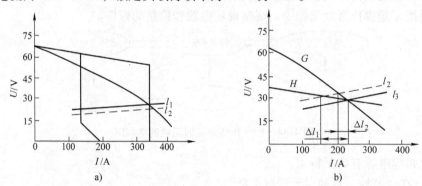

图 4-35　弧焊电源的外特性和电弧静特性

（二）埋弧焊

埋弧焊电弧静特性工作段为平或略上升曲线。为了获得稳定工作点，可以采用平特性或缓降特性。如图 4-35b 所示，弧长增长，电弧静特性曲线由 l_3 变为 l_2 时，缓降特性电源的电流值稍有降低，平特性电源的电流值下降较大。对于等速送丝用细直径焊丝时（如 $\phi 1.6~\phi 3mm$），采用平特性电源（曲线 H）比之缓降特性电源（曲线 G）有更强的电弧自身调节作用，可使弧长能更快地恢复。而等速送丝用较大直径焊丝（如 $\phi \geqslant 4mm$）时，即使采用恒压特性的电源，其电弧自身调节作用仍不够强。这时最好用下降特性电源并配以电压反馈的变速送丝系统。

单丝、小焊接电流（300~500A），可用电子控制型与电磁控制型的直流弧焊电源，如磁放大器式弧焊整流器、晶闸管式弧焊整流器和弧焊逆变器，也可用方波交流弧焊电源；单丝、中大焊接电流（600～1000A），可用交流或直流，如弧焊变压器、磁放大器式弧焊整流器、晶闸管弧焊整流器和弧焊逆变器；单丝、大焊接电流（1200～2500A）宜用交流；并列双丝，可用交流或直流。当用大电流时，空载电压为80～100V；而用小电流时，空载电压为65～75V。额定负载持续率为60%和100%。

（三）熔化极气体保护焊

当焊丝直径≤1.6mm时，可用等速送丝系统。为了增强电弧自身调节作用，宜用平特性弧焊电源。当焊丝直径>2mm时，宜用变速送丝系统配下降特性弧焊电源。一般以等速送丝系统与平特性弧焊电源配合用比较多。

平特性电源空载电压通常在40～50V（也有用50V以上的）范围内，缓降特性的空载电压可高至60～70V，额定电弧电压为22～40V。额定焊接电流为160～500A，额定负载持续率为60%、100%。

采用短路熔滴过渡形式时，要求弧焊电流的电抗器的电感量可调，一般采用电磁调节或电子电抗器。而当采用喷射过渡形式时，则没有此项要求。

通常可采用硅弧焊整流器，相控式、逆变式等电子控制型弧焊逆变电源。而铝及铝合金的氩弧焊，则可用方波或变极性交流弧焊电源。

（四）钨极氩弧焊和等离子弧焊

影响这两种弧焊方法电弧稳定燃烧的主要焊接参数是焊接电流，为了在焊接过程中减小弧长变化对焊接电流大小的影响，宜采用下降特性弧焊电源。空载电压为65～80V。等离子弧焊接低电流范围为10～100A；大电流范围为100～500A。直流正接或交流。额定负载持续率为35%、60%和100%。

一般可采用晶闸管式整流器、开关式弧焊电源或逆变式弧焊电源等电子控制形电源，也可采用方波及变极性交流弧焊电源，在要求不高的场合也可采用硅弧焊整流器或弧焊变压器。

（五）药芯焊丝电弧焊

常用平特性的弧焊电源，配以等速送丝装置，采用直流反接，极少用交流电源。可采用晶闸管式弧焊电源、逆变式弧焊电源或硅弧焊整流器。额定负载持续率为60%、100%。

（六）脉冲弧焊

钨极脉冲氩弧焊、熔化极脉冲气体保护焊、脉冲等离子弧焊和焊条电弧焊，可采用单相整流式、磁放大器式、晶闸管式、晶体管式、逆变式等脉冲弧焊电源。对一般要求的场合可采用前两种，对于要求高的场合（包括机器人弧焊），则采用后三种弧焊电源。

脉冲电源的外特性，可为平特性、下降特性或框形特性，根据不同弧焊方法的要求而定。空载电压额定值一般为50～65V（也有75V的），额定脉冲电流一般在500A以下，定额负载持续率为35%、60%、100%。

弧焊电源根据不同的控制方式可分为机械控制、电磁控制和电子控制三种类型。在这三种类型的弧焊电源中只有电子控制型的弧焊电源可用作机器人的弧焊电源，但必须考虑机器人弧焊工艺及电气性能的要求。

二、根据生产工艺和施工条件选择

焊接电流有直流、交流和脉冲三种基本类型，相应的电流为直流弧焊电源、交流弧焊电源和脉冲弧焊电源等。一般可按技术要求、经济效益和工作条件来合理选择弧焊电源的电流类型。一般交流弧焊电源比直流弧焊电源具有结构简单、制造方便、使用可靠，维修容易，效率高和成本低等优点。因此，对一般要求的场合（如酸性焊条电弧焊）可以考虑采用之。

但是，正弧波交流电弧稳定性较差，焊接质量不够高。对于铝镁合金等金属的焊接一般采用交流方波弧焊电源，在工业发达国家，弧焊变压器正在减少使用。在直流弧焊电源中，普遍采用弧焊整流器，工业发达国家已经大量采用弧焊整流器和弧焊逆变器为主，在我国也有同样的倾向。但在水下、高山、野外施工等场合没有交流电网，需选用汽油或柴油发动机拖动的直流弧焊发电机。在小单位或实验室，设备数量有限而焊接材料的种类较多，可选用交、直流两用或多用的弧焊电源。

脉冲弧焊电源具有热输入小、效率高、焊接热循环可控制等优点，可用于要求较高的焊接工作。对于焊接热敏感性大的合金钢、薄板结构、厚板的单面焊双面成形、管道以及全位置自动焊工艺，采用脉冲弧焊电源较为理想。

第五章 焊接材料

第一节 焊接材料的定义和基本要求

一、焊接材料的定义

1. 焊接材料 焊接时所消耗材料（包括焊条、焊丝、焊剂、气体等）的通称。

2. 焊条 涂有药皮的供焊条电弧焊用的熔化电极，它由药皮和焊芯两部分组成。

3. 焊丝 焊接时作为填充金属或同时作为导电的金属丝。

4. 焊剂 焊接时，能够熔化形成熔渣和气体，对熔化金属起保护和冶金处理作用的一种物质。

5. 保护气体 焊接过程中用于保护金属熔滴、熔池及焊缝区的气体，它使高温金属免受外界气体的侵害。

6. 电极 熔焊时用以传导电流，并使填充材料和母材熔化或本身也作为填充材料而熔化的金属丝（焊丝、焊条）、棒（石墨棒、钨棒）、管、板等。电阻焊时，是指用以传导电流和传递压力的金属极。

二、对焊接材料的基本要求

（一）对焊条的基本要求

1）焊缝金属应具有良好的力学性能或其他物理性能。如结构钢、不锈钢、耐热钢等焊条，均要求焊缝金属具有规定的抗拉强度等力学性能或耐蚀、耐热等物理性能。

2）焊条的熔敷金属应具有规定的化学成分，以保证其使用性能的要求。

3）焊条应具有良好的工艺性能。如电弧稳定、飞溅小、脱渣性好和焊缝成形好、生产效率高、低尘低毒等特性。

4）要求焊条具有良好的抗气孔、抗裂纹能力。

5）焊条应具有良好的外观（表皮）质量。药皮应均匀、光滑地包覆在焊芯周围。偏心度应满足标准的规定。药皮无开裂、脱落、气泡等缺陷，磨头、磨尾圆整、焊条尺寸和极限偏差应符合有关规定，焊芯应无锈迹，药皮与焊芯应具有一定的结合强度及一定的耐潮性。

6）为保护环境、保障焊工安全健康，焊条的发尘量和有毒气体应符合有关标准的规定。

（二）对焊丝的基本要求

1）焊丝应具有规定的化学成分。

2）焊丝应具有光滑的表面，应没有对焊接特性、焊接设备的操作或焊缝金属的性能有不利影响的裂纹、凹坑、划痕、氧化皮、皱纹、折叠和外来物。

3）焊丝的每一个连续长度应由一个炉号或一个批号的材料组成。当存在接头时应适当处理，以便焊丝在自动焊和半自动焊设备上使用时，不影响均匀、不间断地送进。

4）除特殊规定外，焊丝可以采用合适的保护涂层，诸如涂上铜层。

5）焊丝的缠绕应无扭结、波折、锐弯、重叠和嵌入，使焊丝在无拘束的状态下能自由退绕。焊丝的外端（开始焊接的一端）应加识别标记，以便容易找到，并应固定牢，防止松脱。

6）非直段焊丝的弹射度和螺旋度，应使焊丝在自动焊和半自动焊设备中能无间断地送进。气体保护焊用非直段焊丝的弹射度和螺旋度应符合有关规定。

弹射度是指从包装中截取能形成一定直径圆圈的长度焊丝，焊丝无拘束地放在平面上，散开形成一个环的直径。

螺旋度是指在弹射度试验时，从焊丝环上任意一点到平面上的最大距离。

7）焊丝的包装应符合有关规定。包装形式有直段、卷装、盘装和筒状四种。

（三）对焊剂的基本要求

（1）焊剂应具有良好的冶金性能　焊剂配以适宜的焊丝，选用合理的焊接参数，使焊缝金属具有适宜的化学成分和良好的力学性能，以满足产品的设计要求，同时，焊剂还应有较强的抗气孔和抗裂纹能力。

（2）焊剂应具有良好的焊接工艺性能　在规定的焊接参数下进行焊接，焊接过程中应保证电弧燃烧稳定，熔合良好，过渡平滑，焊缝成形好，脱渣容易。

（3）焊剂应具有较低的含水量和良好的抗潮性　出厂焊剂中水的质量分数不得大于 0.20%。焊剂在温度 25℃，相对湿度 70% 的环境条件下，放置 24h，吸潮率不应大于 0.15%。

（4）控制焊剂中机械夹杂物　焊剂中机械夹杂物（碳粒、铁屑、原料颗粒及其他杂物）的质量分数不应大于 0.30%，其中碳粒与铁合金凝珠质量分数不应大于 0.20%。

（5）焊剂应有较低的硫、磷含量　焊剂中硫、磷的质量分数一般为 $S \leqslant 0.06\%$，$P \leqslant 0.08\%$。对于锅炉、压力容器等承压设备用焊接材料而言，焊剂中的硫、磷的质量分数应控制在 $S \leqslant 0.035\%$，$P \leqslant 0.040\%$。

（6）焊剂应有一定的颗粒度　焊剂的粒度一般分为两种：一是普通粒度为 2.5mm ~ 0.45mm（8 ~ 40 目）；二是细粒度为 1.18mm ~ 0.28mm（14 ~ 60 目）。要求小于规定粒度的细粉一般不大于 5%，大于规定粒度的粗粉一般不大于 2%。

（7）电渣焊用焊剂　为了使电渣过程能够稳定进行并得到良好的焊接接头，电渣焊用焊剂除了具有焊剂的一般要求外，还应具有如下特殊要求：

1）熔渣的电导率应在合适的范围内：熔渣的电导率应适宜，若电导率过低，会使焊接无法进行；若电导率过高，在焊丝和熔渣之间可能引燃电弧，破坏电渣过程。

2）熔渣的粘度应适宜：熔渣的粘度过小，流动性过大，会使熔渣和金属流失，使焊接过程中断；粘度过大，会形成咬边和夹渣等缺陷。

3）控制焊剂的蒸发温度：不同用途的焊剂，其组成不同，沸点也不同。熔渣开始蒸发的温度决定于熔渣中最易蒸发的成分。氟化物的沸点低，可降低熔渣开始蒸发的温度，使产生电弧的可能性增大，从而降低电渣过程的稳定性，并形成飞溅。

另外，焊剂还应具有良好的脱渣性、抗热裂性和抗气孔能力。

焊剂中的 SiO_2 含量增多时，电导率降低，粘度增大。氟化物和 TiO_2 增多时，电导率增大，粘度降低。

第二节 焊条的组成、分类及型号

一、焊条的组成

焊条由焊芯和药皮两部分组成。焊条的外形如图 5-1 所示，普通焊条的断面形状如图 5-2a 所示。

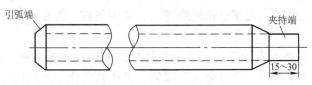

图 5-1 焊条的外形

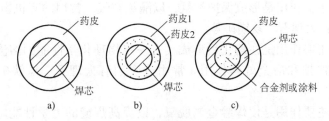

图 5-2 焊条的断面形状

a) 普通焊条的断面形状 b) 双层药皮焊条 c) 焊芯为空心管焊条

图 5-2b 和图 5-2c 所示均为特殊的断面形状。图 5-2b 所示是一种双层药皮焊条，主要是为了改善低氢焊条的工艺性能，两层药皮具有不同的成分配方。图 5-2c 所示的焊芯为一空心管，外面包覆药皮，管子中心填充合金剂或涂料，这种形式主要应用在含有较多合金粉的耐磨堆焊焊条上。

（一）焊芯

焊芯是指焊条中被药皮包覆的金属芯。通常根据被焊金属材料的不同，选用相应的焊丝作为焊芯。

焊条电弧焊时，焊芯的作用：一是传导焊接电流，产生电弧；二是焊芯熔化形成焊缝中的填充金属。焊芯作为填充金属约占整个焊缝金属的 50% ~ 70%，所以焊芯的化学成分将直接影响焊缝金属的成分和性能。因此用于焊芯的钢丝都是经特殊冶炼的，且单独规定了它的牌号和成分，这种焊接钢丝称为焊丝。国家标准规定的焊接用钢丝有 44 种之多。常用的低碳钢及一般低合金高强钢焊条基本上以 H08A 钢作为焊芯，对 S、P 控制要求严格时，采用 H08E 钢作为焊芯。一些低合金高强钢焊条，为了从焊芯过渡合金元素以提高焊缝金属质量而采用各种特定成分的焊芯。

通常所说的焊条直径和长度就是指焊芯的直径和长度。焊条直径有多种规格，生产中应用最多的是 $\phi3.2mm$、$\phi4.0mm$ 和 $\phi5.0mm$ 三种规格。

（二）药皮

药皮是焊条的重要组成部分，也是决定焊条和焊接质量的重要因素。一般说来焊条药皮是由矿石、铁合金或纯金属、化工物料和有机粉末混合均匀后粘接在焊芯上。

1. 药皮的作用 焊条的药皮在焊接过程中起着极为重要的作用，其主要作用如下：

（1）保护作用　在焊接过程中，某些物质（如有机物、碳酸盐等）受热分解出气体（如 CO_2 等）或形成熔渣起到气保护或渣保护作用，使熔滴和熔池金属免受有害气体（如大气中的 O_2、N_2 等）的影响。

（2）冶金处理作用　与焊芯配合，通过冶金反应脱氧，去氢，除硫、磷等有害杂质或添加有益的合金元素，以得到所需的化学成分，改善组织，提高性能。

（3）改善焊接工艺性能　通过焊条药皮不同物质的合理组配（即药皮配方设计），有助于提高焊条的操作工艺性能，促使电弧燃烧稳定、减少飞溅、改善脱渣、焊缝成形和提高熔敷效率等。

2. 药皮的组成　焊条药皮的组成成分相当复杂，一种焊条药皮配方中，组成物一般有七八种之多，主要分为矿物类、铁合金及金属粉、有机物和化工产品四类。根据药皮组成物在焊接过程中所起的作用可将其分为如下七类：

（1）造气剂　主要作用是形成保护气氛，以隔绝空气。常用的有机物有淀粉、木粉等；碳酸盐类矿物质如：大理石、菱镁矿等。

（2）造渣剂　主要作用是在熔化后形成具有一定物理化学性能的熔渣，覆盖在熔池和焊缝表面，起机械保护和冶金处理作用。常用造渣剂有大理石、钛铁矿、金红石和赤铁矿等。

（3）脱氧剂　主要作用是使焊缝金属脱氧，以提高焊缝的力学性能。常用的脱氧剂有锰铁、硅铁、钛铁及铝粉等。

（4）合金剂　其作用是向焊缝渗加有益的合金元素，以提高焊缝的力学性能或使焊缝获得某些特殊性能（如耐蚀、耐磨等）。根据需要可选用各种铁合金，如锰铁、硅铁、钼铁等或粉末状纯金属，如金属锰、金属铬等。

（5）稳弧剂　主要起稳定电弧的作用。一般多采用易电离的物质，如碱金属及碱土金属的化合物碳酸钾、碳酸钠等。

（6）粘结剂　用以将各种粉状加入剂粘附在焊芯周围。常用的是水玻璃。

（7）增塑剂　用以改善涂料的塑性和滑性，便于焊条压涂机压涂焊条药皮，有利于挤压和成形，故又称成形剂。常用的有白泥、云母、糊精和钛白粉等。

二、焊条的分类

（一）按熔渣性质分类

按熔渣酸碱性分类，可将焊条分为酸性焊条和碱性焊条两大类。熔渣以酸性氧化物为主的焊条称为酸性焊条。熔渣以碱性氧化物和氟化钙为主的焊条称为碱性焊条。在碳钢焊条和低合金钢焊条中，低氢型焊条（包括低氢钠型、低氢钾型和铁粉低氢型）是碱性焊条；其他涂料类型的焊条均属酸性焊条。

碱性焊条与强度级别相同的酸性焊条相比，其熔敷金属的延性和韧性高，扩散氢含量低，抗裂性能强。因此，当产品设计或焊接工艺规程规定用碱性焊条时，不能用酸性焊条代替。酸性焊条和碱性焊条的特性对比见表 5-1。

（二）按药皮的主要成分分类

焊条药皮由多种原料组成，按照药皮的主要成分可以确定焊条的药皮类型，焊条药皮类型分类见表 5-2。

表5-1 酸性焊条和碱性焊条的特性对比

酸 性 焊 条	碱 性 焊 条
1. 药皮组分氧化性强	1. 药皮组分还原性强
2. 对水、锈产生气孔的敏感性不大，焊条使用前经150～200℃烘焙1h	2. 对水、锈产生气孔的敏感性大，要求焊条使用前经300～400℃，1～2h再烘干
3. 电弧稳定，可用交流或直流电流施焊	3. 由于药皮中含有氟化物，恶化电弧稳定性，需用直流电流施焊，只有当药皮中加稳弧剂后，方可交直流电流两用
4. 焊接电流较大	4. 焊接电流比小，比同规格的酸性焊条小10%左右
5. 可长弧操作	5. 需短弧操作，否则易引起气孔及增加飞溅
6. 合金元素过渡效果差	6. 合金元素过渡效果好
7. 焊缝成形较好，除氧化铁型外，熔深较浅	7. 焊缝成形尚好，容易堆高，熔深较深
8. 熔渣结构呈玻璃状	8. 熔渣结构呈岩石结晶状
9. 脱渣较方便	9. 坡口内第一层脱渣较困难，以后各层脱渣较容易
10. 焊缝的常、低温冲击性能一般	10. 焊缝常、低温冲击性能较高
11. 除氧化铁型外，抗裂性能较差	11. 抗裂性能好
12. 焊缝中含氢量高，易产生白点，影响塑性	12. 焊缝中扩散氢含量低
13. 焊接时烟尘少	13. 焊接时烟尘多，且烟尘中含有害物质较多

表5-2 焊条药皮类型分类

药皮类型	药皮的主要成分（质量分数，%）	电源种类
钛型	氧化钛≥35%	直流或交流
钛钙型	氧化钛30%以上，钙、镁的碳酸盐20%以下	直流或交流
钛铁矿型	钛铁矿≥30%	直流或交流
氧化铁型	多量氧化铁及较多的锰铁脱氧剂	直流或交流
纤维素型	有机物15%以上、氧化钛30%左右	直流或交流
低氢型	钙、镁的碳酸盐和萤石	直流
石墨型	多量石墨	直流或交流
盐基型	氯化物和氟化物	直流

注：当低氢型药皮中含有多量稳弧剂时，可用于交流或直流施焊。

（三）按焊条的性能特征分类

按焊条的性能特征，可将焊条分为低尘低毒焊条、铁粉高效焊条、超低氢焊条、立向下焊条、底层焊条、耐吸潮焊条、水下焊条、重力焊条和躺焊焊条等。

三、焊条的型号及牌号

焊条型号是按熔敷金属力学性能、药皮类型、焊接位置、电流类型、熔敷金属化学成分和焊后热处理状态等进行划分。

1. 非合金及细晶粒钢焊条及热强钢焊条型号

非合金钢（即碳素钢）及细晶粒钢（大部分的合金钢）焊条型号的主体结构由字母"E"和四位数字组成，短画线"－"后附加熔敷金属化学成分和焊后状态。增加了可选附加代号"U"和"HX"。

非合金钢及细晶粒钢焊条型号由五部分组成，其结构和含义如下：

1）第一部分用字母"E"表示焊条。

2）第二部分为字母"E"后面的紧邻两位数字，表示熔敷金属的最低抗拉强度代号，见表 5-3。

3）第三部分为字母"E"后面的第三和第四两位数字，表示药皮类型、焊接位置和电流类型，见表 5-4。

4）第四部分为短画线"－"后的字母、数字或字母和数字的组合，表示熔敷金属的化学成分分类代号。

5）第五部分为熔敷金属的化学成分代号后的一位或两位字母，表示焊后状态代号，其中无标记表示焊态，"P"表示热处理状态，"AP"表示焊态和焊后热处理两种状态均可。

除以上强制分类代号外，根据供需双方协商，可在型号后依次附加可选代号。

1）字母"U"表示在规定试验温度下，冲击吸收功可以达到 47J 以上。

2）扩散氢代号"HX"，其中 X 代表 15、10 或 5，分别表示每 100g 熔敷金属中扩散氢含量的最大值（mL），见表 5-5。

表 5-3　焊条熔敷金属抗拉强度系列

焊条类别	代号	熔敷金属抗拉强度 σ_b/MPa（≥）
非合金钢和细晶粒钢焊条 （GB/T 5117—2012）	43	430
	50	490
	55	550
	57	570
	60	590
	62	620
	70	690
	76	760
	83	830
热强钢焊条 （GB/T 5118—2012）	50	490
	52	520
	55	590
	62	620

非合金钢及细晶粒钢焊条型号示例：

E5515 – N5PUH10

E——表示焊条。

55——表示熔敷金属抗拉强度最小值为 550MPa。

15——表示药皮类型为碱性，适用于全位置焊接，采用直流反接。

N5——表示熔敷金属化学成分分类代号。

P——表示焊后状态代号，此处表示热处理状态。

U——为可选附加代号，表示在规定温度下（ –60℃），冲击吸收功 47J 以上。

H10——可选附加代号，表示熔敷金属扩散氢含量不大于 10mL/100g。

热强钢焊条型号由五部分组成，其结构和含义如下：

1）第一部分用字母"E"表示焊条。

2）第二部分为字母"E"后面的紧邻两位数字，表示熔敷金属的最低抗拉强度，见表5-3。

3）第三部分为字母"E"后面的第三和第四两位数字，表示药皮类型、焊接位置和电流类型，见表5-4。

4）第四部分为短画线"－"后的字母、数字或字母和数字的组合，表示熔敷金属的化学成分分类代号。

其中熔敷金属化学成分用"×C×M×"表示，标识"C"前的整数表示Cr的名义含量，"M"前的整数表示Mo的名义含量。对于Cr或者Mo，如果名义含量（质量分数）少于1%，则字母前不标记数字。如果在Cr和Mo之外还加入了W、V、B、Nb等合金成分，则按照此顺序，加于铬和钼标记之后。

除以上强制分类代号外，根据供需双方协商，可在型号后附加扩散氢代号"HX"，其中X代表15、10或5，分别表示每100g熔敷金属中扩散氢含量的最大值（mL），见表5-5。

表5-4 药皮类型、焊接位置及焊接电流种类

代号	药皮类型	焊接位置①	电流类型
03	钛型	全位置	交流和直流正、反接
10	纤维素	全位置	直流反接
11	纤维素	全位置	交流和直流反接
12②	金红石	全位置	交流和直流正接
13	金红石	全位置	交流和直流正、反接
14②	金红石＋铁粉	全位置	
15	碱性	全位置	直流反接
16	碱性	全位置	交流和直流反接
18	碱性＋铁粉	全位置	
19	钛铁矿	全位置	交流和直流正、反接
20	氧化铁	PA、PB	交流和直流正接
24②	金红石＋铁粉	PA、PB	交流和直流正、反接
27	氧化铁＋铁粉	PA、PB	交流和直流正、反接
28②	碱性＋铁粉	PA、PB、PC	交流或直流反接
40	不做规定	由制造商确定	
45②	碱性	全位置	直流反接
48②	碱性	全位置	交流和直流反接

① 焊接位置按GB/T 16672—1996《焊缝 工作位置 倾角和转角的定义》，其中PA＝平焊、PB＝平角焊、PC＝横焊、PG＝向下立焊。

② 上述代号仅用于GB/T 5117—2012标准。

热强钢焊条型号示例：

E6215－2C1MH10

E——表示焊条。

62——表示熔敷金属抗拉强度最小值为620MPa。

15——表示药皮类型为碱性，适用于全位置焊接，采用直流反接。

2C1M——表示熔敷金属化学成分分类代号。

H10——可选附加代号，表示熔敷金属扩散氢含量不大于 10mL/100g。

表 5-5 熔敷金属扩散氢含量

可选用的附加扩散氢代号	扩散氢含量 mL/100g
H15	≤15
H10	≤10
H5	≤5

2. 不锈钢焊条型号　根据 GB/T 983—2012《不锈钢焊条》的规定，焊条型号的主体是由字母"E"和三位数字及附加字母组成，其中字母"E"表示焊条；三位数字和附加字母表示焊条熔敷金属的化学成分，药皮类型、焊接位置及电流种类，并以短画线"－"与焊条型号的主体分开。

不锈钢焊条型号由四部分组成，其结构和含义如下：

1）第一部分用字母"E"表示焊条。

2）第二部分为字母"E"后面的数字表示熔敷金属的化学成分分类，数字后面的"L"表示碳含量较低，"H"表示碳含量较高，若有其他特殊要求的化学成分，该化学成分用元素符号表示放在数字的后面。

3）第三部分为短画线"－"后的第一位数字，表示焊条的焊接位置，见表5-6。

4）第四部分为最后一位数字，表示焊条的药皮类型，见表5-6。

不锈钢钢焊条型号示例：

E 308 – 16

E——表示焊条。

308——表示熔敷金属化学成分分类代号。

1—表示焊接位置，适用于全位置焊接。

6—表示药皮类型，为金红石型，适用于交直流电流两用焊接。

表 5-6 不锈钢焊条焊接位置及药皮类型

代号	焊接位置	说明
1	PA、PB、PD、PF	焊接位置见 GB/T 16672—1996，其中 PA = 平焊、PB = 平角焊、PD = 仰角焊、PF = 向上立焊、PG = 向下立焊
2	PA、PB	
4	PA、PB、PD、PF、PG	
代号	药皮类型	适用电流
5	碱性	直流
6	金红石	交直流
7	在金红石基础上添加大量 SiO_2	交直流

3. 铸铁焊条型号　根据 GB/T 10044—2006《铸铁焊条及焊丝》的规定，铸铁焊条型号由字母"E"和"Z"组成"EZ"表示焊条用于铸铁焊接；在"EZ"之后用熔敷金属的主要成分的元素符号或金属类型代号表示，见表5-7。

表 5-7 铸铁焊条类别及型号

类 别	名 称	型 号
铁基焊条	灰铸铁焊条	EZC
	球墨铸铁焊条	EZCQ
镍基焊条	纯镍铸铁焊条	EZNi
	镍铁铸铁焊条	EZNiFe
	镍铜铸铁焊条	EZNiCu
	镍铁铜铸铁焊条	EZNiFeCu
其他焊条	纯铁及碳钢焊条	EZFe
	高钒焊条	EZV

4. 堆焊焊条型号 根据 GB/T 984—2001《堆焊焊条》的规定，堆焊焊条型号的表示方法为：字母"ED"表示用于表面耐磨堆焊焊条；后面用一或两位字母、元素符号表示焊条熔敷金属化学成分分类代号，见表5-8，还可附加一些主要成分的元素符号；在基本型号内可用数字、字母进行细分类，细分类代号也可用短画线"－"与前面符号分开；型号中最后两位数字表示药皮类型和焊接电源种类，用短画线"－"与前面符号分开，见表5-9。

堆焊焊条型号示例：

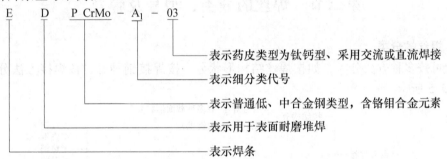

表 5-8 熔敷金属化学成分分类

型号分类	熔敷金属化学成分分类	型号分类	熔敷金属化学成分分类
EDP××－××	普通低、中合金钢	EDZ××－××	合金铸铁
EDR××－××	热强合金钢	EDZCr××－××	高铬铸铁
EDCr××－××	高铬钢	EDCoCr××－××	钴基合金
EDMn××－××	高锰钢	EDW××－××	碳化钨
EDCrMn××－××	高铬锰钢	EDT××－××	特殊型
EDCrNi××－××	高铬镍钢	EDNi××－××	镍基合金
EDD××－××	高速钢		

表 5-9 药皮类型和电源种类

焊条型号	药皮类型	电源种类
ED××－00	特殊型	交流或直流
ED××－03	钛钙型	
ED××－15	低氢钠型	直流
ED××－16	低氢钾型	交流或直流
ED××－08	石墨型	

5. 铜及铜合金焊条型号　根据 GB/T 3670—1995《铜及铜合金焊条》的规定，铜及铜合金焊条型号的表示方法为：字母"E"表示焊条，在"E"后面的字母直接用元素符号表示型号分类。同一分类中有不同化学成分要求时，用字母或数字表示，并以短画线"－"与前面元素符号分开，例如 ECuAl－B。

6. 铝及铝合金焊条型号　根据 GB/T 3669—2001《铝及铝合金焊条》的规定，铝及铝合金焊条型号的表示方法为：字母"E"表示焊条，E 后面的数字表示焊芯用的铝及铝合金牌号。焊芯化学成分见表5-10。

表 5-10　焊芯化学成分　　　　　　　　　　　　　　（质量分数，%）

化学成分 焊条型号	Si	Fe	Cu	Mn	Mg	Zn	Ti	Be	其他		Al
									单个	合计	
E1100	Si + Fe：0.95		0.05 ~ 0.20	0.05	—	0.10	—	0.0008	0.05	0.15	≥99.00
E3003	0.6	0.7		1.0 ~ 1.5							余量
E4043	4.5 ~ 6.0	0.8	0.30	0.05	0.05		0.20				

注：表中单值除规定外，其他均为最大值。

第三节　焊丝的分类、型号及牌号

一、焊丝的分类

焊丝可按多种方法分类，如按焊丝结构形状分，按焊接钢种分，按焊接方法分，如图 5-3 ~ 图 5-5 所示。

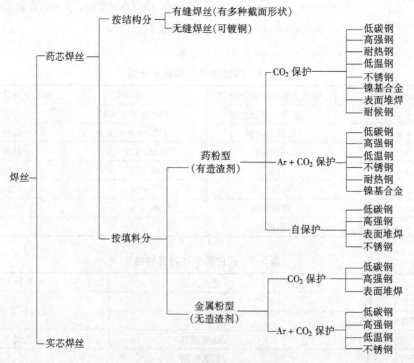

图 5-3　焊丝按结构形状分类

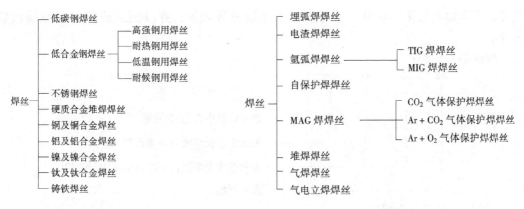

图 5-4　焊丝按焊接钢种分类　　　　　图 5-5　焊丝按焊接方法分类

二、实芯焊丝的型号及牌号

（一）焊接用碳钢、低合金钢、不锈钢焊丝

焊丝的型号或牌号是根据 GB/T 14957—1994《熔化焊用钢丝》、GB/T 5293—1999《埋弧焊用碳钢焊丝和焊剂》、GB/T 17854—1999《埋弧焊用不锈钢焊丝和焊剂》、YB/T 5092—2005《焊接用不锈钢焊丝》、GB/T 14958—1994《气体保护焊用钢丝》及 GB/T 8110—2008《气体保护电弧焊用碳钢、低合金钢焊丝》为依据来进行划分的，除 GB/T 8110 - 2008 外，实芯焊丝的牌号均以字母 "H" 表示焊丝，其牌号的编制方法为：

1）以字母 "H" 表示焊丝。

2）在 "H" 之后的一位（千分位）或两位（万分位）数字表示焊丝含碳量（平均约数）。

3）化学元素符号及其后的数字表示该元素的大约质量分数，当主要合金元素的质量分数≤1％时，可省略数字，只记元素符号。

4）在焊丝牌号尾部标有 "A" 或 "E" 时，分别表示为 "优质品" 或 "高级优质品"，表明 S、P 等杂质的含量更低。

焊丝牌号示例：

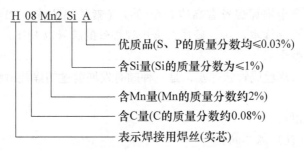

$$H\ 08\ Mn2\ Si\ A$$

优质品(S、P 的质量分数均≤0.03%)
含 Si 量(Si 的质量分数为≤1%)
含 Mn 量(Mn 的质量分数约 2%)
含 C 量(C 的质量分数约 0.08%)
表示焊接用焊丝(实芯)

（二）气体保护焊用碳钢、低合金钢焊丝

根据 GB/T 8110—2008《气体保护电弧焊用碳钢、低合金钢焊丝》的规定，该类焊丝的型号是按化学成分进行分类的，采用熔化极气体保护焊时，则按熔敷金属的力学性能来进行分类的。

焊丝型号的表示方法为 ER××-×；字母 "ER" 表示焊丝，"ER" 后面的两位数字表示熔敷金属的最低抗拉强度，短画线 " - " 后面的字母或数字，表示焊丝化学成分的分类代号。还附加其他化学成分时，可直接用元素符号表示，并以短画线"－"与前面数字分开。

焊丝型号示例：

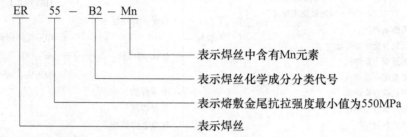

ER　55　－　B2　－　Mn

- 表示焊丝中含有Mn元素
- 表示焊丝化学成分分类代号
- 表示熔敷金属抗拉强度最小值为550MPa
- 表示焊丝

（三）铜及铜合金焊丝

根据 GB/T 9460—2008《铜及铜合金焊丝》的规定，焊丝型号以字母"SCu"表示铜及铜合金焊丝，在"SCu"后面是四位数字表示焊丝型号，四位数字后面为可选部分表示化学成分代号，如 SCu4700、SCu6800 等。

（四）铝及铝合金焊丝

根据 GB/T 10858—2008《铝及铝合金焊丝》的规定，焊丝型号以字母"SAl"表示铝及铝合金焊丝，在"SAl"后面是四位数字表示焊丝型号，四位数字后面为可选部分表示化学成分代号，如 SAl5554、SAl5654 等。

（五）镍基合金焊丝

根据 GB/T 15620—2008《镍及镍合金焊丝》的规定，镍及镍合金焊丝型号以字母"SNi"表示镍焊丝，SNi 后面的四位数字表示焊丝型号，四位数字后面为可选部分表示化学成分代号，如 SNi2061、SNi6082 等。

（六）铸铁焊丝

根据 GB/T 10044—2006《铸铁焊条及焊丝》的规定，铸铁焊丝型号以字母"R"表示焊丝，字母"Z"表示焊丝用于铸铁焊接；以"C"（灰铸铁）"CH"（合金铸铁）"CQ"（球墨铸铁）表示熔敷金属类型。如 RZC、RZCH、RZCQ 等。

（七）硬质合金堆焊焊丝

目前国产的硬质合金堆焊焊丝有高铬合金铸铁（索尔玛依特）和钴基合金（司太立）两类。在《焊接材料产品样本》中，硬质合金堆焊焊丝的牌号以 HS1×× 表示。

三、药芯焊丝的型号

药芯焊丝也称粉芯焊丝或管状焊丝，是一种颇有发展前途的焊接材料。药芯焊丝具有如下优点：

1）焊接工艺性能好。

2）熔敷速度快，生产效率高。

3）合金系统调整方便、对钢材适应性强。

4）能耗低。

5）综合成本低。

（一）碳钢药芯焊丝

碳钢药芯焊丝的型号按 GB/T 10045—2001《碳钢药芯焊丝》标准的规定，依据熔敷金属的力学性能，焊接位置及焊丝类别特点（包括保护类型、电流类型、渣系特点等）分类。

焊丝型号的表示方法为：E×××T-×ML，字母"E"表示焊丝，字母"T"表示药芯焊丝。型号中的符号按排列顺序分别说明如下：

1）字母"E"后面的前2个符号"××"表示熔敷金属的力学性能。

2）字母"E"后面的第3个符号"×"表示推荐的焊接位置，其中，"0"表示平焊和横焊位置，"1"表示全位置。

3）短画线后面的符号"×"表示焊丝的类别特点（见表5-11）。

4）字母"M"表示保护气体（体积分数φ）为Ar75%~80%+$CO_2$25%~20%。当无字母"M"时，表示保护气体为CO_2或为自保护类型。

5）字母"L"表示焊丝熔敷金属的冲击性能在-40℃时，其V形缺口冲击吸收功不小于27J。当无字母"L"时，表示焊丝熔敷金属的冲击性能符合一般要求。

焊丝型号示例：

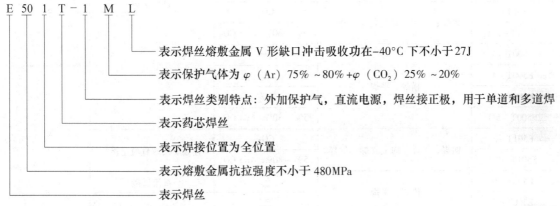

（二）低合金钢药芯焊丝

低合金钢药芯焊丝按药芯类型分为金属粉型药芯焊丝和非金属粉型药芯焊丝两种，其型号按GB/T 17493—2008《低合金钢药芯焊丝》标准的规定，金属粉型药芯焊丝根据熔敷金属的抗拉强度和化学成分进行划分，非金属粉型药芯焊丝型号还包括焊接位置，药芯类型和保护气体。

非金属粉型药芯焊丝型号的表示方法为E×××T×-××（-JHX），字母"E"表示焊丝、字母"T"表示非金属型药芯焊丝。型号表示中的符号按排列顺序分别说明如下：

1）字母"E"后面的前2个符号"××"表示焊丝熔敷金属的最低抗拉强度。

2）字母"E"后面的第3个符号"×"表示推荐的焊接位置，其中"0"表示平焊和横焊位置，"1"表示全位置。

3）字母"T"与其后的符号"×"表示药芯类型及电源种类（见表5-12）。

4）短画线"-"后面的符号"×"表示焊丝熔敷金属的化学成分分类代号。

5）化学成分代号后面的符号"×"表示保护气体类型：C表示CO_2气体，M表示φ（Ar）20%~25%+φ（CO_2）80%+75%混合气体，当该位置没有符号出现时，表示不采用保护气体，为自保护型。

6）低温度的冲击性能（可选附加代号）以型号中如果出现第二个短画线"-"及字母"J"时，表示焊丝具有更低温度的冲击性能。

7）熔敷金属扩散氢含量（可选附加代号）以型号中如果出现第二个短画线"-"及字

母 "H×" 时，表示熔敷金属扩散氢含量，"×" 为扩散氢含量最大值。

表 5-11　焊接位置、保护类型、电源种类和适用性要求

型号	焊接位置	保护类型[1] 保护气体成分 （体积分数，%）	电源种类	适用性[2]
E500T – 1	横焊、平焊	CO_2	直流反接	M
E500T – 1M	横焊、平焊	75% ~ 80%　Ar + CO_2		
E501T – 1	横焊、平焊、向上立焊、仰焊	CO_2		
E501T – 1M	横焊、平焊、向上立焊、仰焊	75% ~ 80%　Ar + CO_2		
E500T – 2	横焊、平焊	CO_2		S
E500T – 2M	横焊、平焊	75% ~ 80%　Ar + CO_2		
E501T – 2	横焊、平焊、向上立焊、仰焊	CO_2		
E501T – 2M	横焊、平焊、向上立焊、仰焊	75% ~ 80%　Ar + CO_2		
E500T – 3	横焊、平焊	无		
E500T – 4	横焊、平焊	无		M
E500T – 5	横焊、平焊	CO_2		
E500T – 5M	横焊、平焊	75% ~ 80%　Ar + CO_2		
E501T – 5	横焊、平焊、向上立焊、仰焊	CO_2	直流反接或直流正接[3]	
E501T – 5M	横焊、平焊、向上立焊、仰焊	75% ~ 80%　Ar + CO_2		
E500T – 6	横焊、平焊	无	直流反接	
E500T – 7	横焊、平焊	无	直流正接	
E501T – 7	横焊、平焊、向上立焊、仰焊	无		
E500T – 8	横焊、平焊	无		
E501T – 8	横焊、平焊、向上立焊、仰焊	无		
E500T – 9	横焊、平焊	CO_2	直流反接	
E500T – 9M	横焊、平焊	75% ~ 80%　Ar + CO_2		
E501T – 9	横焊、平焊、向上立焊、仰焊	CO_2		
E501T – 9M	横焊、平焊、向上立焊、仰焊	75% ~ 80%　Ar + CO_2		
E500T – 10	横焊、平焊	无	直流正接	S
E500T – 11	横焊、平焊	无		
E501T – 11	横焊、平焊、向上立焊、仰焊	无		
E500T – 12	横焊、平焊	CO_2	直流反接	M
E500T – 12M	横焊、平焊	75% ~ 80%　Ar + CO_2		
E501T – 12	横焊、平焊、向上立焊、仰焊	CO_2		
E501T – 12M	横焊、平焊、向上立焊、仰焊	75% ~ 80%　Ar + CO_2		
E431T – 13	横焊、平焊、向下立焊、仰焊	无	直流正接	S
E501T – 13	横焊、平焊、向下立焊、仰焊	无		
E501T – 14	横焊、平焊、向下立焊、仰焊	无		

（续）

型号	焊接位置	保护类型① 保护气体成分 （体积分数，%）	电源种类	适用性②
E××0T−G	横焊、平焊	—	—	M
E××1T−G	横焊、平焊、向下立焊或向上立焊、仰焊	—	—	M
E××0T−GS	横焊、平焊	—	—	S
E××1T−GS	横焊、平焊、向下立焊或向上立焊、仰焊	—	—	S

① 对于使用外加保护气的焊丝（E××T−1，E××T−1M，E××T−2，E××T−2M，E××T−5，E××T−5M，E××T−9，E××T−9M 和 E××T−12，E××T−12M），其金属的性能能随保护气类型不同而变化。在未向焊丝制造商咨询前不应使用其他保护气。

② M 为单道和多道焊，S 为单道焊。

③ E501T−5 和 E501T−5M 型焊丝可在直流正接极性下使用以改善不适当位置的焊接性，推荐的极性请咨询制造商。

金属粉型药芯焊丝型号的表示方法为 E××C−X（−H×），字母"E"表示焊丝、字母"C"表示金属粉型药芯焊丝。型号表示中的符号按排列顺序分别说明如下：

1）字母"E"后面的前 2 个符号"××"表示焊丝熔敷金属的最低抗拉强度。

2）短画线"−"后面的符号"×"表示焊丝熔敷金属的化学成分分类代号。

3）熔敷金属扩散氢含量（可选附加代号）以型号中如果出现第二个短画线"−"及字母"H×"时，表示熔敷金属扩散氢含量，"×"为扩散氢含量最大值。

表 5-12 焊丝类别特点的符号说明

型号	焊丝渣系特点	保护类型	电源种类
E×××T1−×	渣系以金红石为主体，熔滴成喷射过渡	气保护	直流反接
E×××T4−×	渣系具有强脱硫作用，熔滴成粗滴过渡	自保护	直流反接
E×××T5−×	氧化钙−氟化物碱性渣系熔滴成粗滴过渡	气保护	直流反接
E×××T7−×	渣系具有强脱硫作用，熔滴成喷射过渡	自保护	直流正接
E×××T×−G	渣系、电弧特性、焊缝成形及极性不作规定		

焊丝型号示例：

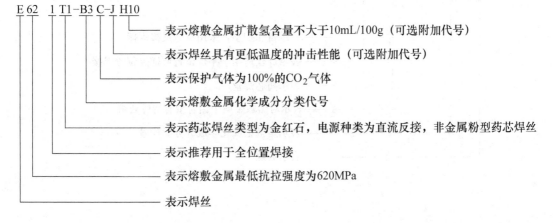

E 62 1 T1−B3 C−J H10

— 表示熔敷金属扩散氢含量不大于 10mL/100g（可选附加代号）

— 表示焊丝具有更低温度的冲击性能（可选附加代号）

— 表示保护气体为 100%的 CO_2 气体

— 表示熔敷金属化学成分分类代号

— 表示药芯焊丝类型为金红石，电源种类为直流反接，非金属粉型药芯焊丝

— 表示推荐用于全位置焊接

— 表示熔敷金属最低抗拉强度为 620MPa

— 表示焊丝

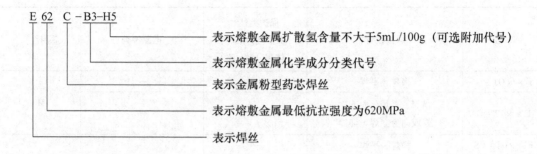

E 62 C－B3–H5

表示熔敷金属扩散氢含量不大于5mL/100g（可选附加代号）

表示熔敷金属化学成分分类代号

表示金属粉型药芯焊丝

表示熔敷金属最低抗拉强度为620MPa

表示焊丝

（三）不锈钢药芯焊丝

不锈钢药芯焊丝的型号按 GB/T 17853—1999《不锈钢药芯焊丝》标准的规定，根据熔敷金属化学成分、焊接位置、保护气体及焊接电流类型划分。型号表示方法为用"E"表示焊丝，"R"表示填充焊丝；后面用三位或四位数字表示焊丝熔敷金属化学成分分类代号；若有特殊要求的化学成分，将其元素符号附加在数字后面，或者用"L"表示含碳量较低、"H"表示含碳量较高、"K"表示焊丝应用于低温环境；最后用"T"表示药芯焊丝，之后用一位数字表示焊接位置，"0"表示焊丝适用于平焊位置或横焊位置焊接，"1"表示焊丝适用于全位置焊接；"－"后面的数字表示保护气体及焊接电流类型（见表5-13）。

表 5-13 保护气体、电源种类及焊接方法

型号	保护气体（体积分数，%）	电源种类	焊接方法
E×××T×－1	CO_2		
E×××T×－3	无（自保护）	直流反接	FCAW
E×××T×－4	75%~80% Ar + CO_2		
R×××T1－5	100% Ar	直流正接	GTAW
E×××T×－G			FCAW
R×××T1－G	不规定	不规定	GTAW

注：FCAW 为药芯焊丝电弧焊，GTAW 为钨极惰性气体保护焊。

焊丝型号示例：

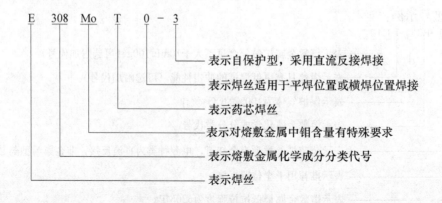

E 308 Mo T 0 － 3

表示自保护型，采用直流反接焊接

表示焊丝适用于平焊位置或横焊位置焊接

表示药芯焊丝

表示对熔敷金属中钼含量有特殊要求

表示熔敷金属化学成分分类代号

表示焊丝

R　347　T　1 － 5

- 5：表示保护气体是100%Ar，采用直流正接焊接
- 1：表示焊丝适用于全位置焊接
- T：表示药芯焊丝
- 347：表示熔敷金属化学成分分类代号
- R：表示填充焊丝

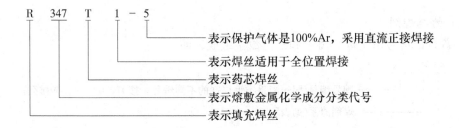

第四节　焊剂的分类、型号及牌号

一、焊剂的分类

焊剂有多种分类方法，如可按用途分为钢用焊剂和有色金属用焊剂；钢用焊剂又可分为碳钢焊剂、合金钢焊剂及高合金钢焊剂。一般常用的分类如图 5-6 所示。

二、焊剂的牌号

（一）熔炼焊剂

熔炼焊剂的牌号由字母“HJ”和三位数字组成，即

HJ　$\times_1$　$\times_2$　$\times_3$

- $\times_3$：牌号编号（相同类型中的不同编号，按 0、1、…、9 排列）
- $\times_2$：焊剂类型（SiO_2 和 CaF_2 含量见表 5-15）
- $\times_1$：焊剂类型（氧化锰含量见表 5-14）
- HJ：埋弧焊及电渣焊用熔炼焊剂

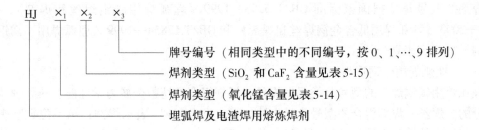

表 5-14　焊剂类型（$\times_1$）

$\times_1$	焊剂类型	w（MnO）（%）
1	无锰	<2
2	低锰	2 ~ 15
3	中锰	15 ~ 30
4	高锰	>30

表 5-15　焊剂类型（$\times_2$）

<table>
<tr><th>×₂</th><th>焊剂类型</th><th>w（SiO2）（%）</th><th>w（CaF2）（%）</th></tr>
<tr><td>1</td><td>低硅低氟</td><td><10</td><td rowspan="3"><10</td></tr>
<tr><td>2</td><td>中硅低氟</td><td>10 ~ 30</td></tr>
<tr><td>3</td><td>高硅低氟</td><td>>30</td></tr>
<tr><td>4</td><td>低硅中氟</td><td><10</td><td rowspan="3">10 ~ 30</td></tr>
<tr><td>5</td><td>中硅中氟</td><td>10 ~ 30</td></tr>
<tr><td>6</td><td>高硅中氟</td><td>>30</td></tr>
<tr><td>7</td><td>低硅高氟</td><td><10</td><td rowspan="2">>30</td></tr>
<tr><td>8</td><td>中硅高氟</td><td>10 ~ 30</td></tr>
<tr><td>9</td><td>其他</td><td>不规定</td><td>不规定</td></tr>
</table>

（二）烧结焊剂

烧结焊剂的牌号由字母"SJ"和三位数字组成，即

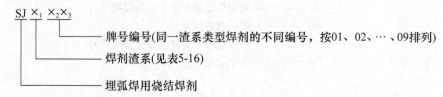

SJ $\times_1$ $\times_2\times_3$

—— 牌号编号(同一渣系类型焊剂的不同编号，按01、02、…、09排列)

—— 焊剂渣系(见表5-16)

—— 埋弧焊用烧结焊剂

表 5-16　焊剂分类及组分渣系（$\times_1$）

$\times_1$	渣系	主要组分（质量分数，%）
1	氟碱型	$CaF_2 \geqslant 15\%$　　$CaO + MgO + MnO + CaF_2 > 50\%$　　$SiO_2 < 20\%$
2	高铝型	$Al_2O_3 \geqslant 20\%$　　$Al_2O_3 + CaO + MgO > 45\%$
3	硅钙型	$CaO + MgO + SiO_2 > 60\%$
4	硅锰型	$MnO + SiO_2 > 50\%$
5	铝钛型	$Al_2O_3 + TiO_2 > 45\%$
6、7	其他型	不规定

三、焊剂的型号

焊剂的型号是依据国家标准 GB/T 5293—1999《埋弧焊用碳钢焊丝和焊剂》、GB/T 12470—2003《埋弧焊用低合金钢焊丝和焊剂》和 GB/T 17854—1999《埋弧焊用不锈钢焊丝和焊剂》的规定来划分的。

（一）埋弧焊用碳钢焊剂

埋弧焊用碳钢焊剂的型号分类根据焊丝 – 焊剂组合的熔敷金属力学性能、热处理状态进行划分的。焊丝 – 焊剂组合的型号表示方法如下：字母"F"表示焊剂；第一位数字表示焊丝 – 焊剂组合的熔敷金属抗拉强度的最小值（见表 5-17），第二位字母表示试件的热处理状态，"A"表示焊态，"P"表示焊后热处理状态；第三位数字表示熔敷金属冲击吸收功不小于 27J 时的最低试验温度（见表 5-18）；短画线"–"后面表示焊丝的牌号，焊丝的牌号按 GB/T 14957—1994《熔化焊钢焊丝》标准。

表 5-17　熔敷金属拉伸性能

焊剂型号	抗拉强度 σ_b/MPa	屈服点 σ_s/MPa	伸长率 δ（%）
F4×× – H×××	415～550	≥330	≥22
F5×× – H×××	480～650	≥400	≥22

表 5-18　熔敷金属 V 形缺口冲击吸收功

焊剂型号	冲击吸收功/J	试验温度/℃
F××0 – H×××		0
F××2 – H×××		−20
F××3 – H×××		−30
F××4 – H×××	≥27	−40
F××5 – H×××		−50
F××6 – H×××		−60

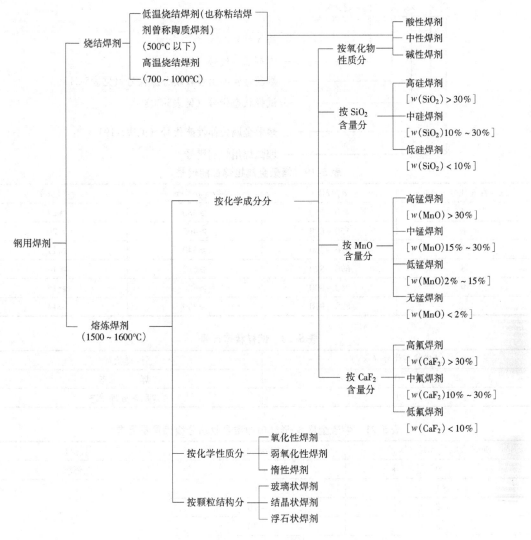

图 5-6 焊剂的分类

焊丝 - 焊剂型号示例：

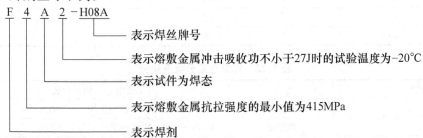

F 4 A 2 - H08A
┃ ┃ ┃ ┃ └── 表示焊丝牌号
┃ ┃ ┃ └────── 表示熔敷金属冲击吸收功不小于27J时的试验温度为-20℃
┃ ┃ └────────── 表示试件为焊态
┃ └────────────── 表示熔敷金属抗拉强度的最小值为415MPa
└────────────────── 表示焊剂

（二）埋弧焊用低合金钢焊剂

埋弧焊用低合金钢焊剂型号是根据埋弧焊焊缝金属的力学性能和焊剂渣系来划分的。焊剂型号表示方法如下：

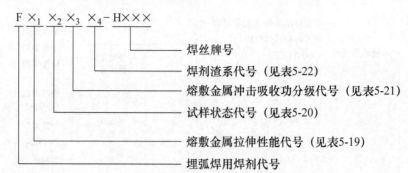

表 5-19　熔敷金属拉伸性能代号

拉伸性能代号（×₁）	σ_b/MPa	$\sigma_{0.2}/MPa$	δ_5（%）
5	480~650	≥380	≥22
6	550~690	≥460	≥20
7	620~760	≥540	≥17
8	690~820	≥610	≥16
9	760~900	≥680	≥15
10	820~970	≥750	≥14

表 5-20　试样状态代号

试样状态代号（×₂）	试样状态
0	焊　态
1	焊后热处理状态

表 5-21　熔敷金属 V 形缺口冲击吸收功分级代号及要求

冲击吸收功代号（×₃）	试验温度/℃	A_{KV}/J
0	–	无要求
1	0	≥27
2	-20	
3	-30	
4	-40	
5	-50	
6	-60	
8	-80	
10	-100	

表 5-22　焊剂渣系分类及组分

渣系代号（×₄）	渣系	主要组分（质量分数，%）
1	氟碱型	$CaO + MgO + MnO + CaF_2 > 50\%$　　$SiO_2 \leqslant 20\%$　　$CaF_2 \geqslant 15\%$
2	高铝型	$Al_2O_3 + CaO + MgO > 45\%$　　$Al_2O_3 \geqslant 20\%$
3	硅钙型	$CaO + MgO + SiO_2 > 60\%$
4	硅锰型	$MnO + SiO_2 > 50\%$
5	铝钛型	$Al_2O_3 + TiO_2 > 45\%$
6	其他型	不作规定

（三）埋弧焊用不锈钢焊丝和焊剂

埋弧焊用不锈钢焊剂型号的分类，是根据焊丝和焊剂组合的熔敷金属化学成分、力学性能进行划分。焊丝－焊剂组合型号表示方法如下：字母"F"表示焊剂；"F"后面的数字表示熔敷金属种类代号，如有特殊要求的化学成分，该化学成分用元素符号表示，放在数字的后面；短画线"－"后面表示焊丝的牌号，焊丝的牌号按 YB/T 5092—2005《焊接用不锈钢丝》标准。

焊丝－焊剂型号示例：

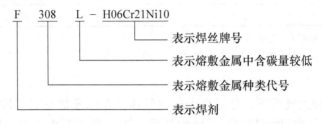

表示焊丝牌号
表示熔敷金属中含碳量较低
表示熔敷金属种类代号
表示焊剂

第五节　焊接用气体和钨极

焊接用气体主要是指气体保护焊中使用的保护性气体，如 CO_2、Ar、He、H_2、O_2、N_2 等，以及焊接用气体，如 $O_2 - C_2H_2$ 焊、H_2 气焊等。高温时不分解，且既不与金属起化学作用，也不溶解于液态金属的单原子气体称之为惰性气体，焊接中常用作保护气体的有氩气、氦气等；高温时能分解出与金属起化学反应或溶解于液态金属的气体称之为活性气体，焊接中常用的有 CO_2 以及含有 CO_2、O_2 的混合气体等。

一、氩气

氩气无色、无味，比空气约重 25%，在空气中的体积分数约为 0.935%（按容积计算），是一种稀有气体。其沸点为 $-186℃$，介于 O_2（$-183℃$）和 N_2（$-196℃$）的沸点之间，是分馏液态空气制取氧气时的副产品。

氩气是一种惰性气体，它既不与金属起化学作用，也不溶解于液态金属中，因此可避免焊缝中合金元素的烧损（合金元素的蒸发损失仍然存在）及此带来的其他焊接缺陷，使焊接冶金反应变得简单和易于控制，为获得高质量的焊缝提供了有利条件。

氩气电导率小，且是单原子气体，高温时不分解吸热，电弧在氩气中燃烧时热量损失少，故在各类气体保护焊中氩气保护焊的电弧较易引燃，电弧稳定而柔和，是电弧稳定性最好的一种气体保护焊。氩气的密度大，在保护时不易飘浮散失，易形成良好的保护罩，保护效果良好。熔化极氩弧焊焊丝金属易于呈稳定的轴向射流过渡，飞溅极小。

高强钢、不锈钢、铝、钛、镍、铜及其合金的焊接和异种金属的焊接时，常选用氩气作为焊接气体。

氩气作为焊接用保护气体，一般要求纯度（体积分数）为 99.9% ~ 99.999%，视被焊金属的性质和焊缝质量要求而定。一般来说，焊接活泼金属时，为防止金属在焊接过程中氧化、氮化，降低焊接接头质量，应选用高纯度氩气。

有关氩气的质量技术要求，根据 GB/T 4842—2006《氩气》的规定，见表 5-23。

表 5-23　氩气的技术要求

项　目		纯氩技术指标	高纯氩技术指标
氩纯度，10^{-2}	≥	99.99	99.999
氢含量，10^{-6}	≤	5	0.5
氧含量，10^{-6}	≤	10	1.5
氮含量，10^{-6}	≤	50	4
甲烷 + 一氧化碳 + 二氧化碳含量，10^{-6}	≤	20	1
水分含量，10^{-6}	≤	15	3

注：1. 液态氩可以不检测水分含量。
　　2. 表中各种气体纯度和含量均指其体积分数（％），下同。

二、氧气

氧在常温状态和大气压下，是无色无味的气体。在标准状态下（即 0℃ 和 101.325kPa 压力下），$1m^3$ 的氧气质量为 1.43kg，比空气重。氧气本身不能燃烧，是一种活泼的助燃气体。

氧气是气焊和气割中不可缺少的助燃气体，氧气的纯度对气焊、气割质量和效率有很大影响。对质量要求高的气焊、气割应采用纯度高的氧气。氧气也常用作惰性气体保护焊时的附加气体，其主要目的是增加保护气体的氧化性，细化熔滴，改变熔滴的过渡形态，克服电弧阴极斑点漂移，增加母材输入热量，提高焊接速度等。

工业用氧气的技术要求，根据 GB/T 3863—2008《工业氧》的规定，列于表 5-24。

表 5-24　工业氧技术要求

项　目		指　标	
氧含量（体积分数），10^{-2}	≥	99.5	99.2
水（H_2O）		无游离水	

注：液态氧不测定游离水。

三、二氧化碳

CO_2 是氧化性保护气体，有固、液、气三种状态。液态 CO_2 是无色液体，其密度随着温度的不同而变化，当温度低于 -11℃ 时比水重，高于 -11℃ 时则比水轻。CO_2 由液态变为气态的沸点很低（-78℃），所以工业用 CO_2 都是液态，常温下可以气化。在 0℃ 和 101.3kPa（1 标准大气压）下，1kg 液态 CO_2 可气化为 509L 气态的 CO_2。使用液态 CO_2 经济、方便。一个容积为 40L 的标准钢瓶即可装入 25kg 的液态 CO_2（按容积的 80% 计算），剩余约 20% 的空间则充满气化了的 CO_2。气瓶压力表所指示的压力值，就是部分气体的饱和压力，此压力的大小与环境温度有关，温度升高，压力增大，见表 5-25。只有当气瓶内液态 CO_2 全部挥发成气体后，瓶内的气压才会随 CO_2 气体的消耗而逐渐下降。

液态 CO_2 中可溶解质量分数为 0.05% 的水，多余的水则成自由状态沉于瓶底。这些水在焊接过程中随 CO_2 一起挥发并混入 CO_2 气体中，一起进入焊接区。因此，水分是 CO_2 气体中最主要的有害杂质，随着 CO_2 气体中水分增加，即露点温度的提高，焊缝金属中含氢量增高、塑性下降，甚至产生气孔等缺陷。焊接用 CO_2 的纯度（体积分数）应大于 99.5%，国外有时还要求纯度大于 99.8%、露点低于 -40℃（水分的质量分数为 0.0066%）。焊接用二氧化碳技术要求见表5-26。

表 5-25　饱和压力 CO_2 气体的性能

温度 t /℃	压力 p / ($\times 10^5$ Pa)	质量比热容 C / [$\times 4.186$KJ/ (kg·K)]		质量比热容 C / [$\times 4.186$KJ/ (kg·K)]	
		液态	气体	液态	气体
-50	6.7	0.867	55.4	75.01	155.57
-40	10.0	0.897	38.2	79.59	156.17
-30	14.2	0.931	27.0	84.19	156.56
-20	19.6	0.971	19.5	88.93	156.72
-10	25.8	1.02	14.2	94.09	156.60
0	34.8	1.08	10.4	100.00	156.13
+10	44.0	1.17	7.52	106.50	154.59
+20	57.2	1.30	5.29	114.00	151.10
+30	71.8	1.63	3.00	125.90	140.95
+40	73.2	2.16	2.16	133.50	133.50

表 5-26　焊接用 CO_2 气体技术要求（HG/T 2537—1993）

项　目	组分含量		
	优等品	一等品	合格品
CO_2（体积分数，%）　　　≥	99.9	99.7	99.5
液态水	不得检出	不得检出	不得检出
油			
水蒸气 + 乙醇（体积分数，%）≤	0.005	0.02	0.05
气味	无异味	无异味	无异味

注：对以非发酵法所得的 CO_2，乙醇含量不作规定。

在生产现场使用的市售 CO_2 气体如含水较高，可采取如下减少水分的措施：

1）将新灌 CO_2 气瓶倒置 2h，开启阀门将沉积在下部的水排出（一般排 2~3 次，每次间隔约 30min），放水结束后仍将气瓶倒正。

2）使用前先放气 2~3min，因为上部气体一般含有较多的空气和水分。

3）在气路中设置高压干燥器和低压干燥器，进一步减少 CO_2 气体中的水分。一般使用硅胶或脱水硫酸铜作干燥剂，可复烘去水后多次重复使用。

4）当 CO_2 气瓶中气压降低到 980MPa 以下时，不再使用。此时液态 CO_2 已挥发完，气体压力随着气体的消耗而降低，水分分压相对增大，挥发量增加（约可增加 3 倍），如继续使用，焊缝金属将会产生气孔。

四、焊接用钨极

钨极是钨极氩弧焊用的不熔化电极。常用的有纯钨、钍钨和铈钨极三种。

（一）钨极的化学成分及牌号

常用钨极的化学成分及牌号见表5-27。

表 5-27　常用钨极的化学成分及牌号

钨极类别	牌号	化学成分（质量分数，%）						
		W	ThO₂	CeO	SiO₂	Fe₂O₃ + Al₂O₃	Mo	CaO
纯钨极	W1	99.92	—	—	0.03	0.03	0.01	0.01
纯钨极	W2	99.85	—	—	—	总质量分数不大于 0.15		
钍钨极	WTh-7	余量	0.7~0.99	—	0.06	0.02	0.01	0.01
钍钨极	WTh-10	余量	1.0~1.49	—	0.06	0.02	0.01	0.01
钍钨极	WTh-15	余量	1.5~2.0	—	0.06	0.02	0.01	0.01
铈钨极	WCe-20	余量	—	1.8~2.2	0.06	0.02	0.01	0.01

（二）钨极的特点

（1）纯钨极　纯钨极熔点和沸点高，不易熔化挥发、烧损，尖端污染少，但电子发射较差，不利于电弧的稳定燃烧。

（2）钍钨极　钍钨极是在纯钨极配料中加入了质量分数为 1.0%～2.0% 的氧化钍的电极，电子发射能力强，可以使用较大的电流密度，电弧燃烧较稳定，但钍元素有一定的放射性，推广应用受到一定影响。

（3）铈钨极　铈钨极是在纯钨极配料中加入质量分数为 1.8%～2.2% 的氧化铈，杂质质量分数≤0.1% 的电极。其优点是，铈钨极的 X 射线剂量及抗氧化性能比钍钨极有较大改善；电子逸出功比钍钨极约低 10%，故易于引弧，电弧稳定性好。此外，铈钨极化学稳定性好，阴极斑点小，压降低，烧损少，允许电流密度大，无放射性，是目前普遍采用的一种钨极。

三种钨极的性能比较，见表 5-28。

表 5-28　钨极性能比较

名称	空载电压	电子逸出功	小电流下断弧间隙	电弧电压	许用电流	放射性剂量	化学稳定性	大电流时烧损	寿命
纯钨	高	高	短	较高	小	无	好	大	短
钍钨	较低	较低	较长	较低	较大	小	好	较小	较长
铈钨	低	低	长	低	大	无	较好	小	长

第六节　焊接材料的采购、验收及管理

一、焊接材料的采购与验收

（一）采购

1. NB/T 47018—2011《承压设备用焊接材料订货技术条件》在技术要求中的规定　规定了承压设备用焊接材料除应分别符合国家有关焊接材料通用标准的规定外，还应符合 NB/T 47018 的规定。

NB/T 47018.1～NB/T 47018.7—2011《承压设备用焊接材料订货技术条件》对锅炉、压力容器等承压设备用焊接材料的采购提出特殊要求如下：

NB/T 47018　第 1 部分：采购通则规定了焊接材料采购基本要求、批量划分、检验范围、供应和复验，适用于焊条、焊带、焊丝、填充丝和焊剂。

还规定了生产商（供应商）的责任，如生产商或经销商应向焊接材料订货单位提供焊接材料质量证明书原件，允许经销商提供复印件，但需加盖经销商检验章和检验人员章，生产商应向焊接材料订货单位提供产品说明书，内容包括产品特点、性能指标、适用范围、保管要求、使用注意事项。

NB/T 47018　第 2～7 部分：分别规定了各种具体焊接材料技术要求、熔敷金属纵向弯曲试验、堆焊金属化学成分、标识等内容。

对承压设备用焊接材料的采购将比以前要求更加严格，对承压设备焊接材料来说，熔敷金属和以前相比主要有下列要求：

1）进一步降低国家标准中规定的硫、磷含量。

2）限制抗拉强度上限。

3）规定了 V 形缺口冲击试验温度和吸收功值。

4）规定了拉伸试样断后合格伸长率。

5）规定了弯曲试验，弯心直径等于 4 倍试件厚度，弯曲角度为 180°。

6）对扩散氢含量要求较低。

所以承压设备用焊接材料的采购、验收除应分别符合 GB 相关焊接材料标准的规定外，还应符合 NB/T 47018 的特殊规定。

2. 非国家标准中的焊接材料　应由工艺部门编制焊接材料采购规程，进行采购。

3. 对焊接材料制造厂家进行评估　应对焊接材料制造厂家的生产能力、技术水平、产品质量和生产业绩进行评审，采取择优定点选购的原则。

（二）验收

1. 焊接材料的验收　应按照相应的标准中规定的内容、数量和方法进行抽检。

2. 焊接材料制造厂必须提供质量保证书　焊接材料必须有制造厂提供质量保证书。检查部门应检查包装和标识是否完好，质量保证书提供的化学成分和力学性能是否符合有关规定的要求。

锅炉、压力容器等承压设备用焊接材料验收时，注意识别焊接材料包装上是否有 NB/T 47018 的标记；质量证明文件是否有材料制造标准和符合 NB/T 47018 的字样。

3. 对焊接材料进行入厂检验　按有关规定需要对焊接材料入厂检验时，应按批号抽样检验。焊接材料检验不合格，应双倍取样复验。双倍复验不合格，应由工艺部门提出处理意见。

4. 验收合格的焊接材料　焊接材料经验收合格后，方可办理入库手续。

二、焊接材料的保管

验收合格的焊条、焊丝、焊剂应按牌号、规格、批号分别储存在温度为 5℃ 以上，相对湿度不超过 60% 的库房中，不允许露天存放或放置在有害和腐蚀性介质的室内。焊条堆放时必须垫高 300mm，与墙壁距离 300mm 并留出出入通道，焊丝存放场地应保持干燥，焊接材料堆放整齐并挂铭牌。每包焊条、每袋焊剂、每捆（盘）焊丝必须标记清晰。待入库和验收不合格的焊接材料应单独存放并有明显标志。

库存焊接材料应建立管理台账，发放时做好相应记录，以便于产品质量跟踪。

保管人员应熟悉各类焊接材料的一般知识，按有关规定认真保管定期察看，发现有受潮、污损、错存、超期等焊条应及时处理。

超期焊接材料的管理

1. 库存期超过规定期限的焊条、焊剂及药芯焊丝的管理　超期焊接材料需经检验合格后方可发放使用。检验原则上以考核焊接材料是否产生可能影响焊接质量的缺陷为主，一般仅限外观及工艺性能试验，但对焊接材料的使用性能有怀疑时，可增加必要的试验项目。

2. 规定期限自生产日期始可按下述方法确定：

1）焊接材料质量证明书或说明书推荐的期限。

2）酸性焊接材料及防潮包装密封良好的低氢型焊接材料为两年。

3）石墨型焊接材料及其他焊接材料为一年。

3. 检验合格的超期焊接材料　对超期焊接材料经检验合格，对此次检验的有效期为一年，超出有效期，若此批焊接材料仍未使用（或未用完），在发放前仍须再次检验。保管及发放记录中，应注明焊接材料的生产日期及重新做各种性能检验的日期，应在堆放的铭牌上注明"超期"字样。

三、焊接材料的烘干

（一）烘干规范

焊接材料制造厂家出厂时的焊条、焊剂都已经过烘干，并用防潮材料（如塑料袋、纸盒等）加以包装，在一定程度上可防止焊条、焊剂吸潮。但实践证明，焊接材料在保管过程中总是要吸潮的，吸潮的程度通常与储存环境的温度、湿度、时间及焊条药皮类型、粘结剂的含量、质量、焊条和焊剂制造工艺过程和包装质量等有关。

锅炉、压力容器用焊条和焊剂在使用前应进行烘干，常用焊条和焊剂的烘干规范见表5-29。低氢型焊条烘干后，在常温下放置 4h 以上，再使用时则必须重新烘干。

表 5-29　常用焊条、焊剂烘干规范[①]

类别	型号	烘干温度/℃	保温时间/h
非合金钢和细晶粒钢焊条	E4303	150 + 20	1
	E5001		
	E5015	350 + 20	1
	E5515 - G		
	E6015 - D1		
	E7015 - D2		
热强钢焊条	E5515 - B2	350 + 20	1
	E5515 - B2V		
	E5515 - B3 - VWB		
	E6015 - B3		
不锈钢焊条	E347 - 16	150 + 20	1
	E309Mo - 16		
	E310 - 15	250 + 20	1

（续）

类别	型号	烘干温度/℃	保温时间/h
堆焊焊条	EDCrNi – A – 15	300 + 20	1
	EDCrNi – B – 15		
熔炼焊剂	F4A0 – H08A	250 + 20	2
	F4A2 – H10Mn2	350 + 20	2
	—		
烧结焊剂	F4A4 – H08MnA	300 ~ 350	2
	F5A4 – H10Mn2		
	F4A0 – H08A		

① 焊接材料在烘干前必须查看制造厂说明书，若在说明书中焊接材料制造厂推荐了烘干规范，应按说明书中推荐的烘干规范进行烘干。

（二）焊条烘干时注意事项

1）烘干焊条时，禁止将焊条突然放进高温炉中或突然取出冷却，防止焊条骤冷骤热而产生药皮开裂现象。

2）每个烘干箱一次只能装入一种牌号的焊接材料，在烘干条件完全相同、不同牌号焊接材料之间实行分隔，且有明显标记的条件下，可将不同牌号的焊接材料装入同一烘干箱中；烘干焊条时，焊条至多只能堆放重叠三层，避免焊条烘干时受热不均和潮气不易排除。

3）烘干的焊条应在温度降至 100 ~ 150℃ 时，从烘干箱内移入保温箱内存放，保温箱内的温度应控制在 100 ~ 150℃ 范围内。

4）焊条、焊剂烘干时应作记录。

5）焊条烘干箱内严禁烘其他物品。

四、焊接材料的发放与回收

（一）焊接材料的发放

1）焊工应持领用卡领取焊接材料，领用卡上应注明产品令号、焊接材料型号（牌号）、规格和数量。发放人应在领用卡上签字、盖章，并根据领用卡做好焊接材料的发放记录。

2）焊工领用焊条应持干燥的焊条筒或手提的保温筒。低氢型焊条一次发放数量不能超过有关规定。

3）每个焊工不能同时发放两种型号（牌号）的焊接材料。

（二）焊接材料的回收

1）生产中应保证焊接材料的标识完整和清晰，以利于焊接材料的回收。当天没有用完的焊条以及焊条头应回收，并在回收单上登记，回收的焊条必须重新烘干后方能使用。

2）对于烘干温度超过 350℃ 的焊条，累计的烘干次数不得超过三次。

3）对于能够回用的旧焊剂，经筛选清除渣壳、碎粉和其他杂物后，可与同批号的新焊剂混合使用，但旧焊剂的比例（质量分数）应在 50% 以下。回用焊剂应按规定烘干后再使用，焊剂回用一般不得超过三次。

第七节 国内外焊接材料简介

近年来，焊接材料的开发、研制速度很快，不断涌现出许多新的产品。随着我国对外经济合作与交流的发展，尤其是加入 WTO，进一步增加了选用国外焊接材料的机会，并且在压力容器、化工设备、核电工业、船舶、桥梁等领域得到应用。本节就国内外常用焊条、焊丝型号进行了对照，分别见表 5-30 ~ 表 5-38，仅供读者参考。需要说明的是，由于在同一型号中可能出现多个牌号，它们在主要成分或力学性能相同或相似的情况下，其焊接工艺性能或其他方面，如成分、韧性等可以具有不同的特点。因此，这些牌号不可能完全等同，只能是相当。

表 5-30 常用国内外焊条型号对照

中国	美国	日本	德国	英国	国际标准
GB	AWS	JIS	DIN	BS	ISO
E4313	E6013	D4313	E 43 32 R 3	E 43 32 R 15	E 43 3 R 15
E4303	—	D4303			
E4301	—	D4301			
E4311	E6011	D4311	E 43 43 C 4	F 43 43 C 16	E43 4 C 16
E4310	E6010				
E4316	—	D4316	E 43 43 B 10	E 43 43 B 14（H）	E 43 4 B14（H）
E4315	—	—		E 43 43 B 10（H）	E 43 4 B10（H）
E5024	E7024	—	E 51 42 RR 11 160	E 51 42 RR 150 35	E 51 4 RR 150 35
				E 51 54 AR 180 35	E 51 5 AR 180 35
E5003	—	D5003			
E5016	E7016	D5016	E 51 43 B 10	E 51 43 B14（H）	E 51 4 B14（H）
		D5316	E 51 55 B 10	E 51 54 B14（H）	E 51 5 B14（H）
E5015	E7015	—	E 51 44 B 10	E 51 44 B10（H）	E 51 4 B10（H）
E5018	E7018	D5026	E 51 55 B 10 120	E 51 54 B 120 16（H）	E 51 5 B 120 16（H）
E5028	E7028	D5026	E 51 33 B 12 160	E 51 33 B 160 36（H）	E 51 3 B 160 36（H）
E5516 – G	E8016 – G	D5316	E Y 50 66 1 Ni Mo BH 5	—	—
E5515 – G	E8015 – G	D5816			
E6016 – D1	E9016 – D1	D5816	EY 55 54 B×× H 5		
E6015 – D1	E9015 – D1	D6216			
E7015 – D2	E10015 – D2	D7016	EY 62 42 B×× H 5		
		D7018			
E7515 – G	E11015 – G	—	EY 69 42 B×× H 5		
E8515 – G	E12015 – G	—	EY 79 53 B×× H 5		
E5015 – A1	E7015 – A1	DT1216	E Mo B 10+	EMo B	E Mo B 20
E5515 – B1	E8016 – B1	—			E 05 Cr Mo B 20
E5515 – B2	E8016 – B2	DT2315	E Cr Mo 1 B 10+	E1 Cr Mo B	E 1 Cr Mo B 20
E5515 – B2 – V	—	—	—	—	E 1 Cr Mo V B 20

（续）

中国	美国	日本	德国	英国	国际标准
GB	AWS	JIS	DIN	BS	ISO
E6015 – B3	E9015 – B3	DT2415	E Cr Mo 2 B 10⁺	E 2 Cr Mo B	E 2 Cr Mo B 20
E 5MoV – 15	E8015 – B6	DT2516	E Cr Mo 5 B 10⁺	E 5 Cr Mo B	E 5 Cr Mo B 20
E 9Mo – 15	E8015 – B8	DT2616	E Cr Mo 9 B 10⁺	E 9 Cr Mo B	E 9 Cr Mo B 20
E410 – 16	E410 – 16	D410		—	E 13 R
E410 – 15	E410 – 15	D410	E 13 B 20⁺		E 13 B
E430 – 16	E430 – 16	D430		—	E 17 R
E430 – 15	E430 – 15		E 17 B 20⁺		
E308L – 16	E308L – 16	D308L	E 19 9 L R	19.9LR	E 19. 9. LR
E316L – 16	E316L – 16	D316L	E 19 12 3 L R	19. 12. 3 LR	E19. 12 .3 LR
E309L – 16	E309L – 16	D309L	E 23 12 L R	23. 12 LR	E23. 12 LR
E308 – 16	E308 – 16	D308	E 19 9 R	19.9R	E 19. 9 R
E347 – 16	E347 – 16	D347	E 19 9 Nb R	19. 9NbR	E 19. 9 Nb R
E316 – 16	E316 – 16	D316	E 19 12 3 R	19. 12. 3R	E 19. 12. 3 R
E317 – 16	E317 – 16	D317	E 19 13 4 R	19. 13. 4R	E 19. 13. 4 R
E309 – 16	E309 – 16	D309	E 23 12 R	23. 12R	E 23. 12 R
E309Mo – 16	E309Mo – 16	D309Mo	E 23 12 2 R	23. 12. 2R	E 23. 12. 2 R
E310 – 16	E310 – 16	D310	—	25. 20R	E 25.20R
E310Mo – 16	E310Mo – 16	D310Mo	—	—	E 25. 20. 2R

表5-31 常用国内外焊条标准号及名称对照

中国标准		外国标准	
标准号	标准名称	标准号	标准名称
GB/T 5117—2012	非合金钢和细晶粒钢焊条	AWS A5.1	焊条电弧焊用碳钢焊条
		JIS Z3211	碳钢、高强钢和低温钢焊条
		DIN1913	非合金钢和低合金钢焊条
		BS 639	碳钢及碳锰钢焊条
		ISO 2560	非合金钢和细晶粒钢焊条
		NF A81—309	非合金钢和细晶粒钢焊条
		JIS Z3214	耐候钢焊条
		JIS Z3241	低温钢用焊条
		NF A81—340	低合金高强度钢焊条
GB/T 5118—2012	热强钢焊条	AWS A5.5	焊条电弧焊用低合金钢焊条
		JIS Z3212	高强度钢焊条
		JIS Z3223	钼钢和铬钼钢焊条
		DIN 8529	高强度结构钢焊条
		DIN 8575	热强钢电弧焊用填充材料
		BS 2493	钼和铬钼低合金钢焊条
		ISO 3580	抗蠕变钢焊条
		NF A81—345	耐热钢焊条

（续）

中国标准		外国标准	
标准号	标准名称	标准号	标准名称
GB/T 983—2012	不锈钢焊条	AWS A5.4	焊条电弧焊用不锈钢焊条
		JIS Z3221	不锈钢焊条
		DIN 8556	不锈钢和耐热钢用焊接填充材料
		BS 2926	铬镍奥氏体钢焊条
		ISO 3581	不锈钢及耐热钢焊条
		NF A81-343	不锈钢及耐热钢焊条
GB/T 13814—2008	镍及镍合金焊条	AWS A5.11	焊条电弧焊用镍和镍基合金焊条
		JIS Z3224	镍和镍合金焊条
		DIN 1736	镍及镍基合金焊接填充材料

表 5-32　常用低碳钢及低合金钢 TIG 焊接用焊丝型号对照

GB/T 8110—2008	AWS A5.18 AWS A5.28	JIS Z3316	DIN 8575	BS 2901
ER50-3	ER70S-3	YGT50	SG1	A15
ER50-4	ER70S-4	YGT50	SG2	A18
ER50-6	ER70S-6	YGT50	SG2	A18
	ER80S-G	YGT60	—	—
	ER90S-G	YGT62	—	—
ER69-1	ER100S-1	YGT70	—	—
ER76-1	ER110S-1	YGT80	—	—
ER55-D2	ER70S-A1	YGTM	SGMo	A30、A31
ER55-B2	ER80S-B2	YGT1CM	SG CrMo1	A32
ER55-B2L	ER80S-B2L	YGT1CML	—	—
ER62-B3	ER90S-B3	YGT2CM	SG CrMo2	A33
ER62-B3L	ER90S-B3L	YGT2CML	—	—
		YGT3CM	—	—
		YGT5CM	SG CrMo5	A34

表 5-33　常用钼及铬钼钢 MAG 焊接用焊丝型号对照

实芯焊丝					药芯焊丝		
GB/T 8110—2008	AWS A5.28	JIS Z3317	DIN 8575	BS 2901	GB/T17493	AWS A5.29	JIS Z3318
ER55-D2	ER80S-D2	YGM-C	—	A31	—	—	YFM-C
—		YGM-A	SGMo	A30	—	—	—
—		YGM-G	—	—	—	—	YFM-G

（续）

实芯焊丝					药芯焊丝		
GB/T 8110—2008	AWS A5.28	JIS Z3317	DIN 8575	BS 2901	GB/T17493	AWS A5.29	JIS Z3318
—	—	YGCM – C	—	—	—	—	YFCM – C
—	—	YGCM – A					
—	—	YGCM – G	—	—	—	—	YFCM – G
ER55 – B2L	ER70S – B2L E70C – B2L	YG1CM – C	—	—	E550T5 – B2L	E80T5 – B2L	YF1CM – C
ER55 – B2	ER80S – B2 E80C – B2		—	—	—	—	
ER55 – B2L	ER70S – B2L E70C – B2L	YG1CM – A	—	—	—	—	—
ER55 – B2	ER80S – B2 E80C – B2		SGCrMo1	A32	—	—	—
—	—	YG1CM – G	—	—	—	—	YF1CM – G
ER62 – B3L	ER80S – B3L E80C – B3L	YG2CM – C	—	—	E600T1 – B3 E601T1 – B3 E600T5 – B3 E700T1 – B3	E90T1 – B3 E91T1 – B3 E90T5 – B3 E100T1 – B3	YF2CM – C
ER62 – B3	ER90S – B3 E90C – B3						
ER62 – B3L	ER80S – B3L E80C – B3L	YG2CM – A	—	—	—	—	—
ER62 – B3	ER90S – B3 E90C – B3		SGCrMo2	A33	—	—	—
—	—	YG2CM – G	—	—	—	—	YF2CM – G
—	—	YG3CM – C	—	—	—	—	—
—	—	YG3CM – A	—	—	—	—	—
—	—	YG3CM – G	—	—	—	—	—
—	ER502	YG5CM – C	—	—	—	E8 × T5 – B6	—
—	ER80S – B6	YG5CM – A	SGCrMo5	A34	—	E8 × T5 – B6L	—

表 5-34　常用不锈钢焊丝型号对照

实芯焊丝					药芯焊丝		
YB/T 5092—2005	AWS A5.9	JIS Z3321	DIN 8556	BS 2901	GB/T 17853	AWS A5.22	JIS Z3323
	ER307	—	X15CrNiMn 18 8	307 S 94 307 S 98	E307T	E307T	—

（续）

实芯焊丝					药芯焊丝		
YB/T 5092—2005	AWS A5.9	JIS Z3321	DIN 8556	BS 2901	GB/T 17853	AWS A5.22	JIS Z3323
H0Cr21Ni10	ER308①	Y308①	X5CrNi 19 9	308 S 96	E308T	E308T	YF308
H00Cr21Ni10	ER308L	Y308L①	X2CrNi 19 9	308 S 92	E308LT	E308LT	YF308L
	ER308LSi	—	—	308 S 93	—	—	—
	ER308Mo	—	X5CrNiMo 19 11	—	E308MoT	E308MoT	—
	ER308MoL	—	X2CrNiMo 19 12	—	E308LMoT	E308MoLT	—
H1Cr24Ni13	ER309①	Y309①	X12CrNi 22 12	309 S 94	E309T E309LNbT	E309T E309LCbT	YF309
	ER309L①	Y309L	X2CrNi 24 12	309 S 92 309 S 93	E309LT	E309LT	YF309L
H1Cr24Ni13Mo2	ER309Mo	Y309Mo	—	309 S 95	E309MoT	E309MoT	YF309Mo
H1Cr26Ni21	ER310	Y310	X12CrNi 25 20	310 S 94	E310T	E310T	—
H0Cr26Ni21	—	Y310S	—	—	—	—	—
	ER312	Y312	—	312 S 94	E312T	E312T	—
	ER16 - 8 - 2	Y16 - 8 - 2	—	—	—	—	—
H0Cr19Ni12Mo2	ER316①	Y316①	X5CrNiMo 19 11	316 S 96	E316T	E316T	YF316
H00Cr19Ni12Mo2	ER316L	Y316L①	X2CrNiMo 19 12	316 S 92	E316LT	E316LT	YF316L
	ER316LSi	—	—	316 S 93	—	—	—
H00Cr19Ni12Mo2Cu2	—	Y316JIL	—	—	—	—	YF316JIL
H0Cr19Ni14Mo3	ER317	Y317	—	317 S 96	—	—	—
	ER317L	Y317L	—	317 S 92	E317LT	E317LT	YF317L
	ER318	—	X5CrNiMoNb 19 12	318 S 96 318 S 97	—	—	—
H0Cr20Ni10Ti	ER321	Y321	—	—	—	—	—
	ER330	—	X12NiCr 36 18	—	—	—	—
H0Cr20Ni10Nb	ER347①	Y347①	X5CrNiNb 19 9	347 S 96 347 S 97	E347T	E347T	YF347
	ER409	—	—	—	E409T	E409T	—
H1Cr13	ER410	Y410	X8Cr 14	410 S 94	E410T	E410T	YF410
H1Cr17	ER430	Y430	—	430 S 94	E430T	E430T	YF430
	ER502	—	—	—	E502T	E502T	—
	ER505	—	—	—	E505T	E505T	—
H0Cr17Ni4Cu4Nb	ER630	—	—	—	—	—	—

① 当 w（Si）为 0.65% ~1.0% 时属高 Si 型，型号为 ××××Si。

表 5-35　常用镍及镍合金焊丝型号对照

GB/T 15620—2008	AWS A5.14	JIS Z3334	DIN 1736	BS 2901
ERNi – 1	ERNi – 1	YNi – 1	SG – NiTi4	N A 32
ERNiCu – 7	ERNiCu – 7	YNiCu – 7	SG – NiCu30MnTi	N A 33
ERNiCr – 3	ERNiCr – 3	YNiCr – 3	SG – NiCr20Nb	N A 35
ERNiCrFe – 5	ERNiCrFe – 5	YNiCrFe – 5	—	—
ERNiCrFe – 6	ERNiCrFe – 6	YNiCrFe – 6	—	NA 39
ERNiFeCr – 1	ERNiFeCr – 1	ERNiFeCr – 1	—	NA 41
ERNiFeCr – 2	ERNiFeCr – 2	—	—	—
ERNiMo – 1	ERNiMo – 1	YNiMo – 1	—	—
ERNiMo – 2	ERNiMo – 2	—	—	—
ERNiMo – 3	ERNiMo – 3	YNiMo – 3	—	—
ERNiMo – 7	ERNiMo – 7	YNiMo – 7	SG – NiMo27	NA 44
ERNiCrMo – 1	ERNiCrMo – 1	YNiCrMo – 1	—	—
ERNiCrMo – 2	ERNiCrMo – 2	YNiCrMo – 2	—	NA 40
ERNiCrMo – 3	ERNiCrMo – 3	YNiCrMo – 3	SG – NiCr21Mo9Nb	NA 43
ERNiCrMo – 4	ERNiCrMo – 4	YNiCrMo – 4	SG – NiMo16Cr16W	NA 48
ERNiCrMo – 7	ERNiCrMo – 7	—	SG – NiMo16Cr16Ti	NA 45
ERNiCrMo – 8	ERNiCrMo – 8	YNiCrMo – 8	—	—
ERNiCrMo – 9	ERNiCrMo – 9	—	—	—

表 5-36　常用碳钢及低合金钢埋弧焊丝型号对照

GB/T 14957—1994	AWS A5.17 AWS A5.23	JIS Z3351	DIN 8557	BS4165	NF A81—316
H08A	EL12	YS – S1	S1	S1	SA1
H15Mn	EM12	YS – S3	S2	S2	SA2
H08MnA	EM12	YS – S2	S2	S2	SA2
H10Mn2	EH14	YS – S4	S4	S4	SA4
H08MnMoA	EA2	YS – M3	S2Mo	S2Mo	SA2 Mo
H08Mn2MoA	EA3	YS – M4	S4Mo	S4Mo	SA4 Mo
H10MoCrA	EB1	YS – CM1	—	—	—
H13CrMoA	EB2	YS – CM2	UPS2CrMo1	—	—
H08CrNi2MoA	—	—	—	S2 – NiCrMo	—

表 5-37　常用不锈钢埋弧焊焊丝型号对照

YB/T 5092—2005	AWS A5.9	JIS Z3321	DIN 8556 –	BS5465	NF A81 – 318
	ER307	—	X15CrNiMn 18 8	—	—
H0Cr21Ni10	ER308	YS308	X5CrNi 19 9	308 S 96	S A 19.9
H00Cr21Ni10	ER308L	YS308L	X2CrNi 19 9	308 S 92	S A 19.9L
	ER308Mo	—	X5CrNiMo 19 11	—	—
	ER308MoL	—	X2CrNiMo 19 12	—	—

（续）

YB/T 5092—2005	AWS A5.9	JIS Z3321	DIN 8556 –	BS5465	NF A81 –318
H1Cr24Ni13	ER309	YS309	X12CrNi 22 12	309 S 94	S A 23.12
	ER309L	YS309L	X2CrNi 24 12	309 S 92	S A 23.12L
H1Cr24Ni13Mo2	ER309 Mo	YS309 Mo	—		
H1Cr26Ni21	ER310	YS310	X12CrNi 25 20	310 S 94	S A25.20
	ER312	YS312		312 S 94	
	ER16 – 8 – 2	YS16 – 8 – 2	—	—	—
H0Cr19Ni12Mo2	ER316	YS316	X5CrNiMo 19 11	316 S 96	S A19.12.2
H00Cr19Ni12Mo2	ER316L	YS316L	X2CrNiMo 19 12	316 S 92	S A19.12.2L
H00Cr19Ni12Mo2Cu2	—	YS316JIL	—	—	—
H0Cr19Ni14Mo3	ER317	YS317			
	ER317L	YS317L		317 S 92	
	ER318	—	X5CrNiMoNb 19 12	318 S 96	S A19.12.2Nb
	ER330		X12NiCr36 18		
H0Cr20Ni10Nb	ER347	YS347	X5CrNiNb 19 9	347 S 96	S A19.9Nb
	—	YS347L	—	—	S A19.10.2L
H1Cr13	ER410	YS410	X8Cr14	—	S A13
	ER410NiMo	—	X3CrNi13 4	—	—
H1Cr17	ER430	YS430			
	ER16 – 8 – 2	—		17.8.2	S A16.8.2

表 5-38　常用国内外焊丝焊剂标准号及名称对照

中国标准		外国标准	
标准号	标准名称	标准号	标准名称
		AWS A5.18	气体保护焊用碳钢焊丝和填充丝
		AWS A5.28	气体保护焊用低合金钢焊丝和填充丝
		JIS Z3312	碳钢、高强钢及低温钢用气保焊实芯焊丝
GB/T 14957—1994	熔化焊用钢丝	JIS Z3316	碳钢及低合金钢 TIG 焊用实芯焊丝和填充丝
GB/T 14958—1994	气体保护焊用钢丝	JIS Z3317	钼及铬钼钢 MAG 焊用实芯焊丝
		JIS Z3325	低温钢 MAG 焊用实芯焊丝
GB/T 8110—2008	气体保护电弧焊用碳钢、低合金钢焊丝	DIN 8559	气体保护焊用填充材料
		DIN 8575	热强钢电弧焊用填充材料
		BS 2901 – 1	气保焊用填充丝及焊丝（铁素体钢）
		NF A81 – 311	碳钢及细晶粒钢用气保焊丝
		ISO 864	碳钢及碳锰钢用实芯焊丝和药芯焊丝
		NF A81 – 317	耐热钢气体保护焊用焊丝和填充丝

（续）

中国标准		外国标准	
标准号	标准名称	标准号	标准名称
GB/T 10045—2001 GB/T 17493—2008	碳钢药芯焊丝 低合金钢药芯焊丝	AWS A5.20 AWS A5.29 JIS Z3313 JIS Z3318 JIS Z3319 JIS Z3320 DIN 8559 – 101 BS 7084	弧焊用碳钢药芯焊丝 弧焊用低合金钢药芯焊丝 低碳钢、高强度钢及低温钢用药芯焊丝 钼及铬钼钢 MAG 焊用药芯焊丝 气电立焊用药芯焊丝 耐候钢 CO_2 焊用药芯焊丝 气保焊及自保护用药芯焊丝的分类 碳钢及碳锰钢用药芯焊丝
YB/T 5092—2005	焊接用不锈钢丝	AWS A5.9 JIS Z3321 DIN 8556 BS 2901 – 2 NF A81 – 313	不锈钢焊丝和填充丝 焊接用不锈钢焊丝和填充丝 不锈钢和耐热钢用焊接填充材料 不锈钢气保焊用焊丝和填充丝 不锈钢及耐热钢气保焊用焊丝和填充丝
GB/T 17853—1999	不锈钢药芯焊丝	AWS A5.22 JIS Z3323 DIN 8556	弧焊用不锈钢药芯焊丝和钨极气体保护焊接用不锈钢药芯填充丝 不锈钢药芯焊丝 不锈钢和耐热钢用焊接填充材料
GB/T 12470—2003 GB/T 5293—1999	埋弧焊用低合金钢焊丝和焊剂 埋弧焊用碳钢焊丝和焊剂	AWS A5.17 AWS A5.23 JIS Z3351 JIS Z3352 DIN 8557 DIN 32522 BS 4165 NF A81 – 316 NF A81 – 319 NF A81 – 322 NF A81 – 323	埋弧焊用碳钢焊丝和焊剂 埋弧焊用低合金钢焊丝和焊剂 碳钢和低合金钢埋弧焊焊丝 埋弧焊焊剂 碳钢和低合金钢埋弧焊焊丝 抗磨及硬面堆焊用焊剂 碳钢和碳锰钢埋弧焊用焊丝和焊剂 非合金钢和细晶粒钢埋弧焊用实芯焊丝 埋弧焊及电渣焊用焊剂 高强钢埋弧焊用焊丝及焊丝 – 焊剂组合 耐热钢用焊丝 – 焊剂组合
GB/T 17854—1999	埋弧焊用不锈钢焊丝和焊剂	JIS Z3324 DIN 8556 BS 5465 NF A81 – 318 NF A81 – 324	不锈钢埋弧焊接用实芯焊丝和焊剂 不锈钢和耐热钢用焊接填充材料 不锈钢埋弧焊接用焊丝和焊剂 不锈钢埋弧焊接用实芯焊丝 不锈钢埋弧焊焊丝 – 焊剂组合
GB/T 15620—2008	镍及镍合金焊丝	AWS A5.14 JIS Z3334 DIN 1736 BS 2901 – 5	镍和镍合金焊丝和填充丝 镍和镍合金焊丝和填充丝 镍和镍基合金焊接填充材料 镍及镍合金焊丝

注：表中列出的国外标准符号意义说明如下：

AWS——American Welding Society 美国焊接学会，下同。

JIS——Japan Industrial Standards，日本工业标准，下同。

DIN——Deutsches Institut fü，德国标准委员会，下同。

BS——British Standards，英国国家标准，下同。

ISO——International Organization for Standardization，国际标准化组织，下同。

NF——Norme Francaise，法国国家标准，下同。

第六章　锅炉压力容器常用钢材的焊接

第一节　锅炉压力容器常用碳素结构钢的焊接

一、锅炉压力容器常用碳素结构钢

锅炉、压力容器受压部件所采用的碳素结构钢（又称非合金钢）一般为碳的质量分数 $w(C)$ 不大于 0.3% 的低碳钢。按《固定式压力容器安全技术监察规程》第 2.3 条规定："用于焊接的碳素钢和低合金钢，其 $w(C)$ 不应大于 0.25%"。对于锅炉受压部件来说考虑到产品高温的热强性，美国《ASME 锅炉及压力容器规范》中规定了碳素结构钢的 $w(C)$ 一般不大于 0.35%。

低碳钢在锅炉、压力容器的受压部件中应用极为广泛，例如，锅炉省煤器和水冷壁等部件大部分采用 20G 高压无缝钢管，在锅炉钢结构、承载结构件以及一、二类压力容器中，Q235、20G、Q245R 等优质碳素钢板（管）的应用量占钢材总耗量的 3/4。

国内外锅炉、压力容器常用碳素结构钢的化学成分参见表 6-1，其力学性能参见表 6-2。

表 6-1　国内外锅炉、压力容器常用碳素结构钢主要化学成分

钢材牌号		标准号	化学成分（质量分数,%）								P	S
			C	Si	Mn	Cr	Ni	Cu (Nb)	V	Mo	不大于	
Q195			≤0.12	≤0.30	≤0.50						0.035	0.040
Q215	A		≤0.15	≤0.35	≤1.20						0.045	0.050
	B		≤0.15	≤0.35	≤1.20						0.045	0.045
Q235	A	GB/T 700—2006	≤0.22	≤0.35	≤1.40						0.045	0.050
	B		≤0.20	≤0.35	≤1.40						0.045	0.045
	C		≤0.17	≤0.35	≤1.40						0.040	0.040
	D		≤0.17	≤0.35	≤1.40						0.035	0.035

（续）

钢材牌号	标准号		化学成分（质量分数,%）									
			C	Si	Mn	Cr	Ni	Cu（Nb）	V	Mo	P	S
											不大于	
10	GB/T 699—1999		0.07 ~ 0.13	0.17 ~ 0.37	0.35 ~ 0.65	≤0.15	≤0.30	≤0.25			0.035	0.035
15			0.12 ~ 0.18	0.17 ~ 0.37	0.35 ~ 0.65	≤0.25	≤0.30	≤0.25			0.035	0.035
20			0.17 ~ 0.23	0.17 ~ 0.37	0.35 ~ 0.65	≤0.25	≤0.30	≤0.25			0.035	0.035
25			0.22 ~ 0.29	0.17 ~ 0.37	0.50 ~ 0.80	≤0.25	≤0.30	≤0.25			0.035	0.035
35			0.32 ~ 0.39	0.17 ~ 0.37	0.50 ~ 0.80	≤0.25	≤0.30	≤0.25			0.035	0.035
20G	GB 5310—2008		0.17 ~ 0.23	0.17 ~ 0.37	0.35 ~ 0.65						0.025	0.015
Q245R	GB 713—2008		≤0.20	≤0.35	0.50 ~ 1.00						0.025	0.015
HP235[①]	GB 6653—2008		≤0.16	≤0.10	≤0.80						0.025	0.015
HP265[①]			≤0.18	≤0.10	≤0.80						0.025	0.015
S 245 PSL2	GB/T 14164—2005		≤0.22	≤0.35	≤1.20						0.025	0.015
SA – 105	ASME		≤0.35	0.10 ~ 0.35	0.60 ~ 1.05	≤0.30	≤0.40	≤0.40	≤0.08	≤0.12	0.035	0.040
SA – 106		A	≤0.25	≥0.10	0.27 ~ 0.93	≤0.40	≤0.40	≤0.40	≤0.08	≤0.15	0.035	0.035
		B	≤0.30	≥0.10	0.29 ~ 1.06	≤0.40	≤0.40	≤0.40	≤0.08	≤0.15	0.035	0.035
		C	≤0.35	≥0.10	0.29 ~ 1.06	≤0.40	≤0.40	≤0.40	≤0.08	≤0.15	0.035	0.035
SA – 178GrC			≤0.35	—	≤0.80						0.035	0.035
SA – 192			0.06 ~ 0.18	≤0.25	0.27 ~ 0.63						0.035	0.035
SA – 210		A – 1	≤0.27	≥0.10	≤0.93						0.035	0.035
		C	≤0.35	≥0.10	0.29 ~ 1.06						0.035	0.035
SA – 285GrC			≤0.28	—	≤0.98						0.035	0.035
SA – 556GrC2			≤0.30	≥0.10	0.29 ~ 1.06						0.035	0.035

① $w(Al_s) \geqslant 0.015\%$

表 6-2 国内外锅炉、压力容器常用碳素结构钢的力学性能

牌 号	标准号		钢板厚度 δ /mm 或直径 φ/mm	力学性能			
				σ_b/MPa	σ_s/MPa	冲击试验	
						试验温度/℃	冲击吸收功 (A_{KU2}/A_{KV})（纵向）/J
Q195			φ≤16	315～430	≥195	—	—
			16<φ≤40		≥185	—	—
Q215	GB/T 700—2006	A	δ≤16	335～450	≥215	—	—
			16<δ≤40		≥205		
			40<δ≤60		≥195		
			60<δ≤100		≥185		
		B	100<δ≤150		≥175	20	≥27（A_{KV}纵向）
			150<δ≤200		≥165		
Q235		A	δ≤16	370～500	≥235	—	≥27（A_{KV}纵向）
			16<δ≤40		≥225		
		B	40<δ≤60		≥215	20	
			60<δ≤100		≥215		
		C	100<δ≤150		≥195	0	
		D	150<δ≤200		≥185	-20	
10	GB/T 669—1999			≥335（纵向）	≥205（纵向）		—
15				≥375（纵向）	≥225（纵向）		—
20				≥410（纵向）	≥245（纵向）		—
25				≥450（纵向）	≥275（纵向）	室温	≥71（A_{KU2}）
35				≥530（纵向）	≥315（纵向）	室温	≥55（A_{KU2}）
20G	GB 5310—2008			410～550	≥245	室温	≥27（A_{KV}横向）≥40（A_{KV}纵向）
Q245R	GB 713—2008		6～≤16	400～520	≥245	0	≥31
			>16～≤36	400～520	≥235		
			>36～≤60	400～520	≥225		
			>60～≤100	390～510	≥205		
			>100～≤150	380～500	≥185		
HP235	GB 6653—2008			380～500	≥235	室温	≥27
HP265				410～520	≥265		
S245 PSL2	GB/T 14164—2008			415～755	245～445	0	≥40

（续）

牌　号		标准号	钢板厚度 δ /mm 或直径 ϕ/mm	力学性能			
				σ_b/MPa	σ_s/MPa	冲击试验	
						试验温度/℃	冲击吸收功 (A_{KU2}/A_{KV})（纵向）/J
SA-105		ASME		≥485	≥250	—	
SA-106	A			≥330	≥205		
	B			≥415	≥240		
	C			≥485	≥275		
SA-178GrC				≥415	≥255		
SA-192				≥325	≥180		
SA-210	A-1			≥415	≥255		
	C			≥485	≥275		
SA-285GrC				380~515	≥205		
SA-556GrC2				≥480	≥280		

二、碳素结构钢的焊接特点

碳素结构钢的焊接性主要取决于含碳量，随着含碳量的增加，焊接性逐渐变差。碳素结构钢的 C、Mn 和 Si 元素含量少，所以，通常情况下不会因焊接而引起严重硬化组织或淬硬组织。这种钢材的塑性和韧性优良，焊接接头的塑性和韧性也很好。通常情况下，焊接时一般不需预热、控制层间温度和后热，焊后也不必采用热处理改善组织，即整个焊接过程中不需要特殊的工艺措施。总之，碳素结构钢是最容易焊接的钢种。许多焊接方法都适用于碳素结构钢的焊接，并能获得良好的焊接接头，目前，焊条电弧焊、埋弧焊、电渣焊、CO_2 气体保护焊、氩弧焊、气焊、电阻焊、等离子弧焊、钎焊等方法，都是焊接碳素结构钢的成熟方法。锅炉、压力容器常用碳素结构钢推荐选用的焊接材料见表 6-3。

表 6-3　锅炉、压力容器常用碳素结构钢推荐选用的焊接材料

序号	钢材牌号	焊条电弧焊	埋弧焊		电渣焊		熔化极气体保护焊		钨极氩弧焊
		焊条	焊丝	焊剂	焊丝	焊剂	焊丝	保护气体	焊丝
1	10，15，Q195	E4303	H08A H08MnA		H10Mn2		ER49-1 ER50-6（MG50-6） H08MnSi ER50-4（MG50-4）	CO_2 或 Ar+CO_2	ER49-1 H08MnSi ER50-4（TG50）
2	Q215A（B）								
3	Q235A（B，C），S245，Q245R	E4315 E4316 E5015	H08MnA H10Mn2①	HJ431	H08Mn2Si	HJ431			
4	20G，25，35								
5	SA210A1，SA-106A（B），								
6	SA285C，SA-178C，SA-192 HP235，HP265								
7	SA106C，SA-210C，SA-556C		H08MnA H10Mn2	HJ431 HJ350					

① 如果焊后需进行正火温度范围内热加工时，埋弧焊选用 H10Mn2 焊丝。

锅炉、压力容器常用碳素结构钢焊前预热温度的推荐范围见表6-4。需要预热的焊件应保持预热温度直到焊接结束，如果焊接过程中断，焊接前应再次预热。对于壁厚较大接头，为降低冷却速度减少扩散氢含量，焊后还应进行后热及消氢处理。锅炉、压力容器常用碳素结构钢焊后后热及消氢处理的推荐范围见表6-5。

表6-4　锅炉、压力容器常用材料推荐的焊前预热温度

牌　　号	厚度范围/mm	最小预热温度/℃
Q195，Q215A（B），Q235—（A～D），10，15，20，20G，Q245R	30～50	50
Q235—A·F，ZG—25，SA216WCA，SA－178C，SA－192，SA－210A－1 SA－234WPB，SA－285C，SA－516Gr60，SA－106（A，B）	>50～100	100
HP－235，HP－265，S245，St45－8，SB410	>100	150
25，Q345（16Mn），Q345R，Q345—（A～D），P355GH（19Mn6）	30～50	100
HP－295，HP－325，HP－345，S245，S290，S320，S360，S390，S415	>50	150
35，SA－105，SA－106C，SA－210C，SA－556C2，SA－675Gr70，SA－299，SA－516Gr70	25～75	100
HP－345，S450，S485	>75	150
16Mo3（15Mo3），15MoG，SA－335P1	30～50	100
SA－209T1，SA217WC1，12CrMo（G），SA182F1，SA－336F1	>50	150
20MnMo 20MnMoNb，13MnNiMoR，18MnMoNb，18MnMoNbR，10MoWVNb 20MnMoNi55，13MnNiMo54（DIWA353，BHW35） 15NiCuMoNb5（WB36），SA－508Gr3CL1（CL2）	>15	150
15CrMo，15CrMoG，15CrMoR，15CrMog，SA217WC6，14Cr1MoR SCMV2，SCMV3，SA－213T12，SA－335P11，SA－335P12 SA－387Gr12（CL1，CL2），SA－387Gr11（CL1，CL2） SA－182F11（CL1，CL2），SA－336F11（CL1，CL2，CL3） SA－213T11（T12），13CrMo44	>13	150
12Cr2Mo，12Cr2MoG，12Cr2Mo1，12Cr2Mo1R，2¼Cr1Mo 10CrMo910，SCMV4，SA－217WC9，SA－335P22，SA－213T22 SA－387Gr22（CL1，CL2），SA－182F22（CL1，CL3） SA－336F22（CL1，CL3），SA217WC9	>6	200
10Cr9Mo1VNb，1Cr5Mo，1Cr6Si2Mo SA－213T91，SA－335P91，SA－336F91，12Cr2MoWVTiB（G102）	任何厚度	200
12Cr1MoVG，12Cr1MoV，13CrMoV42，ZG20CrMoV	>6	200

表 6-5　锅炉、压力容器常用材料焊后后热及消氢处理推荐范围

牌　号	后热厚度 范围/mm	消氢处理厚度 范围/mm
Q195, Q215A (B), Q235—(A~D), 10, 15, 20, 20G, Q245R, 25 SA-106 (A, B), SA-178C, SA-192, SA-210A-1, SA-234WPB, SA-285C, SA-516Gr60, St45-8 HP-235, HP-265, S205	≥120	/
35, SA-105, SA-106C, SA-210C, SA-556C2, SA-675Gr70, SA-299, SA-516Gr70, P355GH Q345 (16Mn), Q345R, Q345—(A~D), HP-295, HP-325, HP-345 S245, S290, S320, S360, S390, S415, S450, S485	70~150	>150
16Mo3 (15Mo3), 15MoG, SA-213T2 SA-209T1, SA-335P1	40~100	>100
12CrMo (G), SA-336F1, SA182F1	40~100	>100
20MnMo	40~70	>70
20MnMoNb, 13MnNiMoR, 13MnNiMo54 (DIWA353, BHW35), 10MoWVNb 15NiCuMoNb5 (WB36), SA-508Gr3CL1 (CL2)	40~70	>70
15CrMo, 15CrMoG, 15CrMoR, 15CrMog, 14Cr1MoR SA-213T11 (T12), SA-335P11, SA-335P12, SA-387Gr12 (CL1, CL2) SA-387Gr11 (CL1, CL2), SA-182F11 (CL1, CL2), SA-336F11 (CL1, CL2, CL3) SCMV2, SCMV3, 13CrMo44	40~70	>70
12Cr2Mo, 12Cr2MoG, 2¼Cr1Mo, 10CrMo910, SCMV4, SA-217WC9, SA-335P22, SA-213T22 SA-387Gr22 (CL1, CL2), SA-182 F22 (CL1, CL3) SA-336 F22 (CL1, CL3)	40~70	>70
10Cr9Mo1VNb SA-213T91, SA-335P91, SA-336F91	≤30	>30
12Cr13, 20Cr13 SUS410TB, SUS420J1, AISI410, AISI420	>10	>30

注：1. 焊接过程中断和焊接结束后应按工艺要求立即进行后热或消氢处理。

　　2. 后热温度范围及保温时间 200~250℃/1~2h；消氢温度范围及保温时间 300~350℃/2~3h。

　　碳素结构钢电渣焊时焊缝金属晶粒比较粗大，热影响区存在过热组织，韧性较低，一般要求焊后对电渣焊接头进行正火+回火处理，以改善焊缝及热影响区组织和提高韧性。锅炉、压力容器常用碳素结构钢焊后消除应力热处理的推荐规范见表6-6。

表6-6　锅炉、压力容器常用材料焊后热处理推荐规范

钢材牌号	热处理厚度界限/mm		热处理温度范围/℃	最小保温时间/h		
				焊缝公称厚度 δ/mm		
				δ≤50	50<δ≤125	δ>125
Q195, Q215A（B）, Q235—(A～D), 10, 15, 20, 20G, Q245R25, HP-235, HP-265, S205 SA-106（A, B）, SA216WCA, SA-178C, SA-192, SA-210A-1	容器	>32	600～650	(150+δ)/100		
SA-234WPB, SA-285C, SA-516Gr60, St45-8, SB410	锅炉	≥30				
Q345（16Mn）Q345R, Q345—(A, B, C, D) HP-295, HP-325, HP-345 S245, S290, S320, S360, S390, S415, S450, S485 SA-105, SA-106C, SA-210C, SA-556C2, SA-675Gr70	容器	>30	600～650			
SA-299, SA-516Gr70	锅炉	≥20				
P355GH	容器	>30	550～580			
	锅炉	≥20				
20MnMo	容器	任何厚度	600～650			
	锅炉	≥20				
14MnMoV, 18MnMoNbR, 20MnMoNb, 10MoWVNb	容器	任何厚度	600～650	δ/25, 但不小于15min		
13MnNiMoR 13MnNiMo54（DIWA353, BHW35）15NiCuMoNb5（WB36）	容器	任何厚度	550～580			
	锅炉	≥20				
15MnMoVN（调质）, SA-508GrCL1（CL2）	容器	任何厚度	600～650			
12CrMo, 15CrMo, 13CrMo44, 20CrMo, 14Cr1MoR SA-213T11（T12）, SA-335P11, SA-335P12 SA-387Gr12（CL1, CL2）, SA-387Gr11（CL1, CL2）SA-182F11（CL1, CL2）, SA-336F11（CL1, CL2, CL3）SCMV2, SCMV3	容器	任何厚度	650～700	δ/25		(375+δ)/100
	锅炉	>10				
2¼Cr1Mo, 10CrMo910, SCMV4 SA-217WC9, SA-335P22, SA-213T22, SA-387Gr22（CL1, CL2）, SA-182 F22（CL1, CL3）, SA-336F22（CL1, CL3）	容器	任何厚度	690～740			
	锅炉	>6				
10Cr9Mo1VNb SA-213T91, SA-335P91, SA-336F91	任何厚度		750～770			
12Cr1MoV（G）, 13CrMoV42			710～740			
12Cr2MoWVTiB			760～780			

第二节　锅炉压力容器常用低合金高强度结构钢的焊接

一、锅炉压力容器常用低合金高强度结构钢

低合金高强度结构钢简称低合金高强钢，一般是指屈服大于或等于 295MPa 的低合金钢，该类钢通常在热轧、控轧、控冷及正火（或正火加回火）状态下使用。低合金高强钢中碳的质量分数一般控制在 0.20% 以下，为了确保钢的强度和冲击韧度，通过添加适量的 Mn、Mo 等合金元素及 V、Nb、Ti、Al 等微量合金元素，配合适当的轧制工艺或热处理工艺来保证钢材具有优良的综合力学性能。由于低合金高强钢具有良好的焊接性、优良的可成形性及较低的制造成本，因此，在锅炉压力容器的制造中得到了广泛的应用。

屈服点为 295~390MPa 的低合金钢大多属于热轧钢，依靠合金元素锰的固溶强化获得高强度，如我国的 Q345 钢、德国的 St52 钢、日本的 SM490 钢等。当 Q345 钢用于低温压力容器或厚壁结构时，为改善低温韧性，也可在正火处理后使用。屈服点大于 390 MPa 的低合金高强钢一般需要在正火或正火加回火状态下使用，如 Q420 钢等。正火处理后形成的碳、氮化合物以细小质点从固溶体沉淀析出，在提高钢材强度的同时，保证其有一定的塑性和韧性。随着钢材强度的进一步提高，钢中需要加入一定量 Mo，Mo 不仅可以细化组织、提高强度，而且还可提高钢材的中温性能。因此，含 Mo 的低合金高强钢适用于制造中温厚壁压力容器，如 14MnMoV 钢、18MnMoNb 钢和德国的 BHW - 35 钢等。

国内外锅炉、压力容器常用低合金高强钢的化学成分参见表 6-7，其力学性能参见表 6-8。

表 6-7　国内外锅炉、压力容器常用低合金高强钢的主要化学成分

钢材牌号		标准号	化学成分（质量分数，%）											
			C	Si	Mn	Cr (W)	Ni	Cu	V	Nb (N)	Ti	Mo	P	S
													不大于	
Q345R		GB 713 —2008	≤0.20	≤0.55	1.20~ 1.60								0.025	0.015
Q345	A	GB/T 1591 —2008	≤0.20	≤0.55	≤1.70		≤0.15		≤0.07		≤0.20	≤0.10	0.035	0.035
	B		≤0.20										0.035	0.035
	C		≤0.20										0.030	0.030
	D		≤0.18										0.030	0.025
13MnNiMoR		GB 713 —2008	≤0.15	0.15~ 0.50	1.20~ 1.60	0.20~ 0.40	0.60~ 1.00			0.005~ 0.020		0.20~ 0.40	0.020	0.010
18MnMoNbR			≤0.22	0.15~ 0.50	1.20~ 1.60					0.025~ 0.050		0.45~ 0.65	0.020	0.010
HP295		GB 6653 —2008	≤0.18	≤0.10	≤1.00								0.025	0.015
HP325			≤0.20	≤0.35	≤1.50								0.025	0.015
HP345			≤0.20	≤0.35	≤1.50								0.025	0.015

（续）

钢材牌号	标准号	化学成分（质量分数，%）											
		C	Si	Mn	Cr (W)	Ni	Cu	V	Nb (N)	Ti	Mo	P 不大于	S 不大于
S245 PSL1	GB/T 14164 —2005	≤0.26	≤0.35	≤1.20								0.030	0.030
S245 PSL2		≤0.22	≤0.35	≤1.20								0.025	0.015
S290 PSL1		≤0.26	≤0.35	≤1.30								0.030	0.030
S290 PSL2		≤0.20	≤0.35	≤1.30								0.025	0.015
S390 PSL1		≤0.26	≤0.40	≤1.40								0.030	0.030
S390 PSL2		≤0.20	≤0.40	≤1.40								0.025	0.015
S450 PSL1		≤0.26	≤0.40	≤1.45								0.030	0.030
S450 PSL2		≤0.20	≤0.40	≤1.45								0.025	0.015
20MnMo	JB 4726 —2000	0.17~0.23	0.17~0.37	1.10~1.40	≤0.30	≤0.30	≤0.25				0.20~0.35	0.025	0.015
20MnMoNb		0.17~0.23	0.17~0.37	1.30~1.60	≤0.30	≤0.30	≤0.25		0.025~0.050		0.45~0.65	0.025	0.015
SA-516①② 60	ASME	≤0.25①	0.13~0.45	0.79~1.30②								0.035	0.035
SA-516①② 70		≤0.30①	0.13~0.45	0.79~1.30②								0.035	0.035
SA-299 GrA③		≤0.26③	0.13~0.45	0.84~1.52③								0.035	0.035
SA-508 Gr3		≤0.25	≤0.40	1.20~1.50	≤0.25	0.40~1.00	≤0.20	≤0.05	≤0.01	≤0.015	0.45~0.60	0.025	0.025
P355GH （19 Mn 6）	DIN EN 10 028	0.10~0.22	≤0.60	1.00~1.70	≤0.30	≤0.30	≤0.30	≤0.02	≤0.010	≤0.03	≤0.08	0.030	0.025
13MnNiMo54 DIWA353 （BHW35）		≤0.17	0.05~0.56	0.95~1.70	0.15~0.45	0.55~1.05	0.50~0.80		≤0.025			0.025	0.004
WB 36		≤0.17	0.25~0.50	0.80~1.20	≤0.30	1.00~1.30	0.50~0.80		0.015~0.045		0.25~0.50	0.025	0.020

① 板厚≤12.5mm，$w(C)$≤0.21%；12.5mm < 板厚≤50mm，$w(C)$≤0.23%；50mm < 板厚≤100mm，$w(C)$≤0.25%；100mm < 板厚≤200mm，$w(C)$≤0.27%；板厚 >200mm；$w(C)$≤0.27%。

② 板厚≤12.5mm，$w(Mn)$：0.55% ~0.98%；板厚 >12.5mm，$w(Mn)$：0.79% ~1.30%。

③ 板厚≤25mm，$w(C)$≤0.26%；板厚 >25mm，$w(C)$≤0.28%；板厚≤25mm，$w(Mn)$：0.84% ~1.52%；板厚 >25mm，$w(Mn)$：0.84% ~1.62%。

表 6-8　国内外锅炉、压力容器常用低合金高强钢的力学性能

钢材牌号		标准号	钢板厚度 /mm	力学性能			
				σ_b/MPa	σ_s/MPa	冲击韧度	
						冲击试验 温度/℃	A_{KV}/J
Q345R		GB 713—2008	3～16	510～640	≥345	0℃	≥34
			>16～36	500～630	≥325		
			>36～60	490～620	≥315		
			>60～100	490～620	≥305		
			>100～150	480～610	≥285		
			>150～200	470～600	≥265		
Q345	A	GB/T 1591—2008	≤16	470～630	≥345	—	—
			>16～40	470～630	≥335		
	B		>40～63	470～630	≥325	20℃	≥34
			>63～80	470～630	≥315		
	C		>80～100	470～630	≥305	0℃	≥34
			>100～150	450～600	≥285		
	D		>150～200	450～600	≥275	-20℃	≥34
			>200～250	450～600	≥265		
			>250～400	450～600	≥265		
13MoNiMoNbR		GB 713—2008	30～100	570～720	≥390	0℃	≥41
			>100～150		≥380		
18MnMoNbR			30～60	570～720	≥400	0℃	≥41
			>60～100		≥390		
HP295		GB 6653—2008		440～560	≥295	室温	≥27
HP325				490～600	≥325		
HP345				510～620	≥345		
S245 PSL1		GB/T 14164—2005		≥415	≥245	—	—
S245 PSL2				415～755	245～445	0℃	≥40
S290 PSL1				≥415	≥290	—	—
S290 PSL2				415～755	290～495	0℃	≥42
S390 PSL1				≥490	≥390	—	—
S390 PSL2				490～755	390～545	0℃	≥42
S450 PSL1				≥535	≥450	—	—
S450 PSL2				535～755	450～600	0℃	≥47

（续）

钢材牌号	标准号		钢板厚度 /mm	力学性能			
				σ_b/MPa	σ_s/MPa	冲击韧度	
						冲击试验温度/℃	A_{KV}/J
20MnMo	JB 4726—2000		≤300	530 ~ 700	≥370	0℃	≥34
			> 300 ~ 500	510 ~ 680	≥350		
			> 500 ~ 700	490 ~ 660	≥330		
20MnMoNb			≤300	620 ~ 790	≥470		
			> 300 ~ 500	610 ~ 780	≥460		
SA – 516	60	ASME		415 ~ 550	≥220		
	70			485 ~ 620	≥260		
SA – 299 GrA			≤25	515 ~ 655	≥290		
			> 25	515 ~ 655	≥275		
SA – 508	3CL1			550 ~ 725	≥345	4.4℃	≥41
SA – 508	3CL2			620 ~ 795	≥450	21℃	≥48
P355GH (19 Mn 6)	DIN EN 10028 (DIN 17 155)		≤16	510 ~ 650	≥355	0℃	≥27
			> 16 ~ 40		≥345		
			> 40 ~ 60		≥335		
			> 60 ~ 100	490 ~ 630	≥315		
			> 100 ~ 150	480 ~ 630	≥295		
13MnNiMo54 DIWA353 (BHW35)			≤50	570 ~ 740	≥400	0℃ 室温	≥31 ≥39
			> 50 ~ 100	570 ~ 740	≥390		
			> 100 ~ 125	570 ~ 740	≥380		
			> 125 ~ 150	570 ~ 740	≥375		
WB 36				610 ~ 780	≥440	室温	纵向≥40 横向≥27

二、低合金高强度结构钢的焊接特点

（一）低合金高强度结构钢的焊接性

1. **焊接氢致裂纹敏感性**　低合金高强钢焊接时产生的氢致裂纹主要发生在焊接热影响区，有时也出现在焊缝金属中。根据钢的类型、焊接区氢含量及应力水平的不同，氢致裂纹可能在焊后 200℃以下立即产生，或在焊后一段时间后产生。

热影响区最高硬度可用来粗略的评定焊接氢致裂纹敏感性。对一般低合金高强度钢，为防止氢致裂纹的产生，焊接热影响区硬度应控制在 350HV 以下。

2. **焊接热裂纹敏感性**　与碳素结构钢相比，低合金高强钢的含碳、含硫量较低，且含锰量较高，其热裂纹倾向较小。但有时也会在焊缝中出现热裂纹，如厚壁压力容器焊接生产中，在多层多道埋弧焊焊缝的根部焊道或靠近坡口边缘的高稀释率焊道中，易出现焊缝金属热裂纹；电渣焊时，若母材含碳量偏高并含银时，电渣焊焊缝可能出现八字形分布的热裂纹。另外，焊接热裂纹也常常在低碳的控轧、控冷管线钢根部焊缝中出现，这种热裂纹产生的原因与根部焊缝基材的稀释率大以及焊接速度较快有关。采用锰、硅含量较高的焊接材料，减小焊接热输入，减少母材在焊缝中的熔合比，增大焊缝成形系数（即焊缝宽度与高度之比），有利于防止焊缝金属热裂纹的产生。

3. 再热裂纹敏感性　低合金高强钢焊接接头中的再热裂纹亦称消除应力裂纹，出现在焊后消除应力热处理过程中。再热裂纹为沿晶断裂，一般都出现在热影响区的粗晶区，有时也在焊缝金属中出现。其产生与杂质元素 P、Sn、Sb、As 在初生奥氏体晶界的偏聚而导致的晶界脆化有关，也与 V、Nb 等元素的化合物强化作用有关。Mn – Mo – Nb 和 Mn – Mo – V 系低合金高强钢对再热裂纹的产生有一定的敏感性，这些钢在焊后热处理时应注意防止再热裂纹的产生。

4. 层状撕裂倾向　大型厚板焊接结构（如海洋工程、核反应堆及船舶等）焊接时，若在钢材厚度方向承受较大的拉应力，可能沿钢材轧制方向产生阶梯状的层状撕裂。这种裂纹常出现于要求熔透的角接接头或 T 形接头中。可通过选用抗层状撕裂钢、改善接头形式以减缓钢板 Z 向的应力应变，在满足产品使用要求的前提下，选用强度级别较低的焊接材料或采用低强度焊接材料进行预堆边，以及采用预热及消氢处理等措施都有利于防止层状撕裂的产生。

（二）低合金高强度结构钢焊接参数的选择

碳素结构钢焊接时，电特性参数主要是依据所要求的熔透性和焊缝成形来选择，在低合金高强钢焊接时，还应考虑对接头性能的影响。接头的冷却速度直接取决于热输入的高低，增加热输入会导致焊缝金属的冷却速度减慢，并由此形成粗大的晶粒，使强度和韧性降低。对合金成分较高的焊缝，还可能形成不利的高温转变组织。因此正确地选择焊接参数可使焊缝金属和热影响区的性能达到最佳化。

1. 焊接热输入的控制　焊接热输入的变化将会改变焊接的冷却速度，从而影响焊缝金属及热影响区的组织。热输入对焊接热影响区的抗裂性及韧性也有显著的影响。低合金高强钢热影响区组织的脆化或软化都与焊接冷却速度有关。由于低合金高强钢的强度范围较宽，合金元素的含量不同，焊件的壁厚及结构形式也各不相同，因而很难对焊接热输入作出统一的规定。一般为了确保焊缝金属的韧性，不宜采用过大的焊接热输入。焊接操作上尽量不采用横向摆动和挑弧焊接，推荐采用多层多道焊。

2. 预热及焊道间温度的控制　预热是防止低合金高强钢产生焊接氢致裂纹的有效措施。预热可以控制焊接的冷却速度，减少或避免热影响区中淬硬马氏体的产生，降低热影响区硬度，同时预热还可以降低焊接应力，有助于氢从焊接接头的逸出。焊前预热温度是根据材料的碳当量、壁厚、淬硬及产生冷裂纹的倾向来考虑的。利用碳当量来评定钢材的焊接性，只是一种近似的方法，还要考虑到焊接方法、焊件结构及焊接工艺等因素对焊接性的影响。锅炉、压力容器常用低合金高强钢焊前预热推荐范围见表6-4。

3. 焊接后热、消氢及焊后消除应力热处理

（1）后热和消氢　后热和消氢的目的都是加速焊接接头中氢的扩散逸出，消氢处理效果

比后热更好。焊后及时进行后热及消氢处理是防止产生焊接冷裂纹的有效措施之一，特别是对于氢致裂纹敏感性较强的低合金高强钢厚壁接头，采用这一工艺不仅可以降低预热温度、减轻焊工劳动强度，而且还可以采用较低的焊接热输入，使焊接接头获得良好的综合力学性能。锅炉、压力容器常用低合金高强钢焊后后热及消氢推荐的范围见表 6-5。

（2）焊后消除应力热处理 除冷裂纹倾向大的低合金高强钢外，厚壁高压容器、要求抗应力腐蚀的容器以及要求尺寸稳定性的焊接结构，焊后也都需要进行消除应力处理。合理的消除应力热处理工艺可以起到消除内应力并改善接头组织与性能的目的。对于某些含钒、铌的低合金高强钢热影响区和焊缝金属，如果焊后热处理的加热温度和保温时间选择不当，将会因碳、氮化合物的析出产生消除应力脆化，降低接头韧性。因此应合理地选择加热速度和加热温度，避免焊件在敏感的温度区长时间加热。另外，消除应力热处理的加热温度不应超过母材原来的回火温度，以免损伤母材性能。锅炉、压力容器常用低合金高强钢焊后消除应力热处理推荐的规范见表 6-6。

对那些受结构几何形状和尺寸的限制不易入炉的大件、有再热裂纹倾向的低合金高强钢结构，以及为了节省能源、降低制造成本，可以采用振动或爆炸法降低焊接结构的残留应力。

（三）对焊接接头的要求

承载和受压部件的焊接接头，一般都要求与母材金属等强性和等韧性，要考虑到焊接参数、焊后热处理参数及工作温度对接头性能的影响。对于壁厚较小、合金元素的含量较少、母材强度级别较低的结构件，焊后可不必作消除应力热处理，焊接接头在焊后状态的性能，能满足要求就可以了。但对于厚壁筒体、经过热成形加工和焊后热处理的焊接接头，应考虑加工过程对接头性能的影响。国内外锅炉压力容器常用低合金高强钢焊接材料的选用见表 6-9。

表 6-9 国内外锅炉压力容器常用低合金高强钢焊接材料的选用

| 序号 | 钢材牌号 | 焊条电弧焊 | 埋弧焊 | | 电渣焊 | | 熔化极气体保护焊 | | 钨极氩弧焊 |
		焊条	焊丝	焊剂	焊丝	焊剂	焊丝	保护气体	焊丝
1	Q345R Q345—A（B~D） S245，S290，S320 S360，S390，S415 HP295，HP325，HP345	E5015 E5016 E5515—G[①]	H10Mn2 H10MnSi H08MnMo[②]	HJ431 SJ101	H10MnMo H10Mn2Mo[③]	HJ431	ER50-6 （MG50-6） H08Mn2SiA ER50-4 （MG50-4）	CO₂或 Ar+CO₂	H08MnSi ER50-4 （TG50）
2	19Mn6，SA299 SA—516Gr60 SA—516Gr70	E5015 E5016 E5018 E6015-D1[④]	H08MnMo H08Mn2Mo[⑤]	HJ350 SJ101			H08Mn2SiMo	CO₂或 Ar+CO₂	H08MnMo H08Mn2SiMo
3	S450	E5515-G E6015-D1[④]	H08MnMo H08Mn2Mo[⑤]	HJ350	H10Mn2Mo		H08Mn2SiMo	CO₂或 Ar+CO₂	H08MnMo H08Mn2SiMo

（续）

序号	钢材牌号	焊条电弧焊	埋弧焊		电渣焊		熔化极气体保护焊		钨极氩弧焊
		焊条	焊丝	焊剂	焊丝	焊剂	焊丝	保护气体	焊丝
7	20MnMo	E5515 – D3	H08MnMo H08Mn2Mo⑤	HJ350			H08Mn2SiMo	CO₂或 Ar + CO₂	H08Mn2SiMo
8	13MnNiMoR	E6015 – D1 E6015 – G E7015 – D2⑥	H08Mn2Mo H08Mn2NiMo⑦	HJ350 SJ101	H10Mn2NiMo⑦ H10Mn2Mo⑦		H08Mn2SiMo		H08Mn2Mo H08Mn2SiMo
9	13MnNiMo54 （BHW35，DIWA353）								
10	S485								
11	15MnMoV	E7015 – D2 E7015 – G⑧	H08Mn2NiMo H10Mn2NiMo⑨	HJ350	H10Mn2NiMo⑦ H10Mn2Mo⑦	HJ431	H08Mn2NiSiMo	CO₂或 Ar + CO	H08Mn2NiSiMo
12	20MnMoNb								
13	15MnMoVN （调质状态）			HJ250 + HJ350 （2∶1）					
14	15NiCuMoNb5 （WB36）								H08Mn2NiMo
15	SA – 508Gr3Cl1 SA – 508Gr3Cl2								

① E5515—G 焊条适用于焊后需进行正火温度范围内热加工的焊件。

② 如果焊后需进行正火温度范围内热加工时，埋弧焊焊时应选用 H08MnMo 焊丝。

③ 当焊件壁厚≥60mm 时，电渣焊时选用 H10Mn2Mo 焊丝。

④ 如果焊后需进行正火温度范围内热加工时，焊条电弧焊应选用 E6015 – D1 焊条。

⑤ 如果焊后需进行正火温度范围内热加工时，埋弧焊应选用 H08Mn2Mo 焊丝。

⑥ 如果焊后需进行正火温度范围内热加工时，焊条电弧焊时应选用 E7015 – D2 焊条。

⑦ 埋弧焊应选用 H08Mn2NiMo 焊丝；电渣焊选用焊丝原则：

　当壳体进行正火 + 回火热处理时选用 H10Mn2NiMo 焊丝。

　当壳体进行淬火 + 回火热处理时选用 H10Mn2Mo 焊丝。

⑧ 如果焊后需进行正火温度范围内热加工时，焊条电弧焊应选用 E7015 – G 焊条。

⑨ 如果焊后需进行正火温度范围内热加工时，埋弧焊选用 H10Mn2NiMo 焊丝。

第三节　锅炉压力容器常用低、中合金耐热钢的焊接

一、锅炉压力容器常用低、中合金耐热钢

高温时（>350℃）具有足够的高温强度、持久性能和抗氧化性能的钢称为耐热钢。耐热钢按其合金元素总含量不同，可分为低合金、中合金和高合金耐热钢。

合金元素总质量分数在 5% 以下的合金耐热钢统称为低合金耐热钢，其合金系列有 Mo、Cr – Mo、Mo – V、Cr – Mo – V、Mn – Ni – Mo、Cr – Mo – W – V – Ti – B 等。用于焊接结构的低合金耐热钢，为改善其焊接性，碳的质量分数均控制在 0.2% 以下。合金元素总质量分数在 2.5% 以下的低合金耐热钢在供货状态下，具有珠光体 + 铁素体组织，故也称珠光体耐热钢。合金元素总质量分数在 3% ~5% 的低合金耐热钢，在供货状态下具有贝氏体 + 铁素体组织，称为贝氏体耐热钢。在动力工程、石油化工和锅炉、压力容器应用的低合金耐热钢已有 20 余种，其中最常用的是 Cr – Mo、Mn – Mo 型耐热钢和 Cr – Mo 基多元合金耐热钢，如

12Cr1MoV 和 12Cr2MoWVTiB 等。

合金元素总质量分数在 6% ~12% 的合金系列称为中合金耐热钢。用于焊接结构的中合金耐热钢的合金系列有 Cr – Mo、Cr – Mo – V、Cr – Mo – Nb、Cr – Mo – W – V – Nb 等。当钢的合金总质量分数超过 10% 时,其供货状态下的组织为马氏体,属于马氏体型耐热钢,如 SA335 – P91 及 SA213 – T91 钢。

锅炉、压力容器用高合金耐热钢主要是奥氏体不锈钢,对奥氏体不锈钢将在本章第四节中详细介绍。

国内外锅炉、压力容器常用合金耐热钢的主要化学成分参见表 6-10,其力学性能参见表 6-11。

二、低、中合金耐热钢的焊接特点

（一）低合金及中合金耐热钢的焊接性

1. 淬硬性　钢中的主要合金元素铬和钼等都能显著地提高钢的淬硬性。中合金耐热钢普遍具有较高的淬硬倾向,铬的质量分数为 6% ~10% 的钢,如果碳的质量分数大于 0.10% 时,其高温热处理状态下的组织均为马氏体。马氏体的硬度则取决于钢中的含碳量和奥氏体化温度,降低含碳量可使奥氏体化温度对硬度的影响减小,为保证耐热钢的高温蠕变强度,又兼顾焊接性,中合金耐热钢碳的质量分数一般控制在 0.10% ~0.20% 的范围内。

2. 再热裂纹倾向　低合金耐热钢焊接接头的再热裂纹（亦称消除应力裂纹）主要取决于钢中碳化物形成元素的特性及其含量。为了防止再热裂纹的形成,可采取下列冶金和工艺措施。

1）严格控制母材和焊接中促使和加剧再热裂纹的合金成分,在保证钢的热强性的前提下,将 V、Ti、Nb 等合金元素的含量控制在最低允许范围内。

2）选用高温塑性优于母材的焊接填充材料。

3）适当提高预热温度和层间温度。

4）采用低热输入的焊接方法和工艺,以缩小接头过热区宽度,限制晶粒长大。

5）选择合理的热处理规范,尽量缩短在敏感区间的保温时间。

6）合理设计接头形式,降低接头拘束度。

（二）焊接工艺要点

1）热切割加工的坡口边缘应进行磁粉检查或机械加工,厚度大于 15mm 的钢板火焰切割前,应进行 100℃ 以上的预热。

2）预热和保持层间温度是防止低合金耐热钢冷裂纹和再热裂纹的有效措施之一。预热温度主要根据钢的碳当量、接头的拘束度和焊缝金属的含氢量来决定。对于铬的质量分数大于 2% 的铬钼钢,预热温度不得超过马氏体转变结束点 M_f 的温度。中合金耐热钢为防止冷裂和高硬度区的形成,预热温度应为 200 ~300℃。当中合金耐热钢中碳的质量分数在 0.10% ~0.20% 范围内时,可采用图 6-1a 所示的温度规范,即将预热温度控制在 Ms 点以下,使一部分奥氏体在焊接过程中转变为马氏体。由于焊接层间温度始终保持在 230℃ 以上,因此不会产生裂纹。焊接结束后,将焊件冷却到 100 ~125℃,使部分未转变的残余奥氏体转变为马氏体。紧接着立即将焊件做 750 ~770℃ 范围内的回火处理。若在中合金耐热钢中碳的质量分数低于 0.10%,则可按图 6-1b 所示的焊接温度规范焊接。其主要区别在于焊件焊接结束后,将焊件缓慢冷却至室温,使接头各区完全转变成马氏体。锅炉、压力容器常用耐热钢焊前预热温度见表 6-4。锅炉、压力容器常用耐热钢焊后后热及消氢处理推荐范围见表 6-5。

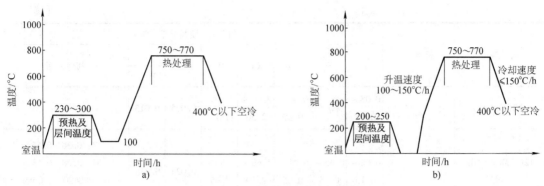

图 6-1　中合金耐热钢的焊接温度规范
a）标准碳含量　b）低碳含量

3）焊后热处理应保证焊缝热影响区主要是过热区组织的改善。加热温度应保证焊接接头的应力水平降低到尽可能低的程度。焊后热处理包括多次热处理时，不应使母材焊接接头力学性能降低到产品技术条件规定的最低值以下。尽量避免在钢材回火脆性敏感的温度范围内进行热处理，并应规定在危险温度范围内的加热速度。国内外锅炉、压力容器常用耐热钢焊后消除应力热处理推荐规范见表6-6。

（三）对焊接接头的基本要求

1. 接头的等强性　耐热钢焊接接头不仅应具有与母材金属基本相等的室温和高温短时强度，而且更重要的是应具有与母材相近的高温持久强度。

2. 接头的抗氧化性　耐热钢焊接接头应具有与母材金属基本相同的抗氢性和高温抗氧化性。为此焊缝金属的合金成分和含量应与母材基本一致。

3. 接头的组织稳定性　耐热钢焊接接头在制造过程中特别是厚壁接头，将经受长时间多次热处理，在运行过程中将长期受高温、高压的作用，接头各区不应产生明显的组织硬化及由此引起的脆变或软化。

表 6-10　国内外锅炉、压力容器常用合金耐热钢的主要化学成分

钢材牌号	标准号	化学成分（质量分数，%）							其他元素
		C	Si	Mn	Cr	Mo	P	S	
							不大于		
12CrMo	GB/T 3077—1999	0.08 ~ 0.15	0.17 ~ 0.37	0.40 ~ 0.70	0.40 ~ 0.70	0.40 ~ 0.55	0.035	0.035	
15CrMo		0.12 ~ 0.18	0.17 ~ 0.37	0.40 ~ 0.70	0.80 ~ 1.10	0.40 ~ 0.55	0.035	0.035	
15CrMoR	GB 713—2008	0.12 ~ 0.18	0.15 ~ 0.40	0.40 ~ 0.70	0.80 ~ 1.20	0.45 ~ 0.60	0.025	0.010	
10Cr9Mo1VNb	GB 5310—2008	0.08 ~ 0.12	0.20 ~ 0.50	0.30 ~ 0.60	8.00 ~ 9.50	0.85 ~ 1.05	0.020	0.010	Ni：≤0.40，Al：≤0.020 Nb：0.06 ~ 0.10 N：0.030 ~ 0.070 V：0.18 ~ 0.25
12CrMoG		0.08 ~ 0.15	0.17 ~ 0.37	0.40 ~ 0.70	0.40 ~ 0.70	0.40 ~ 0.55	0.025	0.015	
12Cr1MoVG		0.08 ~ 0.15	0.17 ~ 0.37	0.40 ~ 0.70	0.90 ~ 1.20	0.25 ~ 0.35	0.025	0.010	V：0.15 ~ 0.30

（续）

钢材牌号	标准号	化学成分（质量分数，%）							其他元素
		C	Si	Mn	Cr	Mo	P	S	
							不大于		
12Cr2MoG	GB 5310—2008	0.08 ~ 0.15	≤0.50	0.40 ~ 0.60	2.00 ~ 2.50	0.90 ~ 1.13	0.025	0.015	
12Cr2MoWVTiB （G102）		0.08 ~ 0.15	0.45 ~ 0.75	0.45 ~ 0.65	1.60 ~ 2.10	0.50 ~ 0.65	0.025	0.015	W：0.30 ~ 0.55 Ti：0.08 ~ 0.18 B：0.0020 ~ 0.0080 V：0.28 ~ 0.42
12Cr3MoVSiTiB		0.09 ~ 0.15	0.60 ~ 0.90	0.50 ~ 0.80	2.50 ~ 3.00	1.00 ~ 1.20	0.025	0.015	Ti：0.22 ~ 0.38 B：0.0050 ~ 0.0110 V：0.25 ~ 0.35
15MoG		0.12 ~ 0.20	0.17 ~ 0.37	0.40 ~ 0.80	—	0.25 ~ 0.35	0.025	0.015	
15CrMoG		0.12 ~ 0.18	0.17 ~ 0.37	0.40 ~ 0.70	0.80 ~ 1.10	0.40 ~ 0.55	0.025	0.015	
12Cr2Mo	GB 6479—2000	0.08 ~ 0.15	≤0.50	0.40 ~ 0.70	2.0 ~ 2.50	0.90 ~ 1.20	0.030	0.030	
12Cr5Mo		≤0.15	≤0.50	≤0.60	4.00 ~ 6.00	0.45 ~ 0.60	0.030	0.030	Ni：≤0.60
12Cr2Mo1	JB 4726—2000	≤0.15	≤0.50	0.30 ~ 0.60	2.00 ~ 2.50	0.90 ~ 1.10	0.025	0.015	Ni：≤0.30 Cu：≤0.25
12Cr1MoV		0.09 ~ 0.15	0.17 ~ 0.37	0.40 ~ 0.70	0.90 ~ 1.20	0.25 ~ 0.35	0.030	0.020	Ni：≤0.30　Cu：≤0.25 V：0.15 ~ 0.30
16Mo3 （15 Mo 3）	DIN EN 10 028 （DIN 17155）	0.12 ~ 0.20	≤0.35	0.40 ~ 0.90	≤0.30	0.25 ~ 0.35	0.030	0.025	Ni：≤0.30 Cu：≤0.30
13CrMo4 – 5 （13 CrMo 4 4）		0.08 ~ 0.18	≤0.35	0.40 ~ 1.00	0.70 ~ 1.15	0.40 ~ 0.60	0.030	0.025	Cu：≤0.30
10CrMo9 – 10 （10 CrMo 9 10）		0.08 ~ 0.14	≤0.50	0.40 ~ 0.80	2.00 ~ 2.50	0.90 ~ 1.10	0.030	0.025	Cu：≤0.30
SCMV2	JIS G 4109—2003	≤0.17	≤0.45	0.36 ~ 0.69	0.74 ~ 1.21	0.40 ~ 0.65	0.030	0.030	
SCMV3		≤0.17	0.44 ~ 0.86	0.36 ~ 0.69	0.94 ~ 1.56	0.40 ~ 0.70	0.030	0.030	
SCMV4		≤0.17	≤0.50	0.27 ~ 0.63	1.88 ~ 2.62	0.85 ~ 1.15	0.030	0.030	

（续）

钢材牌号		标准号	化学成分（质量分数，%）							其他元素
			C	Si	Mn	Cr	Mo	P	S	
								不大于		
SA-209 Cr T1			0.10 ~ 0.20	0.10 ~ 0.50	0.30 ~ 0.80		0.44 ~ 0.65	0.025	0.025	
SA-213	T2		0.10 ~ 0.20	0.10 ~ 0.30	0.30 ~ 0.61	0.50 ~ 0.81	0.44 ~ 0.65	0.025	0.025	
	T11		0.05 ~ 0.15	0.50 ~ 1.00	0.30 ~ 0.60	1.00 ~ 1.50	0.44 ~ 0.65	0.025	0.025	
	T12		0.05 ~ 0.15	≤0.50	0.30 ~ 0.61	0.80 ~ 1.25	0.44 ~ 0.65	0.025	0.025	
	T22		0.05 ~ 0.15	≤0.50	0.30 ~ 0.60	1.90 ~ 2.60	0.87 ~ 1.13	0.025	0.025	
	T91	ASME	0.07 ~ 0.14	0.20 ~ 0.50	0.30 ~ 0.60	8.0 ~ 9.5	0.85 ~ 1.05	0.020	0.010	Ni：≤0.40，Al：≤0.02 Nb：0.06 ~ 0.10 N：0.030 ~ 0.070 V：0.18 ~ 0.25
SA-387	12CL1 12CL2		0.04 ~ 0.17	0.13 ~ 0.45	0.35 ~ 0.73	0.74 ~ 1.21	0.40 ~ 0.65	0.035	0.035	
	11CL1 11CL2		0.04 ~ 0.17	0.44 ~ 0.86	0.35 ~ 0.73	0.94 ~ 1.56	0.40 ~ 0.70	0.035	0.035	
	22CL1 22CL2		0.04 ~ 0.15[①]	≤0.50	0.25 ~ 0.66	1.88 ~ 2.62	0.85 ~ 1.15	0.035	0.035	
SA-336	F11CL1		0.05 ~ 0.15	0.50 ~ 1.00	0.30 ~ 0.60	1.00 ~ 1.50	0.44 ~ 0.65	0.025	0.025	
	F11CL2，3		0.10 ~ 0.20	0.50 ~ 1.00	0.30 ~ 0.80	1.00 ~ 1.50	0.45 ~ 0.65	0.025	0.025	
	F22 CL1 F22CL3		0.05 ~ 0.15	≤0.50	0.30 ~ 0.60	2.00 ~ 2.50	0.90 ~ 1.10	0.025	0.025	
	F91		0.08 ~ 0.12	0.20 ~ 0.50	0.30 ~ 0.60	8.00 ~ 9.50	0.85 ~ 1.05	0.025	0.025	Ni：≤0.40，Al：≤0.02 Nb：0.06 ~ 0.10 N：0.03 ~ 0.07 V：0.18 ~ 0.25
SA-217 Cr WC9			0.05 ~ 0.18	≤0.60	0.40 ~ 0.70	2.00 ~ 2.75	0.90 ~ 1.20	0.04	0.045	Ni：≤0.50；Cu≤0.50 W：≤0.10
SA-335	P11		0.05 ~ 0.15	0.50 ~ 1.00	0.30 ~ 0.60	1.00 ~ 1.50	0.44 ~ 0.65	0.025	0.025	
	P12		0.05 ~ 0.15	≤0.50	0.30 ~ 0.61	0.80 ~ 1.25	0.44 ~ 0.65	0.025	0.025	
	P22		0.05 ~ 0.15	≤0.50	0.30 ~ 0.60	1.90 ~ 2.60	0.87 ~ 1.13	0.025	0.025	
	P91		0.08 ~ 0.12	0.20 ~ 0.50	0.30 ~ 0.60	8.00 ~ 9.50	0.85 ~ 1.05	0.020	0.010	Ni：≤0.40，Al：≤0.02 Nb：0.06 ~ 0.10 N：0.030 ~ 0.070 V：0.18 ~ 0.25
SA-182	F11CL1		0.05 ~ 0.15	0.50 ~ 1.00	0.30 ~ 0.60	1.00 ~ 1.50	0.44 ~ 0.65	0.030	0.030	
	F11CL2		0.10 ~ 0.20	0.50 ~ 1.00	0.30 ~ 0.80	1.00 ~ 1.50	0.44 ~ 0.65	0.040	0.040	
	F22CL1 F22CL3		0.05 ~ 0.15	≤0.50	0.30 ~ 0.60	2.00 ~ 2.50	0.87 ~ 1.13	0.040	0.040	

注：厚度大于 125mm 钢板的成品分析，其 $w(C)$ 应不大于 0.17%。

表 6-11　国内外锅炉、压力容器常用合金耐热钢的力学性能

钢材牌号		标准号	钢板厚度/mm	力学性能			
					σ_b/MPa	σ_s/MPa	A_K/J
12CrMo		GB/T 3077—1999	纵向		≥410	≥265	≥110（A_{KU2}）
15CrMo			纵向		≥440	≥295	≥94（A_{KU2}）
15MoG		GB 5310—2008	纵向 横向		450～600	≥270	≥40（A_{KV}） ≥27（A_{KV}）
15CrMoG			纵向 横向		440～640	≥295	≥40（A_{KV}） ≥27（A_{KV}）
10Cr9Mo1VNb			纵向 横向		≥585	≥415	≥40（A_{KV}） ≥27（A_{KV}）
12CrMoG			纵向 横向		410～560	≥205	≥40（A_{KV}） ≥27（A_{KV}）
12Cr2MoG			纵向 横向		450～600	≥280	≥40（A_{KV}） ≥27（A_{KV}）
12Cr1MoVG			纵向 横向		470～640	≥255	≥40（A_{KV}） ≥27（A_{KV}）
12Cr2MoWVTiB （G102）			纵向 横向		540～735	≥345	≥40（A_{KV}） —
12Cr3MoVSiTiB			纵向 横向		610～805	≥440	≥40（A_{KV}） —
15CrMoR		GB713—2008	6～60 >60～100 >100～150		450～590 450～590 440～580	≥295 ≥275 ≥255	20℃ ≥31（A_{KV}）
12Cr5Mo[②]		GB 6479—2000	纵向		390～590	≥195	≥94（A_{KU2}）
12Cr2Mo[①]			纵向		450～600	≥280	≥38（A_{KU2}）
12Cr1MoV		JB 4726—2000	≤300 >300～500		440～610 430～600	≥255 ≥245	20℃ ≥34
12Cr2Mo1			≤300 >300～500		510～680 500～670	≥310 ≥300	20℃ ≥41
SA－213	T2	ASME			≥415	≥205	
	T11				≥415	≥205	
	T12				≥415	≥220	
	T22				≥415	≥205	
	T91				≥585	≥415	
SA－387	11CL1				415～585	≥240	
	11CL2				515～690	≥310	
	12CL1				380～550	≥230	
	12CL2				450～585	≥275	
	22CL1				415～585	≥205	
	22CL2				515～690	≥310	
SA－336	F11CL1				415～585	≥205	
	F11CL2				485～660	≥275	
	F11CL3				515～690	≥310	
	F22，1 类				415～585	≥205	
	F22，3 类				515～690	≥310	
	F91				585～760	≥415	
SA－335	P11				≥415	≥205	
	P12				≥415	≥220	
	P22				≥415	≥205	
	P91				≥585	≥415	

（续）

钢材牌号		标准号	钢板厚度 /mm	力学性能			
				σ_b/MPa	σ_s/MPa	A_K/J	
SA - 209 GrT1		ASME		≥380	≥205		
SA - 182	F11CL1			≥415	≥205		
	F11CL2			≥485	≥275		
	F22CL1			≥415	≥205		
	F22CL3			≥515	≥310		
SA - 217 Gr WC9				485 ~ 655	≥275		
13CrMo4 - 5 (13CrMo 4 4)		DIN EN 10 028 (DIN 17 155)	≤16	450 ~ 600	≥300	20℃	≥31
			> 16 ~ 60	450 ~ 600	≥295		≥31
			> 60 ~ 100	440 ~ 590	≥275		≥27
			> 100 ~ 150	430 ~ 580	≥255		≥27
16Mo3 (15 Mo 3)			≤16	440 ~ 590	≥275	20℃	≥31
			> 16 ~ 40	440 ~ 590	≥270		≥31
			> 40 ~ 60	440 ~ 590	≥260		≥31
			> 60 ~ 100	430 ~ 580	≥240		≥27
			> 100 ~ 150	420 ~ 570	≥220		≥27
10CrMo9 - 10 (10CrMo 9 10)			≤16	480 ~ 630	≥310	20℃	≥31
			> 16 ~ 40	480 ~ 630	≥300		≥31
			> 40 ~ 60	480 ~ 630	≥290		≥31
			> 60 ~ 100	470 ~ 620	≥270		≥27
			> 100 ~ 150	460 ~ 610	≥250		≥27
SCMV2		JIS G 4109—2003		380 ~ 550	≥225		
SCMV3				410 ~ 590	≥235		
SCMV4				410 ~ 590	≥205		

① 用 12Cr2MoG 和 12Cr2Mo 钢制造的钢管，当壁厚不大于 3mm，且外径不大于 30mm 或当壁厚大于 16 ~ 40mm 时，屈服点允许降低 10MPa；当 12Cr2MoG 钢制造的钢管壁厚大于 40mm 时，屈服点允许降低 20MPa。

② 当壁厚大于 16 ~ 40mm 时，屈服点允许降低 10MPa。

4. 接头的抗脆断性　虽然耐热钢焊接结构大多数是在高温下工作，但对于压力容器和管道要求最终的检验，通常是在常温下以工作压力 1.5 倍的压力作液压试验或气压试验，在受压设备投运或检修后，都要经历冷起动过程，因此耐热钢焊接接头亦应具有一定的抗脆断性。

5. 接头的物理均一性　耐热钢焊接接头应具有与母材金属基本相同的物理性能，接头材料的线胀系数和热导率直接决定了它在高温运行过程中的热应力，而过高的热应力对接头的提前时效将产生不利影响。

国内外锅炉、压力容器常用合金耐热钢推荐选用的焊接材料见表 6-12。

表 6-12　国内外锅炉、压力容器常用合金耐热钢推荐选用的焊接材料

序号	钢材牌号	焊条电弧焊		埋弧焊		电渣焊	熔化极气体保护焊		钨极氩弧焊
		焊条	焊丝	焊剂	焊丝	焊剂	焊丝	保护气体成分（体积分数，%）	焊丝
1	12CrMo	E5515-B1	H10CrMo						H08CrMo　H08CrMnSiMo
2	15CrMo（R）13CrMo44 SA335P12 SA387Gr12CL1 SA387Gr12CL2 SA387Gr11CL1 SA213T12	E5515-B2	H13CrMo	HJ350	H13CrMo	HJ431	H08CrMnSiMo	CO₂ 或 Ar+CO₂	H08CrMo　H08CrMnSiMo　ER55-B2（TGR55CM）　ER55-B2L（TGR55CML）
3	12Cr1MoV 13CrMoV42	E5515-B2-V	H08CrMoV	HJ350	H12CrMnSiMoV		H08CrMnSiMoV	CO₂ 或 Ar+CO₂	ER55B2MnV（TGR55V、TGR55VL）　H08CrMoV　H08CrMnSiMoV
4	2¼Cr-1Mo SA335 Gr P22 SA387 Gr22CL1 10CrMo910 SA213 Gr T22	E6015-B3	H08Cr3MoMnA	HJ350+HJ250（1:1）	H10Cr3MoMnA	HJ431	H08Cr3MoMnA		H08Cr3MoMnA　ER62-B3（TGR59C2M）　ER62-B3L（TGR59C2ML）
5	12Cr2MoWVTiB（钢102）	E5515-B3-VWB					H08Cr2MoWVTiB	Ar+CO₂	TGR55WB　TGR55WBL　H08Cr2MoWVTiB
6	SA213 Gr T91 SA213 Gr P91	A5.5 E9015-B9		A5.23 F10PZ-EB9					H06Cr9Mo1V　A5.28 ER90S-B9

第四节　锅炉压力容器常用不锈钢的焊接

一、锅炉压力容器常用不锈钢

不锈钢实际是不锈钢和耐蚀钢的总称。与耐酸钢相比，不锈钢一般是指在大气、水等弱腐蚀介质中耐蚀的钢，而耐酸钢是指在酸、碱、盐等强腐蚀介质中耐蚀的钢。不锈钢并不一定耐酸，而耐酸钢一般具有良好的不锈性质。

不锈钢按其组织类型可分为五类，即铁素体型不锈钢、马氏体型不锈钢、奥氏体型不锈钢、奥氏体-铁素体型双相不锈钢和沉淀硬化型不锈钢。以 06Cr13（0Cr13）和 14Cr17（1Cr17）为代表的铁素体不锈钢主要应用于腐蚀环境要求不十分苛刻的场合。马氏体不锈钢应用较为普遍的是 12Cr13（1Cr13）型，为获得或改善某些性能，添加 Ni、Mo 等合金元素，如 06Cr13Ni4Mo（0Cr13Ni4Mo）、06Cr16Ni5Mo（0Cr16Ni5Mo）等。奥氏体不锈钢的

Cr、Ni 含量较高，因此在氧化性、中性及弱还原性介质中均有较好的耐蚀性，在各类不锈钢中应用最为广泛。双相不锈钢是指金相由奥氏体和铁素体两相组成的不锈钢，其各项均占有较大的比例（体积分数各为 50% + 50%），故具有奥氏体不锈钢和铁素体不锈钢的一些特性，具有韧性好、强度高、耐氯化物应力腐蚀等特点，广泛应用于石化产品。沉淀硬化不锈钢是在不锈钢中单独或复合添加硬化元素，通过适当热处理获得高强度、高韧性并具有良好耐蚀性的一类不锈钢，通常作为耐磨、耐蚀、高强度结构件。国内外锅炉、压力容器常用不锈钢的主要化学成分参见表 6-13，其力学性能参见表 6-14。

二、锅炉压力容器常用不锈钢的焊接特点

（一）奥氏体型不锈钢的焊接

奥氏体不锈钢其显微组织为奥氏体。它是在高铬不锈钢中添加适当的镍 [$w(Ni)$ 为 8% ~25%] 而形成的具有奥氏体组织的不锈钢。奥氏体不锈钢具有良好的焊接性，可以采用所有的熔焊方法焊接。奥氏体不锈钢还具有特殊的物理性能，即低的热导率、高电阻率、高线胀系数以及高度致密的表面保护膜等。此外，奥氏体不锈钢含有大量的对氧亲和力较高的元素，因此不论采取何种弧焊方法都必须利用焊剂、焊条药皮和惰性气体对焊接熔池和高温区作良好的保护，以使影响热强性能的镍基合金元素保持在所要求的范围内。由于奥氏体钢特别是纯奥氏体钢对焊接热裂纹的敏感性较高，故应严格控制焊接材料中的 C、S 和 P 等有害杂质含量。

1. 奥氏体型不锈钢的焊接特点

（1）晶间腐蚀（包括刀状腐蚀）　晶间腐蚀是一种起源于金属表面，沿晶界深入金属内部的腐蚀现象。焊接接头可能在三个部位出现晶间腐蚀，即焊缝晶间腐蚀、过热区"刀蚀"及热影响区敏化温度区的晶间腐蚀。

一般认为晶间腐蚀是因为碳化物在晶界析出造成的。不锈钢在 450 ~850℃ 温度范围内停留，或在焊接热循环下，加热到 450 ~850℃ 的温度区间时，热影响区内奥氏体不锈钢中的碳和铬形成碳化铬，使晶粒边界处奥氏体局部贫铬，发生腐蚀而丧失耐蚀能力。

对于焊缝金属，根据贫铬理论，在晶界上析出碳化铬，因此造成贫铬的晶界是晶间腐蚀的主要原因。过热区的"刀蚀"仅在由 Nb 或 Ti 稳定化的奥氏体不锈钢热影响区的过热区中产生，其原因是焊接时，过热区被加热到 1200℃ 的高温，使 Nb、Ti 的碳化物大量溶解（NbC、TiC），冷却时，Nb 或 Ti 原子来不及扩散，使活泼的碳原子在奥氏体晶界处于过饱和状态，在经过敏化温度区加热后，使碳化铬优先在晶界沉淀，造成贫铬的晶界，形成晶间腐蚀。热影响区敏化温度区的晶间腐蚀产生于 600 ~1000℃ 范围的区域，产生原因仍然是奥氏体晶界析出碳化铬，造成晶间贫铬所致。

（2）热裂纹　与其他不锈钢相比，奥氏体不锈钢具有较高的热裂纹敏感性，在焊缝及近缝区都有产生热裂纹的可能。热裂纹通常可分为凝固裂纹、液化裂纹和高温失塑裂纹三大类。凝固裂纹主要发生在焊缝区，如弧坑裂纹。液化裂纹多出现在靠近熔合线的近缝区或多层多道焊缝的层道间。高温失塑裂纹通常发生在焊缝金属凝固结晶结束的高温区。产生热裂纹的基本原因是奥氏体不锈钢的导热率小、线胀系数大，因此在焊接局部加热和冷却条件下，焊接接头部位的高温停留时间较长，焊缝金属及近缝区在高温承受较高的拉应力与拉伸应变，这是产生热裂纹的基本条件之一。对于奥氏体钢焊缝易于形成方向性强的粗大柱状晶组织，在结晶过程中一些杂质元素和合金元素，如 S、P、Sn、Sb 等易于在晶间形成低熔点的易熔夹层而造成凝固裂纹。对于奥氏体钢母材，当上述杂质含量较高时，将产生近缝区的液化裂纹。

表 6-13　国内外锅炉、压力容器常用不锈钢化学成分

钢材牌号		标准号	化学成分（质量分数，%）						P	S	其他元素
			C	Si	Mn	Cr	Ni	Mo	不大于		
奥氏体型不锈钢											
022Cr19Ni10		GB 3280— 2007	≤0.030	≤0.75	≤2.00	18.00~20.00	8.00~12.00		0.045	0.030	
06Cr18Ni11Ti			≤0.08	≤0.75	≤2.00	17.00~19.00	9.00~12.00		0.045	0.030	Ti≥5×C, N≤0.10
06Cr18Ni11Nb			≤0.08	≤0.75	≤2.00	17.00~19.00	9.00~13.00		0.045	0.030	Nb：10×C~1
06Cr17Ni12Mo2			≤0.08	≤0.75	≤2.00	16.00~18.00	10.00~14.00	2.00~3.00	0.045	0.030	N≤0.10
06Cr19Ni13Mo3			≤0.08	≤0.75	≤2.00	18.00~20.00	11.00~15.00	3.00~4.00	0.045	0.030	N≤0.10
06Cr17Ni12Mo2Ti			≤0.08	≤0.75	≤2.00	16.00~18.00	10.00~14.00	2.00~3.00	0.045	0.030	Ti≥5×C
022Cr17Ni12Mo2			≤0.030	≤0.75	≤2.00	16.00~18.00	10.00~14.00	2.00~3.00	0.045	0.030	N≤0.10
022Cr19Ni13Mo3			≤0.03	≤0.75	≤2.50	18.00~20.00	11.00~15.00		0.045	0.030	N≤0.10
06Cr23Ni13			≤0.08	≤0.75	≤2.00	22.00~24.00	12.00~15.00		0.045	0.030	
06Cr25Ni20			≤0.08	≤1.50	≤2.00	24.00~26.00	19.00~22.00		0.045	0.030	
12Cr18Ni9			≤0.15	≤0.75	≤2.00	17.00~19.00	8.00~10.00		0.045	0.030	
06Cr19Ni10			≤0.08	≤0.75	≤2.00	18.00~20.00	8.00~10.50		0.045	0.030	N≤0.10
1Cr19Ni9		GB 13296— 2007	0.04~ 0.10	≤1.00	≤2.00	18.00~20.00	8.00~11.00		0.035	0.030	
SA– 213	TP304	ASME	≤0.08	≤1.00	≤2.00	18.0~20.0	8.00~11.00		0.045	0.030	
	TP304H		0.04~ 0.10	≤1.00	≤2.00	18.0~20.0	8.00~11.00		0.045	0.030	
	TP304L		≤0.035	≤1.00	≤2.00	18.0~20.0	8.00~12.0		0.045	0.030	
	TP321		≤0.08	≤1.00	≤2.00	17.0~19.0	9.00~12.0		0.045	0.030	Ti：5×C+N~0.70
	TP347		≤0.08	≤1.00	≤2.00	17.0~20.0	9.00~13.0		0.045	0.030	Nb：10×C~1.0
	TP347H		0.04~ 0.10	≤1.00	≤2.00	17.0~19.0	9.00~13.0		0.045	0.030	Nb：8×C~1.10
	TP316		≤0.08	≤1.00	≤2.00	16.0~18.0	10.0~14.0	2.00~3.00	0.045	0.030	
	TP316L		≤0.035	≤1.00	≤2.00	16.0~18.0	10.0~14.0	2.00~3.00	0.045	0.030	
	TP316H		0.04~ 0.10	≤1.00	≤2.00	16.0~18.0	11.0~14.0	2.00~3.00	0.045	0.030	
	TP316N		≤0.08	≤1.00	≤2.00	16.0~18.0	10.0~13.0	2.00~3.00	0.045	0.030	N：0.10~0.16
	TP316LN		≤0.035	≤1.00	≤2.00	16.0~18.0	10.0~13.0	2.00~3.00	0.045	0.030	N：0.10~0.16
SA– 240	TP310S	ASME	≤0.08	≤1.50	≤2.00	24.00~26.00	19.00~22.00		0.045	0.030	
	TP310H		0.04~ 0.10	≤0.75	≤2.00	24.00~26.00	19.00~22.00		0.045	0.030	
	TP310Cb		≤0.08	≤1.50	≤2.00	24.00~26.00	19.00~22.00		0.045	0.030	Nb：10×C~1.10
	TP310HCb		0.04~ 0.10	≤0.75	≤2.00	24.00~26.00	19.00~22.00		0.045	0.030	Nb：10×C~1.10
	TP310MoLN		≤0.020	≤0.50	≤2.00	24.00~26.00	20.50~23.50	2.00~3.00	0.030	0.010	N：0.10~0.16
	TP304		≤0.08	≤0.75	≤2.00	18.00~20.00	8.00~10.50		0.045	0.030	N≤0.10
	TP304L		≤0.030	≤0.75	≤2.00	18.00~20.00	8.00~12.00		0.045	0.030	N≤0.10
	TP304H		0.04~ 0.10	≤0.75	≤2.00	18.00~20.00	8.00~10.50		0.045	0.030	
	TP304N		≤0.08	≤0.75	≤2.00	18.00~20.00	8.00~10.50		0.045	0.030	N：0.10~0.16
	TP321		≤0.08	≤0.75	≤2.00	17.00~19.00	9.00~12.00		0.045	0.030	N≤0.10 Ti：5×(C+N)~0.70
	TP316		≤0.08	≤0.75	≤2.00	16.00~18.00	10.00~14.00	2.00~3.00	0.045	0.030	N≤0.10

（续）

钢材牌号		标准号	化学成分（质量分数，%）								其他元素
			C	Si	Mn	Cr	Ni	Mo	P	S	
									不大于		
奥氏体型不锈钢											
SA-240	TP316L	ASME	≤0.030	≤0.75	≤2.00	16.00~18.00	10.00~14.00	2.00~3.00	0.045	0.030	N≤0.10
	TP316H		0.04~0.10	≤0.75	≤2.00	16.00~18.00	10.00~14.00	2.00~3.00	0.045	0.030	
	TP316Ti		≤0.08	≤0.75	≤2.00	16.00~18.00	10.00~14.00	2.00~3.00	0.045	0.030	N≤0.10 Ti:5×(C+N)~0.70
	TP316Cb		≤0.08	≤0.75	≤2.00	16.00~18.00	10.00~14.00	2.00~3.00	0.045	0.030	N≤0.10 Nb:10×C~1.10
	TP317		≤0.08	≤0.75	≤2.00	18.00~20.00	11.00~15.00	3.00~4.00	0.045	0.030	N≤0.10
	TP317L		≤0.030	≤0.75	≤2.00	18.00~20.00	11.00~15.00	3.00~4.00	0.045	0.030	N≤0.10
	TP347		≤0.08	≤0.75	≤2.00	17.00~19.00	9.00~13.00		0.045	0.030	Nb:10×C~1.00
	TP347H		0.04~0.10	≤0.75	≤2.00	17.00~19.00	9.00~13.00		0.045	0.030	Nb:8×C~1.00
	TP309S		≤0.08	≤0.75	≤2.00	22.00~24.00	12.00~15.00		0.045	0.030	
	TP309H		0.04~0.10	≤0.75	≤2.00	22.00~24.00	12.00~15.00		0.045	0.030	
	TP309Cb		≤0.08	≤0.75	≤2.00	22.00~24.00	12.00~16.00		0.045	0.030	Nb:10×C~1.10
	TP309HCb		0.04~0.10	≤0.75	≤2.00	22.00~24.00	12.00~16.00		0.045	0.030	Nb:10×C~1.10
SUS304		JIS G 4305—2005	≤0.08	≤1.00	≤2.00	18.00~20.00	8.00~10.50		0.045	0.030	
SUS304L			≤0.030	≤1.00	≤2.00	18.00~20.00	9.00~13.00		0.045	0.030	
SUS321			≤0.08	≤1.00	≤2.00	17.00~19.00	9.00~13.00		0.045	0.030	Ti≥5×C
SUS347			≤0.08	≤1.00	≤2.00	17.00~19.00	9.00~13.00		0.045	0.030	Nb≥10×C
SUS309S			≤0.08	≤1.00	≤2.00	22.00~24.00	12.00~15.00		0.045	0.030	
SUS310S			≤0.08	≤1.50	≤2.00	24.00~26.00	19.00~22.00		0.045	0.030	
SUS316			≤0.08	≤1.00	≤2.00	16.00~18.00	10.00~14.00	2.00~3.00	0.045	0.030	
SUS316L			≤0.030	≤1.00	≤2.00	16.00~18.00	12.00~15.00	2.00~3.00	0.045	0.030	
SUS317			≤0.08	≤1.00	≤2.00	18.00~20.00	11.00~15.00	3.00~4.00	0.045	0.030	
SUS317L			≤0.030	≤1.00	≤2.00	18.00~20.00	11.00~15.00	3.00~4.00	0.045	0.030	
SUS 316HTB		JIS G 3463—2006	0.04~0.10	≤0.75	≤2.00	16.00~18.00	11.00~14.00	2.00~3.00	0.030	0.030	
马氏体不锈钢											
SUS 410		JIS G 4305—2005	≤0.15	≤1.00	≤1.00	11.50~13.50	≤0.60		0.040	0.030	
SUS420J1			0.16~0.25	≤1.00	≤1.00	12.00~14.00	≤0.60		0.040	0.030	
12Cr13		GB 3280—2007	≤0.15	≤1.00	≤1.00	11.50~13.50	≤0.60		0.040	0.030	
20Cr13			0.16~0.25	≤1.00	≤1.00	12.00~14.00	≤0.60		0.040	0.030	
06Cr13			≤0.08	≤1.00	≤1.00	11.50~13.50	≤0.60		0.040	0.030	
铁素体不锈钢											
10Cr17		GB 3280—2007	≤0.12	≤1.00	≤1.00	16.00~18.00	≤0.75		0.040	0.030	

（续）

钢材牌号	标准号	化学成分（质量分数，%）								其他元素
		C	Si	Mn	Cr	Ni	Mo	P	S	
								不大于		
奥氏体 – 铁素体型双相不锈钢										
022Cr19Ni5Mo3Si2N	GB 4237—2007	≤0.03	1.30~2.00	1.00~2.00	18.0~19.5	4.5~5.5	2.5~3.0	0.030	0.030	N：0.05~0.10
S31500	ASTM A669–83	≤0.030	1.40~2.0	1.20~2.0	18.0~19.0	4.25~5.25	2.50~3.00			
S31803	ASTM A 790/A790M–03	≤0.030	≤1.00	≤2.00	21.0~23.0	4.5~6.5	2.5~3.5	0.030	0.020	N：0.08~0.20
SAF2304		≤0.030	≤0.5	≤1.2	≤23	≤4.5				N≤0.10
SAF2205	瑞典	≤0.030	≤1.0	≤2.0	≤22	≤5	≤3.2			N≤0.18
SAF2507		≤0.030	≤0.8	≤1.2	≤25	≤7	≤4			N≤0.30
SUS329J1	JIS G 4304—1991	≤0.08	≤1.00	≤1.50	23.00~28.00	3.00~6.00	1.00~3.00	0.040	0.030	

表6-14　国内外锅炉、压力容器常用不锈钢力学性能

牌　号	标准号	力学性能		
		热处理状态	σ_b/MPa	σ_s/MPa
奥氏体型不锈钢				
1Cr19Ni9	GB 13296—2007		≥520	≥205
022Cr19Ni10			≥485	≥170
06Cr18Ni11Ti			≥515	≥205
06Cr18Ni11Nb			≥515	≥205
12Cr18Ni9			≥515	≥205
06Cr19Ni10			≥515	≥205
06Cr23Ni13			≥515	≥205
06Cr25Ni20	GB 3280—2007	固溶状态	≥515	≥205
06Cr17Ni12Mo2			≥515	≥205
06Cr19Ni13Mo3			≥515	≥205
06Cr17Ni12Mo2Ti			≥515	≥205
022Cr17Ni12Mo2			≥485	≥170
022Cr19Ni13Mo3			≥515	≥205

（续）

牌 号		标准号	力学性能		
			热处理状态	σ_b/MPa	σ_s/MPa
奥氏体型不锈钢					
SA – 240	TP304	ASME		≥515	≥205
	TP304L			≥485	≥170
	TP304H			≥515	≥205
	TP304N			≥550	≥240
	TP347			≥515	≥205
	TP347H			≥515	≥205
	TP309S			≥515	≥205
	TP309H			≥515	≥205
	TP309Cb			≥515	≥205
	TP309HCb			≥515	≥205
	TP310S			≥515	≥205
	TP310H			≥515	≥205
	TP310Cb			≥515	≥205
	TP310HCb			≥515	≥205
	TP321			≥515	≥205
	TP316			≥515	≥205
	TP316L			≥485	≥170
	TP316H			≥515	≥205
	TP316Ti			≥515	≥205
	TP316Cb			≥515	≥205
	TP317			≥515	≥205
	TP317L			≥515	≥205
SA – 213	TP316			≥515	≥205
	TP316L			≥485	≥170
	TP316H			≥515	≥205
	TP316N			≥550	≥240
	TP316LN			≥515	≥205
	TP304			≥515	≥205
	TP304H			≥515	≥205
	TP304L			≥485	≥170
	TP321			≥515	≥205
	TP347			≥515	≥205
	TP347H			≥515	≥205

（续）

牌　　号	标准号	力学性能		
		热处理状态	σ_b/MPa	σ_s/MPa
奥氏体型不锈钢				
SUS 309S	JIS G 4305—2005	固溶状态	≥520	≥205
SUS 310S			≥520	≥205
SUS 304			≥520	≥205
SUS 304L			≥480	≥175
SUS 321			≥520	≥205
SUS 347			≥520	≥205
SUS 316			≥520	≥205
SUS 316L			≥480	≥175
SUS 317			≥520	≥205
SUS 317L			≥480	≥175
SUS 316H TB	JIS G 3463—2006		≥520	≥205
马氏体型不锈钢				
SUS 410	JIS G 4305—2005	退火状态	≥440	≥205
SUS420J1			≥520	≥225
12Cr13	GB 3280—2007		≥450	≥205
20Cr13			≥520	≥225
06Cr13			≥415	≥205
铁素体型不锈钢				
10Cr17	GB 3280—2007	退火状态	≥450	≥205
奥氏体 – 铁素体型双相不锈钢				
022Cr19Ni5Mo3Si2N	GB 4237—2007	固溶状态	≥630	≥440
S31803	ASTM A 790/ A 790M – 03		≥620	≥450
S31500	ASTM A669—1983		≥630	≥440
铁素体 – 奥氏体型双相不锈钢				
SAF2304	瑞典		≥600	≥400
SAF2205			680 ~ 880	≥450
SAF2507			800 ~ 1000	≥550
SUS 329J1	JIS G 4304—2005		≥590	≥390

（3）脆性 σ 相的析出　奥氏体不锈钢焊缝，在 650 ~ 850℃ 停留时间过长时，也有可能析出一种脆硬的金属间化合物。由于这种脆性 σ 相的析出，使焊接接头的塑性和韧性严重降低，而且耐晶间腐蚀性能也有所下降。

2. 奥氏体型不锈钢的焊接要点

1）正确选用焊接材料，尽量选用含碳量较低和含稳定化元素（Nb）的焊接材料，以避免碳与铬形成化合物引起晶界处贫铬，从而提高焊缝耐晶间腐蚀的能力。焊缝金属中 Ti 或 Nb 含量取决于焊缝中的含 C 量，并应满足 Ti（C - 0.02）> 8.5 的关系式。但焊缝金属中过高的 Nb 含量会导致热裂纹的形成。

2）选用在奥氏体不锈钢焊接材料中加入适量铁素体促进元素（Cr、Mo、Si 等），可获得奥氏体 + 少量铁素体双相组织的焊缝，以提高奥氏体不锈钢焊缝的耐晶间腐蚀能力和抗热裂纹能力。

3）采用窄焊道焊接技术，尽量采取不摆动或少量摆动电弧的焊接，并在保证熔合良好的条件下，尽量采用较小的焊接电流、较低的电弧电压和较快的焊接速度即较小焊接热输入施焊。

4）焊接工艺规程要求焊接过程中必须将焊件保持较低的层间温度，必要时可采取强制冷却（如水冷、吹压缩空气等）措施以控制层间温度和焊后温度，尽量减少在 450 ~ 850℃ 温度范围内的停留时间。

（二）马氏体型不锈钢的焊接

马氏体型不锈钢基本上是 Fe - Cr - C 系合金。通常 $w(Cr)$ 为 11% ~ 18%，$w(C)$ 为 0.1% ~ 1.0%，也有一些含碳量更低的马氏体不锈钢。为提高其热强性还可加入 Mo、V 等合金元素，该类钢在所有的实际冷却条件下，其组织均为马氏体组织。

1. 马氏体型不锈钢的焊接特点　对于含碳量较高的马氏体不锈钢来说，如 12Cr13 等，空冷条件下淬硬倾向很大。此类焊缝及焊接热影响区的组织通常为硬而脆的高碳马氏体，含碳量越高，这种硬脆倾向就越大。当焊接接头的拘束度较大或含氢量较高时，很容易导致冷裂纹的产生。为了避免裂纹及改善焊接接头力学性能，应采取预热、后热和焊后立即高温回火等措施。

对于低碳以及超级马氏体型不锈钢，由于其 $w(C)$ 已降低到 0.05%、0.03%、0.02% 的水平，因此从高温奥氏体状态冷却到室温时，虽然也全部转变为马氏体，但为低碳马氏体，没有明显的淬硬倾向。不同的冷却速度对热影响区的硬度没有显著的影响，因而低碳以及超级马氏体型不锈钢具有良好的焊接性。

2. 马氏体型不锈钢的焊接工艺要点

（1）焊前预热与后热　马氏体型不锈钢焊前需预热。预热温度根据焊件的碳当量和拘束度而确定，一般为 100 ~ 350℃。预热温度主要随含碳量的增加而提高，$w(C)$ < 0.05% 时，预热温度为 100 ~ 150℃；当 $w(C)$ 为 0.05% ~ 0.15% 时，预热温度为 200 ~ 250℃；当 $w(C)$ > 0.15% 时，预热温度为 300 ~ 350℃。为进一步防止氢致裂纹，对于含碳量较高或拘束度大的焊接接头，在焊后热处理前还应采取必要的后热措施。

（2）焊接材料的选择　含碳量较高的马氏体型不锈钢，焊接性较差。拘束度较大或难以实施焊后热处理的高碳马氏体型不锈钢接头，为提高焊接接头的塑性和韧性，防止焊接裂纹的发生，可以采用奥氏体型焊接材料。但值得注意的是，当焊缝金属为奥氏体组织或以奥氏体为主的组织时，焊接接头在强度方面通常为低强匹配。由于焊缝金属在化学成分、金相组织、热物理性能及其他力学性能方面与母材有很大的差异，焊接残留应力不可避免，会对焊接接头的使用性能产生不利的影响，因此，在采用奥氏体型焊接材料时，应根据对焊接接头性能的要求，进行焊接材料的选择及焊接工艺评定试验。对于含碳量较高的马氏体型不锈钢的焊接，也可以选用镍基合金焊接材料，以便使焊缝金属的热胀系数与母材相接近，降低焊接残留应力。

低碳以及超级马氏体型不锈钢，由于其良好的焊接性，一般采用同材质的焊接材料，通常不需要预热或仅需低温预热。为提高焊接接头的塑性和韧性，焊后需要进行热处理。在拘束度大，焊前预热和焊后后热难以实施的情况下，也可以采用其他类型的焊接材料，如奥氏体型的 022Cr23Ni12（00Cr23Ni12）和 022Cr18Ni12Mo（00Cr18Ni12Mo）等焊接材料。

（3）焊后热处理　根据不同的需要，马氏体不锈钢焊后热处理一般为回火和完全退火。采用完全退火可以得到最低的硬度，以利于焊后的机械加工。完全退火的温度一般在 830 ~ 880℃范围内，保温 2h 后随炉冷却至 595℃，然后空冷。回火温度的选择主要根据接头力学性能和耐蚀性的要求确定，回火温度一般在 650 ~ 750℃之间，保温时间按 2.4min/mm 确定，然后空冷。

（三）铁素体型不锈钢的焊接

目前铁素体型不锈钢可分为普通铁素体型不锈钢和超纯铁素体型不锈钢两大类，其中普通铁素体型不锈钢有 Cr12 - 14 型、Cr16-18 型和 Cr25 - 30 型。对于普通铁素体型不锈钢，由于其碳、氮含量较高，因此其成形加工和焊接都比较困难，耐蚀性也难以保证，这已成了普通铁素体型不锈钢发展与应用的主要障碍。超纯铁素体型不锈钢严格控制了（C + N）的含量。在控制（C + N）含量的同时，还添加必要的合金化元素，以便进一步提高耐腐蚀性能及其他综合性能。高铬铁素体型不锈钢与普通奥氏体不锈钢相比，具有很好的耐均匀腐蚀、点蚀及应力腐蚀性能。

铁素体型不锈钢焊接时应注意的主要问题是焊接接头的脆性问题，即焊接热影响区的脆化（包括熔合区附近热影响区的晶粒长大而引起的韧性下降、475℃脆化、σ 相析出脆化）。

1. 铁素体型不锈钢的焊接特点

（1）σ 相脆化　$w(Cr)$ 高于 21% 的铁素体型不锈钢，在 600 ~ 800℃温度范围内长时间加热过程中会形成金属间化合物 σ 相，其性质硬而脆，硬度高达 800 ~ 1000HV。σ 相的形成速度取决于钢中含铬量和加热温度。在 800℃高温下 σ 相的形成速度可能达到最高值。在较低的温度下，σ 相的形成速度减慢而需要较长的时间。σ 相可以通过 850 ~ 950℃的短时加热，随即快速冷却来消除。

（2）475℃脆化　$w(Cr)$ 高于 17% 的高铬钢，在 450 ~ 525℃之间温度下加热会在沉淀过程产生 475℃脆化。若焊件在上述温度区间长时间高温运行，铬含量较低〔$w(Cr)$ 约 14%〕的耐热钢亦会有 475℃脆变倾向。因此对于耐热钢焊件来说，应当避免在 600 ~ 800℃以及 400 ~ 500℃的临界温度区间作焊后热处理。475℃脆变可通过 700 ~ 800℃短时加热，紧接进行冷水处理加以消除。

（3）焊接热影响区的脆化　铁素体型不锈钢在 900℃以上温度加热时具有晶粒长大的倾向，含铬量愈高，晶粒长大倾向愈严重。铁素体不锈钢在焊接高温的作用下，焊接接头的热影响区内不可避免地会形成粗晶。粗晶必然导致焊接接头过热区韧性的丧失，而晶粒长大的程度取决于所达到的最高温度及其保持时间。因此，在铁素体耐热钢焊接时，为避免在高温下长时间停留而导致粗晶和 σ 相的形成，应采用尽可能低的热输入进行焊接，即采用小直径焊条，低焊接电流，窄焊道技术，高速和多层焊等。

（4）焊接裂纹　由于高铬钢的塑性较低，焊接热影响区晶粒粗大以及碳、氮化合物在晶界的集聚，焊接接头的塑性和韧性很低，裂纹的敏感性较高。为防止裂纹的产生，改善接头的塑性和耐蚀性，在焊接工艺上应采取预热、小热输入窄焊道焊接等技术。

2. **铁素体型不锈钢的焊接要点**　普通铁素体型不锈钢在焊接热循环的作用下，热影响区晶粒长大严重，碳化物、氮化物在晶界聚集，焊接接头的塑韧性很低，在拘束度较大时，容易产生焊接裂纹，接头的耐蚀性也严重恶化。因此，普通铁素体型不锈钢焊接时应注意以下几点：

1）焊前将焊件预热到150℃以上，层间温度保持不低于预热温度，注意控制层间温度不可过高，以防止高温脆化和475℃脆化。

2）采用小的热输入、窄焊道焊接技术，防止在450℃以上温度停留时间过长。

3）焊后进行750～800℃的退火处理，使碳化物球化，铬分布均匀，可恢复耐蚀性和改善接头的塑性。退火后快冷，防止σ相析出和475℃脆性。

4）采用奥氏体钢焊条焊接，焊前不必预热，焊后可不作热处理。

铁素体型不锈钢的焊接材料原则上应选用合金含量与母材相近的焊条或焊丝，以保证焊接接头的均质性，只有在焊前无法预热、焊后难于焊后热处理的情况下，才选用合金成分较高的奥氏体不锈钢填充金属。奥氏体焊接材料有利于提高焊接接头的塑性、韧性，但对于不含稳定化元素的铁素体不锈钢来讲，热影响区的敏化难以消除。Cr25–30型的铁素体不锈钢，常用的奥氏体焊接材料是Cr25–Ni13型。Cr16-18型的铁素体型不锈钢，常用的奥氏体焊接材料有Cr19–Ni10型、Cr18–Ni12Mo型。

（四）超纯高铬铁素体型不锈钢的焊接

对于C、N、O等间隙元素的含量极低的超纯高铬铁素体型不锈钢，高温引起的脆化并不显著。焊接接头具有很好的塑性、韧性，焊前不需预热、焊后不需热处理。目前尚无标准化的超纯高铬铁素体不锈钢焊接材料，一般采用与母材同成分的焊丝作为填充金属。超纯高铬铁素体不锈钢焊接的关键是在焊接过程中防止焊接区的污染，因而焊接过程中主要应注意以下几个问题：

1）增加熔池保护，如采用双层气体保护，增大喷嘴直径，适当增加氩气流量。

2）附加拖罩，增加尾气保护。

3）焊缝背面通氩气保护，最好采用通氩的水冷铜垫板，以减少过热，增加冷却速度。

4）尽量减少焊接热输入，多层多道焊时，控制层间温度低于100℃。

在缺乏超纯铁素体不锈钢的同材质焊接材料时，在满足耐蚀性要求的前提下，也可采用纯度较高的奥氏体焊接材料或铁素体＋奥氏体双相焊接材料。

（五）奥氏体–铁素体双相不锈钢的焊接

所谓奥氏体–铁素体双相不锈钢是指奥氏体与铁素体的体积分数各占约50%的不锈钢。其主要特点是屈服点可达400～550MPa，是普通不锈钢的2倍，抗点蚀、缝隙腐蚀、应力腐蚀及腐蚀疲劳性能明显优于通常的Cr19–Ni10型、Cr18–Ni12Mo型奥氏体不锈钢。可与高合金奥氏体不锈钢相媲美。

这种双相不锈钢具有良好的焊接性，它既不像铁素体型不锈钢的焊接热影响区，晶粒严重粗化而使塑韧性大幅降低，也不像奥氏体型不锈钢对焊接热裂纹比较敏感。

国际上普遍采用的奥氏体–铁素体双相不锈钢可分为Cr18型、Cr23（不含Mo）型、Cr22型、Cr25型四类。国内外常用双相不锈钢的主要化学成分见表6-13，力学性能见表6-14。

奥氏体–铁素体双相不锈钢焊接冷裂纹及焊接热裂纹的敏感性都比较小，因此焊前不需要预热，焊后不需要热处理。为获得合理的相比例及防止脆化相的析出，应选择合理的焊接热输入并严格控制层间温度，不同类型的奥氏体－铁素体双相不锈钢的焊接热输入及层间温度的推荐见表 6-15。锅炉、压力容器常用不锈钢焊接材料的选用见表 6-16。

表 6-15　不同类型的奥氏体－铁素体双相不锈钢的焊接热输入及层间温度

母材类型	Cr18 型	Cr23 型	Cr22 型	Cr25 型
最大焊接热输入 kJ/cm	15	10 ~ 25	10 ~ 25	10 ~ 15
最大层间温度/℃	150	150	150	150

表 6-16　锅炉、压力容器常用不锈钢焊接材料的选用

钢材牌号	焊条电弧焊	埋弧焊		熔化极气体保护焊		钨极氩弧焊
	焊 条	焊 丝	焊 剂	焊 丝	保护气体	焊 丝
12Cr5Mo 1Cr6SiMo	E5MoV－15	H1Cr5Mo				
06Cr13	E410－15 E410－16	H0Cr14				
12Cr13 20Cr13	E410－15					
10Cr17 10Cr17Ti	E430－16	H0Cr18Mo2			CO₂ 或 Ar + CO₂	
06Cr18Ni9 06Cr19Ni9 12Cr18Ni9 SA213TP304（H）	E308－15 E308－16	H0Cr21Ni10 ER308（H）	HJ260 SJ601	H0Cr21Ni10Si ER308Si		H0Cr21Ni10 ER308（H）
06Cr19Ni9Ti 12Cr18Ni11Ti SA213TP347（H） SA213TP321（H）	E347－15 E347－16	H0Cr20Ni10Ti ER347（H）		H0Cr20Ni10NbSi ER347Si		H0Cr20Ni10Ti ER347（H）
022Cr19Ni10 SA213TP304L	E308L－16	H00Cr21Ni10 ER308L				H00Cr21Ni10 ER308L
06Cr17Ni12Mo2 SA213TP316	E316-16	H0Cr19Ni12Mo2 E316				H0Cr19Ni12Mo2 ER316
022Cr17Ni12Mo2 SA213TP316L	E316L－16	H00Cr19Ni12Mo2 ER316L				H00Cr19Ni12Mo2 ER316L
06Cr19Ni13Mo3 SA213TP317	E317－16	H0Cr20Ni14Mo3 ER317				H0Cr20Ni14Mo3 ER317
022Cr19Ni13Mo3 SA213TP317L SA240TP317L	E317L－16	H00Cr20Ni14Mo3 ER317L				H00Cr20Ni14Mo3 ER317L
06Cr17Ni12Mo2Ti	E318－16	H0Cr20Ni14Mo3 ER318				H0Cr20Ni14Mo3 ER318
022Cr17Ni12Mo2	E309MoL－16	H00Cr20Ni14Mo3 ER309MoL				H00Cr20Ni14Mo3 ER309MoL
12Cr20Ni14Si2	E309Mo－16					H1Cr24Ni13Mo2 ER309Mo
06Cr25Ni20 SA213TP310S SA240TP310S	E310Mo－16					H0Cr26Ni21 ER310

第五节　锅炉压力容器常用低温钢的焊接

一、低温钢的分类

1. 按合金含量和组织分　可分为低合金珠光体（铁素体）型低温钢、中合金低碳马氏体型低温钢和高合金奥氏体型低温钢。

2. 按使用温度等级分　可分为 -10 ~ -50℃ 低温钢，-50 ~ -100℃ 低温钢，-100 ~ -140℃ 低温钢，-140 ~ -196℃ 低温钢和 -196 ~ -273℃ 低温钢。

3. 按合金组成分　可分为不含镍、铬低温钢和含镍、铬低温钢。

低合金低温钢在正火或正火加回火状态供货，其组织是细晶粒的珠光体 + 铁素体，使用温度在 -103℃ 以上。常用低合金低温钢有 16MnDR、09Mn2VDR、15MnNiDR、09MnNiDR、2.5Ni 和 3.5Ni。中合金低温钢在正火加回火或调质状态供货，其组织为低碳马氏体。常用中合金低温钢有 5Ni、9Ni 钢。5Ni 钢，使用温度在 -165℃ 以上，9Ni 钢使用温度在 -196℃ 以上。高合金低温钢一般在固溶状态供货。常用高合金低温钢有 Cr - Ni 奥氏体钢和 Mn - Al 奥氏体钢（典型牌号为 15Mn26Al4），使用温度在 -196℃ 以下。

低温钢的主要性能要求，是保证在一定低温条件下具有所要求的低温冲击性能和抗脆性断裂能力。而对强度指标要求不严格，但屈强比不能偏高。低温钢的低温韧性，主要通过合金元素强化、晶粒细化和控制杂质元素的含量来实现。Ni、Mn、Al、Mo、V 和 Ti 合金元素能显著地改善低温钢的低温韧性，由于 C 元素能促使 S 偏析，应尽量降低含碳量。国内外锅炉、压力容器常用低温钢的主要化学成分参见表 6-17，其力学性能参见表 6-18。

二、常用低温钢的焊接特点

低温钢可采用焊条电弧焊、气体保护电弧焊、埋弧焊和等离子弧焊等焊接方法进行焊接。

（一）低合金低温钢的焊接

1. 焊接特点　低合金低温钢的含碳量较低，淬硬性和冷裂倾向小，焊接性良好。在常温下焊接可不需要预热。在焊件较厚或拘束度较大时，可适当预热。为防止焊缝和热影响区晶粒粗大，韧性恶化，应控制焊接热输入量，采用窄焊道的多层、多道焊接技术，并严格控制层间温度。含镍的低合金低温钢，由于添加了 Ni，增大了热裂倾向，应严格控制焊缝金属中的 C、S 及 P 的含量。同时，采用合理的焊接工艺，可以避免热裂纹的产生。

2. 焊接材料　$w(\text{Ni})$ 小于 1% 的低合金低温钢焊条电弧焊时，可选用 E5015 - G 焊条，埋弧焊可用中性熔炼焊剂配 Mn - Mo 焊丝，碱性熔炼焊剂配含 Ni 焊丝。$w(\text{Ni})$ 大于 1% 的低合金低温钢，例如 2.5Ni 和 3.5Ni 低温钢，选用焊接材料时，应使焊缝金属中的含 Ni 量与母材相当或稍高。同时添加少量 Ti，可细化晶粒，添加少量 Mo，以克服回火脆性。

3. 焊后热处理　为消除应力，提高接头的抗脆性断裂能力，低合金低温钢接头应进行消除应力热处理。如 16MnDR、09Mn2VDR、15MnNiDR 和 09MnNiDR 常用低合金低温钢的焊后热处理温度为 580 ~ 620℃，2.5Ni 和 3.5Ni 钢的焊后热处理温度为 595 ~ 635℃。

（二）中合金低温钢的焊接

1. 焊接特点　5Ni 低温钢的焊接性与 9Ni 低温钢相似，采用焊接材料也基本相同，焊接时可能遇到的主要问题是焊接接头的低温韧性、焊接裂纹和电弧的磁偏吹等。这些问题与所采用的焊接材料的类型、焊接热输入和焊接工艺有很大关系，下面主要介绍9Ni低温钢的焊接。

1）可以采用与9Ni钢成分相同的焊接材料焊接9Ni钢，但是焊缝金属的低温性能很差，一般不采用。

2）最好采用Ni基、Fe-Ni基和Ni-Cr奥氏体不锈钢这三种材料焊接9Ni低温钢。

2. 焊接9Ni低温钢碰到的主要问题

（1）低温韧性　采用Ni基［$w(Ni)$约60%以上］和Fe-Ni基［$w(Ni)$为40%左右］的材料焊接9Ni低温钢时，焊缝金属的低温韧性最好。采用10Ni13-Cr16奥氏体不锈钢材料焊接9Ni钢强度稍高，但低温韧性较差。

（2）裂纹问题　采用上述Ni基、Fe-Ni基和Ni-Cr奥氏体材料焊接9Ni钢，都可能产生热裂纹，消除热裂纹最根本的方法是减少有害杂质元素，采用正确的收弧技术并配合打磨处理。

在低氢条件下，采用上述焊接材料焊接9Ni钢一般不会产生冷裂纹。

（3）电弧的磁偏吹　焊接9Ni钢时易产生电弧的磁偏吹，为防止磁偏吹，除控制9Ni钢的剩磁外，在焊接时应尽量采用交流电流焊接。

（三）高合金低温钢的焊接

1. 0Cr21Ni6Mn9N低温钢的焊接

（1）焊接方法　目前0Cr21Ni6Mn9N低温钢的焊接仅限于钨极氩弧焊和真空电子束焊接。

（2）焊接材料　钨极氩弧焊时采用与母材相似的Cr-Ni-Mn-V系列焊丝，焊丝中w（C）应控制在0.04%以下，当$w(Ni)$提高到10%～16%之后，则Cr-Mn、N含量与母材成分相似。

（3）焊接工艺要点　首层钨极氩弧焊时，背面也需用氩气保护，并控制层间温度在100℃以下，不能用电弧气刨清理焊根，只能用砂轮打磨。

表6-17　国内外锅炉、压力容器常用低温钢的主要化学成分

钢材牌号	化学成分（质量分数，%）										P	S
	C	Mn	Si	Ni	V	Nb	Als	N	Al	Mo	不大于	
我国常用低合金低温钢（GB/T 3531—2008）												
16MnDR	≤0.20	1.20～1.60	0.15～0.50	—	—	—	≥0.020				0.025	0.012
15MnNiDR	≤0.18	1.20～1.60	0.15～0.50	0.20～0.60	≤0.06	—	≥0.020				0.025	0.012
09MnNiDR	≤0.12	1.20～1.60	0.15～0.50	0.30～0.80	—	≤0.04	≥0.020				0.025	0.012
国外常用含镍低合金低温钢（法国NFA36—208—66）												
2.25Ni	≤0.17	≤0.70	0.15～0.30	2.10～2.50							0.025	0.025
3.5Ni	≤0.15	≤0.80	0.15～0.30	3.25～3.75							0.030	0.030

（续）

钢材牌号	化学成分（质量分数，%）										P	S
	C	Mn	Si	Ni	V	Nb	Als	N	Al	Mo	不大于	
国内外常用中、高合金低温钢												
5Ni	≤0.13	0.30~0.60	0.20~0.35	4.75~5.25	—			≤0.020	≤0.02	0.20~0.35	0.025	0.025
9Ni	≤0.13	≤0.90	0.15~0.30	8.50~9.50	—	—	—			—	0.035	0.04
15Mn26Al4	0.13~0.19	24.5~27	≤0.6						3.80~4.70		0.035	0.035

表6-18 国内外锅炉、压力容器常用低温钢的力学性能

钢材牌号	钢板厚度 /mm	力 学 性 能			
		σ_b/MPa	σ_s/MPa	δ_5（%）	A_{KV}/J
16MnDR	6~16	490~620	≥315	≥21	-40℃，≥24
	>16~36	470~600	≥295		-40℃，≥24
	>36~60	450~580	≥275		-30℃，≥24
	>60~100	450~580	≥255		-30℃，≥24
15MnNiDR	6~16	490~630	≥325	≥20	-45℃，≥27
	>16~36	470~610	≥305		
	>36~60	460~600	≥290		
09Mn2VDR	6~16	440~570	≥290	≥22	-50℃，≥27
	>16~36	430~560	≥270		
09MnNiDR	6~16	440~570	≥300	≥23	-70℃，≥27
	>16~36	430~560	≥280		
	>36~60	430~560	≥260		
2.25Ni	3~30	451~529	≥274	—	-80℃，≥40
	31~50		≥265		
3.5Ni	3~30	451~529	≥274	—	-100℃，≥40
	31~50		≥265		
Ni5	3~30	≥613	≥372	≥22	-165℃，≥39
Ni9	3~30	≥690	≥490	≥20	-196℃，≥35
15Mn26Al4	—	≥470	≥196	≥30	-196℃，≥94

2. 无Ni高合金低温钢的焊接 以15Mn26Al4奥氏体低温钢为例。

（1）焊接方法 可采用焊条电弧焊、钨极氩弧焊和埋弧焊等方法焊接。

（2）焊接材料 TIG焊可采用与母材相同的15Mn26Al4焊丝焊接，焊条电弧焊可采用

15Mn26Al3Cr2 和 E310 - 15 奥氏体不锈钢焊条，埋弧焊应采用 12Mn27Al6 材料。

（3）工艺要点　15Mn26Al4 钢可采用气体火焰气割或等离子弧切割下料，也可采用电弧气刨方法清根。

第六节　锅炉压力容器常用异种金属的焊接

异种金属是指不同元素的金属（如铝、钛等）、不同元素形成或相同元素形成而在性能上有较大差异的合金（例如低合金钢、不锈钢等）。异种金属部件能充分发挥不同材料的性能，如强度、耐腐蚀性、耐高温氧化性、耐磨性、导电性、导热性，既满足了设计和应用对部件的特殊要求，又降低了贵重金属（合金）的材料成本。异种金属焊接已成为一门高新焊接技术，在压力容器、电站锅炉、航天航空、电子器件的制造中得到了广泛应用。

一、异种金属焊接的分类

（一）根据材料组合分类

异种金属的焊接主要分为如下三大类型：

1. 异种有色金属的焊接　例如，铝及铝合金、铜及铜合金、钛及钛合金、镍及镍合金等异种有色金属之间的焊接。

2. 有色金属与黑色金属的焊接　例如，铁及镁焊接，钢与镍焊接等。

3. 异种黑色金属焊接　异种黑色金属焊接又分为三种类型

（1）异种铁焊接　例如，铁合金与铸铁的焊接。

（2）铁与钢焊接　例如，铁与不锈钢的焊接、铁与碳素钢的焊接等。

（3）异种钢焊接　异种钢焊接又分为两类：

1）不同金相组织类型钢的焊接：按金相组织类型，异种钢主要分为四个类型：珠光体型、马氏体型、铁素体型和奥氏体型，上述四大金相组织类型钢之间的焊接是最典型的异种钢焊接。例如 15CrMo 珠光体钢与 12Cr18Ni9 奥氏体钢之间的焊接。例如：9Cr - 1MoVNb 马氏体钢与 12Cr18Ni9 奥氏体钢之间的焊接等。

2）金相组织类型相同但化学成分存在较大差异钢种之间的焊接：例如，不同牌号珠光体钢 Q245R、Q345（16Mn）、16Mo3、13MnNiMoR、13MnNiMo54、15CrMo、2 ¼ Cr1Mo、12Cr1MoV、12Cr2MoWVTiB（G102）之间的焊接。

（二）根据接头的连接类型分类

1）两种不同母材金属的接头。

2）母材金属相同而填充金属不同的接头。

3）复合板接头。

二、异种金属焊接的特点

1. 被焊异种金属冶金学上的不相容性　如铁与镁异种金属的焊接，熔化金属在液相不能互溶，在焊接的熔化、凝固过程中极易产生分层、脱离而无法实现直接焊接，该情况下应选择适当的第三种金属作为过渡金属，才能进行焊接。

2. 被焊异种金属物理性能差异太大，无法形成良好接头　例如铜与镍异种金属焊接，两金属在液态和固态都能无限固溶，具有良好的冶金学相容性，但是它们在熔点、热导率、比热率、线胀系数以及电磁性能等物理性能方面有较大差异，仍然会给焊接带来很大困难，很难形成良好接头。

3. 异种金属焊接性受焊接方法的强烈制约 异种金属焊接性往往因焊接方法的不同，而差别较大，例如铜与铝或铝合金焊接，如采用熔焊时焊接性差，很难获得良好的焊接接头，而采用压焊时，焊接性就较好，很容易获得良好的接头，因此，必须从不同的焊接方法来评价异种金属的焊接性，从焊接性出发选择适当的焊接方法。常用于异种金属焊接的焊接方法有熔焊、压焊和钎焊（同时也应注意到不同的熔焊方法，如电弧焊、激光焊、电子束焊，异种金属的焊接性也会有所差别）。

4. 焊接接头的不均匀性 由于异种金属焊接接头化学成分的不均匀性，而导致接头组织和性能的不均匀性，化学成分、组织和性能的不均匀性直接影响整个接头的综合性能。例如，珠光体钢与 Cr – Ni 奥氏体不锈钢异种钢焊接时，在熔池边缘部位由于搅拌作用不足，靠珠光体 Cr – Mo 耐热钢一侧焊缝金属受母材金属的稀释作用，在接头过渡区的铬镍合金远远低于焊缝中心的平均值，产生马氏体组织。

5. 界面组织的不稳定性 由于异种金属在母材与焊缝界面两侧化学成分差异较大，存在明显的宏观化学不均匀性，在接头长期运行中，会发生一些元素的"迁移"，使界面组织发生变化，而影响接头的使用效果。

例如，采用 25 – 13 型不锈钢焊接材料焊接的 Cr – Mo 低合金耐热钢和 18 – 8 型不锈钢接头，在高温运行一段时间后，会发生"碳迁移"，而导致耐热钢与焊缝金属界面的焊接一侧增碳，耐热钢一侧母材脱碳，接头力学性能发生改变。

6. 控制焊接变形和消除焊接残留应力困难更大 力学性能和物理性能的差别导致异种金属焊接变形和应力分布更复杂，变形量和残留应力更大。由于焊缝两侧的变形和应力往往是不对称的，其应力很难通过焊后热处理完全消除，特别是两种异种金属焊后热处理工艺存在较大差异，也很难制定对异种金属和焊缝金属都适宜的焊后热处理规范。

在压力容器和锅炉制造中，常会遇到的异种金属焊接，主要有钢与镍合金的焊接，钢与钛合金的焊接和异种钢的焊接，下面对异种钢焊接进行较详细论述。

三、异种钢的焊接

异种钢的焊接，可分为不同组织类型钢种之间的焊接与化学成分、力学性能有较大差异的相同组织类型钢种之间的焊接。

（一）异种钢焊接特点及原则

异种钢之间性能上的差别可能很大，与同种钢相比，异种钢焊接的问题很多，其突出的问题是焊接接头的化学成分不均匀性及由此引起的组织不均匀性和界面组织的不稳定，以及力学性能的复杂性等。不同合金组织和不同物理性能的材料组合，其接头的组织和性能因所用不同焊接方法、不同焊接材料、不同热规范以及不同热处理制度而产生新的变化，因此给焊接工艺带来了很大的难度。

1. 焊接材料的选择 异种钢熔焊主要考虑的是焊缝金属的成分和性能。焊缝金属的成分取决于填充金属的成分、母材的成分及稀释率。焊缝金属的成分不均匀性，尤其是对于多层多道焊来说，每一层焊缝金属的成分都不相同。

对金属组织比较接近的异种钢接头，选择焊接材料的要点是：要求焊缝金属化学性能及耐热性能等其他性能不低于母材中性能要求较低一侧的指标。对于组织差别较大的珠光体 – 奥氏体异种钢接头，则应充分考虑填充金属受到稀释后接头的性能。异种钢接头焊接材料的选用主要应从以下四个方面考虑：

1）接头性能（如力学性能、耐热、耐蚀等符合母材中的一种）达到设计要求。

2）焊接材料在有关稀释率、熔化温度和其他物理性能等方面能保证焊接性需要。

3）保证接头无裂纹等缺陷前提下，当强度和塑性不能兼顾时，优先选择塑性好的焊接材料。

4）焊接材料应经济、工艺性良好、焊缝成形美观。

2. 坡口角度　主要依据母材厚度和熔合比，坡口角度越大，熔合比越小。希望熔合比越小越好，以尽量减少焊缝金属的化学成分和性能的波动。

3. 焊接参数　焊接参数对熔合比有直接影响，焊接热输入越大，母材熔入焊缝越多，即稀释越大。

4. 预热　对珠光体、贝氏体、马氏体钢，预热是减小焊接裂纹倾向的重要工艺手段。预热温度常按淬硬倾向较大的钢种确定，对于铁素体或奥氏体钢且其焊缝金属也为铁素体或奥氏体的异种钢接头，应考虑预热可能会对其使用性能有不利影响。

5. 焊后热处理　对珠光体、贝氏体、马氏体钢异种钢焊接接头，当其焊缝组织也与之基本相同时，可按合金含量较高的钢种确定热处理工艺参数这一基本原则。但对于铁素体或奥氏体钢，当其焊缝组织也为铁素体或奥氏体的异种钢接头，则应根据其使用性能的不同来选择热处理参数。

（二）不同钢种珠光体钢之间的焊接

由于珠光体钢的金相组织相似，焊接难度较小，除部分低碳钢外，大部分珠光体钢具有淬火倾向和冷裂纹敏感性。

1. 焊接材料的选择　不同珠光体钢的异种钢焊接，应选用与合金含量较低一侧母材相同相匹配的焊接材料。这样既能保证焊缝金属力学性能不低于两种母材标准规定值的较低值，而且低匹配焊接材料的塑性、韧性都较高匹配好，接头的残留应力状态也较低。焊条电弧焊通常选用低氢型焊条，以提高焊缝金属的抗裂性和塑性。要求进行焊后热处理的异种钢焊接接头，如果两侧母材的焊后热处理温度相差较大，无法确定合理热处理规范时，可先在热处理温度高的一侧母材坡口上，堆焊 8～10mm 焊后热处理温度略低的焊缝金属过渡层。堆焊后，按中间温度进行热处理，然后，再用与合金含量较低一侧母材相同相匹配的焊接材料，焊接坡口焊缝。焊后，按照合金含量较低一侧母材的上限热处理温度进行热处理。例如，20 和 2¼Cr1Mo 钢的焊接，20 钢的热处理温度为 600～630℃，而 2¼Cr1Mo 钢的热处理温度为 650～680℃。可在 2¼Cr1Mo 钢坡口侧堆焊 8～10mm 厚的 1¼CrMo 钢焊接材料过渡层，堆焊后进行 640～660℃ 热处理，再用 520 钢匹配的焊接材料进行焊接接头，焊后进行 620～640℃ 热处理。在锅炉受热面管子的设计中，一般在 20 和 2¼Cr1Mo 钢之间增加一段 1¼CrMo 钢的短管，以避免 20 钢和 2¼Cr1Mo 钢之间直接连接。如果珠光体异种钢焊接接头在产品的制造中或现场施工中无法预热和焊后热处理，也可选用奥氏体焊接材料，利用奥氏体的良好塑性和韧性，也能有效地防止焊缝和近缝区产生冷裂纹。但是奥氏体焊接材料与珠光体母材的化学成分相差很大，焊缝金属受母材金属的稀释作用，往往会在焊接接头的过渡区产生马氏体组织，由于马氏体带很窄小，焊后可以不作热处理。

2. 焊前预热　不同珠光体异种钢焊接时，应按照碳当量较高一侧母材的要求，确定是否要求预热，以及预热温度和层间温度范围。

3. 焊后热处理　珠光体异种钢接头应按照合金含量较高一侧母材的材质和厚度要求确定是否需进行焊后热处理。如果两侧母材要求热处理温度范围不同，异种钢焊接接头焊后热处理温度应根据热处理范围高的下限和热处理温度范围低的上限来确定合适的热处理范围。如果热处理温度范围高的下限高于热处理温度低的上限，且温度相差太大，应考虑堆焊过渡层或增加插入管。

（三）珠光体钢与马氏体耐热钢的焊接

珠光体钢与马氏体耐热钢（例如 9Cr1MoVNb、SA213T91、SA335P91）的异种钢焊接，为不同组织的异种钢焊接，除了具有珠光体异种钢焊接特点外，主要是两侧母材的含 Cr 量相差太大，在制定焊接工艺时，应注意碳迁移的问题，即含 Cr 量高的界面会产生增碳层，在含 Cr 量低的界面会产生脱碳层。

1. 焊接材料的选择　珠光体钢与马氏体耐热钢焊接，例如 15CrMo 钢与 9Cr1MoVNb 钢焊条电弧焊焊接时，按 15CrMo 钢焊接，选用 E5515—B2 焊条，在靠近 9Cr1MoVNb 钢一侧熔合线的母材会增碳，焊缝会脱碳。若按 9Cr1MoVNb 钢焊接，选用 E6215—9C1MV 焊条，则在靠近 15CrMo 一侧熔合线的母材会脱碳，焊缝会增碳。为减少碳迁移，应选用中间性的化学成分的焊接材料，如选用 E5515 - 5CM 焊条进行焊接。

2. 焊前预热和焊后热处理　珠光体钢与马氏体耐热钢焊接时，焊前预热及焊后热处理的原则与不同钢种珠光体钢之间的焊接相同。

（四）珠光体钢与奥氏体钢的焊接

1. 珠光体钢与奥氏体钢的焊接特点　珠光体钢与奥氏体钢焊接时，由于两者在化学成分、金相组织、物理性能及力学性能等方面有较大差异，焊接时会引起一定的难度，为保证焊接质量，必须考虑以下特点：

（1）焊缝金属的稀释　一般情况下，选择焊接材料时可以根据舍夫勒组织图（见图 6-2），按照熔合比来估算，以获得纯奥氏体或奥氏体加少量铁素体组织的焊缝成分。现以 Q235 珠光体钢与 06Cr18Ni9（1Cr18Ni）奥氏体不锈钢焊接为例，说明舍夫勒组织图的应用。图 6-2 中 a、b 点分别为 06Cr18Ni9 和 Q235 钢的铬、镍当量值，f 点为该两种母材熔化数量相同且熔化比均为 50% 情况下焊缝金属的当量成分。可以看出，焊缝为马氏体组织。c、d、e 为三种不锈钢焊条 E308 - 16（19 - 10 型）、E309 - 16（23 - 13 型）和 E310 - 16（26 - 21 型）的铬、镍当量值。当两种母材的熔合比为 30% ~ 40% 时，三种焊条的焊缝当量成分在图 6-2 中的位置分别为 h ~ g、i ~ j 和 k ~ l。由于有珠光体材料的稀释作用，19 - 10 型焊条不可能满足要求，26 - 21 型焊条有可能因单相奥氏体组织而容易产生热裂纹，所以采用 23 - 13 型焊条，通常是比较合适的。

（2）过渡区形成硬化层　焊缝金属受到母材金属的稀释作用，往往会在焊接接头过热区产生脆性的马氏体组织，即在珠光体钢一侧熔合区附近形成塑性狭窄区域带。在熔池边缘部位，由于搅拌作用不足，母材稀释作用比焊缝中心更突出，铬、镍含量远低于焊缝中心的平均值，形成了所谓的过渡区。图 6-3 为珠光体钢与奥氏体钢焊接时，珠光体钢一侧奥氏体焊缝中的母材熔入比例及合金元素的含量变化情况。由图可知，焊缝靠近熔合线处的稀释率高，见图 6-3a，铬、镍含量极低，见图 6-3b。对照舍夫勒组织图，可估算这一区域很可能是硬度很高的马氏体或奥氏体 + 马氏体组织，而这种淬硬组织正是导致焊接裂纹的主要原因。

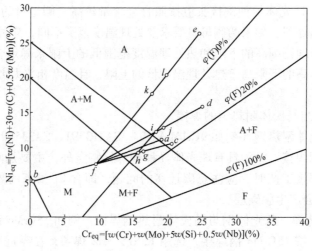

图6-2 舍夫勒组织图

（3）碳迁移形成扩散层 在焊接热处理或使用过程中长时间处于高温时，珠光体钢与奥氏体钢界面附近发生反应而使碳迁移，结果在珠光体钢一侧形成脱碳层，发生软化，奥氏体钢一侧形成增碳层发生硬化。由于两侧性能相差悬殊，受力时可能引起应变集中，降低接头承载能力。

（4）接头残留应力（焊缝金属的剥离） 除焊接时因局部加热引起焊接应力外，由于珠光体钢与奥氏体钢的线胀系数不同，焊后冷却时收缩量的差异，必然导致这类接头产生残留应力（热处理也难以消除），当接头工作在交变温度下，由于形成热应力或热疲劳而可能沿着珠光体钢与奥氏体钢的焊接界面而产生裂纹，最终导致焊缝金属的剥离。

2. 珠光体钢与奥氏体钢的焊接工艺要点

（1）焊接方法 珠光体钢与奥氏体钢焊接时应选用熔合比小、稀释率低的焊接方法，如焊条电弧焊、带极埋弧焊和熔化极气体保护焊等。

（2）焊接材料 焊缝和熔合区的组织和性能主要取决于填充金属材料，因此选择焊接材料时，应充分考虑异种钢焊接接头的使用要求、稀释作用、碳迁移、热物理性能、焊接应力及抗裂性能等系列问题。例如，提高焊条中镍的含量是抑制熔合区碳扩散和克服珠光体钢对焊缝稀释作用的有效手段。

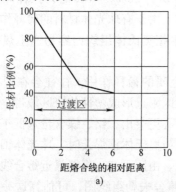
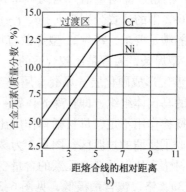

图6-3 珠光体钢一侧奥氏体焊缝中的过渡区示意图

a）母材比例的变化 b）合金元素的质量分数的变化

为提高焊缝金属的抗热裂性能，珠光体钢与普通奥氏体不锈钢（质量比 Cr/Ni > 1）焊接时，为避免出现热裂纹，应使焊缝中含有体积分数为 3% ~7% 的铁素体组织。珠光体钢与奥氏体耐热钢（Cr/Ni < 1）焊接时，选用的焊接材料应保证有较高抗裂性能的单相奥氏体组织或奥氏体加碳化物组织。

珠光体钢与奥氏体钢焊接的接头，若在常温运行，为获得奥氏体加少量铁素体组织的焊缝成分，应选用奥氏体不锈钢焊条 E309（23Cr – 13Ni），为获得单相奥氏体组织或奥氏体加碳化物组织，应选用奥氏体不锈钢焊条 E310（26Cr – 21Ni）；若在高温运行，应选用镍基合金焊条 Ni307A、ENiCrFe – 3、ENiCrFe – 2，ERNiCr – 3 焊丝，而不应选用奥氏体不锈钢焊接材料。

在高温运行的珠光体钢与奥氏体钢焊接的接头需选用镍基合金焊接材料的原因是：

1）奥氏体不锈钢线胀系数是珠光体钢的 1.5 倍左右，如果选用奥氏体不锈钢焊接材料，焊缝的线胀系数与珠光体钢的线胀系数差距很大，在高温运行时，会引起热应力和热疲劳破坏，镍基合金的线胀系数介于奥氏体钢与珠光体钢之间，镍基合金的焊接接头在高温运行时可减少热应力和热疲劳。

2）采用奥氏体不锈钢焊接材料在珠光体钢一侧界面会产生严重的碳迁移，而镍基合金焊接接头其石墨化作用能阻止碳化物生成，减少碳迁移。

3）采用镍基合金材料能减少异种钢接头中马氏体带过渡区的宽度，改善接头熔合区质量，提高接头的综合性能。

（3）焊接工艺　在确定接头形式、坡口种类、焊缝层数等工艺因素时，同样要依据珠光体钢与奥氏体钢焊接的特点，尽量减少熔合比（焊缝层数越多、坡口角度越大熔合比越小），采用小直径焊条、小电流、快速焊等。为了防止珠光体钢可能产生冷裂纹，则预热和预热温度应当按照珠光体钢来确定。

在珠光体钢一侧坡口焊接过渡层，可以降低对接头的预热要求及减少产生裂纹的危险性，过渡层应含有比母材更多的强碳化物形成元素。

第七节　压力容器常用有色金属的焊接

一、容器用铝材的焊接

铝材具有密度低、强度高、热导率高、电导率高、耐蚀能力强等优良的物理性能和力学性能。铝材广泛用于容器、机械、电力、化工、航空、航天等焊接结构的产品上。

（一）铝材的分类及牌号表示方法

1. 铝材的分类

（1）按有无合金成分分　铝材分为纯铝及铝合金。铝合金按合金系列又分为 Al – Mn 合金、Al – Cu 合金、Al – Si 合金和 Al – Mg 合金等。

（2）按压力加工能力分　可分为变形铝和非变形铝（例如，铸铝）。

（3）按能否热处理强化分　铝合金又分为非热处理强化铝和热处理强化铝。铝没有同素异构体，纯铝、铝锰合金、铝镁合金等不可能通过热处理相变来提高强度。但是，铝铜和铝镁硅等合金可通过固溶时效析出强化相提高强度，称为可热处理强化铝。不能通过固溶时效析出强化相提高强度的称为不可热处理强化铝。

2. 牌号表示方法和状态代号

（1）四位数字体系牌号命名方法 1997 年 1 月 1 号，我国开始实施 GB/T 16474—1996《变形铝和铝合金牌号表示方法》标准。新的牌号表示方法采用变形铝和铝合金国际牌号注册组织推荐的国际四位数字体系牌号命名方法，例如工业纯铝有 1070、1060 等，Al－Mn 合金有 3003 等，Al－Mg 合金有 5052、5086 等。

（2）四位字符体系牌号命名方法 1997 年 1 月 1 号前，我国采用前苏联的牌号表示方法。一些老牌号的铝及铝合金化学成分与国际四位数字体系牌号不完全吻合，不能采用国际四位数字体系牌号代替，为保留国内现有的非国际四位数字体系牌号，不得不采用四位字符体系牌号命名方法，以便逐步与国际接轨。例如：老牌号 LF21 的化学成分与国际四位数字体系牌号 3003 不完全吻合，于是，四位字符体系表示的牌号为 3A21。

四位数字体系和四位字符体系牌号第一个数字表示铝及铝合金的类别，其含义如下：

1）1×××系列——工业纯铝。

2）2×××系列——Al－Cu、Al－Cu－Mn 合金。

3）3×××系列——Al－Mn 合金。

4）4×××系列——Al－Si 合金。

5）5×××系列——Al－Mg 合金。

6）6×××系列——Al－Mg－Si 合金。

7）7×××系列——Al－Mg－Si－Cu 合金。

8）8×××系列——其他。

（3）铝铸件牌号 我国容器用铝铸件牌号采用 ZAl＋主要合金元素符号＋合金元素质量分数（重量百分数）表示。例如，ZAlSi7Mg1A、ZAlCu4、ZAlMg5Si 等。

（4）状态代号 相同牌号的铝及铝合金，状态不同时，力学性能不相同。按照 GB/T 16475《变形铝和铝合金状态代号》标准，新状态代号规定如下：

1）O——退火状态。

2）H112——热作状态。

3）T4——固溶处理后自然时效状态。

4）T5——高温成形过程冷却后人工时效状态。

5）T6——固溶处理后人工时效状态。

（二）铝容器的应用特点和容器规范采用的铝及铝合金

1. 铝容器的应用特点

1）铝在空气和氧化性水溶液介质中，其表面较易产生致密的氧化铝钝化膜，使之在一些氧化性介质中具有良好的耐蚀性。在高温浓硝酸中，纯铝的耐蚀性优于不锈钢。

2）对一些腐蚀性不太强，但要求防铁污染的介质，如化纤生产介质等，铝有较好的耐蚀性，而且没有铁污染物料，因此，铝材常作为防铁污染容器的材料。其他有色金属容器也能防铁污染，但铝最便宜。

3）铝是面心立方晶格，没有同素异构体，低温下不存在像铁素体钢那样的脆性转变，铝容器的最低设计温度可达 $-269℃$。铝材常作为低温容器的材料。

铝镁合金中的镁含量较高时，会以金属间化合物 Mg_2Al_3 和 Mg_5Al_8 在晶间析出，使铝镁合金在某些介质中产生应力腐蚀敏感性，只有在65℃以下使用才不会产生应力腐蚀，因此镁的质量分数超过了3%的铝镁合金，规定设计温度不超过65℃。析出相过多也会降低冲击韧度，因此镁的质量分数超过3%的铝镁合金及其焊接接头应检验冲击韧度。其他铝和铝容器，包括低温铝容器均不要求进行冲击韧度检验。

4）由于铝镁硅合金固溶时效状态强度高，塑性也较好，焊接性好，焊接接头在焊后状态仍能保持较高的强度，因而常用来作为制造容器用高强度铝合金材料。

铝及铝合金没有明显的屈服极限，代之以非比例伸长应力，符号为 $\sigma_{P0.1}$。铝特别是纯铝的规定非比例伸长应力很低，在小的载荷下即会产生塑性变形。铝容器在使用与运输时，应注意碰撞变形。

5）为了得到好的塑性，纯铝、铝锰合金和铝镁合金的变形铝材都只在退火状态或热作状态使用，不采用冷作状态。只有铝镁硅合金和铝铜合金才在固溶时效状态下使用，以保证其高强度。

2. 容器规范采用的铝及铝合金　要求制造容器的材料具有良好的成形性和焊接性，JB/T 4734—2002《铝制焊接容器》中采用的铝及铝合金有：

（1）工业纯铝 1A85、1050A、1060 和 1200。

（2）Al – Cu 合金　2014。

（3）Al – Mn 合金　3003 和 3004。

（4）Al – Mg 合金 5A02、5A03、5A05、5052、5052、5058 和 5086。

（5）Al – Mg – Si 合金　6A02、6061 和 6063。

这里仅列出 1200、3004、5A03 和 6A02 四个典型牌号铝及铝合金化学成分，见表6-19，其板材的力学性能见表6-20。其他牌号铝及铝合金化学成分和力学性能，可查阅相关标准。变形铝及铝合金新旧牌号对照，请查阅 GB/T 3190—2008。

表6-19　四个典型牌号铝及铝合金的主要化学成分

牌 号		化学成分[①]（质量分数，%）										
新	旧	Si	Fe	Cu	Mn	Mg	Cr	Ni	Zn	Ti	Al	其他	备注
1200	L5	Si + Fe：1.0		0.05	0.05	—	—	—	0.10	0.15	余量	0.05	工业纯铝
3004	—	0.30	0.7	0.25	1.0 ~ 1.5	0.8 ~ 1.3	—	—	0.25	0.10	余量	0.15	铝锰合金
5A03	LF3	0.5 ~ 0.8	0.5	0.10	0.3 ~ 0.6	3.2 ~ 3.8			0.20	0.15	余量	0.10	铝镁合金
6A02	LD2	0.5 ~ 1.2	0.5	0.2 ~ 0.6	或 Cr 0.15 ~ 0.35	0.45 ~ 0.9			0.20	0.15	余量	0.10	铝镁硅合金

① 表中单值为最大值。

表 6-20 四个典型牌号铝板的力学性能

牌号	状态	板厚/mm	σ_b/MPa	$\sigma_{0.2}$/MPa
1200	O	0.8 ~ 10.0	75	25
	H112	>4.5 ~ 6.5	95	50
		>6.5 ~ 12.5	90	50
		>12.5 ~ 50.0	85	35
		>50.0 ~ 80.0	80	25
3004	O	≤10.0	150	60
5A03	O	0.5 ~ 4.5	195	100
	H112	>4.5 ~ 10.0	185	80
		>10.0 ~ 25.0	175	70
		>25.0 ~ 50.0	165	60
6A02	T4	0.5 ~ 4.5	195	100
		>4.5 ~ 10.0	175	90
	T6	>0.5 ~ 10.0	296	230

（三）铝及铝合金的焊接工艺

1. 铝及铝合金的焊接特点

1）铝在空气中及焊接时极易氧化，生成的氧化铝（Al_2O_3）熔点高、非常稳定，不易去除。阻碍母材的熔化和熔合，氧化膜的比重大，不易浮出表面，易生成夹渣、未熔合、未焊透等缺陷。铝材的表面氧化膜和吸附大量的水分，易使焊缝产生气孔。焊接前应采用化学或机械方法进行严格表面清理，清除其表面氧化膜。在焊接过程加强保护，防止其氧化。钨极氩弧焊时，选用交流电源，通过"阴极清理"作用，去除氧化膜。气焊时，采用能去除氧化膜的焊剂。在厚板焊接时，可加大焊接热输入量，例如，氦弧热量大，利用氦气或氩氦混合气体保护，或者采用大规范的熔化极气体保护焊，在直流正接情况下，可不需要"阴极清理"。

2）铝及铝合金的热导率和比热容均约为碳素钢和低合金钢的两倍多。铝的热导率则是奥氏体不锈钢的十几倍。在焊接过程中，大量的热量能被迅速传导到基体金属内部，因而铝及铝合金焊接时，能量除消耗于熔化金属熔池外，还要有更多的热量无谓消耗于金属其他部位，这种无用能量的消耗要比钢的焊接更为显著，为了获得高质量的焊接接头，应当尽量采用能量集中、功率大的焊接方法，有时也可采用预热等工艺措施。

3）铝及铝合金的线胀系数约为碳素钢和低合金钢的 2 倍。铝凝固时的体积收缩率较大，焊件的变形和应力较大，因此，需采取预防焊接变形的措施。铝焊接熔池凝固时容易产生缩孔、缩松、热裂纹及较高的内应力。生产中可采用调整焊丝成分与焊接工艺的措施，以防止热裂纹的产生。在耐蚀性允许的情况下，可采用铝硅合金焊丝焊接除铝镁合金之外的铝合金。在铝硅合金中 $w(Si)$ 为 0.5% 时热裂倾向较大，随着含硅量的增加，合金结晶温度范围变小，流动性显著提高，收缩率下降，热裂倾向也相应减小。根据生产经验，当 $w(Si)$ 为 5% ~ 6% 时可不产生热裂，因而采用 SAlSi – 1 ［$w(Si)$ 为 4.5% ~ 6%］ 焊丝会有更好的抗裂性。

4）铝对光、热的反射能力较强，固态、液态转变时，没有明显的色泽变化，焊接操作时判断难。高温铝强度很低，支撑熔池困难，容易焊穿。

5）铝及铝合金在液态能溶解大量的氢，固态几乎不溶解氢。在焊接熔池凝固和快速冷却的过程中，氢来不及溢出，极易形成氢气孔。弧柱气氛中的水分、焊接材料及母材表面氧化膜吸附的水分，都是焊缝中氢气的重要来源。因此，对氢的来源要严格控制，以防止气孔的形成。

6）合金元素易蒸发、烧损，使焊缝性能下降。

7）母材基体金属如为变形强化或固溶时效强化时，焊接热会使热影响区的强度下降。

8）铝为面心立方晶格，没有同素异构体，加热与冷却过程中没有相变，焊缝晶粒易粗大，不能通过相变来细化晶粒。

2. 焊接方法 几乎各种焊接方法都可以用于焊接铝及铝合金，但是铝及铝合金对各种焊接方法的适应性不同，各种焊接方法有其各自的应用场合。气焊和焊条电弧焊方法，设备简单、操作方便。气焊可用于对焊接质量要求不高的铝薄板及铸件的补焊。焊条电弧焊可用于铝合金铸件的补焊。气体保护焊（钨极或熔化极）方法是应用最广泛的铝及铝合金焊接方法。铝及铝合金薄板可采用钨极交流氩弧焊或钨极脉冲氩弧焊。铝及铝合金厚板可采用钨极直流氩弧焊、氩氦混合钨极气体保护焊、熔化极氩弧焊（直流反接）、熔化极氦弧焊和氩氦混合熔化极气体保护焊。

3. 焊接材料

（1）焊丝 铝及铝合金焊丝的选用除考虑良好的焊接工艺性能外，还按容器要求，应使对接接头的抗拉强度、塑性（通过弯曲试验）达到规定要求，对 $w(Mg)$ 量超过3%的铝镁合金应满足冲击韧度的要求，对有耐蚀要求的容器，焊接接头的耐蚀性还应达到或接近母材的水平。因而焊丝的选用主要按照下列原则：

1）纯铝焊丝的纯度一般不低于母材。

2）铝合金焊丝的化学成分一般与母材相近。

3）铝合金焊丝中的耐蚀元素（镁、锰、硅等）的含量一般不低于母材。

4）异种铝材焊接时应按耐蚀较高、强度高的母材选择焊丝。

5）不要求耐蚀性的高强度铝合金（热处理强化铝合金）可采用异种成分的焊丝。

常用铝材推荐选用的焊丝牌号见表6-21，不同类别铝材相焊推荐选用焊丝牌号见表6-22。

表6-21 常用铝材推荐选用的焊丝牌号

同牌号铝材相焊	气焊、钨极气体保护焊、熔化极气体保护焊、等离子弧焊用焊丝	同牌号铝材相焊	气焊、钨极气体保护焊、熔化极气体保护焊、等离子弧焊用焊丝
1A85	SAl3	5A05	SAlMg-5
1050A	SAl-3	5052	SAlMg-1
1060	SAl-3	5083	SAlMg-3
1200	SAl-1	5086	SAlMg-3
2014	SAlSi-1	5454	SAlMg-1
3003	SAlMn	6A02	SAlSi-1
3004	SAlMn	6063	SAlSi-1
5A02	SAlMg-1	6061	SAlMg-1，SAlMg-5，SAlSi-1
5A03	SAlMg-2		

表 6-22　不同类别铝材相焊推荐选用焊丝牌号

不同类别铝材	钨极气体保护焊、熔化极气体保护焊、等离子弧焊用焊丝
纯铝与铝锰合金相焊	SAlMn
纯铝、铝锰合金与 5A02、5052 相焊	SAlMg - 1、SAlMg - 5
纯铝、铝锰合金与 5A03 相焊	SAlMg - 2
纯铝、铝锰合金与 5083、5086 相焊	SAlMg - 3
纯铝、铝锰合金与 5A05、5A06 相焊	SAlMg - 5
纯铝、铝锰合金、铝镁合金与 2014、6A02、6061、6063 相焊	SAlSi - 1

（2）保护气体　保护气体为氩气、氦气或及其混合气。交流加高频 TIG 焊时，采用大于 99.99%（体积分数）纯氩气，直流正极性焊接宜用氦气。MIG 焊时，板厚大于 25mm 时，宜用氩气；板厚为 25 ~ 50mm 时，氩气中宜添加体积分数为 10% ~ 35% 的氦气；板厚为 50 ~ 75mm 时，氩气中宜添加体积分数为 10% ~ 35% 或 50% 的氦气；当板厚大于 75mm 时，推荐采用添加体积分数为 50% ~ 75% 的氦气。

（3）焊剂　气焊用焊剂为钾、钠、锂、钙等元素的氯化物和氟化物，可去除氧化膜。

4. 焊前准备

（1）焊前清理　铝及铝合金焊接时，焊前应严格清除焊件坡口两侧及焊丝表面的氧化膜和油污，清除质量直接影响焊接工艺与接头质量，如焊缝气孔产生的倾向和力学性能等。常采用化学清洗和机械清理两种方法。

1）化学清洗：化学清洗效率高，质量稳定，适用于清理焊丝及尺寸不大、成批生产的焊件。可用浸洗法和擦洗法两种。清洗时可用丙酮、汽油、煤油等有机溶剂对焊件表面去油，用 40 ~ 70℃ 的质量分数为 5% ~ 10% NaOH 溶液碱洗 3 ~ 7min（纯铝时间稍长但不超过 20min），再用流动清水冲洗，接着用室温至 60℃ 的质量分数为 30% 的 HNO_3 溶液酸洗 1 ~ 3min，然后用流动清水冲洗，风干或低温干燥。

2）机械清理：在焊件尺寸较大、生产周期较长、多层焊或化学清洗后又沾污时，常采用机械清理。先用丙酮、汽油等有机溶剂擦拭焊件表面以脱脂，随后直接用直径为 0.15 ~ 0.2mm 的铜丝刷或不锈钢丝刷子刷，刷洗到露出金属光泽为止。一般不宜用砂轮或普通砂纸打磨，以免砂粒留在金属表面，焊接时进入熔池产生夹渣等缺陷。另外也可用刮刀、锉刀等清理待焊焊件表面。

焊件和焊丝经过清洗和清理后，在存放过程中会重新产生氧化膜，特别是在潮湿环境下，在被酸、碱等蒸气污染的环境中，氧化膜成长得更快。因此，焊件和焊丝清洗和清理后到焊接前的存放时间应尽量缩短，在气候潮湿的情况下，一般应在清理后 4 h 内施焊。清理后如存放时间过长（如超过 24 h）应当重新处理。

（2）垫板　铝及铝合金在高温时强度很低，液态铝的流动性能好，在焊接时焊缝金属容易产生下塌现象。为了保证焊透而又不致塌陷，焊接时常采用垫板来托住熔池及附近金属。垫板可采用石墨板、不锈钢板或碳素钢板等。垫板表面开一个圆弧形槽，以保证焊缝反面成形。也可以不加垫板进行单面焊双面成形，但要求焊接操作熟练或采取对电弧施焊能量严格自动反馈控制等先进工艺措施。

（3）焊前预热　薄、小铝件一般不用预热，板厚为 10 ~ 15mm 时可进行焊前预热，根据不同类型的铝合金，预热温度为 100 ~ 200℃，并可用氧乙炔焰、电炉或喷灯等加热焊件。预热可使焊件减小变形、减少气孔等缺陷的产生。

5. 焊后处理

（1）焊后清理　焊后留在焊缝及附近的残存焊剂和焊渣等会破坏铝合金焊件表面的钝化膜，有时还会腐蚀焊件，应清理干净。对形状简单、要求一般的焊件可以用热水冲刷或蒸气吹刷等简单方法清理。要求高而形状复杂的焊件，在热水中用硬毛刷刷洗后，再在 60 ~ 80℃左右、质量分数为 2% ~ 3% 的铬酐水溶液或重铬酸钾溶液中浸洗 5 ~ 10min，并用硬毛刷洗刷，然后在热水中冲刷洗涤，用烘箱烘干，或用热空气吹干，也可自然干燥。

（2）焊后热处理　铝容器一般焊后不要求热处理。如果所用铝材在容器接触的介质条件下确有明显的应力腐蚀敏感性，需要通过焊后热处理以消除焊接应力。如需焊后退火热处理，各类铝合金推荐的热处理规范见表 6-23。

表 6-23　各类铝合金推荐的热处理规范

铝合金材料牌号	热处理温度/℃	保温时间/h
纯铝、5052、5086、5154、5454、5A02、5A03、5A06	320 ~ 360	
2014、2024、3003、3004、5056、5083、5456、6061、6063、2A12、2A24、3A21	400 ~ 450	0.5 ~ 2
2017、2A11、6A02	340 ~ 380	

二、容器用钛材的焊接

钛是一种新型防腐材料，由于其密度小、强度高，在海水中和大多数酸、碱、盐介质中均有良好的耐腐蚀能力，因此受到各国重视，已被广泛地应用于航空、航天、造船、化工机械、海水淡化和医疗器械等工业中。由于钛的熔点高、热容量大、导热性差，特别是化学活泼性高，因此给钛材的焊接带来一定的困难。

（一）钛材的分类和牌号

1. 钛材的分类

（1）按有无合金成分　钛材分为工业纯钛及钛合金。由于工业纯钛的塑性、韧性好，耐腐蚀、焊接性好和易成形，在化工行业得到广泛应用。但是，工业纯钛的强度偏低，为提高强度和改善其他性能，需加合金元素，例如，铝、镁、锰、钒、锡等，就成为钛合金。

（2）按室温下平衡组织　钛材分为 α 钛和钛合金、β 钛合金和 α + β 钛合金。

钛在 882℃以上为体心立方晶体，称为 β 钛，在 882℃以下为密排六方晶体，称为 α 钛。

工业纯钛为不含合金元素的 α 钛，α 钛合金为含一定 α 稳定元素的钛合金，组织几乎全为 α 相。α 钛和钛合金具有优良的热稳定性、强度、组织稳定性、低温力学性能和焊接性。

β 钛合金为含一定 β 稳定元素的钛合金。在一定工艺条件下，组织几乎全为 β 相。通过时效热处理，可提高强度。β 钛合金加工性能好，但焊接性差，低温脆性大。

α + β 钛合金的组织由 α 相和 β 相组成，可热处理强化，耐热性好。α 相比例高时，加工性能差，β 相比例高时，焊接性差。

2. 钛及钛合金的牌号

（1）我国钛及钛合金的板、管、棒和锻件的牌号　牌号为：$T\times_1\times_2$。

其中 T 表示钛材，$\times_1$ 为 A、B 和 C 字母，A 表示组织为 α 相、B 表示组织为 β 相和 C 表示组织为 α + β 相。$\times_2$ 为 1 ~ 10 的数字，表示不同化学成分序号。例如 TA0、TA1 和 TA10 等为不同化学成分的 α 钛及钛合金，TB2 为 β 钛合金，TC1、TC2 和 TC3 等不同化学成分的 α + β 钛合金。

（2）我国钛和钛合金铸件的牌号　我国钛及钛合金铸件的牌号由 ZTi + 数字序号组成，其中 Z 表示铸件，Ti 表示钛材。数字表示不同化学成分序号。例如 ZTi1、ZTi2 等。

（二）钛容器的应用特点及容器规范采用的钛及钛合金

1. 钛容器的应用特点

1）钛在空气和氧化性、中性水溶液介质中，其表面很易产生致密的氧化钛钝化膜，使钛的电极电位显著正移，大大提高了热力学稳定性。钛在许多介质中具有比不锈钢、铝等好得多的耐蚀性，可以说固定式容器（包括换热器）采用钛容器，基本上都是利用了钛优异的耐蚀性；移动式容器还利用了钛的密度轻、比强度高的特性。

2）钛材不存在像铁素体钢那样的低温脆性问题，钛材可以用作温度低至 - 269℃ 的低温容器，但由于奥氏体不锈钢、铝、铜等也可用作低温容器，且比钛材便宜，因此钛材实际上很少用于制作低温固定式容器。在航空、航天中钛用来制作移动式低温容器，主要是利用了钛的高比强度、重量轻的特点。

3）在海水、盐水等含氯介质中，碳素钢、低合金钢、一般不锈钢、铝耐蚀性均不好，而钛具有独特优异的耐蚀性，约有 50% 的钛容器用于抗含氯介质的腐蚀。

4）由于钛的耐蚀性是由表面氧化膜所致，因此一般的工业纯钛及钛合金在高温盐酸等强还原性介质中不耐蚀。Ti - 32Mo 可耐盐酸腐蚀，但其塑性和工艺性能差。

5）钛在一定条件下，在发烟硝酸、干氯气、甲醇、三氯乙烯、液态四氧化二氮、熔融金属盐、四氯化碳、尿吡啶、溴蒸气等介质中可能产生燃烧、爆炸或应力腐蚀，使钛容器产生恶性事故。

6）在温度超过 500℃ 的纯氧或温度超过 1200℃ 的空气中，钛会燃烧，因此钛容器不得在接触空气和氧的情况下接触明火，以避免钛容器燃烧。

7）钛材和钛容器一般不要求考核冲击韧度。

8）钛材的主要用途有两类：一为航空中用于制造超音速飞机等，主要用其高的比强度，主要牌号为 Ti - 6Al - 4V；另一为用于民用工业的产品制造上，主要用其优异的耐蚀性，主要牌号为工业纯钛。

我国 90% 以上的钛材用于民用工业，民用工业用钛材中，约有 3/4 用于容器（包括换热器的制作），因此我国容器用钛材，在钛工业中占举足轻重的地位。

2. 容器规范采用的钛及钛合金　钛及钛合金没有明显的屈服极限，代之以规定残留伸长应力，符号为 $\sigma_{r0.2}$。容器用钛材并不追求过高的强度，主要要求良好的塑性、韧性、成形性与焊接性，使容器在制造中顺利成形与焊接，在使用中具有尽量高的塑性储备。因而，容器用钛材一般只采用工业纯钛和耐蚀低合金钛（单个合金的质量分数一般不超过 1%），我国变形钛及钛合金标准 GB/T 3620—2007 中有 76 个牌号，但钛容器标准 JB/T 4745—2002 《钛制焊接容器》中只采用工业纯钛 TA0、TA1、TA2、TA3 及耐蚀低合金钛 TA9、TA10 共 6

个牌号。这些牌号的合金元素含量最低，都为 α 钛和钛合金，具有最好的塑性、韧性、成形性、焊接性，也具有最好的耐蚀性，足够的强度。

容器用钛及钛合金板的主要化学成分见表 6-24，其力学性能参见表 6-25。

表 6-24　容器用钛及钛合金板的主要化学成分[①]　　　　　　（质量分数，%）

牌号	化学成分组	主要成分				杂质元素					其他	
		Ti	Pd	Mo	Ni	Fe	C	N	H	O	单一	总和
TA1	工业纯钛	基	—	—	—	0.20	0.08	0.03	0.015	0.18	0.10	0.40
TA2	工业纯钛	基	—	—	—	0.30	0.08	0.03	0.015	0.25	0.10	0.40
TA3	工业纯钛	基	—	—	—	0.30	0.08	0.05	0.015	0.35	0.10	0.40
TA4	工业纯钛	基	—	—	—	0.50	0.08	0.05	0.015	0.40	0.10	0.40
TA9	Ti-0.2Pd	基	0.12~0.25	—	—	0.30	0.08	0.03	0.015	0.25	0.10	0.40
TA10	Ti-0.3Mo-0.8Ni	基	—	0.2~0.4	0.6~0.9	0.30	0.08	0.03	0.015	0.25	0.10	0.40

① 表中单值为最大值。

（三）钛材的焊接工艺

1. 钛材的焊接特点

（1）杂质污染引起的脆化　钛材具有很高的化学活泼性。在焊接热循环的作用下，焊接熔池及高于 350℃ 的焊缝金属和热影响区极易与空气中的氢、氧、氮及焊丝、焊件中的油污、水分等有机物发生反应。因此，钛材焊接过程中若没有采取严格的氩气保护措施，或者气体保护效果不良及焊丝、焊接区域的氧化膜、油污、水分等杂质清理不干净，就会使焊缝受到污染，使其焊接接头的强度及硬度升高，塑性下降，导致焊接接头的性能变坏。

钛材表面生成氧化膜的颜色与生成温度有关。在 200℃ 以下为银白色、300℃ 时为淡黄色、400℃ 时为金黄色、500℃ 和 600℃ 时为蓝色和紫色，700~900℃ 为各种灰色。可以根据表面生成氧化膜的颜色来判断焊接过程未保护区的温度。

（2）焊接相变引起的性能变化　焊接过程中，处在高温下的 β 钛有晶粒发生急剧长大的倾向。若焊接时高温停留时间较长，这样会使焊缝和热影响区的晶粒长大明显，而降低焊接接头的塑性。

表 6-25　容器用钛及钛合金板力学性能

牌号	状态	板厚/mm	σ_b/MPa（≥）	$\sigma_{0.2}$/MPa（≥）
TA1	退火	0.3~25.0	280	170
TA2	退火	0.3~25.0	370	250
TA3	退火	0.3~25.0	440	320
TA4	退火	0.3~25.0	540	410
TA9	退火	0.8~25.0	370	250
TA10	退火	2.0~25.0	485	345

（3）气孔　气孔是钛材焊接中较常见的缺陷。钛材焊接时产生的气孔主要是氢气孔，此外，还能形成 CO 气孔，所以熔池金属中含有较多氢气、氧气和碳元素是钛材焊接时产生

气孔的先决条件。因此钛材的焊接必须限制钛材焊丝中氢、氧、碳的含量，并将焊丝及焊接区域的氧化膜、油污、水分等清理干净。

（4）裂纹 裂纹也是钛材焊接中可能产生的缺陷。其产生原因主要是由于氢的作用造成的，另外焊缝金属中存在较高的氧、氮、碳等杂质，也是促进裂纹形成的因素。因此从防止产生裂纹的角度考虑，也要减少焊缝中氢的含量和对氧、氮、碳等杂质含量加以限制。

（5）焊接变形较大 钛材的弹性模量仅为碳素钢的 0.5，在同样的焊接应力下，钛材的焊接变形量会比碳素钢大 1 倍。因此焊接钛材时，一般应用垫板及压板压紧焊件，以减小焊接变形量。

（6）焊缝组织 焊缝为铸造组织，比压力加工的母材组织疏松，且难免有枝晶组织、气孔、缩松、内应力等缺陷（在无损检测允许范围内），在焊丝杂质含量与母材相同的情况下，焊缝的塑性和韧性必然大大低于母材。

（7）钛与钢不能熔焊 铁在常温下在钛中的溶解度仅为 0.05% ~ 0.10%，因而钛与钢不能直接熔焊。由于在钛容器中经常同时使用钛和钢的构件，钛与钢不能熔焊，使得在结构上和工艺上不得不采取许多特殊措施。例如衬钛容器的衬钛层和复合板容器的钛覆层常不能用对接焊接接头，而用盖板搭接角焊焊接接头。钛和钢的连接可以用钎焊，此时只能起到密封作用，而不能承受容器的正常载荷。钛与铝、铜等金属也不能熔焊，只能与锆、铪等金属熔焊。

2. 钛及钛合金的焊接方法 钛合金焊接时主要采用的焊接方法有钨极氩弧焊、熔化极氩弧焊、等离子弧焊等，对于不承受载荷的密封结构的焊接可采用钎焊，也可以用爆炸焊来进行钛与钢复合板的复合焊接。

3. 焊接材料

（1）焊丝 焊丝中的氮、氧、碳、氢、铁等杂质元素的标准规定上限值应低于母材中杂质元素的标准规定上限值。如果钛焊丝与母材杂质成分相同，则焊缝的杂质成分总是高于母材，又由于焊缝组织疏松，会使焊缝的塑性、韧性大大低于母材。但是，1999 年 1 月以前，我国没有杂质成分低于母材的钛焊丝标准，有些制造单位直接从钛板母材上裁条充当焊丝，进行钛容器的焊接，使钛容器焊缝的塑性、韧性低于母材，致使焊缝开裂成为钛容器的主要失效形式。尽管 GB/T 3623—2007《钛及钛合金丝》中的焊丝杂质含量比相应母材低，但比国外钛焊丝标准中的杂质含量高得多，使焊缝塑性、韧性仍然不能满足要求，不推荐使用。JB/T 4745—2002《钛制焊接容器》中制定了杂质含量更低的钛焊丝标准，就是《钛制焊接容器》中附录 D《压力容器用钛及钛合金焊丝》。一般配用与母材相应的焊丝，如 TA3 配用 STA2R 焊丝。不同牌号的钛材相焊时，按耐蚀性能较好和强度级别较低的母材选择焊丝。常用钛材推荐选用焊丝牌号见表 6-26。

表 6-26 常用钛材推荐选用焊丝牌号

钛材牌号	TA1	TA2	TA3	TA4	TA9	TA10
钨极气体保护焊、熔化极气体保护焊、等离子弧焊	STA0R	STA1R	STA2R	STA3R	STA9R	STA10R

（2）气体保护

1）保护气体：钛材焊接时，一般采用氩气作为保护气体。所用氩气纯度（体积分数）

应不低于 99.99%，其中其他气体成分的体积分数分别为：氧低于 0.002%、氮低于 0.005%、氢低于 0.002%，水分低于 0.001mg/L。深熔焊时为了增加熔深，仰焊时为提高保护效果，有时也采用氦气或氩氦混合气作为保护气体。

2) 气体保护装置：包括焊枪喷嘴保护熔池，拖罩保护冷却中的焊接接头的正面，垫板保护焊接接头背面。

钛材焊接所用的焊枪与焊接铝或不锈钢的焊枪不同，常用大直径主喷嘴，手工焊时直径为 14~20mm，自动焊时为 16~22mm。

拖罩能保护温度在 400℃ 以上的焊缝和热影响区，拖罩的形状和尺寸应随焊件厚度、冷却方式、焊接电流及焊缝形状等因素而定。拖罩贴在焊接区随焊枪一起移动。

焊缝背面用铜垫板加速焊接区的冷却和隔绝空气，铜垫板中也可吹送保护气，也可用拖罩贴在焊接区背面随焊接一起移动。国外也有用化学纯细颗粒无氧焊剂垫在焊接区背面进行保护的方法。角焊缝焊接时，可在焊缝背面放一根一侧锯有小槽或钻有小孔的铜管吹送氩气。

4. 焊前准备

(1) 焊前清理　焊件和焊丝焊前应仔细清除表面的氧化物、氮化物、油污、水分和其他有机污染物，一般采用酸洗或砂轮、砂布打磨。对于容器的纵环焊缝、角焊缝、换热器的管与板的焊接、管焊缝等酸洗比较困难，可用砂轮、砂布打磨坡口两侧，并注意将残留的砂粉尘末清洗干净。对于焊丝、封头、膨胀节和其他不易打磨的零件焊前应酸洗，酸洗配方与工艺可参照表 6-27。酸洗后应用清水冲洗干净。如焊件无法酸洗，也可用硬质合金刮刀刮削，去除约 0.025mm 厚的金属表面。以上清理后在焊前均应用丙酮、无水酒精等溶剂（不能用甲醇）清洗待焊接区。不得用手触摸与再污染。再污染后应重新清理与清洗。

表 6-27　酸洗配方与工艺

编号	酸洗液配方（体积分数）	酸洗温度/℃	酸洗时间/min
1	2%~4% 氢氟酸、30%~40% 硝酸、余为水	≤60	2~3
2	25mL/L~50g/L 氟化钠	25~30	10~15
3	2% 氢氟酸、30% 硫酸、余为水	25~30	5~10

(2) 焊前预热　容器用钛材的焊接，不需要焊前预热，应尽量降低层间温度，不要超过 315℃。

5. 焊后处理

(1) 焊后清理　应清除焊接飞溅、弧坑等，不合格的缺陷应补焊。

(2) 焊后热处理　容器用钛材一般不要求焊后热处理，如要求焊后热处理也是指消除应力热处理。对于容器用钛材而言，可在 400~450℃ 保温 6~8h 作低温消除应力退火，也可在 450~550℃ 保温 1h 左右，也可在 600~750℃ 真空下或惰性气体介质中，保温 15min~1h，可由制造者根据具体情况来选择。

三、容器用镍基合金的焊接

镍基合金具有独特的物理、化学和耐蚀性能。镍基合金在 200~1900℃ 范围内能抗各种介质的侵蚀，同时具有良好的高温和低温力学性能。镍基合金显微组织为奥氏体，固态没有相变。母材和焊缝金属的晶粒不能通过热处理细化。

（一）镍合金牌号和分类

中国镍合金牌号采用汉语拼音字母"NS"作前缀，而后接三个阿拉伯数字表示 。例如 NS111，NS142，NS312，NS336，NS411 等。

符号"NS"后的第一个数字表示分类号。

其中　NS 1××——表示固溶强化型铁镍合金分类号。

　　　NS 3××——表示固溶强化型镍基合金分类号。

　　　NS 4××——表示沉淀硬化型镍基合金分类号。

符号"NS"后的第二个数字表示不同合金系列，符号"NS"后的第三个数字表示不同合金牌号顺序号。

国外按不同的合金系列将镍及镍合金分成 7 类：

（1）工业纯镍　工业纯镍中，$w(Ni)$ 为 99.5% 以上。例如镍 200，镍 201，其中镍 201 含碳量较低，主要应用于化学品装运容器和苛性碱的处理设备的制造。

（2）Ni–Cu 合金　又称蒙乃尔合金，其 $w(Ni)$ 达 66.5% 以上，例如蒙乃尔 400，蒙乃尔 R–405。主要用于锅炉给水加热器和石化容器的反应釜等。

（3）Ni–Cr、Ni–Cr–Fe　又称因康镍合金，其 $w(Ni)$ 在 60% 左右，Cr 为主要合金元素，Fe 为次要合金元素。例如因康镍 600，对应国内牌号 NS312，因康镍 690 对应国内牌号 NS315，主要用于加热器、换热器和蒸馏塔等的制作。

（4）Ni–Fe–Cr 合金　又称因康洛依合金，$w(Ni)$ 为 30%~50%，Fe 为主要合金元素，Cr 为次主要合金元素。例如因康洛依 800（NS111）、因康洛依 825（NS142），主要用于制造耐应力腐蚀、高温腐蚀的设备和部件。

（5）Ni–Mo 合金　例如 NS321（B）合金，又称哈斯特洛依 B，主要用于耐盐酸等腐蚀的容器和部件的制造。

（6）Ni–Cr–Mo 合金　例如 NS333（C）合金。

（7）Ni–Cr–Mo–Cu 合金　例如 NS341 合金。

国内外锅炉、压力容器常用镍基合金的化学成分参见表 6-28，其力学性能参见表 6-29。

表 6-28　国内外锅炉、压力容器常用镍基合金的牌号及主要化学成分

镍基合金牌号		化学成分（质量分数，%）												
中国	美 国	C	Cr	Ni	Mo	Fe	Cu	Al	Ti	Mn	Si	P	S	Nb+Ta	Co
NS111	800（因康洛依）	≤0.10	19.0~23.0	30.0~35.0	—	≥39.5	≤0.75	0.15~0.60	0.15~0.60	≤1.50	≤1.00	≤0.03	≤0.015	—	—
NS142	825（因康洛依）	≤0.05	19.5~23.5	38.0~46.0	2.5~3.5	≥22	1.5~3.0	≤0.20	0.60~1.20	≤1.00	≤0.50	≤0.030	≤0.030	—	—
NS312	600（因康镍）	≤0.15	14.0~17.0	≥72.0	—	6.0~10.0	≤0.5	—	—	≤1.00	≤0.50	≤0.030	≤0.015	—	—
NS336	625（因康镍）	≤0.10	20.0~23.0	≥58.0	8.0~10.0	≤5.0	—	≤0.40	≤0.40	≤0.5	≤0.50	≤0.015	≤0.015	3.15~4.15	≤1.0

表 6-29　锅炉压力容器常用镍基合金的力学性能

牌　　号	σ_b/MPa	$\sigma_{0.2}$/MPa	δ_5（％）
800（因康洛依）	≥517	≥207	≥30
825（因康洛依）	≥586	≥241	≥30
600（因康镍）	≥552	≥241	≥30
625（因康镍）	≥827	≥414	≥30

（二）镍基合金的焊接特点

因为镍基具有单相组织，焊接时存在与奥氏体不锈钢相类似的问题，如焊接热裂纹、焊缝气孔、焊接接头的晶间腐蚀等倾向。

1. 焊接热裂纹的敏感性　镍基合金的焊接有时产生焊缝的宏观裂纹和微裂纹。热裂纹是由于硫、铅、磷或低熔点金属混入，形成晶间薄膜引起高温下的严重脆化而引起的。另外焊接热输入较大，使焊接接头过热产生粗大晶粒。在粗大的柱状晶粒边界上集中了一些低熔点共晶体，它们的强度低、脆性大，在焊接应力作用下很容易形成热裂纹。收弧时没有填满弧坑和电流衰减时间较短、收弧处熔敷金属量少，出现凹坑，其强度薄弱，在相变应力和拘束应力的作用下易产生收弧处微裂纹。

2. 组织容易粗大　在焊接时的热作用下，焊缝和基本金属容易过热，造成晶粒粗大，使接头力学性能和耐腐蚀性能下降。

3. 液态金属流动性差，不易润湿展开，易产生咬边和未熔合等缺陷　即使增大焊接电流，也不能改进液态焊缝金属的流动性，反而带来副作用，过大的焊接电流，不仅使焊接熔池过热，增加热裂纹产生的几率，而且会使焊缝金属脱氧剂过分蒸发增加气孔率。

4. 对气孔的敏感性　镍基合金特别是工业纯镍等，流动性差，在焊接快速冷却时，极易产生气孔。氧气、氢气、氮气、二氧化碳、一氧化碳气体在熔化的液态镍基合金中溶解度极大，而在固态下溶解度大大减小，镍基合金焊接过程中从高温变冷时，气体在熔敷金属中的溶解度也随之下降。游离出来的气体在流动性较差的液态镍中，不能在镍基合金焊缝凝固前完全溢出而形成气孔。

5. 焊缝金属熔深浅　有些镍基合金焊缝金属的熔深仅为普通碳钢的1/2。

6. 焊接区的腐蚀作用　Ni－Mo 合金通过敏化温度区（1200～1300℃和600～900℃）时，沿晶界有富 Mo 相的析出，造成 Mo 贫化区，导致晶间腐蚀。

（三）镍及镍基合金的焊条电弧焊

除了沉淀硬化类型镍基合金，只能采用钨极氩弧焊、等离子弧焊外，用于焊接铬镍奥氏体不锈钢的各种方法都可进行镍基合金的焊接。镍基合金焊条电弧焊的工艺要领如下：

1. 焊前清理　清洁是成功焊接镍基合金的重要条件之一。铅、硫、磷和某些低熔点元素能增加镍及镍合金的焊接裂纹倾向。在焊件加热或焊接前，必须完全清除这些杂质。如果没有预热的要求，清理接头两侧各50mm 的范围，包括钝边和坡口。污物、油脂可用蒸汽脱脂或用丙酮及其他无毒溶液去除。对于不溶解漆和其他杂物，可用氯甲烷、碱等清洗剂或特殊专用合成剂清洗。标记墨水一般可用甲醇清除。

2. 接头形式 镍基合金熔焊与钢相比，具有低熔透性的特点，一般不采用大的热输入来增加熔透性，以防止药皮过热，使脱氧元素过多烧损以及焊接熔池过分搅动而导致焊缝成形不良。为保证熔透，应选用较大的坡口角度和较小的钝边。角接和搭接接头不能应用于高应力集中的结构，特别是不宜用在高温下或包括有温度循环的工作条件。

3. 焊接材料 一般情况下焊条熔敷金属的化学成分与母材相当，可以适当地调整熔敷金属的化学成分以满足焊接性要求，例如药皮中添加 Ti、Mn、Nb 元素作为脱氧剂。

镍基合金焊条可分为，工业纯镍 Ni – Cu、Ni – Cr – Fe、Ni – Mo、Ni – Cr – Mo 三大类。按照镍基合金的类型选择对应的镍合金焊条。

4. 焊前预热 轧制镍基合金一般不需要焊前预热，但当母材温度低于 15℃ 以下时，应对接头两侧 250 ~ 300mm 宽的区域加热到 15 ~ 20℃，以免湿气冷凝导致焊缝产生气孔。

5. 操作要求

（1）采用小电流、短弧焊 镍基合金焊接时应尽量降低焊接热输入，增加焊接热输入会增加焊接热裂纹敏感性和降低耐蚀性。

（2）摆动焊 针对液态金属流动性差的特点，可采用摆动操作，但摆动幅值不应超过焊条直径的 3 倍，摆动时两侧位置应稍停一下，以便有足够的时间使熔化的金属与母材熔合好。

（3）起弧和收弧要求 焊接起弧时，采用反向引弧技术，熄弧前应填满弧坑。镍基合金焊接时，在收弧处易产生弧坑热裂纹，收弧后应仔细检查弧坑处，发现有微裂纹应打磨除去。

6. 热处理 一般不推荐焊后热处理。镍基合金通常是在固溶状态下施焊，对于冷成形（弯、拔等）的沉淀强化合金，焊前必须作退火处理。铝钛强化镍基合金，在焊后和沉淀强化之前，需先作固溶处理，消除焊接残余应力，可防止裂纹。铸造镍基耐蚀合金的焊接需要预热 100℃ 以上，以减少焊缝裂纹倾向，焊后还需要消除应力热处理。铸件进行焊前固溶处理，可消除铸造应力，并使组织均匀化，有利于提高焊接质量。

四、容器用铜及铜合金的焊接

（一）铜及铜合金的分类

常用的铜及铜合金有四种：

（1）纯铜（紫铜） 纯铜具有极好的导电性、导热性、良好的常温和低温塑性，以及对大气、海水的耐蚀性。纯铜中的杂质都是冶炼过程而带进的。其中氧、硫、磷、铋等元素还与铜形成低熔点共晶或脆性化合物。

（2）黄铜 黄铜为铜和锌的合金，黄铜的强度、硬度等力学性能和耐腐蚀性能比纯铜高，能很好地承受热压或冷压加工。

（3）白铜 白铜为铜和镍的合金，在白铜中，$w(\mathrm{Ni})$ 多为 10%、20%、30%。具有高耐蚀性能的白铜广泛应用于化工、海水工程的制造。

（4）青铜 除黄铜、白铜外，其他所有的铜基合金统称青铜。如锡青铜、铝青铜、硅青铜和铍青铜等。青铜的焊接性较好，有较高的强度和耐磨性，合金含量较高的青铜可通过热处理改变性能。

常用铜及铜合金的牌号、主要化学成分和力学性能参见表 6-30。

表 6-30　常用铜及铜合金的牌号、主要化学成分（质量分数，%）和力学性能

名 称	UNS 编号	牌 号	杂质（不大于）（%）							力 学 性 能	
			Cu	Bi	Pb	S	P	O	总量	σ_b/MPa	δ_5（%）
纯铜	C11000	T2	99.9	0.002	0.005	0.005		0.06	0.1	196～235 392～490	50（软态） 6（硬态）
	C11300	T4	99.5	0.003	0.05	0.01		0.1	0.5		
	C12200	TUP	99.5	0.003	0.01	0.01	0.01～0.04	0.01	0.49		
黄铜	C26800	H62	Cu：60.5～63.5　　Zn：余量　杂质≤0.5							323.4 588	49（软态） 3（硬态）
	C24000	H59	Cu：57.0～60.0　　Zn：余量　杂质≤0.9								
硅青铜		QSi3-1	Si：2.75～3.5，Mn：1.0～1.5，Cu：余量，杂质≤1.1							343～392 637～735	50～60（软态） 1～5（硬态）
铝青铜		QaA19-2	Al：8.0～10.0，Mn：1.5～2.5，Cu：余量，杂质≤1.7							441 588～784	20～40（软态） 4～5（硬态）
白铜	C71500	B30	Ni+Co：29～33，Cu：余量							392 468.4	23～28（软态） 4～9（硬态）

（二）铜及铜合金的焊接工艺

1. 铜及铜合金的焊接特点

（1）易产生未熔合　由于纯铜的导热性强，其热导率约为低碳钢的 6～8 倍，且热容量较大，若焊接热输入低，母材很难熔化，易产生未熔合现象，因此，焊接时宜采用能量较集中的强热源，而且还必须采取适当的预热措施。

（2）焊后变形较大　铜及铜合金的线胀系数和凝固时的收缩率较大，因而其焊接变形大。

（3）易产生气孔　由于铜在液态时能溶解大量的氢，而在凝固时氢的溶解度急剧减小，加上铜的导热性强，熔池凝固快，氢来不及逸出，易在焊缝中形成气孔。此外，熔池金属氧化而形成的氧化亚铜，与熔池中的氢或一氧化碳发生反应，生成的水蒸气（H_2O）和二氧化碳（CO_2）在熔池凝固时来不及逸出，也会形成气孔。

（4）焊缝及热影响区易产生裂纹　铜在液态时易氧化生成氧化亚铜或铜中原有杂质氧化生成的氧化亚铜能与铜形成熔点较低的共晶。铜中的杂质 Pb 和 Bi，其本身熔点低且与铜形成低熔点共晶。这些低熔点共晶以液膜形式分布在铜的晶粒边界。显著地降低了铜的高温强度和塑性。加之焊接接头承受较大的拉应力时，易在焊缝和热影响区产生裂纹。

（5）焊接接头的力学性能差　铜及铜合金焊后晶粒粗大，并在晶界有脆性共晶体存在，因而焊接接头的力学性能差，尤其是塑性和韧性降低较为明显。

2. 焊接方法　各种焊接方法都可以用于焊接铜及铜合金，常用熔焊方法有钨极气体保护焊、熔化极气体保护焊、焊条电弧焊、气焊。表 6-31 为铜及铜合金常用熔焊方法比较。

表 6-31　铜及铜合金常用熔焊方法比较

焊接方法 ＼ 材料	纯铜	黄铜	锡青铜	铝青铜	硅青铜	白铜
钨极气体保护焊	好	较好	较好	较好	较好	好
熔化极气体保护焊	好	较好	较好	好	好	好
焊条电弧焊	差	差	尚可	较好	尚可	好
气焊	尚可	较好	尚可	差	差	—

3. 焊接材料

（1）焊丝　铜及铜合金焊接用焊丝除了要满足对焊丝的一般工艺、冶金要求外，最重要的是控制其中杂质含量和提高其脱氧能力，以避免热裂纹和气孔的产生。

纯铜焊接用焊丝主要加 Si、Mn、P 等脱氧元素。

黄铜、青铜用焊丝中主要加 Si、Al 和 Sn 等元素。Si 可以抑制黄铜中 Zn 的烧损，Al 除了作为合金元素和脱氧作用外，还可以细化晶粒。加入适当的 Sn，可以增加液体金属的流动性，改善工艺性能。国内外已研制采用 Ti（钛）Zr（锆）B（硼）作为脱氧元素的铜及铜合金的焊丝。气焊、焊条电弧焊和气体保护焊焊接铜及铜合金推荐用焊丝见表 6-32。

表 6-32　气焊、焊条电弧焊和气体保护焊焊接铜及铜合金推荐用焊丝

	纯铜	黄铜	硅青铜	锡青铜	铝青铜
气焊	HSCu（HS201） HSCuSi HSCuSn	HSCuZn-1（HS220） HSCuZn-2（HS222） HSCuZn-3（HS221） HSCuZn-4（HS224）	HSCuSi	HSCuSn	—
焊条电弧焊	ECu（T107） ECuSn-B（T227）	ECuSi-B（T207） ECuSn-B（T227） ECuAl-C（T237）	ECuSi-B（T207） ECuAl-C（T237）	ECuSn-B（T227）	ECuAl-C（T237）
TIG 和 MIG 焊	HSCu（HS201）	HSCuSn HSCuSi HSCuAl	HSCuSi	HSCuSn	HSCuAl

（2）保护气体　铜及铜合金焊接用保护气体与铝及铝合金的相同。

（3）熔剂　为了防止熔池金属氧化和其他气体进入熔池，并改善液体金属的流动性，在气焊时，使用熔剂，甚至在气体保护焊时，也使用熔剂。

第七章　锅炉压力容器制造常用焊接工艺方法简介

第一节　焊条电弧焊

一、焊条电弧焊原理

用手工操作焊条进行焊接的电弧焊方法称为焊条电弧焊（英文简称 SMAW 焊，ISO 代号为 111），曾被称为手工电弧焊（手弧焊）。焊条电弧焊是各种电弧焊方法中发展最早，目前应用最广泛的一种焊接方法。焊条电弧焊焊接时，在焊条末端和焊件之间燃烧电弧所产生的高温，使药皮、焊芯及焊件熔化，熔化的焊芯端部迅速地形成细小的金属熔滴，通过弧柱过渡到局部熔化的焊件表面，融合在一起形成熔池。药皮熔化过程中产生的气体和熔渣，不仅使熔池与电弧周围的空气隔绝，而且也与熔化了的焊芯、母材发生一系列冶金反应，使熔池金属冷却结晶后形成符合要求的焊缝。焊条电弧焊原理如图 7-1 所示。

二、焊条电弧焊的设备

图 7-2 为焊条电弧焊的基本电路。它由弧焊电源、焊钳、焊条、焊件等部分组成。由此可见焊条电弧焊设备的主要部分就是弧焊电源。

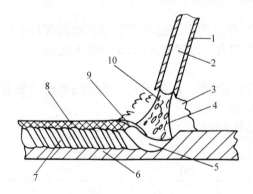

图 7-1　焊条电弧焊的原理
1—药皮　2—焊芯　3—保护气　4—电弧
5—熔池　6—母材　7—焊缝　8—渣壳
9—熔渣　10—熔滴

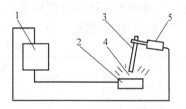

图 7-2　焊条电弧焊基本电路
1—弧焊电源　2—焊件　3—焊条
4—电弧　5—焊钳

（一）对焊条电弧焊用电源的基本要求

1. 陡降（或恒流）的外特性　由于焊件形状不规则或手工操作技能的影响，电弧长度经常发生变化，从而引起焊接电流的波动。生产实践证明，电流的波动对焊缝质量影响较大，应设法使焊接电流的波动尽量小些。陡降（或恒流）外特性曲线在弧长发生变化时，焊接电流较稳定，所以焊条电弧焊必须采用具有陡降（或恒流）外特性曲线的弧焊电源。

2. 良好的动特性　焊接过程中，焊条与焊件之间会发生频繁的短路和重新引弧。如果焊机输出电流和电压不能迅速地适应电弧焊过程中的这些变化，电弧就不能稳定燃烧，甚至熄灭。弧焊电源动特性良好时，容易引弧，焊接过程稳定、飞溅小，操作时会感到电弧平静、柔软和富有弹性。

3. 良好的调节特性　焊接时，由于焊件材质、厚度、焊接位置和焊条直径等不同，需要选择不同的焊接电流。为此，焊机的焊接电流必须在较宽范围内能均匀灵活地调节。一般要求焊条电弧焊电源的电流调节范围为焊机额定焊接电流的 0. 25 ~ 1. 2 倍。

4. 适当的空载电压　当焊机接通电网而输出端没有接负载时，焊接电流为零，此时输出端的电压为空载电压。空载电压低时，引弧困难，电弧燃烧也不够稳定；空载电压较高时，电弧容易引燃且稳定燃烧；空载电压过高时，制造焊机的材料增多，焊工触电危险较大。因此，在满足焊接工艺要求的前提下，空载电压应尽可能低些。

5. 适当的短路稳定电流　当焊条和焊件短路时，输出电压为零，此时焊机的输出电流称为短路电流，常用 I_{wd} 表示。在引弧和熔滴过渡时，经常发生短路。如果短路电流过大，不但会使焊条过热、药皮脱落、飞溅增加，而且会引起电源过载以致烧坏。相反，如果短路电流太小，则会使引弧和熔滴过渡发生困难。所以一般要求短路电流 $I_{wd} = （1. 25 ~ 2）I_h$，I_h 为稳定工作点的电流，即焊接电弧稳定燃烧时的电流。

（二）焊条电弧焊用电源的主要技术参数

1. 额定负载持续率　负载持续率是表示焊接电源工作状态的参数。额定负载持续率是额定焊接电流工作状态下允许的最大负载持续率。

2. 额定焊接电流值　焊机按额定工作条件运行时，能符合标准规定而输出的电流。选用焊接设备时，应注意该设备铭牌上所标注的额定焊接电流值，该值是在额定负载持续率条件下允许使用的最大焊接电流。

3. 焊接电流调节范围　在工作电压符合负载特性条件下通过调节能够获得的焊接电流范围。焊条电弧焊时，通常电弧电压在 16 ~ 40V 范围内，焊接电流在 20 ~ 500A 之间。

（三）焊钳

用以夹持焊条并传导电流以进行焊接的工具称为焊钳，俗称焊把。常用的焊钳主要有160A，300A 和 500A 三种规格，其主要性能参数见表 7-1。

表 7-1　常用焊钳的技术参数

型　号	160A 型		300A 型		500A 型	
额定焊接电流/A	160		300		500	
额定负载持续率（%）	60	35	60	35	60	30
焊接电流/A	160	220	300	400	500	560
适用焊条直径/mm	1. 6 ~ 4		2 ~ 5		3. 2 ~ 8	
连接电缆横截面积/mm²	25 ~ 35		35 ~ 50		70 ~ 95	
手柄温度/℃	≤40		≤40		≤40	
外形尺寸/(长/mm × 宽/mm × 厚/mm)	220 × 70 × 30		235 × 80 × 36		258 × 86 × 38	
重量/kg	0. 24		0. 34		0. 40	

三、焊条的选择及性能

（一）焊条的选用原则

焊条的种类繁多，每种焊条均有一定的特性和用途。即使同一类别的焊条，由于不同的药皮类型，所反映出的使用特性也是不同的。在实际工作中，除了要认真了解各种焊条的成分、性能及用途等资料外，还必须结合被焊工件的状况，施工条件及焊接工艺等，并参照下列各条原则，予以综合考虑，才能正确地选择焊条。

1. 根据焊接材料的力学性能和化学成分来选择焊条

（1）普通结构钢通常侧重考虑焊缝金属与母材间的等强度和同韧性，应选用焊缝金属的韧性和抗拉强度等于或稍高于母材的焊条。

（2）合金结构钢如耐热钢和不锈钢或镍基合金等 按母材的化学成分和使用性能，选用熔敷金属与母材成分相同或相近，同时性能相当的焊条。

（3）母材中 C、S 和 P 等元素含量偏高 当母材中 C、S、P 等元素含量偏高时，焊缝易产生裂纹，应选用抗裂性能较好的低氢型焊条。

2. 焊件的工作条件

1）焊件在腐蚀介质中工作时，必须分清介质种类、浓度、工作温度以及腐蚀类型，从而选择合适的不锈钢焊条。

2）在低温或高温下工作的焊件，应选择能保证低温或高温性能的焊条。

3）焊件在承受动载荷和冲击载荷情况下，除了要求保证抗拉强度、屈服强度外，还应考虑熔敷金属的韧性和塑性等。

3. 焊件的结构特点和受力状态

1）形状复杂或大厚度的焊件，由于其焊缝金属在冷却收缩时产生的内应力大，容易产生裂纹。因此，必须采用抗裂性好的焊条施焊，如低氢型焊条或高韧性焊条。

2）焊接部位所处的位置不能翻转时，必须选择能进行全位置焊接的焊条。

4. 施工条件及设备 在没有直流电源，而结构又要求必须使用低氢型焊条的场合，应选用交直流两用低氢型焊条。在狭小或通风条件差的场所，应选用酸性焊条或低尘焊条。

5. 操作工艺性能 因受条件限制而使某些焊接部位难以清理干净时，应考虑选用氧化性强，对铁锈、氧化皮和油污反应不敏感的酸性焊条，以免产生气孔等缺陷。

6. 经济性 在保证使用性能和操作工艺性的前提下，尽量选用价格低廉的焊条。根据我国的矿藏资源，应大力推广钛铁矿型焊条。对性能有不同要求的焊缝，可采用不同焊条。对焊接工作量大的结构，有条件时应尽量采用高效率焊条，如铁粉焊条、高效率不锈钢焊条及重力焊条等，或适用底层焊条，立向下焊焊条之类的专用焊条，以提高焊接生产率。

（二）焊条的工艺性

焊条的工艺性是指焊条在使用和操作时的性能。焊条的工艺性主要包括：焊接电弧的稳定性、焊缝成形、在各种位置上焊接的适应性、飞溅、脱渣性、焊条的熔化速度、药皮发红程度、焊条发尘量等。

（1）焊接电弧的稳定性 焊接电弧的稳定性直接影响焊接过程能否连续进行和焊接质量。它与焊接电源的特性、焊接参数和焊条药皮类型等很多因素有关。

（2）焊缝成形 焊缝成形的要求是表面光滑、波纹细密美观、焊缝几何形状正确，也就是焊缝圆滑地向母材过渡，余高符合标准，无咬边等缺陷。然而，不同类型焊条其焊缝成形是不同的，这主要是因为它们熔渣的物理性质不同。熔渣的熔点和粘度太高或太低都会使焊缝成形不好。

（3）各种位置焊接的适应性 不同类型的焊条在各种位置上焊接的适应性是不同的。几乎所有焊条都能平焊，而横焊、立焊、仰焊就不是所有焊条都能胜任。横焊、立焊、仰焊与平焊相比，其主要问题是：在重力作用下熔滴不易向熔池过渡；熔池金属和熔渣向下流，以至于不能形成正常的焊缝。因此，应适当增加电弧和气流的吹力，以便把熔滴送向熔池并且阻止金属和熔渣下流。同时，还应利用熔渣的表面张力阻止熔渣和熔化金属的下流；设法使熔渣在较高温度和较短时间内，在熔渣和熔化金属下流之前尽快凝固。

（4）飞溅　飞溅是指在焊接过程中由熔滴和熔池中飞出的金属颗粒。飞溅常把焊缝周围弄脏，焊后必须进行烦琐的清理。影响飞溅的因素很多，如药皮中水分多、熔渣的粘度大、金属中剧烈产生 CO 的反应、焊接电流过大、电弧过长、焊条偏心等，都会促使飞溅增多。各类焊条飞溅的大小往往用飞溅率来衡量。

（5）脱渣性　脱渣性是焊后熔渣从焊缝表面清除的难易程度。如果脱渣困难，则会显著降低焊接生产率。特别在多层焊时，还容易造成夹杂缺陷。金属与熔渣的线胀系数相差越大，由于冷却时二者的收缩不同而产生的内应力越大，则脱渣性越好。焊接时在凝固的焊缝表面常有粘渣的现象，甚至造成脱渣的困难。这是因为焊缝金属表面有一层氧化薄膜存在，它起着焊缝金属与熔渣之间的连接作用。若增强焊条的脱氧能力，可以明显地改善脱渣性。

（6）熔敷效率　熔敷效率为熔敷金属量与熔化的填充金属量的百分比。焊条熔敷效率反映着焊接生产率的高低。

（7）焊条药皮发红　当焊接半根焊条以后，在剩余的后半段焊条上药皮温度过高而发红、开裂或脱落的现象。这样就使得药皮失去保护作用及冶金作用，引起焊条工艺性能恶化，严重地影响焊接质量。同时也造成了严重的浪费。尤其是不锈钢焊条，其焊芯电阻大，产生了大量的电阻热、以致引起药皮发红。

（8）焊条发尘量　焊接时产生的烟尘中常含有各种有毒物质，因而污染工作环境，危害焊工健康。为了消除烟尘、改善劳动条件，国内许多单位研制了无毒或低尘低毒的碱性焊条，并已取得了一定的成果。

（三）焊条直径的选择

焊条直径可根据焊件厚度、焊缝质量要求和所焊母材来选择。厚壁结构选用粗焊条，薄壁结构选用细焊条。对于坡口焊缝及角焊缝根部打底焊时，选用小直径焊条，填充及盖面焊应选用较大直径的焊条。另外，根据接头形式及焊接位置的不同，焊条直径亦应有所差别。例如，T 形接头应比对接接头使用的焊条直径大些，立焊、横焊等位置焊接时应采用较小直径的焊条，立焊、仰焊时焊条直径最大不超过 4mm，横焊时焊条直径最大不超过 5mm。

对于合金元素含量较多的中合金和高合金钢，应选用较小直径的焊条。如奥氏体不锈钢和镍基合金等焊条直径应不超过 4mm。

（四）酸性焊条与碱性焊条的选择

从焊接工艺性能来比较，酸性焊条电弧柔软，飞溅小，熔渣流动性和覆盖性均好。因此，焊缝外表美观、焊波细密、成形平滑。

碱性焊条的熔滴过渡是短路过渡，电弧不够稳定，熔渣的覆盖性差，焊缝形状凸起，且焊缝外观波纹粗糙，但在向上立焊时，容易操作。

用碱性焊条焊接时，由于焊缝金属中氧和氢含量较少，非金属夹杂物也少，故具有较高的塑性和韧性。一般焊接重要结构（如承受动载荷的结构）或刚度较大的结构，以及焊接性较差的钢材均采用碱性焊条。

四、焊条电弧焊各种焊接位置的操作技术

（一）板状试件对接接头平焊位置的操作要点

平焊是在水平面上任何方向进行焊接的一种操作方法，它是各种位置焊接操作的基础。由于焊缝处在水平位置，需俯位焊接，熔滴主要靠自重过渡，操作技术比较容易掌握，可以选用较大直径焊条和较大的焊接电流，生产效率高，因此在生产中应用较为普遍。但是，在平焊位置打底焊时，熔孔不易观察和控制，在电弧吹力和熔化金属的重力作用下，焊道背面易产生超高或焊瘤等缺陷，如果焊接参数选择和操作不当，容易造成根部焊瘤或未焊透。板状试件对接平焊时的焊条角度如图 7-3 所示。

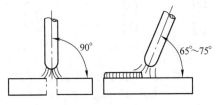

图 7-3 板状试件对接平焊时的焊条角度

在焊接过程中电弧永远要在熔池的前面，利用电弧和药皮熔化时产生的气体的定向吹力，将熔池吹向熔池后方，这样既能保证熔深，又能保证熔渣与熔池分离，以减少夹渣和产生气孔的可能性。焊接时要注意观察熔池的情况，熔池前方稍下凹，熔池比较平静，有颜色较深的熔渣从熔池中浮出，并逐渐向熔池后上部集中、形成焊渣，如果熔池超前，即电弧在熔池后方时，很容易产生夹渣。

（二）板状试件对接接头横焊位置的操作要点

横焊时，熔化金属在自重作用下易下淌，在焊缝上侧易产生咬边，下侧易产生下坠、焊瘤及未焊透等缺陷，见图 7-4。因此应采用短弧焊接，并选用较小直径的焊条和较小的焊接电流，多层多道焊以及适当的运条方法。板状试件对接横焊时，焊条的角度如图 7-5 所示。

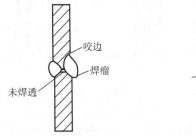

图 7-4 对接横焊时易产生的缺陷

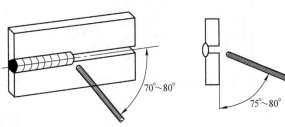

图 7-5 对接横焊时的焊条角度

对于板状试件开坡口的横焊，一般采用 V 形或 K 形坡口，见图 7-6。开坡口对接横焊焊条的角度如图 7-7 所示。

（三）板状试件对接接头立焊位置的操作要点

立焊有两种操作方法：一种是由下向上施焊，称为向上立焊或简称为立焊；另一种是由上向下施焊，称为向下立焊，这种方法要求采用专用的立向下位置焊的焊条才能保证焊缝质量。向上立焊是目前生产中常用的一种方法，下面所述就是这种位置的操作方法。

立焊时液态金属受重力作用而下坠，容易产生焊瘤，焊缝成形困难。另外，由于在重力的作用下，焊条熔化所形成的熔滴及熔池中的熔化金属要下淌，也为焊缝成形造成困难，使焊接质量受影响。在打底层焊接时，由于熔渣的熔点低，流动性好，熔池金属和熔渣易分离，会造成熔池部分脱离熔渣的保护，操作或运条角度不当，容易产生气孔。因此，立焊时要控制焊条角度和进行短弧焊接，具体措施如下：

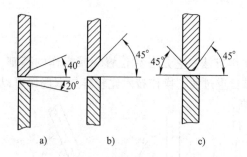

图 7-6 对接横焊接头的坡口形式

a）V 形 b）单边 V 形 c）K 形

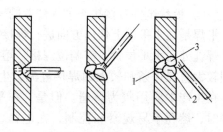

图 7-7 开坡口对接横焊时
各焊道焊条角度的选择
1、2、3—焊接层次

1）在对接立焊时，焊条应与焊缝横向线垂直，同时与施焊反向成 65°~80° 的夹角，见图 7-8。坡口焊缝立焊时常用的各种运条方法如图 7-9 所示。

2）用较细直径的焊条和较小的焊接电流，焊接电流一般比平焊时小 10%~15%。

3）采用短弧焊接，以缩短熔滴金属过渡到熔池的距离。

4）根据焊件接头形式的特点，可选用合适的运条方法。

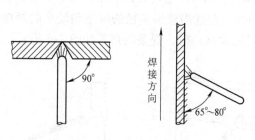

图 7-8 对接立焊时的焊条角度

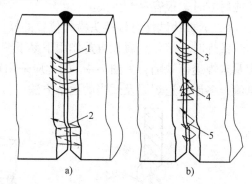

图 7-9 V 形坡口对接立焊时常用的各种运条方法

a）填充及盖面层 b）打底焊道

1—直线往返运条 2—锯齿形运条 3—小月牙形运条
4—三角形运条 5—跳弧运条

立焊时为控制熔池的温度，防止熔化金属下淌，常采用跳弧焊接法和灭弧焊接法。

跳弧焊接法是，当熔滴脱离焊条末端过渡到熔池后，立即将电弧向焊接方向提起，使熔化金属有凝固机会（通过护目玻璃可以看到熔池中白亮的熔化金属迅速凝固，白亮部分也逐渐缩小），随后即将提起的电弧拉回熔池，当熔滴过渡到熔池后，再提起电弧。但是必须注意，为了保证质量，不使空气侵入熔化金属，要求电弧移开熔池的距离应尽可能短些，并且跳弧时的最大弧长不大于 6mm。在实际操作过程中，应尽量避免采用单纯的跳弧焊法，可采用其他方法与跳弧法配合使用。

灭弧法是，当熔滴从焊条末端过渡到熔池后，立即将电弧熄灭，使熔化金属有瞬时凝固的机会，随后重新在弧坑引燃电弧，这样交错地进行。灭弧的时间在开始焊接时可以短些，这是因为在开始焊接时，焊件还是冷的，随着焊接时间的增长，灭弧时间也要稍增加，才能避免焊件烧穿及产生焊瘤。一般灭弧法在焊缝的收尾时用得比较多，这样可以避免收尾时熔池宽度增加，以及产生烧穿和焊瘤等现象。

（四）板状试件对接接头仰焊位置的操作要点

仰焊是各种焊接位置中最难进行焊接操作的一种焊接位置，焊接时，焊缝位于燃烧电弧的上方，焊工在仰视位置进行焊接，劳动强度较大。仰焊时，由于熔池倒悬在焊件下面，没有固体金属的承托，熔化金属在重力的作用下，较易下淌，焊条熔滴金属的重力阻碍熔滴过渡，表面张力将熔池托住。熔池温度越高，表面张力越小。仰焊时，熔池形状和大小不易控制，容易出现夹渣、未焊透和凹陷等缺陷，焊缝成形困难。

仰焊时必须保持最短的电弧长度，依靠电弧吹力使熔滴在很短的时间内过渡到熔池中，在表面张力的作用下，很快与熔池的液体金属汇合，促使焊缝成形。仰焊时，焊条直径和焊接电流的选择要比平焊时小些。若焊接电流与焊条直径太大，促使熔池体积增大，易造成熔化金属向下淌落；如果焊接电流太小，则根部不易焊透，产生夹渣及焊缝成形不良等缺陷。图 7-10 为使用短弧和长弧焊接仰焊时熔滴过渡的情况。板状试件对接仰焊时焊条的角度如图 7-11 所示。开坡口对接仰焊时常用的运条方法如图 7-12 所示。

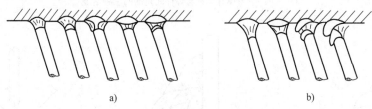

a)　　　　　　　　　　　　　　　　b)

图 7-10　对接仰焊时电弧长度的影响

a) 用短弧焊接　b) 用长弧焊接

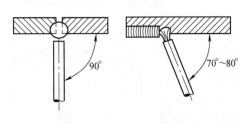

图 7-11　对接仰焊时的焊条角度

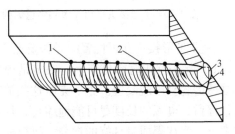

图 7-12　开坡口对接仰焊的运条法

1—月牙形运条　2—锯齿形运条

3、4—焊接层次

（五）T 形接头平角焊的操作要点

T 形接头平角焊容易产生未焊透、焊偏、咬边、夹渣等缺陷，特别是在立板处容易出现咬边，见图 7-13。为防止上述缺陷，焊接时除正确选择焊接参数外，还必须根据两板厚度来调整焊条的角度，电弧应偏向厚板的一

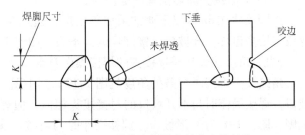

图 7-13　T 形接头焊缝容易产生的缺陷

边，使两板受热温度均匀一致。T 形接头平角焊时的焊条角度如图 7-14 所示。T 形接头平角焊多道焊时焊道的排列方式如图 7-15 所示。

（六）角焊缝船形位置焊的操作要点

把焊件上的角焊缝处在船形位置施焊，可避免产生咬边、下垂等缺陷。操作方便，焊缝成形美观，可用大直径焊条，大焊接电流，一次能焊成较大断面的焊缝，可大大提高生产率。因而，在实际生产中，当焊件能翻动时，应尽可能把焊件放成船形焊位置进行焊接。船形位置焊接时，焊条与焊件间的角度如图 7-16 所示。

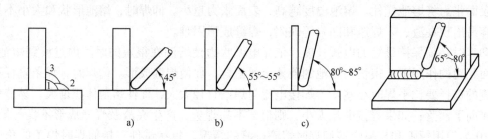

图 7-14　T 形接头平角焊时的焊条角度

a）～c）平角焊时焊条与焊件间角度的三种情况

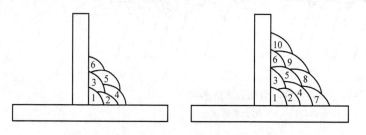

图 7-15　T 形接头平角焊多层多道焊的焊道排列

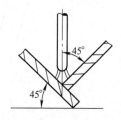

图 7-16　船形焊位置的焊接

（七）T 形接头立焊位置的操作要点

T 形接头立焊时容易产生的缺陷是焊缝根部不易焊透，而且焊缝两旁容易出现咬边。为了克服这些缺陷，焊条在焊缝两侧应稍作停留，电弧的长度尽可能地缩短，焊条摆动幅度应不大于焊缝宽度，为获得质量良好的焊缝，要根据焊缝的具体情况，选择合适的运条方法。常用的运条方法有跳弧法、三角形运条法、锯齿形运条法和月牙形运条法等，如图 7-17 所示。

（八）T 形接头仰焊位置的操作要点

焊脚尺寸在 6mm 以下通常采用单层焊，超过 6mm 时用多层焊或多层多道焊。开坡口对接仰焊的运条法，如图 7-18 所示。

（九）角接接头与搭接接头的焊接操作要点

角接接头焊接时焊条的角度见图 7-19。其中图 7-19a 为 I 形坡口，焊接操作时与不开坡口的对接接头相似，但焊条应指向立板侧。图 7-19b 为 V 形坡口，焊接操作时与对接接头 V 形坡口的焊接相似。图 7-19c 为单边 V 形坡口，焊接时应将焊条指向立板侧。

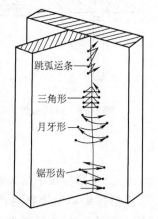

图 7-17　T 形接头立焊的运条方法

为了使搭接的两板温度均衡，焊条应偏指厚板一侧，如图 7-20 所示，其余操作与 T 形接头焊接时相同。

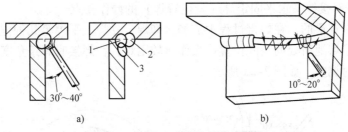

图 7-18　开坡口对接仰焊的运条法

a）直线形运条　b）斜三角形或斜圆圈形运条

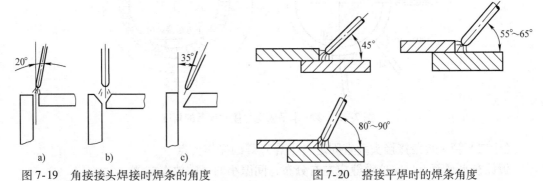

图 7-19　角接接头焊接时焊条的角度　　图 7-20　搭接平焊时的焊条角度

（十）管子对接接头垂直固定焊（横焊）的操作要点

由于管径小、管壁薄，焊接过程中温度上升较快，熔池温度容易过高，因此打底焊采用断弧焊法进行施焊。断弧焊打底时，要求将熔滴给送得均匀，位置要准确，熄弧和再引燃时间要灵活、果断。打底层施焊时，焊条与焊件之间的角度如图 7-21a 所示。其关键是保证焊透，焊件不能烧穿、焊漏。对于多道焊的填充层及盖面层的焊接，由下至上进行施焊，焊条与焊件的角度如图 7-21b 所示。

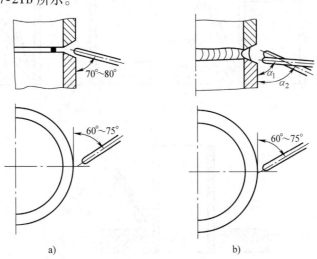

图 7-21　管子垂直固定焊接时焊条的角度

a）打底焊时的焊条角度　b）盖面焊时焊条的角度

$\alpha_1 = 70° \sim 80°$　$\alpha_2 = 60° \sim 70°$

（十一）管子对接接头水平固定焊（全位置焊）的操作要点

管子的焊缝是环形的，在焊接过程中需经过仰焊、立焊、平焊等几种位置。由于焊缝位置的变化，改变了熔池所处的空间位置，操作比较困难，在焊接时焊条角度应随着焊接位置的不断变化而随时调整，如图7-22所示。

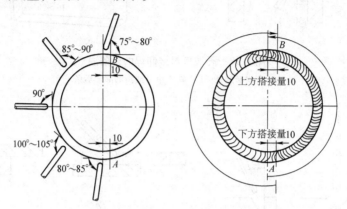

图7-22　管子水平固定焊接时焊条的角度

（十二）管－板角接接头垂直固定（平焊）焊的操作要点

板放在水平面上，定位焊缝应左右分布，间隙小的一端放在左侧。

在打底焊时，焊条与试件之间的角度如图7-23a所示。焊接时先焊接管壁一侧，后焊接坡口一侧，加大管壁一侧焊接停留的时间，以保证管壁一侧完全熔合。同时压低电弧保持短弧焊接，以保证焊道质量。焊接时焊接速度不宜太快，焊接电弧的1/3形成熔孔，2/3覆盖在熔池上，同时利用焊条的摆动保持熔孔的大小基本一致。

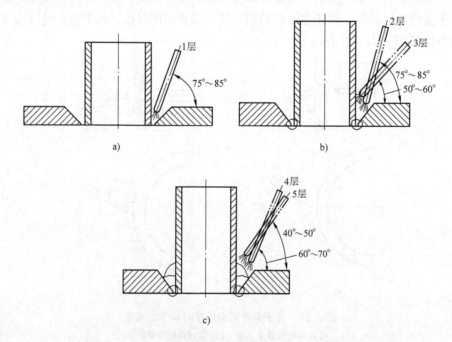

图7-23　管－板角接接头垂直固定焊接时焊条的角度

填充焊必须保证管壁和坡口两边熔合好，其焊条角度如图7-23b所示。

盖面焊必须保证管子不出现咬边并使焊脚对称，其焊条角度如图7-23c所示。

（十三）管－板角接接头水平固定全位置焊的操作要点

管－板角接接头水平固定焊是全位置焊接，与小径管的对接全位置焊相近。在焊接时焊条角度要随着各种位置的变化而不断地变化，如图7-24所示。因焊缝两侧是两个直径不同的同心圆，管子侧圆周短，孔板侧圆周长，因此在焊接时，焊条摆动两侧的间距是不同的，焊接时应引起注意。由于管子的壁厚和板的厚度不同，应注意控制焊条在两侧停留的时间。

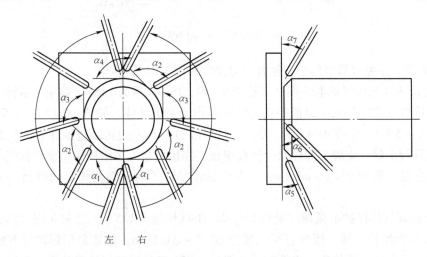

图7-24　管－板水平固定试件焊接时焊条角度随位置的变化

第二节　熔化极气体保护电弧焊

一、熔化极气体保护电弧焊的原理及分类

熔化极气体保护电弧焊（英文简称GMAW焊，ISO代号为13），是利用连续送进的焊丝与焊件之间燃烧的电弧作为热源，用外加气体作为电弧介质，并保护金属熔滴、焊接熔池和焊接区高温金属的电弧焊方法，如图7-25所示。

实芯焊丝熔化极气体保护焊，根据保护气体的种类，可分为熔化极惰性气体保护焊（熔化极氩弧焊）、熔化极活性气体保护焊和 CO_2 气体保护焊等，如图7-26所示。

1. 熔化极惰性气体保护电弧焊（英文简称MIG焊，ISO代号为131）　熔化极惰性气体保护电弧焊采用惰性气体Ar、He或Ar＋少量 $[\varphi(CO_2) \leqslant 5\%]$ 作为保护气体，生产中常采用的熔滴过渡类型为射流过渡，电流为高频脉冲。焊丝直径一般为 $\phi 0.8 \sim$

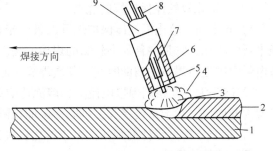

图7-25　熔化极气体保护电弧焊
1—母材　2—焊缝金属　3—电弧　4—焊丝
5—保护气体　6—气体喷嘴　7—导电嘴　8—电缆　9—焊枪

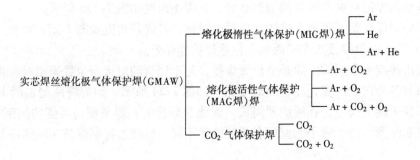

图7-26 熔化极气体保护焊的分类

$\phi1.0mm$。锅炉、压力容器中的小直径管子对接常采用MIG焊。

2. 熔化极活性气体保护电弧焊（简称MAG焊，ISO代号为135） 熔化极活性气体保护电弧焊采用惰性气体中加入一定量的氧化性气体作为保护气体，如Ar + （5% ~25%）CO_2或Ar + （1% ~5%）O_2或$Ar + CO_2 + O_2$（体积分数），常采用短路过渡和射流过渡形式进行焊接，可进行平焊、立焊、仰焊及全位置焊接。焊接机器人多采用熔化极活性气体保护电弧焊，焊丝直径一般为$\phi1.2 ~ \phi1.6mm$。锅炉膜式壁管子与扁钢角焊缝的焊接，大量采用MAG焊。

3. 二氧化碳气体保护电弧焊（简称CO_2焊，ISO代号为135） 二氧化碳气体保护电弧焊采用CO_2作为保护气体，焊丝直径一般为$\phi1.2 ~ \phi1.6mm$。通常采用颗粒过渡或短路过渡形式，与其他焊接方法相比，飞溅较大，但是，CO_2气体保护焊是目前黑色金属材料最重要的焊接方法之一。

通常可根据所要焊接的母材来选择保护气体。MIG焊既可以焊接黑色金属又可以焊接有色金属，但从制造成本考虑MIG焊主要用于合金钢、不锈钢以及铜、铝、钛及其合金的焊接。MAG焊和CO_2气体保护焊主要用于焊接碳钢、低合金高强度钢。CO_2气体保护焊广泛用于普通金属结构的焊接。

二、熔化极气体保护焊的特点

（一）熔化极气体保护焊的优点

1）效率高。熔化极气体保护焊可以采用半自动或全自动焊接设备完成焊接过程，与焊条电弧焊相比，它是一种效率较高的焊接方法。这首先是因为焊丝是连续给送的，省去了焊条电弧焊中更换焊条的辅助时间，其次焊缝表面无焊渣，不需清渣。

2）熔深大。在相同焊接电流下，熔深比焊条电弧焊时大。对于某些对接接头可不开坡口或少开坡口。对于角接接头，可以在保证相同强度的前提下，减少焊缝高度。

3）适合于薄壁零件的焊接。由于熔化极气体保护焊可以采用直径很细的焊丝，因此适用于薄壁零件的焊接。

4）焊接速度快、变形小。适合于厚壁零件的多层多道焊。

5）烟雾少。

6）焊缝金属含氢量低。特别适用于对冷裂纹敏感的低合金钢的焊接。

7）明弧焊接。焊工可以观察到电弧和熔池的状态和行为。

8）容易实现全位置焊接。

（二）熔化极气体保护焊的局限性

1）熔化极气体保护焊的设备比较复杂，费用较高。

2）焊接区的气体保护易受外来气流的破坏而失去保护作用，在现场施焊时，必须在焊接区周围加挡风屏障。

三、熔化极气体保护焊的设备

熔化极气体保护焊设备主要由焊接电源、送丝系统、焊枪和行走系统（自动焊）、供气系统、冷却系统和控制系统等组成。

（一）焊接电源

熔化极气体保护焊一般采用直流电源。通常焊接电流为 150 ~ 500A，空载电压为 55 ~ 80V，负载持续率为 60% ~ 100%。

熔化极气体保护焊时，焊丝伸出长度的变化将会引起弧长发生变化，从而使焊接电流和电弧电压变化，影响焊接质量。而焊接过程中的这种变化往往是瞬时发生的，若只靠预测和适时调整很难控制。因此，熔化极气体保护焊主要靠焊接电源的外特性和送丝方式的配合来解决这一问题。熔化极气体保护焊电弧的自调节系统，可以十分有效地克服弧长变化而导致焊接电流和电弧电压变化的问题。电弧自调节系统分为两大类，即电弧电压自动调节系统和焊接电流自身调节系统。

焊接电流自身调节系统的特点是，在焊接过程中送丝速度恒定不变（即等速送丝）。利用电弧本身固有的特性，即焊丝的熔化速度随着弧长的变化而变化，维持弧长的稳定。当弧长增加时，焊接电流减小，焊丝的熔化速度相应减慢。反之当弧长减小时，焊接电流增加，焊丝的熔化速度相应增大。焊接电流自身调节系统主要应用于平特性电源，等速送丝系统。因平特性电源当弧长发生变化时，所引起的焊接电流变化量大，自调节作用强。自身调节系统一般采用焊丝直径小于 1.6mm 的细丝，因为细焊丝的电弧自身调节作用较强。

电弧电压自动调节系统的特点是，送丝速度在焊接过程中随着电弧电压的升高（或降低）而加快（或减慢）以自动调节弧压（弧长），使系统自动恢复到稳定状态。电弧电压自动调节系统主要应用于下降特性电源，变速送丝系统。但这种调节系统只适用于直径较粗（大于 1.6mm）、送丝速度要求较低的情况。

（二）送丝系统

送丝系统通常是由送丝机（包括电动机、减速器、校直轮和送丝轮）、送丝软管及焊丝盘等组成。常用的送丝方式有推丝式、拉丝式和推拉丝式，如图 7-27 所示。

1. 推丝式　推丝式送丝系统如图 7-27a 所示。它是半自动熔化极气体保护焊应用最广泛的送丝方式之一。这种送丝方式的焊枪结构简单、轻便、操作和维修都比较方便。但焊丝送进的阻力较大，随着软管的加长，送丝稳定性变差，特别是对于较细、较软材料的焊丝稳定性更差。一般送丝软管长为 3 ~ 5m。

图 7-27f 所示为加长推丝式送丝系统。即除了在焊机附近的主推丝机外，在送丝软管中间加有辅助推丝机，加一级辅助送丝即可使送丝软管的长度增加至 10 ~ 20m。

2. 拉丝式　拉丝式送丝系统如图 7-27b ~ d 所示。拉丝式可分为三种形式：一种是将焊丝盘与焊枪分开，两者通过送丝软管连接；另一种是将焊丝盘直接安装在焊枪上，这两种都适用于细丝半自动焊，但前一种操作比较方便。还有一种是不但焊丝盘与焊枪分开，而且送丝电动机也与焊枪分开，这种送丝方式可用于自动熔化极气体保护电弧焊。拉丝式送丝方式主要用于细丝（直径不超过 0.8mm）的熔化极气体保护电弧焊。

3. 推拉丝式 推拉式送丝系统如图 7-27e 所示，这种送丝方式为推丝式与拉丝式二者之结合。除推丝机外，焊枪上还装有拉丝机，这样送丝软管可加长。然而由于其结构复杂，调整不便，焊枪较重，实际生产上很少采用。

（三）焊枪

熔化极气体保护焊焊枪，可分为进行手工操作的半自动焊枪和安装在机械装置上自动操作的自动焊枪。常用焊枪按其冷却方式，可分为水冷式和气冷式，按其结构形式，可分为笔式直焊枪（图 7-28）、手枪式焊枪（图 7-29）和鹅颈式（图 7-30）焊枪。

在焊接时，由于焊接电流通过导电嘴将产生电阻热和电弧的辐射热的作用，会使焊枪发热，所以常常需要冷却。气冷焊枪在 CO_2 气体保护焊时，断续负载下焊接电流一般可使用高达 600A。但是，在使用氩气或氦气保护焊时，焊接电流通常只限于 200A 以下。超过上述电流时，应该采用水冷焊枪。自动焊焊枪的基本构造与半自动焊焊枪相同，但其载流容量较大，工作时间较长，一般都采用水冷。

因为焊丝是连续送给的，焊枪必须有导电嘴，由导电嘴将电流传给焊丝。导电嘴是由铜或铜合金制成，内表面应光滑，以利于送丝和导电。一般导电嘴的内孔应比焊丝直径大 0.13 ~ 0.25mm，对于铝焊丝应更大些。导电嘴必须牢牢地固定在焊枪本体上。导电嘴与喷嘴之间的相对位置取决于熔滴过渡形式。对于短路过渡，导电嘴常常伸到喷嘴之外；而对于喷射过渡，导电嘴应缩到喷嘴内，最多可以缩进 3mm。

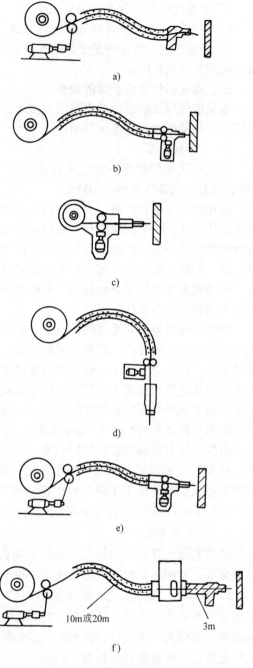

图 7-27 常用的送丝方式
a)、f) 推丝式 b) ~ d) 拉丝式 e) 推拉丝式

焊接时应定期检查导电嘴，如发现导电嘴内孔因磨损而变大，或由于飞溅而堵塞时就应立即更换。磨损的导电嘴将会破坏电弧的稳定性。

喷嘴应使保护气体平稳地流出，并覆盖在焊接区。其目的是防止焊丝端头、电弧空间和熔池金属受到空气污染。根据应用情况可选择不同尺寸的喷嘴，一般直径为 10 ~ 22mm。较大的焊接电流产生较大的熔池，则采用大喷嘴，而小电流和短路过渡焊时用小喷嘴。

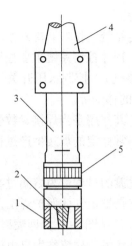

图 7-28　自动焊用笔式直焊枪
1—喷嘴　2—导电嘴　3—枪体
4—电缆　5—绝缘接头

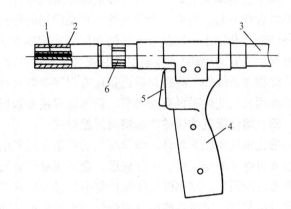

图 7-29　手枪式焊枪
1—导电嘴　2—喷嘴　3—电缆
4—焊把　5—开关　6—绝缘接头

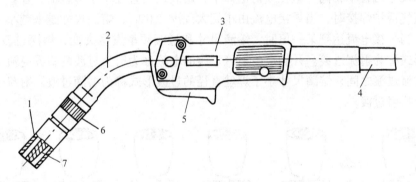

图 7-30　鹅颈式焊枪
1—喷嘴　2—鹅颈管　3—焊把　4—电缆　5—开关　6—绝缘接头　7—导电嘴

（四）供气系统和冷却系统

供气系统与钨极氩弧焊相似。对于 CO_2 气体，通常还需要安装预热器、减压阀、流量计和气阀。如果气体纯度不够，还需要串接高压干燥器和低压干燥器，以吸收气体中的水分，防止焊缝中产生气孔。对于熔化极活性气体保护焊还需要安装气体混合装置。若采用双层气体保护，则需要两套独立的供气系统。

水冷式焊枪的冷却水系统由水箱、水泵和冷却水管，水压开关组成。水箱里的冷却水由水泵流经冷却水管和水压开关后流入焊枪。然后经冷却水管再回流入水箱，形成冷却水循环。水压开关的作用是保证当冷却水未流经焊枪时，焊接系统不能启动焊接，以保护焊枪，避免过热而烧坏。

（五）控制系统的功能

控制系统由基本控制系统和程序控制系统组成。

基本控制系统主要用于焊前或焊接过程中调节焊接参数，包括焊接电源输出调节系统、送丝速度调节系统、焊接小车（或工作台）行走速度调节系统和气体流量调节系统等，用于调节焊接电流、电弧电压、送丝速度和保护气体流量的大小等。

程序控制系统主要用于将焊接电源、送丝系统、焊枪和行走系统、供气和冷却水系统有机地组合在一起，构成一个完整的、自动控制的焊接设备系统。程序控制系统主要控制焊接设备的起动和停止、控制电磁气阀动作（实现提前送气和滞后停气）、控制水压开关（保证焊枪受到良好的冷却）、控制引弧和熄弧、控制送丝和焊接小车的移动等。

除程序系统外，高档焊接设备还有焊接参数自动调节系统，其作用是当焊接参数受到外界干扰而发生变化时可自动调节，以保证焊接参数恒定，维持正常稳定的焊接生产过程。

四、熔化极气体保护焊的熔滴过渡形式

熔化极气体保护焊时，焊丝端头的液态金属经电弧向熔池过渡的过程称为熔滴过渡。熔滴过渡对电弧的稳定性、焊缝成形、金属飞溅等有直接影响，它是拟定气体保护焊工艺时首先要考虑的因素。熔化极气体保护焊金属过渡形式共有三种形式，见图7-31，即喷射过渡、粗滴过渡和短路过渡。前两种因焊丝端头与熔池之间不发生直接接触，故统称为自由过渡。

1. 喷射过渡　金属从焊丝末端以细小熔滴流轴向过渡到熔池中，见图7-31a。这些小熔滴是从圆锥形焊丝末端滴落的，一个熔滴紧接着另一个熔滴地滴落，但它们彼此之间并不相连。熔滴的尺寸可各不相同，但在喷射电弧中，熔滴最大直径小于焊丝的直径。

采用氩气保护焊接时，当焊接电流由小到大逐渐变化时，熔滴尺寸越来越小，过渡频率越来越快。当焊接电流达到某一值时，熔滴尺寸和过渡频率发生突变，熔滴过渡呈射流状，这种过渡形式称为射流过渡。开始产生射流过渡的电流称为射流过渡的临界电流。把介于粗滴过渡和射流过渡之间，熔滴尺寸小于焊丝直径的过渡形式称为射滴过渡。射流过渡和射滴过渡都属于喷射过渡。

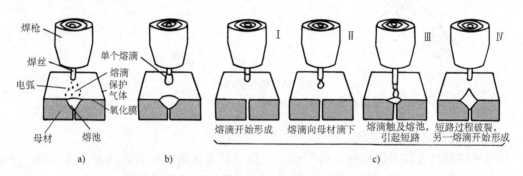

图7-31　熔化极气体保护电弧焊时熔滴过渡的形式
a）喷射过渡　b）粗滴过渡　c）为短路过渡中的各个阶段

2. 粗滴过渡　又称大滴过渡，粗滴过渡的特征是熔滴尺寸大于焊丝直径，见图7-31b。在惰性气体为主的保护介质中，当平均电流高于短路电流时，产生轴向的粗滴过渡；而在CO_2气体保护介质中，当焊接电流和电弧电压超过短路过渡范围时，则产生非轴向的粗滴过渡。粗滴过渡时，如果弧长太短，将导致长大的熔滴与焊件短路，造成过热、爆炸并产生严重飞溅。因此，电弧长度应足以保证熔滴与熔池接触之前就脱落；相反，弧长过长时，则会引起未熔合、未焊透及余高过大等焊接缺陷的产生。采用所有类型的保护气体都能产生粗滴过渡，但是粗滴过渡形式只能用于平焊的焊接位置。如果在仰焊时采用粗滴过渡，则熔融的焊丝金属会滴落到焊枪的喷嘴中。

3. 短路过渡　短路过渡是在较低范围的焊接电流和电弧电压的条件下产生的,这种过渡形式产生小而快速的焊接熔池,非常适合于薄板全位置焊和大间隙搭桥焊接。只有在焊丝与熔池接触时产生熔滴的过渡,而在电弧空间不发生熔滴的过渡。

短路过渡形式的各阶段如图 7-31c Ⅰ ~ Ⅳ所示。在短路电弧循环开始时,焊丝末端熔化成一个液态金属的小球滴,见图 7-31c Ⅰ。接着熔化的金属因重力的作用移向焊件,见图7-31c Ⅱ。然后,熔滴靠重力及表面张力的作用与焊件相接触,造成短路,见图 7-31c Ⅲ,这时电弧熄灭。最后,熔滴因受电磁收缩力的作用而断开,同时电弧又重新引燃,见图 7-31c Ⅳ。随着电弧重新引燃,循环又重新开始。

五、熔化极气体保护焊的焊接材料

(一) 保护气体

保护气体的主要作用是防止空气的有害作用,实现对焊缝和近焊缝区的保护。因为大多数金属在空气中加热到高温,直到熔点以上时,很容易被氧化和氮化,而生成氧化物和氮化物。这些不同的反应产物可以引起焊接缺陷,如夹渣、气孔和焊缝金属脆化。保护气体除了防止空气的有害作用外,还有稳定电弧、控制焊道成形和将热量由焊丝传导至母材等作用。

常用的保护气有氩气 (Ar)、氦气 (He)、二氧化碳气体 (CO_2)、氧气 (O_2) 和氮气(N_2)。

1. 氩气和氦气　氩气和氦气同属惰性气体,焊接过程中不与液态和固态金属发生化学冶金反应。很适合于焊接活泼性金属,如铝、镁、钛等。它们可以单独使用,也可以作为混合气体的一部分。氩与氦两者的工艺性能相差较大,如对熔滴过渡形式、焊缝断面形状和咬边等的影响都不相同。在实际生产中,焊接某些材料时,常需要采用一定比例的氩气和氦气的混合气体,以获得所要求的焊接效果。

氩气与氦气作为保护气体,其工艺性能的差异,是因为它们的物理性质不同,如密度、热传导性和电弧特性等。氩气的密度大约是空气的 1.4 倍,而氦气的密度大约是空气的0.14 倍。密度较大的氩气在平焊位置时,对电弧的保护和对焊接区的覆盖作用是最有效的。在平焊位置时,为得到相同的保护效果,氦气的流量应比氩气的流量大约高 2 ~ 3 倍。氦经常更适用于仰焊位置,因为氦气上浮故能保持良好的保护作用。

氦气的热传导性比氩气高,可使电弧的能量分布更均匀。所以氦弧焊的焊缝形状特点为熔深与熔宽较大,焊缝底部呈圆弧状。而氩弧焊的焊缝中心深,两侧熔深较浅,为"指状"熔深。采用氩气保护可使焊道狭窄,电弧比其他气体时更为集中。

2. 氩气与氦气的混合气体　氩气和氦气的混合气体综合了氩弧和氦弧的优点,不仅电弧燃烧稳定,温度高,而且焊丝熔化速度快,熔滴易呈现较稳定的射流过渡,熔池流动性得到改善,焊缝成形好,致密性提高,很适合于焊接铝、铜及其合金等高热导率材料。采用体积分数 (φ) 为75%的氦 + 体积分数为25%氩的混合气焊接铝时,有助于减少气孔。

3. 二氧化碳气体　CO_2 是活性气体,大多数活性气体都不能单独作为保护气体用,但CO_2 气体例外。它也可以单独使用或与其他保护气体混合使用。熔化极气体保护焊只使用干燥后的 CO_2 气体。采用 CO_2 气体保护具有焊接速度高、熔深大、成本低和易进行空间位置焊接等优点,因此已广泛用于焊接碳素钢和普通合金钢;CO_2 气体在电弧高温作用下将发生分解,同时伴随吸热反应,对电弧产生冷却作用而使其收缩,所以存在飞溅大和焊缝成形不良的缺点。

4. 氩与氧化性气体的混合气体　氧是活性气体，它不能单独作为保护气体用，只能与其他气体混合使用。当采用纯氩保护的熔化极气体保护焊焊接钢材时，将引起电弧不稳（漂移）和咬边。氩气中加入体积分数为 1% ~5% 的氧气时，将消除电弧的漂移，改善熔池的流动性和电弧的稳定性。

氩与二氧化碳的混合气体，常用的混合比为 φ（Ar）70% ~80% 加 φ（CO_2）20% ~30%，既具有氩弧的特点（电弧燃烧稳定、飞溅小、喷射过渡），又具有氧化性，克服了纯氩保护时的表面张力大，液体金属黏稠，易咬边和斑点漂移等问题。由于在混合气体中存在着大量的活性的气体，因而主要用于碳素钢和低合金钢的焊接。

5. 氮气　铜及铜合金焊接时，有时用氮气作为保护气体。氮具有和氦相似的特性，因为它比氦能产生更好的熔透并有促进粗滴过渡的趋向。在那些不易得到氦气的地方，例如在欧洲，便采用氮气作为保护气体。

（二）焊丝

熔化极惰性气体保护电弧焊用焊丝的化学成分一般与母材的化学成分相近，并且具有良好的焊接工艺性能和焊缝的使用性能。熔化极活性气体保护电弧焊（包括 CO_2 气体保护焊）用焊丝金属的化学成分可以稍微与母材不同，以补偿合金元素的烧损以及向熔池提供脱氧剂。在实际应用中，为获得满意的焊接性能和焊缝金属力学性能，还可能要求焊丝的合金系列与母材不同。例如对于 GMAW 焊接锰青铜、铜 - 锌合金时，最满意的焊丝为铝青铜或铜 - 锰 - 镍 - 铝合金。

在钢焊丝中最经常使用的脱氧剂是锰、硅、铝、钛。镍合金焊丝中是钛和硅。铜合金焊丝可以使用钛、硅或磷作为脱氧剂。

为了防止焊丝表面锈蚀、减小送丝阻力、改善导电性，以确保焊丝可以连续而顺利地通过送丝软管和焊枪，通常应在钢焊丝表面镀铜或涂防护油等。焊丝铜镀层既要牢固又不能太厚。镀层如不牢固，在送丝软管中会脱落，以至堵塞软管，增加送丝阻力，使焊接过程不稳。镀层过厚，会使焊缝金属增铜，降低其力学性能。焊丝应规则地层绕成盘，以便于使用。同时焊丝不允许有弯折处，否则会影响送丝稳定性。焊丝还应具有一定的硬度，过软的焊丝当送丝阻力稍大时即送丝不稳，影响焊接质量，细焊丝尤其如此。

六、熔化极气体保护焊的焊接参数

熔化极气体保护焊的主要焊接参数有焊接电流（送丝速度）、电弧电压（弧长）、焊接速度、焊丝伸出长度（见图 7-32 熔化极气体保护电弧焊常用术语）、焊枪位置及行走方向、焊丝直径、保护气体成分和流量等。

这些参数并不是完全独立的，改变某一参数就要求同时改变另一个或另一些参数，以便获得最佳的焊接质量。选择最佳的焊接参数需要较高的技能和丰富的经验。焊接参数的搭配可能有几种方案，而不是唯一的一种。获得高质量

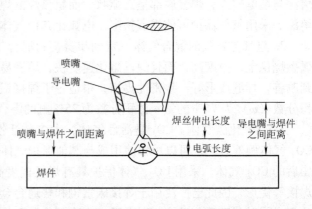

图 7-32　熔化极气体保护电弧焊常用术语

的焊缝，是这些参数选择的前提。

（一）焊接电流（送丝速度）

熔化极气体保护焊不采用交流电源。因交流电源焊接电流是周期性变化的，当焊接电流变化过零时，就会造成电弧熄灭和电弧不稳。因而熔化极气体保护焊通常采用直流电源。为了得到稳定而且尺寸细小的熔滴过渡，通常都采用平特性电源，直流反接（DCEP）。因为反接时，熔滴尺寸较小时就被强制过渡，电弧稳定而有力、轴向性强、飞溅小、焊缝成形好。熔化极气体保护焊很少采用直流正接（DCEN），因当采用直流正接时，熔滴受到的电磁收缩力显著减小，熔滴过渡在较大程度上要依靠重力，故熔滴尺寸较大、过渡不稳定、飞溅大且无法实现轴向过渡。

（二）电弧电压

电弧电压是电弧两端之间的电压降。在熔化极气体保护焊中，电弧电压是相当关键的焊接参数。它不仅影响焊缝外形，更重要的是它决定了熔滴过渡的形式和焊接过程的稳定性。电弧电压与所选用的焊接电流之间存在着较严格的匹配关系。

在焊接电流一定的情况下，当电弧电压增加时，焊道成形变宽，电弧电压过高时，将会产生气孔、飞溅和咬边。当电弧电压降低时，将会使焊道变窄、变高且熔深减小。

电弧电压取决于焊丝端部与焊件之间的距离（电弧长度）。增加电弧长度，则相应增加电弧电压；减少电弧长度，则相应降低电弧电压。需要指出的是，尽管电弧电压与电弧长度这两个术语密切相关，两者之间还是有差别的。弧长是一个独立参数，而电弧电压却不同，电弧电压不但与弧长有关，而且还与焊丝成分、焊丝直径、保护气体种类和焊接技术有关。电弧电压是在电源的输出端子上测量的，所以它还包括焊接电缆长度和焊丝伸出长度的电压降。其他参数保持不变时，电弧电压与弧长成正比。

（三）焊接速度

焊接速度是指电弧沿焊接接头运动的线速度。其他条件不变时，中等焊接速度时熔深最大。焊接速度降低时，则单位长度焊缝上的熔敷金属量增加。在很慢的焊接速度时，焊接电弧冲击熔池，而不是母材。这样会降低有效熔深，焊道也将加宽。焊接速度太快，熔化金属在焊缝中填充不足，容易产生咬边，焊缝表面粗糙。焊接速度太慢，熔池过大，易形成宽窄不匀的焊缝。

（四）焊丝伸出长度

焊丝伸出长度是指导电嘴端头到焊丝端头的距离。焊丝伸出长度越长，焊丝的电阻热越大、其熔化速度越快。若伸出长度过长，则导致电弧电压下降，熔敷金属过多，焊丝的指向性变差、焊道成形不良、熔深减少、电弧不稳定。若伸出长度过短，则电弧易烧导电嘴，其金属飞溅易堵塞喷嘴。短路过渡时推荐的焊丝伸出长度为 6~13mm，其他熔滴过渡形式推荐的焊丝伸出长度为 13~25mm。

（五）焊枪位置及行走方向

熔化极气体保护电弧焊，有两种行走方向，其分别对应着左焊法和右焊法。焊丝指向焊接方向的相反方向时，称为前倾焊法（右焊法）。焊丝指向焊接方向时，称为后倾焊法（左焊法）。左焊法、右焊法焊枪与焊接方向的相对位置如图 7-33 所示。焊丝轴线与焊缝轴线相垂直的焊接法称为正直焊法。

半自动气体保护焊，多采用后倾焊法。后倾焊法的特点是①容易观察焊接方向和接缝的

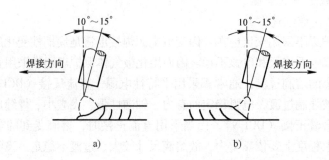

图 7-33　左、右焊法焊枪与焊接方向的相对位置

a）左焊法　b）右焊法

位置，不会焊偏。②电弧吹力将焊接熔池向前推移，电弧热不能直接作用于母材，故焊缝的熔深较浅，焊缝较宽、较平，飞溅较大。③由于焊枪前倾 10°~15°，喷嘴指向前进方向，抗风能力较强，保护效果较好，在焊接速度较快时，后倾焊法更为适宜。④适用于薄板、开 I 形坡口中、厚板的双面焊及船形位置的单道焊。

前倾焊法正好相反，其特点是：

1）不易观察焊接方向，特别是在采用小电流焊接无坡口的接头时，不易看清接缝。

2）由于熔化金属被吹向后方，故电弧可直接作用在母材上，熔深较大，焊缝窄而高，飞溅较小。

3）因为焊枪后倾 10°~15°，喷嘴指向与前进方向相反，抗风能力较弱，保护效果稍差，尤其不宜快速焊。

4）适用于开坡口的中厚板的焊接。

焊枪倾角对焊缝成形的影响如图 7-34 所示。

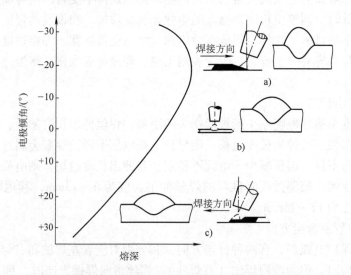

图 7-34　焊枪倾角对焊缝成形的影响

a）前倾焊法　b）正直焊法　c）后倾焊法

（六）焊丝直径

在直流反接情况下，当焊丝材料的导热性能较强时，焊丝端头不易形成铅笔状的液体金属柱，不容易获得射流过渡。例如铝焊丝惰性气体保护焊，当其电流超过临界电流时，熔滴尺寸并不发生突变，而是逐渐减少，从粗滴过渡转变为射滴过渡。所以采用铝及其合金焊丝的 MIG 焊，就存在一个从粗滴过渡转变为射滴过渡的临界电流。而用钢焊丝，则存在一个从射滴过渡转变为射流过渡的临界电流。不同焊丝直径也影响熔滴的过渡形式，焊丝直径越小，临界电流越低，越容易得到稳定的射流过渡。

（七）保护气体成分和流量

对焊缝性能和外形尺寸要求不高的碳钢焊件，可采用纯 CO_2 气体保护。铬不锈钢和铬镍奥氏体型不锈钢的焊接保护气体，应采用 φ（Ar）98% + φ（CO_2）2% 的混合气体。

气体流量会直接影响保护气体对焊接区的保护效果。除了气体喷嘴的结构形状以外，过大或过小的气体流量都会造成紊流而破坏保护效果。另外，气体流量还与焊接电流、焊接速度和焊丝伸出长度有关，在室外焊接时，应适当加大气体流量。通常细丝小电流焊接时，使用的气体流量为 10 ~ 15L/min；粗丝大电流焊接时，气体流量应为 20 ~ 25L/min。对气体保护效果要求高的焊件，或在室外焊接时，气体流量可加大到 30L/min。

（八）焊接位置

喷射过渡适用于平焊、立焊和仰焊位置的焊接。下坡焊、平焊和上坡焊时，焊件相对于水平面的斜度对焊缝成形、熔深的影响如图 7-35 所示。下坡焊时（夹角≤15°），焊缝余高和熔深减小，焊接速度可以提高，有利于焊接薄板。若采用上坡焊，重力会使液态金属后流，使熔深和余高增加，而熔宽减少。

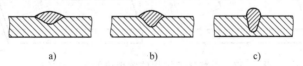

a)　　　　　　　b)　　　　　　　c)

图 7-35　焊件相对于水平面的斜度
对焊缝成形和熔深的影响
a) 下坡焊　b) 平焊　c) 上坡焊

圆柱形筒体内外环缝平焊时（焊件转动），为了获得良好的焊缝成形，焊丝应向焊件转动相反的方向偏移一定的距离（x），见图 7-36。若偏移量过大，则熔深变浅、熔宽增加、表面下凹，焊趾处熔合不良，甚至形成焊瘤见图 7-36b；若偏反了方向，则熔深和余高增加而熔宽变窄，形成梨形焊道（图 7-36c）；只有当偏移距离（x）适当时，焊缝成形理想、余高适中、焊趾处平滑见图 7-36a。圆筒形焊件（包括管子），直径越大，偏移距离（x）越小。

七、半自动熔化极气体保护焊各种焊接位置的操作技术

（一）板状试件对接接头平焊位置的操作要点

平焊是较容易掌握的一种焊接位置。焊接时，焊工手握焊枪要稳、焊丝尖端与焊件间的距离要保持恒定，等速向前移动焊枪。焊工可根据待焊工件的特点自行选择后倾焊法或前倾焊法，见图 7-37。平焊时一般多采用左焊法，这样喷嘴不会挡住视线，能够清楚地看到熔池，并且熔池受电弧冲刷作用较小，焊缝成形比较平整美观。在焊接过程中必须根据装配间

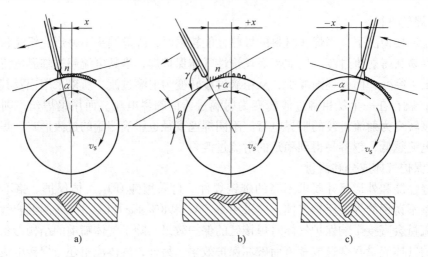

图 7-36　圆筒外环缝焊接焊丝偏移位置

a) 偏移位置正确　b) 偏移量过大　c) 偏反了方向

隙及熔池温度变化情况，及时调整焊枪角度、摆动幅度和焊接速度，以控制熔孔尺寸，保证焊件背面形成均匀一致的焊缝。

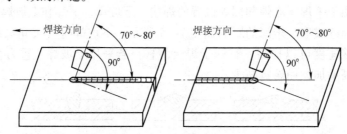

图 7-37　板状试件平焊位置焊枪的指向及角度

（二）板状试件对接接头立焊位置的操作要点

立焊位置的焊接分为向下立焊和向上立焊，向下立焊主要用于薄板的焊接，向上立焊则用于厚度大于 6mm 焊件的焊接。

1. 向下立焊　向下立焊主要采用细丝、短路过渡、小电流、低电压和较快的焊接速度。向下立焊的焊缝熔深较浅，成形美观。但要注意防止产生未焊透和焊瘤。向下立焊时的焊枪姿态，如图 7-38 所示。即为保持住熔池，不使液态金属流淌，要将电弧始终对准熔池的前方，对熔池起着上托的作用，见图 7-39a。若掌握不好，液态金属会流到电弧前方，容易产生焊瘤和未焊透缺陷，见图 7-39b。一旦发生液态金属导前现象，应加速焊枪的移动，并使焊枪的后倾角减小，靠电弧吹力把铁液推上去。

向下立焊也适于薄板的 T 形接头和角接头。不论何种接头，均以直线焊法为常用。因为摆动法不易保持熔池，很难掌握。

2. 向上立焊　向上立焊时熔池较大，液态金属易流失，故通常采用较小的焊接参数，适于厚度大于 6mm 焊件的焊接。焊枪角度见图 7-40，焊枪基本上保持与焊件相垂直，焊枪倾角应保持在焊件表面垂直线上下约 10° 的范围内。在此要克服一般焊工习惯于焊枪指向上方的做法，因为这样电弧易被拉回熔池，使熔深减小，影响焊透性。

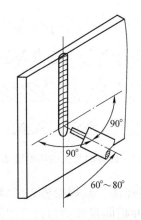

图 7-38　向下立焊时焊枪的姿势

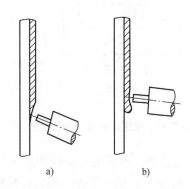

图 7-39　向下立焊时焊枪的位置

a）正常状态　b）液态金属导前的情况

向上立焊一般采用摆动式焊接法，不采用直线式焊接法。因直线式焊接法，焊道易呈凸起状，成形不良且易咬边，多层焊时后续的填充焊道易造成未熔合。向上立焊焊枪常见的摆动方式见图 7-41，其中图 a 和图 b 适用于角焊缝和对接焊缝的第一道焊缝焊接时的摆动，图 c 和图 d 适合于多层焊时的第二层及以后各层焊接时的摆动。

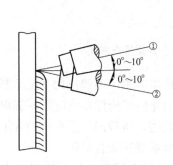

图 7-40　向上立焊时焊枪的角度

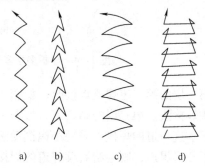

a）　　b）　　c）　　d）

图 7-41　向上立焊时常见的焊枪摆动方式

另外，焊枪摆动焊时，要注意摆幅与摆动波纹间距的匹配。为防止下淌，摆动时中间应稍快些，为防止咬边，在两侧趾端要稍做停留。

（三）板状试件对接接头横焊位置的操作要点

横焊位置的焊接特点是，液态金属受重力作用容易下淌，因此，在焊道上边易产生咬边，在焊道下边易造成焊瘤。为防止上述缺陷，要限制每道焊道的熔敷金属量。当坡口较大、焊缝较宽时，应采用多层多道焊。

1. 单道横焊　单道横焊用于薄板的焊接。焊枪可采用直线式或小幅摆动法，为便于观察焊件接缝，通常采用左焊法，如图 7-42 所示。焊枪仰角为 0°～5°，前倾角 10°～20°。如需采用摆动法焊出较宽的焊道，要注意摆幅一定要小，过大的摆幅会造成液态金属下淌。有时作较大宽度范围内的表面堆焊时，亦可采用右焊法。因为右焊法焊道较为凸起，便于后续焊道的熔敷。横焊时的焊枪摆动图形可参见图 7-43。横焊时通常是采用低电压小电流的短路过渡方式。

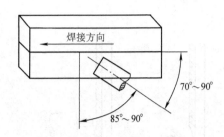

图 7-42　单道横焊时焊枪的角度

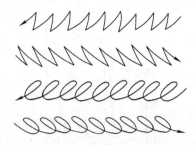

图 7-43　横焊时常见的焊枪摆动方式

2. 多层横焊　厚板的对接焊和角接焊时，应采用多层焊法，其焊枪姿态和焊道排列方式如图 7-44 所示。第一层焊一道，焊枪仰角为 0°～10°，并指向根部尖角处见图 7-44a，可采用左焊法，以直线式或小幅摆动法操作。这一道要注意防止焊道下垂，熔敷成等焊脚长的焊道。

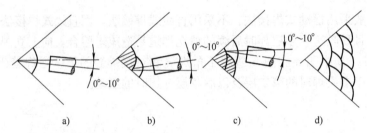

图 7-44　厚板多层多道横焊时焊枪姿态和焊道排列方式

第二层的第一道焊道焊接时，如图 7-44b 所示，焊枪指向第一层焊道的下趾端部，采用直线式焊接法。第二层的第二道，如图 7-44c 所示，以同样的焊枪仰角指向第一层焊道的上趾端部。这一道的焊接可采用小幅摆动法，要注意防止咬边，熔敷出尽量平滑的焊道。如果焊成了凸形焊道，则会给后续焊道的焊接带来困难，容易形成未熔合缺陷。

第三层及以后各层的焊接与第二层相类似，均是自下而上熔敷，焊道排列方式如图 7-44d 所示。

多层横焊要注意层道数越多，热量的积累便越易造成焊接熔池液态金属下淌，故要渐次采取减少熔敷金属量和相应地增加焊道数的办法。另外就是要确保每一层焊缝的表面都应尽量平滑。中间各层可采用稍大的焊接电流，盖面时焊接电流可略小些。

（四）板状试件对接接头仰焊位置的操作要点

仰焊时，操作不方便，同时由于重力作用，液态金属下垂，焊道易呈凸形，甚至产生焊接熔池液态金属下滴等现象。所以焊接难度较大，更需要掌握正确的操作方法和严格控制焊接参数。

仰焊可采用直线式或小幅摆动法。熔池的保持要靠电弧吹力和铁液表面张力的作用，所以焊枪角度和焊接速度的调整很重要。可采用右焊法。但不能将焊枪后倾过大，否则会造成凸形焊道及咬边。焊接速度也不宜过慢。否则会导致焊道表面凹凸不平。在焊接时要根据熔池的具体状态，及时调整焊接速度和摆动方式。摆动要领与立焊时相类似，即中间稍快，而在焊趾处稍停，这样可有效地防止咬边、熔合不良、焊道下垂等缺陷的产生。焊枪姿态及角度如图 7-45 所示。

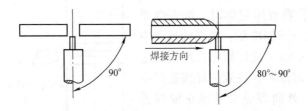

图 7-45　单道仰焊时焊枪姿态及角度

（五）板状试件各类角焊缝的操作要求

1）T 形接头平角焊缝多层焊焊枪的姿势及焊道的排列如图 7-46 所示。

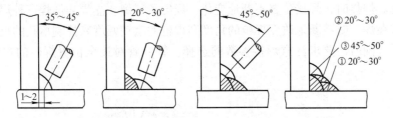

图 7-46　T 形接头平角焊缝多层焊焊枪的姿势及焊道的排列

2）搭接接头平角焊焊枪的角度如图 7-47 所示，上板为薄板的搭接接头，焊接时焊枪应对准 A 点。上板为厚板的搭接接头，焊接时喷嘴内焊丝应对准 C 点位置。

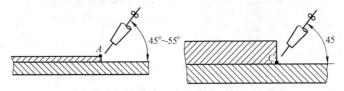

图 7-47　搭接接头平角焊焊枪的角度

3）T 形接头立角焊焊枪的角度如图 7-48 所示。

4）T 形接头仰角焊焊枪的角度如图 7-49 所示。

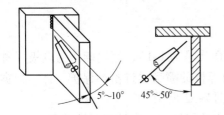
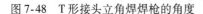
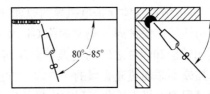

图 7-48　T 形接头立角焊焊枪的角度　　　　图 7-49　T 形接头仰角焊焊枪的角度

（六）管－管对接接头垂直固定焊的（横焊）操作要点

管－管对接垂直固定焊接是横位焊，比较容易掌握。其焊缝位置与板对接横焊时相同，焊接方向沿管子周向不断地变化，焊工要依靠不停地转换焊枪角度和调整身体位置来适应焊缝周向的变化。管－管对接横焊时的焊枪的角度如图7-50所示。在管垂直固定焊时，液态金属易于由坡口上侧向坡口下侧堆积。在焊接过程中焊丝端部在坡口根部的摆动应以斜锯齿形摆动为主，以控制焊缝的良好成形。注意，焊接速度不能太慢，以防烧穿、背面焊道太高或正面焊道下坠。

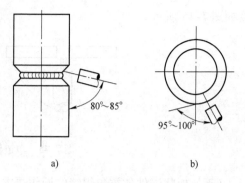

图7-50　管－管对接横焊时的焊枪的角度

（七）管－管对接水平固定焊（全位置焊）的操作要点

管－管水平固定焊可简称为管－管全位置焊，较难掌握。焊接时，焊接位置不断地变化，经历了平焊、立焊和仰焊三种焊接位置的变化，这就要求在焊接时不断地改变焊枪的角度和焊枪的摆动幅度来控制熔孔的尺寸，实现单面焊双面成形。同时，要求注意焊接参数的选择。管－管对接全位置焊时的焊枪角度如图7-51所示。

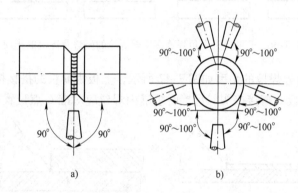

图7-51　管－管对接全位置焊时的焊枪角度

第三节　钨极惰性气体保护电弧焊

一、钨极惰性气体保护电弧焊的原理及分类

（一）钨极惰性气体保护电弧焊的原理

钨极惰性气体保护焊（英文简称GTAW焊，ISO代号为141），用钨棒作为电极（称为钨极）利用钨极和焊件之间的电弧使金属熔化，由焊枪的喷嘴送进惰性保护气体，根据需要可以添加或不添加填充金属的一种焊接方法，如图7-52所示。

焊接过程中钨极不熔化，只起电极的作用。常用的钨极材料有纯钨、钍钨和铈钨三种。惰性气体可采用氩、氦、氩－氦及氩－氢混合气体。

（二）钨极惰性气体保护电弧焊的分类

钨极惰性气体保护电弧焊可按电源种类、保护气体种类、填充焊丝的状态及操作方式等进行分类，常用的分类方法如图7-53所示。

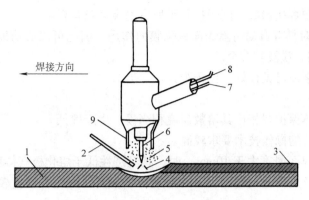

图 7-52　钨极惰性气体保护焊原理

1—母材　2—填充金属　3—凝固的焊缝　4—电弧　5—保护气
6—钨极　7—气体导管　8—电缆　9—喷嘴

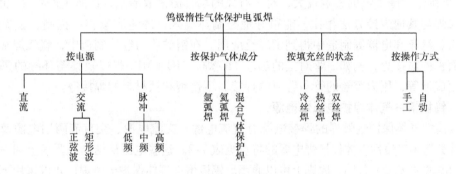

图 7-53　钨极惰性气体保护电弧焊的分类

（三）钨极惰性气体保护电弧焊的特点

钨极惰性气体保护电弧焊应用最普遍的惰性气体是氩气，因此将氩气作为保护气体的钨极惰性气体保护电弧焊称为钨极氩弧焊或氩弧焊（简称 TIG 焊）氩弧焊分为手工和自动两种。手工氩弧焊灵活、方便、实用性强，可作为一种焊接工艺单独使用，也可以与其他焊接方法组合使用。自动氩弧焊根据焊接位置的不同，有水平自动氩弧焊、立焊位置（一次成形）自动氩弧焊、仰焊位置自动氩弧焊和全位置自动氩弧焊。根据填充金属（焊丝）是否加热，有冷丝和热丝氩弧焊之分。手工氩弧焊填充焊丝规格常用的有 $\phi2.5$（$\phi2.4mm$）mm，自动氩弧焊焊丝规格常用的为 $\phi0.8mm$、$\phi1.0mm$、$\phi1.2mm$、$\phi1.6mm$。氩弧焊具有如下特点：

1. 优点

1）氩气具有极好的保护作用，能有效地隔绝周围空气，它既不与金属发生化学反应，也不溶于金属，使得焊接过程中熔池的冶金反应简单、易于控制。

2）钨极电弧非常稳定，即使在很小的焊接电流情况下（小于10A）仍能稳定地燃烧。

3）热源和填充焊丝可以分别控制，因而热输入量易于调整，特别适合于全位置焊接和单面焊双面成形。

4）由于填充焊丝不通过焊接电流，焊接时无飞溅产生，焊缝成形美观。

5）可精确地控制焊接参数，能焊接几乎所有的金属及其合金。

6）交流氩弧焊时具有自动清除表面氧化膜的作用，因此可以成功地焊接化学性质活泼的金属和合金，如铝、镁及其合金。

7）明弧操作，熔池可见性好，便于观察。

2. 局限性

1）与熔化极气体保护焊相比其熔敷速度相当慢，生产率低。

2）焊接时对焊工的操作技术要求较高。

3）焊接厚壁结构（厚度大于 10mm）时，其经济性低于熔化极气体保护焊。

4）对焊接区、填充焊丝及母材表面的清理要求很高，因此在环境较脏的条件下不能可靠地保证焊接质量。

5）钨极承载焊接电流的能力较差，过大的焊接电流会引起钨极的熔化、蒸发和焊缝的夹钨。

6）氩弧受周围气流的影响较大，对于有风的场合需采取措施，以防止外界气流的影响。

氩弧焊与其他焊接方法相比，能很好地控制热输入，焊缝质量容易控制。氩弧焊在航空、航天、汽车和电器等制造中得到了广泛应用。在锅炉压力容器制造中，氩弧焊常用于锅炉受热面管的对接焊，例如，管对接的热丝 TIG 焊、TIG + MIG 焊以及集箱环缝的 TIG 焊单面焊双面成形等，压力容器的管与管板的焊接、不锈钢和钛材料的焊接等。

二、钨极惰性气体保护电弧焊电源

钨极惰性气体保护电弧焊的焊接电源有直流电源、交流电源、交直流两用电源及脉冲电源。各种类型钨极惰性气体保护焊电源的特点见表7-2。这些电源从结构与要求上和一般焊条电弧焊的电源并无多大差别，原则上可以通用。钨极惰性气体保护电弧焊也要求采用下降特性的电源，只是为了减少或消除因弧长变化而引起的焊接电流波动，外特性曲线要求更陡一些。

1. 直流电源　直流电源焊接时没有极性变化，因此电弧燃烧非常稳定。然而它有正负极性之分。

（1）直流正接法　正接法是焊件与电源正极相连，钨极与电源负极相连。电弧燃烧时，电子流从钨极流向焊件，正离子流从焊件流向钨极。此时钨极具有很强的电子发射能力，大量高能量的电子流从阴极表面发射出来，流向弧柱而使阴极表面得到冷却，钨极烧损极少。直流正接时，电弧能量比较集中、电弧稳定、熔深大、钨极不易过热，因此钨极惰性气体保护电弧焊一般多采用直流正接。

表 7-2　各种类型钨极惰性气体保护焊电源的特点

电流种类及极性	直流正接	直流反接	交流
电子及正离子流动方向	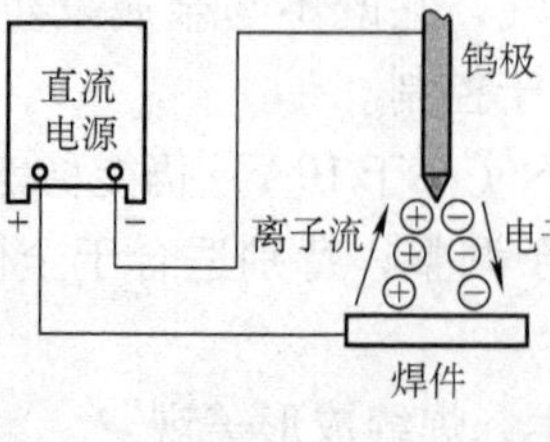	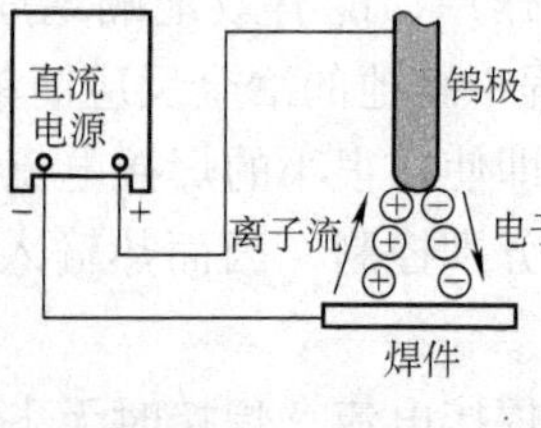	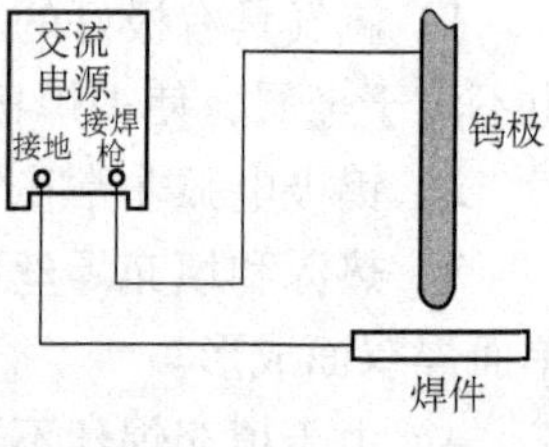

（续）

电流种类及极性	直流正接	直流反接	交流
表面清理作用	无	有	有（每半波一次）
电弧热量分布	70% 在焊件 30% 在钨极尖端	30% 在焊件 70% 在钨极尖端	50% 在焊件 50% 在钨极尖端
熔深	深、窄	浅、宽	中等
钨极载流能力	优	不好	良

（2）直流反接法　反接法是焊件与电源负极相连，钨极与电源正极相连。此时电子流从焊件流向钨极，正离子流从钨极流向焊件。当正离子流撞击焊件时，焊件表面的氧化膜自动破碎被清除，即出现所谓的阴极清理作用。而钨极受到电子撞击，吸收电子携带的能量，使得钨极具有很高的温度。所以，反接时钨极允许承载的焊接电流很小，同样的焊接电流下，直流反接时所使用的钨极直径应比直流正接时大。直流反接电弧不集中、加热区大、电弧不稳定、熔深浅而宽、生产率低，一般不推荐采用。

2. 交流电源　交流电源的极性是周期性变换的，相当于每个周期的半波为直流正接，半波为直流反接。正接的半波期间，钨极可以发射足够的电子而不易过热，有利于电弧的稳定；反接的半波期间，焊件表面生成的氧化膜容易被清除掉而获得表面光亮、美观和成形良好的焊缝。这样同时兼顾了阴极表面清理作用、钨极烧损少以及正接时熔深大的优点。对于活泼性强的铝、镁、铝青铜等金属及其合金一般选用交流电源焊接。

3. 脉冲电源　脉冲直流是指电流从基值（低）到峰值（高）反复和有规律性的变化的电流。脉冲直流 TIG 焊与普通恒流 TIG 焊焊接电流的波形对比见图 7-54。普通恒流 TIG 焊的焊接电流调节参数只有电流值的大小，而脉冲 TIG 焊焊接电流可调参数多，见图 7-54b 中，脉冲电流幅值 $I_{脉}$、基值电流值 $I_{基}$、脉冲电流时间 $t_{脉}$、基值电流时间 $t_{基}$（脉冲周期 T 或脉冲频率 $f = 1/T$ 及脉宽比 $K = t_{脉}/T$）等参数都可分别调节。脉冲电流一般为基值电流的 2～10 倍。

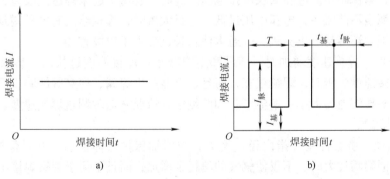

图 7-54　恒流与脉冲 TIG 焊焊接电流波形

a) 恒流 TIG 焊　b) 脉冲 TIG 焊

脉冲 TIG 焊由于对母材的热输入是脉冲式的，从而使之具有了独特的焊缝形成过程，见图 7-55。在每个脉冲电流作用区间里，都瞬时地将较高的能量集中地传给母材，形成一个所谓热脉冲，此时在电弧下面产生一个较深的熔池；脉冲电流结束后，基值电流仍然维持着电弧燃烧，但此时的电弧能量大为减小，使熔池有了相对冷却的机会，熔池尺寸大为缩小，当然也伴随着熔深的相对减小。这样，一个脉冲周期即相应形成一个焊点。下一次脉冲作用时，是在上一个凝固焊点边缘上产生另一个新的熔池，脉冲结束后冷却并形成一个新焊点。如此重复下去，即形成一条由许多焊点（图 7-55 中的 1、2、3、4）连续搭接而成的规则链状焊缝。在稳定的脉冲 TIG 焊焊接参数下，所获得的焊缝具有极为规则而美观的鱼鳞纹。

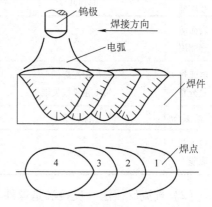

图 7-55　脉冲 TIG 焊焊缝的形成过程

脉冲 TIG 焊的基值电流是起维持电弧稳定燃烧的作用的，它直接影响熔池金属的冷却和结晶。焊接薄板时，采用较小的基值电流，可以减小焊接变形。脉冲 TIG 焊增强了电弧的收缩效果，使电弧刚度增强、能量集中，有利于减小焊接变形和改善焊缝的背面成形。同时，由于焊接熔池受到较强的搅拌作用而改善了焊缝性能。

脉冲频率对焊接过程影响也较大，通常可通过调节脉冲电流时间和基值电流时间达到调节脉冲频率之目的。一般要根据板厚和焊接速度选择适宜的频率。脉冲 TIG 焊常见的脉冲频率一般为 0.5~20Hz。随着工业技术的进步，目前已开发出脉冲频率高达 1000~25000Hz 的高频脉冲 TIG 焊。高频脉冲 TIG 焊焊接速度高于普通 TIG 焊，也特别适合于超薄件的焊接。

三、钨极氩弧焊的焊接参数

（一）电特性参数

1. 焊接电流　钨极氩弧焊的焊接电流通常是根据焊件的材质、厚度和接头的空间位置来选择的。焊接电流增加时，熔深增大，焊缝的宽度和余高稍有增加，但增加很少，焊接电流过大或过小都会使焊缝成形不良或产生焊接缺陷。

2. 电弧电压　钨极氩弧焊的电弧电压主要是由弧长决定的，弧长增加，电弧电压增高，焊缝宽度增加，熔深减小。电弧太长电弧电压过高时，容易引起未焊透及咬边，而且保护效果不好。但电弧也不能太短，电弧电压过低、电弧太短时，焊丝给送时容易碰到钨极引起短路，使钨极烧损，还容易产生夹钨，故通常使弧长近似等于钨极直径。

3. 焊接速度　焊接速度增加时，熔深和熔宽减小。焊接速度过快时，容易产生未熔合及未焊透；焊接速度过慢时，焊缝很宽，而且还可能产生焊漏、烧穿等缺陷。手工钨极氩弧焊时，通常是根据熔池的大小、熔池形状和两侧熔合情况来随时调整焊接速度。

（二）其他参数

1. 喷嘴直径　喷嘴直径（指内径）增大，应增加保护气体流量，此时保护区范围大，保护效果好。但喷嘴过大时，不仅使氩气的消耗量增加，而且不便于观察焊接电弧及焊接操作。因此，通常使用的喷嘴直径，一般以 8~20mm 为宜。

2. 喷嘴与焊件的距离　喷嘴与焊件的距离是指喷嘴端面和焊件间的距离，这个距离越小，保护效果越好。所以，喷嘴与焊件间的距离应尽可能小些，但过小将不便于观察熔池，因此通常取喷嘴至焊件间的距离为 7～15mm。

3. 钨极伸出长度　为防止电弧过热烧坏喷嘴，通常钨极端部应伸出喷嘴以外。钨极端头至喷嘴端面的距离为钨极伸出长度，钨极伸出长度越小，喷嘴与焊件间距离越近，保护效果越好，但过小会妨碍观察熔池。通常对接焊缝焊接时，钨极伸出长度为 5～6mm 较好；焊接角焊缝时，钨极伸出长度为 7～8mm 较好。

4. 气体保护方式及流量　钨极氩弧焊除采用圆形喷嘴对焊接区进行保护外，还可以根据施焊空间将喷嘴制成扁状（如窄间隙钨极氩弧焊）或其他形状。

喷嘴直径、钨极伸出长度增加时，气体流量也应相应增加。若气流量过小，保护气流软弱无力，保护效果不好，易产生气孔和焊缝被氧化等缺陷；若气流量过大，容易产生紊流，保护效果也不好，还会影响电弧的稳定燃烧。

通常圆形喷嘴氩气的流量可按下式计算：

$$Q = (0.8～1.2)D$$

式中　Q——氩气流量（L/min）；

D——喷嘴直径（mm）。

平板焊接时，焊缝根部的气体保护装置如图 7-56 所示。

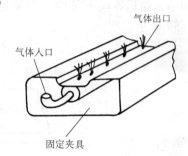

图 7-56　平板焊接时焊缝根部的气体保护装置

根部焊缝焊接时，焊件背部焊缝会受空气污染氧化，因此必须采用背部充气保护。氩气和氦气是所有材料焊接时，背部充气最安全的气体。不锈钢和铜合金焊接时，背部充气保护最安全的气体是氮气。一般惰性气体背部充气保护的气体流量范围为0.5～42L/min。管件内充气时，应留适当的气体出口，可防止焊接时管件内气体压力过大。在根部焊缝焊接结束前的 25～50mm 时，要保证管内充气压力不能过大，以便防止焊接熔池吹出或根部出现内凹。

当采用氩气进行管件焊接背面保护时，最好从下部进入，使空气向上排出，并且使气体出口远离焊缝，如图 7-57 所示。在含有多条焊缝的管子焊接时，除待焊焊缝外，所有出口均应堵住，以防漏气。

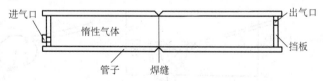

图 7-57　管子对接焊缝内的气体保护示意图

焊接对氧化、氮化非常敏感的金属和合金（如钛及其合金）时，除保护焊接区域外，还要保护处于400℃以上高温区的焊缝金属和热影响区。通常采用在焊枪前后附加拖罩的方式，如图 7-58 所示为加后拖罩的钨极氩弧焊。

四、手工钨极氩弧焊常见接头形式的操作要点

（一）板状试件对接接头平焊位置的操作要点

平焊是较容易掌握的一种焊接位置，握枪手要稳、钨极端部与焊件要有 2～3mm 的距

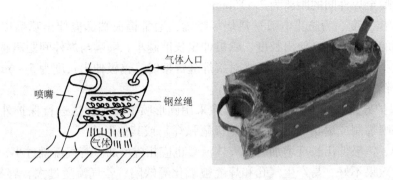

图 7-58　氩弧焊用后拖气体保护罩

离，尽量不要跳动和摆动焊枪（走直线），正常的情况下应是等速向前移动，焊丝应有规律地从熔池的前半部送进（与熔池接触送给）或移出，且焊丝端头应在氩气的保护区内以防氧化。底层焊接时，当电弧引燃后，形成的熔池稍有下沉的趋势，即说明已经焊透，应给送焊丝，同时向前移动焊枪，整个焊接过程应保持这种状态。如焊丝过早给送，则容易出现未焊透，给送焊丝不及时，容易造成焊瘤等缺陷。平焊操作时焊枪角度与焊丝角度如图 7-59 所示。

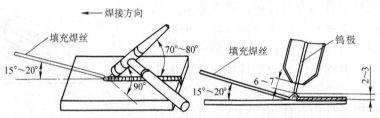

图 7-59　平板 I 形坡口对接平焊时焊枪与焊丝角度

（二）板状试件对接接头横焊位置的操作要点

横焊时因熔池金属重力的作用，上部板的边缘易产生咬边，下部板的边缘易出现焊瘤。为了防止熔敷金属下垂应保持焊枪角度为 100°，焊枪与焊丝位置如图 7-60 所示。

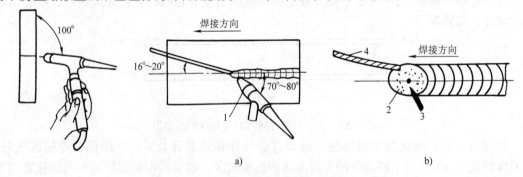

图 7-60　对接接头横焊时焊枪与焊丝位置

a）焊枪行进角度　b）填充焊丝的端部位置

1—焊枪　2—熔池　3—钨极　4—填充焊丝

（三）板状试件对接接头立焊位置的操作要点

立焊操作应严格控制焊枪角度和电弧长度。焊枪角度倾斜太大或电弧太长都会使焊缝中间高及两侧产生咬边。正确的焊枪角度和电弧的长度，应使观察熔池和给送焊丝方便，如图 7-61 所示。

（四）板状试件对接接头仰焊位置的操作要点

仰焊时，熔池重力对焊缝成形的影响比立焊、横焊时要大，因而焊接的难度大。为了便于操作，给送的焊丝应适当靠近焊工身体一些。薄板的仰焊时，如熔池温度过高、给送焊丝不及时或给送焊丝完成后焊枪前移速度慢，易形成焊根下凹的缺陷。仰焊时焊枪角度与送丝位置的关系如图 7-62 所示。

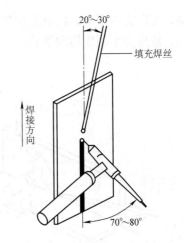

图 7-61　平板立焊时焊枪与焊丝位置

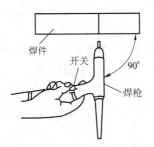
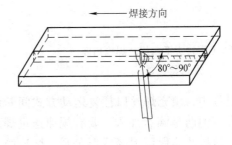

图 7-62　仰焊时焊枪角度与送丝位置的关系

（五）板状试件各类角焊缝焊接的操作要点

1）端部接头平角焊时焊枪角度及送丝位置如图 7-63 所示。

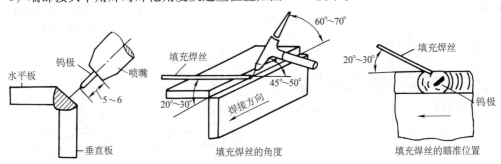

图 7-63　端部接头平角焊时焊枪角度及送丝位置

2）T 形接头平角焊时，焊枪角度及送丝位置如图 7-64 所示。

3）T 形接头立角焊时，焊枪角度及送丝位置如图 7-65 所示。

4）T 形接头仰角焊时，焊枪角度及送丝位置如图 7-66 所示。

（六）垂直固定管氩弧焊的操作要点

打底焊的关键是保证焊透，打底焊焊枪角度如图 7-67 所示。先引燃电弧不填焊丝，待坡口根部熔化形成熔池熔孔后送进焊丝，当焊丝端部熔化形成熔滴后，将焊丝轻轻地向熔池内移动,并向管内摆动,将液态熔敷金属送到坡口根部,以保证背面焊缝的高度。填充焊丝的同时,焊枪作小幅度横向摆动。

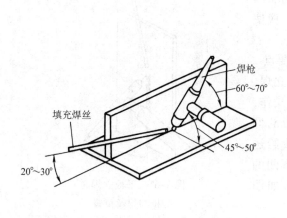

图 7-64 T 形接头平角焊时焊枪角度及送丝位置

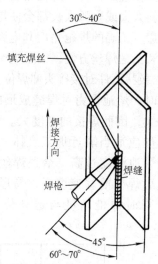

图 7-65 T 形接头立角焊时焊枪角度及送丝位置

在焊接过程中,填充焊丝以往复运动方式间断地送入熔池前方,在熔池前呈滴状加入。要有规律送进焊丝,不能时快时慢,这样才能保证焊缝成形美观。熔池的上下坡口的温度要保持均匀,以防止上部坡口温度过热,母材熔化过多,产生咬边或焊缝背面的余高下坠。多道焊时,先焊下面的焊道,后焊上面的焊道,盖面焊时焊枪角度如图7-68 所示。

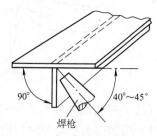

图 7-66 T 形接头仰角焊时焊枪角度及送丝位置

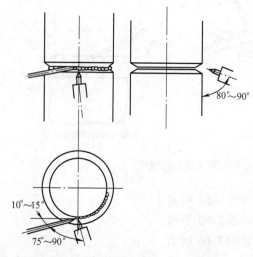

图 7-67 垂直固定管氩弧焊打底焊时的焊枪角度

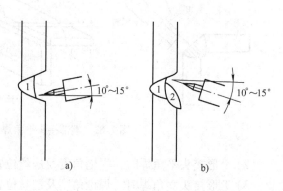

图 7-68 垂直固定管氩弧焊盖面焊时焊枪角度
a)下侧焊道的焊接 b)上侧焊道的焊接

（七）水平转动管氩弧焊的操作要点

在管子圆周时钟位置12点处引燃电弧，先不转动管子，也不加焊丝，待管子坡口熔化再加入少量焊丝形成明亮的第一个熔池和熔孔后，管子开始转动并开始正常加入焊丝。焊接过程中，试件与焊丝、喷嘴的位置要保持一定距离和一定角度，避免焊丝扰乱气流及触到钨极。水平转动管氩弧焊时焊枪角度如图7-69所示。

（八）水平固定管氩弧焊的操作要点

水平固定管焊接时，应将管子圆周按时钟钟面分为左右两个半周进行，焊接顺序如图7-70所示。焊接右半周在仰焊部位距时钟钟面6点钟位置左侧4～5mm A 处引弧，按逆时针方向进行焊接，焊接至超过12点钟4～5mm的 B 处收弧。引燃电弧后，先用电弧加热坡口根部两侧金属，2～3s后即形成熔池，当获得一定大小的明亮清晰的熔池后，才可向熔池填送焊丝。焊丝与通过熔池的切线成10°～15°角送入熔池前方，焊丝沿坡口的上方送到熔池后，轻轻地将焊丝向熔池内移动，并向管内摆动，这样能提高焊缝背面高度，避免凹坑和未焊透。在填丝的同时，焊枪逆时针方向匀速移动。钨极尖端与熔池距离保持在2～4mm，即尽量保持短弧焊接，以增强保护效果，水平固定管焊接时焊枪的角度及焊丝位置如图7-71所示。

焊完右半周后，焊工转到管子的另一侧进行左半周的焊接，在距时钟6点钟右侧4～5mm的 A' 处引弧，在超过12点钟4～5mm的 B' 处收弧。接头处的焊缝应相互重叠8～10mm。焊接过程中填丝和焊枪移动速度要均匀，才能保证焊缝美观。

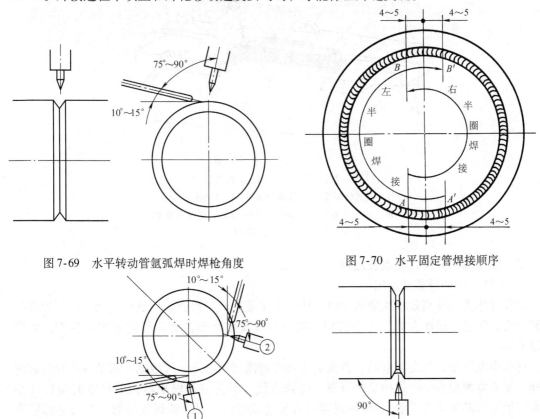

图7-69　水平转动管氩弧焊时焊枪角度

图7-70　水平固定管焊接顺序

图7-71　水平固定管焊接时焊枪角度及送丝位置

第四节　埋　弧　焊

一、埋弧焊的原理

埋弧焊（英文简称 SAW 焊，ISO 代号为 12），是一种利用位于焊剂层下电极（焊丝或焊带）与焊件之间燃烧的电弧产生热量，熔化电极、焊剂和母材金属而形成焊缝的焊接方法。

埋弧焊原理如图 7-72 所示，电极和焊件分别与焊接电源的输出端相接，电极由送进机构连续向覆盖焊剂的焊接区给送。连续送进的电极在一层可熔化的颗粒状焊剂覆盖下引燃电弧。电弧引燃后，焊剂、电极和母材在电弧热的作用下立即熔化并形成熔池。熔渣与由焊剂熔化所产生的气体共同保护熔池金属不与空气接触。随着电弧向前移动，电弧力将液态金属推向后方并逐渐冷却凝固成焊缝。未熔化的焊剂具有隔离空气、屏蔽电弧光和热的作用。

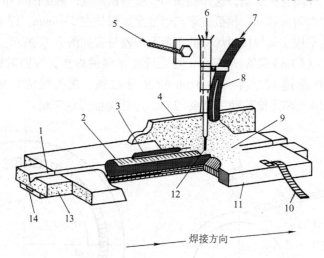

图 7-72　埋弧焊过程示意图

1—V 形坡口　2—焊道　3—焊渣　4—焊剂挡板　5—接电源
6—接自动送丝装置　7—接焊剂漏斗　8—焊剂输入导管
9—焊剂　10—衬垫　11—引弧板　12—电极（焊丝或焊带）
13—母材　14—接电源

二、埋弧焊的分类、特点及应用

（一）埋弧焊的分类及应用

埋弧焊作为一种高效、优质的焊接方法，在工业生产中得到了广泛的应用。埋弧焊可按电源种类、用途、送丝方式、行走机构、电极形状及数量和自动化程度等进行分类，如图 7-73 所示。

埋弧焊电源可分为交流电源、直流电源和交直流两用电源，应根据使用条件进行电源的选择。交流电源成本低，结构简单可靠，维修方便。但正弦波输出电流的过零时间长（小电流时因波形畸变尤为严重），电弧过零时容易造成熄弧。对于弧焊变压器式交流电源噪声大、焊接电流的稳定性差，而且焊接电流越小，稳定性越差。

交流电弧焊不会产生直流电弧焊的磁偏吹现象，在某些特殊场合（如窄间隙焊接），为避免磁偏吹现象可选用交流弧焊电源。因此，除工艺上特殊要求外，交流电源多用于大电流埋弧焊和采用直流焊时磁偏吹严重的场合。

直流电源用于焊剂稳弧性差、对焊接参数稳定性要求较高、较小的焊接电流、快速引弧、短焊缝、高速焊的场合。

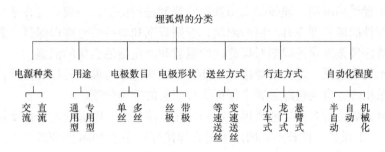

图 7-73　埋弧焊的分类

埋弧焊机按用途可分为通用和专用两种。通用焊机广泛用于各种结构的对接、角接、环缝和纵缝的焊接，而专用焊机则适合于特定的焊缝和构件的焊接。

按电极数目和形状可分为单丝、多丝及带状电极埋弧焊机。焊接生产应用最广泛的是单丝焊机，为了加大熔深和提高焊接生产率，多丝埋弧焊（双丝或三丝）得到越来越多的应用。带状电极埋弧焊机主要用于大面积堆焊。

锅炉、压力容器常用的埋弧焊有丝极埋弧焊（ISO 代号为 121）和带极埋弧焊（ISO 代号为 122）。

按埋弧焊机的送丝方式，分等速送丝式和变速送丝式两种，前者适用于细丝高电流密度条件的焊接，后者适用于粗丝低电流密度条件的焊接。

按埋弧焊机的行走方式，可分为小车式、龙门式和悬臂式三类。通用埋弧焊机多采用小车式，可适合平板对接、角接及筒体内外环缝的焊接。龙门式行走机构则适用于大型结构件的平板对接、角接。悬臂式焊机适用于大型工字梁、化工容器，锅炉锅筒等圆筒形、球形结构的纵缝和环缝的焊接。

按自动化程度可分为半自动、自动和机械埋弧焊。半自动埋弧焊利用手工操作焊枪、机械驱动输送焊丝和焊剂。自动焊完全由设备来完成整个焊接过程，焊接过程中无需焊接操作者调节和监控。机械埋弧焊是利用焊接设备完成基本的焊接过程，而焊件的就位、起焊、停焊和焊接参数调整等必须由焊接操作者来完成。

（二）埋弧焊的特点

1. 埋弧焊的优点

（1）生产率高　埋弧焊所用焊接电流大，相应电流密度也大，加上焊剂、熔渣和由焊剂熔化所产生的蒸气保护，电弧的熔透能力和焊丝的熔敷速度都得到大大提高。

（2）焊接质量好　因为熔渣的保护，熔化金属不与空气接触，焊缝金属中含氮量低，熔池金属凝固较慢，液体金属和熔化焊剂间的冶金反应充分，减少了焊缝中产生气孔、裂纹的可能性。

焊接参数通过自动调节保持稳定，对焊工操作技术要求不高，接头质量容易保证。

利用焊剂对焊缝金属脱氧还原反应以及渗合金作用，可以获得力学性能优良、致密性高的优质焊缝金属。焊缝金属的性能容易通过焊剂和焊丝的选配任意调整。

（3）劳动条件好　埋弧焊过程无弧光辐射，易于实现机械化和自动化操作，焊接质量易于保证，同时劳动条件得到改善。

2. 埋弧焊的缺点

（1）焊接位置受到限制　埋弧焊采用颗粒状焊剂进行保护，一般只能在平焊或横焊位置进行焊接，对焊件的倾斜度亦有严格的限制，否则焊剂和焊接熔池难以保持。其他位置的焊接，则需采用特殊装置来保证焊剂对焊缝区的覆盖和防止熔池金属的流淌。

（2）不便于观察电弧　埋弧焊焊接时不能直接观察电弧与坡口的相对位置，对于要求高的焊件，需要采用焊缝自动跟踪装置来保证焊接焊头的准确位置。

（3）不适合薄焊件的焊接　埋弧焊使用的焊接电流较大，电弧的电场强度较高，焊接电流小于 100A 时，电弧稳定性较差，因此不适宜焊接厚度小于 1mm 的薄件。

三、丝极埋弧焊设备

丝极埋弧焊设备由焊接电源、控制系统、送丝机构、行走机构、导电嘴、焊丝盘、焊剂输送与回收装置以及焊件变位设备和焊接夹具等部分组成。

1. 焊接电源　丝极埋弧焊可采用交流电源，也可采用直流电源。直流电源可采用平特性、缓降特性、垂降特性、陡降特性和多特性，交流电源一般采用陡降特性。

（1）直流平特性与缓降特性电源　直流平特性电源又称恒压电源。输出电流一般为 300 ~ 1500A，其中 300 ~ 600A 的电源用于手工埋弧焊，焊丝直径为 1.6 ~ 2.4mm。自动埋弧焊电源适用电流一般在 300 ~ 1000A 范围内，焊丝直径为 2.4 ~ 6.0mm。埋弧焊采用恒压或缓降特性电源时必须配置等速送丝系统，利用电弧自身调节作用实现电弧稳定燃烧。焊接电弧电压由电源决定，焊接电流由送丝速度决定，高速薄板焊接最好选择恒压直流电源或缓降特性电源。

（2）直流垂降特性与陡降特性电源　垂降特性电源又称恒流特性电源。电源的输出电流可达 1500A，除高速薄板焊接之外，恒流电源可用在恒压电源使用的各种场合。由于恒流电源不具备电弧自身调节作用，为了提高调节灵敏度，埋弧焊采用陡降特性电源时，必须配备具有弧压反馈的变速送丝系统。由于这种调节系统弧长波动是通过改变送丝速度来恢复的，所以电弧电压由给定的送丝速度和焊丝直径决定，焊接电流由焊接电源预置。弧压反馈变速送丝系统较复杂，其价格高于恒压等速送丝自调节系统。

（3）多特性电源　这种电源特性可以转换，根据需要可选择上升、平、缓降、陡降或垂降等多种特性输出，其输出电流可达 1500A，这种电源的优点在于其多功能性，它除了可用作埋弧焊电源外，还可用于焊条电弧焊、熔化极气体保护焊、碳弧气刨及螺柱焊等。

（4）交流电源　在负载持续率为 100% 时，埋弧焊交流电源的输出电流通常有 800A、1000A 两种。如要求更高的输出电流，可以将电源并联使用。传统的交流电源是恒流电源。输出电压近似于方波，输出电流近似于正弦波，如图 7-74a 所示。在极性换向时，输出电流下降到零，反向再引弧要求的引弧电压较高。为了有利于引弧，埋弧焊的交流电源空载电压一般都高于 80V，同时使用交流电源进行埋弧焊时，对

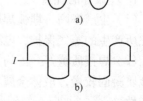

图 7-74　交流电源的波形
a) 传统交流电源的输出电流波形
b) 方波交流电源的输出电流波形

焊剂的要求较高，一般适合直流埋弧焊的焊剂不一定适合交流埋弧焊。

恒压方波交流电源是一种相对新型的交流电源。输出电流和输出电压都近似于方波。对于方波电源来说极性的换向可在瞬间完成，如图7-74b所示，电弧的再引燃能力较传统的交流电源强。因此，某些传统的交流电源不能使用的焊剂，交流方波电源可以使用。交流方波电源的恒压特性，配等速送丝系统，可简化焊机的控制系统。

2. 控制系统 通用小车式埋弧焊机控制系统由送丝与行走驱动控制、引弧和熄弧程序控制、电源输出特性控制以及配套的辅助电路（转台、变位机）的电气联动等部分组成。龙门式、悬臂式专用埋弧自动焊机还可能包括横臂伸缩、升降、立柱旋转、焊剂回收等控制环节。

埋弧焊时，电弧长度、焊接电流及焊接速度是三项重要参数，控制系统的任务是使这些参数稳定，确保焊接质量。

埋弧焊过程时，焊丝通过送丝机构不断送进并在高温电弧的作用下不断地熔化，理想的情况是焊丝的送进速度（$v_{送}$）等于其熔化速度（$v_{熔}$），这样可使电弧维持稳定。但实际上焊接过程是一个复杂的过程，焊丝的熔化可能会使电弧拉长，而焊丝的补充送进又可能使弧长缩短。其他还有多种外界因素，如电网波动、工艺条件改变（如坡口间隙变化，定位焊点的影响等），都会使弧长变化。弧长调节系统的作用是当弧长变化时能立即调整 $v_{送}$ 或 $v_{熔}$ 之间的关系，使弧长恢复至给定值。调整的方法有两种：一种是送丝速度维持不变（即等速送丝），依靠电弧自身调节作用调节熔化速度；另一种是熔化速度基本不变（或变化很小），而对送丝速度（即变速送丝）进行调节。

（1）埋弧焊电弧的自调节原理 埋弧焊电弧自身调节原理见图7-75。设电弧在 A 点燃烧（曲线 L_0），且 $v_{A送} = v_{A熔}$，如某一干扰使弧长由 L_0 升高到 L_1，工作点由 A 点移到 B 点，此时焊接电流就会由 I_A 减小到 I_B，引起的电流变化量 $\Delta I_1 = I_A - I_B$，会使焊丝的熔化速度减慢，若送丝速度不变则 $v_{送} > v_{熔}$，这样就会使弧长逐渐变短，直至恢复到 A 点并在该点稳定，$v_{A送} = v_{A熔}$。

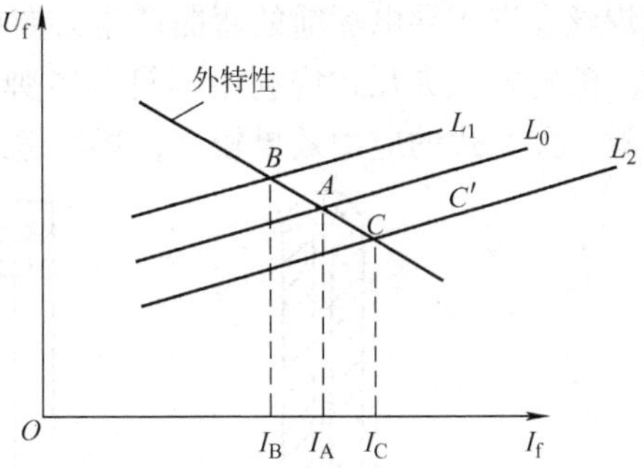

图 7-75 电弧自调节原理

反之，若因干扰，使弧长由 L_0 降低到 L_2，则电流变化的结果会使焊丝的熔化速度增加，并在与上述过程相反的方向使弧长恢复到稳定值。这种靠电弧电流调节弧长的作用就是电弧的自调节作用。

（2）埋弧焊的弧压反馈调节原理 使用较陡外特性的弧焊电源进行埋弧焊，可得到较稳定的焊接电流，但这时弧长受干扰后的恢复很慢，难以稳定。如果此时人为地逆干扰方向变化送丝速度，同样可以使弧长恢复，这就是弧压反馈调节的原理。要使送丝速度能随弧长的变化而变化，最好的方法是实现弧长闭环控制，如图7-76所示。

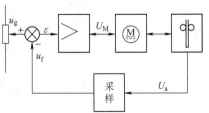

图 7-76 弧长的闭环控制

在图7-76的弧长闭环控制系统中，电弧电压 U_a 经采样转换为反馈信号 u_f，同弧压给定信号 u_g 相比较后产生差值 ε，再由放大环节放大后输出电压 U_M，驱动送丝电动机 M，即可控制送丝速度使弧长得到调整，由此实现了送丝的闭环控制。

埋弧焊的控制系统可以采用模拟信号控制，也可以采用数字信号控制。控制系统除对焊接电源的外特性、送丝速度进行控制外，还可对焊接速度、焊接的开始及停止、焊丝的送进与回抽等焊接过程实施控制。数字控制系统能精确地控制焊接参数，保证焊缝熔深、熔宽均匀。其不足之处是数字控制系统只能与数字控制的电源兼容。目前数字控制只适合于恒压电源，而模拟控制既适合于恒压电源又适合于恒流电源。

3. 送丝机构　埋弧焊的送丝机构是用来把焊丝自动送入电弧焊接区，由送丝驱动系统、送丝滚轮、压紧机构及矫直滚轮等组成。

送丝滚轮一般有三种结构，如图 7-77 所示。带齿的两种结构用于双主动滚轮驱动方式的送丝机构，适用焊丝直径为 $\phi 3mm$ 以上。无齿带 V 形槽的送丝轮用于单主动滚轮驱动方式的送丝机构，适用于焊丝直径为 $\phi 3mm$ 以下的细丝焊。

4. 导电嘴　图 7-78 为埋弧焊常用的三种类型的导电嘴。其中偏心式（管式）用于 $\phi 2mm$ 以下的细焊丝，偏心安装的导电嘴利用焊丝在进入导电嘴前的弯曲产生必要的接触压力来确保接触导电。滚轮式、夹瓦式均利用螺钉压紧弹簧产生接触压力，适用于焊丝直径为 $\phi 3mm$ 以上的粗丝。夹瓦式的应用效果较好，焊丝送进方向稳定，使用寿命长。

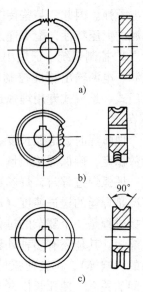

图 7-77　送丝轮常见结构
a）带齿平顶　b）带齿弧形槽
c）无齿带 V 形槽

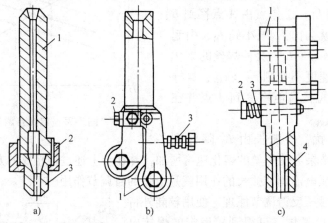

图 7-78　导电嘴常见结构

a）偏心式

1—导电杆　2—螺母　3—导电嘴

b）滚轮式

1—导电滚轮　2—螺钉　3—弹簧

c）夹瓦式

1—接触夹瓦　2—螺钉　3—弹簧　4—可换衬瓦

四、埋弧焊的焊接材料

（一）埋弧焊用焊丝

埋弧焊使用的焊丝有实芯焊丝和药芯焊丝两类，生产中普遍使用的是实芯焊丝，药芯焊丝只在某些特殊场合应用。焊丝品种随所焊金属的不同而不同，目前已有碳素结构钢、低合金钢、高碳钢、特殊合金钢、不锈钢、镍基合金焊丝，以及堆焊用的特殊合金焊丝。

焊丝表面应当干净光滑，除不锈钢、有色金属焊丝外，各种低碳钢和低合金钢焊丝表面最好镀铜，镀铜层既可起防锈作用，又可改善焊丝与导电嘴的接触状况。但耐腐蚀和核反应堆材料焊接用的焊丝是不允许镀铜的。

为了使焊接过程稳定进行并减少焊接辅助时间，焊丝通常用盘丝机整齐地缠绕在焊丝盘上。

（二）埋弧焊用焊剂

埋弧焊焊剂是颗粒状的，由不同比例的可熔性矿物质组成，其中含有锰、硅、钛、铝、钙、锆、镁的氧化物以及其他化合物，如氟化钙等。

1. 焊剂的分类

（1）焊剂按酸、碱度可分为碱性、酸性和中性焊剂。碱性焊剂的 MgO 或 CaO 的含量高，而酸性焊剂的 SiO_2 含量高。焊剂的碱度或酸度常常被看作是 MgO 或 CaO 与 SiO_2 含量的比值。

1）比值大于 1.5 的焊剂被称为碱性。

2）比值接近 1～1.5 的焊剂被称为中性。

3）比值小于 1.5 的焊剂被称为酸性。

（2）焊剂按生产工艺分类　　焊剂根据生产工艺的不同，可分为熔炼焊剂、粘结焊剂和烧结焊剂。

1）熔炼焊剂：制造熔炼焊剂时，将一定比例的各种配料混合后，在电炉中经过 1400～1700℃ 高温熔炼，熔炼后的混合物可在水中或倾倒于激冷的钢板上粒化，然后烘干、破碎并筛分，最后制成焊剂。

熔炼焊剂的优点是：

① 化学均匀性好。

② 粉屑可以去除掉而不影响焊剂的成分。

③ 焊剂不吸潮，因而简化了储藏的问题。

④ 当颗粒尺寸和成分上无重大变化时，可通过送进和回收系统重复使用。但是，也有一些条例规定禁止焊剂重复使用。

熔炼焊剂的最主要缺点是在制造的过程中，由于处在高温下，不能在焊剂中加入脱氧剂及铁合金。

2）粘结焊剂：将一定比例的各种粉状配料加入适当的粘结剂，经混合搅拌、粒化后在 350～500℃ 温度下烘干，用机械方法破碎并进行过筛而制成的一种焊剂。

粘结焊剂的优点是：

① 由于在粘结过程中用的是较低的温度，故可向焊剂中加入金属的脱氧剂及铁合金。

② 焊剂的密度较低，因此，可以在焊接区使用较厚的焊剂层。

③ 在焊接之后，凝固的焊渣易于清除。

　　粘结焊剂的一个缺点就是焊剂的粉屑不可除掉，否则将改变焊剂的成分。另一个缺点是粘结焊剂易吸收水分，这会引起焊缝金属产生气孔或氢致裂纹。

　　3）烧结焊剂：将一定比例的各种粉状配料加入适当的粘结剂，经混合搅拌、粒化后，在 750~1000℃ 高温烧结成块，然后粉碎、筛选而制成的一种焊剂。烧结焊剂或粘结焊剂由于易吸收水分，影响了这些焊剂的使用性，在其使用前和保管中有特殊规定。

　　（3）按照焊剂中添加脱氧、合金剂分类　又可分为中性焊剂、活性焊剂和合金焊剂。

　　1）中性焊剂：中性焊剂是指在焊接后，熔敷金属化学成分与焊丝化学成分相比不产生明显变化的焊剂。中性焊剂用于多道焊，特别适应于厚度大于 25mm 母材的多层焊接。

　　中性焊剂不含或含有少量的脱氧剂，所以在焊接过程中只能依赖焊丝提供脱氧剂。如果单道焊或焊接氧化严重的母材时，会产生气孔和焊道裂纹。电弧电压变化时，中性焊剂能维持熔敷金属的化学成分的稳定。

　　2）活性焊剂：活性焊剂是指加入少量锰、硅脱氧剂的焊剂。用于提高熔敷金属抗气孔的能力和抗裂性能。

　　由于含有脱氧剂，熔敷金属中的锰、硅将随电弧电压的变化而变化。由于锰、硅增加将提高熔敷金属的强度，降低冲击吸收功。因此，在使用活性焊剂进行多道焊时，应严格控制电弧电压。活性焊剂具有较强的抗气孔性能。

　　3）合金焊剂：合金焊剂是指使用碳钢焊丝，其熔敷金属为合金钢的焊剂。焊剂中添加较多的合金成分，用于过渡合金，多数合金焊剂为粘结焊剂和烧结焊剂。合金焊剂主要用于低合金钢和耐磨堆焊的焊接。

　　2. 颗粒尺寸与分布　埋弧焊焊剂的颗粒尺寸及其均匀分布对焊剂的送进、回收、电流强度和焊道平滑度及形状等都有影响。当电流强度增加时，熔炼焊剂的平均颗粒尺寸应该减少，而小颗粒的百分比应增加。如果在给定的颗粒尺寸下电流强度太高，电弧可能不稳定并呈现不规则、不平整的焊道边缘。当焊接有锈的钢板时，应选用平均颗粒尺寸较大的焊剂，以便气体更容易逸出。

　　3. 埋弧焊常用的焊丝及焊剂的匹配　埋弧焊用焊丝（焊带）与焊剂种类很多，焊丝（焊带）与焊剂的组合有很大的自由度，因而根据用途来选择符合要求的焊丝（焊带）与焊剂的匹配非常重要。

　　在选择埋弧焊用焊丝时，最主要的是考虑焊丝中锰和硅的含量。无论是采用单道焊还是多道焊，应考虑焊丝向熔敷金属中过渡的 Mn、Si 对熔敷金属力学性能的影响。

　　五、埋弧焊的主要焊接参数

　　埋弧焊影响接头质量的主要参数有焊接电流、电弧电压、焊接速度、电流种类及极性、焊丝伸出长度、焊剂粒度和堆散高度、焊丝倾角和偏移量等。

　　1. 焊接电流　焊接电流是决定焊丝熔化速度、熔透深度和母材熔化量的最重要的参数。焊接电流对熔透深度影响最大，焊接电流与熔透深度几乎是直线正比关系。随着焊接电流的提高，熔深和余高同时增大，焊缝成形系数变小。为防止烧穿焊件和产生焊接裂纹，焊接电流不宜选得太大，但焊接电流过小也会使焊接过程不稳定并造成未焊透或未熔合，因此，对于开 I 形坡口对接缝的焊接电流，按所要求的最低熔透深度来选定即可。对于开坡口焊缝的填充层，焊接电流主要按焊缝最佳的成形为准则来选定。

　　此外，焊丝直径决定了焊接电流密度，因而也对焊缝横截面形状产生一定的影响，采用细焊丝焊接时，形成深而窄的焊道，采用粗焊丝焊接时，则形成宽而浅的焊道。

2. 电弧电压　电弧电压与电弧长度成正比关系。在其他参数不变的条件下，随着电弧电压的提高，焊缝的宽度明显地增大，而熔深和余高则略有减小。电弧电压过高时，会形成浅而宽的焊道，从而导致未焊透和咬边等缺陷的产生。此外焊剂的熔化量增多，使焊缝表面粗糙，脱渣困难。降低电弧电压，能提高电弧的挺度，增大熔深。但电弧电压过低，会形成高而窄的焊道，使边缘熔合不良。

为获得成形良好的焊道，电弧电压与焊接电流应相互匹配。当焊接电流加大时，电弧电压应相应提高。

3. 焊接速度　焊接速度决定了单位长度焊缝上的热输入量。在其他参数不变的条件下，提高焊接速度，单位长度焊缝上的热输入量和填充金属量减少，因而熔深、熔宽及余高都相应地减少。

焊接速度太快，会产生咬边和气孔等缺陷，焊道外形恶化。焊接速度太慢，可能引起烧穿。

4. 电流种类及极性　采用直流电源进行埋弧焊，与交流电源相比，能更好地控制焊道形状、熔深，且引弧容易。直流反接（焊丝接正极）时，可获得最大的熔深和最佳的焊缝表面。直流正接（焊丝接负极）时，焊丝熔化速度要比反接高35%，熔深变浅。直流正接法埋弧焊可用于要求浅熔深的材料焊接以及表面堆焊。为获得成形良好的焊缝，直流正接法焊接时，应适当提高电弧电压。

5. 焊丝伸出长度　焊丝的熔化速度是由电弧热和电阻热共同决定的。电阻热是指伸出导电嘴一段焊丝通过焊接电流时产生的热量（$Q = I^2 Rt$），因此焊丝的熔化速度与伸出长度的电阻热成正比。伸出长度越长，电阻热越大，熔化速度越快。

在较低的电弧电压下，增加伸出长度，焊道宽度变窄、熔深减小、余高增加。在焊接电流保持不变的情况下，焊丝伸出长度加长，可使熔化速度提高25%~50%。因此，为保持良好的焊道成形，加长焊丝伸出长度时，应适当提高电弧电压和焊接速度。在不要求较大熔深的情况下，可利用加长伸出长度来提高焊接效率，而在要求较大熔深时不推荐加长焊丝伸出长度。

为保证焊缝成形良好，对于不同的焊丝直径推荐以下最佳焊丝伸出长度和最大伸出长度。

1）对于直径 $\phi2.0$mm、$\phi2.5$mm 和 $\phi3.0$mm 焊丝，最佳焊丝伸出长度为 30~50mm，最大焊丝伸出长度为 75mm。

2）对于直径 $\phi4.0$mm、$\phi5.0$mm 和 $\phi6.0$mm 焊丝，最佳焊丝伸出长度为 50~80mm，最大伸出长度为 125mm。

6. 焊剂粒度和堆散高度

焊剂粒度应根据所使用的焊接电流来选择，细颗粒焊剂适用于大的焊接电流，能获得较大的熔深和宽而平坦的焊缝表面。如在小电流下使用细颗粒焊剂，因焊剂层密封性较好，气体不易逸出，则在焊缝表面留下斑点。相反，如在大电流下使用粗颗粒焊剂，则因焊剂层保护不良而在焊缝表面形成凹坑或出现粗糙的波纹。焊剂粒度与所使用的焊接电流范围之间最合适的关系见表7-3。

表 7-3　焊剂粒度与焊接电流的关系

颗粒度/mm	2.5 ~ 0.45	0.28 ~ 1.43
焊接电流/A	<600	600 ~ 1200

焊剂堆高太薄或太厚都会在焊缝表面引起斑点、凹坑、气孔并改变焊道的形状。焊剂堆高太薄，电弧不能完全埋入焊剂中，电弧燃烧不稳定且出现闪光、热量不集中，降低焊缝熔透深度。焊剂堆高太厚，电弧受到熔渣壳的物理约束，而形成外形凹凸不平的焊缝，但熔透深度增加。因此焊剂层的厚度应加以控制，使电弧不再闪光，同时又能以气体从焊丝周围均匀逸出为准。埋弧焊焊剂堆高一般在 25 ~ 40mm 范围内。当使用粘结焊剂或烧结焊剂时，由于密度小，焊剂堆高比熔炼焊剂高出 20% ~ 50%。焊丝直径越大、焊接电流越高，焊剂堆散高度应相应加大。

7. 焊丝倾角和偏移量　焊丝的倾角对焊道的成形有明显的影响，焊丝相对于焊接方向可作向前倾斜和向后倾斜。顺着焊接方向倾斜称为前倾，背着焊接方向倾斜称为后倾，焊丝前倾时，电弧大部分热量集中于焊接熔池，电弧吹力使熔池向后推移，因而形成熔透深、余高大、熔宽窄的焊道。而焊丝后倾时，电弧热量大部分集中于未熔化的母材，从而形成熔深浅、余高小、熔宽大的焊道。焊丝倾角对焊道成形的影响见表 7-4。

表 7-4　焊丝倾角对焊道成形的影响

焊丝倾角/（°）	前倾 15	垂直 0	后倾 15
焊道形状			
熔深	深	中等	浅
余高	大	中等	小
熔宽	窄	中等	宽
示图			

T 形接头角焊缝焊接时，焊丝与焊件之间的夹角对焊道成形亦有影响，如图 7-79 所示。减小焊丝与 T 形接头底板的夹角，可使熔透深度增加。夹角为 30°时，可获得最大的熔深。

埋弧焊大多是在平焊位置进行的，但在某些特殊应用场合必须在焊件略作倾斜的条件下进行焊接。倾斜焊时，热源自下向上进行的焊接，称为上坡焊。相反，热源自上向下进行的焊接则称为下坡焊。

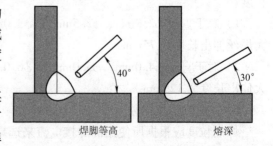

图 7-79　角焊缝焊丝夹角对焊道成形的影响

下坡焊时，焊件的倾斜度越大，焊道中间下凹，熔深减小，焊缝宽度增大，焊道边缘可能出现未熔合。上坡焊时，焊件的倾斜度对焊缝成形的影响与下坡焊相反，焊件倾斜越大，熔深和余高随之增大，而熔宽则减小。

薄板高速埋弧焊时，将焊件倾斜15°，可防止烧穿，焊道成形良好。厚板焊接时，因焊接熔池体积增大，焊件倾斜度应相应减小。上坡焊时，当焊接电流达到800A，焊件的倾斜度不应大于6°，否则焊道成形就会失控。

环缝埋弧焊时，焊丝与焊件中心垂线的相对位置对焊道的成形有很大的影响，如图7-80所示。环缝焊时，焊件在不断地旋转，熔化的焊剂和金属熔池由于离心力的作用倾向于离开电弧区而流动。因此，为防止熔化金属溢流和焊道成形不良，应将焊丝逆焊件旋转方向后移适当距离（这个距离称为后偏量或偏移量），使焊接熔

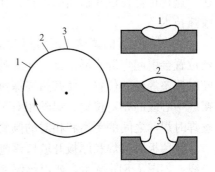

图7-80　环缝焊丝位置
对成形的影响
1、2、3—焊道形状

池正好在焊件转到中心位置时凝固。后偏量过大则会形成熔深浅、表面下凹的焊道，而后偏量过小，则会形成深而窄的焊道，焊道中间凸起，有时还可能出现咬边。焊丝最佳偏移量主要取决于所焊工件的直径，但也与焊件的厚度，所选用的焊接电流和焊接速度有关。表7-5列出了不同直径焊件的焊丝偏移量。

表7-5　环缝焊时焊丝的偏移量　　　　　（单位：mm）

焊件外径	焊丝偏移量 t	焊件外径	焊丝偏移量 t
25～75	12	1050～1200	50
75～450	22	1200～1800	55
450～900	34	>1800	75
900～1050	40		

六、埋弧焊的操作技术

埋弧焊操作技术包括引弧、收弧、焊丝端的位置、焊道的排列顺序、引弧板和引出板的设置等。焊接操作工必须熟练掌握这些技术，才能保证埋弧焊过程顺利地完成。

1. 引弧及收弧技术　埋弧焊的引弧方法有很多种，如钢绒球引弧法、尖焊丝引弧法、刮擦引弧法和焊丝回抽法等。在工业生产中最常用、最可靠的引弧方法是焊丝回抽引弧法。

焊丝回抽引弧法必须使用具有焊丝回抽功能的焊机。引弧时，通常先将光洁的焊丝端向下缓慢给送，直到与焊件表面正好接触为止，然后撒上焊剂准备引弧。启动接通焊接电源时，因焊丝与焊件短接，焊丝与焊件之间的电压接近于零，此信号反馈到送丝电动机的控制线路，使电动机反转回抽焊丝而引燃电弧。当电弧电压上升到给定值时，电动机换向正转并以设定的速度向下送丝，开始正常的焊接过程。采用这种引弧法时应注意焊丝端无残留焊渣，焊件表面无氧化皮和锈斑，露出金属光泽，否则不易引弧成功。

埋弧焊时，由于焊接熔池体积较大，收弧后会形成较大的弧坑，如不作适当的填补，弧坑处往往会形成放射性的收缩裂纹。在某些焊接性较差的钢中，这种弧坑裂纹会向焊缝主体扩展而必须返修补焊。为在焊接结束前的收弧过程中将弧坑填满，在埋弧焊设备中大都装有收弧程序开关。即先按停止行走按钮，焊接小车或焊件停止行走，而焊接电源未切断，焊丝继续向下给送，待电弧继续燃烧一段时间后再按停止焊接按钮，切断电源，同时焊丝停止给

送。这样可对弧坑作适当的填补，而消除了弧坑裂纹。对于重要的焊接部件，必须采用这种收弧技术。

2. 焊丝位置的调整　埋弧焊时，焊丝相对于接缝和焊件的位置也很重要。不合适的焊丝位置会引起焊缝成形不良，导致咬边、夹渣和未焊透等缺陷的形成。因此，焊接过程中应随时调整焊丝的位置，使其始终保持在所要求的正确位置上。焊丝的位置包括焊丝中心线与接缝中心线的相对位置，焊丝相对于接头平面的倾斜角，焊丝相对于焊接方向的倾斜以及多丝焊时焊丝之间的距离和相对的倾斜。

在薄板对接焊和厚板开坡口焊缝的根部焊道焊接时，焊丝的中心垂线必须对准接缝的中心线，如图7-81a所示。如焊丝偏离接缝中心线超过容许范围，则很可能产生未焊透，如图7-81b所示。在焊接不等厚对接接头时，焊丝应适当向较厚侧偏移一定距离，以使接头两侧均匀熔合，如图7-81c所示。

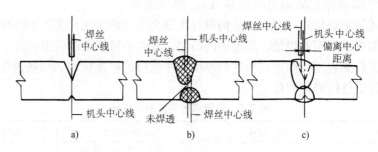

图7-81　焊丝与接缝的相对位置
a）正确　b）不正确　c）正确

在T形接头的平角焊时，焊丝的位置如图7-82所示。焊丝中心线应向焊件底板平移1/4~1/2焊丝直径的距离（视平板和立板的厚度差而定）。在焊制焊脚尺寸较大的角缝时，应选用较大的偏移量。不恰当的焊丝位置可能引起立板侧的咬边，或可能形成外形不良、焊脚尺寸不等的角焊缝。

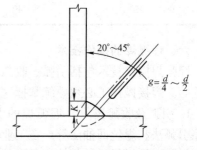

图7-82　角焊缝平角焊时焊丝的位置
g—偏移量　d—焊丝直径　K—焊脚尺寸

T形接头平角焊时，焊丝相对于立板平面的倾斜角可调整到20°~45°，正确的角度视立板和底板的相对厚度而定，焊丝应靠近厚度较大的部件。

在船形位置焊接时，通常将焊丝放在垂直位置并与焊件相交成45°，如图7-83a所示。在要求较深的熔透时，焊件的倾斜度可调整到如图7-83b所示的倾斜角度。为防止产生咬边，焊丝亦可略作倾斜。

在厚板深坡口对接焊时，除了根部焊道需对中接缝中心外，填充层焊道焊接时，焊丝与坡口侧壁的距离应大致等于焊丝的直径，如图7-84所示。焊接过程中应始终保持丝/壁间距在容许范围内。如果间距太小，则很易产生咬边，如太大，则会出现未熔合。在实际生产中，厚壁深坡口接头会经常由于焊丝/壁间距掌握不当而出现上述缺陷，而导致焊缝返修。

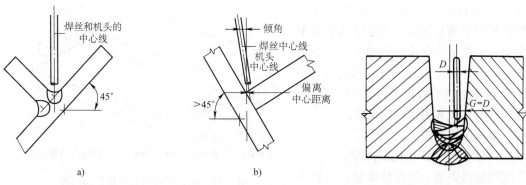

图 7-83　船形位置焊接时焊丝的位置

图 7-84　多道焊焊丝与坡口侧壁之间的距离
G—与侧壁的距离　D—焊丝直径　G = D

　　较先进的埋弧焊装置中均装有焊接机头（焊头）自动跟踪系统，焊丝与侧壁间距调定后，焊丝的位置通过自动跟踪机构始终保持在最佳的焊接位置，从而获得高质量的无缺陷的焊缝，另一方面也减轻了焊工的劳动强度。

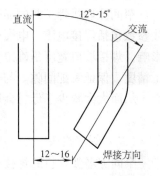

图 7-85　双丝焊焊丝间的位置

　　多丝埋弧焊中最常用的是纵列焊丝双丝埋弧焊，该焊接方法每根焊丝由单独的送丝机构送进，并由独立的焊接电源供电。纵列焊丝双丝埋弧焊的焊接电源，一般只能采用直流和交流联用，如两个电源均为直流电源则电弧偏吹现象十分严重。通常将前置焊丝接直流电源，有利于增加熔深，后置焊丝接交流电源，有利于焊道成形。焊丝相对于焊件保持正确的位置更为重要，与单丝焊相比，还增加了丝间距和丝间倾斜角等参数，增加了操作的复杂性。图 7-85 为纵列焊丝双丝纵缝焊时，两焊丝间的相对位置。图 7-86 为大型板梁角焊缝船形位置和横焊位置焊接时焊丝的排列。

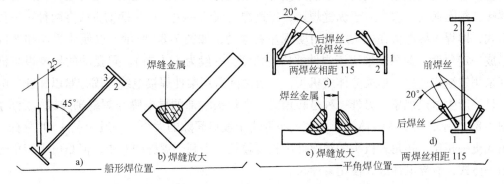

图 7-86　角焊缝船形位置焊和横焊位置时焊丝的排列

3. 引弧板和引出板的设置

　　埋弧焊引弧端和收弧端的焊缝成形和质量总是不如焊接过程稳定后所形成的焊缝，特别是在厚板纵缝焊接时，由于引弧端和收弧端的层层重叠，会大大降低焊缝的质量。因此，引弧端和收弧端部位的焊缝金属必须切除。为节省焊件的用料，在焊缝的始端和末端分别装上引弧板和引出板是实际生产中最常用的方法。引弧板和引出板的大小应足以堆积焊剂并使引弧点和弧坑落在正常焊缝之外。如果焊件的纵缝开一定形状的坡口，则引弧板和引出板亦应开相应的坡口。图 7-87 为纵缝焊接时，对引弧板和引出板的要求。

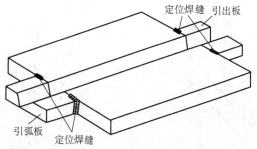

（引弧板、引出板长度 $L=80{\sim}100\,\mathrm{mm}$，坡口角度与主焊缝相同）

图 7-87　纵缝焊接用引弧板和引出板

七、窄间隙埋弧焊

（一）窄间隙埋弧焊的工艺特点

窄间隙埋弧焊是一种在特殊坡口形式下进行的埋弧焊接过程。与一般埋弧焊相比，窄间隙埋弧焊的坡口角度较小，一般为 1.5°～3°，环缝焊接时焊缝的分层、分道及焊接过程都是自动进行的。窄间隙埋弧焊的坡口角度很小，在同样的焊接热输入量下，焊接热影响区宽度与坡口角度成正比。所以窄间隙埋弧焊焊接接头的性能，特别是冲击性能要比普通埋弧焊高得多。

窄间隙埋弧焊工艺的显著特点是分道焊技术，即从第二层开始每层焊缝分两道焊接。焊接参数包括焊接电流、电弧电压和焊接速度等，其合理的匹配对焊缝成形和焊接质量有直接影响。焊接坡口宽度是确定分道焊参数的主要影响因素，因此必须控制坡口的设计角度和加工精度，保证装配间隙。与普通埋弧焊坡口相比，窄间隙埋弧焊坡口截面可以减少 1/3 左右。从而大大减少了母材金属的加工量，可节约焊接材料 30%～40%，提高焊接效率 50%以上。

（二）焊接机头

窄间隙埋弧焊机的焊接机头（简称机头或焊头）是一种专用组合式机头。机头的形式和结构应满足窄间隙坡口形状和坡口深度的要求，还要考虑连续高温作业条件和安全性能。机头应具有自动机械摆动机构，以便焊接时可以实现自动偏摆以完成自动分道焊接。对于环缝焊接，每圈摆动一次。对于纵缝焊接，每道焊道摆动一次。机头摆动方式有两种：一种是摆角式，即焊丝导电板在机头端部可实现左右摆动，如图 7-88 所示，以便使焊丝和坡口侧壁形成一定角度（此角度取决于焊件坡口的角度，一般为 5°左右）。可摆动的导电板与机头端部采用铰链式连接，形成分体式机头，二者之间采用柔性焊接电缆牢固拧紧以保证导电良好，且不产生过热现象。另外一种是转角式，即焊头端部的导电嘴与焊缝轴线成一定角度，如图 7-89 所示，机头为一体式。角度大小取决于坡口间隙的大小，一般为 6°～10°左右。与摆角式机头相比，转角式机头的焊丝伸出长度较长，不利于焊缝的对中；但是由于转角式机头为一体式，故导电性好，使用寿命长。

（三）焊接电源

对于单丝焊，应选用平特性等速送丝的焊接电源。这种电源具有抗网路电压波动能力强、电弧自动调节作用强以及引弧性能好等优点。焊丝直径为 $\phi 3.0\,\mathrm{mm}$ 或者 $\phi 4.0\,\mathrm{mm}$。对于双丝埋弧焊来说，通常一台选用直流平特性电源配置等速送丝系统，另一台选用交流方波式电源配置变速送丝系统即电弧电压自动反馈系统。直流电源作为前导电弧，用于打底焊增加焊接熔深。交流电源作为接续电弧在后。双丝焊焊丝直径一般为 $\phi 3.0\,\mathrm{mm}$。

（四）焊接转胎

焊接转胎是环缝埋弧焊的关键设备。转胎转动速度即为焊接速度，其稳定性对焊接过程的稳定性影响很大。因此，用于转胎无级调速的直流电动机必须装有测速发电机，来保证连续长时间运行时，电动机速度不变。此外转胎应装有自动防止窜动装置，以防焊件轴向窜动。

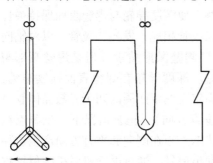
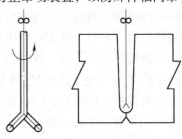

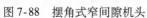

图 7-88　摆角式窄间隙机头　　　　　　图 7-89　转角式窄间隙机头

（五）自动控制系统

窄间隙埋弧焊机的自动控制系统有两种：一种是微机控制与可编程组合存储器的单机控制系统。另一种是可编程序控制器与扩展单元模块（模拟量控制模块和开关量控制模块）组成的可编程序控制器，其主要功能是在焊接过程中可以实现对焊接参数（焊接电流、电弧电压、焊接速度）以及焊接轨迹（高度和横向跟踪）进行自动控制，操作控制采用人机界面或者大屏幕显示器接收处理各种命令，可通过接口与主机通信，可进行急停、焊接参数的修改、起、停焊等关键命令采取直接与主机通信的方式，焊接参数通过人机界面直观显示，所有焊接操作均通过模式电控盒来完成。

（六）焊接机头自动跟踪系统

窄间隙埋弧焊机头的自动跟踪系统，可以实现焊接时对坡口侧壁的自动跟踪，保证机头与侧壁的距离始终能满足焊接要求，使电弧能量在保证焊件母材金属熔合良好的前提下，最大限度地用于前层焊道的再结晶。机头自动高度跟踪系统能够实现机头的自动提升，使每层焊道的焊接自动连续进行，每层焊缝厚度均匀一致，充分发挥多层多道焊技术的潜在优势，保证了焊接质量的一致性和稳定性。

　　窄间隙埋弧焊焊接机头采用机械接触式光电跟踪机构。通过侧向触头和深度导轮实现对焊缝横向和高度方向的适时跟踪。跟踪原理是通过侧向触头和深度导轮与导向杆连接，并且通过导向杆上的弹簧使侧向触头与坡口侧壁保持弹性接触，使深度导轮与焊缝表面保持弹性支撑。导向杆的另一端与二极管框架中央的红外线发光二极管相连，发光二极管可以对轴向位移和垂直方向位移进行传感。焊接时，侧向触头与坡口侧壁保持贴紧（但是焊丝端部与侧壁保持一定距离），并且将轴向位移量传给发光二极管。深度导轮在焊缝表面连续滚动，并且将垂直方向位移量传给发光二极管。该二极管通过固定在框架四周的四个光敏晶体管进行指示（光敏晶体管两个固定在水平方向，另外两个在垂直方向）。正常情况下，光源点在框架中，四个光敏晶体管将同时显示整个系统处于平衡状态。当在侧向和垂直方向产生位移时，光源点将离开框架，于是光敏晶体管会对控制系统发出信号，通过电动机对机头位置进行调整。

　　机头跟踪的执行机构是由两套直流电动机驱动的垂直滑板和水平横向滑板，其控制信号就来自于四只光敏晶体管。垂直方向和水平方向的位移量通过机械触头传给导向杆，再传感给发光二极管，发光二极管将位移量转变为距离光源点的偏移量，最后通过光敏晶体管将控制信号以电压的方式传给滑板上的伺服电动机，从而带动焊接机头移动。

　　光电跟踪传感器的特点是可靠性高、实用性好、占用空间小、不怕焊接时产生的高温和金属飞溅等恶劣条件，维护简单，更换备件方便。此外，这种自动跟踪系统还兼有焊接开始时调整机头在窄间隙坡口中精确定位的功能。因为对于宽度只有二十多毫米，而深度达二三百毫米的窄间隙坡口来说，焊接机头端部在坡口底部的对中和定位是难以通过人工完成的。

　　（七）焊剂的输送与回收

　　窄间隙埋弧焊剂输送与回收系统，既要输送和回收焊剂，又要控制焊剂的流量。焊剂输送软管通过一根金属管穿过机头导电板，可以利用焊接辐射热对焊剂进行预热。焊剂回收是利用压缩空气造成的负压原理，将未熔化的焊剂回收到焊剂斗中继续使用。不仅净化了焊接区域，又有利于焊剂渣的清理。

八、带极埋弧堆焊

　　在石化行业的一些加氢设备和核容器及尿素设备中，内壁往往要求堆焊奥氏体型不锈钢。对于大面积堆焊而言，焊条电弧焊和丝极自动堆焊不但效率低，堆焊层内部和表面质量差，而且在堆焊层与基层母材结合处往往易产生缺陷，因此带极自动堆焊技术应运而生，被广泛地用于容器内壁大面积堆焊之中。

　　带极埋弧堆焊主要利用流过带极的电流与母材之间产生的电弧熔化带极、焊剂和母材，在母材表面形成堆焊层的一种焊接方法。带极堆焊的原理见图 7-90，带极埋弧堆焊的应用见图 7-91。电弧被覆盖其上的焊剂保护，焊剂覆盖着熔化的焊缝金属及近缝区的母材，并保护熔化的焊缝金属免受大气污染。带极埋弧堆焊的稀释率要比普通的 MIG/MAG 焊、丝极埋弧焊、焊条电弧焊小，并且焊缝表面光滑平整，熔敷效率高。

　　1. 电源种类及极性　为了得到稳定的带极埋弧堆焊过程，应该选用平特性的直流焊接电源，匹配等速的送丝机构。采用平特性电源，当网路电压波动时电源的电弧电压变化较下降特性小。送带速度波动时，平特性电源的电弧电压变化很小而电流变化较大，致使焊接过程自调节性能好，电弧电压稳定。

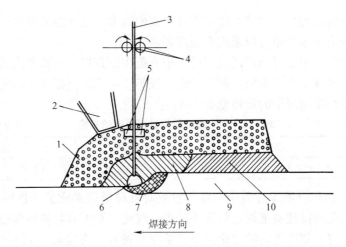

图 7-90　带极堆焊的原理

1—焊剂　2—焊剂斗　3—焊带　4—驱动轮　5—导电块
6—电弧　7—液态熔敷金属　8—液态渣　9—熔敷金属　10—焊渣

图 7-91　带极埋弧堆焊的应用

　　带极埋弧堆焊，一般采用直流反极性接法（焊带接正）。直流正接时熔深更浅，熔敷效率更高，焊缝更厚，但容易在焊道搭接处产生缺陷。

　　带极堆焊的电源必须要有足够大的容量，电源的容量应根据焊带的规格来选择。对于 $60mm \times 0.5mm$ 的焊带来说，至少应选择负载率为 100%，容量为 $1000A$ 以上的电源。

　　2. 机头　带极堆焊用机头（焊头）既要保证焊带按给定的速度均匀、稳定、准确地送到指定的位置，又要保证焊接电流在整个焊带宽度上均匀的分布。由于在焊接过程中机头要承受熔池长时间的高温辐射，为防止焊头过热，机头应具有良好的散热和冷却的功能。

　　3. 焊剂与焊带　带极堆焊用焊剂主要考虑焊接过程的稳定性、焊道的外观形状及润湿性、脱渣性、熔深的均匀性、焊缝的质量等几方面的因素。带极埋弧堆焊一般采用中性烧结焊剂，但对于特殊应用来说也可以采用合金焊剂。

目前，在工业生产中已得到广泛应用的带极有低碳钢带极、中碳和高碳钢带极、铬和铬镍耐蚀钢带极、镍及镍基合金带极、铜及青铜带极等。应用时应根据产品的使用要求来选择焊带。带极埋弧堆焊常用焊带的规格见表7-6。

表7-6　带极埋弧堆焊常用焊带的规格　　　（单位：mm×mm）

日　本				欧　洲	
0.4×25	0.4×37.5	0.4×50	0.4×75	0.5×30	0.5×60

4. 焊接参数　在带极堆焊过程中，堆焊参数对堆焊层表面质量和性能影响很大。正确地选择焊接参数，是获得优质堆焊层的重要前提。因此，必须掌握各种焊接参数与熔深、稀释率、焊道厚度、焊道宽度之间的变化关系。熔深和稀释率直接影响到堆焊层的化学成分，使熔合线和热影响区的组织性能发生变化。

（1）焊接电流　焊接电流对堆焊层的质量和成形影响较大。焊接电流过小，则会导致焊道过窄，边缘不均匀，还可能出现未焊透，电弧燃烧也不稳定，甚至出现熄弧、短路、焊带顶出导电块等现象。如焊接电流过大，则焊道形状亦会恶化。在较大的焊接电流和较高的堆焊速度下，熔渣会流到带极前面，而影响焊道的成形。

带极尺寸不同，带极埋弧堆焊所选用的焊接电流也不同。实际生产中电流密度（单位面积的焊带通过的电流强度）比电流本身更重要。带极埋弧堆焊的典型电流密度在20～25A/mm² 之间。

不同尺寸焊带的典型焊接电流如图7-92所示。焊接电流对焊缝尺寸和稀释率（速度恒定）的影响见图7-93。

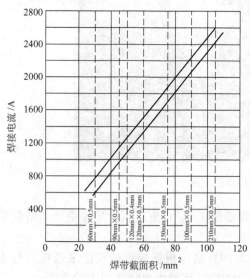

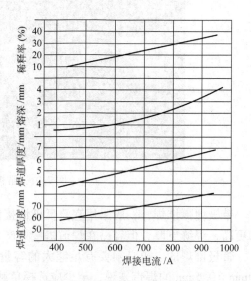

图7-92　不同尺寸焊带的典型　　　　图7-93　焊接电流对焊缝尺寸和
焊接电流　　　　　　　　　　稀释率的影响

（2）电弧电压　带极堆焊时，电弧电压对堆焊层的质量，特别是堆焊焊缝的表面形状和光滑程度有较大的影响，但对带极的熔化率和母材的熔透深度影响较小。最合适的电弧电压取决于带极的材料和焊剂的类型。对于耐蚀合金的堆焊，电弧电压可在 26 ~ 32V 范围内选定，对于耐磨合金堆焊，适用的电弧电压范围为 32 ~ 35V。对于碳钢的堆焊，合适的电弧电压范围为 28 ~ 31V。最优的电弧电压与许多因素有关，如焊剂、焊接位置、焊接电流等。带极埋弧堆焊最佳的电弧电压应为 25 ~ 30V。

过高的电弧电压会引起咬边，在小直径圆柱体焊件表面堆焊时，则会导致熔池金属的流失。过低的电弧电压则难以引弧，且电弧燃烧不稳定，焊缝宽度变窄。

（3）焊接速度　带极堆焊速度对焊缝的形状亦有一定的影响。它取决于带极的规格，带极材料的种类，焊剂的类型和焊件结构形状等。堆焊速度选择恰当，可以达到必需的母材熔透深度和较高的堆焊效率。堆焊速度应与所选定的焊接电流和电弧电压相匹配。

焊接速度太快，焊缝的中间部位趋向于变凹。同样，如果焊接速度太慢，将促使熔透深度减小，堆焊金属层厚度增加，焊缝表面变得粗糙且不均匀，并可能会引起飞边，焊接下一道焊缝时，可能产生焊接缺陷。焊接速度对焊缝形状的影响如图 7-94 所示。在焊接操作过程中，应随时测量焊缝高度，调整焊缝的高度在 4 ~ 5mm 范围内。

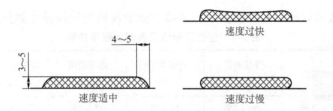

图 7-94　焊接速度对焊缝形状的影响

（4）焊缝的搭接　为了使两焊道间平滑过渡，得到平滑的焊缝，焊缝的搭接必须严格控制。搭接量是指焊带边缘到前一个焊缝边缘的重叠距离。搭接由熔敷金属类型和焊缝厚度决定。通常搭接范围在 5 ~ 10mm 之间，如图 7-95 所示。

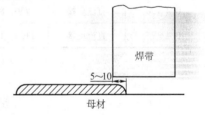

图 7-95　带极堆焊焊缝间的搭接

（5）焊剂覆盖高度　焊剂的覆盖高度一般比焊带伸出长度小 5mm。当焊剂过浅时将会产生电弧不稳，飞溅大，同时也更容易产生缺陷。当焊剂过厚时，压在熔敷金属上的焊剂过重而留下痕迹。焊缝边缘不能形成较好的圆滑过渡，而且熔池内的气体不易排出，容易产生缺陷。

焊剂的覆盖深度通常为 25 ~ 30mm。

（6）焊带伸出长度　焊带伸出长度决定着焊带的电阻热。伸出长度增加，电阻热增加，熔敷率增加，稀释率减少。通常焊带的伸出长度为 30 ~ 40mm。

为了便于引弧，焊带的引弧端应剪成 45° ~ 60°或 90° ~ 120°的角度，如图 7-96 所示。

（7）焊缝的接头方法　由于某些情况而必须进行焊缝的接头时，用砂轮把收弧处 20 ~ 25mm 的范围打磨平滑，再重新开始施焊，如图 7-97 所示。

（8）机头的位置　堆焊时注意控制好机头与焊件的相对位置。对于圆筒形焊件内、外壁堆焊时，机头与焊件间的相对位置见图 7-98，偏离中心的距离取决于圆筒的直径，直径越大，偏离中心的距离越大。通常情况下偏离中心的距离为 17 ~ 60mm。

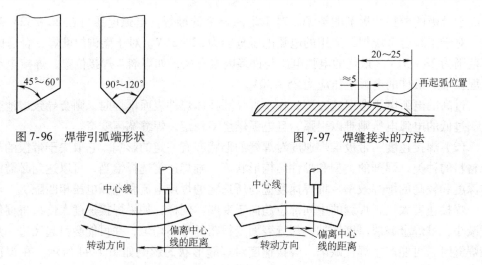

图 7-96　焊带引弧端形状　　　　　　　　图 7-97　焊缝接头的方法

图 7-98　圆筒焊件堆焊时机头的位置

（9）埋弧带极堆焊典型的焊接参数　埋弧带极堆焊典型的焊接参数见表 7-7。

表 7-7　埋弧带极堆焊典型的焊接参数

焊带尺寸/mm ($t \times w$)	电源特性	焊接电流 /A	电弧电压 /V	焊接速度 / （cm/min）	焊带伸出长度 /mm	焊剂覆盖深度/mm
0.4 ×25	直流反接	350 ~ 450	25 ~ 20	15 ~ 20	30	25
0.4 ×37.5	直流反接	550 ~ 650	25 ~ 30	15 ~ 20	30	25
0.4 ×50	直流反接	750 ~ 850	25 ~ 30	15 ~ 20	35	30
0.4 ×75	直流反接	1100 ~ 1300	25 ~ 30	15 ~ 18	40	30

第五节　电　渣　焊

一、电渣焊的基本原理

电渣焊（英文简称 ESW 焊，ISO 代号为 72），是利用电流通过熔渣产生的电阻热为热源，实现金属连接的一种方法。

丝极电渣焊焊接过程如图 7-99 所示。开始焊接时，使焊丝与引弧板底部接触，加入少量焊剂，通电后焊丝回抽，产生电弧。利用电弧的热量使焊剂熔化，形成液态熔渣。焊丝由机头上的送丝滚轮驱动，通过导电嘴送入渣池。待渣池达到一定深度时，增加焊丝送进速度并降低焊接电压，使焊丝插入熔池，电弧熄灭，转入电渣焊接过程。要使机头上的送丝导电嘴与金属熔池液面之间的相对高度保持不变，机头的上升速度应该与金属熔池的上升速度相等。机头的上升速度也就是焊接热源的移动速度，凝固过程自底部向上逐渐进行，熔融金属总是在凝固的焊缝金属上面。

二、电渣焊的分类及应用

电渣焊的分类方法很多。按用途可分为电渣堆焊和电渣焊接；按电源种类可分为直流电渣焊和交流电渣焊；按电极的形状和尺寸可分为丝极电渣焊、熔嘴电渣焊、板极电渣焊、带极电渣堆焊和大截面填充金属电渣焊等。

1. 丝极电渣焊　丝极电渣焊用焊丝做电极，焊丝通过铜质导电嘴送入渣池，焊接机头随着金属熔池的上升而向上移动。焊接较厚的焊件时，既可以采用 2 根、3 根或多根焊丝，也可采用焊丝横向摆动焊接。其特点是焊接参数调节方便，熔宽及熔深易于控制。

2. 熔嘴电渣焊　焊丝由能伸进整个焊缝长度的导向熔嘴引导至焊接坡口的下端。熔嘴导电并在熔池上方逐渐被熔化。熔嘴占整个填充金属的 5% ~15% 。

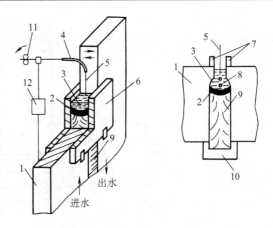

图 7-99　丝极电渣焊焊接过程示意图
1—焊件　2—金属熔池　3—渣池　4—导电嘴
5—焊丝　6—强迫成形装置　7—引出板
8—金属熔滴　9—焊缝　10—引弧板
11—送丝轮　12—焊接电源

熔嘴电渣焊机头固定不动，成形块不需滑动。焊接短焊缝时，成形块的长度可与焊缝的长度相同。对于较长的接头，可以同时采用几套成形块，来完成整个接头的焊接。焊接过程中，随着熔池的凝固，可将底部的成形块取下放至上部。通过间断挪动成形块的方式来完成长焊缝的焊接。

像普通的电渣焊一样，熔嘴电渣焊也可以采用单丝或多丝，焊丝也可以在焊接接头中进行横向摆动。由于熔嘴长且导电，因而必须考虑熔嘴与接头两侧金属及成形块间的绝缘问题。可以采用在熔嘴外表面涂药皮的方式进行绝缘，也可以采用绝缘环、绝缘套和绝缘带的方式进行绝缘。

3. 板极电渣焊　板极电渣焊是利用板状金属材料作为电极的电渣焊方法。焊接过程中，通过送进机构将板极不断向熔池中送进，板极熔化成焊缝金属的一部分。

板极可以是铸造的，也可以是锻造的。板极电渣焊适于不易拉成焊丝的合金钢材料的焊接和堆焊。目前多用于模具钢的堆焊、轧辊的堆焊等。板极电渣焊的板极一般为焊缝长度的 4~5 倍，因此送进设备高大，焊接过程中板极在接头间隙中晃动，易于与焊件短路，操作较复杂，因此一般不用于普通材料的焊接。

4. 带极电渣堆焊　带极电渣堆焊是利用焊接电流通过导电的熔渣所产生的电阻热熔化焊带、焊剂及母材的表面进行的焊接，带极电渣堆焊过程如图 7-100 所示。带极堆焊主要是用于核电站压力壳、蒸发器以及加氢反应器等化工容器内壁的堆焊，还有电站锅炉高压加热器的管板堆焊等。

三、电渣焊的特点及局限性

电渣焊常用于垂直位置或接近垂直位置的单道焊接。电渣焊的主要优点是成本低，尤其是可以用电渣焊焊接大型构件来代替大型铸、锻件，经济效益更为显著。与其他熔焊相比，电渣焊具有以下特点和局限性：

（一）电渣焊的特点

1. 熔敷效率高　当电流通过渣池时，电阻热将整个渣池加热至高温，热源体积远远大

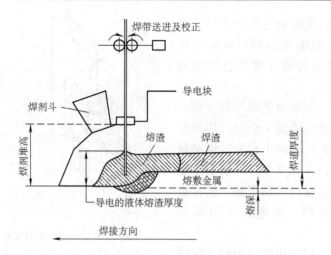

图 7-100　带极电渣堆焊过程

于焊接电弧,大厚度焊件只要留一定装配间隙,便可一次焊接成形,无需中间清理,生产效率高。

2. 焊前不要求预热　即使对于淬硬倾向高的材料,电渣焊也不需要预热。电渣焊渣池体积大,高温停留时间较长,加热及冷却速度缓慢,焊接中、高碳钢及合金钢时,不易出现淬硬组织。

3. 焊缝金属的纯净度较高　电渣焊一般在垂直或接近垂直的位置焊接,整个焊接过程中,金属熔池上部始终存在液体渣池,夹杂物及气体有较充分的时间上浮至渣池表面或逸出,故不易产生气孔和夹渣。熔化的金属熔滴通过一定距离的渣池,落至金属熔池,由于渣池对金属熔滴有一定的冶金作用,因此,焊缝金属的纯净度较高。

4. 焊接接头的准备和装配要求很低　焊接坡口通常使用轧制钢板的边缘或火焰切割面构成Ⅰ形坡口。而且焊件就位简单,只需保证焊缝轴线在垂直或接近垂直的位置。除环缝焊接外,一旦焊接开始无需调整焊件。

5. 设备负载持续率高　起弧后连续焊接直到结束。

6. 焊接变形最小　电渣焊时大多数为Ⅰ形坡口单道焊缝,由于接头的对称性,因而焊件水平方向无角变形。在垂直平面,由于焊缝金属的收缩产生轻微的变形,但可以通过焊件的装配来控制。

7. 调整焊接电流或焊接电压　可控制焊缝的成形及性能,并可在较大范围内调节金属熔池的熔宽和熔深,一方面可以调节焊缝的成形系数,以防止焊缝中产生热裂纹;另一方面还可以通过调节母材在焊缝中的比例,来控制焊缝的化学成分和力学性能。

8. 焊后需进行正火加回火热处理　由于加热及冷却速度缓慢,高温停留时间较长,焊缝及热影响区晶粒易长大并产生粗大组织,因此焊后应进行正火加回火热处理,以细化晶粒,提高冲击韧度,消除焊接应力。

(二)电渣焊的局限性

1) 电渣焊方法只能焊接碳钢、低合金钢、某些不锈钢和少数有色金属。

2) 焊接接头位置,必须在立焊或接近立焊位置进行。

3) 电渣焊时,一旦焊接开始,焊接过程必须连续进行,直到完成,否则在停焊处会产生焊接缺陷。

4）电渣焊不适用于板厚小于或等于19mm的薄板焊接。

5）对于形状复杂的焊件，很难或无法采用电渣焊。

四、电渣焊的设备及辅助机具

（一）电源

从经济方面考虑，电渣焊多采用交流电源。这是因为交流电比直流电费用低，又能保证焊接过程稳定。另外，直流电能使熔渣电解（尤其使用大电流时），从而影响焊接过程的稳定性。为保持稳定的电渣过程及减小网路电压波动的影响，为保证避免出现电弧放电过程或电渣－电弧的混合过程而破坏正常的电渣过程。因此电渣焊用电源必须是空载电压低、感抗小（不带电抗器）的平特性电源。电渣焊焊接时间长，中间无停顿，因此要求电渣焊用电源的负载持续率应为100%。

（二）机头

丝极电渣焊机头包括送丝机构、摆动机构及升降机构。

1. 送丝机构和摆动机构 电渣焊送丝机构与熔化极电弧焊使用的送丝机构类似。送丝速度可根据需要进行设定或调节。摆动机构的作用是扩大单根焊丝所焊的焊件厚度，其摆动幅值、摆动速度以及在摆动两侧的停留时间均应可控和可调。

2. 升降机构 焊接垂直焊缝时，焊接机头借助升降机构随着焊缝金属熔池的上升而向上移动。焊接速度和渣池深度可以采用手工或者自动控制，焊接速度相对较低时（0.5～2m/h）一般采用手工控制，焊接速度超过5m/h时，手动控制困难，只能采用自动控制。

升降机构可分为有轨式和无轨式两种形式，焊接时升降机构的垂直上升，可通过控制器进行手工提升或自动提升。自动提升运动可利用传感器检测渣池位置而加以控制。

（三）控制系统

电渣焊控制系统主要由送丝电动机的速度控制器、焊接机头横向摆动距离、速度及停留时间的控制器、升降机构垂直运动的控制器以及电流表、电压表组成。自动控制的稳定性依赖于相关传感器（速度传感器和深度测量仪）的质量。

（四）成形（滑）块

目前，电渣焊大都采用强制成形块。电渣焊的成形块有三种形式，即利用水冷可滑动式的铜滑块、水冷固定式铜成形块和焊在焊件上的钢板。

每种形式的成形块各有优缺点。滑动式滑块与固定式成形块相比，优点是可以更好地观察焊接区域，使操作者更容易地调整导电嘴和电极的位置。缺点是要增加使滑块沿接头移动装置，且滑块和焊件的接触面必须经过机械加工。

固定式成形块的主要优点是适用于形状复杂的焊接接头。当焊件外表面为曲面时，可以将固定式成形块固定在焊件的曲面上，与滑动式滑块相比，固定式成形块允许有较大的错边量，焊件表面不需要机械加工。

采用钢板作为成形块的方式不需要水冷，但是增加了焊接生产的成本，而且焊缝容易产生裂纹。焊接完成后，用机械方法将成形块去除。为了防止成形块熔入熔渣和熔池，应在成形块的接触面上涂一层碳化物或硅酸盐涂料。

不同的电渣焊工艺可选用不同的成形块。铜滑块适用于丝极电渣焊，水冷固定式铜成形块适用于熔嘴或大截面填充金属的电渣焊。为了提高电渣焊过程中金属熔池的冷却速度，水冷成形（滑）块一般用纯铜（紫铜）板制成。通常情况下为单块固定式水冷滑块，而对于一些不同直径筒体纵缝焊接，可以采用组合式水冷滑块。

五、电渣焊的焊接参数

电渣焊的焊接参数较多，各种电渣焊方法的焊接参数也不尽相同。电渣焊的焊接电流、焊接电压、焊件装配间隙、渣池深度、电极数量直接决定电渣焊过程的稳定性、焊接接头质量、焊接生产率及焊接成本，这些参数成为主要工艺参数。

（一）丝极电渣焊

1. 焊接电流　焊接电流与送丝速度成正比，送丝速度越大焊接电流越大。对于 $\phi3.2$（或 $\phi3.0$）mm 焊丝，常用的焊接电流范围为 400～700A。在此焊接电流范围内，随着焊接电流的增大，母材熔宽和金属熔池深度也相应地增大。

2. 焊接电压　常用焊接电压在 34～48V 范围内。焊件壁厚较大时，焊接电压可稍高些。电压过低，将会发生焊接熔池短路或产生电弧现象而导致未焊透；焊接电压过高，会破坏渣池的稳定性，甚至使熔渣过热沸腾。

3. 渣池深度　为保持电渣过程的稳定性，渣池必须具有一定的容积和深度。焊接薄焊件时，由于容纳渣池的容积较小，应适当增加渣池深度；焊接厚焊件时，则相应减少渣池深度。母材厚度与渣池深度的关系见表 7-8。当渣池深度超过了保持电渣焊过程稳定的临界值时，母材的熔宽会随着渣池深度的增加而降低。渣池深度过浅将产生熔渣飞溅和表面产生电弧。渣池深度过大，水冷滑块和母材的加热面区域增大，这样将造成渣池温度降低；焊缝宽度变窄，成形系数减小，可能导致未焊透和夹渣等缺欠。一般渣池深度的变化范围为 35～70mm。

表 7-8　母材厚度与渣池深度的关系　　　　　（单位：mm）

母材厚度	40～100	100～200	200～350	350～500
渣池深度	60～70	50～60	40～50	35～40

4. 焊丝伸出长度　采用丝极电渣焊时，导电嘴至渣池的距离称为焊丝伸出长度。而熔嘴电渣焊没有焊丝伸出长度，因为熔嘴的熔化主要是通过渣池的传导热实现的。而在高的热输入范围下，渣池的辐射热可使渣池上方的导向熔嘴充分熔化。丝极电渣焊采用平特性电源和等速送丝时，随着焊丝伸出长度的增加，焊接电流降低，而母材熔宽则减小。焊丝伸出长度太短，导电嘴易过热。一般焊丝伸出长度为 50～75mm，焊丝伸出长度小于 50mm 时，会使导电嘴（和焊丝）过热，而焊丝伸出长度超过 75mm 时，由于电阻增大也会使焊丝过热。伸出长度过大时，焊丝将在渣池表面熔化而不是在渣池中间，会使焊接过程不稳定和渣池加热不充分。

5. 焊丝的数量及摆动　丝极电渣焊的焊丝直径通常为 3.2mm 或 3.0mm。表 7-9 列出了焊件厚度与焊丝根数的关系。括号内为可焊接的最大厚度值。

表 7-9　焊丝根数的选择

焊丝根数	焊件厚度/mm	
	焊丝不摆动	焊丝摆动
1	≤60	60～100（150）
2	70～100（120）	100～240（300）
3	130～180（220）	180～400（450）

当板厚超过 60mm 时，通常采用摆动焊接。摆动焊技术使热量分布均匀和有助于边缘熔合良好。焊丝摆动时两端需停留时间一般为 2 ~ 9s。焊丝摆速一般在 30 ~ 40m/h 范围内，焊丝摆动至滑块侧的距离应控制在 8 ~ 12mm。

6. 装配间隙　随着装配间隙的增加，渣池容积增大，渣池的热量增加，同时焊接速度降低，焊件边缘在单位长度内所吸收的热量增加，使母材熔宽增大；反之，装配间隙减小，则母材熔宽变小。由此可见，装配间隙的大小能显著地影响母材的熔宽及焊缝成形系数。装配间隙过大增加了焊接材料消耗，降低了生产率。装配间隙过小不仅使焊接操作困难，也会使焊缝的成形系数变小，增加热裂纹倾向。装配间隙通常为 26 ~ 38mm，装配间隙与焊件厚度的关系见表 7-10。

表 7-10　装配间隙与焊件厚度的关系　　　　　　（单位：mm）

焊件厚度	30 ~ 80	80 ~ 120	120 ~ 200	200 ~ 400	400 ~ 1000	> 1000
装配间隙	26 ~ 30	30 ~ 32	31 ~ 33	32 ~ 34	34 ~ 36	36 ~ 38

（二）带极电渣堆焊

1. 焊接电流　可根据焊带尺寸来选择焊接电流。带极堆焊电流的密度一般为 40 ~ 50A/mm²，焊接电流越大熔敷效率越高，焊缝宽度越宽，厚度越大。

2. 焊接电压　带极电渣堆焊的渣池深度较浅，必须严格控制焊接电压，焊接电压的偏差应控制在 ±1V 的范围内。对于不同种类的焊剂，其最佳电压范围也不相同。

焊接电压太低，容易出现短路，使焊带与母材金属粘连。如果焊接电压太高，则有明显的飞溅，同时熔池形状不规则。在焊接电流和焊接速度一定的情况下，焊接电压越大，焊缝宽度越宽，厚度越大。

3. 焊接速度　焊接速度取决于焊接电流。对于 60mm × 0.5mm 的焊带来说，通过焊接电流和焊接速度的匹配，堆焊层厚度在 3 ~ 5.5mm 之间比较合适。当堆焊层厚度小于 3mm 时，将会产生不规则的焊缝，引起咬边、增加熔深和产生电弧。堆焊层厚度大于 5.5mm 时，将会在焊缝的搭接处产生未熔合。

4. 焊带的伸出长度　焊带的伸出长度是指从焊带的端部到导电嘴间的长度。焊带的伸出长度一般为 25 ~ 40mm，通常选 35mm。

5. 焊缝的搭接量　搭接量可以通过焊带边缘到前一个焊缝边缘之间的距离来调节。搭接量与焊缝厚度有关，通常为 5 ~ 10mm。一般来说焊缝越厚则搭接范围越大。实际焊缝厚度为 4.5mm 时，搭接量为 8 ~ 10mm。磁控设备能使焊缝高度均匀，从而获得均匀的搭接。

6. 焊剂覆盖量　焊剂的覆盖深度一般比焊带伸出长度大 5mm。焊剂的覆盖量越大，焊剂的消耗量也越多。另外焊剂的覆盖量大时，会使大量的焊剂盖住焊带后面的渣池，这将导致熔渣的排气性降低，最终在堆焊表面形成气孔。依据带极宽度、焊接电流、焊接速度、焊剂类型确定焊剂堆散高度。带极越宽，焊接电流越大，则焊剂堆散高度越大。烧结型焊剂的堆散高度应大于熔炼型焊剂。在电渣焊接过程中，不得在已熔化的液态熔渣上再撒上焊剂。

7. 焊接位置　下坡焊、平焊和上坡焊等焊接位置对于稀释率有一定影响。母材的倾斜角对熔深和稀释率的影响如图 7-101 所示，从图 7-101 可见，下坡焊与平焊相比，其焊缝更薄、更宽、下凹更大。

　　上坡焊时，焊缝更厚、更凸、更窄，搭接部分俯角增加。为了获得最佳的焊接参数，在保证熔深、稀释率满足要求、焊缝成形好的前提下，建议采用轻微的上坡焊。对于圆形筒体内外表面堆焊时，导电嘴的位置如图7-102所示。

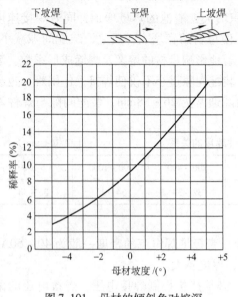

图 7-101　母材的倾斜角对熔深
和稀释率的影响

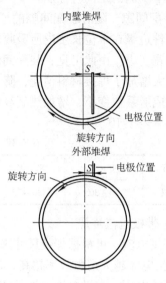

图 7-102　导电嘴的位置图
S—距中心距离

　　8. 磁控设备　电渣焊渣池是导电的。电磁力对于熔池的影响，如图7-103所示。由于电磁力的作用，使得熔池两边的熔融金属向中心流动，导致焊缝变窄，润湿角（堆焊焊道边缘与母材表面的夹角）变小，清渣困难，甚至可能出现咬边。

　　磁控设备产生与熔池的电磁力方向相反的外部电磁力，以抵消熔池本身的电磁力的影响。外部磁场由两个螺线管产生，如图7-104所示。螺线管的位置非常重要。它应被放在距焊带边15mm左右，且在母材正上方15mm左右的位置。用控制磁力线密度的方法来控制结晶波纹的形状，磁控对电渣焊焊缝成形的影响如图7-105所示。每个螺线管应根据焊件来调整磁场密度，并应考虑其他的没有被计算的电磁力影响。

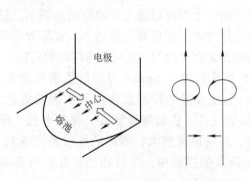

图 7-103　电磁力对于熔池的影响图

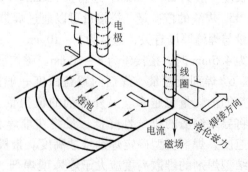

图 7-104　螺线管位置图

六、电渣焊的操作技术

（一）坡口准备及焊件的装配

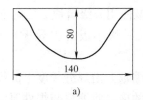
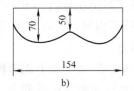

图 7-105　磁控对电渣焊焊缝成形的影响图

a）无磁控　b）有磁控

电渣焊接头形式通常分为对接接头，角接接头和 T 形接头。电渣焊一般选用对接接头，常见的接头形式如图 7-106 所示。

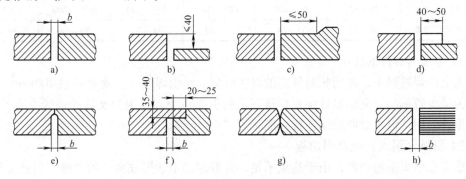

图 7-106　电渣焊常见的接头形式

坡口的加工通常用热切割或机械加工方法。如采用滑块时，坡口两侧的钢板表面必须光滑，以防止熔渣泄漏和损伤滑块。切割后的间隙内及其内外表面应打磨清除氧化皮，并使之露出金属光泽。打磨宽度应保证超过每侧滑块宽度 20mm。

为保证电渣焊过程中坡口间隙恒定，电渣焊焊接时必须采用刚性固定。对于不同结构、不同尺寸及不同材料的焊件，其定位板的形式及尺寸也不相同。

纵向对接接头及丁字接头一般采用图 7-107 所示的定位板进行装配。定位板距焊件两端为 200 ~ 300mm，较长的焊缝中间要设数个定位板，定位板之间距离一般为 1 ~ 1.5m。对于厚度大于 400mm 的大断面焊件，定位板厚度可选用 70 ~ 90mm，其余尺寸也可相应加大，定位板可反复使用。

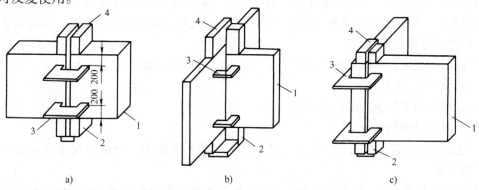

图 7-107　纵向对接接头及丁字接头的装配

1—焊件　2—引导板　3—定位板　4—引出板

如果两个焊件厚度不同（见图7-106a），应该使用分级滑块。实际上如果焊件厚度差在10mm以上，应该将厚板刨薄，或者在薄板上焊接一块小板（引导板）（见图7-106d）。电渣焊后再将此小板刨掉。

焊件装配间隙等于焊缝宽度加上焊缝横向收缩量。沿焊缝长度上的焊缝横向收缩量是不同的，因而焊缝上部装配间隙应比下部大。焊缝的横向收缩量与焊件厚度、焊缝长度、焊件材质等因素有关。当焊件厚度小于150mm时，收缩量约为焊缝长度的0.1%；当焊件厚度为150~400mm时，收缩量约为焊缝长度的0.1%~0.5%；当焊件厚度大于400mm时，收缩量约为焊缝长度的0.5%~1%。丁字接头各种厚度焊件的装配间隙推荐值见表7-11。

表7-11　丁字接头各种厚度焊件装配间隙推荐值　　　　（单位：mm）

焊件厚度	30~80	80~120	120~200	200~400	400~1000	>1000
丁字接头装配间隙	30~32	32~34	33~35	34~36	36~38	38~40

（二）电缆与焊件的连接

因为电渣焊过程中，使用相对较高的焊接电流，每根焊丝一般要求两根100mm^{2}的焊接电缆。为减少磁偏吹，电缆最好接在焊丝下面的引弧板上。因为弹簧式的地线夹容易过热，所以不推荐使用。电渣焊的地线连接一般采用"C"形夹。

（三）引弧（引入）板及引出板

电渣焊在引弧造渣初期，由于热量不足，焊缝端部不能形成良好的焊缝，因此必须采用引弧（引入）板。一般引弧板的材质应与母材金属相同或相近。

为将电渣焊的渣池及焊缝末端缩孔部分引出焊件之外，必须采用引出板。引出板的材料应与母材金属相同或相近。也可采用铜板，但必须进行水冷。引出板的厚度应与母材相同，而且与上部的钢板应连接好，以防止泄漏。

（四）设备调试准备

1) 调整好焊接机头和焊件的相对位置，使导电嘴处于焊接间隙的中心位置，并留有前后、左右调节的余地，使正面、背面成形滑块顶紧机构的位置适中。焊机导轨要保证由引弧板的起焊槽至引出板的全过程，机头平稳地移动。

2) 将正面及背面水冷成形滑块顶紧在焊件上，并开动焊机向上、向下行走动一段，检查水冷成形滑块是否紧贴焊件。

3) 将焊丝送入导电嘴，检查焊丝是否平直，并将导电嘴在焊件间隙中来回摆动，检查在摆动过程中，焊丝是否一直处于间隙中心并与水冷成形滑块有适当的距离，同时要使焊丝在装配间隙中有调节余地。

4) 进行空载试车，检查焊接变压器工作情况，检查空载电压以及焊机上升、摆动和送丝各机构运转是否正常。

5) 检查冷却水系统工作是否正常。

（五）电渣过程的建立

1. 电渣过程的建立方式　电渣过程的建立可采用引弧造渣、导电焊剂造渣和石墨坩埚造渣三种方式。

（1）引弧造渣　建立电渣过程时，在电极和起焊槽之间引燃电弧，电弧的热量将预先加入的固体焊剂熔化，在起焊槽、水冷成形滑块之间形成液体渣池。当渣池达到一定深度后，电弧熄灭，转入电渣过程。为便于引燃电弧，可在引弧板与电极之间放上一层细碎的铁屑。这种方法简单易行。

（2）导电焊剂造渣　在电极和起焊槽底板间放上导电焊剂，通电后，导电焊剂熔化形成渣池，渣池的热量又将周围的焊剂熔化。当渣池达到一定深度后，即可形成稳定的电渣过程。这种方法简单、安全，但导电焊剂数量应选择适当，否则会影响渣池的化学成分。板极电渣焊时因引弧造渣较困难，多采用此种方法建立电渣过程。

（3）石墨坩埚造渣　用石墨电极在石墨坩埚中，将一定数量的焊剂熔化成液体熔渣，倒入引导槽内，然后送入电极并通电，即可建立电渣过程。此法操作复杂，主要用于厚板及宽间隙的电渣焊或接触电渣焊。

2. 丝极电渣焊引弧造渣过程的操作　引弧造渣是由引出电弧开始逐步过渡到形成稳定的渣池的过程。操作时应注意以下几点：

1）选取一定的焊丝伸出长度。

2）引出电弧后，要逐步加入焊剂，使之逐步熔化形成渣池。

3）引弧造渣阶段应采用比正常焊接稍高的焊接电压和焊接电流，以缩短造渣时间，减少下部未焊透的长度。

3. 带极电渣焊引弧造渣过程的操作　为了便于引弧和建立渣池，一般应将焊带端部剪成 45°～60° 或 90°～120° 的角度，如图 7-108 所示。

（六）正常焊接阶段

当电渣过程稳定后，焊接电流通过渣池产生的热将电极和被焊工件熔化，形成的熔液汇集在渣池下部，成为金属熔池。随着电极不断向渣池送进，金属熔池及其渣池逐渐上

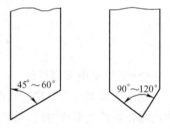

图 7-108　焊带端部示意图

升，金属熔池的下部远离热源的液体金属逐渐凝固形成焊缝。焊接阶段的主要工作是维持焊接过程的稳定，焊接过程中可根据焊缝成形和渣池流动情况对焊接参数做适当的调整。

（七）引出阶段

在引出阶段，应逐步降低焊接电流和焊接电压，以减少产生缩孔和裂纹。焊后应将引出部分割除。

第六节　螺　柱　焊

一、螺柱焊的分类及基本原理

将金属螺柱或类似的紧固件（螺栓、螺钉等）焊到焊件上的方法称为螺柱焊（英文简称 SW 焊，ISO 代号为 78）。实现螺柱焊接的方法有电阻焊、摩擦焊、爆炸焊及电弧焊等多种。电弧法螺柱焊在使用设备及焊接技术上有其特殊性，而其他螺柱焊接方法均采用传统设备，仅仅是焊接夹具上有所改变。

锅炉、压力容器生产中主要采用的是电弧法螺柱焊，本节仅就电弧法螺柱焊的相关内容加以介绍。

电弧法螺柱焊是利用电弧加热和熔化螺柱（或类似紧固件）与焊件间的接触面，立即使螺柱快速插入焊件而形成焊缝的焊接方法。焊接过程中电弧引燃、燃弧时间和快速插入动

作均采用自动控制。

根据所用焊接电源不同，电弧法螺柱焊可分为稳定电弧螺柱焊、不稳定电弧螺柱焊和短周期螺柱焊。电弧法螺柱焊的分类如图 7-109 所示。

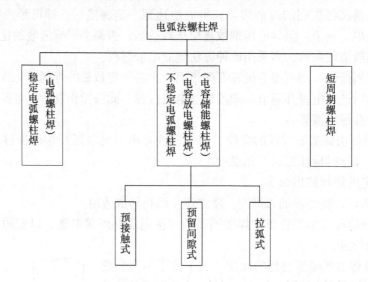

图 7-109　电弧法螺柱焊的分类

（一）稳定电弧螺柱焊

稳定电弧螺柱焊又称电弧螺柱焊。螺柱端部与焊件表面之间产生稳定的电弧过程，电弧作为热源在焊件上形成熔池，螺柱端被加热形成熔化层，在压力（弹簧等机械压力）作用下将螺柱端部浸入熔池，并将液态金属全部或部分挤出接头之外，从而形成连接。这种螺柱焊的电源一般是弧焊整流器、焊接逆变器或直流弧焊发电机，即普通弧焊电源就可以。电弧螺柱焊的电弧放电是持续而稳定的电弧过程，焊接电流不经过调整，焊接过程中基本上是恒定的。

电弧螺柱焊焊接过程如图 7-110 所示，开始时先将螺柱放入焊枪的夹头里并套上套圈，使螺柱端与焊件（母材）接触（见图 7-110a），按下开关接通电源，枪体中的电磁线圈通电，将螺柱从焊件拉起，随即起弧（见图 7-110b）。电弧热使柱端和母材熔化，由时间控制器自动控制燃弧时间。在断弧的同时，线圈也断电。靠压紧弹簧把螺柱压入母材熔池即完成焊接（见图 7-110c）。最后提起焊枪并移去套圈（见图 7-110d）。

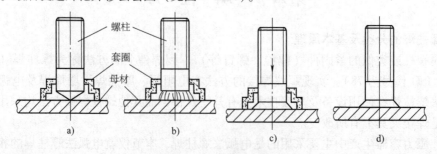

图 7-110　电弧螺柱焊焊接过程

　　黑色金属电弧螺柱焊，通常采用直流正接（螺柱负极，焊件正极），有色金属电弧螺柱焊则采用直流反接。电弧螺柱焊通常采用陶质护圈来屏蔽电弧并挡住熔化的焊缝金属。

　　（二）不稳定电弧螺柱焊

　　不稳定电弧螺柱焊又称电容放电螺柱焊或电容储能螺柱焊。

　　电容放电螺柱焊由电容器存储电能，电弧由所储电能瞬时放电产生。电容器在螺柱端部与焊件表面间的放电过程是不稳定的电弧过程，即电弧电压与电弧电流瞬时在变化着，焊接过程是不可控的。

　　除与镀锌或电镀表面焊接外，电容放电螺柱焊一般采用直流正接。由于电容放电螺柱焊焊接时间（即电弧燃烧时间）极短，只有 $2 \sim 3s$，空气来不及侵入焊接区，接头就已形成了，所以电容放电螺柱焊一般不用保护措施。

　　电容放电螺柱焊根据引燃电弧的方式不同，又可分为预接触式、预留间隙式和拉弧式。

　　1. 预接触式电容放电螺柱焊　预接触式电容放电螺柱焊焊接过程如图 7-111 所示。螺柱待焊端需设计有小凸台，焊接时先将螺柱对准焊件，使小凸台与焊件接触见图 7-111a。然后施压，使螺柱推向焊件，随后电容放电，大电流流经小凸台。因电流密度很大，瞬间被烧断而产生电弧（见图 7-111b）。在电弧燃烧过程中，待焊面被加热熔化，这时由于压力一直存在，故螺柱向焊件移动（见图 7-111c），待柱端与焊件接触，电弧熄灭，即形成焊缝（见图 7-111d）。

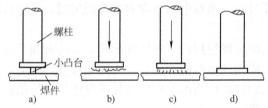

图 7-111　预接触式电容放电螺柱焊焊接过程

　　预接触式电容放电螺柱焊的特征是先接触后通电，加压在通电之前。

　　2. 预留间隙式电容放电螺柱焊　预留间隙式电容放电螺柱焊焊接过程如图 7-112 所示。螺柱待焊端也需设计有小凸台，焊接时螺柱对准焊件，但不接触，两者之间留有间隙（见图 7-112a）。然后通电，在间隙间加入了电容器充电电压（空载电压），同时螺柱脱扣，在弹簧、重力或气缸推力作用下移向焊件。当螺柱与焊件接触瞬间，电容器立即放电（见图 7-112b），大电流使小凸台熔化而引燃电弧，电弧使两待焊面熔化（见图 7-112c），最后螺柱插入焊件，电弧熄灭而完成焊接（见图 7-112d）。

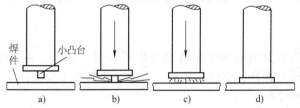

图 7-112　预留间隙式电容放电螺柱焊焊接过程

预留间隙式电容放电螺柱焊的特征是留间隙，先通电后接触放电加压，完成焊接。

3. 拉弧式电容放电螺柱焊　拉弧式电容放电螺柱焊的螺柱待焊端不需小凸台，但需加工成锥形或略呈球面。引弧的方法与电弧螺柱焊相同，需由电子控制器按程序操作，其焊枪与电弧螺柱焊枪相似。

焊接时，先将螺柱在焊件上定位并使之接触（见图7-113a），按动焊枪开关，接通焊接回路和焊枪体内的电磁线圈。线圈的作用是把螺柱拉离焊件，使它们之间引燃小电流电弧（见图7-113b）。当提升线圈断电时，电容器通过电弧放电，大电流将螺柱和焊件待焊面熔化，螺柱在弹簧或气缸力作用下返回向焊件移动（见图7-113c），当插入焊件时电弧熄灭，完成焊接（见图7-113d）。

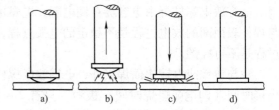

图7-113　拉弧式电容放电螺柱焊焊接过程

拉弧式电容放电螺柱焊的特征是接触后拉起引弧，再电容放电完成焊接。

（三）短周期螺柱焊

短周期螺柱焊是焊接电流经过波形控制的电弧螺柱焊。这种螺柱焊的电源一般情况下是两个并联的电源先后给电弧供电，可以是两个弧焊整流器，也可以是整流器加电容器组，只有采用逆变器作电源时可以不用双电源。短周期螺柱焊采用逆变器或双整流器作电源时的电弧过程是阶段稳定的电弧过程。当双电源中含有电容器组时，电容放电产生的电弧过程仍然是不稳定的。

短周期螺柱焊是普通电弧螺柱焊的一种特殊形式。焊接时间只有电弧螺柱焊的十分之一到几十分之一，所以叫短周期或短时间螺柱焊。短周期螺柱焊与电容放电螺柱焊一样，焊接过程不用采取像普通电弧螺柱焊所用的陶瓷环及保护气体等保护措施。

二、螺柱焊方法的选择

（一）常用方法

1）螺柱直径大于8mm的一般是受力接头，适合采用电弧螺柱焊方法（如电站锅炉水冷壁管屏通常采用电弧螺柱焊）。虽然电弧螺柱焊可以焊直径3～25（30）mm的螺柱，但8mm以下的螺柱，采用其他方法如电容放电螺柱焊或短周期螺柱焊更为合适。

2）焊件厚度 δ 和螺柱直径 d 有个比例关系，对电弧螺柱焊 $d/\delta = 3 \sim 4$，对电容放电螺柱焊和短周期螺柱焊这个比值可以达 $8 \sim 10$，所以焊件厚度3mm以下最好采用电容放电螺柱焊或短周期螺柱焊，而不要采用电弧螺柱焊。

3）对于碳钢、不锈钢及铝合金的焊接，电弧螺柱焊、电容放电螺柱焊及短周期螺柱焊都可以选用，但对铝合金、铜及涂层钢板薄板或异种金属材料螺柱焊最好选用电容放电螺柱焊。

（二）应用

螺柱焊在安装螺柱或类似的紧固件方面可取代铆接、钻孔、焊条电弧焊、电阻焊或钎焊。在船舶、锅炉、压力容器、车辆、航空、石油、建筑等工业部门应用广泛。

三、电弧螺柱焊的材料

（一）母材

用其他弧焊方法容易焊接的金属材料，都适于进行螺柱焊。其中应用最多的是碳钢、高强度钢、不锈钢和铝合金。

可焊母材的最小壁厚与螺柱端部直径有关。为了防止焊穿和减少变形，对于电弧螺柱焊建议母材的厚度不要小于螺柱端部直径的1/3，当强度不作为主要要求时，母材的厚度最薄也不能小于螺柱端部直径的1/5。

（二）螺柱

工业上最常用的螺柱是低碳钢、高强度钢、不锈钢和铝及其合金。螺柱的外形必须使焊枪能夹持并顺利地进行焊接。

钢的螺柱焊时，为了脱氧和稳弧，常在螺柱端部中心处（约在焊接点2.5mm范围内）放上一定量的焊剂。图7-114给出将焊剂固定于柱端的4种方法，其中图7-114c较为常用。对于直径小于6mm的螺柱，一般不需要加入焊剂。

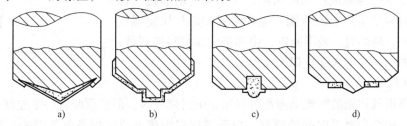

图7-114　螺柱焊柱端焊剂的固定方法
a）包覆颗粒　b）涂层　c）镶嵌固体焊剂　d）套固体焊剂

铝的螺柱端部可不加焊剂，为了便于引弧端部可做成尖状，焊接时需用惰性气体保护以防止焊缝金属氧化并稳定电弧。

螺柱待焊底端多为圆形，也可以是方形或矩形。矩形的宽度不应大于5mm。

螺柱的长度必须考虑焊接过程产生的缩短量。因为焊接时螺柱和母材金属熔化，随后熔化金属从接头处被挤出，所以螺柱总长度要缩短。电弧螺柱焊时，螺柱缩短量的典型值见表7-12。与电弧螺柱焊相比，电容放电螺柱焊的螺柱熔耗量很小，通常在0.2~0.4mm范围。熔化所产生的缩短量几乎可以忽略不计。

表7-12　电弧螺柱焊螺柱缩短量的典型值　　　　（单位：mm）

螺柱直径	5~12	6~22	≥25
长度缩短量	3	5	5~6

（三）套圈

电弧螺柱焊一般都使用套圈，焊前套在螺柱待焊端面，由焊枪上的卡钳保持适当位置。套圈的作用是：

1）施焊时将电弧热集中于焊接区。

2）阻止空气进入焊接区，减少熔化金属氧化。

3）将熔化金属限定在焊接区域内。

4）遮挡弧光。

套圈有消耗型和半永久型两种，前者为一次性使用，多用陶质材料制成，焊后易于碎裂。后者可在一定程度上重复使用。套圈为圆柱形，底面与母材的待焊端表面相配并做成锯齿形，以便气体从焊接区排出。

四、电弧螺柱焊的设备

电弧螺柱焊的设备主要由电源、焊枪及控制装置等部分组成，如图7-115所示。专用焊机常把电源和控制器做成一体。

（一）焊枪

电弧螺柱焊枪有手持式和固定式两种，其工作原理相同。手持式焊枪应用较普遍，图7-116为手持式电弧螺柱焊焊枪的典型结构。

由于电容放电螺柱焊三种焊接方法的程序不同，因而焊枪内部结构各异。

预接触式焊枪结构简单，由螺柱夹持机构和将螺柱压入熔池的弹簧压下机构组成；预留间隙式焊枪则需增加提升螺柱的机构，通常是采用电磁线圈，施焊前线圈起作用使螺柱悬在焊件上方，施焊时，线圈断电，由弹簧使螺柱移向焊件；拉弧式焊枪的结构与电弧螺柱焊枪相类似。

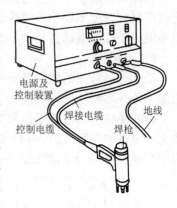

图 7-115　电弧螺柱焊设备组成

（二）电源

一般焊条电弧焊用的直流电源都可以用于电弧螺柱焊，但必须配备一个控制箱，以进行电源的通断、引弧和燃弧时间的控制。由于螺柱焊焊接电流比焊条电弧焊的焊接电流大得多，对大直径螺柱的焊接可以用两台以上普通弧焊电源并联使用。螺柱焊电源的负载持续率很低，相当于焊条电弧焊的 $1/3 \sim 1/5$，若有可能宜选购专为电弧螺柱焊设计的电源。

五、电弧螺柱焊的工艺

1. 焊接参数　获得优质的螺柱焊焊接接头的基本条件是输入足够的能量，该能量大小取决于螺柱的横截面积。输入焊接区的总能量与焊接电流、电弧电压及燃弧时间有关。电弧电压决定于电弧长度或螺柱焊枪调节的提升高度。当提升高度确定后，电弧能量就由焊接电流与焊接时间决定。

各种直径低碳钢电弧螺柱焊的焊接电流与焊接时间的关系如图7-117所示，对于某一给定的螺柱尺寸，均存在一个参考范围，通常需在此范围内选定最适合的焊接电流和焊接时间。

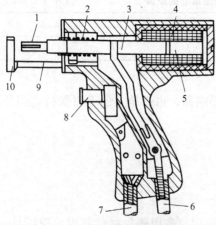

图 7-116　电弧螺柱焊焊枪结构

1—夹头　2—拉杆　3—离合器
4—电磁线圈　5—铁心　6—焊接
电缆　7—控制电缆　8—扳机
9—支杆　10—脚盖

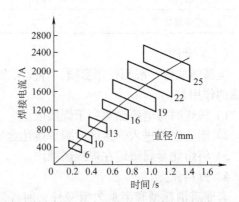

图 7-117　低碳钢电弧螺柱焊焊接
电流、焊接时间范围

2. 焊接操作要点

1）螺柱焊端部和母材表面应具有清洁表面，无漆层、轧鳞和油水污垢等。

2）检查焊接电缆、导电夹头是否正常，导电回路是否牢固连接。

3）将螺柱装入夹头，检查螺柱对中及伸出长度，并通过调整三角架及伸缩杆进行相应的调整。

4）焊接时将螺柱插入夹头底部，并调整夹持松紧度。长焊件焊接时为防止磁偏吹，应采用两根地线，对称与焊件相接，焊接过程中可随时调整地线位置。

5）采用惰性气体保护时，按要求调整好气体流量。采用陶瓷圈保护时，将陶瓷圈套入，用陶瓷圈保持架夹持牢靠。

6）钢螺柱焊采用直流正接，铝及其合金螺柱焊用直流反接。调节好焊枪提升量、螺柱超出套圈外伸长度、焊接电流和燃弧时间。保证焊枪与焊件保持垂直，压紧固定后再按扳机引弧、焊接，焊接过程中不能移动或摇晃焊枪，熄弧后再抬枪，以防拔起螺柱（脱焊）。

3. 质量控制　投产前应对所选的焊接工艺进行评定，按评定合格的焊接工艺进行施焊。现场生产操作者可目视检查，并按照如图 7-118 所示来判断焊接质量。

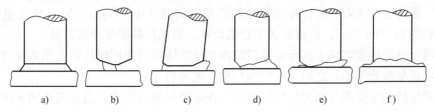

图 7-118　电弧螺柱焊接头外观缺陷

a）焊缝形状良好　b）未插入　c）不垂直　d）压入不足　e）热量不足　f）热量过大

第七节　摩　擦　焊

摩擦焊（英文简称 FW 焊，ISO 代号为 42）是在压力作用下，通过待焊界面相对运动时相互摩擦所产生的热使界面达到热塑性状态，然后迅速顶锻，通过截面上的扩散及再结晶冶金反应而实现连接的固相压焊方法。

摩擦焊是一种优质、高效、节能、无污染的焊接方法，自它问世的半个多世纪以来，在技术、方法及设备诸方面获得了相当大的发展，其应用领域以及对材料的适用性范围不断扩展，迄今为止，摩擦焊技术不仅在锅炉、压力容器、机械制造、汽车制造、石油及化工等生产领域得到应用，而且在航空航天、核电设备、海洋开发等高新技术领域得到了广泛的应用。摩擦焊工艺在对难熔材料、复合材料、轻金属、粉末冶金材料、陶瓷和塑料等非导电材料，以及异种材料的焊接上有着独特的优势。可用于摩擦焊的被焊零件的形状已由最初的圆截面扩展到非圆截面及板材。

一、摩擦焊的分类及特点

（一）摩擦焊的分类

根据摩擦时焊件相对运动形式进行分类，摩擦焊分为旋转式摩擦焊、轨道式摩擦焊和搅拌摩擦焊。

1. 旋转式摩擦焊　旋转式摩擦焊的特点是至少有一个焊件（或圆环）在焊接过程中绕着垂直于接合面的对称轴旋转。这类摩擦焊主要用于圆形截面焊件的焊接（通过相位控制也可用于非圆形截面焊件的焊接），是目前应用最广、形式也最多的一种摩擦焊。

根据焊件旋转特点，旋转式摩擦焊又可分为连续驱动摩擦焊、惯性摩擦焊、混合型旋转摩擦焊、相位控制摩擦焊和径向摩擦焊。

（1）连续驱动摩擦焊　连续驱动摩擦焊是目前最常用的一种摩擦焊。其特点是被转动的焊件与主轴夹头直接相连，将不转动的焊件置于装在液压尾座托板上的夹头上。施焊时，推进尾座托板，使焊件在恒定或递增压力下相接触。旋转主轴使焊件摩擦加热至施焊温度时，主轴停止转动，顶锻开始，完成焊接。连续驱动摩擦焊在摩擦加热过程中，焊件一直在转动装置的连续驱动作用下旋转，直至顶锻开始前，停止驱动旋转，如图7-119a所示。

（2）惯性摩擦焊　惯性摩擦焊的原理与连续驱动摩擦焊相类似，只是被转动的焊件不直接与主轴相连，而是中间借助于飞轮与主轴相连。焊接开始时，首先将飞轮和焊件的旋转端加速到一定的转速，然后飞轮与主电动机脱开，同时，焊件的移动端向前移动，焊件接触后，开始摩擦加热。在摩擦加热过程中，飞轮受摩擦力矩的制动作用，转速逐渐降低，当转速为零时，焊接过程结束。惯性摩擦焊是利用惯性储能方法（例如飞轮）积聚能量用于接头加热，如图7-119b所示，自由旋转飞轮的动能，提供焊件所需全部热量。

（3）混合型旋转摩擦焊　混合型旋转摩擦焊是连续驱动摩擦焊和惯性摩擦焊的结合。这类焊机的特点是断开驱动源之后，可以施加和不施加自动力。

（4）相位控制摩擦焊　相位控制摩擦焊是在摩擦加热过程中，通过机械同步或同步驱动系统，进行焊件焊后的相位控制，使焊件焊后棱边对齐、方向对正或相位满足要求。用于六角钢、八角钢等相对位置有要求焊件的焊接。

（5）径向摩擦焊　上述的四种旋转式摩擦焊，在焊接过程中都是轴向加压，而径向摩擦焊为径向加压。它是将被焊两管件端部开坡口，并相互对好与夹牢，然后在接头坡口中放入一个具有与管件相似化学成分的整体圆环，该圆环有内锥面，焊前应使内锥面与坡口底部首先接触。焊接时，焊件静止，圆环高速旋转并向两管端加径向摩擦压力。当摩擦加热结束，停止圆环转动，并向圆环施加顶锻压力而与两管端焊牢，见图7-119c。

2. 轨道式摩擦焊　轨道式摩擦焊的特点是，使焊件接合面上的每一点都相对于另一焊件的接合面上作同样大小轨迹的运动。运动的轨迹可以是线形，也可以是非线形的轨道运动。在焊接过程中，一侧焊件在轨道式机构作用下，相对于另一侧被夹紧的焊件表面作相对运动，并在轴向施加压力，随着摩擦运动的进行，摩擦表面被清理并产生摩擦热，摩擦表面的金属逐渐达到黏塑性状态并产生变形，而后停止运动并施加顶锻力，完成焊接。

轨道式摩擦焊打破了传统的旋转式摩擦焊只限于焊接圆柱截面焊件的局限性，它可以焊接方形、圆形、多边形截面的焊件。

根据不同的运动轨迹，轨道式摩擦焊又可分为线形摩擦焊和（非线形）轨迹摩擦焊。分别如图7-119d、e所示。

3. 搅拌摩擦焊（英文简称FSW）　搅拌摩擦焊是1991年发明的一种固相连接新技术，被认为是从基础研究到实际应用的重大科技成就。搅拌摩擦焊最初用于铝合金焊接，随着研究的不断深入，搅拌摩擦焊在镁、钛及其合金等有色金属，以及异种材料的焊接方面也得到广泛的应用。图7-119f是搅拌摩擦焊示意图。搅拌摩擦焊焊接时，焊件固定，焊接主要由搅拌头完成。搅拌头由搅拌针、夹持器和圆柱体组成。焊接开始时，搅拌头高速旋转，搅拌针迅速钻入被焊板的接缝，与搅拌针接触的金属摩擦生热，形成了很薄的热塑性层。当搅拌针钻入焊件表面以下时，有部分金属被挤出表面，由于正面轴肩和背面垫板的密封作用，一方面，轴肩与被焊板表面摩擦，产生辅助热，另一方面，搅拌头和焊件相对运动时，在搅拌头前面不断形成的热塑性金属转移到搅拌头后面，填满后面的空腔。在整个焊接过程中，空腔的产生与填满连续进行，焊缝区金属经历着被挤压、摩擦生热、塑性变形、转移、扩散以及再结晶等过程。

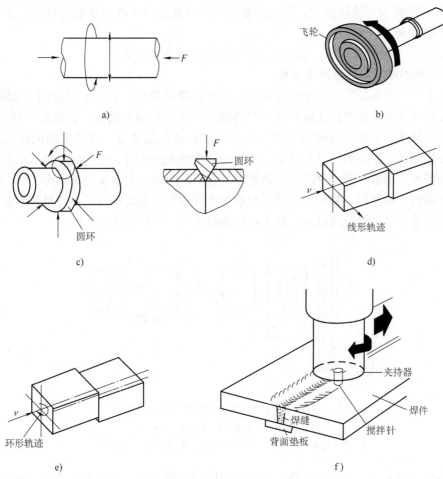

图 7-119　几种类型摩擦焊示意图
a）连续驱动摩擦焊　b）惯性摩擦焊　c）径向摩擦焊
d）线形摩擦焊　e）轨迹摩擦焊　f）搅拌摩擦焊

（二）摩擦焊的特点

1. 摩擦焊优点

1）焊接时不需要填充金属。

2）焊接过程中不需要焊剂和保护气体。

3）工作场地卫生，没有火花、弧光及有害气体，没有环境污染。

4）焊接生产效率高，焊接质量好、稳定。

5）焊机功率小、省电，功率因数大，电网负荷平衡，加工费用低，焊前准备简单，焊后无需清理。

6）设备容易实现机械化、自动化，操作技术简单易学。

7）焊接热影响区窄，适于焊接异种金属，尤其是适合于力学性能和物理性能差别较大的异种钢和异种合金的焊接。

2. 摩擦焊的缺点与局限性

1）对非圆形截面焊接较困难，所需设备复杂；对盘状薄零件和薄壁管件，由于不易夹固，施焊也很困难。

2）焊机的一次性投资较大，大批量生产时才能降低生产成本。

二、连续驱动摩擦焊的原理及设备

目前在生产中应用最广泛的摩擦焊机是连续驱动摩擦焊机，其示意图如图7-120所示。焊接时首先把两焊件分别夹持在旋转夹头和移动夹头上。起动电动机，合拢离合器，主轴、旋转夹头和焊件开始旋转。轴向加压液压缸（油缸）从后缸进油，移动夹头向前移动。当两焊件开始接触时，摩擦加热过程开始。经过一段摩擦加热时间，或达到一定的摩擦变形量以后，开始停车和顶锻焊接。这时离合器脱开，制动器制动，主轴及旋转夹头、焊件停止转动。在离合器脱开的同时，轴向加压液压缸也加大进油量，提高顶锻压力与顶锻速度，接头产生顶锻变形量。停一段时间以后，取下焊好的焊件，一个焊接周期结束。

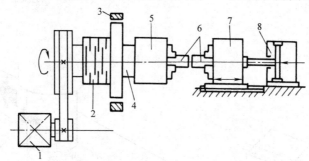

图7-120　普通型连续驱动摩擦焊机示意图
1—电动机　2—离合器　3—制动器　4—主轴
5—旋转夹头　6—焊件　7—移动夹头　8—轴向加压液压缸

摩擦焊焊接循环可分为两个阶段，即摩擦阶段和顶锻阶段。在摩擦阶段中，由于待焊界面的相对摩擦运动速度很高，同时又处于较大的压力作用下，使界面及其附近温度升高，塑性提高、界面的氧化膜破碎、材料的变形抗力降低、达到良好接触状态的塑性金属封闭了结合面，使它与空气隔开。在顶锻阶段中，破碎的氧化物和部分塑性层从结合面挤出而形成飞边，界面剩余的塑性变形层形成焊缝。在顶锻焊接过程中变形区的高温材料得到锻造，材料质点相互嵌入和进行扩散，建立了牢固的焊缝，并形成了质量良好的焊接接头。

摩擦焊机主要由主轴系统、加压系统、机身、夹头及辅助装置、检测与控制系统等几部分组成。

（一）主轴系统

主轴系统的工作条件比较艰巨复杂。转速高，要传送大的功率和转矩，特别是峰值功率和转矩，承受大的摩擦压力和顶锻压力。在绝大多数情况下，主轴转速只有一个。当焊件的材料和直径变化时，主要靠调节摩擦压力和摩擦时间来调节焊接参数，这样主轴系统的结构就比较简单。焊接能产生脆性合金的异种金属，如铝－铜、铝－钢等焊接时，对转速要求严格，为了保持一定的摩擦加热温度，主轴转速将随焊件直径的改变而改变。这样主轴系统的结构就复杂了。

（二）加压系统

目前，国内外摩擦焊机的加压机构主要是采用液压方式。这是因为在液压系统中，参数（压力及流量）调整简便，调节范围广，与电控系统配合起来容易得到不同的压力循环及实现焊接过程的自动化。同时，采用液压系统给夹头、离合器和制动器的操作也带来方便，使摩擦焊的机构大为简化。

（三）机身，夹头及辅助装置

摩擦焊机的主轴箱、导板、加压油缸和受力拉杆都装在机身上，机身不仅要平衡轴向压力引起的力矩，而且也要受到摩擦力矩的作用。因此机身应具有较大的强度和刚度，以防止在焊接过程中产生变形与振动。现在多数的摩擦焊机为卧式的，也有少数焊机是立式的。

摩擦焊机夹头设计时必须考虑摩擦压力、顶锻压力、前峰值摩擦力矩和后峰值力矩对夹头的综合作用，除此以外，还要避免夹头的振动。辅助装置包括自动送料装置和自动切除飞边装置等。

（四）检测及控制系统

参数检测主要涉及时间参数、加热功率、压力参数、变形量、转矩、转速、温度、特征信号（如摩擦开始时刻、功率峰值及所对应的时刻）等的检测。

控制系统包括程序控制和焊接参数控制。程序控制用来完成上料、夹紧、滑台快进、滑台工进、主轴旋转、摩擦加热、离合器松开、制动（刹车）、顶锻保证、车除飞边、滑台后退、焊件退出等顺序动作及其保护等。工艺参数控制则根据方案进行相应的诸如时间控制、功率峰值控制、变形量控制、温度控制、变参数复合控制等。

三、连续驱动摩擦焊的焊接参数

不同类型的摩擦焊，其工艺参数内容各不相同。在锅炉、压力容器制造中，通常采用连续驱动摩擦焊，所以这里主要介绍连续驱动摩擦焊的焊接参数。

连续驱动摩擦焊的主要焊接参数有：摩擦速度、摩擦压力、摩擦时间、摩擦变形量、停车时间、顶锻压力和顶锻变形量。摩擦变形量和顶锻变形量是其他参数的综合反映。

（一）摩擦速度（转速）和摩擦压力

当焊件直径一定时，转速代表摩擦速度。转速和摩擦压力直接影响摩擦力矩、摩擦加热功率、接头温度场、塑性层厚度以及摩擦变形速度等。从质量观点看，转速（摩擦速度）不是关键因素，可以在一个相当宽的范围内变化仍能保证焊接质量。连续驱动摩擦焊的转速（摩擦速度）和摩擦压力的选用范围也很宽，它们不同的组合可得到不同的规范。常用的组合有两种，强规范和弱规范。强规范时，转速较低，摩擦压力较大，摩擦时间短；弱规范时，转速较高，摩擦压力较小，摩擦时间长。

（二）摩擦时间与摩擦变形量

摩擦时间决定了接头摩擦加热过程的阶段和加热的程度，直接影响接头的加热温度、温度分布和焊接质量。摩擦时间短，摩擦表面加热不完全，不能形成完整的高速摩擦塑性变形层，接头上的温度和温度分布不能满足焊接的要求；摩擦时间长，接头温度分布宽，高温区金属容易过热，摩擦变形量大，消耗的加热能量多。在确定摩擦加热时间时，通常总是希望在摩擦加热过程中断的瞬时，接头上有较厚的变形层或较宽的高温金属区，较小的飞边。

摩擦速度和摩擦压力一定时，摩擦变形量与摩擦时间成正比。常常用摩擦变形量代替摩擦时间来控制摩擦的加热过程。焊接碳钢时，摩擦变形量通常在 1～10mm 范围内。

（三）顶锻压力与顶锻变形量

顶锻焊接过程是保证焊接质量的重要过程，顶锻压力要挤碎和挤出高速摩擦塑性变形层中的氧化了的部分和其他有害杂质，并使焊缝金属经受锻压，得到结合紧密的组织，而顶锻变形量正是顶锻压力作用结果的具体反映。顶锻压力小，变形量小，焊缝中有害杂质破碎、挤出不完全，焊缝金属封闭不好，往往存在疏松和未焊透等缺陷。顶锻量过大，顶锻变形量大，飞边大。顶锻压力的大小取决于焊件材料的高温性能、接头温度和温度分布、变形层的厚度以及摩擦压力。高温耐热钢如不锈钢和镍基合金焊接时需要较高的顶锻压力。焊件材料的高温强度高，需要的顶锻压力就大。接头的温度高，温度分布宽，特别是变形层厚，需要的顶锻压力就小。

第八节　等离子弧焊

等离子弧焊（英文简称 PAW 焊，ISO 代号为 15），也是一种不熔化极电弧焊。它是利用等离子枪将电极和焊件间电弧（转移弧）或电极和喷嘴间电弧（非转移弧）压缩成高温、高电离度、高能量密度以及高焰流速的等离子弧进行焊接。

一、等离子弧的产生、类型和特点

（一）等离子弧的产生

普通等离子弧焊与钨极氩弧焊（GTAW）方法一样，都使用不熔化电极（钨极）。不同的是等离子弧焊枪有压缩喷嘴，其电极缩进喷嘴内，如图 7-121 所示，等离子焊枪有两层气体，即从喷嘴流出的离子气体和从保护罩流出的保护气体。焊枪喷嘴内壁和电极之间的空间称为等离子气室。离子气体进入等离子气室，直接包围电极，然后通过喷嘴孔流向焊件，在热场、力场和电场作用下被电离，形成高速流动的、含有多种成分、多种形态的粒子流——等离子流。电弧在三种收缩效应作用下形成压缩电弧——等离子弧，保护气体从焊枪外侧的喷嘴进入等离子弧区，以防止焊接熔池被污染。

等离子压缩电弧的产生决定于三种收缩效应。

1. 机械压缩　利用水冷喷嘴孔道限制弧柱直径，来提高弧柱的能量密度和温度。这种对弧柱的压缩作用称为机械压缩。

2. 热收缩　由于水冷喷嘴温度较低，在喷嘴内壁形成一层冷气膜，一方面使喷嘴与弧柱相对绝缘，另一方面使弧柱有效截面进一步收缩，这种收缩称为热收缩。

3. 磁收缩　弧柱电流自身磁场对弧柱的压缩作用称为磁收缩。电流密度越大，磁收缩作用越强。

（二）等离子弧的类型

按电源连接方式和形成等离子弧的过程不同，等离子弧有非转移型、转移型和联合型三种类型。

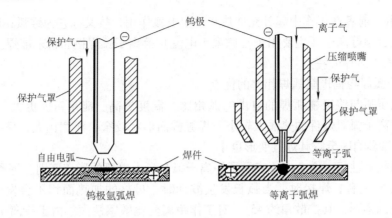

图 7-121　钨极氩弧焊和等离子焊方法对比

1. 非转移型等离子弧　电源接在钨极和喷嘴之间，在离子气流压缩下，弧焰从喷嘴中喷出，形成等离子焰，见图 7-122a。焊件本身并不通电，而是被间接加热。因此热的有效利用率不高，约 10%～20%，故这种等离子弧主要用于焊接金属薄板、喷涂和许多非金属材料的切割与焊接。

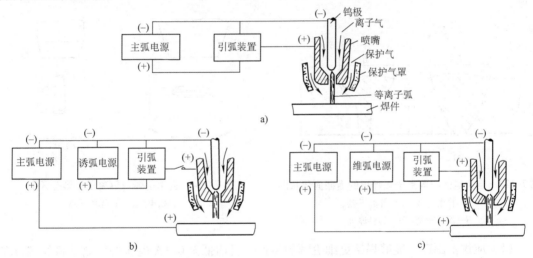

图 7-122　等离子弧的类型
a）非转移型等离子弧　b）转移型等离子弧　c）联合型等离子弧

2. 转移型等离子弧　电源接在钨极和焊件之间，因该电弧难以形成，需在喷嘴上也接入正极，先在钨极与喷嘴之间引燃电流弧较小的等离子弧（又称诱导弧）为焊件和电极之间提供足够的电离度，见图 7-122b。然后迅速接通钨极和焊件之间的电路，使该电弧转移到钨极和焊件之间直接燃烧，随即切断喷嘴和钨极之间的电路。在正常工作状态下，喷嘴保持中性，不带电。

转移型等离子弧的阳极斑点直接落在焊件上，电弧热有效利用率大为提高，达 60%～75%。金属焊接与切割一般都采用这种转移型等离子弧。

3. 联合型等离子弧　非转移型等离子弧和转移型等离子弧在工作过程中同时并存，如

图 7-122c 所示。前者在工作中起补充加热和稳定电弧作用，故又称它为维弧；后者称主弧，用于焊接。联合型等离子弧主要用于（微束小电流）等离子弧焊接和粉末堆焊。

（三）等离子弧焊的特点

1. 等离子弧焊与钨极氩弧焊相比的优点

（1）等离子弧与钨极氩弧焊的自由电弧相比　温度更高、能量密度更大、熔透能力更强。因此，等离子弧对焊件的热输入较小，焊缝截面形状较窄，深宽比大，呈"酒杯"状，见图 7-123。热影响区窄，其焊接变形也小。

（2）电弧挺直性好　图 7-124 表示了等离子弧与自由电弧的形态区别。等离子弧呈圆柱形，扩散角约 5°左右。焊接时，当弧长发生波动时，母材的加热面积不会发生明显变化，而自由电弧呈圆锥形，其扩散角约 45°，对工作距离变化敏感性大。由于等离子弧挺度比自由电弧好，焰流速度大，因而指向性好，喷射有力，其熔透能力强。由于等离子流的方向性强，电弧的刚度大，克服了自由电弧因磁场引起的电弧偏移现象。

（3）钨极烧损程度较少　由于等离子弧焊焊枪的电极位于压缩喷嘴内部，不可能与焊件接触，钨极烧损程度较少，所以可大大减少电极对焊缝金属污染的可能性。

（4）焊接速度比钨极氩弧焊快　在同样熔深下，其焊接速度比 TIG 焊高，可提高焊接生产率。

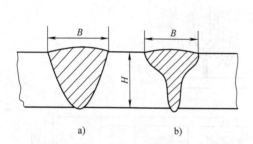

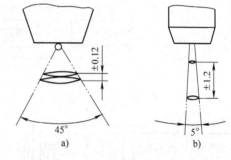

图 7-123　自由电弧与等离子弧焊缝的横截面形状图
　　　a）自由电弧　b）等离子弧
　　　B—焊缝宽度　H—焊件厚度

图 7-124　自由电弧与等离子弧形态区别
　　　a）自由电弧　b）等离子弧

（5）应用范围广　能够焊接更细更薄的零件，目前低至 0.1A 电流的等离子弧焊接设备已在生产上应用。

2. 等离子弧焊与钨极氩弧焊相比的缺点

1）焊枪、电源及电气控制线路等较复杂，设备费用一般是氩弧焊的 2~5 倍。

2）焊接参数的调节匹配较复杂。

3）喷嘴寿命较短。

二、等离子弧焊的分类及应用

（一）等离子弧焊的分类

等离子弧焊的分类方法很多。根据焊接电流大小的不同，等离子弧焊通常分为微束等离子弧焊、中电流等离子弧焊接和大电流等离子弧焊。根据使用极性的不同，等离子弧焊又可分为直流正极性等离子弧焊、直流反极性等离子弧焊和交流等离子弧焊。根据焊接电流种类的不同，等离子弧焊又可分为连续电流等离子弧焊和脉冲电流等离子弧焊。由于焊丝电极的引入，又派生出熔化极等离子弧焊，或称等离子MIG焊。无论是大电流等离子弧焊，还是微束等离子弧焊都可以进行直流正极性、直流反极性或交流焊接。而这几种方法又都可以进行脉冲焊接，如直流脉冲焊接和交流脉冲焊接。

1. 微束等离子弧焊　常把焊接电流小于30A左右的等离子弧焊称为微束等离子弧焊。多采用0.1~30A的焊接电流焊接薄小焊件。

2. 中、大电流等离子弧焊　中电流等离子弧焊，焊接电流在30~100A之间；大电流等离子弧焊，焊接电流大于100A。中、大电流等离子弧焊常用来焊接厚度大于1mm的焊件。大电流等离子弧焊，目前最大的焊接电流可达500A，常见的为315A以下。其中的直流或脉冲电流正极性等离子弧焊主要用于碳钢、合金钢、镍及其合金、钛及其合金、不锈钢等材料的焊接。

3. 反极性等离子弧焊　等离子弧焊对许多金属材料的焊接多采用直流正接法，即钨极接电源的负极。只有在铝及铝镁合金的焊接时，采用反极性等离子焊接，即钨极接电源的正极。反极性等离子弧焊接时，大量正离子在阴极区电场的加速作用下冲击熔池及周围母材表面，使母材上的难熔氧化物破坏分解，形成阴极清理作用。铝、镁金属表面的氧化膜由于阴极清理作用被清除掉而能够顺利地进行焊接并获得光亮、美观和优质的焊缝。但是，反极性等离子弧焊接时，阳极上产生的热量多于阴极。所以，钨极为正极时容易过热而烧损，而焊件负极产生的热量少，熔深浅、生产率低。反极性等离子弧焊目前很少在大电流下采用，有时采用小电流焊接薄壁焊件或反极性等离子弧堆焊。

4. 交流等离子弧焊　利用交流电在焊件为负、钨极为正的半周里获得阴极清理作用，清除熔池表面的氧化膜。而在钨极为负、焊件为正的半周里，钨极得到冷却并发射足够的电子，焊件被加热获得足够的熔深。交流等离子弧焊具有反极性等离子弧焊接的阴极清理作用，同时又有较长的钨极使用寿命、较大的熔深、较高的焊接速度。这种焊接方法主要用来焊接铝、镁及其合金。交流等离子弧焊的电源有正弦波交流电源和矩形波交流电源两种。

5. 脉冲等离子弧焊　多采用矩形波脉冲焊接电源。焊接电流在基值电流和峰值电流间周期地变化。基值电流和峰值电流的幅值分别可调。脉冲频率一般为0.5~10Hz。基值电流和峰值电流的时间宽度亦分别可调。

（二）等离子弧焊的应用

凡氩弧焊能够焊接的材料均可用等离子弧焊接，如碳钢、耐热钢、不锈钢、镍及其合金、钛及其合金、铜及其合金、铝及其合金以及镁及其合金等材料。

除铝、镁及其合金外，其余材料均采用直流正接法焊接。铝、镁及其合金采用交流或直流反接法焊接。

三、等离子弧焊的类型

根据焊缝成形原理，等离子弧有两种基本焊接方式即穿透型（又称小孔型等离子弧焊）和熔透型等离子弧焊。

1. 穿透型等离子弧焊（简称小孔焊）　穿透型又称小孔型或锁孔型。利用等离子弧能量密度大和等离子流吹力大的特点，将焊件完全熔透并产生一个贯穿焊件的小孔。被熔化的金属在电弧吹力、液体金属重力与表面张力相互作用下保持平衡。随着焊枪前移，小孔也跟随前移，熔化金属因表面张力作用而依附在等离子弧周围的固体金属壁面上，并且由于电弧的作用不断地沿着小孔周围向后推动，随即填满原先的小孔而凝结成均匀的焊缝。这种过程称小孔效应。对焊接而言，小孔效应的出现除焊接电流的大小外，还有等离子气的流量是关键。若气体流速过大就会把熔化金属吹走而变成金属切割，合适的流速是使小孔的形成和表面张力恰好能保持熔化金属在接头处而不被吹走。

穿透型等离子弧焊只能用于自动焊。穿透型等离子弧焊需要精确地控制起弧、收弧。板厚小于 3mm 时可以直接在焊件上起弧和收弧。板厚大于 3mm 的纵缝可采用引弧和收弧的引出板，将焊接开始处和收弧处排除在焊缝之外。环缝焊接时需采用电流及等离子气流量递增的方式形成合适的小孔形成区，而采用电流及等离子气流量递减的方式获得小孔收尾区。

2. 熔透型等离子弧焊　熔透型等离子弧焊是只熔化焊件而不产生小孔效应的焊接技术。当等离子气流量比小孔型焊接时小，弧柱压缩程度较弱时，电弧穿透能力不足以形成小孔，其焊接过程就和一般 TIG 焊接相似，焊件靠熔池的热传导实现熔透。此法多用于薄板焊接、卷边焊接头或厚板多层焊的第二层及以后各层的焊接。

四、等离子弧焊的设备

根据操作方式不同，等离子弧焊设备可分为手工焊和自动焊两种。一个完整的手工等离子弧焊设备包括焊枪、控制装置、电源、离子气及保护气供气装置、焊枪冷却循环水装置及辅助部件，如开关、气体流量计及电流遥控盒等。手工焊设备输出正极性电流范围是 $0.1 \sim 225A$。大电流等离子弧焊工艺必须采用自动焊设备。

（一）引弧装置

等离子弧不能采用普通钨极电弧焊的引弧方法，必须配有引弧装置。焊接电流大于 30A 以上的等离子弧焊采用转移型电弧时，还需配有修复电源。

（二）焊接电源

等离子弧焊通常都采用直流电源。焊接铝、镁及其合金时，采用交流电源，主要是利用阴极清理（破碎）作用。脉冲直流电源其最高脉冲电流值就是峰值电流，输出电流在脉冲电流与基值电流之间变换，脉冲电流期间母材熔化，基值电流期间熔化金属凝固成焊缝，脉冲焊接法可降低焊接热输入，控制焊缝成形，减少热影响区宽度和焊接变形。为了更好地控制焊接参数，等离子弧焊脉冲电源的脉冲频率和脉宽比都是可以调节的。

凡具有下降或垂直下降外特性的电源都可供等离子弧焊使用。空载电压视所用的等离子气而定，若用纯 Ar 或 $Ar + H_2[\varphi(H_2) < 7\%]$ 混合气体作为等离子气时，最好在 80V 左右或再稍高些，可达 120V；若用纯 He 或其他混合气体，为了可靠地引弧，则空载电压还需更高一些。

（三）等离子焊枪

焊接时产生等离子弧并用以进行焊接的工具称等离子弧焊枪。等离子弧焊枪结构比 TIG 焊枪更为复杂，图 7-125 是大电流（300A）等离子弧焊用的焊枪典型结构。等离子弧焊枪的结构大体上是由上枪体、下枪体和喷嘴几个主要部分组成。压缩喷嘴是等离子弧焊枪的关键部件，其结构类型和尺寸对等离子弧性能起决定性作用。喷嘴孔径及孔道长度是压缩喷嘴的两个主要尺寸，等离子弧焊钨极、喷嘴及焊件的相对位置如图 7-126 所示。

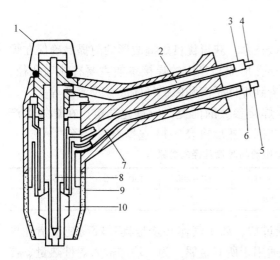

图7-125　手工等离子弧焊枪结构示意图

1—绝缘帽　2—离子气进口　3—冷却水出口　4—非转
移弧和转移弧导线（接电源负端）　5—非转移弧导线
（接电源正端）　6—冷却水出口　7—保护气进口
8—钨极　9—保护气罩　10—压缩喷嘴

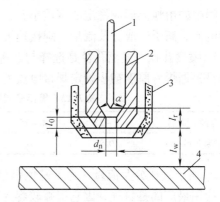

图7-126　等离子弧焊钨极、喷嘴及
焊件的相对位置

1—钨极　2—压缩喷嘴　3—保护气罩　4—焊件
d_n—喷嘴孔径　l_0—喷嘴孔道长度　l_r—钨极内
缩长度　　l_w—喷嘴到焊件距离　α—压缩角

1. 喷嘴孔径　孔径大小将决定等离子弧的直径和能量密度，应根据电流和离子气流量来决定。对于给定的电流和离子气流量，孔径越大压缩作用越小，如孔径过大，就无压缩效果了。但孔径也不能过小。孔径过小则会引起双弧，破坏等离子弧的稳定性。

2. 喷嘴孔道长度　孔径确定后，孔道长度增大则对等离子弧的压缩作用增大。常以孔道长度/喷嘴孔径表示喷嘴孔道压缩特征，称孔道比。孔道比超过一定值会导致双弧的产生。

（四）电极

等离子弧焊所采用的电极材料与钨极氩弧焊相同。目前国内主要采用钍钨及铈钨电极，国外还采用锆钨电极。由于等离子弧焊对钨电极的冷却及保护效果均优于氩弧焊枪，所以钨极烧损程度较氩弧焊时小。

为了便于引弧和提高电弧稳定，直流正接焊接工艺中，电极端部要磨成20°～60°的夹角。焊接电流大，钨极直径大的常磨成圆台形、圆台尖锥形、锥球形、球形等以减缓钨极的烧损，如图7-127所示。在交流焊接工艺中，常将钨极磨成尖锥形后，再烧一个圆球。

五、等离子弧焊的焊接材料

等离子弧焊工艺可以使用填充金属，其填充金属选用的原则与钨极氩弧焊相同。填充金属一般采用盘焊丝或直焊丝。自动焊使用盘焊丝作填充金

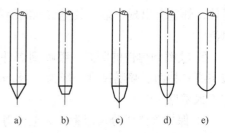

图7-127　电极端部形状
a）尖锥形　b）圆台形　c）圆台尖锥形
d）锥球形　e）球形

属，手工焊则用直焊丝作填充金属。通常自动焊使用焊丝的直径为0.8～1.6mm，手工焊用焊丝的直径为1.6～2.4mm。

六、等离子弧焊的焊接参数

（一）穿透型等离子弧焊的焊接参数

大电流等离子弧焊接通常采用穿透型法焊接技术。获得优良焊缝成形的前提是确保在焊接过程中的熔池上形成稳定的穿透小孔，影响小孔形成与稳定的焊接参数主要有喷嘴孔径、焊接电流、离子气成分及流量、焊接速度、喷嘴到焊件距离和保护气体成分及流量等。

1. 喷嘴孔径　喷嘴孔径是选择与匹配其他焊接参数的前提，应首先选定。在焊接生产中总是根据焊件厚度初步确定焊接电流的大致范围，然后按表 7-13 选择喷嘴孔径。

表 7-13　等离子弧焊焊接电流与喷嘴孔径的关系

焊接电流/A	1 ~ 25	20 ~ 75	40 ~ 100	100 ~ 200	150 ~ 300	200 ~ 500
喷嘴孔径/mm	0.8	1.6	2.1	2.5	3.2	4.8

2. 离子气成分及流量　为了避免钨极烧损过快，离子气体必须是具有较高纯度惰性气体。应用最广的是氩气，因它引弧较容易而且适用于所有金属。为了增加输入焊件热量、提高焊接速度和改善接头质量，对不同金属可在氩气中加入氢气或氦气。例如焊接不锈钢和镍基合金，通常加入少量的氢气。焊接活性金属，如钛、钽、及锆合金等，则加入体积分数为 50% ~ 75% 的氦气。铜合金焊接时，甚至只用氦气。

小电流等离子弧焊时，一般都用氩气作离子气，这样非转移弧（维弧）容易引燃和燃烧稳定。

离子气流量增加，可使离子流力和熔透能力增大，在其他条件不变时，为了形成小孔，必须有足够等离子气流量，但气流量又不能过大，否则会使缩孔直径增大而不能保证焊缝成形，喷嘴孔径确立后，根据采用的焊接电流和焊接速度确定其离子气流量的大小，它们之间要匹配适当。

3. 焊接电流　随着焊接电流的增加，等离子弧穿透能力增大，焊接电流的大小应根据板厚确定，焊接电流过小不能形成小孔，焊接电流过大会使熔池金属流淌。另外，焊接电流过大还可能引起双弧现象。

4. 焊接速度　焊接速度也是影响小孔效应的一个重要参数，其他条件一定时，焊接速度增加，焊接热输入减小，小孔直径随之减小，最后消失。反之，如果焊接速度太慢，母材过热，焊缝会出现下陷，甚至熔池漏淌等缺陷，焊接速度的确定取决于等离子气流量和焊接电流。

5. 喷嘴到焊件的距离　喷嘴到焊件的距离过大，熔透能力降低；距离过小则造成喷嘴被飞溅物粘污。喷嘴高度一般为 3 ~ 8mm，与钨极氩弧焊相比，距离的变化对焊接质量的影响不太敏感。

6. 保护气体成分及流量　大电流等离子弧焊时，保护气体通常与离子气相同，否则电弧稳定性受到影响。

小电流等离子弧焊时，所用的保护气体只要对接头性能不起有害作用，不一定与离子气相同。焊接碳钢、低合金钢时，可以用 $Ar + CO_2$ 的混合气体作保护气体，因加入 CO_2 有利于消除焊缝内的气孔和改善焊缝成形，一般 CO_2 的加入量（体积分数）在 5% ~ 20% 之间。

保护气体流量应与离子气体流量适当匹配，否则离子气体流量太大，而保护气体流量太小，会导致气流紊乱，影响电弧稳定性和保护效果。穿透型焊接法的保护气体流量一般在

15～30L/min 范围内。

（二）熔透型等离子弧焊的焊接参数

中、小电流（微束）等离子弧焊一般都采用熔透型焊接技术。其焊接穿透参数与穿透型等离子弧焊相同，主要参数的选定需注意熔透型等离子弧焊的工艺特点。主要是焊接时在熔池上不需形成穿透小孔，其焊缝成形过程与 TIG 焊相似，只需考虑保证熔深和熔宽。故选定焊接参数的原则，大体与 TIG 相同。不同的是：通常熔透型等离子弧焊采用联合型弧，焊接过程维弧（非转移弧）和主弧（转移弧）同时存在，且焊接电流的大小可分别调节。维弧的作用是引燃和稳定主弧，使主弧在很小焊接电流时也能很稳定地燃烧。维弧是在钨极末端和喷嘴孔道壁之间燃烧，其阳极斑点位于喷嘴孔道壁上，故维弧电流不能选得过大，避免喷嘴过热烧损。一般取 3A 左右。维弧的引燃可采用高频或小功率高压脉冲引弧方式。此外，不锈钢、高温合金钢小电流等离子弧焊焊接时，焊接速度越快，其保护效果越好，因此，在其他焊接参数不变和保证焊件熔透要求的条件下，可提高焊接速度。

第九节　药芯焊丝气体保护电弧焊

一、药芯焊丝电弧焊的原理

药芯焊丝是一种用薄钢带卷成圆形钢管，并在钢管中填满一定成分的药粉（或金属粉），或在钢管中填满药粉（或金属粉），经拉拔制成的一种焊丝。

利用药芯焊丝作为熔化极的电弧焊称为药芯焊丝电弧焊（英文简称 FCAW 焊，ISO 代号为 136）。焊接过程中使用外加保护气体（一般是纯 CO_2 或 $CO_2 + Ar$）的药芯焊丝电弧焊，称为药芯焊丝气体保护电弧焊。药芯焊丝气体保护电弧焊与普通熔化极气体保护电弧焊基本相同。不用外加保护气体，只靠焊丝内部的芯料燃烧与分解所产生的气体和熔渣作保护的药芯焊丝电弧焊，称为自保护电弧焊。自保护电弧焊与焊条电弧焊相似，不同的是使用盘状的焊丝，连续不断送到电弧中。

1. 药芯焊丝气体保护电弧焊　与实芯焊丝气体保护焊的主要区别是所用焊丝的构造不同。药芯焊丝是在焊丝内部装有焊剂或金属粉末混合物，焊接时在电弧热的作用下，熔化状态的芯料、焊丝金属、母材金属和保护气体相互之间发生冶金作用，形成一层较薄的液态熔渣包覆熔滴并覆盖熔池，对熔化金属构成又一层保护。药芯焊丝气体保护电弧焊实质上是一种气渣联合保护的焊接方法，如图7-128 所示。

2. 自保护药芯焊丝电弧焊　自保护药芯焊丝电弧焊通过焊丝芯部药粉中造渣剂、造气剂在电弧高温作用下产生的气、渣对熔滴和熔池进行保护。自保护

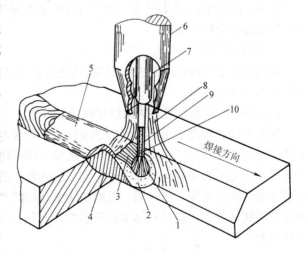

图 7-128　药芯焊丝气体保护电弧焊原理

1—熔滴　2—熔池　3—熔渣　4—凝固的焊接金属　5—凝固的熔渣　6—喷嘴　7—导电嘴　8—保护气　9—药芯焊丝　10—药粉

药芯焊丝电弧焊突出的特点是在施焊过程中具有较强的抗风能力，适合于远离中心城市、交通运输较困难的野外工程。但由于造气剂、造渣剂包覆在金属外皮内部，所产生的气渣对熔滴（特别是焊丝端部的熔滴）的保护效果较差，焊缝金属的韧性稍差。随着科学技术的进步，高韧性自保护药芯焊丝的出现，近几年自保护药芯焊丝的应用领域正在逐渐扩大。

由于在锅炉、压力容器中广泛采用的是药芯焊丝气体保护电弧焊，本节仅对该种焊接工艺进行介绍。

二、药芯焊丝熔化极气体保护焊的特点及应用

（一）药芯焊丝熔化极气体保护焊的优点

1. 焊接工艺性好　由于药芯具有与焊条药皮近似的成分和相同的作用，因此药芯焊丝电弧焊时，引弧容易、电弧稳定、声音柔和、飞溅少且颗粒细。焊缝成形美观，熔池表面覆盖有薄薄的熔渣，易于清除。

2. 应用范围广　通过改变药芯配方，能够很方便地调整熔敷金属的化学成分和力学性能，使熔敷金属具有要求的强度、塑性、耐热性、耐蚀性及耐磨性等，适用于各种材料的焊接。

3. 焊缝金属纯度高　药芯焊丝采用气渣联合保护，有较充分的冶金作用，可去除杂质，防止空气入侵，改善脱氧效果。

4. 对焊接电源适应性较强　因为药芯成分能改变电弧特性，因而药芯焊丝电弧焊对电源适应性较强，可采用直流电源也可采用交流电源，既可采用平特性电源又可采用陡降特性电源。

5. 熔化速度高　药芯焊丝焊接时，由于焊接电流通过焊丝的金属外皮，因此与焊条相比，其电流密度较高，焊丝伸出部分的电阻热大，焊丝熔化速度高。

（二）药芯焊丝熔化极气体保护焊的局限性

1. 药芯焊丝送丝较实芯焊丝困难　由于药芯焊丝内部为焊药芯，因而焊丝的刚度较实芯焊丝差，送丝时如焊丝压紧轮过紧，则容易将焊丝压扁，造成送丝不均，影响焊接质量。

2. 药芯焊丝保管要求严格　药芯焊丝的芯料易吸潮，因而药芯焊丝保管时应注意防潮，一旦包装破损应尽快使用。

3. 焊接烟尘大

药芯焊丝电弧焊已广泛应用于焊接低碳钢、低合金高强钢、耐热钢、耐候钢、不锈钢、铝合金及铸铁的焊接。

三、药芯焊丝熔化极气体保护焊的焊接参数

熔化极药芯焊丝电弧焊的焊接参数包括：焊接电流、电弧电压、焊接速度、焊丝伸出长度及保护气体流量等。焊接参数对焊缝成形及焊接质量的影响与实芯焊丝基本相同。但由于药芯焊丝填充药粉在焊接过程中的造气、造渣等一系列冶金作用，其影响程度不仅使药芯焊丝和实芯焊丝有差别，而且同一类别不同生产厂的产品也略有差别。因此最佳焊接参数的选择是有前提条件的，应针对具体的药芯焊丝产品、施焊时的实际工况条件等，最终确定最佳焊接参数。

由于药芯焊丝的特有结构特点，药芯焊丝电弧焊的常用焊接电流、电弧电压参数范围与实芯焊丝电弧焊略有不同，药芯焊丝在各种位置焊接中厚度板时的焊接电流、电弧电压常用范围见表7-14。

与实芯焊丝气体保护焊和焊条电弧焊不同，药芯焊丝只靠截面积较小的金属皮导电，所以与其他焊接方法相比，药芯焊丝电弧焊的电流密度相当高，焊丝伸出长度微小的变化都会影响熔敷效率和焊缝成形，因此药芯焊丝气体保护电弧焊必须严格控制焊丝伸出长度，药芯焊丝的伸出长度与焊接电流、电弧电压推荐的匹配值见表 7-15。

表 7-14　药芯焊丝在各种位置焊接中厚度板时的焊接电流、电弧电压常用范围

焊接位置	CO_2 气体保护药芯焊丝（ϕ1.2mm）		自保护药芯焊丝（ϕ2.0mm）	
	焊接电流/A	电弧电压/V	焊接电流/A	电弧电压/V
平焊	160～350	22～23	180～350	22～28
横焊	180～260	22～30	180～250	22～25
向上立焊	160～240	22～30	180～220	22～25
向下立焊	240～260	25～30	220～260	24～28
仰焊	160～200	22～25	180～220	22～25

表 7-15　药芯焊丝的伸出长度与焊接电流、电弧电压推荐的匹配值

焊丝伸出长度/mm	8	12	16	20	24
焊接电流/A	202	187	172	162	154
电弧电压/V	27	27.8	28.1	28.4	28.6

四、药芯焊丝熔化极气体保护焊的操作技术

与实芯焊丝的气体保护焊基本相似。半自动药芯焊丝焊时，焊枪所处的位置及焊枪的移动，均由手工操作。图 7-129 为平板对接接头平焊及角接接头平角焊时，焊枪的角度及位置。药芯焊丝焊接时，也可根据需要选择前倾焊法或后倾焊法。

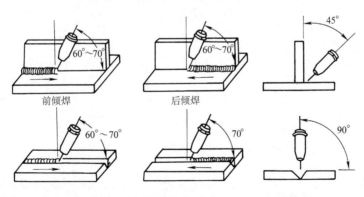

前倾焊　　　　　后倾焊

图 7-129　平板对接接头平焊及角接接头平角焊时焊枪的角度及位置

平板对接接头及角接接头立焊位置操作时，焊枪的角度及位置如图 7-130 所示。立焊位置的操作也可分为向上立焊和向下立焊。向下立焊法，因其热输入小，通常用于薄板焊接。细直径酸性药芯焊丝经常用于立焊，因其具有良好的射流过渡性能。

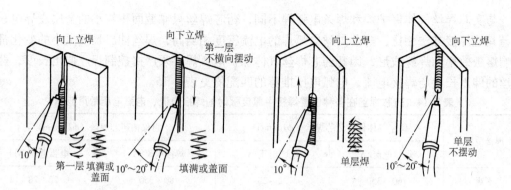

图 7-130　平板对接接头立焊及角接接头立角焊时焊枪的角度及位置

第八章　焊接应力及变形

第一节　焊接应力和变形的一般概念

一、金属的变形和应力概述

（一）金属的变形概述

任何物体在外力的作用下都会产生形状或尺寸的改变，这种现象称为变形。

1. 弹性变形　金属材料在外力的作用下会发生两种性质不同的变形，当外力去除后能恢复原来形状和尺寸的变形称为弹性变形。

2. 塑性变形　当外力去除后，变形仍然存在，这种永久性变形称为塑性变形。

金属材料受到外力的作用后首先发生的是弹性变形，当外力增加到一定程度，金属发生屈服，开始产生塑性变形。

（二）应力概述

金属材料在外力的作用下发生变形的同时，金属的内部也同时产生一种与外力平衡的抗力，这种力称为内力。内力的大小与外力相等，方向与外力相反。见图 8-1a2、b2。图 8-1a2 中 F_1 为拉内力，图 8-1b2 中 F_1 为压内力。物体受外力作用，在物体单位面积上的内力称应力。在截面积为 A 的长杆上，沿杆的长度方向均匀受 F 力作用的情况下，应力的计算公式如下：

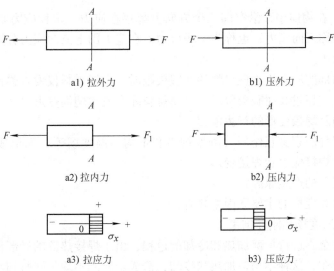

图 8-1　外力作用、内力的产生和应力分布

$$\sigma = F_1/A = F/A$$

式中　σ——应力（MPa）；

　　　F——外力（N）；

A——截面积（mm^2）；

F_1——内力 $F_1 = F$。

受拉时产生的应力称为拉应力，受压时产生的应力称为压应力。在长杆的横截面均匀分布的拉应力和压应力在应力图上的表示方法如图8-1a3、b3所示。其中拉应力在应力坐标线0点的右边，为正应力。压应力在应力坐标线的0点左边，为负应力。

1. 单向应力　上面所讨论的应力为一个方向的应力，一般称为单向应力，又称线应力。在 x 方向受外力作用，在应力图上单向应力在 σ_x 轴上表示其大小。

2. 双向应力　如果物体受两个方向（x 方向和 y 方向）的外力，在物体内部就会产生 x 方向和 y 方向的内力和应力。这样，在一个平面内就存在两个方向的应力，这种应力状态称为双向应力状态。这时的应力称为双向应力，也称平面应力。在应力图上双向应力分别在 σ_x 轴上和 σ_y 轴上表示它们的大小。图8-2a为物体受两个方向（x 方向和 y 方向）外力作用，图8-2d为两个截面位置，图8-2b为 A—A 截面上理想均匀的 σ_x 应力分布，图8-2c为 B—B 截面上理想均匀的 σ_y 应力分布。

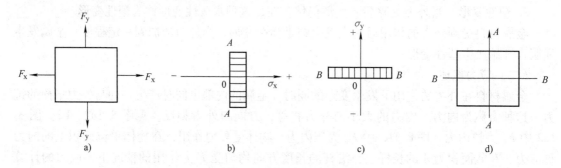

图8-2　双向应力分布

3. 三向应力　在物体中，沿空间三个方向上都存在应力，这种应力状态称为三向应力状态。这时的应力称三向应力，也称为体积应力。在应力图上三向应力分别在 σ_x、σ_y 和 σ_z 轴上表示它们的大小。

当金属材料内部的应力小于该材料的屈服极限时，金属材料仅发生弹性变形。当金属材料内部的应力达到或超过其屈服极限时，金属材料才会发生塑性变形。

二、焊接应力及焊接变形的产生原因

由焊接过程多种因素交互作用（刚性拘束和不均匀温度场等）而形成的构件中的应力和构件的变形称为焊接应力和焊接变形。

焊接应力和变形的产生原因

产生焊接应力和变形的主要原因主要有：

（一）不均匀温度场和刚性拘束

焊接过程是对金属进行局部加热和冷却的过程，由于焊接热源的局部作用，焊件上产生了不均匀的温度分布。这种不均匀加热和冷却，造成金属的不均匀膨胀和收缩。焊件本身是一个整体，各部位互相联系，互相制约，任何局部都不能自由的伸长和收缩，这使焊接接头内部产生不均匀的塑性变形，结果产生了焊接变形和焊接应力。

（二）组织转变引起的体积的变化

焊接接头区在冷却过程中，若发生金相组织的固态相变（如奥氏体转变为马氏体），则伴随固态相变会产生体积变化，而这种体积变化受到周围金属的限制就产生焊接应力和焊接变形。

第二节　焊接应力和焊接变形的分类

一、焊接应力的分类

（一）按产生原因分类

1. 热应力　是指焊接过程产生了不均匀的温度分布，同时由于周围金属的约束而产生的热应力。这种热应力又称温度应力。

2. 组织应力　是指由于固态相变而发生体积变化产生的焊接应力。这种组织应力又称相变应力。

（二）按与焊缝的相对位置分类

1. 纵向应力　纵向应力为平行于焊缝方向的应力，对于圆筒形构件或杆状构件称为切向应力。在应力图上用 σ_x 表示。

2. 横向应力　横向应力为垂直于焊缝方向的应力，对于圆筒形构件或杆状构件称为轴向应力；在应力图上用 σ_y 表示。

3. 厚度方向应力　对于圆筒形构件或杆状构件称为径向应力。应力图上用 σ_z 表示。

（三）按照焊接应力存在的时刻分类

1. 瞬态应力　随着焊接热过程而产生的应力，是暂时的，不断变化的，这种应力称为瞬态应力。

2. 残留应力　构件焊后，在室温条件下，残留于构件中的应力称为焊接残留应力。

通常所说的焊接应力一般是指焊接残留应力。

二、焊件加热、冷却后残留应力和变形产生的简单原理

残留应力是指在刚性拘束条件下，焊件经过加热后冷却到室温，残留在焊件中的应力。表 8-1 以长杆加热、冷却过程为例，说明残留应力和变形产生的简单原理。

表 8-1　长杆在加热冷却过程中残留应力和变形的产生原理

过程条件	杆变形受力示意图	应力、变形过程说明
两端加刚性固定，在室温条件下的杆	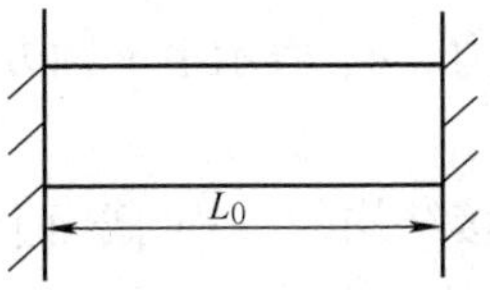 L_0	在无应力、无变形状态下，杆总长度 L_0
在一端自由状态下，将杆加热到 T 温度	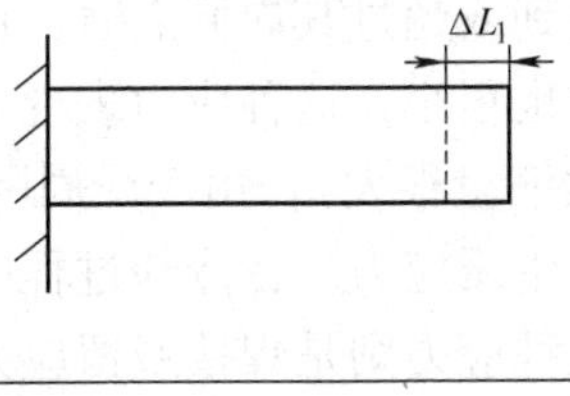 ΔL_1	杆受热伸长 ΔL_1 总长 $L = L_0 + \Delta L_1$ 杆内没有应力

（续）

过程条件	杆变形受力示意图	应力、变形过程说明
在两端刚性固定，将杆加热到 T 温度时	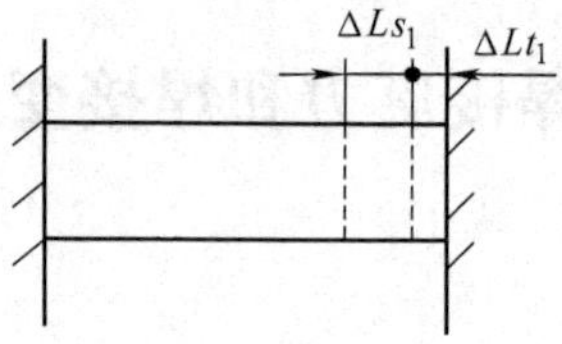	杆被加热到 T 温度，杆热膨胀应伸长 ΔL_1，但由于两端刚性固定不能伸长，杆被压缩产生弹性压缩变形 ΔLt_1，塑性压缩变形 ΔLs_1，以保持总长不变，杆受压应力
在两端刚性固定，杆加热到 T 温度后，去掉刚性固定，再冷却到室温	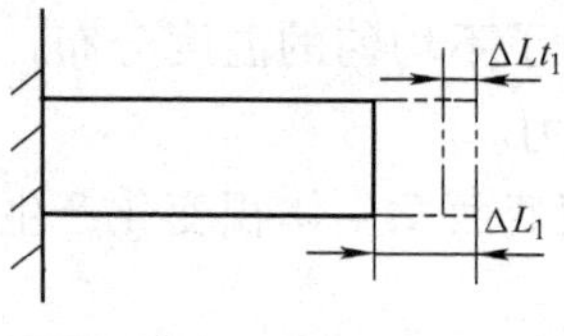	这时，杆的压缩弹性变形恢复，杆伸长为 ΔLt_1，又由于温度降到室温，杆冷却收缩 ΔL_1，杆总长 $L_1 = L_0 + \Delta Lt_1 - \Delta L_1$，杆内没有应力，杆内存在塑性压缩变形 ΔLs_1
在两端刚性固定，杆加热到 T 温度，仍在两端刚性固定条件下降低至室温	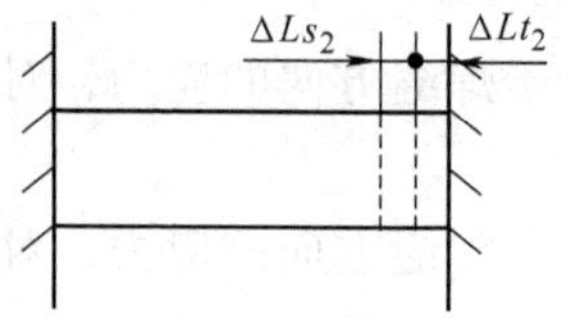	由于两端固定杆总长度不变，杆在拉力作用下要伸长 $\Delta Ls_2 + \Delta Lt_2$，其中 ΔLs_2 为塑性拉伸变形，ΔLt_2 为弹性拉伸变形。两端固定的杆在加热、冷却时产生残留应力和残留变形
在加热、冷却过程均在刚性固定条件下进行，最后去掉刚性固定	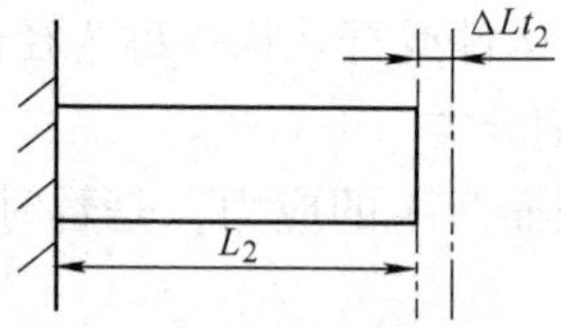	这时拉伸弹性变形 ΔLt_2 恢复，杆缩短 ΔLt_2，总长 $L_2 = L_0 - \Delta Lt_2$。由于无拘束杆内无残余应力。但杆仍保留压缩塑性变形 ΔLs_1 和拉伸塑性变形 ΔLs_2

三、中厚板对接焊接结构中残留应力的典型分布规律

焊接结构的形式很多，焊接结构中的残留应力分布也各不相同，中厚板（厚度在 16 ~ 20mm 之间）对接焊的结构中存在的应力大多数为双向应力即平面应力，在厚度方向上的残留应力很小。在大型结构厚截面焊缝中，厚度方向才存在较高数值的残留应力。

焊接应力的分布是有一定规律的，在焊接过程中，利用这些规律，就可以减小焊接应力，达到防止焊接裂纹产生、减小焊接变形、提高产品质量的目的。

这里仅对中厚板对接直线焊缝的焊接结构中双向焊接残留应力的分布作简单介绍。

中厚板对接直线焊缝的焊接结构中焊接残留应力分布如图 8-3 所示。在焊接残留应力分布图中 σ_x 表示沿 x 轴方向的纵向应力，σ_y 表示沿 y 轴方向的横向应力，圆圈内 " – " 代表压应力，圆圈内 " + " 代表拉应力。

图 8-3b 为中厚板直线焊缝的焊接结构的 y—y 截面上的焊接残留应力分布图，从图中可看到，在焊缝和邻近焊缝的母材中，纵向应力 σ_x 为拉应力，远离焊缝的母材中，纵向应力为压应力。这是由于在焊接加热过程中，液态熔池自由变形，局部受热母材的膨胀受一侧母材限制，会产生压应力，压应力达到或超过其屈服点时，也会产生压缩塑性变形，但材料在高温时的屈服点很小，所以压应力也很小，这种应力表现为瞬态应力。在冷却时，焊缝和近缝区急剧收缩（从高温到室温，收缩量很大），由于受周围金属的约束，不能自由收缩，产生较大的拉应力，而两侧金属则产生压应力。在冷却过程中，拉应力和压应力不断加大，冷却到室温后，就残留于构件中，这种应力则是焊接残留应力。

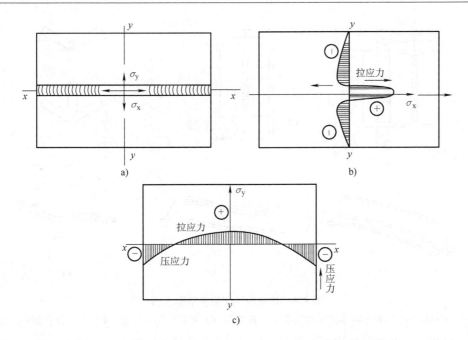

图 8-3　中厚板对接直线焊缝的焊接结构中焊接残留应力分布

通常纵向应力 σ_x 的峰值在焊缝中心线上，如果达到或超过材料室温屈服点时，会产生拉伸塑性变形。

图 8-3c 为中厚板对接直线焊缝的焊接结构的 x—x 截面上的焊接残留应力分布图，从图中可看到：在母材纵向中心，横向应力 σ_y 为拉应力，母材两侧为压应力，σ_y 的分布规律与 σ_x 的分布规律基本相同，但 σ_y 的数值比 σ_x 小得多。

四、焊接残留变形的分类

焊接变形可以分为在焊接过程中发生的焊接瞬态变形和构件在室温下的焊接残留变形。在生产中所说的焊接变形通常是指焊接残留变形（以下简称焊接变形）。

焊接变形主要有以下几种：

纵向收缩变形、横向收缩变形、角变形、弯曲变形、扭曲变形和波浪变形。

（一）纵向收缩变形

构件沿焊缝方向发生收缩。焊缝的纵向收缩引起构件在长度方向的变化，主要表现为纵向缩短。纵向收缩还能引起焊件的弯曲变形。图 8-4a 中的 ΔL 为平板对接时的焊缝纵向收缩量，纵向收缩量一般是随焊缝长度的增加而增加，并与构件的截面积有关，在其他条件相同的情况下，截面积越大，则 ΔL 越小。母材的线胀系数大，构件焊后纵向收缩量也大。在同样焊接参数的情况下，预热会增加纵向收缩量。多层焊时，焊接第一层时的收缩量较大。钢材的焊接纵向收缩量可通过经验公式予以推算。

焊后，同一结构件的不同纵向位置，纵向收缩变形量也不相同。如图 8-4a 所示。

（二）横向收缩变形

构件焊后在垂直焊缝方向发生收缩变形。图 8-4b 所示的 ΔB 为横向变形量。

横向收缩的收缩量与许多因素有关，对接焊缝的收缩量比角焊缝的收缩量大，连续焊比间断焊的横向收缩量大，母材厚度和焊缝宽度增加，也会使横向收缩量增加。

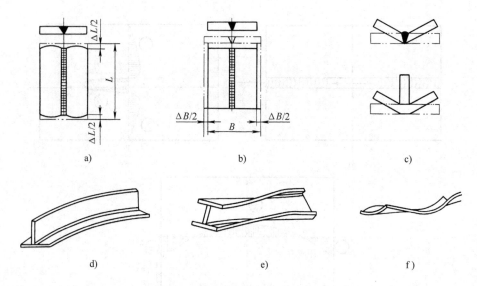

图 8-4　焊接残留变形类别示意图

a）纵向收缩变形　b）横向收缩变形　c）角变形　d）弯曲变形　e）扭曲变形　f）波浪变形

在钢结构上，单道对接焊缝的横向收缩量 ΔB 比纵向收缩量大，角焊缝和堆焊时的横向收缩量比对接焊时小；坡口角度和装配间隙越大，横向收缩量越大；埋弧焊比焊条电弧焊横向收缩量大，气体保护焊的横向收缩量相对较小。

（三）角变形

焊接时，由于焊接区沿板材厚度方向不均匀的横向收缩而引起的回转变形称为角变形。即焊后构件的平面围绕焊缝产生角位移，如图 8-4c 所示。角变形的大小以变形角的大小来确定。堆焊、搭接接头、对接接头和 T 形接头都可能产生角变形。

堆焊时熔深越大则角变形越大；对接焊缝和角焊缝的坡口、焊缝尺寸越大角变形越大；焊接对接接头时，对称坡口可控制角变形。对接接头和角接头单道单层焊，角变形较小。

（四）弯曲变形

如图 8-4d 中的弯曲变形是由纵向收缩和横向收缩引起的。如果焊缝与焊件横截面的中心轴线不重合，焊缝的纵向收缩还会引起焊件的弯曲变形；如果横向焊缝在焊件上分布不均匀，则横向收缩也会引起弯曲变形。

弯曲变形通常出现在长焊件中，如工字梁或型钢等。弯曲变形量与焊件长度、焊缝至中性心的偏心距以及焊接热输入成正比，与焊件的截面惯性矩及材料的弹性模量成反比。

（五）扭曲变形

焊后构件发生扭曲，成螺旋状趋势，如图 8-4e 所示。扭曲变形一般发生在框架、杆件或梁柱等刚度较大的焊接构件上。例如，工形梁的四条纵向角焊缝焊接时引起的角变形在焊缝长度上逐渐增大，易引起扭曲变形。

（六）波浪变形

薄板焊接时，远离焊缝的区域产生压应力，压应力超过临界值就会使薄板失稳，并在边缘形成局部凸起，焊后的薄板呈波浪形，这称为波浪变形，如图 8-4f 所示。

产生波浪变形和扭曲变形后矫正很难，因此焊接过程中需要最大限度地减少此类变形的发生。

伸效应，焊缝两侧采用固定装置固定。预置温度场可以在焊缝中形成压应力，使残留应力场重新分布。在焊接过程中，随着焊缝中拉应力水平的降低，焊缝两侧的压应力水平也在降低。采用该方法，残留拉应力峰值可降低至原来的 2/3，焊后的焊件焊接残留应力很小，并保持焊前的平直状态。

低应力无变形焊接法适用于铝合金、不锈钢、钛合金等的焊接。预置温度场的温度因材料和结构的不同而不同，一般在 100 ~ 300℃左右。预置温度场还有利于改善高强度铝合金等材料焊接接头的性能。

二、焊接应力的消除

鉴于焊接应力对构件的影响，可能发生脆断的大截面厚壁结构、标准上有规定的锅炉和压力容器、焊后机加工面多及加工量大的构件、尺寸精度要求高的结构、有应力腐蚀倾向的结构，应考虑消除焊接应力。

（一）热处理方法消除焊接应力

1. 整体热处理　也称整体高温回火，即按一定规则将焊件整体加热到一定温度并保温，达到松弛焊接应力的目的。要求较高的焊接构件一般采用整体热处理方法消除应力。

2. 局部热处理　将焊接区局部加热到一定温度后保温，消除焊接区的残留应力。局部热处理一般用于形状简单的圆筒形容器、管道接长、长形构件的对接接头。

3. 温差拉伸法　也称为低温消除应力法，即伴随焊缝两侧的加热随后急冷。这种方法一般用于焊缝比较规则、焊缝厚度不大于 40mm 的焊件上。

在锅炉和压力容器制造中，经常采用整体或局部热处理的方法消除焊接应力。由于温差拉伸法的工艺较复杂，使用有局限性，所以应用较少。

热处理温度根据材质不同、供货状态不同来确定。对于碳钢和低合金钢，热处理温度一般在 580 ~ 680℃。热处理时间按焊件的厚度确定。实践证明，整体热处理可以消除 80% ~ 90% 的残留应力。

整体热处理一般是将焊件整体放在加热炉中加热，加热炉可以是电炉也可以是燃气炉。局部热处理要保证足够的加热宽度，可采用工频感应加热、红外线加热、火焰加热等方法。

（二）利用机械方法消除焊接应力

1. 焊缝滚压法　对于薄壁构件，焊后用窄滚轮滚压焊缝和近缝区，可消除焊接残留应力和焊接变形。

2. 锤击法　一般用于中厚板焊接应力的调整。具体方法是，用圆头小锤敲击多层焊道的中间层焊道，使其发生双向塑性延展，以减小焊接应力。

3. 振动法　将振动器安放在焊接结构的适当位置，进行反复多次循环振动，来减小内应力。该方法有时会引起裂纹扩展，应避免在有脆断、疲劳和应力腐蚀危险的情况下使用。

4. 爆炸法　爆炸的冲击波使金属产生塑性变形，松弛残留应力。

5. 过载法　即机械拉伸法，焊后对构件中存在拉伸残留应力的焊缝拉伸加载，加载应力与残留应力叠加，超过材料的屈服极限，使材料产生塑性变形，撤除拉伸加载后，残留应力得到降低。该方法消耗了材料的塑性储备，对材料的塑性性能不利。

三、焊接变形的控制与矫正

（一）控制焊接变形的设计原则

1）选择焊接工艺性好的结构形式。

2）设计合理的焊缝尺寸和接头形式。

3）合理安排焊缝布局和接头位置，尽可能减少焊缝数量。

4）选用型材等，构成最佳焊接结构。

（二）控制焊接变形的工艺措施

1. 焊前预防措施

（1）反变形　焊前将焊件装配成具有与焊接变形方向相反的变形。反变形的大小以能抵消焊后变形为准，这种变形可以是弹性的、塑性的和弹塑性的。

图 8-8 所示为反变形的典型实例。反变形的大小和方向，应根据经验事先预测。在待焊工件装配过程中，造成与焊接残留变形大小相当、方向相反的预变形，使焊后残留变形与预变形相互抵消，焊件恢复到设计要求的几何形状。

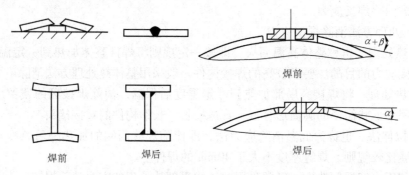

图 8-8　不同焊件上采用的反变形措施

（2）预拉伸　焊接薄件前，采用机械、加热或机械和加热并用的方法，使焊接件得到预先的拉伸和伸长，然后与刚性架或肋条装配焊接，可以很好地防止波浪变形（见表 8-2）。

表 8-2　预拉伸法控制焊接变形

拉伸方式	原理简介	应力分布及变形
机械拉伸	组装焊接　框架　夹头　面板	σ 焊缝 σ σ σ
加热拉伸	组装焊接　加热器　框架　面板　隔底底座	热膨胀
机械拉伸 + 加热拉伸	组装焊接　加热器　框架　夹头　面板	σ σ 拉伸 + 热膨胀 σ σ

（3）刚性固定　将焊件刚性固定，来防止焊接变形。对于刚度小的焊接件可以用胎具和临时支撑增加结构的刚度，减小焊接变形。对于刚度较大的焊接件，用刚性固定法减小弯曲变形的效果较差，而对于防止角变形和波浪变形较为有效，但是，却增加了焊接应力。

2. 焊接过程中控制焊接变形的措施

（1）采用热量密度高的焊接方法　例如采用 CO_2 气体保护焊，由于其电弧能量集中，可以有效地减小焊接变形，该方法是钢结构焊接中使用较为普遍的焊接方法。对于精密件，可采用真空电子束焊方法焊接。

（2）采用合理的焊接参数，减小热输入　焊接过程中应采用小的焊接电流，快速焊接。

（3）通过调整焊接顺序，减小焊接变形　可采用跳焊、退焊、分段焊、对称焊的方法来减小焊接变形，具体焊接方向如图 8-9 所示。图中箭头方向为焊接方向。

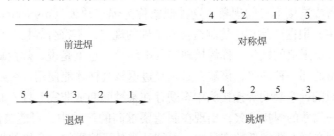

图 8-9　各种焊法的焊接方向示意图

（4）采用强制冷却法　限制和缩小焊接时的受热面积　采用水冷等措施，使焊接区快速冷却，从而减少焊接变形。该方法一般用于控制有色金属或薄板的焊接变形。

（5）选择合理的装配顺序，将整体结构分解为易于施工的单个部件　构件在装配过程中，由于截面的中性轴在不断地变化，因而影响焊接变形。所以同样的构件，采用不同的装配顺序，变形量的差别很大。通常将焊接件分成若干部分，分别装配焊接，并根据构件的实际形状，合理地安排装焊顺序。对于重要部件，还需要进行模拟试验。

（6）低应力无变形焊接法　采用低应力无变形法焊接法，可消除焊接变形。

3. 焊后矫正

（1）利用机械方法矫正　所谓机械方法就是使用锤子、压力机等方法使构件的材料发生塑性变形，使原来的缩短部分得到延伸，恢复形状。

（2）加热矫正　加热矫正分为整体加热法和局部加热法。整体加热法是预先将构件变形的部位用刚性夹具复原到设计形状，然后整体加热到某一温度，使由夹具造成的弹性变形转变为塑性变形，构件恢复到原来形状，达到矫正的目的。

用于锅炉和压力容器制造过程中的加热矫正一般采用局部矫正法，用火焰作为热源加热。将变形的构件特定区域局部加热，产生塑性变形，使焊接过程中伸长的金属冷却后缩短来消除变形。通常对碳钢和低合金钢的矫正温度为 600～800℃。对于合金含量较高的材料应经过具体分析，在保证加热对材料性能没有影响的情况下方可使用。

根据加热的区域不同，加热方法可分为点状加热法、线状加热法和三角加热法等几种方式。

在工程中，控制焊接变形和焊接应力的实例很多，特别是在锅炉和压力容器制造过程中，控制焊接变形的措施随处可见。

第九章　焊　接　缺　欠

第一节　常见焊接缺欠及其分类

一、焊接缺欠与焊接缺陷

没有哪一种结构材料或工程结构是完美无缺的，焊接接头也不例外。在焊接接头中会存在金属不连续、不致密或连接不良的现象，这种现象称为焊接缺欠（discontinuity weld imperfection）。在焊接缺欠中，根据产品相应的制造技术条件的规定，不符合焊接产品使用性能要求的焊接缺欠，即超过规定限值的缺欠，称焊接缺陷（defect）。也就是说，焊接缺陷是焊接缺欠中不可接受的、不合格的那一种缺欠，该缺欠必须经过返修合格才能使用，否则就是废品。

焊接缺欠是绝对的，它表明焊接接头中客观存在某种间断或非完整性。而焊接缺陷是相对的，同一类型、同一尺寸的焊接缺欠，出现在制造要求高的产品中，可能被认为是焊接缺陷，必须返修合格；出现在制造要求低的产品中，可能认为是可接受的、合格的焊接缺欠，不需要返修。因此说，判别焊接缺欠是不是焊接缺陷的准则是产品相应的法规、标准和制造技术条件，即按有关标准对焊接缺欠进行评定。在这些法规、标准和制造技术条件中，根据焊接产品使用性能，从焊接质量、可靠性和经济性之间的平衡综合考虑，规定什么焊接缺欠相对本制造技术条件的产品是无害的、可接受的，什么焊接缺欠是对产品运行构成危险的、不可接受的焊接缺陷。例如，0.4mm 深度的咬边（焊接缺欠），如果出现在"不允许有任何咬边存在"的高压容器焊接接头中，可判断为焊接缺陷；如果出现在技术条件规定"咬边深度不得超过0.5mm"的普通容器焊接接头中，则被认为是可以接受的焊接缺欠，不是焊接缺陷。

二、常见焊接缺欠

常见的焊接缺欠有：

裂纹、气孔、咬边、夹渣、夹钨、未熔合、未焊透、未焊满、焊瘤、焊缝外观和尺寸不良等。

裂纹按形成机理可分为：热裂纹、层状撕裂、冷裂纹。其中，热裂纹又分为结晶裂纹、液化裂纹和再热裂纹等。

裂纹按其方向和所在位置可分为：纵向裂纹、横向裂纹、弧坑裂纹、喉部裂纹、焊趾裂纹、根部裂纹、焊道下和热影响区裂纹等。

气孔可分为球形气孔、均布气孔、局部密集气孔、链状气孔、条形气孔、表面气孔等。

焊缝外观和尺寸不良的缺欠包括：焊缝尺寸偏差、电弧擦伤、飞溅、磨痕等。

有害程度较大的焊接缺欠有五种，按有害程度递减的顺序排列为裂纹、未熔合和未焊透、咬边、夹渣、气孔。

三、焊接缺欠的分类

1. 按成因分类　缺欠可以分为三大类，见图 9-1。

（1）结构缺欠　焊接缺欠的产生与设计结构有关。

（2）工艺缺欠 焊接缺欠的产生与工艺因素有关。

（3）冶金缺欠 焊接缺欠的产生与冶金因素有关。

2. 按可见性分类 焊接缺欠可分类为表面缺欠和内部缺欠。

3. 从断裂机理的观点看 焊接缺欠可以分为平面型和非平面型（体积的）。平面型缺欠，是二维缺欠，例如裂纹。非平面缺欠是三维缺欠，如气孔。

4. GB/T 6417.1—2005《金属熔化焊接头缺欠分类及说明》把熔化焊接头的缺欠按其性质分成六类，即裂纹、孔穴、固体夹杂、未熔合和未焊透、形状和尺寸不良、上述以外的其他缺欠。

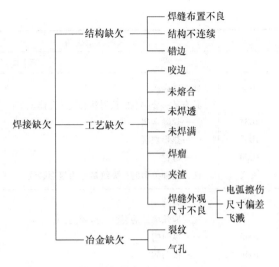

图 9-1 按主要成因分类的焊接缺欠

每种缺欠根据其位置及状态进行分类，见表 9-1。该标准把每种缺欠用缺欠代号来标注，表示方法为"缺欠 + 标准编号 + 代号"的方式，例如裂纹（100）可以标记为"缺欠 GB/T 6417.1—100"。

表 9-1 按缺欠性质进行的焊缝缺欠的分类

代号	缺欠名称及说明	示 意 图
第1类 裂纹		
100	裂纹 一种在固态下由局部断裂产生的缺欠，它可能源于冷却或应力效果	—
1001	微观裂纹 在显微镜下才能观察到的裂纹	—
101 1011 1012 1013 1014	纵向裂纹 基本与焊缝轴线相平行的裂纹，可能存在于： ——焊缝金属中 ——熔合线上 ——热影响区中 ——母材金属中	热影响区 1014 1011 1013 1012
102 1021 1023 1024	横向裂纹 基本与焊缝轴线相垂直的裂纹，可能存在于： ——焊缝金属 ——热影响区 ——母材	1024 1021 1023

（续）

代号	缺欠名称及说明	示　意　图
第 1 类　裂纹			

代号	缺欠名称及说明	示　意　图
103	放射状裂纹 具有某一公共点的放射状裂纹，可能位于：	
1031	——焊缝金属	
1033	——热影响区	
1034	——母材 注：这种类型的小裂纹被称为星形裂纹	
104	弧坑裂纹 在焊缝弧坑处的裂纹，可能是：	
1045	——纵向的	
1046	——横向的	
1047	——放射状的（星形裂纹）	
105	间断裂纹群 一组在任意方向间断分布的裂纹，可能位于：	
1051	——焊缝金属	
1053	——热影响区	
1054	——母材	
106	枝状裂纹 源于同一裂纹并连在一起的裂纹群，它与间断裂纹群（105）和放射状裂纹（103）明显不同，可能位于：	
1061	——焊缝金属；	
1063	——热影响区；	
1064	——母材	
第 2 类　孔穴			
200	孔穴	
201	气孔 残留气体形成的孔穴	
2011	球形气孔 近似球形的孔穴	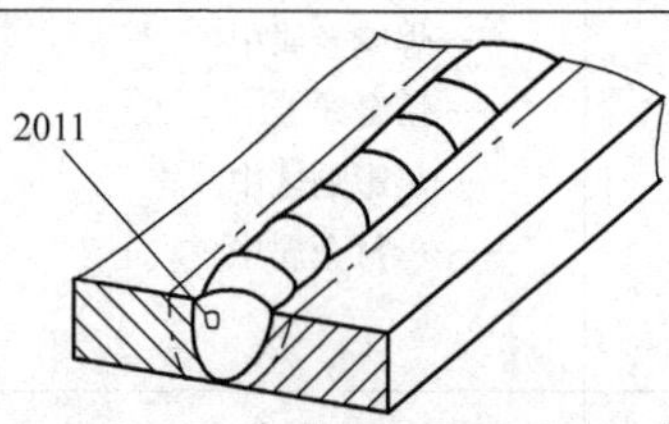
2012	均布气孔 均匀分布在整个焊缝金属中的一些气孔，有别于链状气孔（2014）和局部密集气孔（2013）	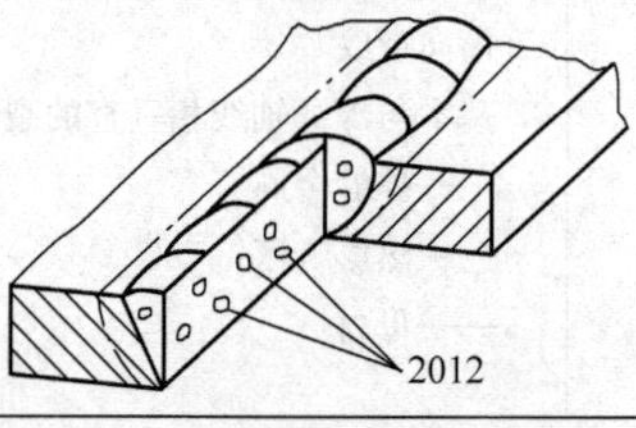

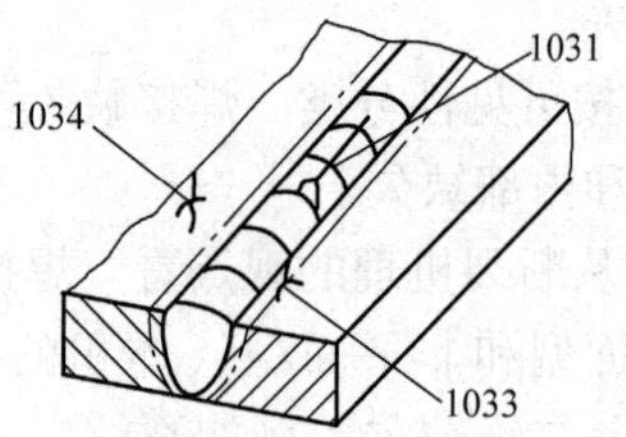

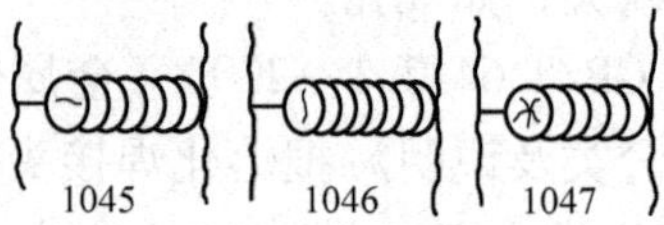

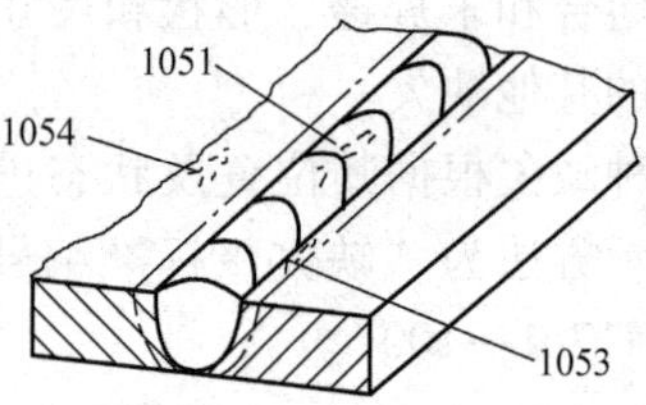

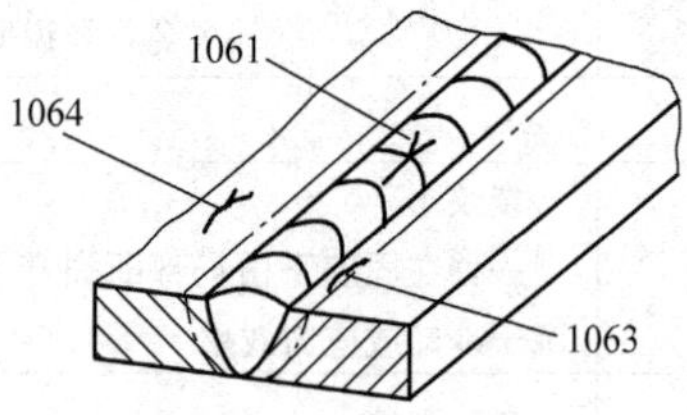

（续）

代号	缺欠名称及说明	示意图
第2类　孔穴		
2013	局部密集气孔 呈任意几何分布的一群气孔	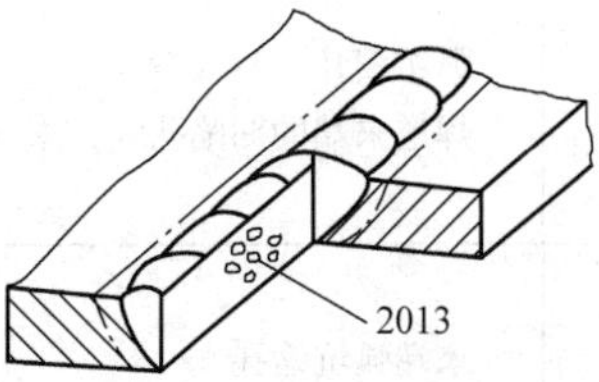
2014	链状气孔 与焊缝轴线平行的一串气孔	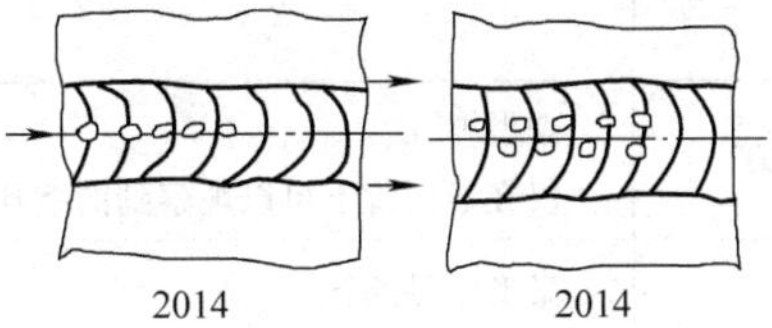
2015	条形气孔 长度与焊缝轴线平行的非球形长气孔	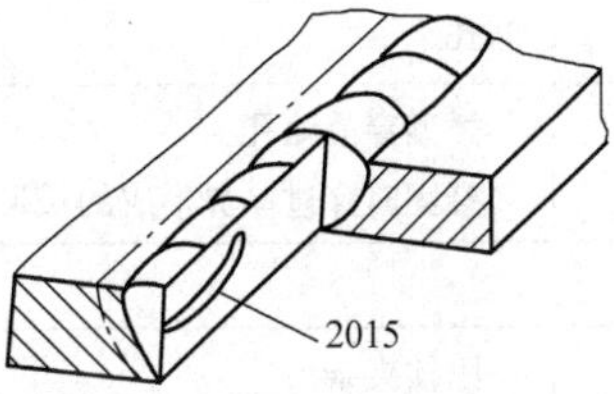
2016	虫形气孔 因气孔逸出而在焊缝金属中产生的管状气孔穴，其位置和形状是由凝固的方式和气孔的来源决定的。通常这种气孔成串聚集并呈鲱鱼形状。有些虫形气孔可能暴露在焊缝表面上	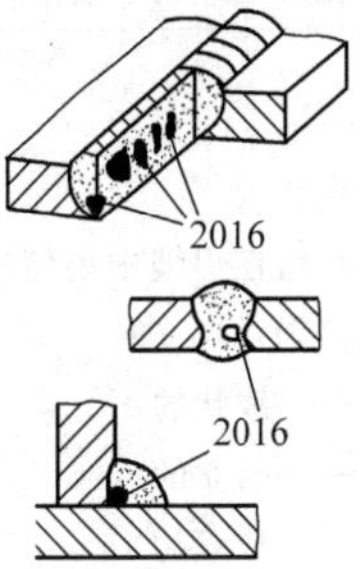
2017	表面气孔 暴露在焊缝表面的气孔	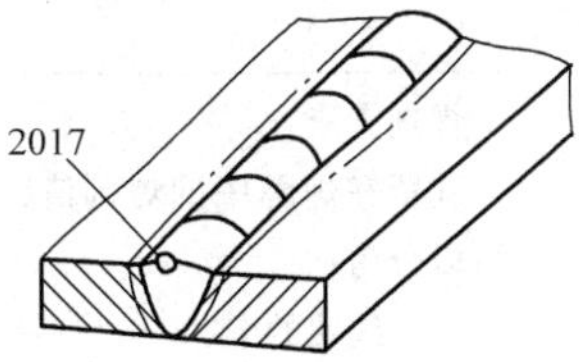
202	缩孔 由于凝固时收缩造成的孔穴	
2021	结晶缩孔 冷却过程中在树枝晶之间形成的长形收缩孔，可能有残留气体，这种缺陷通常可在焊缝的垂直处发现	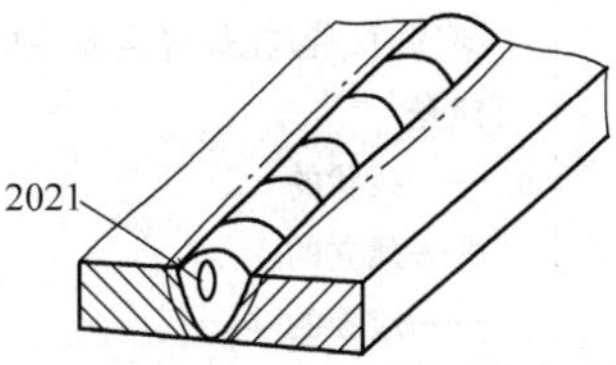

（续）

代号	缺欠名称及说明	示　意　图
第 2 类　孔穴		
2024	弧坑缩孔 焊道末端的凹陷孔穴，未被后续焊道消除	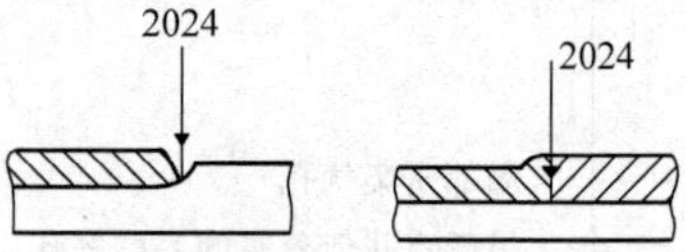
2025	末端弧坑缩孔 减少焊缝横截面的外露缩孔	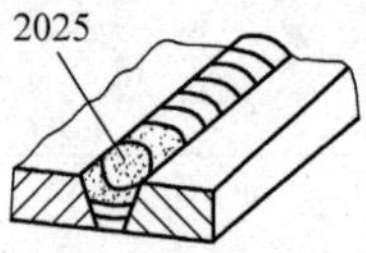
203	微型缩孔 仅在显微镜下可以观察到的缩孔	
2031	微型结晶缩孔 冷却过程中沿晶界在树枝晶之间形成的长形缩孔	
2032	微型穿晶缩孔 凝固时穿过晶界形成的长形缩孔	
第 3 类　固体夹杂		
300	固体夹杂 在焊缝金属中残留的固体杂物	
301 3011 3012 3014	夹渣 残留在焊缝中的熔渣，根据其形成的情况，可以分为： ——线状的 ——孤立的 ——成簇的	
302 3021 3022 3024	焊剂夹渣 残留在焊缝中的焊剂渣，根据其形成的情况，可以分为： ——线状的 ——孤立的 ——成簇的	参见 3011～3014
303 3031 3032 3033	氧化物夹杂 凝固时残留在焊缝金属中的氧化物，这种夹杂可能是： ——线状的 ——孤立的 ——成簇的	参见 3011～3014

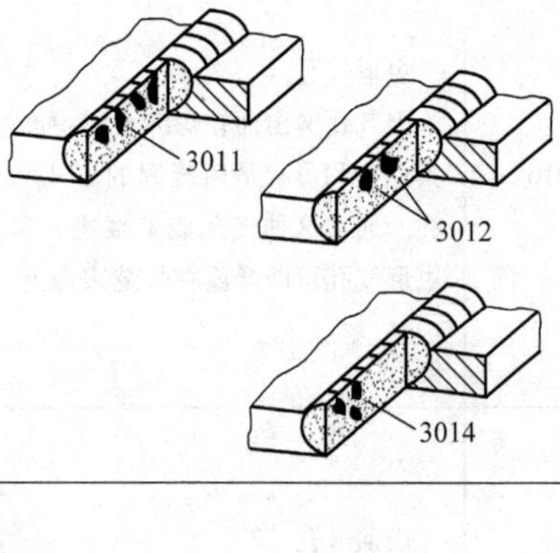

（续）

代号	缺欠名称及说明	示　意　图
	第3类　固体夹杂	
3034	皱褶 在某些情况下，特别是铝合金焊接时，因焊接熔池保护不善和紊流的双重影响而产生的大量氧化膜	
304	金属夹杂 残留在焊缝金属中的外来金属颗粒，这种金属颗粒可能是：	
3041	——钨	
3042	——铜	
3043	——其他金属	
	第4类　未熔合及未焊透	
401 4011 4012 4013	未熔合 焊缝金属和母材，或焊缝金属各焊层之间未结合的部分，它可分为下述几种形式： ——侧壁未熔合 ——焊道间未熔合 ——根部未熔合	
402	未焊透 实际熔深与公称熔深之间的差异	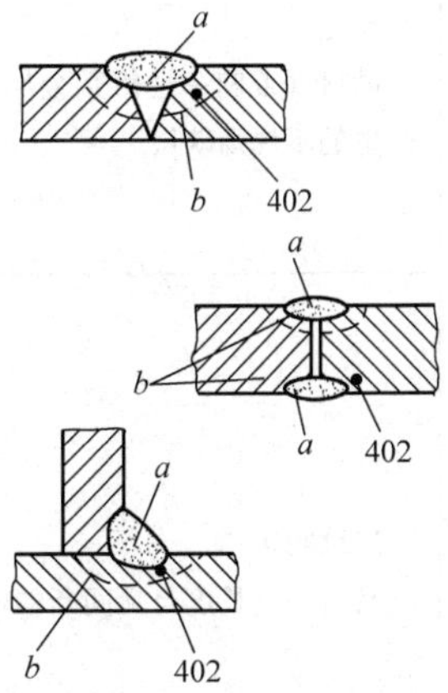 a—实际熔深　　b—公称熔深

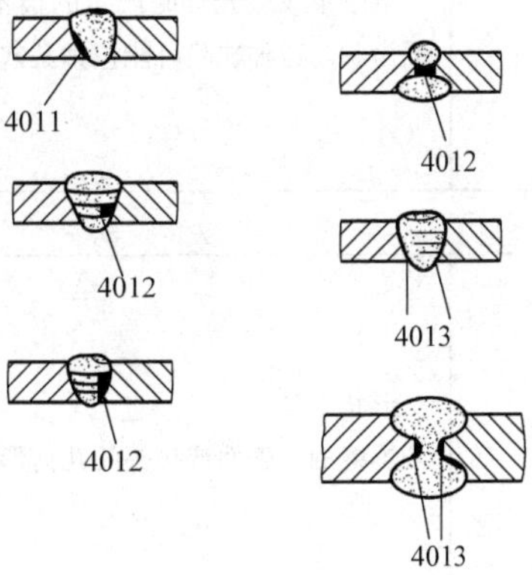

（续）

代号	缺欠名称及说明	示 意 图
	第 4 类　未熔合及未焊透	
4021	根部未焊透 根部的一个或两个熔合面未熔化	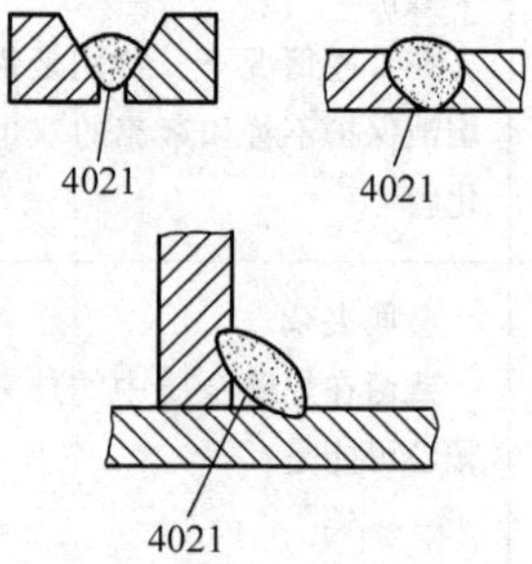
403	钉尖 电子束或激光焊时产生的极不均匀的熔透，呈锯齿状。这种缺陷可能包括孔穴、裂纹、缩孔等	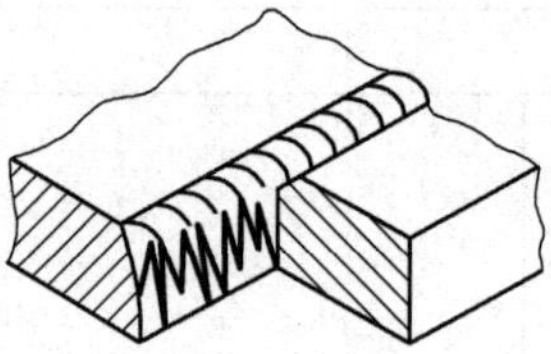
	第 5 类　形状和尺寸不良	
500	形状不良 焊缝的外表面或接头的几何形状不良	
501	咬边 母材（或前一道熔敷金属）在焊趾处因焊接而产生的不规则缺口	
5011	连续咬边 具有一定长度且无间断的咬边	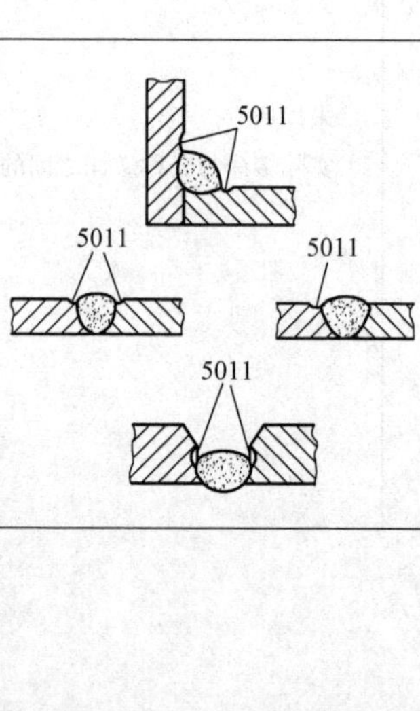

（续）

代号	缺欠名称及说明	示　意　图
第5类　形状和尺寸不良		
5012	间断咬边 沿着焊缝间断、长度较短的咬边	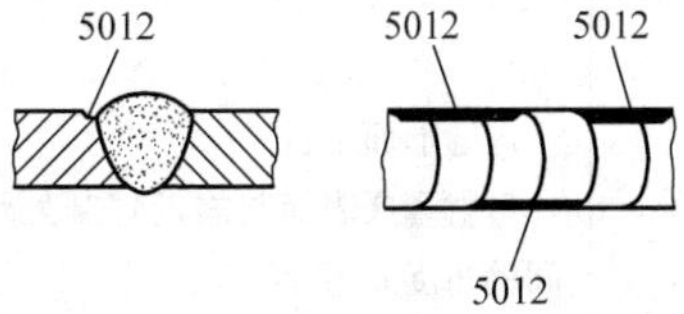
5013	缩沟 在根部焊道的每侧都可观察到的沟槽	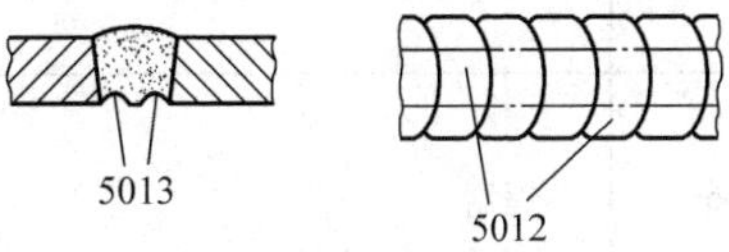
5014	焊道间咬边 焊道之间纵向的咬边	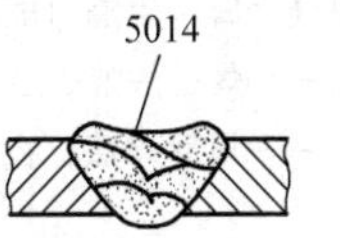
5015	局部交错咬边 在焊道侧边或表面上，呈不规则间断的、长度较短的咬边	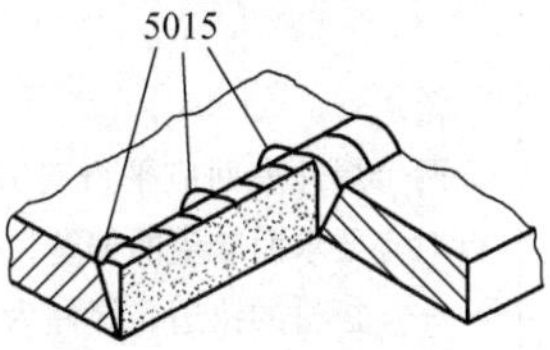
502	焊缝超高 对接焊缝表面上焊缝金属过高	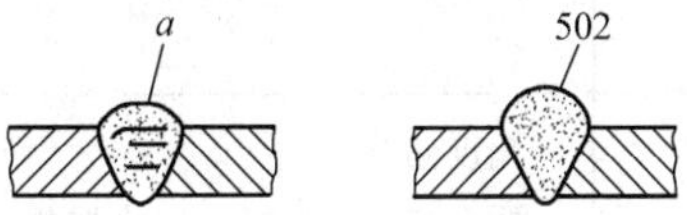 a—公称尺寸
503	凸度过大 角焊缝表面的焊缝金属过高	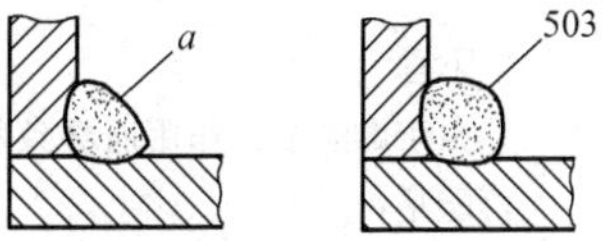 a—公称尺寸
504	下塌 过多的焊缝金属伸出到了焊缝的根部，下塌可能是：	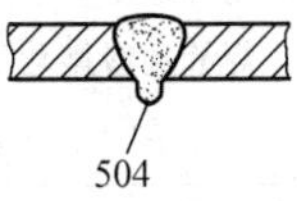
5041	——局部下塌	
5042	——连续下塌	
5043	——熔穿	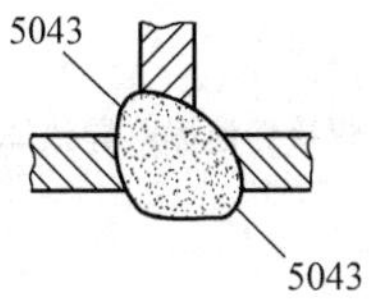

（续）

代号	缺欠名称及说明	示　意　图
	第 5 类　形状和尺寸不良	
505	焊缝形面不良 母材金属表面与靠近焊趾处焊缝表面的切面之间的角度 α 过小	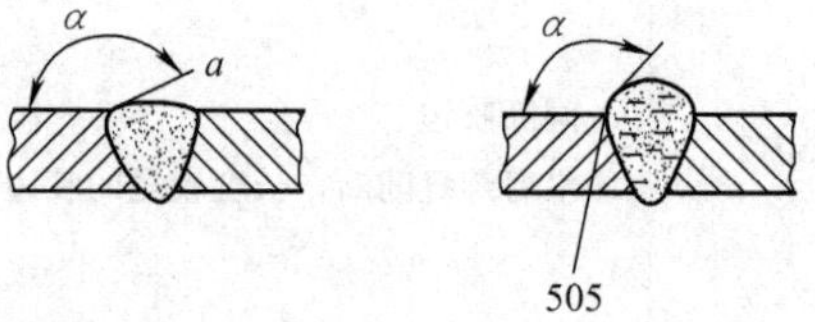 a—公称尺寸
506 5061 5062	焊瘤 覆盖在母材金属表面，但未与其熔合的过多的焊缝金属，焊瘤可能是： ——焊趾焊瘤，在焊趾处的焊瘤 ——根部焊瘤，在焊缝根部的焊瘤	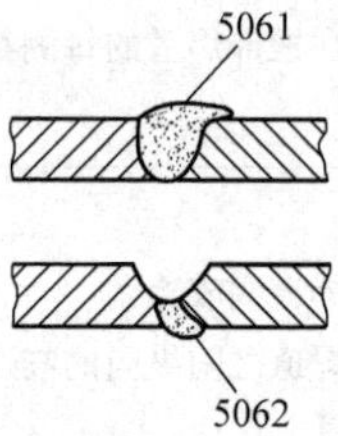
507 5071 5072	错边 两个焊件表面应平行对齐时，未达到规定的平行对齐要求而产生的偏差，错边可能是： ——板材的错边，焊件为板材 ——管材的错边，焊件为管材	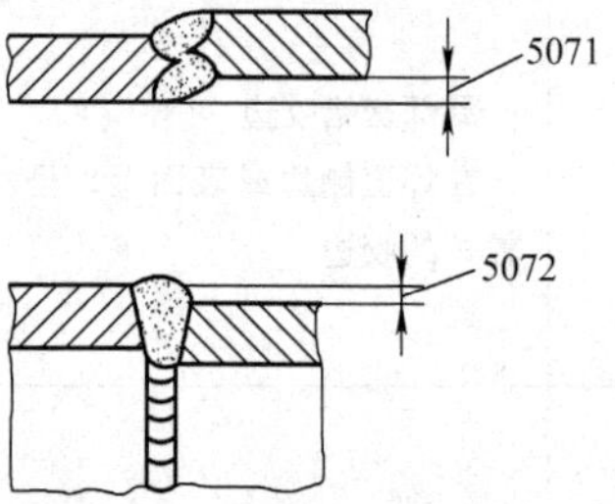
508	角度偏差 两个焊件未平行（或未按规定角度对齐）而产生的偏差	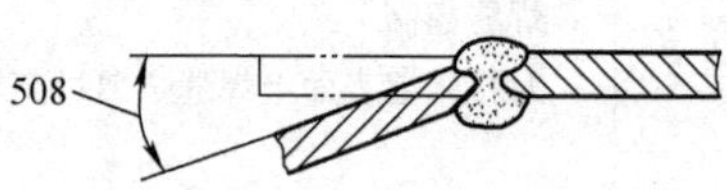
509 5091 5092 5093 5094	下垂 由于熔池重力作用而导致焊缝金属塌落。下垂可能是： ——水平下垂 ——在平面位置或过热状态下垂 ——角焊缝下垂 ——焊缝边缘熔化下垂	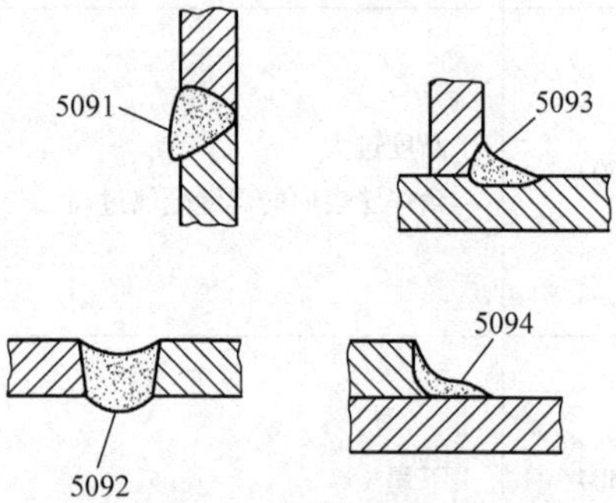
510	烧穿 焊接熔池塌落导致焊缝内的孔洞	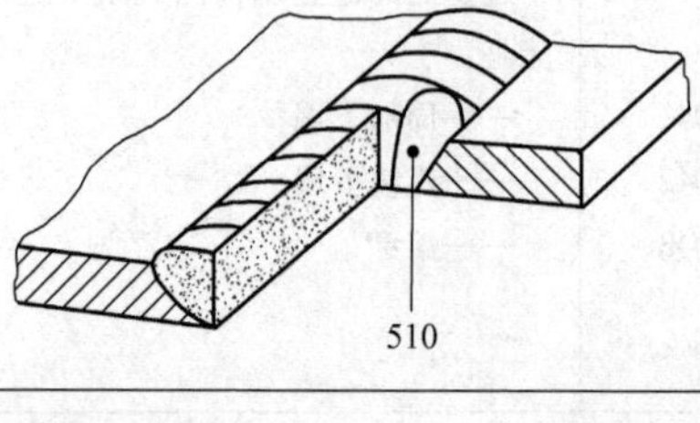

（续）

代号	缺欠名称及说明	示　意　图
	第5类　形状和尺寸不良	
511	未焊满 因焊缝金属堆敷不充分，在焊缝表面产生纵向连续或间断的沟槽	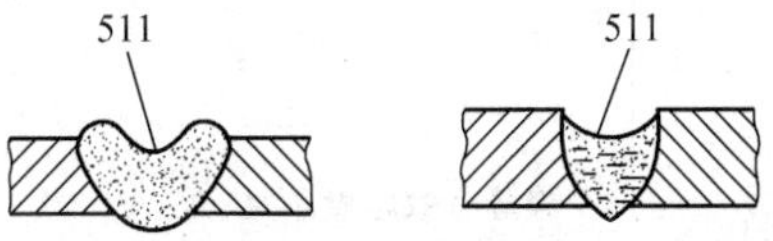
512	焊脚不对称	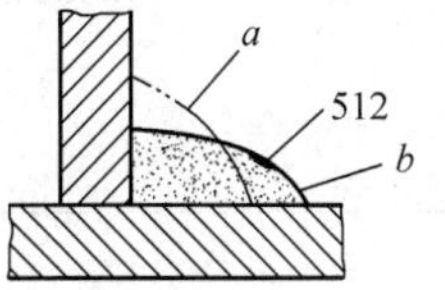 a—正常形状　b—实际形状
513	焊缝宽度不齐 焊缝宽度变化过大	
514	表面不规则 表面粗糙过度	
515	根部收缩 由于对接焊缝根部收缩产生的浅沟槽，也可参见5013	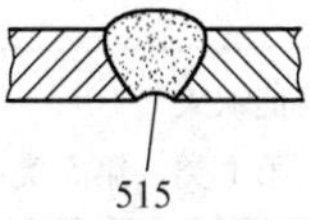
516	根部气孔 在焊缝金属凝固瞬间析出气体，在焊缝根部形成的多孔状孔穴	
517 5171 5172	焊缝接头不良 焊缝再引弧处局部表面不规则，可能发生在： ——盖面焊道 ——打底焊道	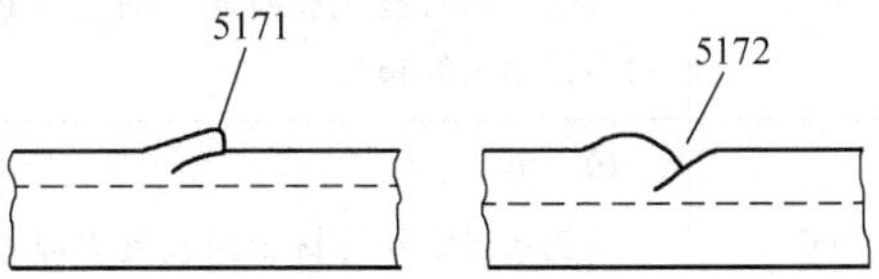
520	变形过大 由于焊接收缩和变形导致尺寸偏差超标	
521	焊缝尺寸不正确 与预先规定的焊缝尺寸产生偏差	
5211	焊缝厚度过大 焊缝厚度超过规定尺寸	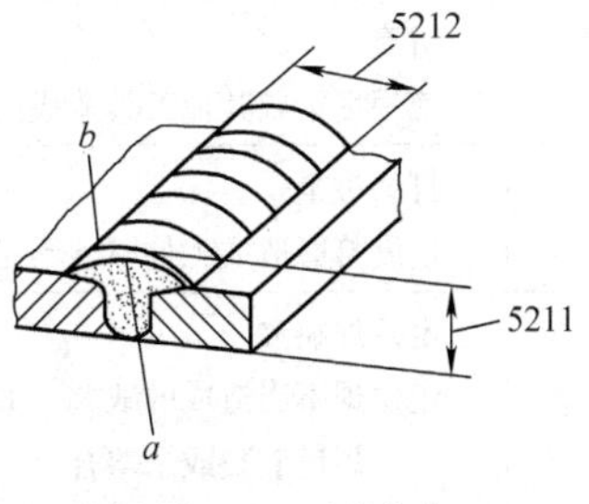
5212	焊缝宽度过大 焊缝宽度超过规定尺寸	a—公称厚度　b—公称宽度

（续）

代号	缺欠名称及说明	示　意　图
第 5 类　形状和尺寸不良		
5213	焊缝有效厚度不足 角焊缝的实际有效厚度过小	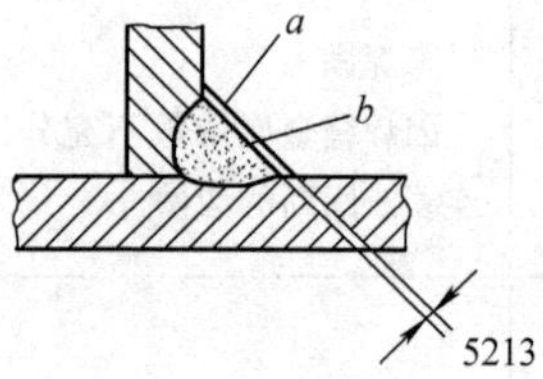 5213 a— 公称厚度　b— 实际厚度
5214	焊缝有效厚度过大 角焊缝的实际有效厚度过大	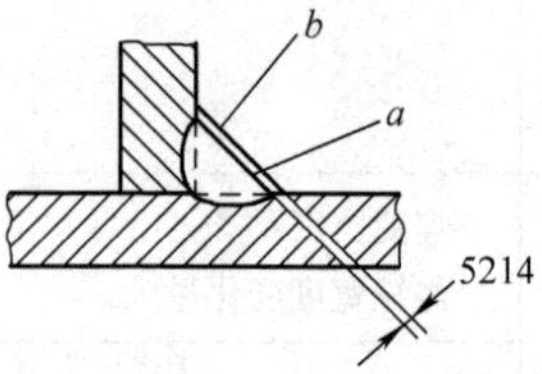 5214 a— 公称厚度　b— 实际厚度
第 6 类　其他缺欠		
600	其他缺欠 从第 1 类～第 5 类未包含的所有其他缺欠	
601	电弧擦伤 由于在坡口外引弧或起弧时而造成焊缝临近母材表面处局部损伤	
602	飞溅 焊接（或焊缝金属凝固）时，焊缝金属或填充材料迸溅出的颗粒。	
6021	钨飞溅 从钨极过渡到母材表面或凝固焊缝金属上的钨颗粒	
603	表面撕裂 拆除临时焊接附件时造成的母材金属表面损坏	
604	磨痕 研磨造成的局部损坏	
605	凿痕 使用扁铲或其他工具造成的局部损坏	
606	打磨过量 过度打磨造成工件厚度不足	
607	定位焊缺欠 定位焊不当造成的缺欠，如：	
6071	——焊道破裂或未熔合	
6072	——定位未达到要求就施焊	

（续）

代号	缺欠名称及说明	示　意　图
	第 6 类　其他缺欠	
608	双面焊道错开 在接头两面施焊的焊道中心线错开	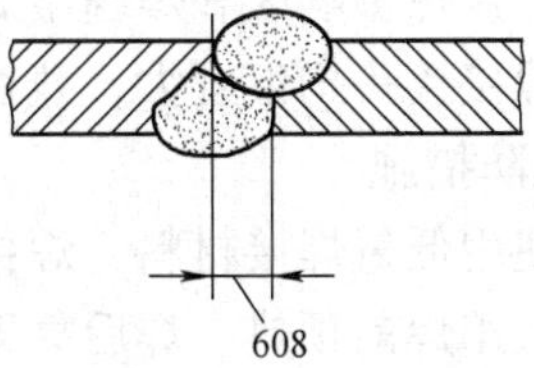 608
610	回火色（可观察到氧化膜） 在不锈钢焊接区产生的轻微氧化表面	
613	表面鳞片 焊接区严重的氧化表面	
614	焊剂残留物 焊剂残留物未从表面完全消除	
615	残渣 残渣未从焊缝表面完全消除	
617	角焊缝的根部间隙不良 被焊工件之间的间隙过大或不足	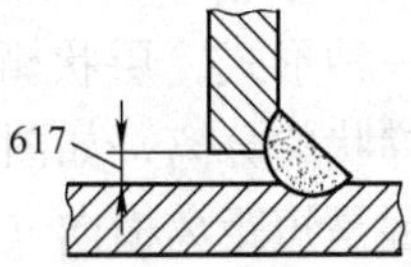 617
618	膨胀 凝固阶段保温时间过长，使轻金属接头发热而造成的缺欠	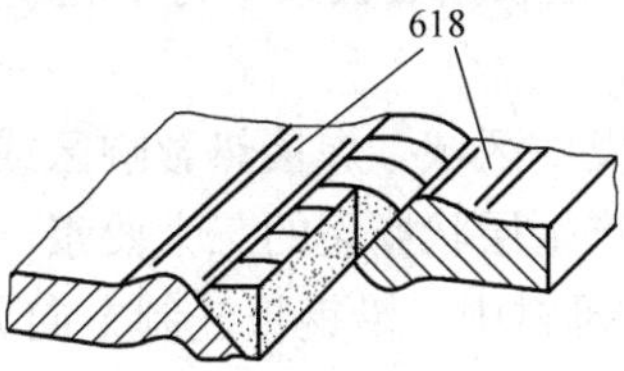 618

第二节　裂　纹

　　裂纹是断裂型缺欠。裂纹在断裂处具有明显的尖形缺口及长宽比值大的特征，所以容易辨认。由于裂纹在应力作用下具有扩展性，故它们被认为是危害最大的缺欠。裂纹常常引起设备和构件上的灾难性事故。因此，根据制造法规要求，焊件中的裂纹无论其尺寸大小，不管其位置如何，都是不允许的，都必须清除掉。

一、按形成机理对裂纹分类

　　裂纹按形成机理可分为冷裂纹、层状撕裂和热裂纹三种。

（一）冷裂纹

　　1. 定义　焊接接头冷却到较低温度下（对于钢来说，在 200～300℃ 以下）时产生的焊接裂纹。延迟裂纹是冷裂纹的一种，它是焊接接头冷却到室温后，经过一段时间（几小时、几天或几十天）才出现的焊接冷裂纹。冷裂纹经常伴随氢脆产生，所以又称氢致裂纹。

2. 发生区域　焊接接头的各个区域。

3. 产生冷裂纹的三大要素

1）焊接热影响区和焊缝金属中存在塑性差、相变应力大的马氏体等淬硬组织。

2）焊接热影响区和焊缝金属中氢的吸收和扩散。

3）焊接接头拘束度大，残留应力大。

4. 预防措施

1）使用低氢焊接材料，焊接材料按要求烘干，应清理待焊区域的水分、油污及铁锈。

2）采用焊前预热、焊后立即后热、消氢和热处理工艺。

3）合理设计接头和坡口，减小拘束度和残留应力。

4）采用合理的焊接参数，适当增加焊接热输入。

（二）层状撕裂

1. 定义　轧制的厚钢板角接接头、T形接头和十字接头中，由于多层焊角焊缝产生的过大 Z 向应力，在焊接热影响区及附近的母材内引起的沿轧制方向发展的具有阶梯状的裂纹。

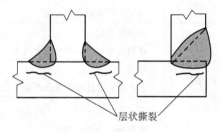

层状撕裂

图9-2　层状撕裂

层状撕裂产生在 200℃ 以下的低温区，可以看做是冷裂纹的一种形式，层状撕裂是在邻近热影响区或母材中略呈梯状的分离，如图9-2所示。

层状撕裂是短距离横向（厚度方向）的高应力引起断裂的一种形式，它可以扩展很长的距离。层状撕裂大致平行于轧制产品的表面。断裂可能从一个层状平面扩展至另一个层状平面。

2. 发生区域　焊接热影响区或靠近热影响区的母材处。

3. 产生层状撕裂的三大要素

1）母材中，沿钢板轧制方向分布了非金属夹杂物。

2）焊接热影响区的应变时效和氢的吸收和扩散。

3）焊接接头拘束度大，残留应力大。

4. 预防措施

1）提高钢材的抗层状撕裂能力（低硫和低氧可改善钢材的抗层状撕裂性能）。

2）合理的设计接头和坡口形式，减小材料厚度方向的拘束度和内部残留应力。

3）从降低内应力的角度选择焊接参数。例如，采用焊缝收缩量最小的焊接顺序，选用具有良好变形能力的焊接材料等。

（三）热裂纹

1. 定义　焊接过程中，焊缝或热影响区金属冷却到固相线附近的高温区时所产生的焊接裂纹。

2. 分类　热裂纹按形成机理又分为凝固裂纹、液化裂纹和再热裂纹。

（1）凝固裂纹（结晶裂纹）　凝固裂纹是在焊缝凝固过程后期所形成的焊接裂纹，凝固裂纹又称结晶裂纹。凝固裂纹常发生在焊缝金属中。产生凝固裂纹的三大要素如下：

1）焊接熔池中存在一定数量的低熔点共晶物（取决于焊缝金属中 C、P、S 等元素的含量）。

2）焊缝金属结晶的方式使低熔点共晶物封闭在柱状晶体之间（取决于焊缝成形系数）。

3）结晶过程产生足够大的应变（由于拘束度大、焊接热输入大等）。

凝固裂纹的预防措施：

1）减小钢中或焊缝中 C、S、P 等元素的含量，控制焊缝中 Mn、S 所占的比例。

2）采用能细化晶粒、焊缝金属抗热裂性好的焊接材料。

3）采用合理的焊接参数，适当减小焊接热输入，适当提高焊缝成形系数。

4）合理设计接头和坡口，减小拘束度和残留应力。

（2）液化裂纹　液化裂纹是在母材近缝区或多层焊的前一焊道因受热作用而液化的晶界上形成的焊接裂纹。液化裂纹常发生在靠近熔合线的热影响区中。产生液化裂纹的三大要素：

1）母材晶粒的晶界上存在低熔点共晶物。

2）焊接过程中，低熔点共晶物完全或局部熔化。

3）近缝区产生足够大的应变。

液化裂纹的预防措施：

1）控制钢中或焊缝中 C、S、P 等元素的含量，碳的质量分数控制在 0.20% 以下，而 S、P 的质量分数要求在 0.030% 以下。

2）采用小规范、多道焊技术。

3）合理设计接头和坡口，减小拘束度和残留应力。

（3）再热裂纹　再热裂纹是焊接后，在一定温度范围再次加热（消除应力热处理或其他加热过程）而产生的焊接裂纹。其中消除应力热处理后而产生的焊接裂纹又叫消除应力处理裂纹。常发生在热影响区的过热粗晶区。产生再热裂纹的三大要素：

1）母材中存在较多的具有沉淀倾向的碳化物形成元素（例如，Cr - Mo - V、Cr - Mo - V - B、Mn - Ni - Mo - V 合金系列等低合金钢），同时，焊接过程中，热影响区受较高温度作用，使奥氏体化的晶粒急剧长大，碳化物溶于固溶体中。

2）焊接接头又经受 500 ~ 700℃ 热过程，固溶体中的碳化物沉淀，晶粒内部强化，晶界薄弱。

3）焊接接头存在较大的应力。

防止再热裂纹的产生，除选用具有沉淀倾向的碳化物形成元素含量小的母材外，在工艺上可采取下列措施：

1）采用小焊接热输入的焊接工艺，减小热影响区过热段的尺寸。

2）选用强度比母材低、没有沉淀倾向碳化物形成元素的焊件材料。

3）正确选用消除应力热处理规范，避免焊件在敏感的温度区间停留。

4）采用高温预热、后热，降低接头内应力。

综上所述，产生热裂纹的因素有冶金因素和力学因素。焊缝金属在凝固过程中会形成几种低熔点化合物（如硫化物），它们以液相状态存在于晶粒边界处，这是导致热裂纹的冶金原因。硫是最有害的元素，因为它可反应生成多种低熔点的化合物如硫化铁。所以应使母材和填充金属的含硫量保持低水平。碳是另一种有害元素，因为它影响焊缝金属的液相温度并有降低焊缝金属高温延性的倾向。不可能将母材含碳量进行大范围的改变，但可以用锰对硫的高比值来抵消碳的作用。

硅和磷不直接影响焊缝金属的液相，但会促进硫的偏析，因而助长硫的反应作用。

不论焊缝金属中低熔点化合物含量如何，只要不向焊缝上施加拉应力是不会形成热裂纹的。但是由于应力是不可能避免的，所以，在凝固或再热过程中施加的应力越大，开裂就越严重。

母材的大小和厚度、接头构造、焊道尺寸和形状都会影响焊缝中的机械应力，而且，不同的焊接方法采用的热输入不同，从而会造成不同的显微组织变化和不同的残留应力水平。接头构造应便于进行良好的装配。还应采用可使焊缝的拘束度最小的焊接工艺。

热裂纹是沿晶（晶界或晶粒之间）扩展，而冷裂纹即沿晶扩展又穿晶（横晶）扩展。

二、按裂纹的方向和所在位置对裂纹分类及概述

根据与焊缝轴线方向的相对位置，裂纹分为纵向裂纹和横向裂纹。纵向裂纹位于焊缝热影响区平行于焊缝轴线，横向裂纹则垂直于焊缝轴线。按裂纹的所在位置，裂纹分弧坑裂纹、焊趾裂纹、根部裂纹、喉部裂纹、焊道下和热影响区裂纹等，如图9-3所示。

（一）纵向裂纹

纵向裂纹几乎都在焊缝内部而且通常局限于焊缝中心，裂纹轴线与焊缝长度方向平行。角焊缝的纵向裂纹可能是其他裂纹扩展的结果，它产生于根部焊道并继续延伸至整个焊缝。纵向裂纹产生原因之一是接头的拘束度大，可以在某一缺欠周围诱发裂纹，如焊缝的气孔和夹渣等。另一个原因是大截面接头或不等厚接头中存在收缩应力。高速焊接时容易产生纵向裂纹，如普通埋弧焊、熔化极气体保护焊（GMAW）和焊条电弧焊以及自动焊设备完成的高速焊缝。厚壁焊缝的纵向裂纹经常是由冷却速度快和拘束度高所致。

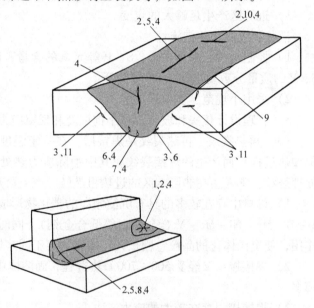

图9-3　常见裂纹缺欠形态及位置

1—收弧裂纹　2—表面裂纹　3—热影响区裂纹
4—焊缝内裂纹　5—纵向裂纹　6—根部裂纹　7—根部表面裂纹
8—喉部裂纹　9—焊趾裂纹　10—横向裂纹　11—焊道下裂纹

（二）横向裂纹

横向裂纹垂直于焊缝金属轴线。它可能在焊缝金属中，也可能扩展到热影响区和母材中。横向裂纹一般是由于焊缝中延展性差的部位受纵向拉应力而产生的。焊缝金属中的横向裂纹一般与氢脆有关。

（三）弧坑裂纹

弧坑裂纹通常是由于不正确的收弧引起的浅层热裂纹。当焊接操作不当及焊接电弧中断等不正确操作就会在弧坑产生这种裂纹。这种裂纹常常呈星形且向弧坑边缘延伸。这种缺欠经常发生在热胀系数较高的金属，如不锈钢等。弧坑裂纹可能位于纵向焊缝裂纹的起始点，尤其是单道焊缝端部的弧坑。

为防止弧坑裂纹或将其数量控制到最少，可采用填满弧坑技术，使弧坑呈凸形，或收弧时采用电流衰减技术。

（四）焊趾裂纹

焊趾裂纹一般为冷裂纹，产生在平行于母材的表面，然后从残留应力较高的焊趾处向外扩展。这些裂纹通常是由于热收缩应力使已经脆化的焊缝热影响区产生较大变形所造成的。焊趾裂纹有时在母材金属不能承受焊接造成的收缩变形的情况下发生。焊趾裂纹也会发生在疲劳载荷的角焊缝接头中，例如小直径管座接头焊缝。这些焊缝上的疲劳载荷引起的焊趾裂纹在应力集中区往往可以扩展到整个管子的壁厚。

（五）根部裂纹

根部裂纹沿焊缝根部或表面纵向分布。裂纹性质可能是热裂纹或冷裂纹。其产生原因，或者与焊接工艺有关，或者与待焊材料引起的冶金性能有关，或者是由于未焊透或预热处理不当、焊接速度过快或间隙过大引起的。根部裂纹的产生也可能是由于表面污染或填丝不当所引起的。应该认真按照焊接工艺进行施焊，以防止裂纹的产生。

（六）喉部裂纹

喉部裂纹可见于焊缝轴线，沿焊缝表面纵向分布并向根部扩展。喉部裂纹通常是热裂纹，也是纵向裂纹的一种。

（七）焊道下和热影响区裂纹

焊道下和热影响区裂纹通常是热影响区的冷裂纹。它们通常比较短而且不连续，但易于扩展成连续裂纹。通常焊道下裂纹的产生需具备产生冷裂纹的三大要素。研究发现，这些裂纹在焊缝金属下面母材和热影响区中呈规律性分布。它们很少向表面扩展并且通常沿着焊道外形分布。根据微观组织和残留应力的取向，裂纹可能是纵向，也可能是横向的。外观检查很难发现这种裂纹，即使用超声波检测或射线检测方法检查也很难发现。

（八）表面裂纹

表面裂纹位于焊缝金属外部，这是由于焊缝金属凹陷过大、或余高不够、或焊接速度过快引起的，也可能是因为快速冷却收缩引起的。防止措施就是严格按照焊接工艺进行施焊。

（九）中心裂纹

中心裂纹是下列三种裂纹引起的，即结晶裂纹、焊道成形裂纹和焊缝表面形状裂纹，这三种裂纹形式完全相同，而且通常很难辨认具体的产生原因。经验表明，这些裂纹常常是两个或三个相互作用促使中心裂纹产生。

1. 结晶裂纹　结晶裂纹是在焊缝金属凝固时，混合物中低熔点物质（P、Zn、Cu、S）析出造成的。熔池内低熔点物质最后凝固，所以在凝固过程中，熔池从远离中心处开始凝固，低熔点物质势必被迫聚集在焊缝中心。

限制母材中杂质的熔入可以防止结晶裂纹，也可通过限制熔深的方法来解决，在坡口表面堆焊隔离层，也能有效地减少焊缝金属中的杂质。

2. 焊道成形裂纹　焊道成形裂纹与熔深大的焊接方法（如 SAW、GMAW、FCAW）有关。在焊缝横截面上，当焊道深度大于宽度时，熔池凝固期间晶粒的生长方向垂直于钢的中心交界面，如图 9-4 所示，所以无法实现横截面的完全熔合。为此单道焊缝宽度应尽量和焊道深度一样。推荐的宽深比为 1:1 ~ 1.4:1。如果多层焊的每道焊缝的宽度都大于其深度，则这种裂纹就不会发生。

3. 焊缝表面形状裂纹

凹形焊缝的内应力使焊缝表面呈拉应力，而凸形焊缝的内应力使焊缝表面呈压应力，由于拉应力的作用在凹形焊缝表面形成裂纹，如图9-5所示。凹形焊缝常常由电弧电压偏高造成，电弧电压稍微降低就会得到凸形焊缝，即可限制裂纹形成倾向。高速焊接容易产生凹形焊缝，降低焊接速度、增加金属的填充量可使焊缝呈凸形。向下立焊接时，同样具有产生裂纹倾向的凹形焊缝。

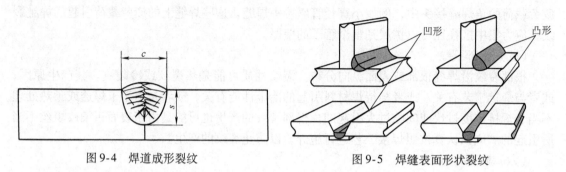

图9-4　焊道成形裂纹　　　　　　　　图9-5　焊缝表面形状裂纹

第三节　气　孔

一、气孔的形成机理

气孔是焊接时，熔池中的气体在金属凝固以前未能来得及逸出，而在焊缝金属中残留下来所形成的空穴。

气孔的危害性比裂纹小，但气孔的尺寸和数量超过一定范围时，就是不允许存在的焊接缺陷。微量气孔，对接头静态拉伸或屈服强度无明显影响。气孔对塑性的影响比较显著，母材屈服强度越高，气孔对塑性的影响就越大。焊缝中溶入的气体或由其引起气孔的污染也会影响焊缝金属的其他使用性能。当焊件在承载条件下工作时，溶入气体的缝隙是导致焊件开裂的裂纹源，而钢中的氢就是导致这种裂纹的原因。其他气体，如少量的氮和氧的影响不大。气孔对焊缝金属冲击韧度的影响很小。一定数量或大尺寸的气孔会大大削弱焊缝的截面积，降低焊缝的强度、塑性和韧性。焊缝表面的气孔还有损于焊缝的外观质量。

形成气孔的气体，来源于两个方面，一种是外部气体进入并溶解于高温金属熔池中；另一种是熔池中有机物的分解或元素的氧化反应产生的气体。在高温金属熔池的冷却过程中，熔池中的气体，由于溶解度降低而处于饱和状态，就会急剧向外逸出，来不及逸出的气体，被凝固的焊缝金属包围，就形成气孔。在焊接过程中促使焊缝形成气孔的气体有氢气、氮气和CO气体。氢气孔、氮气孔大多出现在焊缝表面；CO气孔多产生于焊缝内部并沿结晶方向分布。

氢是焊缝金属中产生气孔的主要因素，它可以从任何气源进入焊接熔池，例如，焊接区的空气、焊剂或焊条药皮中的纤维化物质等。由于焊剂、焊条药皮、空气或母材金属表面都可能含有水分，焊接熔池中的氢也可因为水的溶解所致。而存在于填充焊丝表面上的拉拔用的固溶剂也是引起焊缝金属氢致气孔的重要原因，特别是小直径焊丝。母材水分或表面氧化物中的溶解氢可能残留在焊缝金属内部。填充金属中也含有一定量的溶解氢。

氮气通常是由于电弧和焊接熔池的保护被破坏，空气进入焊接区造成的。

氧可能从焊丝或母材上的氧化物、焊剂或焊条药皮中的化合物或者空气这三种形式进入焊接熔池。母材金属、填充金属、焊剂或焊条药皮中的脱氧剂不足，则会导致焊接熔池的脱氧不完全。

焊缝金属中的气孔通常与焊接方法和焊接工艺有关。在某些情况下，还与母材金属的牌号和化学成分有关。焊接方法、焊接工艺、母材金属牌号（包括冶金方法）直接影响焊接熔池中气体的数量和存在形式。焊接方法、焊接工艺控制着焊接熔池的凝固速度，进而影响焊缝中气孔的数量。对于给定的焊接工艺和母材组合，采用正确的焊接工艺，焊缝金属中基本不会产生气孔。溶解型气体常常存在于液态焊缝金属内部，如果溶解的气体含量超过其固态溶解度时，则当焊缝金属凝固时，便形成气孔。焊接熔池中气体可能有 H_2、O_2、N_2、CO、CO_2 等，其中 CO、H_2、N_2 在焊接熔池中的溶解度比其他气体都大得多，而且这些气体在固态时的溶解度比液态时低，所以是最容易产生气孔的气体。

二、气孔的分类

（一）均布气孔

单道焊缝或多道的一道或几道焊缝中都可能产生均布气孔。均布气孔的产生是由于不合适的焊接技术或不恰当的气体保护、被焊工件表面污染或材料缺欠所致。

（二）密集气孔

密集气孔具有其自身的特点，即形状不规则的成群气孔呈区域化分布。它常常是由于不正确的引弧或收弧引起的。电弧偏吹可促使密集气孔的产生。

（三）链状气孔

由一种局部线性排列的球形或长条形气孔组成。这种气孔可沿焊缝根部或焊道边界之间呈直线分布，它是由污染处气体的逸出引起的缺欠。

（四）管状气孔

是指气孔的长度大于宽度且近似垂直于焊缝表面。在角焊缝中，长条形气孔常常从焊缝根部向焊缝表面扩展。焊缝表面的单个管状气孔与焊缝内部的多数管状气孔形状是相同的。焊缝内部的管状气孔大都不向表面扩散，电渣焊缝中的管状气孔相对较长，其产生原因通常是焊缝金属快速凝固所致。常见气孔产生原因与预防措施见表9-2。

表9-2　常见气孔产生原因与预防措施

原　因	预防措施
焊接区存在大量的氢、氮、氧	采用低氢焊接方法和填充金属，提高抗氧化性，增加保护气体流量
凝固速度过快	焊前预热，增加热输入量
母材金属表面被污染	坡口及坡口附近进行清理
焊丝表面被污染	进行表面清理或保持储存环境的清洁
弧长和焊接电流不合适或运条技术不当	改变焊接参数和操作技术
焊条药皮或坡口表面水分太多	采用推荐的焊条烘干方法和储存工艺，母材金属进行焊前预热

第四节　其他常见焊接缺欠

（一）咬边

咬边是由于焊接参数选择不当，或操作方法不正确，沿焊趾的母材部位产生的沟槽或凹陷。

　　咬边一般位于焊缝和母材连接处、角焊缝的焊趾处或者坡口焊缝的熔合线处。咬边也可能出现在单面焊的坡口焊缝根部。最严重的咬边通常可见于焊接时处于垂直位置的母材表面。一般在平焊时较少出现，而在立焊、横焊、仰焊时容易出现。

　　有些咬边呈弧形缺口，而一些咬边呈尖锐缺口。咬边会造成焊趾处的应力集中，形成了焊缝熔合边界处的机械缺口。咬边产生的缺口越尖锐越深，则缺欠越严重。如果仔细检查，所有的焊缝都有不同程度的咬边。有些咬边可能只有在金相试验中，将焊缝界面腐蚀后经放大后才会发现。当咬边的深度超过了允许的数值时，它才被视为不可接受的焊缝缺欠。

　　咬边通常由于焊接操作不恰当所致，例如焊条角度不当、运条方式不当或者焊接参数选择不合适（焊接电流过大）引起的。有时电弧过长或焊接速度太快也可能引起咬边。

　　（二）夹渣

　　夹渣是由于焊渣残留于焊缝金属中造成的焊接缺欠。

　　通常只有在熔渣保护电弧焊工艺中，例如焊条电弧焊、药芯焊丝电弧焊、埋弧焊和电渣焊时才产生夹渣。夹渣是因为错误的焊接操作技术和接头焊接可达性较差所致。当焊接操作技术合适时，熔渣容易浮出在液态焊缝金属表面。焊接接头边缘或焊道间的尖缺口会促使焊缝金属中形成夹渣。

　　熔渣是焊接和熔融焊缝金属冶金反映的产物。氧化物、氮化物和其他杂质溶解于熔渣中，当熔渣浓度低于焊缝金属浓度时，熔渣会自然浮到焊缝表面。焊接过程中，由于电弧的激烈搅拌作用，夹渣可能在熔融焊缝金属表面以下形成。焊渣在电弧之下流动，也可能被液态焊缝金属所覆盖。后者主要是多层焊接中层间清理不当所致。

　　夹渣对焊缝性能的影响与气孔相同，夹渣对静态拉伸性能的影响主要是降低了有效承载截面。焊缝中少量夹渣，对焊缝金属塑性似乎没有影响。抗拉强度较大的焊缝金属，其韧性通常不受影响，然而随着抗拉强度增加，韧性的降低与夹渣的尺寸、数量成比例。夹渣会影响焊缝金属的疲劳性能。特别是当焊缝余高去除且焊缝不作焊后热处理时，焊缝表面（正面或背面）上的夹渣对疲劳性能的影响程度要比焊缝内部夹渣大的多。

　　有些因素会阻碍脱渣顺利进行，进而导致夹渣，这些因素有，焊接速度过高、凝固速度快、焊接电流不足、焊条（焊丝）操作不当、前层焊道存在咬边等。几何因素有，焊道成形不良、严重咬边或不合适的坡口形状都提供了熔渣在焊道下面聚集的空间。根部焊道焊接时，如果焊条或焊丝直径过大且电弧仅作用在坡口侧而没有作用在根部时，熔渣很可能卷入根部间隙中并形成焊缝下夹渣。

　　（三）夹钨

　　夹钨是在钨极气体保护电弧焊或等离子弧焊时，钨极微粒进入焊缝金属中而产生的焊接缺欠。

　　夹钨中的钨来自钨电极，这可能是因为钨电极接触到熔池而使一部分钨电极溶于金属熔池，也可能因为焊接电流过大，导致钨电极熔化而滴进了金属熔池。采用 X 射线检测时，可以看到在夹钨处是一个亮的区域，这是因为钨比周围的金属密度大吸收了大量的 X 射线。

　　（四）未熔合

　　未熔合是熔焊时，焊道与母材之间或焊道与焊道之间，未完全熔化结合的部分。

　　未熔合（见图9-6），出现在坡口的侧壁、多层焊的层间及焊缝的根部。局部未熔合与气孔和夹杂作用非常相似，它影响焊接接头的完整性。根据焊接接头承载方式不同，局部未熔合的容许范围与气孔、夹渣的限制相似。连续未熔合与未熔透的影响相同。

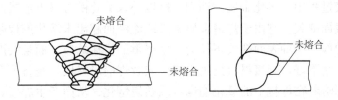

图9-6　焊接接头中的未熔合

对于给定的接头形式和焊接工艺，未熔合的产生原因是焊接操作技术不合适，母材焊接熔深不够或接头设计不合理，导致母材金属或前层熔敷金属或两者都有的未完全熔合。

影响未熔合的焊接参数包括焊接电流较小，热输入量不当，焊条（焊丝）的摆动速度控制得不合适，以及焊接过程中待焊接头表面的电弧可达性受限。即使焊接参数和焊接技术正确，焊前（或层间）清理不够也可能产生未熔合。氧化物或其他外来物质，如金属表面的熔渣也促进了未熔合的形成。

（五）未焊透　未焊透是焊接时，接头根部未完全熔透而产生的焊接缺欠，如图9-7所示。

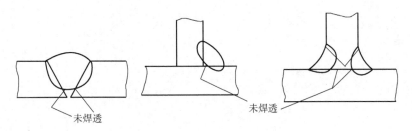

图9-7　焊接接头中的未焊透

根部存在未焊透的单面焊缝，在承受拉应力时，应力集中可能引起脆性断裂（无明显变形）。如果焊缝中的未焊透位于焊缝中性轴上，则弯曲应力较低，但应力集中位于缺欠的两端。未焊透缺欠在任何承受拉伸载荷的焊缝中是不允许的，它能引发扩展型裂纹造成灾难性的破坏。焊缝内部的未焊透检测要比表面缺欠难得多。当外观检查不能发现，必须采用无损检测方法如超声波检测。

设计允许局部焊透（不需要全焊透）的焊接接头，根部未焊透不是焊接缺欠，但是必须保证焊缝有效厚度达到设计要求。

未焊透是由焊接热量不够、焊接速度过快、接头形式不合理、坡口角度不合适或电弧对熔池的控制不当所致。未焊透与接头坡口形式和焊接工艺有关。尤其是管子焊缝，由于内壁存在错边，很容易产生未焊透。焊接工艺必须与接头坡口准备形式相适应，以避免产生未焊透。许多用于双面坡口焊缝的焊接工艺，在背面首道焊缝焊前，应对正面首层焊缝根部清根。这样才能保证背面首道焊缝与正面首道焊缝之间，没有任何未焊透型的焊接缺欠。

（六）未焊满

未焊满是由于填充金属不足，在焊缝表面形成的连续或间断的凹坑。

未焊满表现为焊缝表面凹陷，低于邻近的母材表面。未焊满是由于焊工或自动焊工没有按照焊接工艺规程的要求、没有完全填满焊接接头所致。

（七）焊瘤

焊瘤是在焊接过程中，熔化金属流淌到焊缝以外未熔化的母材上形成的瘤。

焊瘤是一种表面缺欠，它由于焊缝金属铺展或流溢而超出未熔化的焊趾或焊缝，在未熔化的母材上形成的瘤。这种表面缺欠不仅会产生严重的机械缺口，而且会严重影响焊缝外观质量。焊接工艺控制不好，焊接材料选用不当，或者焊前母材坡口制备不合适，都可能引起焊瘤。另外，牢固附着在母材上的氧化物也可以妨碍熔化，从而产生焊瘤。

第十章　焊接工艺设计与管理

焊接质量直接关系到产品质量和使用寿命。锅炉、压力容器和压力管道制造企业中，焊接工艺人员的主要任务是，根据产品的设计图样，进行合理的焊接工艺设计，制定指导产品焊接生产的各种焊接工艺文件，做好焊接生产所需焊接材料、焊接设备及工装和合格的焊工准备工作，确保产品的制造质量。焊接工艺设计从产品设计图样的焊接工艺性审查开始，到产品投产前必须完成。焊接工艺设计的内容包括：产品图样焊接工艺性审查，制定焊接工艺方案，提出新焊接材料采购规范，提出焊接新设备，编制新工装设计任务书，进行新材料、新工艺、新设备、新结构的工艺性试验，提出需进行的焊接工艺评定项目并进行焊接工艺评定试验，计算焊接材料消耗定额，确定产品焊接所需焊工资质并根据焊工持证状况进行培训及焊接技能评定，编制焊接工艺规程和产品焊缝识别卡等工作。下面对焊接工艺设计的内容和管理分别叙述。

第一节　焊接工艺设计的依据

焊接工艺设计的依据是产品设计图样，产品的设计、制造、检验和验收标准，产品专用技术条件，焊接专用标准，制造厂的设备能力和工艺水平以及各种焊接试验的数据等。

一、产品设计图样

焊接工艺设计是针对具体产品进行的，产品设计图样是焊接工艺设计的主要依据。焊接工艺人员要根据产品图样中每一个接头的材料、规格、结构特点、工艺流程和接头的质量要求等因素，确定该接头的焊接方法、焊接材料、坡口形式、焊接位置等焊接工艺内容。产品图样中规定了产品设计、制造和检验法规或标准，焊接工艺人员必须遵守，并体现在焊接工艺文件中。焊接工艺设计时，还应考虑产品图样对某些接头的特殊使用性能和检验等方面的要求，使焊接工艺设计符合产品图样的要求。

二、产品的设计、制造和检验法规或标准

锅炉、压力容器是一种特殊的焊接结构，这种结构上的焊缝与本体一样承受着工质的作用，焊接接头的质量将直接影响锅炉、压力容器的安全性。因此，世界各国都相继颁发了有关锅炉、压力容器的设计、制造和检验法规和标准。各种法规和标准从材料、设计、制造、检验、安装、调试、修理和改造等阶段对产品实施全过程的质量监督与管理。

锅炉、压力容器产品是按照一定的法规和标准进行产品的设计、制造、检验和验收。各种法规（标准）对产品的设计、制造、检验和验收方面的规定有很大差别。例如，对焊接工艺评定、焊工技能评定、焊后热处理和产品的检验及验收等要求，每个标准都不相同。进行产品的焊接工艺设计时，焊接工艺人员必须完全遵守产品设计、制造和检验标准中的各项规定。

我国有关锅炉及压力容器的设计、制造和检验的主要法规有，TSG G0001—2012《锅炉安全技术监察规程》、TSG R0004—2009《固定式压力容器安全技术监察规程》、《电力工业锅炉

压力容器监察规程》、GB 150—2011《压力容器》、GB 151—2012《钢制管壳式换热器》等。

　　常用的国外锅炉、压力容器的产品设计、制造和检验法规是美国《ASME 锅炉及压力容器规范》第 I 卷《动力锅炉》和第Ⅷ卷《压力容器》第一册。

　　下面仅对 TSG G0001—2012《锅炉安全技术监察规程》、TSG R0004—2009《固定式压力容器安全技术监察规程》、GB 150—2011《压力容器》、美国《ASME 锅炉及压力容器规范》第 I 卷《动力锅炉》和第Ⅷ卷《压力容器》第一册作简单介绍:

　　1. TSG G0001—2012《锅炉安全技术监察规程》简介　　《锅炉安全技术监察规程》(本文简称"锅规")是国家质量监督检验检疫总局颁发的锅炉设计、制造、安装、改造、修理、使用和检验方面安全要求的法规,它具有法律效力。"锅规"内容为十四部分和两个附件,它们分别是:

1 总则

2 材料

3 设计

4 制造

5 安装、改造、修理

6 安全附件和仪表

7 燃烧设备、辅助设备及系统

8 使用管理

9 检验

10 热水锅炉及系统

11 有机热载体锅炉及系统

12 铸铁锅炉

13 D 型锅炉

14 附则

附件 A　锅炉产品合格证

附件 B　特种设备代码编号方法

　　进行锅炉产品焊接工艺设计时,焊接工艺人员主要应了解"锅规"以下相关内容,包括:焊接材料、焊缝布置、焊接、热处理、焊接检验等。其中第 4.3 节焊接,分别对焊接操作人员管理、焊接工艺评定、焊接作业等内容进行了详细规定。

　　2. TSG R0004—2009《固定式压力容器安全技术监察规程》简介　　TSG R0004—2009《固定式压力容器安全技术监察规程》(本文简称"容规")是国家质量监督检验检疫总局颁发的压力容器设计、制造、安装、改造、使用和检验方面安全要求的法规,它具有法律效力。"容规"内容为 9 部分和 4 个附件,它们分别是:

1 总则

2 材料

3 设计

4 制造

5 安装、改造与维修

6 使用管理

7 定期检验

8 安全附件

9 附则

附件 A 压力容器类别及压力等级、品种的划分

附件 B 压力容器产品合格证

附件 C 压力容器产品铭牌

附件 D 特种设备代码编号方法

进行压力容器产品焊接工艺设计时，焊接工艺人员应重点了解"容规"以下相关内容：包括：焊接材料、焊接、焊接试板、焊后热处理、焊接检验等。其中第4.2节焊接，分别对焊接工艺评定、焊工及钢印、压力容器制造组装、焊接返修等方面提出要求。例如，规定在压力容器产品施焊前，受压元件焊缝、与受压元件相焊的焊缝、熔入永久焊缝内的定位焊缝、受压元件母材表面堆焊与补焊，以及上述焊缝的返修焊缝都应当进行焊接工艺评定或者具有经过评定合格的焊接工艺规程（WPS）支持。在总则中，规定了该规程的适用范围和不适用的压力容器等。

3. GB 150—2011《压力容器》简介　TSG R0004—2009《固定式压力容器安全技术监察规程》对各种材料固定式压力容器的设计、制造、检验、安装、使用管理与修理改造要求进行基于安全性方面要求的原则性规定，而 GB 150《压力容器》则针对压力容器产品，对材料、设计、制造、检验和验收进行了详细的规定。该标准共分为四部分，分别是：

GB 150.1—2011 压力容器　第一部分 通用要求

GB 150.2—2011 压力容器　第二部分 材料

GB 150.3—2011 压力容器　第三部分 设计

GB 150.4—2011 压力容器　第四部分 制造、检验和验收

在第四部分"制造、检验和验收"章节中，分别对适用范围、材料切割及标记移植、冷热加工成形与组装、焊接、热处理、试件与试样、无损检测、耐压试验和泄漏试验、多层容器以及出厂等方面的要求进行规定。其中焊接接头类型、冷热加工成形、焊接、热处理、试件与试样等方面的规定，对焊接工艺设计尤为重要。例如，在"制造、检验和验收"章节中规定了焊接工艺评定应按 NB/T 47014—2011 进行，A、B、C 和 D、E 类接头的外形尺寸要求、容器及部件进行焊后热处理的条件、焊后热处理的方法、对产品焊接试板的规定、无损检测和耐压试验的规定等，在焊接工艺设计时都应无条件地遵守。

GB 150—2011《压力容器》，按焊接接头的受力条件及其所处部位，对压力容器的焊接接头进行分类，共分为 A、B、C、D 和 E 四类。这种分类与接头的坡口形式无关，目的在于对不同类别焊接接头的接头形式和检查程度提出不同的要求。在制定产品焊接方案和编制产品的焊缝识别卡时，要对实际产品焊接接头进行分类，同时画出产品焊接接头的编号图，所以焊接工艺人员要了解按 GB 150—2011《压力容器》标准关于焊接接头的分类。GB 150《压力容器》中，A、B、C、D 和 E 类焊接接头的典型位置示意图如图 10-1 所示。对焊接接头的分类规定如下：

A 类接头　圆筒部分（包括接管）和锥壳部分的纵向接头（多层包扎容器层板层纵向接头除外）、球形封头与圆筒连接的环向接头、各类凸形封头和平封头中的所有拼焊接头以及嵌入式的接管或凸缘与壳体的对接连接的接头，均属 A 类焊接接头。

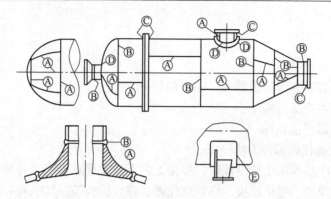

图10-1 A、B、C、D和E类焊接接头的典型位置示意图

B类接头 壳体部分的环向接头、锥形封头小端与接管连接的接头、长颈法兰与壳体或接管连接的接头，平盖或管板与圆筒对接连接的接头以及接管间的对接环向接头，均属B类焊接接头，但已规定为A类的焊接接头除外。

C类接头 球冠形封头、平盖、管板与圆筒非对接连接的接头，法兰与壳体或接管连接的接头，内封头与圆筒的搭接接头以及多层包扎容器层板层纵向接头，均属C类焊接接头，但已规定为A、B类的焊接接头除外。

D类接头 接管（包括人孔圆筒）、凸缘、补强圈等与壳体连接的接头，均属D类接头，但已规定为A、B、C类的焊接接头除外。

E类接头 非受压元件与受压元件的连接接头。

4.《ASME锅炉及压力容器规范》（第Ⅰ卷——动力锅炉）简介 《ASME锅炉及压力容器规范》是美国机械工程师学会制定的锅炉及压力容器规范，共分十二卷。其中关于锅炉及压力容器产品设计、制造和检验法规为第Ⅰ卷——动力锅炉和第Ⅷ卷——压力容器。

《ASME锅炉及压力容器规范》第Ⅰ卷共分十篇和两个附录。

其中PG篇为所有建造方法的共同要求，PW篇为焊接制造锅炉的要求。进行"ASME"产品焊接工艺设计时，应着重了解PG篇中，关于材料、制造、检验和验收、水压试验的共同要求，以及PW篇中，对材料、制造、检验和试验部分的特殊要求，并遵守有关规定。例如，PW——28.1.1条规定，焊接受压件和在受压件上连接的非受压件用的焊接工艺规程、焊工和焊接操作工应按"ASME锅炉及压力容器规范"第Ⅸ卷进行评定。

5.《ASME锅炉及压力容器规范》（第Ⅷ卷——压力容器第一册）简介 《ASME锅炉及压力容器规范》第Ⅷ卷——压力容器分为两册（第一册和第二册），第Ⅷ卷第一册与第二册的区别在于设计原则不同。第一册在壳体及容器部件的设计部分中采用简单的公式及设计步骤以计算必要的尺寸，而第二册采用应力分析法。由于第二册比第一册采用较低的安全系数，第二册中对制造和检验的要求比第一册高。

第Ⅷ卷——压力容器第一册包括A、B和C三个分卷、二十六个强制性附录和二十一个非强制性附录。A分卷为总的要求。B分卷为与压力容器制造方法有关的要求，分为三篇：UW篇——焊制压力容器的要求、UF篇——锻制压力容器的要求和UB篇——钎焊制造压力容器的要求。C分卷为对各类材料容器的要求，分为九篇。其中B分卷UW篇——焊制压力容器的要求和C分卷UCS篇——以碳钢和低合金钢制造压力容器的要求，在ASME压力容器产品焊接工艺设计时，是焊接工艺人员经常查阅的。

三、产品专用技术条件和焊接专用标准

产品法规或标准对锅炉和压力容器的设计、制造和检验提出通用要求，锅炉和压力容器的产品专用技术条件对部件的制造和焊接提出了更详细、更具体的要求，焊接工艺设计也应该遵守专用技术条件中的有关规定。

四、制造企业的设备能力和工艺水平

应根据本企业的设备能力和工艺水平进行产品的焊接工艺设计。这要求焊接工艺设计者——焊接工艺人员了解本企业的设备能力和工艺水平，尽量采用企业现有的先进焊接工艺方法和焊接设备，以提高产品生产的工艺水平，提高生产率，改善劳动条件和降低生产成本。如果制造厂的现有设备能力和工艺水平达不到产品的质量要求时，可考虑引入先进工艺和设备，但该工艺和设备必须具有一定的灵活性和柔性，以适应产品改型和发展，避免生产发生变化时造成浪费和损失。

五、各种焊接试验数据

焊接工艺设计的另一个重要依据是各种焊接试验数据。例如，材料的焊接性试验，焊接材料的工艺与性能试验，新工艺、新设备试验以及焊接工艺评定试验等。

锅炉及压力容器用金属材料及焊接材料应符合国家标准和行业标准。材料制造单位应提供金属材料及焊接材料（焊缝金属）在使用条件下应具有的强度、韧性和伸长率以及必要的抗疲劳性能、耐腐蚀性能和蠕变性能试验数据，供焊接工艺设计使用。采用新研制的材料，必须进行该材料的焊接性试验，以获得必要的试验数据。

第二节　焊接工艺准备阶段

焊接工艺设计过程可分三个阶段，即焊接工艺准备阶段、焊接试验阶段和焊接工艺文件制订阶段。焊接工艺准备阶段的主要工作是进行产品图样的焊接工艺性审查、制定产品焊接方案、提出焊接工艺评定项目、编制新材料采购规程、提出焊工培训考试项目以及编制新工艺、新材料工艺试验方案和编制焊接新设备、新工装任务书。

一、产品图样焊接工艺性审查

产品图样的焊接工艺性审查是焊接工艺设计准备阶段的重要环节。产品图样设计时，设计人员可根据设计、制造标准及产品专用技术条件，对产品焊接接头进行强度设计和坡口形式及尺寸的设计。每一个焊接接头应画出坡口图，或按照 GB/T 324—2008《焊缝符号表示法》标准，在图样中标出焊缝符号。设计人员往往对焊接接头和坡口进行设计时，从设计角度考虑较多，从工艺角度考虑较少。为避免产品生产过程中对不合理焊接方法、接头和坡口形式的更改，产品图样设计后，焊接工艺人员应对图样进行焊接工艺性审查。审查的重点是产品图样上的焊接接头及坡口形式，审查结果的修改意见用书面方式反馈到设计部门。

（一）对产品图样的焊接工艺性审查要从以下几方面考虑：

1. 对接头和坡口进行工艺性审查的一般原则　接头和坡口设计的焊接工艺性审查应坚持二高二低的原则，即焊接接头的焊接生产的高质量、高效率、低消耗和低劳动强度的原则。例如，为确保接头质量，重要的焊接接头应采用双面焊坡口，以减少单面焊坡口根部夹渣、未焊透、未熔合和背面成形不良等焊接缺欠；为提高焊接生产率，应采用高

效的焊接方法，例如埋弧焊和焊条电弧焊都可应用时，要首先选用埋弧焊；为降低消耗，坡口设计在保证质量的前提下，要选用窄间隙坡口；坡口设计还应考虑降低焊工的劳动强度，例如，筒体环缝对接焊坡口一般采用内侧小坡口，外侧大坡口，以减少劳动环境差的内侧焊接工作量。

2. 根据国家和企业相关焊接接头和坡口标准进行工艺性审查　各种产品标准（或技术条件）中，对接头焊缝的焊透性、焊缝位置等要求都有明确规定。这些规定是图样焊接工艺性审查的依据。例如"锅规"第 3.7.1 条规定"锅炉主要受压元件的主焊缝［包括锅筒（锅壳）、集箱、炉胆、回燃室以及电站锅炉启动（汽水）分离器、集中下降管、汽水管道的纵向和环向焊缝，封头、管板、炉胆顶和下脚圈等的拼接焊缝］，应当采用全焊透的对接接头"；第 3.9.1 条规定"锅筒（筒体壁厚不相等除外）、锅壳和炉胆上相邻两筒节的纵向焊缝，以及封头、管板、炉胆顶或下脚圈的拼接焊缝与相邻筒节的纵向焊缝都不应彼此相连。其焊缝中心线间距离（外圆弧长）至少应为较厚钢板厚度的 3 倍，且不小于 100mm"等。对这些关于焊缝位置及全焊透的要求，焊接工艺性审查时必须进行考虑。

国家标准 GB/T 985.1—2008《气焊、焊条电弧焊、气体保护焊及高能束焊的推荐坡口》和 GB/T 985.2—2008《埋弧焊的推荐坡口》对常用的几种焊接方法焊缝坡口的基本形式和尺寸进行标准化规定。另外制造企业根据本企业焊接生产经验和特殊的焊接工艺方法要求都制定了企业坡口标准。例如，窄间隙埋弧焊坡口，复合板焊接坡口等。图样中各种接头坡口的形式和尺寸应尽量符合国家和企业的坡口标准。

3. 根据企业的设备能力进行工艺性审查　焊缝坡口设计要符合企业的设备能力，包括焊接设备能力和坡口加工设备能力。不能离开本企业的设备能力设计焊缝坡口。例如，企业生产单位如果没有内环缝埋弧焊设备，就不能设计埋弧焊内环缝坡口。如果企业没有封头坡口机械加工设备，封头与筒体的环缝坡口，就不能设计成 U 形机械加工坡口。这要求设计者和焊接工艺人员要了解和熟悉企业制造设备能力，使设计的坡口利用现有设备可以加工，方便焊接。

4. 应审查产品焊缝坡口焊接的可操作性　有的坡口设计在理论上是可行的，是符合标准的，但是在实际生产时无法操作或操作起来很困难，焊接质量无法保证。图样上一些无法操作或操作性很差的设计坡口，应在工艺审查时尽早发现并及时更改，否则到生产过程中发现，不仅会中断生产过程，而且临时进行工艺设计的更改，程序复杂，影响生产周期。例如，对于直径小、长度长，在内侧无法施焊部件的环缝或纵缝，如果设计成双面焊坡口，内部就无法焊接，必须更改成单面焊坡口。又例如，对于内壁焊接有施焊空间的双面焊坡口，如果被焊工件材料焊接性差，焊前要预热 100 ~ 200℃，在内部也很难焊接，审查时应考虑更改为单面外侧坡口。

5. 要根据产品、部件的制造工艺或工艺流程特点进行工艺性审查　部件的制造工艺不同，焊缝的坡口形式也不相同，要求焊接人员了解产品、部件的制造工艺或工艺流程。根据不同的制造工艺或工艺流程审查设计坡口。例如，大型球形封头要求拼焊，焊接工艺人员应了解制造工艺是拼焊后压制封头，还是先压制瓣片再拼成球形。先拼后压制，则拼焊可采用埋弧焊坡口。先压制后拼焊，拼焊坡口很难加工，装配时难以保证坡口尺寸和形状，应选用药皮焊条电弧焊坡口。

设计部门可根据产品图样焊接工艺性审查提出的书面反馈单，对图样进行修改。工艺部门接到修改后的产品图样时，则制定产品焊接方案。

（二）产品图样的焊接工艺性审查实例

以容器产品某一气体储罐的图样为例，进行焊接工艺性审查。

1. 气体储罐的图样上的原始资料包括：

（1）气体储罐的主壳体简图　见图 10-2。

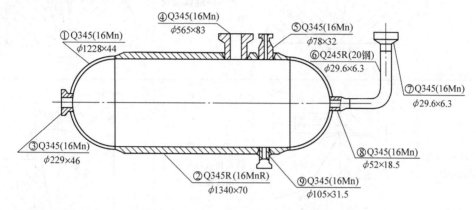

图 10-2　某一气体储罐的主壳体简图

（2）气体储罐的技术特征　见表 10-1。

表 10-1　气体储罐的技术特征

技术特征				容器类别	3
设计压力/MPa	13.9	有效容积/m³		33.4	
工作压力/MPa	13.18	操作介质		××气体	
设计温度/℃	−10	腐蚀裕度		3	
工作温度/℃	−10	焊接接头系数（筒体/封头）		1.0/1.0	

（3）气体储罐主要焊接接头的位置、接头类型和编号图　见图 10-3。

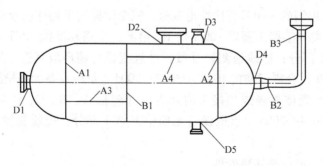

图 10-3　气体储罐受压接头的位置、接头类型和编号图

（4）主要接头的坡口　见表 10-2 。

（5）图样上标明该容器的技术要求　图样上标明该容器的技术要求如下：

1）本设备的制造、检验和验收按 GB 150—2011《压力容器》和 TSG R0004—2009《固定式压力容器安全技术监察规程》。

表 10-2　气体储罐各接头坡口形式

接头编号	坡口形式	接头编号	坡口形式
A3、A4（筒体纵缝接头）	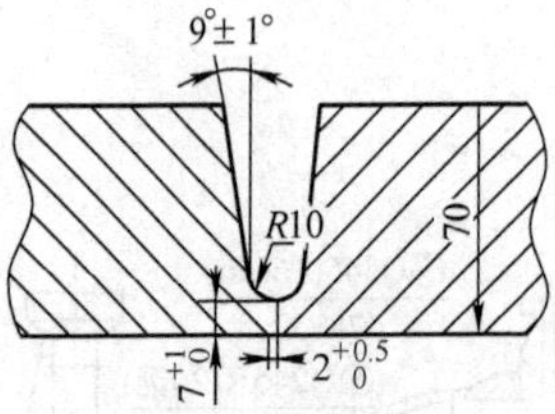	A1、A2、B1（筒体环缝以及筒体与封头对接环缝接头）	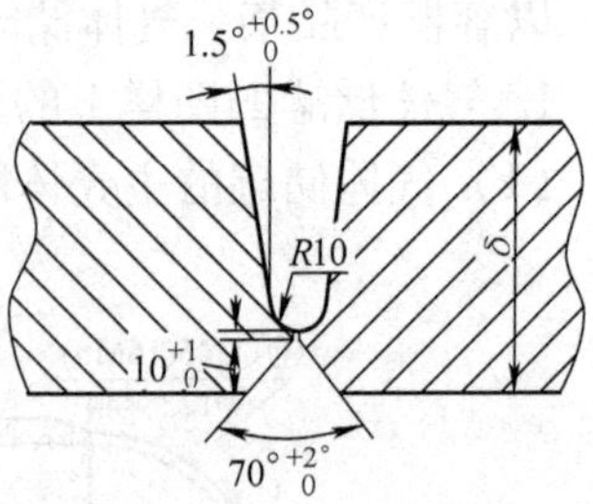
D1（封头与法兰接管角接接头）	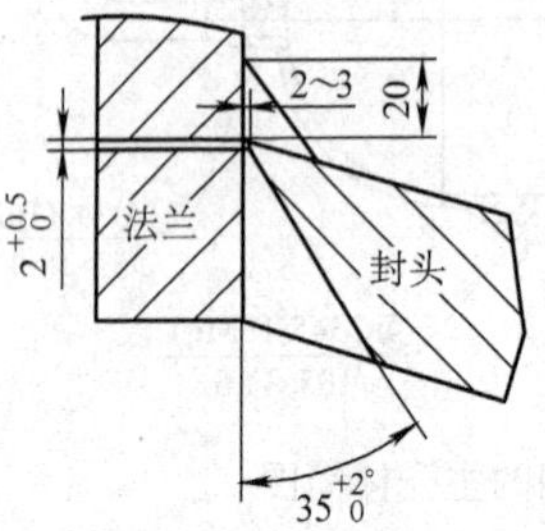	D2（接管与筒体带垫板法兰接管的角接接头）	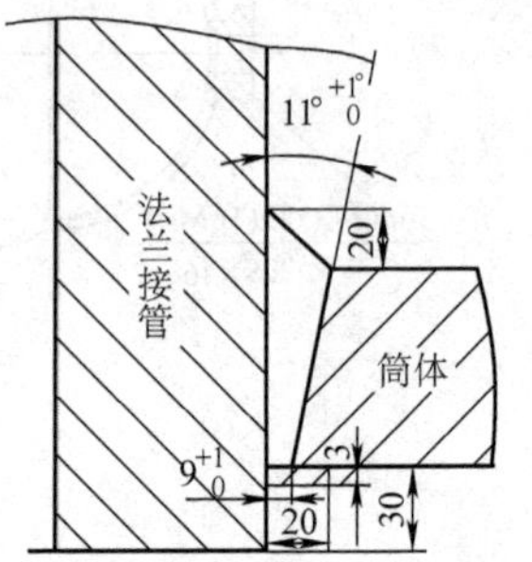
D3、D4、D5（接管与筒体角接接头）	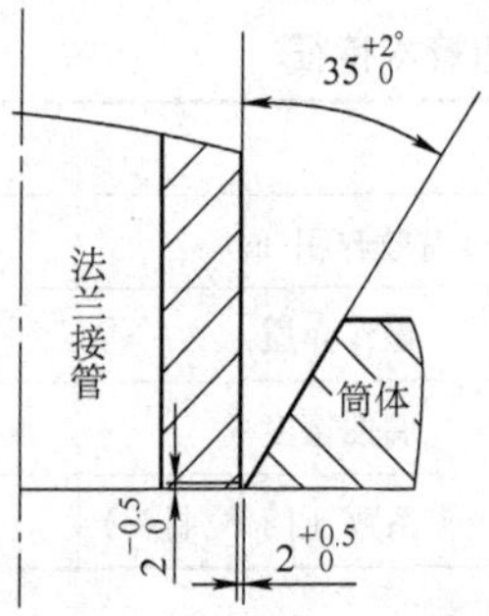	B2、B3（小口径管与法兰接管对接接头）	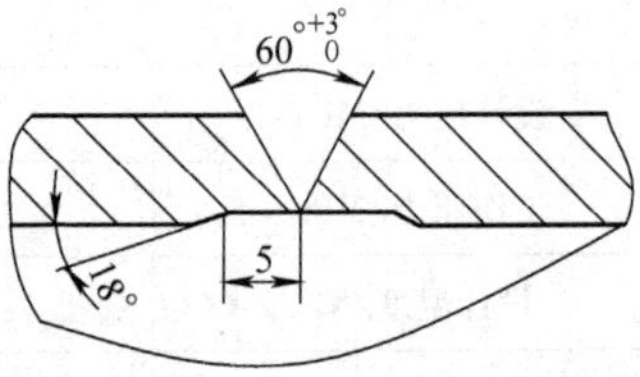

2）筒体、封头用钢的 -10℃夏比冲击试验，三个试样的平均冲击吸收功 $A_{KV} \geq 27J$。

3）壳体 A、B 类焊接接头要求 100% 的 RT 检测，合格标准按 JB/T 4730.2—2005《承压设备无损检测第 2 部分：射线检测》Ⅱ级，并且应进行超声波复查。复查长度不得少于各条焊缝长度的 20%，合格标准按 JB/T 4730.3—2005《承压设备无损检测第 3 部分：超声检测》Ⅰ级，所有与壳体相焊焊接接头内外表面（包括 A、B、C、D 类焊接接头内外表面），应按 JB/T 4730.4—2005《承压设备无损检测第 4 部分：磁粉检测》进行磁粉检测，Ⅰ级合格。

4）设备焊完后，进行整体热处理。

5）设备焊完后，应以 17.7MPa（卧置）表压进行水压试验。

2. 由焊接工艺性审查可知：

1）根据 GB 150.3—2011《压力容器 第 3 部分：设计》附录 E《关于低温压力容器的基本设计要求》中"本附录适用于碳素钢和低合金钢制低温容器（设计温度低于 -20℃）的设计"，该容器设计温度为 -10℃，因此不是低温压力容器。

2）按 GB 150.4—2011《压力容器 第 4 部分：制造、检验和验收》中 10.3.1 条规定，该产品的 A、B 类焊接接头要求 100% 的 RT 检测或 100% 的 UT 检测，这是按照此标准制造的任何压力容器均需要遵守的最低要求，图样上标明该容器的技术要求提出应进行超声波复查，复查长度不得少于各条焊缝长度的 20%，并且还需要进行磁粉检测。这是关于此台气罐产品的特殊要求，在产品制造中必须遵照进行。

3）按 GB 150.4—2011《压力容器 第 4 部分：制造、检验和验收》中 9.1.1 条规定，凡符合下列条件之一的，有 A 类纵向焊接接头的容器，应逐台制备产品焊接试件：

a）承装毒性为极度或高度危害介质的容器。

b）材料标准抗拉强度 $\sigma_b \geqslant 540MPa$ 的低合金钢制容器。

c）低温容器。

d）制造过程中，通过热处理改善或恢复材料性能的钢制容器。

e）设计文件要求制备产品焊接试件的容器。

按照本气罐的技术要求，并非承装毒性为极度或高度危害介质；A 类纵缝所用 Q345R 材料的标准抗拉强度只有 490MPa，并不是材料标准抗拉强度 $\sigma_b \geqslant 540MPa$ 的低合金钢制容器；且非低温容器；并且制造过程中无需通过热处理改善和恢复材料性能，产品的技术说明中也没有要求制备焊接试件，因此本气罐无需制作产品焊接试板。由于封头和壳体的钢板 Q345R 按 GB 713—2008，其冲击吸收功要求试验温度为 0℃，平均冲击吸收功 $A_{KV} \geqslant 34J$，本气罐选用该材料要求进行 -10℃ 夏比冲击试验，三个试样平均冲击吸收功 $A_{KV} \geqslant 27J$。因此钢板的采购及验收需按照技术要求进行。

4）注意到壳体设有人孔（$\phi 565mm \times 83mm$），进行壳体封闭环缝坡口设计时，可以采用双面焊坡口设计。

5）技术要求中第 4 条有"设备焊完后，进行整体热处理"的规定，尽管小口径管与法兰接管对接接头 B2、B3 按照 GB 150.4—2011《压力容器 第 4 部分：制造、检验和验收》8.2.2.1 条焊后可不需要热处理，但是为满足设计技术要求，B2、B3 焊接接头仍需参与整体热处理，其焊接工艺仍需有热处理的焊接工艺评定进行支持。

3. 对气体储罐各接头坡口的焊接工艺性审查如下：

（1）筒体纵缝接头 A3、A4 的坡口设计　筒体的制造工艺是在卷制成形前加工纵缝坡口，筒体卷制成形后，焊接纵缝对接接头。本产品筒体的材料为 Q345R，规格为 $\phi 1340mm \times 70mm$，要进行 900～1000℃ 高温卷制成形。虽然电渣焊方法的坡口加工简单、生产效率高，但是由于电渣焊焊缝和热影响区组织粗大，即使进行正火处理也很难保证焊接接头 -10℃ 的低温冲击韧度要求。所以纵缝不能采用电渣焊，可采用焊条电弧焊和埋弧焊方法。图样上将纵缝设计成焊条电弧焊 V 形坡口 + 埋弧焊 U 形坡口是正确的。由于加工后的坡口在高温成形后，表面严重氧化，采用宽坡口有利于氧化皮的清理。另外纵缝坡口的大钝边方便于筒体卷制成形。卷制成形后，筒体纵缝坡口的大钝边表面产生的氧化皮，虽然无法清理，但在焊接过程中，对筒体内侧坡口进行清根时，可以完全清除氧化皮。基于以上考虑，筒体 A3、A4 纵缝接头不宜设计为窄间隙坡口。

（2）筒体环缝 B1 以及筒体与封头对接环缝接头 A1、A2 的坡口设计　筒体纵缝接头焊完后，要对筒体进行高温矫圆，再加工环缝坡口。根据筒体的直径和壁厚，可以设计成窄间隙坡口。

（3）小口径管与法兰接管对接接头 B2、B3 的坡口设计　小口径管和法兰接管的规格为 $\phi 29.6mm \times 6.3mm$，可采用手工钨极氩弧焊和焊条电弧焊的单面焊坡口。由于管子的不圆度和壁厚公差，会使管子内壁坡口产生较大的错边，影响根部焊接质量，所以管子内壁应镗孔。基于以上考虑，B2、B3 的坡口设计是合理的。

（4）封头与法兰接管角接接头 D1、D4 和筒体与法兰接管角接接头 D2、D3、D5 的坡口设计　法兰接管与封头、筒体的 D 类接头有插入式和骑座式两种形式。厚壁封头、筒体的骑座式接头焊接时，容易产生层间撕裂，最好采用插入式接头形式。

二、制定产品的焊接方案

对于压力容器产品的壳体和复杂部件以及锅炉产品的锅筒和集箱部件，产品图样正式生效后，要根据产品图样制定该产品或部件的焊接方案。

产品焊接方案是焊接工艺设计的大纲，焊接工艺准备阶段、焊接试验阶段和焊接工艺文件制订阶段的所有工作都应根据产品焊接方案进行。

（一）产品焊接方案的内容

产品焊接方案的内容应包括：

1）产品或部件的结构简图，所有受压接头的位置、接头类型和编号在结构简图中标出。

2）简图中，每一个受压接头的焊接工艺的初步设计，应以表格形式列出。焊接工艺的初步设计内容包括：接头编号、母材的材质和规格、坡口形式、焊接方法、焊接材料和规格、检验方法、预热、后热（消氢处理）和焊后热处理规范、采用的焊接工艺规程编号和对应的焊接工艺评定编号。产品焊接方案中，焊接接头所用的焊接工艺规程和对应的焊接工艺评定，可能是现有的，也可能是正在准备试验或制定中。

3）编制人、审核主任工程师的签字。

（二）气体储罐产品的焊接方案

1. 上述气体储罐的焊接方案　见表 10-3。

表 10-3　气体储罐产焊接方案

焊缝编号[①]	母材规格 /mm	坡口形式	焊接方法[②]	焊材规格 /mm	预热后热	热处理	检验	焊接工艺规程	焊接工艺评定
A1 A2	封头与筒体 Q345R （16MnR） $\phi 1228 \times 44$	见表 14-2	SMAW + NGSAW	GBE5015 $\phi 4$ $\phi 5$ H10Mn2A $\phi 4$ SJ101	预热 $\geq 100℃$	$580 \sim 650$ ℃/2.3h	100% RT +20% UT + 100% MT	WPS – 1	PQR – 1
A3 A4	筒体 Q345R （16MnR） $\phi 1340 \times 70$	见表 14-2	SAW	H10MnMoA $\phi 4$ SJ101	预热 $\geq 100℃$ 后热 $200 \sim 250℃/2h$	$900 \sim 980$ ℃/70min $580 \sim 650$ ℃/2.3h	100% RT + 20% UT + 100% MT	WPS – 2	PQR – 2

（续）

焊缝编号[①]	母材规格/mm	坡口形式	焊接方法[②]	焊材规格/mm	预热后热	热处理	检验	焊接工艺规程	焊接工艺评定
B1	筒体 Q345R（16MnR）φ1340×70	见表14-2	SMAW + NGSAW	GBE5015 φ4 φ5 10Mn2A φ4 SJ101	预热 ≥100℃ 后热 200～250℃/2h	580～650℃/2.3h	100% RT + 20% UT + 100% MT	WPS-1	PQR-1
B2 B3	弯管 Q245R（20钢）法兰管 Q345（16Mn）φ29.6×6.3	见表14-2	M-GTAW + SMAW	H08MnA φ2.4 GBE5015 φ3.2 φ4 φ5	—	—	100% RT + 20% UT	WPS-3	PQR-3
D1 D2 D3 D4 D5	Q345R φ1340×70 法兰管 Q345（16Mn）φ565×83 φ78×32 φ105×31.5 φ52×18.5	见表14-2	SMAW	GBE5015 φ3.2 φ4 φ5	预热 ≥100℃ 后热 200～250℃/2h	580～650℃/2.3h	100% RT + 20% UT + 100% MT	WPS-4	PQR-4

① 表中的焊缝编号在气体储罐中的位置见图10-3。

② 表中 SMAW、SAW、NGSAW 和 M-GTAW 分别表示焊条电弧焊、埋弧焊、窄间隙埋弧焊和手工钨极氩弧焊。

2. 气体储罐产品的焊接方案制定说明

1）纵缝坡口采用埋弧焊，先焊外坡口。焊到一半厚度后，背面清根，直到露出焊缝金属光泽，再用埋弧焊焊接清根形成的坡口，内侧坡口焊完后，焊接未完的外侧坡口。筒体纵缝接头焊完后，要对筒体进行高温矫圆，为保证高温处理后，纵缝接头的强度性能，焊接材料应该选用 H10MnMoA 焊丝。

2）筒体环缝、筒体与封头环缝采用埋弧焊窄间隙 U 形坡口 + 焊条电弧焊 V 形坡口，采用药皮焊条电弧焊先焊内坡口，再用窄间隙埋弧焊焊外坡口。在窄间隙埋弧焊焊接前，可以不清根。

3）法兰管子与封头、筒体的 D 类接头焊接采用药皮焊条电弧焊，先焊坡口焊缝。焊到一半厚度后，背面清根，直到露出焊缝金属光泽，清根坡口焊完后，再焊坡口焊缝。坡口外的角焊缝焊脚尺寸应满足有关标准和图样的要求。

4）筒体、封头环缝接头、纵缝接头、法兰管子与封头、筒体的 D 类接头全部完工后，才能进行壳体的整体热处理。为了防止焊接接头焊后产生冷裂纹，筒体环缝接头、纵缝接头、法兰管子与封头、筒体的 D 类接头分别焊完后，应立即按要求进行后热处理。

三、提出新的焊接工艺评定项目

在制定产品焊接方案时，要确保每个接头的焊接工艺都有合格的焊接工艺评定支持。如果发现某个接头的焊接工艺没有合格的焊接工艺评定支持，焊接工艺人员应提出新的焊接工艺评定项目，编制焊接工艺评定设计书和焊接工艺评定计划书。焊接工艺人员应该熟悉产品制造法规所要求的焊接工艺评定标准中的评定规则，同时仔细查阅制造企业现有的合格的焊接工艺评定项目，以确定新的焊接工艺评定项目，避免重复焊接工艺评定或遗漏焊接工艺评定现象发生。

上述气体储罐工艺方案中需要四个焊接工艺评定：

1）筒体环缝、筒体与封头环缝的焊条电弧焊与埋弧焊的焊接工艺评定 PQR – 1。

2）筒体纵缝焊后需要高温矫圆（高温矫圆时，焊接接头经历一次正火处理），筒体纵缝的焊接工艺评定 PQR – 2，如果筒体纵缝焊后不需要高温矫圆，可以用 PQR – 1 的焊接工艺评定。

3）小口径管与法兰管对接的钨极氩弧焊与焊条电弧焊的焊接工艺评定 PQR – 3。

4）筒体、封头与接管的焊条电弧焊的焊接工艺评定 PQR – 4，为了获得接头的力学性能数据，该评定可采用平板对接形式。

提出新焊接工艺评定项目时，应注意到本产品对焊接接头 –10℃冲击性能的要求，如果上述焊接工艺评定已经做过，但是没有 –10℃冲击韧度数据，可补充 –10℃冲击试验的焊接工艺评定，而不需要再次进行拉伸（强度）和弯曲试验。

四、编制新的焊接材料采购规程

在制定产品焊接方案时，确定焊接材料后，如果有些焊接材料不是国家标准所规定的焊接材料，而且是首次使用，则应编制新焊接材料采购规程。按照《TSG R0004—2009　固定式压力容器安全技术监察规程》规定，用于制造压力容器受压元件的焊接材料应当满足相应焊接材料标准（NB/T 47018—2005 承压设备用焊接材料订货技术条件）的要求，并附有质量证明书和清晰牢固的标志。首次编制焊接材料采购规程应包含如下内容：焊接材料的牌号、规格，标记要求，化学成分，力学性能和其他性能要求，质量保证、包装要求和其他质量及技术要求等。通过管理程序审核、批准后的焊接材料采购规程，作为采购部门采购该焊接材料的技术文件以及采购后入厂验收的技术依据。上述气体储罐工艺方案中的焊接材料为标准焊接材料，不需要编制新的焊接材料采购规程。

五、焊工资质的确定

从事锅炉压力容器产品焊接工作的焊工需持证上岗，应按照 TSG Z6002—2010《特种设备焊接作业人员考核细则》（以下简称《考核细则》）要求进行焊接技能评定并考取《特种设备作业人员证》。

确定焊工资质，即确定焊工从事产品具体焊接工作所需持证项目，是焊接工艺设计准备阶段的一项重要工作。

产品焊接工艺方案确定之后，焊接工艺人员需要根据其焊接工艺要求确定从事产品焊接工作的焊工应具备的持证项目，并组织焊工按照《考核细则》要求到有资质的焊接作业人员考试机构进行焊接技能评定，取得《特种设备作业人员证》。

焊接工艺人员在确定焊工持证项目时，应从焊接方法、产品母材、规格、焊接位置、焊接材料、产品结构形式、焊接工艺因素等多方面考虑。取得产品焊接资格的焊工，需在资格有效期内、持证项目允许的范围内进行产品的焊接工作。

第三节　焊接工艺评定试验

焊接工艺设计时，焊接试验包括新材料的焊接性试验，焊接材料的工艺和性能试验，新结构、新焊接方法的焊接工艺试验，新设备的调试试验，焊接工艺评定试验。本节仅对焊接工艺评定试验进行介绍。

一、焊接工艺评定（Welding Procedure Qualification）概述

根据产品制造法规、标准和技术条件的规定，为了保证产品的焊接质量，受压部件焊接接头的焊接工艺应有对应的焊接工艺评定。如果没有所支持的焊接工艺评定，制造单位在产品投产前应按规定进行焊接工艺评定。在生产过程中如果某些焊接工艺条件发生变更，且变更后没有所支持的焊接工艺评定，则变更后的焊接工艺在该工艺实施前，也应按规定进行焊接工艺评定。

焊接工艺评定试验不是金属材料的焊接性试验，它是在材料的焊接性试验之后、产品投产前，施焊单位针对产品焊接接头的具体焊接工艺进行的焊接试验。焊接工艺评定的目的是验证按设计的焊接工艺规程所焊接的接头，其力学性能、理化性能和致密性是否符合产品设计的技术要求；评定施焊单位是否有能力焊出符合标准和产品技术条件要求的焊接接头；验证施焊单位制定的焊接工艺指导书是否合适。因此，焊接工艺评定试验所用的试件必须反映产品接头的结构特点，同时接头的形状和尺寸应符合有关焊接工艺评定标准的规定；焊接试件所用工艺为产品接头准备采用的焊接工艺；评定的内容是产品该接头的使用性能。焊接工艺评定工作的正确性和合法性是考核焊接结构生产企业质量控制和保证有效性的主要依据。

国内外一些法规、标准、技术条件都对需要做焊接工艺评定的焊接接头形式和焊接工艺评定的标准进行了规定。各种法规、标准、制造技术条件对需要做焊接工艺评定的焊接接头都有明确要求，但不同标准之间略有差异。如 TSG G0001—2012《锅炉安全技术监察规程》要求，锅炉受压元件的对接焊接接头、锅炉受压元件之间或受压元件与承载的非受压元件之间连接的要求全焊透的 T 形接头或角接接头进行焊接工艺评定。ASME 有关法规要求，锅炉及压力容器受压元件的对接焊接接头、受压元件之间或受压元件与非受压元件之间连接的 T 形接头或角接接头进行焊接工艺评定。

常用的焊接工艺评定标准有　NB/T 47014—2011《承压设备焊接工艺评定》、ASME 第 IX 卷《焊接和钎焊评定》（美国）和 BS EN ISO 15614—1：2004《金属材料焊接工艺规范及鉴定—焊接工艺试验　第 1 部分钢的电弧焊、气焊与镍及镍合金的电弧焊》（欧洲）等标准。

二、焊接工艺评定规则

焊接工艺评定把评定因素分为重要因素、补加因素和次要因素。

重要因素是指影响焊接接头力学性能和弯曲性能（冲击韧度除外）的焊接工艺评定因素，当变更一种重要因素时，都需要重新评定焊接工艺。

补加因素是指影响焊接接头冲击韧度的焊接工艺评定因素，当规定进行冲击试验时，需增加补加因素。当增加或变更任何一个补加因素时，按增加或变更的补加因素，增加焊接冲击韧度试件进行试验。

次要因素是指对要求测定的力学性能和弯曲性能无明显影响的焊接工艺评定因素，当变更次要因素时，不需要重新评定焊接工艺，但需重新编制焊接工艺规程。

焊接工艺评定的评定因素是按焊接方法划分的，每种焊接方法的重要因素、补加因素和

次要因素各不相同。焊接工艺评定的评定因素包括焊接方法、接头、金属材料（母材）、填充金属、金属材料厚度及焊缝金属厚度、气体、预热、后热、焊接位置、电特性、技术措施和焊后热处理等。

焊接工艺评定的详细评定规则按照相应的焊接工艺评定标准执行。焊接工艺评定的一般规则如下：

1. 焊接方法

锅炉及压力容器常用的焊接方法有：气焊、药皮焊条电弧焊、埋弧焊、钨极气体保护焊、熔化极气体保护焊、等离子焊、电渣焊、摩擦焊、螺柱焊和堆焊等，以及这些焊接方法的组合。

焊接方法改变，需要重新评定。

产品焊缝可以是一种焊接方法或工艺，也可以是多种焊接方法或工艺的组合。对于多种焊接方法或工艺组合的焊缝，可以按熔敷金属厚度或母材厚度的范围对每一种焊接方法或工艺分别评定，也可以将焊接方法或工艺组合起来评定。

2. 接头　接头中主要的焊接工艺条件有坡口形式、有无衬垫及衬垫材料等。对于螺柱焊、电渣焊和摩擦焊还有特殊的接头焊接工艺条件。例如螺柱焊时，螺柱端的尺寸和形状、电弧保护套圈型号和焊剂型号等；电渣焊时，有无焊接熔池金属成形块；摩擦焊时，焊接接头横截面积的变化和管－管相焊的外径变化等。除螺柱焊、电渣焊和摩擦焊外，其他焊接方法所包括的接头方面的焊接工艺条件都是次要因素，变更这些条件，一般不需要重新评定。

3. 母材　为了减少焊接工艺评定的数量，根据母材的化学成分、力学性能和焊接性能，对母材进行分类分组。各焊接工艺评定标准对母材分类分组互不相同。但很多焊接工艺评定标准对母材类别、组别的评定规则规定基本相同：

1）母材类别号改变，要重新评定焊接工艺。

2）除另有规定外，母材组别号改变，要重新评定焊接工艺。

3）同类别号中，高组别号母材的焊接工艺评定适用于该组别号母材与低组别号母材组成的焊接接头。

4）除另有规定外，当不同类（组）别号的母材组成的焊接接头，即使母材各自都已评定合格，其焊接接头仍然需要重新评定。

4. 填充金属　焊接工艺评定标准中，焊条、焊丝、焊剂也按化学成分分类。除另有规定外，焊条、焊丝、焊剂的类别号改变，要重新评定焊接工艺。特殊填充金属应按制造厂的牌号进行焊接工艺评定。

5. 母材厚度和焊缝金属厚度　各焊接工艺评定标准中，都有评定合格后，适用于母材厚度和焊缝金属厚度有效范围表，按该表的规定，可根据某一评定试件厚度确定代用的母材厚度和焊缝金属厚度有效范围。表10-4 为 NB/T 47014—2011《承压设备焊接工艺评定》标准规定的对接焊缝厚度评定范围。

6. 气体　按气体组成和比例分类，变更保护方式、保护气体种类，改变背面、尾部保护条件，需要重新评定。

7. 预热、后热　分为有和无。若有预热，评定的预热温度比所评定的预热温度降低不超过50℃，最高层间温度比所评定的最高层间温度提高不超过50℃，否则要重新评定。后热是次要因素。

表 10-4　对接焊缝的试件厚度和焊件厚度规定（试件进行拉伸试验和横向弯曲试验）

单位：（mm）

试件厚度 δ	适用于焊件母材厚度的有效范围		适用于焊件焊缝金属厚度（δ_1）的有效范围	
	最小值	最大值	最小值	最大值
<1.5	δ	2δ	不限	2δ
$1.5 \leqslant \delta \leqslant 10$	1.5	2δ	不限	2δ
$10 < \delta < 20$	5	2δ	不限	2δ
$20 \leqslant \delta < 38$	5	2δ	不限	2δ（$\delta < 20$）
$20 \leqslant \delta < 38$	5	2δ	不限	2δ（$\delta \geqslant 20$）
$38 \leqslant \delta \leqslant 150$	5	$200^{①}$	不限	2δ（$\delta < 20$）
$38 \leqslant \delta \leqslant 150$	5	$200^{①}$	不限	$200^{①}$（$\delta \geqslant 20$）
>150	5	$1.33\delta^{①}$	不限	2δ（$\delta < 20$）
>150	5	$1.33\delta^{①}$	不限	$1.33\delta^{①}$（$\delta \geqslant 20$）

① 限于焊条电弧焊、埋弧焊、钨极气体保护焊、熔化极气体保护焊。

8. 焊接位置　除对焊接参数和焊接工艺条件有特殊要求的焊接位置外（例如；螺柱焊，有冲击试验要求的焊条电弧焊、等离子弧焊），对任一焊接位置的焊接工艺评定适用于其他焊接位置。

9. 电特性　焊接工艺条件有热输入量、焊接电流种类和极性、焊接电流或电弧电压变化，熔滴过渡形式等。当变更这些条件时，应根据不同焊接方法对这些焊接工艺条件重要因素和补加因素的规定，确定是否须重新进行评定。

10. 技术措施　技术措施中焊接工艺条件很多，例如，窄焊道技术、焊前清理方法、清根方法、是否锤击等。特殊的焊接方法和特殊的母材有不同的施焊技术工艺条件，因此，应根据不同的焊接方法确定变更这些焊接工艺条件后是否需要重新进行评定。

11. 焊后热处理　焊后热处理分为实行和不实行。若实行焊后热处理，按正火、正火 + 回火、消除应力退火等热处理类别分类。改变焊后热处理类别或焊后热处理保温温度范围、保温时间范围超过规定，需要重新进行评定。

三、焊接工艺评定试件的检验项目及合格标准

（一）焊接工艺评定试件检验项目

1. 对接焊缝工艺评定试件的检验项目　试验项目为外观检查、无损检测、力学性能试验和弯曲试验。

试验项目包括拉伸试验、弯曲（面弯、背弯、侧弯）试验和冲击试验（规定时）。试样的检验数量除另有规定外，见表 10-5。

NB/T 47014 评定标准规定，断后伸长率标准规定值下限 ≥20% 的黑色金属弯曲试验角度见表 10-6。

2. 角焊缝工艺评定试件的检验项目　检验项目为外观检查、金相检验（宏观）。

3. 堆焊工艺评定试件的检验项目　检验项目为渗透检查、弯曲试验、化学成分分析（当规定时）。

（二）试件焊接工艺评定的检验项目及试件尺寸

不同焊接工艺评定标准对焊接试件的检验项目规定各不相同。下面介绍 NB/T 47014—2011《承压设备焊接工艺评定》标准规定的焊接工艺评定试件的检验项目及试件尺寸。

表 10-5　力学性能试验和弯曲试验项目和取样数量

试件母材的厚度 δ/mm	试样的类别和数量（个）					
	拉伸试验，个		弯曲试验②，个		冲击试验④、⑤，个	
	拉伸①	面弯	背弯	侧弯	焊缝区	热影响区
δ < 1.5	2	2	2	—		
1.5 ≤ δ ≤ 10	2	2	2	②	3	3
10 < δ < 20	2	2	2	③	3	3
δ ≥ 20	2	—	—	4	3	3

① 一根管接头全截面试样可以代替两个带肩板形拉伸试样。

② 当试件焊缝两侧的母材之间、或焊缝金属和母材之间的弯曲性能有显著差别时，可改用纵向弯曲试验代替横向弯曲试验。纵向弯曲时，取面弯和背弯试样各2个。

③ 当试件厚度 δ ≥ 10mm 时，可以用4个横向侧弯试样代替2个面弯和2个背弯试样。组合评定时，应进行侧弯试验。

④ 当焊缝两侧母材的代号不同时，每侧热影响区都应取3个冲击试样。

⑤ 当无法制备 5mm × 10mm × 55mm 小尺寸冲击试样时，免做冲击试验。

表 10-6　弯曲试验角度

试样厚度 δ/mm	弯心直径/mm	支座间距离/mm	弯曲角度/（°）
10	40	63	180°
δ < 10	4S	6S + 3	

1）板状对接焊缝试件的尺寸应满足制备试样的要求，试样也可以直接在焊件上切取。

2）管状对接焊缝试件的尺寸应满足制备试样的要求，试样也可以直接在焊件上切取。

3）板状堆焊试件长度与宽度 ≥ 150mm，堆焊宽度 ≥ 40mm。

4）管状堆焊试件长度 ≥ 150mm，堆焊宽度 ≥ 40mm，最小直径应能满足切取试样的要求。

5）板材角焊缝试件翼板长度 ≥ 200mm，宽度 ≥ 100mm，腹板高度 ≥ 50mm。

6）管－板角焊缝试件，要求板边缘距离角焊缝边缘长度 ≥ 50mm，管长度为 75mm。

（三）焊接工艺评定试件的评定检验项目合格标准

焊接工艺评定试件不同，检验项目也不同。其中，对接焊缝工艺试件的检验项目较多，合格标准的规定内容也较多，这里我们重点介绍 NB/T 47014—2011《承压设备焊接工艺评定》标准中关于对接焊缝工艺评定试件的检验项目和合格标准的规定。

1. 外观检查　试件接头表面不得有裂纹。

2. 无损检测　对接焊缝工艺评定试件按 JB/T 4730—2005《承压设备无损检测》进行无损检测，无损检测结果不得有裂纹。

3. 常规力学性能试验

（1）拉伸试验　试样母材为同一金属材料代号时，每个（片）试样的抗拉强度应不低于本标准规定的母材抗拉强度最低值。试样母材为两种金属材料代号时，每个（片）试样的抗拉强度应不低于本标准规定的两种母材抗拉强度最低值中的较小值。

（2）弯曲试验　试样弯曲到规定的角度后，其拉伸面上焊缝和热影响区内，沿任何方向上不得有单条长度大于 3mm 的开口或缺陷。试样的棱角开口缺陷一般不计，但由未熔合、夹渣或其他内部缺欠引起的棱角开口缺陷长度应计入。

（3）冲击试验　钢制焊接接头每个区三个标准试样的冲击吸收功平均值应符合设计文

件或相关技术文件的规定，且不得小于表 10-7 中的数值，且至多允许有一个试样的冲击吸收功低于规定值，但不得低于规定值的 70%。

表 10-7 钢材焊缝的冲击吸收功最低值

材料类别	钢材标准抗拉强度下限值 δ_b/MPa	3 个标准试样冲击吸收功平均值 A_{KV2}/J
	≤450	≥20
	>450~510	≥24
	>510~570	≥31
	>570~630	≥34
	>630~690	≥38

四、焊接工艺评定报告包括的内容

焊接工艺评定报告包括如下内容：

1）焊接工艺评定报告编号和日期、相应的焊接工艺指导书编号。

2）焊接方法、焊接设备。

3）接头形式、焊接位置。

4）工艺试件母材钢号、分类号、厚度、直径。

5）焊接材料的牌号、类别、规格。

6）预热温度、层间温度、焊后热处理温度和保温时间。

7）各条焊道实际焊接参数和施焊技术。

8）焊接接头外观和无损检测检查结果。

9）拉伸、弯曲、冲击韧度、金相、角焊缝断面宏观检验结果和检验报告编号。

10）焊接工艺评定结论。

11）焊工姓名和钢印号（或焊工证号）。

12）试验人和报告审批人签字、日期。

五、焊接工艺评定的一般程序

焊接工艺评定应在焊接性试验基础上进行，是生产前的工艺验证试验，应在制定焊接工艺指导书以后，焊接产品之前进行。焊接工艺评定试验由施焊单位的熟练焊工按照焊接工艺指导书的规定焊接试件，然后对试件进行外观、无损检测、力学性能和金相等检验，同时将焊接时的实际焊接参数和各项检验结果记录在焊接工艺评定报告上，再有施焊单位技术部门负责人应对该报告审批。

各生产单位产品质量管理机构不尽相同，工艺评定程序可能有一定差别。以下是一般程序：

（一）焊接工艺评定项目的确定

产品的焊接方案制订后，制造单位的焊接工艺人员根据产品每个接头材料的牌号及厚度、接头及坡口形式、所采用的焊接方法、焊接材料和规格、检验方法，预热、后热（消氢处理）、焊后热处理规范和对接头性能的特殊要求，确定焊接工艺规程是否有合格的焊接工艺评定报告支持，如果需要应增加焊接工艺评定试验或补充焊接工艺评定试验内容时，要提出新的焊接工艺评定的项目。

生产过程中，由于结构、材料和工艺更改，需重新编制焊接工艺规程时，也可能提出新的焊接工艺评定的项目。

（二）编制焊接工艺评定设计书（指导书）或相应的焊接工艺规程（未生效的）

确定新的焊接工艺评定项目后，焊接工艺人员应根据有关法规和产品的技术要求编制相应的焊接工艺规程（未生效的）或焊接工艺评定设计书。

《ASME锅炉及压力容器规范》第Ⅸ卷采用编制非生效焊接工艺规程的方法，焊接工艺规程的内容与指导生产的焊接工艺规程相同，用来指导焊接工艺评定试验，焊接工艺评定试验合格后，该焊接工艺规程生效，可指导焊接生产。

国内一些制造单位采用编制焊接工艺评定设计书（指导书）的方法，设计书中除包含焊接工艺规程的内容外，还增加了对接头的性能要求、检验项目和合格标准。焊接工艺评定设计书（指导书）比焊接工艺规程用于指导焊接工艺评定试验更具有可操作性。

（三）编制焊接工艺评定试验计划

焊接工艺评定试验计划的内容包括试件备料、坡口加工、试件组焊、焊后热处理、无损检测和理化检验等的计划进度、费用预算、负责单位、协作单位分工及要求等。

（四）焊接工艺评定试验的实施

焊接工艺评定试验计划审批后，由焊接试验部门按焊接工艺评定试验计划，领料、加工试件、组装试件、焊材烘干和焊接。试件的焊接应由考试合格的或熟练的焊工，按照焊接工艺评定设计书（指导书）规定的各种焊接参数焊接。焊接全过程在焊接工程师监督下进行，并记录焊接工艺参数的实测数据。如试件要求焊后热处理，则应记录热处理过程的实际温度和保温时间。试件焊完后，按照焊接工艺评定标准规定进行外观检查、无损探伤检测，然后进行接头的性能试验。如性能试验不合格，则分析原因，重新编制焊接工艺指导书，重焊试件。

（五）编写焊接工艺评定报告

所要求评定的项目经检验全部合格后，即可编写焊接工艺评定报告。报告内容大体分成两大部分：第一部分是记录焊接工艺评定试验的条件，包括试件材料牌号，类别号、接头形式、焊接位置、焊接材料、保护气体、预热温度、焊后热处理制度、焊接能量参数等；第二部分是记录各项检验结果，其中包括拉伸，弯曲，冲击、硬度、宏观金相、无损检测和化学成分分析结果等。报告由完成该项评定试验的焊接工程师填写并签字，内容必须真实完整。焊接工艺评定报告经审批后，一般要复印两份，一份交企业质量管理部门供安全技术监督部门或用户核查，一份交焊接工艺部门，作为编制焊接工艺规程的依据。评定报告原件存企业档案部门。

第四节　焊接工艺文件的制定

焊接工艺文件分焊接管理文件和焊接技术文件。制造企业制定的焊接工艺文件仅对本单位有效。

1. 焊接技术文件　焊接技术文件又分焊接技术标准和直接指导焊接生产的文件。

焊接技术标准包括焊接材料选用标准、受压元件焊接技术条件、焊接工艺评定报告等。

指导焊接生产的文件包括产品的焊缝识别卡、焊接工艺规程、焊接工艺（指导）卡（不要求焊接工艺评定的规程）、各种焊接方法工艺守则等。

2. 焊接管理文件　焊接管理文件包括焊接材料管理规程、焊接试板管理规程、焊工培训及考试管理办法等。

本节只对焊接工艺规程和焊缝识别卡进行介绍。

一、焊接工艺规程（焊接工艺指导书）

焊接工艺规程（WPS/welding procedure specification）是焊接生产的主要指导性焊接工艺文件，是焊工焊接操作的依据。产品法规要求有焊接工艺评定支持的焊接工艺规程，在工艺评定合格后生效。焊接工艺规程应发到生产班组和有关部门。焊工在焊接产品之前必须认真阅读焊接工艺规程的全部内容，掌握焊接工艺规程中对焊接材料、焊接参数、焊接位置以及其他与焊接操作有关的要求，并在工作过程中遵照执行。

1. 焊接工艺规程（焊接工艺指导书）　应有如下内容：

1）焊接工艺规程的编号和日期。

2）相应的焊接工艺评定报告编号。

3）焊接方法及自动化程度。

4）接头形式、有无衬垫及衬垫材料牌号。

5）坡口简图、焊缝示意图（焊道分布和顺序）。

6）焊接位置、立焊的焊接方向。

7）母材钢号、分类号、母材及熔敷金属的厚度范围、管子直径范围。

8）焊接材料的牌号、标准号、类别、规格，钨极的类型、牌号、直径，保护气体的名称、成分、流量（包括背面和尾部保护）。

9）焊前预热、层间温度。

10）焊接电特性参数（包括电流种类和极性、焊接电流、电弧电压、焊接速度、送丝速度、摆动速度和幅值等）。

11）操作技术和焊接程序。

12）热处理（后热、消氢、中间热处理、焊后退火处理、正火、回火处理等）。

13）编制人和审批人签字、日期。

2. 编制焊接工艺规程　应注意的几个问题：

（1）母材及熔敷金属的厚度范围　产品某个焊接接头的母材厚度、熔敷金属厚度是一个具体值。为了扩大焊接工艺规程的使用范围，减少焊接工艺规程的数量，编制该接头焊接工艺规程时，应按照所依据的一个或几个合格焊接工艺评定的"适用于焊件母材厚度的有效范围"和"适用于焊件焊缝金属厚度的有效范围"（见表10-5）填写厚度范围。

（2）母材分类号　在焊接工艺规程中应注明所依据一个或几个合格焊接工艺评定的试验用母材对应的分类号，这样，在其他条件相同的情况下，该分类号中所有材料的焊接都可以使用该焊接工艺规程。

3. 焊接工艺规程的管理　焊接工艺规程既具有明显的特定产品针对性，又具有相似条件下的通用性，是产品制造过程中必备的最重要的工艺文件之一，作为一个企业可能拥有数量繁多的焊接工艺规程，以适应各种产品焊接的需要。为了保证焊接工艺规程的正确使用和快速查询，工程师们做了大量的工作。目前，利用计算机的数据库和网络技术，建立了焊接工艺规程数据库管理系统，并实现了网络化功能。

对于网络上被授权的每一台单机，焊接工艺规程管理系统可实现数据库维护、记录查询、记录打印、记录浏览等功能。数据库维护可实现数据库记录的追加、编辑、删除等功能，很好地完成数据库的维护工作，使数据库处于不断充实、更新的状态；记录查询可以根据输入的条件查找满足条件的全部记录，并以主要参数和全部参数两种方式显示查询记录。焊接工艺管理系统能够大大地提高了焊接工程师的工作效率和焊接工艺规程选用的准确性。网络化管理使焊接工艺规程的资源最大限度地共享，在同一管理系统下，可以多机同时操作。同时也可以通过网络使工艺规程的用户可以在网络上查询、浏览工艺规程记录。

二、产品的焊缝识别卡

压力容器及其部件，锅炉的锅筒和集箱，结构复杂，接头形式较多，使用的焊接工艺规程也较多，为了在产品生产中正确地选用对应的焊接工艺规程，需要编制该产品或部件的焊缝识别卡。

焊缝识别卡的编制　焊缝识别卡包括如下内容：

1）焊缝识别卡编号。

2）产品或部件名称。

3）产品或部件主要材料牌号及规格。

4）产品或部件的结构简图，所有受压接头的位置、接头类型和编号。

5）各类接头类型的数量。

6）结构简图中，每一条焊缝所用焊接工艺规程编号和对该焊缝焊工的资格要求。

7）编制、校对和审核人的签字。

图 10-4 为气体储罐的焊缝识别卡。

产品焊缝识别卡								
识别卡编号	HZC—××	主壳体材质	Q345R（16MnR）	接头类型	A	B	C	D
产品部件名称	××××××	部件规格	$\phi 1200\text{mm} \times 70\text{mm}$	接头数量	4	2		4

部件焊缝编号及分布位置示意图

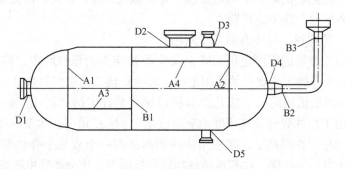

焊缝编号	应用的WPS编号	要求的焊工资格代号	焊缝编号	应用的WPS编号	要求的焊工资格代号
A1、A2	WPS - 01	SMAW - FeⅡ - 1G（K）- 12 - Fef3J SAW - 1G（K）- 07/09/19	B2、B3	WPS - 03	GTAW - FeⅡ - 5G - 5/60 - 02/11/12 SMAW - FeⅡ - 5G（K）- 5/60 - Fef3J
A3、A4	WPS - 02	SAW - 1G（K）- 07/09/19	D1	WPS - 04	SMAW - FⅡ - 1G（K）- 12 - Fef3J
B1	WPS - 01	SMAW - FeⅡ - 1G（K）- 12 - Fef3J SAW - 1G（K）- 07/09/19	D2 ~ D5	WPS - 04	SMAW - FeⅡ - 1G（K）- 12 - Fef3J

图 10-4　气体储罐的焊缝识别卡

在焊接生产过程中，生产管理者应根据焊缝识别卡中各种焊接接头所对应焊缝的焊接工艺规程编号和所要求的焊工资格代号，组织焊接生产。

第五节　焊接工艺设计及生产管理

一、焊接工艺设计管理及生产管理流程

焊接工艺设计首先对产品图样的焊接工艺性进行审查，然后根据焊接工艺性审查后的产品图样制定产品焊接方案。按照焊接方案，焊接工艺人员要提出焊接工艺评定项目、编制新的焊接材料采购规程，提出焊工培训、考试项目，编制新工艺及新材料工艺试验方案和编制焊接新设备及新工装任务书。接着采购部门进行焊接材料和焊接设备的采购。工艺部门进行焊接工艺评定试验、新工艺及新材料工艺试验、焊工培训考试。焊接工艺评定合格后，编制焊接工艺规程和产品焊缝识别卡。产品焊接生产过程中，质量管理部门和工艺部门对焊接工艺实施监督。检查部门对焊接接头质量进行检查。检查中，发现不合格焊接接头，工艺部门要制定返修焊接工艺。在生产过程中，材料和工艺更改和制定返修焊接工艺时，有可能提出新的焊接工艺评定项目。焊接工艺设计时，工艺部门还要根据产品图样中各个焊接接头情况和焊接工艺方案计算焊接材料消耗定额。

图 10-5 为焊接工艺设计及生产管理流程图。

焊接工艺设计管理及生产管理中，要使焊接工艺设计及生产过程的各个阶段、各个内容之间紧密衔接、连续不断地进行。在产品投产前，焊接材料的采购、焊工培训和考试、焊接工艺评定试验、新工艺、新材料工艺试验等焊接工艺设计工作要全部完成。焊接工艺规程和产品的焊缝识别卡要发到焊工手中，以确保生产周期和产品质量。

焊接工艺评定试验能否按期完成，是影响产品投产的关键。要提前做好焊接工艺评定试板和焊接材料的准备工作。

二、焊接生产管理措施

1. 焊接质量的可追溯性控制　可追溯性控制是焊接质量控制和管理的一个重要内容。焊接接头在产品制造和以后的运行中，如果出现质量问题，可以有线索、有资料进行焊接接头质量分析。要实现焊接质量的可追溯性控制，应做如下工作：

（1）"标记移植"　凡合格入库的产品制造用材料，如板、管、棒、锻件等材料标记，切割下料时，原件和余料都应做相同的材料标记，该过程称为"标记移植"。"标记移植"是生产现场管理的重要内容。移植的标记应包括材料的名称、规格、炉批号、入库验收编号等。"标记移植"不仅可防止生产中混料，也为将来焊接接头的质量分析提供方便。

（2）现场记录和备案　受控焊接接头的焊接过程应有书面记录。记录内容包括：焊缝名称或编号，施焊焊工的姓名、钢印号，所用的焊接材料的牌号、规格，焊接规范，返修记录、无损检测，热规范（预热温度、后热、消氢处理和焊后热处理）记录，以及焊接过程任何不正常情况的记录。这些记录将在产品档案中备案。

（3）焊工钢印　焊工完成受压部件焊缝的焊接后，应在规定的位置打焊工代号的低应力钢印。

2. 焊接工程质量控制点和停留点　在产品制造过程中，对焊接工程质量不够稳定的重要工序和重要环节，进行重点监督和检验，严格加以控制，这样的点称为控制点。如焊接工

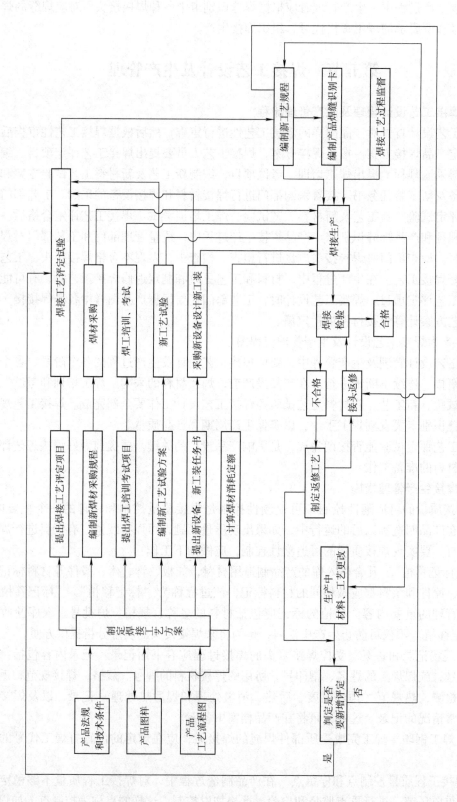

图 10-5　焊接工艺设计及生产管理流程图

艺评定、产品焊接试板、焊工资格、焊接材料、焊接生产操作、焊后热处理、产品焊接接头检验和水压及气密试验等，往往被列为控制点。

在锅炉和压力容器的生产过程中，明确规定关键焊接相关工序及关键环节，未经检验合格或未见验证报告及数据不得进入下道工序，此工序称为停留点。焊接材料的进厂验收、产品焊前试样、产品焊接试板、焊接接头无损检测、水压试验等，往往列为停留点。

3. 严明焊接工艺纪律问题　焊接操作者在生产过程中，执行焊接工艺规程和相关工艺文件的情况称为工艺纪律。为了严明焊接工艺纪律，应组织有关部门对焊接生产过程不定期地进行焊接工艺纪律检查。焊接工艺纪律检查的内容如下：

1）领用的焊接材料牌号是否正确，焊接材料烘干、发放、回收是否符合有关规定。

2）焊接操作者是否具有焊接生产的考试合格项目。

3）焊接操作者是否按照焊接工艺规程操作。特别注意检查预热温度、层间温度、焊接参数是否符合焊接工艺规程的规定。

4）产品试板的焊接过程是否符合规定。

5）设备的电流、电压等仪表是否在有效期之内，是否正常。

4. 不合格焊缝的处理　应按照不一致品的处理规程的规定，进行超标焊接缺陷的返修。缺陷的返修必须有对应的焊接工艺评定，并制定缺陷返修焊接工艺规程。同一位置缺陷的返修次数不能超过两次。

三、焊工资质的管理

从事下列焊缝焊接工作的焊工，应当按照 TSG Z6002—2010《特种设备焊接作业人员考核细则》考核合格，并持有《特种设备作业人员证》，且只能在持证项目的适用范围内进行焊接操作。锅炉、压力容产品制造企业需对焊工操作资格进行有效管理，保证持证上岗。

（一）承压类设备的受压元件焊缝、与受压元件相焊的焊缝、受压元件母材表面堆焊。

（二）机电类设备的主要受力结构（部）件焊缝、与主要受力结构（部）件相焊的焊缝。

（三）溶入前两项焊缝内的定位焊缝。

1. 焊工资质的维护　从事锅炉、压力容器产品焊接工作的焊工，所在单位应对其焊接连续操作情况进行记录和存档，当焊接连续操作记录中断 6 个月以上，该焊工在从事相应的焊接作业前，应当对其持证项目进行复审。

2. 生产中的控制管理　锅炉、压力容产品制造企业在焊接工作中应按照不同焊工、不同的持证项目合理分配焊接工作，保证持证上岗。持证焊工在从焊期间，若不能满足产品的焊接质量要求或者违反工艺纪律，以致经常或连续出现焊接质量问题、质量事故，企业应将相关资料上报主管部门，吊销其《特种设备作业人员证》。被吊销证书的焊工，三年内不得提出考试申请。

第六节　TSG Z6002—2010《特种设备焊接作业人员考核细则》简介

一、焊工技能评定概述

国内从事锅炉、压力容器制造的焊工，应按照 TSG Z6002—2010《特种设备焊接作业人员考核细则》（以下简称《考核细则》）进行技能评定并考取《特种设备作业人员证》。对于涉外产品，焊工技能评定依据的标准需根据产品制造标准要求确定，较常用的标准有ASME 第Ⅸ卷《焊接和钎接评定》、EN287－1《焊工技能评定》等。

焊工技能评定的目的是检验焊工焊接优质焊缝的能力。

二、焊工技能评定内容

焊工技能评定包括基本知识评定和操作技能评定两部分。

首次取证焊工、持证焊工增加新焊接方法的技能评定、改变或增加母材种类的技能评定均需进行基本知识评定。基本知识评定是对焊工掌握焊接基本理论知识水平的评定，基本知识评定合格后方可进行操作技能的评定。

基本知识评定的内容按照《考核细则》中的要求确定。

操作技能评定内容需根据焊工所要从事的焊接工作及《考核细则》中的要求确定。

三、焊工操作技能评定规则概述

《考核细则》中将焊工分为手工焊焊工、机动焊焊工和自动焊焊工。机动焊工和自动焊工合称焊机操作工。

焊工：从事焊接操作的人员。

手工焊焊工：焊工用手进行操作和控制焊接参数而完成的焊接，填充金属可以由人工送给，也可以由焊机送给。

机动焊工：焊工操作焊机进行调节与控制焊接参数而完成的焊接。

自动焊工：焊机自动进行调节与控制焊接参数而完成的焊接。

焊机操作工：操作机动焊、自动焊设备的焊工。

焊工操作技能评定需按照手工焊焊工、焊机操作工分别进行评定。

（一）手工焊焊工操作技能评定

手工焊焊工操作技能评定的要素包括焊接方法、材料类别、填充金属的类别、试件位置、有无衬垫、焊缝金属厚度、管材试件的外径、焊接工艺因素等。

1. 焊接方法　从事不同焊接方法焊接操作的焊工需按照不同焊接方法进行技能评定，各种焊接方法不能互相替代。锅炉、压力容器常用的焊接方法与代号见表 10-8。

表 10-8　锅炉、压力容器常用的焊接方法与代号

焊接方法	代　　号
焊条电弧焊	SMAW
钨极气体保护焊	GTAW
熔化极气体保护焊	GMAW（含药芯焊丝熔化极气体保护焊 FCAW）
埋弧焊	SAW
电渣焊	ESW
气焊	OFW
等离子弧焊	PAW
气电立焊	EGW
摩擦焊	FRW
螺柱电弧焊	SW

2. 材料类别　《考核细则》中将焊工操作技能评定的材料划分成钢、铜及铜合金、镍及镍合金、铝及铝合金、钛及钛合金五大类，每一大类中又划分成不同小类。某一钢号的操作技能评定合格后，适用焊件的类别范围也不同。焊工操作技能评定的金属材料类别、代号及适用范围见表10-9。

表 10-9　焊工操作技能评定金属材料类别、代号与适用范围

种类	类　别	代号	适用于焊件金属材料类别范围
钢	低碳钢	Fe I	Fe I
	低合金钢	Fe II	Fe I 、Fe II 、Fe I + Fe II
	Cr5 铬钼钢、铁素体型钢、马氏体型钢	Fe III	Fe I 、Fe II 、Fe III 、Fe I + Fe III 、Fe II + Fe III
	奥氏体型钢、奥氏体与铁素体型双相钢	Fe IV	Fe IV 、Fe I + Fe IV 、Fe II + Fe IV 、Fe III + Fe IV
铜及铜合金	纯铜	Cu I	Cu I
	铜锌合金、铜锌锡合金	Cu II	Cu II
	铜硅合金	Cu III	Cu III
	铜镍合金	Cu IV	Cu IV
	铜铝合金	Cu V	Cu V
镍及镍合金	纯镍	Ni I	
	镍铜合金	Ni II	
	镍铬铁合金、镍铬钼合金	Ni III	Ni I 、Ni II 、Ni III 、Ni IV 、Ni V
	镍钼铁合金	Ni IV	
	镍铁铬合金	Ni V	
铝及铝合金	纯铝，铝锰合金	Al I	
	铝镁合金 [$w(Mg) \leqslant 4\%$]	Al II	
	铝镁硅合金	Al III	Al I 、Al II 、Al III 、Al V
	铝镁合金 [$w(Mg) > 4\%$]	Al V	
钛及钛合金	低强纯钛、钛钯合金	Ti I	Ti I 、Ti II
	高强纯钛、钛钼镍合金	Ti II	

3. 试件位置　焊工操作技能评定试件分为板材试件、管材试件、管板角接头试件、螺柱焊试件，板材试件、管材试件又分为对接（G）试件和角焊缝（F）试件；试件位置根据试件类型不同有所不同。焊工操作技能评定试件类别、位置与代号见本书第三章表3-3，焊工操作技能评定适用位置见表10-10。

表 10-10　焊工操作技能评定适用位置

试件		适用焊件范围			
		对接焊缝位置			
类别	代号	板材和外径大于600mm的管材	外径小于或等于600mm的管材	角焊缝位置	管板角接接头试件位置
板材对接焊缝试件	1G	平	平②	平	—
	2G	平、横	平、横②	平、横	—
	3G	平、立①	平②	平、横、立	—
	4G	平、仰	平②	平、横、仰	—

（续）

试件		适用焊件范围			
		对接焊缝位置		角焊缝位置	管板角接接头试件位置
类别	代号	板材和外径大于600mm的管材	外径小于或等于600mm的管材		
管材对接焊缝试件	1G	平	平	平	—
	2G	平、横	平、横	平、横	—
	5G	平、立、仰	平、立、仰	平、立、仰	—
	5GX	平、立向下、仰	平、立向下、仰	平、立向下、仰	—
	6G	平、横、立、仰	平、横、立、仰	平、横、立、仰	—
	6GX	平、立向下、横、仰	平、立向下、横、仰	平、立向下、横、仰	—
管板角接接头试件	2FG	—	—	平、横	2FG
	2FRG	—	—	平、横	2FRG、2FG
	4FG	—	—	平、横、仰	4FG、2FG
	5FG	—	—	平、横、立、仰	5FG、2FRG、2FG
	6FG	—	—	平、横、立、仰	所有位置
板材角焊缝试件	1F	—	—	平[3]	—
	2F	—	—	平、横[3]	—
	3F	—	—	平、横、立[3]	—
	4F	—	—	平、横、仰[3]	—
管材角焊缝试件	1F	—	—	平	—
	2F	—	—	平、横	—
	2FR	—	—	平、横	—
	4F	—	—	平、横、仰	—
	5F	—	—	平、横、立、仰	—

[1] 表中"立"表示向上立焊；向下立焊表示为"立向下"焊。

[2] 板材对接焊缝试件考试合格后，适用于管材对接焊缝焊件时，管外径应大于或等于76mm。

[3] 板材角焊缝试件考试合格后，适用于管材角焊缝焊件时，管外径应大于或等于76mm。

　　4. 焊缝金属厚度、管材试件的外径　焊工焊接操作技能评定试件的焊缝金属厚度不同、选用管材试件的外径不同，其适用范围是不同的，需按照《考核细则》中的规定确定其适用范围。

　　5. 填充金属的类别　手工焊焊工进行操作技能评定时，选择不同的填充金属，评定合格后的填充金属适用范围是不同的。

　　《考核细则》中将焊工操作技能评定使用的填充金属对应操作技能评定试件的金属材料类别也划分成钢、铜及铜合金、镍及镍合金、铝及铝合金、钛及钛合金五大类，每一大类中又划分成不同小类。某一型号或牌号填充金属的操作技能评定合格后，适用焊件填充金属类别范围也不同。焊工操作技能评定填充金属适用范围见表 10-11。

表 10-11　焊工操作技能评定填充金属适用范围

种类	类别	试件用填充金属代号	适用于焊件填充金属类别范围
钢	碳钢焊条 低合金钢焊条 马氏体钢焊条 铁素体钢焊条	Fef1（钛钙型）	Fef1
		Fef2（纤维素型）	Fef1、Fef2
		Fef3（钛型、钛钙型）	Fef1、Fef3
		Fef3J（低氢型、碱性）	Fef1、Fef3、Fef3J
	奥氏体钢焊条 奥氏体与铁素体双相钢焊条	Fef4（钛型、钛钙型）	Fef4
		Fef4J（碱性）	Fef4、Fef4J
	全部钢丝	FefS	FefS
铜及 铜合金	纯铜焊条	Cuf1	Cuf1
	铜硅合金焊条	Cuf2	Cuf2
	铜锡合金焊条	Cuf3	Cuf3
	铜镍合金焊条	Cuf4	Cuf4、NifX
	铜铝合金焊条	Cuf6	Cuf6
	铜镍铝合金焊条	Cuf7	Cuf7
	纯铜焊丝	CufS1	CufS1
	铜硅合金焊丝	CufS2	CufS2
	铜锡合金焊丝	CufS3	CufS3
	铜镍合金焊丝	CufS4	CufS4、NifSX
	铜铝合金焊丝	CufS6	CufS6
	铜镍铝合金焊丝	CufS7	CufS7
镍及 镍合金	纯镍焊条	Nif1	Nif1、Nif2、Nif3、 Nif4、Nif5、Cuf4
	镍铜合金焊条	Nif2	
	镍基类、镍铬铁合金焊条 镍铬钼合金焊条	Nif3	
	镍钼合金焊条	Nif4	
	铁镍基、镍铬钼合金焊条	Nif5	
	纯镍焊丝	NifS1	NifS1、NifS2、NifS3、 NifS4、NifS5、CufS4
	镍铜合金焊丝	NifS2	
	镍基类、镍铬铁合金焊丝 镍铬钼合金焊丝	NifS3	
	镍钼合金焊丝	NifS4	
	铁镍基、镍铬钼合金焊丝 镍铬铁合金焊丝	NifS5	
铝及 铝合金	纯铝焊丝	AlfS1	AlfS1
	铝镁合金焊丝	AlfS2	AlfS2
	铝硅合金焊丝	AlfS3	AlfS3
钛及 钛合金	纯钛焊丝	TifS1	TifS1
	钛钯合金焊丝	TifS2	TifS2
	钛钼镍合金焊丝	TifS4	TifS4

6. 焊接工艺因素　见表 10-12。

表 10-12　手工焊焊工操作技能评定的焊接工艺因素

机械化程度	焊接工艺因素		代号
手工焊	气焊、钨极气体保护焊、等离子弧焊用填充金属丝	无	01
		实芯	02
		药芯	03
	钨极气体保护焊、熔化极气体保护焊和等离子弧焊用填充金属丝	有	10
		无	11
	钨极气体保护焊类别与极性	直流正接	12
		直流反接	13
		交流	14
	熔化极气体保护焊	喷射弧、熔滴弧、脉冲弧	15
		短路弧	16
		惯性驱动摩擦	22
机动焊	钨极气体保护焊自动稳压系统	有	04
		无	05
	各种焊接方法	目视观察、控制	19
		遥控	20
	各种焊接方法自动跟踪系统	有	06
		无	07
	各种焊接方法每面坡口内焊道	单道	08
		多道	09
自动焊	摩擦焊	连续驱动摩擦	21
		惯性驱动摩擦	22

7. 堆焊试件　焊接不锈钢复合材料的覆层之间焊缝及过渡焊缝的焊工，需进行耐蚀堆焊试件的操作技能评定，各种焊接方法的操作技能评定的规定也适用于耐蚀堆焊。

（二）焊机操作工操作技能评定

焊机操作工操作技能评定的要素主要包括焊接方法（见表 10-8）、试件位置（见表 10-10）和焊接工艺因素（见表 10-12）三方面的内容。

（三）焊工操作技能评定项目代号

焊工操作技能评定项目以代号的形式表示，项目代号体现了焊工操作技能评定的各个要素。

1. 手工焊焊工操作技能评定项目代号由七部分评定要素组成，表示为：

①—②—③—④—⑤—⑥—⑦

2. 焊机操作工操作技能评定项目代号由三部分评定要素组成，表示为：

①—②—③

焊工操作技能评定项目代号各部分的具体含义见表 10-13。

表 10-13　焊工操作技能评定项目代号的含义

项目代号的组成部分	手工焊	焊机操作工
①	焊接方法代号，见表 10-8，耐蚀堆焊加代号：N 与试件母材厚度	
②	金属材料类别代号，试件为异种类别金属材料时，用"X/X"表示	试件位置代号，带衬垫加代号：（K）
③	试件位置代号，带衬垫加代号：（K）	焊接工艺因素代号
④	焊缝金属厚度（对于板材角焊缝试件，为试件母材厚度 δ）	—
⑤	管材外径	—
⑥	填充金属类别代号	—
⑦	焊接工艺因素代号	—

常用焊工操作技能评定项目代号及其适用范围见附录 A。

四、焊工技能评定的流程

1）焊工或企业向有资质的焊工考试机构提交考试申请资料，包括申请表、体检表、学历证书复印件或证明、身份证复印件、正面近期免冠照片等资料。

2）考试申请资料经考试机构审核通过后，焊工按照考试机构发布的考试计划参加基本知识和操作技能的考试。

3）考试机构对焊工技能评定试件进行检验、评定结果并填写相关记录表。

4）评定合格的焊工，由考试机构或焊工到发证机关办理《特种设备作业人员证》。

第十一章　锅炉压力容器的制造工艺

第一节　锅炉压力容器的通用制造工艺

一、坡口制备

锅炉、压力容器受压元件焊接坡口的制备加工可以采用冷加工法（机械加工）或热加工法（热切割）。冷加工法可采用刨、镗、铣、车或专用坡口加工设备，不仅可进行 I 形坡口、V 形坡口或 X 形坡口的加工，而且可进行 U 形、U + V 形等复杂形状坡口的加工。热加工方法可采用氧－燃气火焰切割、等离子弧切割和激光切割等工艺，且只能进行 I 形坡口、V 形坡口或 X 形坡口的加工。淬硬倾向大的金属材料，若采用热加工方法制备坡口，需用机械加工和热处理方法消除切割后的淬硬组织。一般材料，热切割后可不进行机械加工，但坡口表面应平滑，不得有深度大于 1mm 的缺口和凹槽，否则应补焊磨平。组装焊接前应对热切割表面进行磁粉或渗透检测。冲压封头的环缝坡口一般在封头成形后加工。根据成形工艺，部件结构，坡口加工设备等条件，筒节的纵、环缝坡口可在成形工序前或工序后进行加工。

二、板材的成形

（一）筒体和锥体的成形

1. 卷制成形　卷制成形是将板料输送到卷板机上，对板料进行连续三点滚弯的过程。筒体和锥体可采用卷板机进行卷制成形。卷板机一般有三辊和四辊两种形式。图 11-1 为对称式三辊筒卷板机工作示意图，在两个下辊筒（Ⅱ）和（Ⅲ）的中间对称位置上有一个上辊筒（Ⅰ），上辊筒能在垂直方向调节，使置于上下辊筒间的板料得到不同的弯曲半径。下辊筒是主动辊，通过电动机使板料同方向同转速转动，上辊筒是被动辊。板料置于上下辊筒之间，压下上辊筒，使板料在支撑点间发生弯曲。当上下辊筒转动时，辊筒与板料表面摩擦力的作用使板料移动，产生均匀的弯曲变形，最终卷制成筒体或锥体。

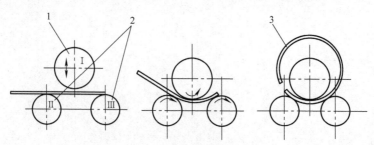

图 11-1　对称式三辊筒卷板机工作示意图

1—上辊筒　2—下辊筒　3—筒体

2. 压制成形　压制成形是在压力机上利用模具使板料成形的一种工艺方法。板料的成形完全取决于模具的形状与尺寸。筒体和锥体可采用专用筒体模具和锥体模具进行压制，压制时一般需要分成两片或更多的瓦片下料，以方便模具的上下运动。图 11-2 为一筒体瓦片压制示意图，图中 δ 为筒体厚度，b 为筒体长度，P 为压制力，压制成形后的筒体瓦片再组装成筒体或锥体。采用特殊的模具可进行单缝筒体的一次压制成形。对于筒体或锥体，在压制过程中要用专用样板进行测量，以保证成形精度。

根据成形温度不同，卷制和压制可分为冷成形（冷卷或冷压）、热成形（热卷或热压）和温成形（温卷或温压）三种成形方式。冷成形指在常温状态下进行卷制或压制，它适用于中薄板的成形。热成形是

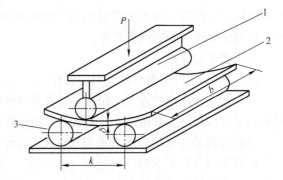

图 11-2 筒体瓦片压制示意图
1—上压模 2—筒体瓦片 3—下压模

将板材加热到指定的温度（正火温度以上），并在规定的温度范围内进行卷制或压制，一般用于厚板的成形。温成形是指将板材加热到 $500 \sim 600℃$ 进行卷制或压制，它比冷卷时有更好的塑性，同时减轻了热成形时板料表面氧化的程度。具体采用哪种成形工艺应根据板料厚度、设备能力和产品的特点等来选定。

（二）封头的成形

1. 冲压 封头的冲压一般在水压机或液压（油压）机上进行，冲压分冷冲压和热冲压两种方式，对于壁厚在 6mm 以上的封头，一般常采用热冲压工艺。

热冲压封头时，可先将坯料加热至适当温度，然后将其放到下模（拉环）上，并对准中心，利用上模（冲头）向下的冲压力完成封头的成形，如图 11-3 所示。冷冲压封头或薄壁热冲压封头时，由于壁厚较薄，冲压时在坯料边缘容易失稳起皱，故一般采用压边圈的方式进行压制。具体方法是在坯料的上面先用一环圈将边缘压住，然后用冲头对其进行冲压，如图 11-3 所示。

2. 旋压成形 在旋压机上，通过坯料和芯模的旋转，在旋压棒压力作用下，使坯料逐步成形的加工方法，称为旋压。旋压成形分为冷旋压和热旋压两种方式。对于壁厚较厚的封头一般需要加热旋压，热旋压需要在旋压机上增加加热装置。冷旋压最常用的是卧式无胎旋压，其工作原理如图 11-4 所示。大型封头一般在立式旋压机上进行旋压，这种旋压机多数

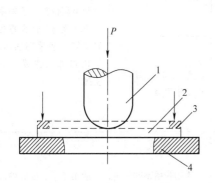

图 11-3 封头冲压示意图
1—上模（冲头） 2—钢板坯
3—压边圈 4—下模（拉环）

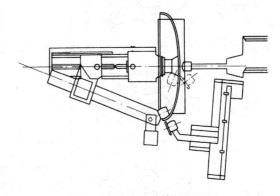

图 11-4 卧式无胎旋压原理图

与压力机配合使用。对于大直径坯料一般采用先拼接后旋压的工艺，但旋压前应将焊缝磨平，以利于旋压封头的成形精度。

三、管子的弯曲

（一）管子弯曲的两个重要判定指标

对任意一种规格的管子，在弯曲时采用何种弯曲方式和设备，能否达到所要求的弯曲半径和质量考核指标，常用两个经验数据即相对弯曲半径和相对壁厚来作为判定依据。

相对弯曲半径（R_x）为弯曲半径（R）与管子外径（D）的比值，即 $R_x = R/D$。

相对壁厚（T_x）为管子的壁厚（t）与管子外径的比值，即 $T_x = t/D$。

在工程应用中，当相对弯曲半径和相对壁厚越大时，管子弯曲的成形质量越容易控制，弯曲越容易，管子变形越小；反之则成形质量越难控制，弯曲越困难，管子变形越大。在极限情况下，可导致无法正常弯管，甚至引起管子外壁破裂或内壁起皱。

（二）管子弯曲方式的分类

1. 按照加热方式　分为冷弯和加热弯两种。冷弯是弯曲时不进行加热，在常温状态下进行的弯曲。冷弯可分为无芯冷弯和有芯冷弯。无芯冷弯是利用弯曲模具的反变形型槽，使管子横截面在进入弯曲区域前产生一定量的反向变形，用以抵消或减少弯曲过程中管子断面变形的一种弯曲方法。有芯冷弯是管子在沿模具弯曲时，利用内部加支撑（即芯轴）来控制管子断面变形的弯曲方法。

加热弯是在高温下进行的弯曲。加热弯按照加热温度的不同分为温弯和热弯，按照加热方式的不同分为火焰加热弯和感应加热弯，在加热弯时管子内部可以添加一些填充物，以保证弯头的成形质量，但装填和清理的工作量较大。

2. 按照弯曲时管子的成形方式　分为压弯、滚弯、回弯、推弯和挤弯等几种形式，见表11-1。

表11-1　常用弯管方法

弯管方法		简　　图	设　　备	适用范围及特点
压（顶）弯	自由弯曲	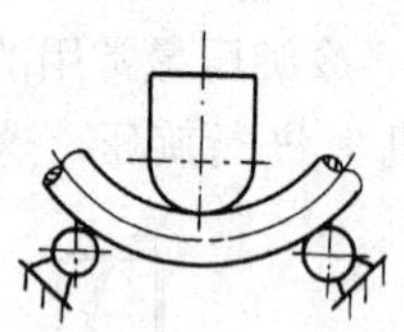	压力机或顶弯机	$R_x > 10$	可适用于冷热成形，对于小直径管一般采用冷压或顶弯，而大直径厚壁管一般采用热压，管内可加支撑或不加支撑
	带矫正式弯曲	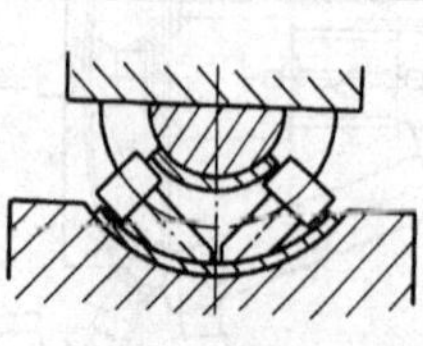		管内加支撑时，可用于 $R_x \geq 1$	
滚弯		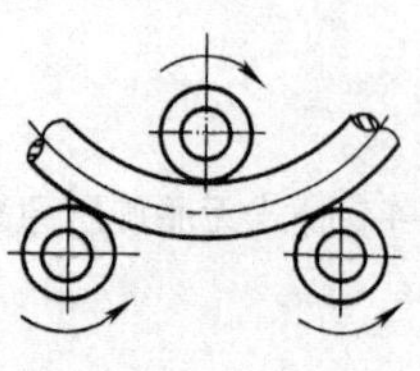	卷板机、型钢弯曲机、三滚筒或七滚筒弯管机等滚弯装置	需用带槽型的滚轮，一般用于小直径管的冷弯，$R_x > 10$，如螺旋管

（续）

弯管方法		简　图	设　备	适用范围及特点
回弯	辗压式	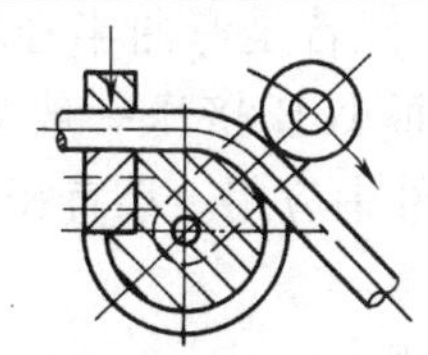	立式或卧式弯管机	冷弯： 无芯 $R_x \geqslant 1.5$ $T_x \geqslant 0.1$ 有芯 $R_x \geqslant 2$ 热弯： 充砂 $R_x \geqslant 4$	使用最广泛，一般都与冷弯、加热弯，管内加支撑或不加支撑等弯曲形式相结合
	拉拔式	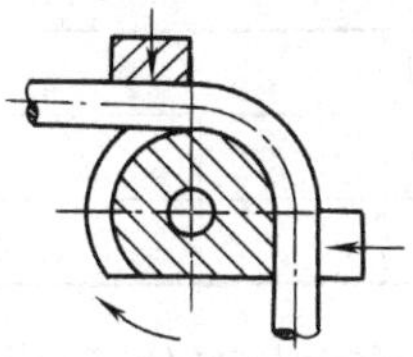			
推弯		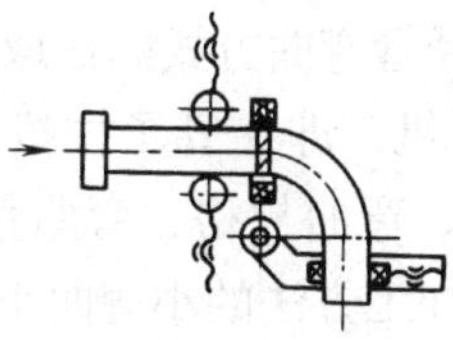	中频弯管机	大直径厚壁管，单件小批生产	外壁减薄，弯曲半径可调，基本都采用加热弯，且不需模具
挤弯		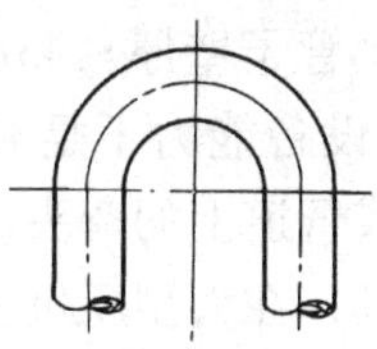 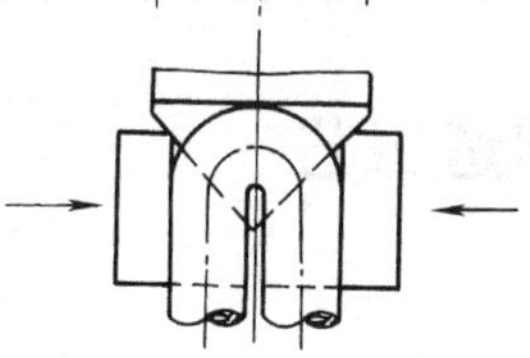	专用小 R 挤压精整机	$0.5 \leqslant R_x < 1.5$ $T_x \geqslant 0.08$	需加热预弯至 $R_x \approx$ 1.5，然后进行热挤压和热精整

　　压弯是指在压机上或顶弯机上，利用承受的压力而产生的弯曲。一般按照管子是否有外部模具型槽的限制和内部支撑分为自由式弯曲和带矫正式弯曲。

　　滚弯是指在卷板机或型钢弯曲机上，通过滚筒压紧管子并旋转，对其进行连续的、往复的滚压而产生的弯曲。

　　回弯是最常见的一种弯曲方式，它是指在弯曲过程中管子沿着带有型槽的模具进行回转缠绕式的弯曲。按照管子与模具的行进轨迹的不同分为辗压式和拉拔式弯曲。

　　推弯是采用在管子末端施加轴向推力，使管子在向前行进过程中同时受侧向推力，在合力的作用下发生弯曲。推弯一般都采用加热弯，是一种加热、弯曲及冷却连续进行的弯管过程。

　　挤弯是一种比较特殊的弯曲方式，它是利用推力使管子通过弯曲型腔或牛角芯棒，从而使管子受到挤压力而产生的弯曲变形。常见的挤弯方式为小 R 挤压及精整方式，其变形分为几个步骤来完成，包括拉拔式弯曲变形、锻压式变形，弯曲过程为加热、预弯、加热、热挤压、热精整。

（三）管子弯曲方式的选取

在锅炉及压力容器的制造中，一般情况下优先选用拉拔式无芯冷弯，此种弯曲方法管子内外表面成形美观，生产效率高，费用低，设备技术成熟；但若是弯曲半径较小、管壁较薄，或管子规格较大、设备能力不足时，也采用加热弯；而小 R 挤压一般只在小直径管（管子外径 $\phi \leqslant 76mm$）、相对弯曲半径 $R_x < 1.5mm$ 的弯曲条件中应用。小直径管弯曲方式选取原则见表 11-2。

表 11-2　小直径管弯曲方式选取原则

相对壁厚	$T_x \approx 0.1$		
相对弯曲半径	$R_x \geqslant 2$	$1.5 \leqslant R_x < 2$	$R_x < 1.5$
弯曲方式	无芯冷弯	加热弯	小 R 挤压

近十几年来，随着弯管技术的不断发展，通过对弯曲的设备和模具的开发与研究，许多新技术和新装备在锅炉及压力容器的制造中得以应用，使小直径管弯曲方式的选取原则也发生了变化。例如，在弯曲设备方面，目前流行采用数控顶镦弯管机，即在管子拉拔式弯曲的过程中，使管子的轴向受顶镦压力，该压力可随不同的材料性能、弯曲规格、弯曲角度进行调整，从而提高了管子的成形质量。一些原采用热弯或小 R 挤压等加工方法的小弯曲半径的弯头，采用此种数控顶镦弯管机后，可实现无芯冷弯，提高了生产效率、降低了制造成本。

对于大直径管的弯曲，当管子外径 $159mm < \phi \leqslant 426mm$、管子壁厚 $\leqslant 45mm$ 时，在设备能力能够满足的情况下，尽量选用冷弯；但管子壁厚较大，设备能力不足时，可采用加热弯，并优先采用感应加热弯。而更大直径且壁厚较厚的管子或管道上的弯头，只能采用热压成形，此种热压弯头是采用大直径管为原材料，经过专用模具，在大型压机上经压制而成。

第二节　圆筒形储罐的制造工艺

一、储罐零部件的加工

圆筒形储罐按支撑方式的不同，可分为卧式和立式两种形式，其中以卧式储罐应用最多，图 11-5 为一典型的卧式储罐结构图。

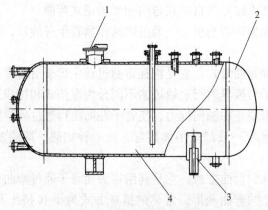

图 11-5　卧式储罐结构图

1—接管　2—椭圆封头　3—支座　4—筒体

各主要部件的制造工艺流程如下：

筒节：划线→切割→坡口加工→卷圆→纵缝焊接→矫圆→无损检测（筒体由六个筒节组成）。

封头：划线→气割→加热→冲压→割余量→矫正→坡口加工。

接管法兰：划线→气割→切削加工→划孔线→钻孔→装配接管→焊接。

二、储罐的组装

组装是设备制造的重要环节之一，组装不仅与焊接及金属切削加工交叉进行，而且每道工序后都必须进行质量检验。该储罐的本体部分的组装可以有两种方法：一种是先装六个筒节再组装两个封头，另一种是两封头分别与一组筒节（两节或两节以上的筒节）组合后再总装配。筒节的组装通常有立式吊装和卧式组装两种形式。

立式吊装利用吊车进行，先将一个筒节或封头吊装在平台（或地面）上，然后再将另一筒节吊放其上，当接头间隙调匀后，四周用定位板焊接固定，其他各节筒体组装完全相同，如图11-6所示。

卧式组装是将要组装的筒节放于滚轮架上，同时将另一筒节（或封头）放置在另一滚轮架上，封头一般用吊车吊起，如图11-7所示。调整两个筒节的位置，包括间隙、错边、直线度等，使之满足有关标准的要求，合格后用定位板将两个筒节焊牢，待环缝焊接结束后，将定位板割掉，焊疤处磨平并进行探伤检查。

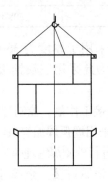 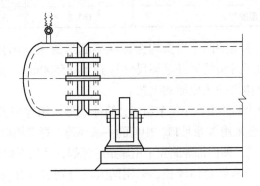

图11-6　立式吊装示意图　　　　　　　　图11-7　卧式组装示意图

法兰、接管以及支座等部件是在筒体组装焊接后进行装配的。对于压力容器的法兰装配，要求法兰螺孔相对筒体母线跨中布置并不得超过规定的偏斜，法兰平面必须与接管垂直，法兰标高符合要求。对于需要补强圈的大直径管件，应先焊好接管与筒壁的焊缝，再装焊补强圈。对有焊后消除应力热处理要求的材料，全部焊接结束后还要进行整体消除应力热处理。

储罐组装的主要工艺流程为：筒节（封头）环缝装配→焊接→无损检测→开孔→装接管法兰→焊接→无损检测→装支座及附件→焊接→整体热处理→清理→水压试验。

三、制造实例

除氧器水箱是发电厂广泛使用的大型圆筒型卧式储罐，如600MW火电机组用的压力式除氧器水箱，其长度为20.5m，规格为 $\phi3800mm \times 32mm$，主壳体的材质为Q245R钢（20g），其结构简图如图11-8所示，主要技术参数见表11-3。

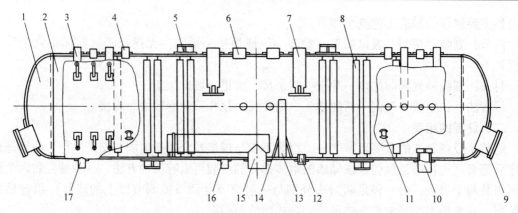

图 11-8　600MW 压力式除氧器水箱结构简图

1—封头　2—筒体　3—给水泵再循环管　4—安全阀管接头　5—上支座　6—汽平衡口管接头
7—下水管　8—加强圈　9—人孔　10—给水出口管（一）　11—吊耳　12—给水出口管（二）
13—溢流放水管　14—筋板　15—给水出口管（三）　16—紧急放水口管　17—给水出口管（四）

表 11-3　除氧器水箱的主要技术参数

设计压力/MPa	1.4	有效容积/m³	180
最高工作压力/MPa	1.03	操作介质	汽、水
设计温度/℃	350	腐蚀裕度/mm	1.6
工作温度/℃	185.3	充水后重量/kg	305700

　　此水箱的两个封头均为标准椭圆形封头，考虑到冲压减薄，采用了厚度为 36mm 的钢板，由于封头的展开毛坯尺寸达到了 $\phi5500mm$，必须进行拼接，为此采用三块钢板拼接后进行整体热冲压成形的工艺。

　　整个筒体由八个筒节组成，筒体成形采用卷板机冷卷，为减少焊接工作量、控制焊接变形，筒节纵缝采用 X 形坡口。中间的一条环缝，焊缝坡口为 U + V 形式，采用埋弧焊加焊条电弧焊的焊接工艺，即内部焊缝先采用焊条电弧焊，然后拆掉外侧的定位板，进行外侧焊缝埋弧焊。

　　由于水箱总体较长，采用两大段分别进行装配（包括封头），最后拼接。全部环缝焊接完，并进行 100% 的 RT 检测合格后，在筒体上开孔装焊各种接管。开孔采用两种方法，一般对于大于 $\phi60mm$ 的孔采用气割的方法，小于 $\phi60mm$ 的孔采用钻孔的方法进行，接管与筒体的焊接形式全部是插入式结构，焊接坡口为 K 形，采用焊条电弧焊全焊透的焊接工艺。600MW 火电机组用压力式除氧器水箱的焊接工艺简述见表 11-4。

表 11-4　600MW 火电机组用压力式除氧器水箱焊接工艺

部件	母材及规格 /mm	坡口形式	焊接方法	焊材及规格 /mm	热处理	焊接参数	操作要求
封头拼接	Q245R (20g) $\delta = 36$	60° $^{0}_{-3}$° 0~2	SAW①	H10Mn2/ HJ431 $\phi4.0$	正火：950 ~ 980℃/40min （空冷） 退火：600 ~ 630℃ /1h20min	$I = 600 ~ 660A$ $U = 33 ~ 37V$ 焊接速度： 25 ~ 30m/h	先将坡口一侧焊满，背面碳弧气刨清根后焊满

（续）

部件	母材及规格 /mm	坡口形式	焊接方法	焊材及规格 /mm	热处理	焊接参数	操作要求
筒体纵缝	Q245R (20g) $\delta = 32$		SAW	H08MnA/ HJ431 $\phi4.0$	退火：600～ 630℃ /1h20min	$I = 600 \sim 660A$ $U = 33 \sim 37V$ 焊接速度： 25～30m/h	先将坡口一侧焊满，背面碳弧气刨清根后焊满
筒体环缝	Q245R (20g) $\delta = 32$		SMAW[②] + SAW	E5015 $\phi4.0$ $\phi5.0$ H08MnA/ HJ431 $\phi4.0$	退火：600～ 630℃ /1h20min	SMAW：$\phi4.0$mm $I = 160 \sim 190A$ $U = 23 \sim 27V$ $\phi5.0$mm $I = 200 \sim 240A$ $U = 24 \sim 28V$ SAW： $I = 600 \sim 660A$ $U = 33 \sim 37V$ 焊接速度： 25～30m/h	V形坡口内用 SMAW 焊满，U形坡口内用 SAW 焊满
接管角焊缝	Q245R 筒体(20g) $\delta_2 = 32$ 加强板 Q245R (20g) $\delta_1 = 28$ 接管(20)		SMAW	E5015 $\phi3.2$ $\phi4.0$ $\phi5.0$	退火：600～ 630℃ /1h20min	$\phi3.2$mm $I = 110 \sim 130A$ $U = 22 \sim 26V$ $\phi4.0$mm $I = 160 \sim 190A$ $U = 23 \sim 27V$ $\phi5.0$mm $I = 200 \sim 240A$ $U = 24 \sim 28V$	内侧焊后，外侧碳弧气刨清根，然后焊满

① SAW 为埋弧焊，下同； ② SMAW 为焊条电弧焊，下同。

第三节 热交换器的制造工艺

管壳式热交换器是应用最为广泛的换热设备，按其结构形式不同可分为固定管板式、浮头式、填料函式和 U 形管式等。由于这些换热器结构都是由管系、管箱、外壳等件组成，其制造方法基本类似，只是在一些结构差异较大的节点有所不同，下面以一种 U 形管式换热器为例，介绍其主要工艺特点。图 11-9 为火力发电厂普遍应用的高压给水加热器的结构简图。

一、壳体的制造

壳体是热交换器的主要部件，其加工工艺过程与储罐的筒体基本相同，但要求比较严格，主要是控制其圆度和直线度，以保证管系的顺利装配。另外筒体内径过大或圆度引起的间隙不均匀，会引起壳体介质的短路而达不到预期的设计要求。壳体既可以用板材卷制也可以采用钢管制成。

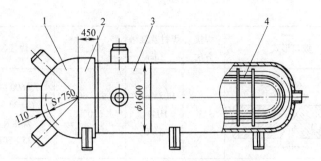

图 11-9　高压给水加热器结构简图
1—水室封头　2—管板　3—筒体外壳　4—U 形管

壳体内壁有碍管束顺利套装的焊缝应磨平，对壳体大开孔的筒体截面应采取防变形措施。

二、管板的制造

热交换器管板用材料一般有两种，低压换热器常用钢板作为管板用材，中、高压换热器管板必须用锻件制作。高压给水加热器这种高温高压换热设备，管板采用 20MnMo 钢Ⅳ级锻件制作，管板厚度达到了 300～500mm，管板在加工之前应按规定进行超声波检测和力学性能试验。

管板开孔是管板加工最重要的工序，管孔的加工精度直接影响着换热管与管板的连接质量。传统的钻孔一般采用摇臂钻床单孔加工，近年来随着数控技术和深孔加工工艺的发展，现在很多企业都拥有了数控深孔钻床。如 600MW 高压给水加热器管板，由于厚度已经达到了 500mm，用普通的摇臂钻床已无法加工，只能用深孔钻床钻孔。深孔钻一般通过数控编程钻孔，可单轴或多轴同时加工，不用人工划孔线，其加工精度很高，孔径尺寸公差和孔间距公差均可以达到 ±0.05mm。

三、水室的制造

高压给水加热器的水室一般由球形封头和两个进出水管及一个人孔座组成。300MW 以上参数的高压给水加热器，球形封头的壁厚一般都大于 100mm，由于展开毛坯直径尺寸一般不超过 φ2500mm，常常采用整块钢板热冲压成形。进出水管和人孔座采用 20MnMo 钢Ⅳ级锻件加工而成，与水室封头采用插入式全焊透角接接头。

四、管系的组装工艺

高压给水加热器的管系是指由管板、换热管、隔板及定距管等件组成的部件，管系是热交换器的关键部件，结构复杂，制造难度较大，其中管架装配、穿管、管端焊接和管子－管板的胀接，均为关键工序，这些工序直接影响着热交换器的制造质量和使用性能，因此其工艺过程必须严格控制。

（一）管架的装配

管架是换热器的框架，主要由隔板、定距管和拉杆组成，它的装配精度直接影响着管系的整体精度，也关系到后续穿管工序能否顺利地进行。管架的装配一般在水平的平台上进行，也可以在专用装配支架上进行，在装配管架的同时必须试穿一些换热管进行定位，在保证穿管顺利的情况下才能把管架焊妥。管架装配要保证各个隔板的垂直度和隔板各个孔的同心度，图 11-10 为一高压给水加热器的管架组装图。

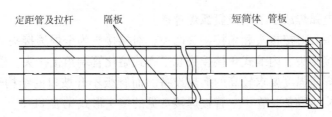

图 11-10　高压给水加热器的管架组装图

要保证各个隔板孔群的同心度，就必须在隔板钻孔时保证每块隔板钻孔精度的一致。一般有两种钻孔方法，一是采用数控钻床进行钻孔，二是采用普通钻床，但必须用同一种规格的钻模板进行钻孔，采用这两种方法均能保证每个隔板的钻孔精度。

（二）管子的胀接

换热器管子与管板的连接主要有三种形式，一种是胀接，一种是焊接，还有一种是胀接加焊接。其中应用最为普遍的是胀接加焊接的连接形式，因为这种连接既能保证管子与管板的连接强度，又能保证管子与管板的密封性。

管子与管板的胀接方法有如下几种：机械胀管、液压胀管、橡胶胀管和爆炸胀管。其中以机械胀管和液压胀管应用最为普遍，其胀管器结构及原理如图 11-11 和图 11-12 所示。管子在载荷作用下，胀接位置产生塑性变形而管板的管孔处于弹性变形范围，当外加载荷去除后，由于管板孔的弹性恢复而对管子产生压紧力，从而使管子与管板连接达到紧密配合，产生一定的机械强度和密封。

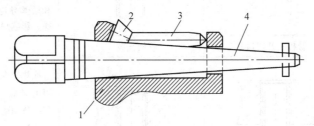

图 11-11　机械胀管器结构简图
1—胀壳　2—翻边滚子　3—胀子　4—胀杆

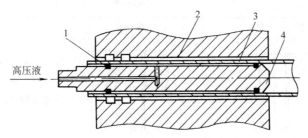

图 11-12　液压胀管器及工作原理示意图
1—O 形圈　2—管板　3—管子　4—芯轴

（三）管端焊接

对于胀接加焊接的管子与管板连接，一般是先进行焊接，然后再进行胀接，这样可以避免胀接后的管端污染，也可以避免由于胀接后气体堵塞而产生焊接气孔。对于管子数量多、压力又较高的换热器，通常采用全位置自动氩弧焊工艺进行焊接，对于数量少、压力低的换热器可以采用焊条电弧焊或手工钨极氩弧焊焊接。

管子 – 管板接头分对接接头和角接接头两类，对接接头为全焊透接头，角接接头有三种形式，即伸出式角接接头、内缩式角接接头和平齐式熔化管端角接接头。管板开坡口的结构适用于压力较高、焊缝强度要求较高的换热设备。而管板不开坡口的结构适用于压力不高、换热管管壁较薄的换热设备。管子 – 管板焊接常见的接头形式见表 11-5。

表 11-5　管子 – 管板焊接常见的接头形式

接头形式		图　　示		说　　明
对 接				一般为管板背面孔四周划槽，以实现管子与管板的对接。采用专用设备将焊接机头（简称为机头）伸到管内对准坡口处进行焊接
角 接	伸 出 式	管板不开坡口 	管板开坡口 	换热管伸出管板一定长度，焊接过程要求保留管端不被熔化。管子壁厚一般大于 2mm。管子伸出管板长度应大于 3mm（最好为 4 ~ 5mm）。管子伸出管板越长，越利于焊接时保留管端，但伸出长度过长，当管孔节距较小时，焊枪喷嘴和送丝导电嘴容易与周围管端相撞，影响焊接操作
	内 缩 式	管板不开坡口 	管板开坡口 	换热管内缩到管孔内，可使流体阻力降低，防止介质在管板上沉积，特别适用于立式换热器。对于卧式换热器如介质进口端加防磨套管，一般也要求采用内缩式结构
	平 齐 式	管板不开坡口 	管板开坡口 	管端与管板面平齐，或稍高于管板面，伸出长度一般不超过 2mm，在焊接过程中将管子端面全部熔化
				对于铜、铝、镍等容易产生热裂纹的母材，为减少焊接残留应力，常在换热器管板孔的周边开槽以释放应力

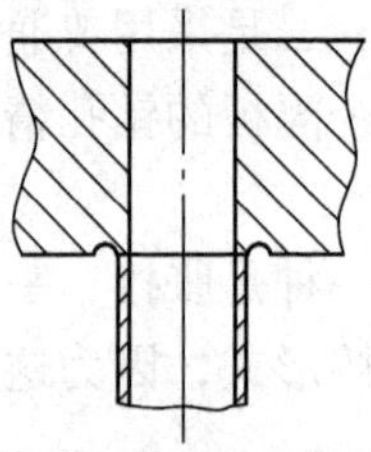

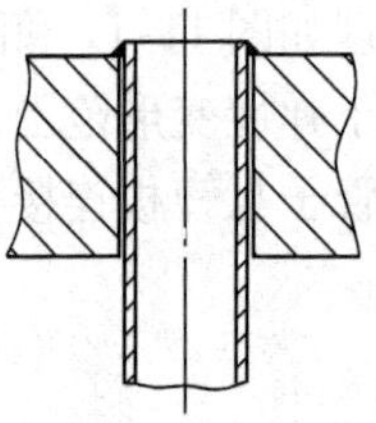

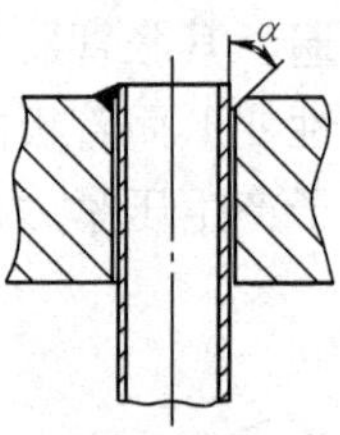

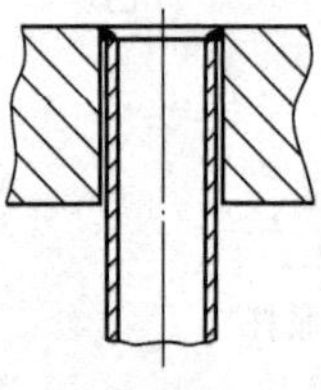

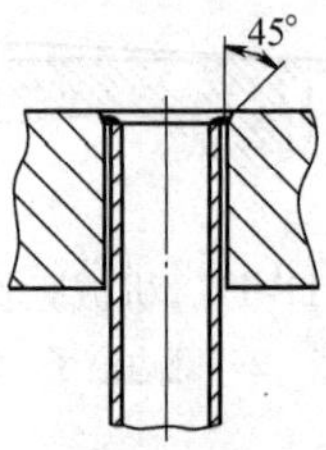

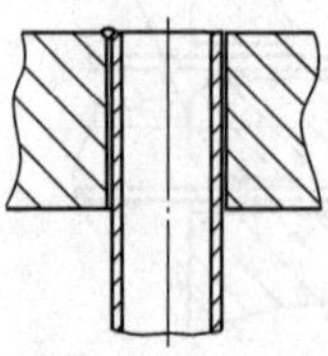

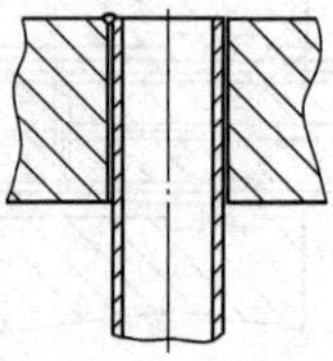

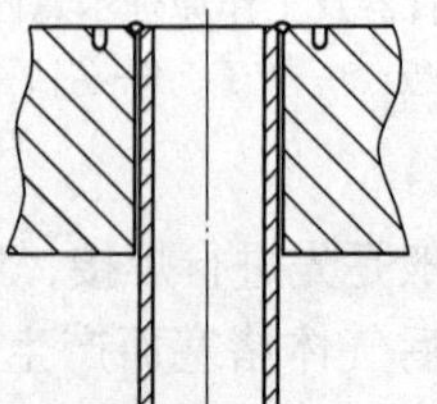

（四）管系与壳体的套装

高压给水加热器的管系与壳体由于设计性能的要求，其间隙较小，一般单边间隙不超过3mm，这就给最后的套装带来了难度。为保证套装顺利，不仅管系的组装要保证尺寸要求，关键是要保证壳体的制造精度，除了其圆度和直线度需达到要求外，还要将内部的焊缝磨平，从而使管系能够顺利的通过。小型高压给水加热器可以用吊车辅助进行套装，大型高压给水加热器一般都用卷扬机或专用套装设备进行套装。

五、制造实例

前面介绍的图 11-9 所示为某台 600MW 高压给水加热器结构简图。筒体和封头的材质均为 P355GH，管板和水室接管材质为 20MnMo 钢Ⅳ级锻件，换热管为 SA556GrC2，规格为 $\phi15.88 \times 2.0mm$，主要技术参数见表 11-6，焊接工艺简述见表 11-7 和表 11-8。

表 11-6　高压给水加热器主要技术参数

名称	壳程	管程	名称	壳程	管程
设计压力/MPa	5.0	27.5	腐蚀裕度/mm	1.0	0.2/1.0
工作压力/MPa	4.1	20.8	焊缝系数	1.0	1.0
设计温度/℃	382	290	有效容积/m³	22.6	7.1
工作温度/℃	334	206	程数	1	2
介质	汽、水	水	传热面积/m²	2200	

表 11-7　600MW 火电机组高压给水加热器焊接工艺

部件	母材及规格/mm	坡口形式	焊接方法	焊材及规格/mm	预热及热处理温度/℃	焊接参数	操作要求
封头与接管	封头 P355GH $\delta = 130$ 接管 20MnMo $t = 129$	$13^{+1°}_{0}$　$9^{+1°}_{0}$	SMAW①	E6015 – D1 $\phi3.2$ $\phi4.0$ $\phi5.0$	预热≥150 消氢 300 ~ 400℃/2h 退火 600 ~ 630℃/6.5h	$\phi3.2mm$ $I = 110 \sim 130A$ $\phi4.0mm$: $I = 160 \sim 190A$ $\phi5.0mm$ $I = 200 \sim 240A$	先将坡口焊至一半左右，背面碳弧气刨清根后焊满，然后另一侧焊满
管板带极堆焊	20MnMo（Ⅳ） $\delta = 650$	堆焊层　管板	SAW②	DT4A/ HJ431 60×0.5	预热≥150 退火 600 ~ 630℃/6.5h	$I = 800 \sim 850A$ $U = 28 \sim 30V$ 焊接速度: 8 ~ 10m/h	由内向外的环向堆焊，焊道间搭接量为 8 ~ 10mm，每层堆焊高度 4 ± 0.3mm
管子与管板	管子: SA556GrC2 $\phi15.88 \times 2.0$ 管板: 20MnMo（Ⅳ） 堆焊 DT4A $\delta = 650 + 7$	$30° \pm 2.5°$　2 ± 0.2	M-GTAW③	ER50-6 $\phi0.8$	预热≥40 退火: 600 ~ 630℃/3.5h	见表 11-8	在时钟 11 点钟位置起弧，焊枪顺时针旋转。钨极与管壁、管板距离: 1.5 ~ 2mm。焊枪角度: -15°

（续）

部件	母材及规格/mm	坡口形式	焊接方法	焊材及规格/mm	预热及热处理温度/℃	焊接参数	操作要求
壳程与短筒体纵缝	15CrMoR ϕ2214 $\delta=82$		SMAW +SAW	E5515-B2 ϕ4.0 ϕ5.0 H13CrMoA /HJ350 ϕ4.0	预热≥150 消氢300~400℃/2h 退火650~680℃/3.5h 600~630℃/3.5h	SMAW: ϕ4.0mm $I=160\sim190$A ϕ5.0mm $I=200\sim240$A SAW: $I=580\sim620$A $U=30\sim32$V 焊接速度:22~26m/h	用SAW将坡口焊至一半左右，背面碳弧气刨清根后，用SMAW焊满，再将另一侧用SAW焊满
壳程长筒体纵缝	P355GH ϕ2180 $\delta=65$		SMAW +SAW	E5015 ϕ4.0 ϕ5.0 H08MnMoA /HJ350 ϕ4.0	预热≥150 后热200~250℃/2h 退火580~610℃/1h20min 600~630℃/3.5h	SMAW: ϕ4.0mm $I=160\sim190$A ϕ5.0mm $I=200\sim240$A SAW: $I=580\sim620$A $U=30\sim32$V 焊接速度:22~26m/h	用SAW将坡口焊至一半左右，背面碳弧气刨清根后，用SMAW焊满，再将另一侧用SAW焊满
管板与短筒体环缝	20MnMo（Ⅳ）+15CrMoR $\delta=82$		SMAW +SAW	E5515 ϕ4.0 ϕ5.0 H08MnMoA /HJ350 ϕ4.0	预热≥150 消氢300~400℃/2h 退火600~630℃/3.5h	SMAW: ϕ4.0mm $I=160\sim190$A ϕ5.0mm $I=200\sim240$A SAW: $I=600\sim660$A $U=33\sim37$V 焊接速度:25~30m/h	首先V形坡口用SMAW焊满，然后U形坡口用SAW焊满
短筒体与长筒体环缝	15CrMoR +P355GH $\delta=65$		M-GTAW +SMAW +SAW	H08MnMoA ϕ2.5 E5015 ϕ3.2 ϕ4.0 ϕ5.0 H08MnMoA /HJ350 ϕ4.0	预热≥150 后热200~250℃/2h 退火600~630℃/3.5h	M-GTAW: ϕ3.2mm $I=110\sim130$A $U=11\sim14$V SMAW: ϕ4.0mm $I=160\sim190$A ϕ5.0mm: $I=200\sim240$A SAW: $I=600\sim660$A $U=33\sim37$V 焊接速度:25~30m/h	首层采用M-GTAW，SMAW焊至10~12mm，再用SAW焊满

（续）

部件	母材及规格 /mm	坡口形式	焊接方法	焊材及规格 /mm	预热及热处理温度/℃	焊接参数	操作要求
长筒体与封头环缝	P355GH $\delta=65$	7°±2° R10° 0~2 70°₋₃⁰	SMAW +SAW	E5015 $\phi4.0$ $\phi5.0$ H08MnMoA /HJ350 $\phi4.0$	预热≥150 后热200~ 250℃/2h 退火600~ 630℃/3.5h	SMAW: $\phi4.0mm$ $I=160~190A$ $\phi5.0mm$ $I=200~240A$ SAW: $I=600~660A$ $U=33~37V$ 焊接速度: 25~30m/h	首先V形坡口用SMAW焊满,然后U形坡口用SAW焊满

① SMAW 为焊条电弧焊；②SAW 为埋弧焊；③M-GTAW 为手工钨极气体保护焊，下同。

表 11-8　管子－管板的焊接参数

基值电流 /A	脉冲电流 /A	基值时间 /s	脉冲时间 /s	焊接速度 /(mm/s)	送丝速度 /(mm/min)	氩气流量 /(L/min)	层间温度 /℃
70~90	150~170	0.2	0.2	25~30	240~260	10~12	≤200

第四节　塔器的制造工艺

一、塔器的制造工艺特点

由于塔器一般都较长，所需筒节都在十几节以上，因此在筒节下料时，不仅要考虑每条焊缝的收缩量，而且要将几十米的筒体分段组装再合成一体。对不能整体运输的塔器，在制造厂分几大段制造并整体试装合格后，发运到现场进行整体装焊。

为了方便塔器各段的组装及防止焊接变形，对于直径大于 2m 的筒节，一般要在每个筒节的两端进行适当的加固和支撑，严格控制筒体的圆度，以利于环缝的装焊。

筒体的直线度在装配时可以用拉线法进行测量，即将筒体测量处旋转到水平位置，根据筒体段弯曲变形程度的不同，适当地在所测位置加垫标准尺寸的垫块，然后用直径 0.5mm 的细钢丝在所测位置拉直。这样由沿筒体轴线的测量位置得到的细钢丝到筒体外壁间的实际距离就是被测位置的直线度。筒体的直线度，一般应通过中心线的水平面和垂直面，即沿圆周 0°、90°、180°、270°四个部位进行测量，图 11-13 为用细钢丝测量筒体直线度的示意图，

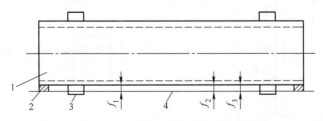

图 11-13　筒体直线度的拉线测量

1—筒体　2—垫块　3—滚轮架　4—钢丝

图中 f_1、f_2、f_3 为筒体的挠度值。

塔器制造工艺流程：筒节备料→单节合格→分段组装→直线度检测→环缝焊接→无损检测→整体试装（包括封头）→检查→划开孔线→拆开编号→支撑圈固定→筒体开孔→装接管→焊接→装内件→焊接→清理→涂装→装车。

二、制造实例

图 11-14 所示的三级冷热塔是一种长度和直径比值较大的塔器。塔体长 $L = 50325\text{mm}$，直径为 $\phi1600\text{mm} \times 26\text{mm}$，塔体及封头材质均为 Q245R（20R）钢，塔盘支圈为 8mm 厚的 022Cr17Ni13Mo（0Cr17Ni14Mo2）钢，共有 91 层塔盘，主要技术参数见表 11-9。

该三级冷热塔液位计工地现场组装，因而必须按图 11-15 所示严格控制两液位计接管法兰的尺寸精度。为此采用图 11-16 所示的装配定位工装，以便满足液位计接管组焊后的几何尺寸精度要求。

装配塔体内件前，为防止热处理时塔体开口处圆度超差，需在塔体开口端加设防变形加强环，见图 11-17。加强环需装在环向基准线外侧，以方便内部划线。加强环由 6 块组成，其外径与筒体内径相配，在筒体内部进行拼接。

在人孔接管划线、开孔前就要装焊防变形支撑，采用圆弧板或型钢十字支撑均可，接管经检测合格后随筒体进行整体热处理，然后割除支撑，修磨并进行 MT 检测。筒体开孔方式见图 11-18。三级冷热塔焊接工艺简述见表 11-10。

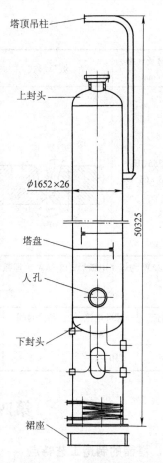

图 11-14　三级冷热塔结构简图

表 11-9　三级冷热塔主要技术参数

工作压力/MPa	1.85	设计温度/℃	150
设计压力/MPa	2.30	水压试验/MPa	3.36
工作温度/℃	50	腐蚀裕度/mm	5

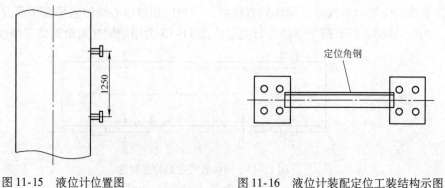

图 11-15　液位计位置图　　　　图 11-16　液位计装配定位工装结构示图

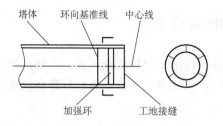

图 11-17　加强环结构

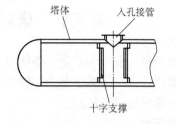

图 11-18　筒体开孔方式

表 11-10　三级冷热塔焊接工艺

部件	母材及规格/mm	坡口形式	焊接方法	焊材及规格/mm	热处理	焊接参数	操作要求
筒体纵缝	Q245R（20R）φ1600 δ=26		SAW	H08MnA/SJ101 φ4.0		$I=600\sim650A$ $U=31\sim36V$ 焊接速度：$25\sim30m/h$	先将坡口侧焊满，背面碳弧气刨清根后焊满
筒体及筒体与封头环缝	Q245R（20R）φ1600 δ=26		SMAW+SAW	E5015 φ4.0 φ5.0 H08MnA/SJ101 φ4.0	退火 600～630℃/1h	SMAW：φ4.0mm $I=160\sim180A$ φ5.0mm $I=200\sim240A$ SAW：$I=600\sim650A$ $U=31\sim36V$ 焊接速度：$25\sim30m/h$	V 形坡口内用 SMAW 焊满，U 形坡口内用 SAW 焊满
接管角焊缝	筒体：Q245R（20R）δ=26 接管：20		SMAW	E5015 φ3.2 φ4.0 φ5.0		φ3.2mm $I=110\sim130A$ φ4.0mm $I=160\sim190A$ φ5.0mm $I=200\sim240A$	先将坡口侧焊满，背面碳弧气刨清根后焊满
法兰堆焊	Q245R（20R）δ≥25		SMAW	AWS E309MoL φ3.2 φ4.0	退火 600～630℃/2h	φ3.2mm $I=110\sim120A$ $U=22\sim25V$ φ4.0mm $I=130\sim150A$ $U=23\sim26V$	窄焊道不摆动堆焊，压道量为 45%～50%，每层堆焊高度控制在 2～2.5mm

第五节 球形容器的制造工艺

球形容器的制造一般分为制造厂整体组装出厂和现场进行组装两种形式，多数球形容器结构尺寸一般都比较大，不适于制造厂整体组装出厂，因此绝大多数球罐都只是在制造厂压好球瓣，然后运到现场进行组装。

一、球瓣的压制

球瓣成形的方法有冷压成形和热压成形两种，一般常用冷压成形工艺。冷压工艺有以下两种：

（一）整体成形

模具有较大的压延面积，故模具外形也大，其结构形式多为圆球状，直径一般在 $\phi2500$mm 左右，铸造而成，如图 11-19 所示为一整体成形模具。

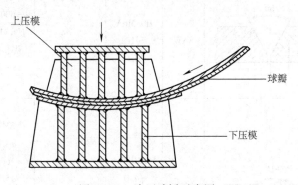

图 11-19 冷压球瓣示意图

（二）点压成形

模具压延面积小，模具外形也较小。一般它的上模直径约为 $\phi800 \sim \phi1000$mm，点压成形模具一般由铸造而成。

二、球瓣坡口的加工

球瓣焊接坡口，必须在球瓣压制成形后加工。一般使用自动气割机或半自动气割机加工坡口，有的使用机械磨削法。凡采用气割的坡口，切割后必须除去焊渣，并铲平磨光。机械加工是开设球瓣坡口的理想方法，它不像气割会在坡口表面留下氧化皮，也不会造成材料局部硬化和变形。坡口加工后，必须仔细检查坡口表面，不得有分层开裂或影响焊接质量的缺陷。合格后应在其表面及 50mm 范围内涂防锈漆。

三、球壳的组装

常用的组装方法有环带组装和散装法两种。环带组装是先分别装焊好各环带（如赤道带、温带等），再用积木式合拢各环带及极顶。散装法是借助于中心轴和连接拉杆，将球瓣依次组装而成。前一种方式适宜于制造厂内整体制造施工，后一种方式则用于现场组装。

（一）环带的组装

各环带组装方法完全相同，故仅介绍赤道带组装。在组装平台上以球形容器外径和带口外径分别作两同心圆，同时按赤道带所分球瓣的块数在圆周上对应划分出每个球瓣的位置线，此位置线将作为组装基准，然后在平台上放置垫板或工字钢，再将赤道带上相邻的两个球瓣吊放于垫板或工字钢上，并用铅垂法调整到基准后，即可用专用夹具加以固定。其余各瓣片亦可按此方法依次组装，最终组装成一环形球带。

各个环带焊妥、矫正后，再将各环带和极顶组装成球壳。为了组装和焊接的需要，正式组装前还应预先装焊好极顶上的人孔等大直径接管，继之将其仰放于专用支架上，并吊装对接好环带，调整好基准便可依次将各环带组装成球壳。

（二）极顶的组装

极顶的组装通常是先在平台上固定 3 块以上的圆弧形筋板，筋板的圆弧半径应与球瓣内径相吻合，并以此作为组装胎架，将位于极顶内的各球瓣依次在胎架上进行调整拼装。该方法又称为胎装法。

（三）散装球瓣的试组装

散装法的球瓣是单片发货到工地，在工地组装成球壳。为保证球壳的尺寸要求，一般情况下要对所有成形的球瓣在制造厂内进行试装，试装在专用胎架或平台上进行。通过试装，可以进一步验证球瓣的几何形状，各相邻球瓣之间的装配间隙，还可以通过试装对样板进行修正，如图 11-20 所示。

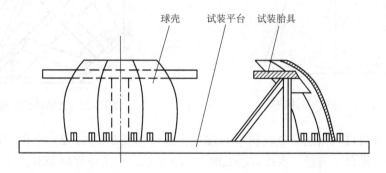

图 11-20　球壳拼装示意图

四、球瓣的焊接特点

（一）焊接变形的控制

球瓣对接与平板一样，在焊接时也存在着纵横向变形和角变形，但是球瓣的变形情况又与平板对接有所不同，球体最终产生的内凹变形可以改变球瓣的形状。为此，焊接前应在各拼缝处加焊一些加强圈或圆弧筋板，防止变形的产生。

（二）常用的焊接方法

全位置焊条电弧焊，这种焊接方法比较灵活，可以实行各个方位的焊接，热输入小，变形较小，比较适合现场作业；焊条电弧焊加埋弧焊，一般是内侧采用焊条电弧焊，外侧为埋弧焊，焊接效率高，表面成形好，这种焊接方法适合于制造厂内焊接；还有一种焊接方法是近年来逐渐发展起来的 CO_2 气体保护焊，采用自动送丝工艺，焊接效率高，焊接质量也比较稳定。

五、制造实例

气化炉直径一般都在 3m 以上，其封头全部采用半球形，分瓣压制后，再拼接成封头。气化炉的球形封头尺寸为 Sr1400mm×46mm，材质为 SA－387Gr11CL2 钢，由于没有专用整体冲压模具，而且材料为调质钢供货，不宜采用热成形的方法，因此采用了分瓣冷成形的工艺。

将此封头分成四瓣拼接，按球瓣展开方法进行展开。为使下料方便实用，球瓣毛坯可按梯形划下料线。图 11-21 所示为球瓣的下料形式，内部虚线部分为球瓣的理论展开线，外部实线部分为实际下料轮廓线，实线与虚线之间的部分即是压制余量，此压制余量至少要保证不小于一个钢板壁厚，否则无法实现冷压成形。

压制采用的是点压法，从中间部分开始进行，逐渐向边缘压制，在压制的过程中要用专用球形样板进行检测，每压一点要测量一次，以防止过压，全部压制结束后，用专用整体样板放到球瓣上进行整体检查，如图 11-22 所示。采用整体样板检查，主要是保证球瓣四边处的内表面与样板之间的间隙满足图样规定的技术要求，以便为后续球壳的拼接打好基础。同时用此立体样板对球壳的拼接坡口进行二次划线。

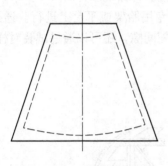

图 11-21　球瓣下料图形

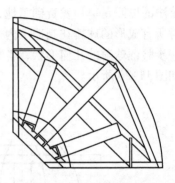

图 11-22　立体样板检查图

球瓣的拼接坡口采用磁力气割机进行加工，坡口形式如图 11-23 所示。采用焊条电弧焊，球瓣拼接在平台上进行，拼接方法如图 11-20 所示。为防止焊接变形，要求四名焊工对上述 4 条焊缝同时进行焊接。

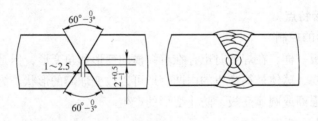

图 11-23　球瓣的拼接坡口与焊缝

第六节　奥氏体型不锈钢容器的制造特点

一、不锈钢的切割下料

奥氏体不锈钢的抗拉强度较高而屈服点很低，虽然有很好的塑性，但抗剪力较大，在相同剪力条件下，所能剪切的不锈钢厚度比碳钢要小得多。根据生产经验，冲剪不锈钢板的厚度仅为碳钢板厚的 1/3 左右，因此按现在的剪板机能力，一般壁厚小于 10mm 的不锈钢钢板采用剪板机剪切，较厚的钢板采用等离子弧气割。

二、圆筒形不锈钢容器的成形

钢板卷圆前，应先将卷板机轧辊表面上的铁屑、毛刺、锈斑等清除干净，避免不锈钢表面污染和划伤，保证不锈钢表面的质量。不锈钢板弯曲变形时，由于加工硬化现象比较严重，其变形抗力也比较突出，因此带来的回弹现象也比较明显。这就要求卷板时加放一定的回弹附加量，即卷板机上卷板的圆筒直径应略小于实际圆筒的直径，待卸载后由筒体的弹性恢复，而达到预期的圆筒直径。

三、不锈钢封头的冲压

不锈钢封头的冲压有冷冲压和热冲压两种方法。冷冲压适于薄壁封头的制造，回弹主要影响径向尺寸，模具直径应设计得比实际封头直径小，各制造厂一般都按经验数据进行设计；热冲压是一种最普遍的成形方法，为防止高温时合金元素的烧损及增碳，最好放在中性盐浴炉内加热，如不具备中性盐浴炉加热的条件，应避免火焰直接接触不锈钢焊件。对于奥氏体不锈钢，冲压温度通常为 $1050 \sim 1150℃$，其冲压最低温度不应低于 $850℃$。

四、不锈钢的焊接特点

奥氏体不锈钢焊接时应严格控制热输入和层间温度。不锈钢的导热性和线胀系数与碳钢不同，焊接变形较大，焊接时应采取一定的防变形措施。

五、不锈钢的酸洗和钝化处理

对于不锈钢设备的表面，特别是内部表面，在产品制成后一般都要进行酸洗和钝化处理，经过酸洗和钝化处理，使钢板表面被破坏的保护膜重新形成新的致密的钝化膜，以提高耐腐蚀能力。不锈钢的酸洗钝化一般包括脱脂、去锈和钝化几个过程。

脱脂是先用碱液除去钢板上的各种油脂，使钢板在酸洗和钝化过程中能与酸液充分接触。不锈钢表面的锈迹和氧化皮等在其后的酸洗过程中去除，酸洗有两种方法，一种是用酸液浸泡处理，另一种是用酸膏涂抹处理，酸液处理比酸膏处理强度要大，一般用于表面要求较高的不锈钢。经酸洗后的不锈钢必须进行钝化处理，其目的是使不锈钢表面形成一层致密的钝化膜，以增强耐腐蚀能力。

酸洗液的组分（质量分数）通常分别采用 $5\% \sim 10\%$ 的 HNO_3 和 $95\% \sim 90\%$ 的 H_2O，而钝化液的组分（质量分数）一般采用 5% 的 HNO_3、$0.5\% \sim 2\%$ 的 $K_2Cr_2O_7$ 和 $94.5\% \sim 93\%$ 的 H_2O。

六、制造实例

图 11-24 所示的高压储水箱是一种全部由不锈钢材料制成的高压容器，其总长度 $L = 2470mm$，内径为 $\phi400mm$，壁厚为 34mm。筒体、封头及接管材质均为 06Cr19Ni10（0Cr18Ni9）不锈钢，筒体与接管及封头与接管的接头形式分别见图 11-25、图 11-26，主要技术特性见表 11-11，高压储水箱焊接工艺简述见表 11-12。

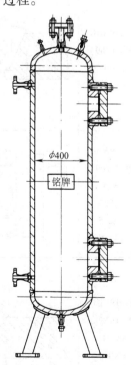

图 11-24 高压储水箱
结构简图

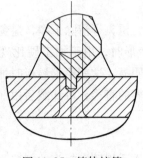

图 11-25　筒体接管

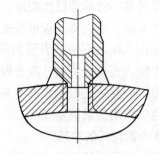

图 11-26　封头接管

表 11-11　高压储水箱主要技术特性

设计压力/MPa	16.8	有效容积/m³	0.23
工作压力/MPa	16	操作介质	空气、水
设计温度/℃	50	腐蚀裕度/mm	0
工作温度/℃	0~50	焊缝系数	1.0
无损检测（A、B焊缝）	100% RT、100% MT	水压试验压力/MPa	21

表 11-12　高压储水箱焊接工艺

部件	母材及规格 /mm	坡口形式	焊接方法	焊材及规格 /mm	焊接参数	操作要求
筒体纵环缝	06Cr19Ni10 (0Cr18Ni9) $\phi400$ $\delta=34$		M-GTAW +SMAW	AWS ER308L $\phi2.4$ AWS E308L $\phi3.2$ $\phi4.0$	M-GTAW： $I=100\sim130A$ $U=11\sim13V$ SMAW： $\phi3.2mm$ $I=100\sim120A$ $\phi4.0mm$ $I=130\sim150A$	采用窄焊道技术，摆动焊缝宽度不大于焊条直径的3倍，收弧时填满弧坑
筒体与接管焊缝	06Cr19Ni10 (0Cr18Ni9) $\delta=34$ $t=29.5$ $t=12.5$ $t=11.5$		SMAW	E308L $\phi3.2$ $\phi4.0$	$\phi3.2mm$ $I=100\sim120A$ $\phi4.0mm$ $I=130\sim150A$	
筒体与接管焊缝	06Cr19Ni10 (0Cr18Ni9) $\delta=34$ $t=10.5$		M-GTAW +SMAW	ER308L $\phi2.4$ E308L $\phi3.2$ $\phi4.0$	M-GTAW： $I=100\sim130A$ $U=11\sim13V$ SMAW： $\phi3.2mm$ $I=100\sim120A$ $\phi4.0mm$ $I=130\sim150A$	

第七节 复合板容器的制造特点

复合板压力容器的覆层金属具有耐腐蚀性能，而基材采用碳钢或合金钢发挥强度的优势。石油化工设备常见的双层金属有不锈钢、钛、铜及其合金等作为覆层材料与碳钢或其他合金钢作为基层材料相组合的形式。其中以不锈钢作为覆层材料最为常见。

一、复合板的切割下料

复合板的下料方法主要有两种，薄板一般采用剪切下料，中厚板必须采用气割下料。气割可分为氧燃气切割和等离子弧切割，但采用这两种方法下料时，均应留一定的加工余量。

剪切下料时，为防止剪板机压角损伤覆层表面，应垫上木板或铝铜板，还必须使覆层向上，以避免界面的分离和切口毛刺出现在覆层侧的表面上。

采用氧乙炔气割，有直接切割和混合切割两种切割方式，直接切割就是从基材向覆层侧的切割。混合切割是采用机械切削除去覆层，露出基材金属，然后再用火焰气割的方法切割基材。覆层金属较厚时，一般采用混合切割。

二、不锈钢复合板的热加工要求

不锈钢复合板的升温速度应较同等厚度的碳钢或合金钢慢，热冲压时，为了避免温差过大而影响两种不同金属间的结合强度，应使模具有一定的预热温度，冲压终止温度一般不得低于850℃，最高温度不宜超过950℃。

三、不锈钢复合板的焊接特点

（一）接头形式的设计

不锈钢复合板焊接坡口形式主要根据接头位置、复合板材料的厚度、覆层焊缝的化学成分和耐腐蚀要求来确定。表11-13为常用的复合板接头形式。

在复合板焊接接头中，位于基材与复材的交界处，并将两者及其基材焊缝连接为一体的焊层称为过渡层，过渡层以上连接履层的焊缝称为覆层焊缝。

（二）复合板的焊接方法及焊接材料的选择

不锈钢复合板基材的焊接可采用焊条电弧焊、埋弧焊、CO_2气体保护焊、混合气体保护焊及其组合方法。焊接材料按基材的化学成分和力学性能参照相应标准和技术条件选择。过渡层和覆层的焊接通常采用焊条电弧焊或手工钨极氩弧焊，也可以采用药芯焊丝气体保护焊或带极埋弧焊。在能实现双面焊的情况下，只需要一种过渡层，选择过渡层焊接用的焊接材料按异种钢的焊接材料选材原则进行。当只能进行单面焊时，还应当有纯铁过渡层。覆层焊接材料要选择与覆层材料的化学成分和力学性能接近的焊接材料，当对焊接接头有较高的耐腐蚀要求或覆层焊缝要进行在敏化温度区间停留时间较长的热处理时，选择焊接材料应考虑适当降低焊缝金属的含碳量，以提高其耐腐蚀能力。压力容器常见复合板焊接材料的选择见表11-14。

（三）复合板焊接的一般要求

不锈钢复合板焊接前的坡口制备宜采用机械加工的方法。若受到结构的限制，焊接坡口难以采用机械加工方法，也可采用等离子弧切割或氧燃气切割的方法割出坡口，割后必须去除坡口表面的氧化层和过热层，坡口表面应打磨平整并光洁。

表 11-13　复合板容器常用的焊接接头形式

接头形式	适用范围	接头形式	适用范围
	基材厚度≤16mm　适用于拼板、简体纵、环缝的焊接		基材厚度 = 16～22mm　适用于拼板、简体纵、环缝的焊接
	基材厚度 = 16～25mm　适用于不能实现双面焊的接头		基材厚度 = 22～40mm
	基材厚度≥22mm　主要用于厚板简体的环缝对接		
	接管为不锈钢		基材厚度≥22mm
	用于壳体厚度较大、接管内壁堆焊的全焊透角接头		用于接管内壁堆焊的全焊透角接头
	接管为不锈钢时带加强板的全焊透结构角接头		接管为不锈钢时带加强板的部分焊透结构角接头

表 11-14　压力容器常见复合板焊接材料的选择

材质牌号	焊接基层的焊接材料	焊接过渡层的焊接材料	焊接覆层的焊接材料
SB42/SUS321	H08MnA + HJ431/E5015	E309Mo（A312）	E347（A132）
SB49/SUS321	H10Mn2 + HJ431/E5015	E309	E347（A132）
Q345R/06Cr19Ni10	H10Mn2 + HJ431/E5015	E309L	E308L
SA516Gr70/022Cr19Ni10（304L）	US49 + MF38 LB52	E309MoL	E308L
SA387Gr11CL2/022Cr19Ni10（304L）	US-511N + PF200 CMA96	E309L	E308L
SA516Gr70/022Cr17Ni12Mo2（316L）	H08MnMo + SJ101 J507	E309MoL	E316ULC

　　焊件装配时，当基材厚度与复材厚度相同时，应以复材表面为基准，其错边量不得大于复材厚度的1/2，且不大于2mm。厚度不同时，应按设计图样的规定执行。定位焊应在基材上进行，定位焊缝的间距和长度可根据实际情况自行确定。若发现定位焊缝出现裂纹或其他不允许存在的缺陷时，应予清除。

焊接前应采用机械方法及有机溶剂（如丙酮、酒精、香蕉水等），清除焊丝表面和焊接坡口表面两侧至少 20mm 范围内的污物。多层多道焊时，必须清除前道焊缝表面的焊渣和缺陷。

（四）能实现双面焊产品的焊接

对于两面均能进行焊接操作的不锈钢复合板产品，为了工艺实施方便，减少焊接热循环对不锈钢焊缝的影响，应先焊接基材部分，并将大部分焊接工作设计在基材侧进行，以减少工作中可能对覆层造成的损伤，覆层侧的基材焊缝应低于基材表面 1~2mm。焊接过渡层前应将基层焊缝的余高去除磨平。复合板的双面焊接程序如图 11-27 所示。

（五）仅能进行单面焊产品的焊接

直径较小的不锈钢复合板压力容器，有时只能从外侧焊接，而不锈钢覆层总在容器内侧。此时出现了在不锈钢焊缝金属上焊接碳钢焊缝的情况。而不锈钢焊缝被碳钢焊缝稀释后，在快速冷却的条件下产生脆硬的马氏体组织，对冷裂纹极其敏感。为了解决这一难题可采取下列两种方法：第一种方法是焊完覆层后，碳钢基材全部采用高铬镍焊条填充该方法只适用壁厚较薄的容器；第二种方法是先用与覆层最为匹配的材料焊接覆层，覆层焊后应低于基材表面 1~2mm，在不锈钢覆层焊缝上焊高铬镍过渡层（即第一过渡层），高铬镍过渡层焊缝应高于基材表面 1~2mm（覆层及第一过渡层的焊接也可全部用高铬镍焊接材料），然后再焊接纯铁焊缝作为过渡层（即第二过渡层），最后用与基材匹配的焊接材料焊接基材。因为纯铁焊缝中混入少量铬镍合金元素不至于形成塑性极差的区域，在纯铁焊缝上焊接碳钢焊缝不会出现问题。复合板的单面焊的焊接程序如图 11-28 所示。

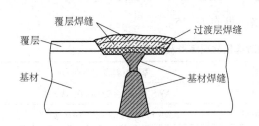

图 11-27　复合板的双面焊接程序

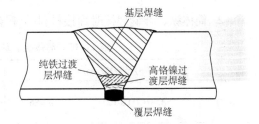

图 11-28　复合板的单面焊焊接程序

（六）过渡层及覆层的焊接

不锈钢复合板焊接与其他材料焊接的最大不同在于存在由碳钢向不锈钢或由不锈钢向碳钢过渡部分的焊接，而过渡层的焊接往往既影响焊接接头的强度、塑性，又影响接头的耐腐蚀能力，因此焊接过渡层时，应在焊接材料、焊接参数选择和焊接操作上给予足够的重视。

焊接过渡层时要在保证熔合良好的前提下尽量采用较小直径的焊条（一般采用 $\phi 3.2mm$ 的焊条）或焊丝、较小的焊接热输入，降低熔合比，避免覆层化学成分受影响，防止熔合区脆化和裂纹的发生。高铬镍过渡层的厚度应不小于 2mm，纯铁过渡层厚度应不小于 5mm，过渡层焊缝应保证将基材或高铬镍焊缝全部覆盖；覆层焊缝将作为耐腐蚀表面与工作介质接触，因此在焊接过程中亦应尽可能采用较小的焊接热输入，并严格控制层间温度，以有效控制奥氏体晶粒的长大。对于耐腐蚀要求较高的产品，覆层焊接时的道间温度应控制在 100~150℃ 之间，覆层焊缝与复材表面保持平齐、光滑，对接焊缝余高应不大于 1.5mm，角焊缝的凹凸度及焊脚高度应符合设计图样的规定。

在焊接过程中应注意保持复材的表面清洁，防止焊接飞溅损伤复材表面，不得在复材表面随意引弧、焊接临时支架及用铁锤敲击覆层表面等。

四、制造实例

30万t/年合成氨气化炉主壳体是一种典型的复合板容器，壳体材质为SA387Gr11CL2钢+022Cr19Ni10（304L）或022Cr17Ni12Mo2（316L）不锈钢，厚度为86mm+4mm，筒体直径φ2792mm。其纵、环缝和接管T形接头的焊接工艺概述如下：

（一）筒体纵、环缝的焊接

1. 接头形式　见图11-29。

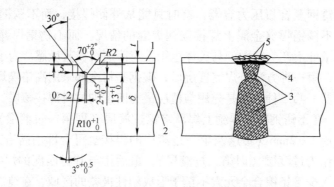

图11-29　复合板对接坡口形式及操作要求

1—不锈钢覆层　2—基材　3—基材焊缝　4—过渡层焊缝　5—覆层焊缝

2. 筒体纵、环缝焊接时焊接材料的牌号及规格　见表11-15。

表11-15　筒体纵、环缝焊接时焊接材料牌号及规格

母材牌号及规格/mm			焊接方法	焊接材料及规格/mm	
基材	SA387Gr11C L2	$\delta = 86$	焊条电弧焊	AWS E8018 – B2 φ4.0，φ5.0	
			埋弧焊	AWS F7P4 – EB2 – B2 焊丝 φ4.0	
覆层	022Cr17Ni12Mo2（316L）	$t = 4$	焊条电弧焊	过渡层	AWS E309MoL φ3.2
				覆层	AWS E316L φ4.0

3. 焊接参数　焊接预热及层间温度：基层焊接时最小预热温度为150℃，最大层间温度为300℃；过渡层焊接时最小预热温度为120℃，最大层间温度为200℃；覆层焊接时不预热，最大层间温度为150℃。筒体纵、环缝的焊接参数见表11-16。

表11-16　筒体纵、环缝的焊接参数

焊接方法	焊接材料	规格/mm	焊接电流/A	电弧电压/V	焊接速度
焊条电弧焊	AWS E8018 – B2	φ4.0	160～180	22～27	—
	AWS E8018 – B2	φ5.0	210～240	24～28	—
	AWS E309MoL	φ3.2	100～120	22～26	—
	AWS E316L	φ4.0	130～150	23～27	—
埋弧焊	AWS F7P4 – EB2 – 2	φ4.0	560～610	30～33	18～23m/h

基层焊接后进行 300~400℃/2~3h 消氢处理。

4. 焊接操作要求　焊接坡口及操作要求见图 11-29。首先，基层 V 形坡口部分用 AWS E8018-B2 焊条电弧焊焊接，第一层用 $\phi4.0mm$ 焊条，其余层用 $\phi5.0mm$ 焊条焊接，基材焊缝应低于基材表面 1~2mm。焊接基材 U 坡口部分时，采用埋弧焊方法，焊丝及焊剂为 AWS F7P4-EB2-B2 $\phi4.0mm$。

消氢处理后进行过渡层的焊接，过渡层用 E309MoL $\phi3.2mm$ 焊条焊接，过渡层焊接时先焊两侧 R 处焊道，然后再焊其他焊道。用 E316L $\phi4.0mm$ 焊条进行覆层的焊接。不锈钢焊接时采取窄焊道不摆动焊，焊道间压道量为 35%~40%。

对焊接接头进行无损检测。待筒体所有管接头及附件焊接完成后，进行整体消除应力热处理。

（二）筒体与接管的焊接。

1. 接头形式　见图 11-30。

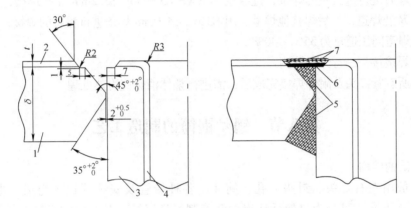

图 11-30　复合板角接接头坡口形式及操作要求
1—基材　2—不锈钢覆合层　3—接管　4—不锈钢堆焊层　5—基材焊缝
6—过渡层焊缝　7—覆层焊缝

2. 筒体与接管焊接时焊接材料的牌号及规格　见表 11-17。

表 11-17　筒体与接管焊接时焊接材料牌号及规格

母材牌号及规格/mm			焊接方法	焊接材料及规格/mm	
基材	SA387Gr11C L2	$\delta=86$	焊条电弧焊	AWS E8018-B2 $\phi4.0$, $\phi5.0$	
接管	15CrMo（堆焊 E309MoL+E316L）	—			
覆层	022Cr17Ni12Mo2（316L）	$t=4$		过渡层	AWS E309MoL $\phi3.2$
				覆层	AWS E316L $\phi4.0$

3. 焊接参数　基材焊接时最小预热温度为 150℃，最大层间温度为 300℃；碳弧气刨清根前焊件需预热至 200℃。过渡层焊接时最小预热温度为 120℃，最大层间温度为 200℃；覆层焊接时不预热，最大层间温度为 150℃。筒体与接管的焊接参数见表 11-18。

基材焊接后需进行 300~400℃/2~3h 的消氢处理。

表 11-18　简体与接管的焊接参数

焊接方法	焊接材料	规格/mm	焊接电流/A	电弧电压/V
焊条电弧焊	AWS E8018－B2	φ3.2	110～130	21～26
	AWS E8018－B2	φ4.0	160～180	22～27
	AWS E8018－B2	φ5.0	210～240	24～28
	AWS E309MoL	φ3.2	100～120	22～26
	AWS E316L	φ4.0	130～150	23～27

4. 焊接操作要求　焊接坡口及操作要求见图 11-30。基材外侧坡口部分用 AWS E8018－B2 焊条电弧焊焊接。第一层用 φ3.2mm 焊条焊接，第二、三层用 φ4.0mm 焊条焊接，其他层用 φ5.0mm 焊条焊至 15mm 左右，背面碳弧气刨及打磨清根后焊满内侧坡口，注意内侧基材焊缝应低于覆层与基材交界面 1～2mm，焊满外侧坡口。

消氢处理后进行过渡层的焊接，过渡层用 AWS E309MoL φ3.2mm 焊条焊接，过渡层焊接时先焊两侧 R 处焊道，然后焊其他焊道。用 E316L φ4.0mm 焊条进行覆层的焊接，采取窄焊道不摆动焊，焊道间压道量为 35%～40%。

焊后对焊接接头进行无损检测。

待简体所有管接头及附件焊接完成后，需进行整体消除应力热处理。

第八节　锅炉锅筒的制造工艺

一、锅筒的结构

锅筒一般由左右封头、封头人孔、简体、各种接管及安装耳板等组成。电站锅炉根据其工作方式不同，可分为自然循环锅炉和控制循环锅炉，其相应的锅筒在结构尺寸，如内径、长度、壁厚等方面也不尽相同，典型的 600MW 亚临界控制循环锅炉锅筒如图 11-31 所示。

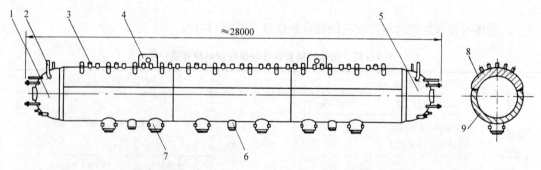

图 11-31　600MW 亚临界控制循环锅炉锅筒典型结构图
1—左封头　2—安全阀管接头　3—小管接头　4—起吊耳板　5—右封头　6—省煤器给水管接头
7—下降管接头　8—上简体　9—下简体

二、锅筒受压件的材料

不同等级的锅炉根据其压力和温度的不同，选用的材料及壁厚也不相同。锅筒及受压元件常用的材料是碳钢和低合金钢，见表 11-19。

表 11-19　锅筒受压元件常用的材料

零件名称	材　　质
筒体	Q245R（20g），Q345R（16Mng），P355GH（19Mn6），SA－299，DI-WA353（BHW35）
下降管及给水管接头	20G，Q345（16Mn），SA－106C，SA－210C，20MnMo
汽水引出管接头及安全阀管接头	Q235A，20G，Q345（16Mn），SA－106C，SA－210C

三、锅筒的制造工艺简介

（一）封头的制造

1. 封头的成形　锅筒的封头一般采用大型的压力机一次热冲压成形。

封头冲压所采用的模具一般包括冲头、拉环、上模托架、拉环座及底座等，如图 11-32 所示。

封头钢板采用半自动热切割下料，利用定心拉杆辅助半自动切割机，即可割出完整的圆形毛坯。封头进行热冲压时，钢板的加热温度要超过材料的上临界点，保温时间依据钢板的壁厚 1.2min/mm，终压温度约为 800℃左右。封头冲压后进行超声波检测测厚，封头任意部位的实际壁厚不得小于理论最小壁厚。

2. 封头的堆焊　一般高压、中压及低压锅筒封头补强均采用焊加强板的方式，而亚临界锅筒封头采用堆焊的方法来实现补强，堆焊范围为封头球顶 $\phi813$mm 范围内，可采用变位机与操作机配合进行堆焊。

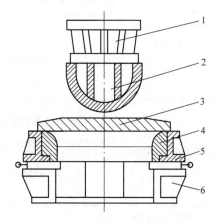

图 11-32　封头冲压模具图
1—上模托架　2—冲头　3—钢板
4—拉环　5—拉环座　6—底座

（二）筒体的制造

1. 筒体的成形　筒体的成形可分为压制成形和卷制成形两种。压制成形时，可采用冷压、热压和温压；卷制成形可分为冷卷、热卷和温卷。

压制时将筒体分成两瓦片压制，然后焊接两条纵缝组成圆形筒体；卷制时需焊接一条纵缝，然后再经过高温矫圆加工成圆形筒体。压制或卷制工艺的选择，并没有强制性的原则，对于制造厂来说，可根据各自设备的能力和生产经验来选择。

压制筒体的工艺流程：热切割下料→涂防氧化涂料→加热→正火结合压制→回火热处理→冷精矫→UT 测厚→热切割余量→加工纵缝坡口→装焊引弧板、吊耳→焊妥纵缝→磨纵缝两侧→100% UT＋100% RT＋100% MT→去除引弧板、吊耳→划环缝坡口线→加工环缝坡口→转总装。

卷制筒体工艺流程：热切割下料→涂防氧化涂料→加热→正火结合卷制→清理打磨坡口→UT测厚→焊妥纵缝→100% MT→涂防氧化涂料→加热→正火结合矫圆→喷砂→100% UT＋100% RT＋100% MT→回火热处理→划环缝坡口线→加工环缝坡口→转总装。

2. 筒体纵缝的焊接　筒体成形工艺的不同，筒体纵缝所经历的热过程也不同，对于同一种母材来说，焊接材料的选择也是不同的，详见表 11-20。

表 11-20　筒体纵、环缝焊接材料的选择

筒体材料	成形工艺	焊接方法	焊接材料
Q245R	冷卷冷校（温卷温矫）或压制	SMAW	E5015，AWSE7015
		SAW	H08MnA + HJ431
		ESW	H08Mn2SiA + HJ431
Q345R（16Mng）	冷卷冷校（温卷温矫）或压制	SMAW	E5015，AWS E7015
		SAW	H10Mn2A + HJ350
		ESW①	H10MnMo + HJ431
P355GH（19Mn6）SA－299	冷卷冷校（温卷温矫）或压制	SMAW	E5015，AWS E7018－A1
		SAW	H08MnMoA + SJ101
	热卷热矫	SMAW	E7015－D2
		SAW	H10Mn2NiMoA + SJ101
		ESW①	H10MnMoA + HJ431 H10Mn2Mo + HJ431
DIWA353（BHW35）	冷卷冷校（温卷温矫）或压制	SMAW	E6015－D1
		SAW	H10Mn2MoA + SJ101
	热卷热矫	SMAW	E7015－D2
		SAW	H10Mn2NiMoA + SJ101
		ESW①	H10Mn2NiMoA + HJ431

① ESW 为电渣焊，下同。

　　筒体的成形方法及纵、环缝坡口形式参见表 11-21，筒体纵、环缝焊接的焊接参数及其热处理规范见表 11-22 和表 11-23。

表 11-21　筒体的成形方法及纵、环缝坡口形式

成形方法	坡口加工	坡口型式参考图	适用的焊接方法
卷制	机械加工或热切割	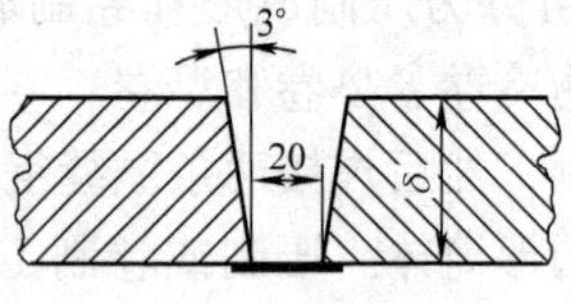 V 形　纵缝	SMAW + SAW 或 SAW
	热切割	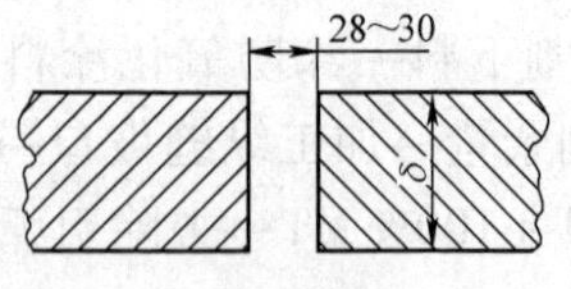 I 形　纵缝	ESW
压制	机械加工或热切割	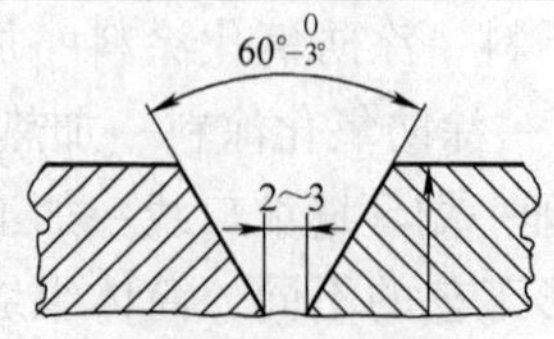 V 形　纵、环缝	SMAW + SAW 或 SAW

（续）

成形方法	坡口加工	坡口型式参考图	适用的焊接方法
压制	机械加工	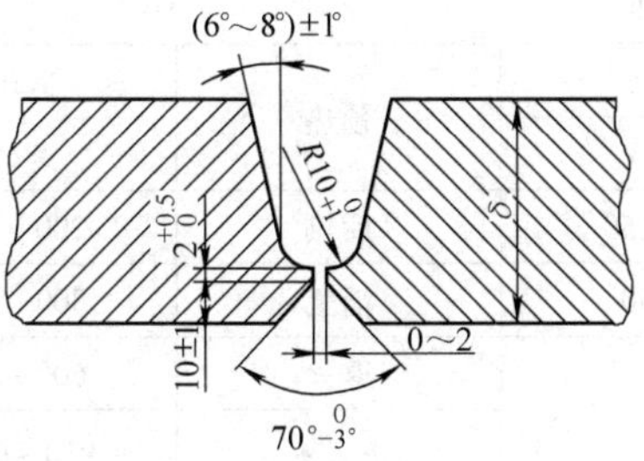 纵、环缝	SMAW + SAW
		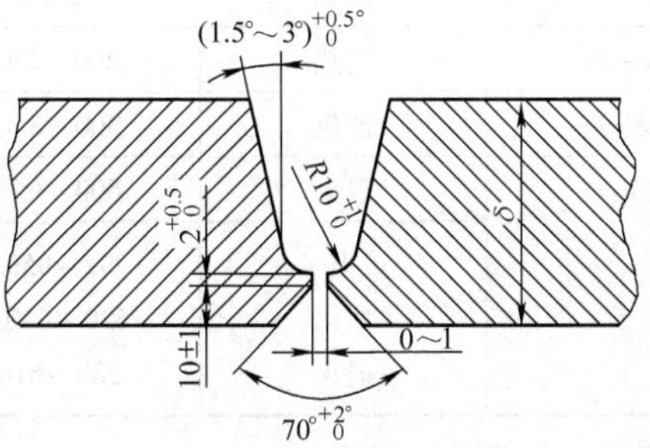 窄间隙 U + V 形纵、环缝	SMAW + SAW

表 11-22　筒体纵、环缝焊接的焊接参数

焊接方法	焊接参数				备注
	焊接材料规格 /mm	焊接电流 /A	焊接电压 /V	焊接速度 / (m/h)	
SMAW	$\phi 4.0$	160 ~ 190	23 ~ 27	—	
	$\phi 5.0$	200 ~ 240	24 ~ 28	—	
		250 ~ 300	24 ~ 28	—	铁粉型焊条
SAW	$\phi 4.0$	600 ~ 650	30 ~ 33	20 ~ 25	
ESW	$\phi 3.2$	450 ~ 500	40 ~ 44	1 ~ 1.2	

表 11-23　筒体纵、环缝焊接的热处理规范

锅筒材质	厚度范围 /mm	温度参数 /℃		备　注
Q245R（20g）	≥70	预热	≥100	
	>120	后热	200 ~ 250	
		退火	600 ~ 650	
		正火 + 退火	910 ~ 950/ 600 ~ 650	电渣焊或经正火矫圆

（续）

锅筒材质	厚度范围 /mm	温度参数 /℃		备　注
Q345R（16Mng） P355GH 19Mn6 SA-299	32~75①	预热	≥100	
	>75		≥150	
	70~150	后热	200~250	
	>150	消氢	300~350	
		退火	600~650	
		正火+ 退火	910~950/ 600~650	电渣焊或经正火矫圆
DIWA353（BHW35）	>15	预热	≥150	
	40~70	后热	200~250	
	>70	消氢	300~350	
		退火	600~650	
		正火+ 回火 退火	992~950/ 620~650/ 580~610	电渣焊或经正火矫圆

①　SA-299 材料，厚度范围 25~75mm，预热≥100℃。

（三）锅筒的总装工艺

锅筒的总装包括筒节环缝的拼装、组装左右封头、各种管接头的开孔与装焊、各种附件或预焊件的装焊、整体退火热处理、整体水压、内部设备的装焊等环节。

总装工艺流程：装配环缝→预热→焊妥环缝→打磨→划无损检测线→100% UT + 100% RT + 100% MT→划预焊件位置线→预热→装焊预焊件→打磨角焊缝→100% MT→装两封头→预热→焊妥环缝→打磨→划无损检测线→100% UT + 100% RT + 100% MT→划孔线→UT 检测耳板装焊处→碳弧气刨耳板坡口→打磨→MT→手工堆焊（该工序由工艺定，堆焊可防厚板层状撕裂）→100% UT + 100% MT→钻孔→热切割下降管孔→装下降管、给水管→焊妥下降管、给水管外侧坡口→中间热处理（根据筒体材料和技术要求选择是否需要）→碳弧气刨清根→焊条电弧焊内侧→打磨并内外侧焊缝100% UT + 100% MT→打磨管孔、装配管接头→焊妥管接头→清理焊缝→100% UT + 100% MT→装焊耳板打磨角焊缝→100% UT + 100% MT→焊所有附件→角焊缝100% MT→整体热处理→打磨纵环缝、角焊缝→纵、环缝100%的 MT 复检、下降管100% UT 复检→水压试验→清理内部→装内部设备→涂装→包装发货。

环缝的焊接坡口通常采用 V 形坡口，或 U + V 形坡口，焊接工艺见表 11-22。下降管和给水管管孔通常采用马鞍形气割机进行加工，坡口为插入式结构，内侧加衬垫。下降管的焊接可选用焊条电弧焊、药芯焊丝气体保护焊、马鞍型埋弧焊等焊接方法。其他小管接头筒体坡口，通常为管坐式结构、机加工坡口。小管接头的焊接采用氩弧焊打底（手工或自动），药芯焊丝气体保护焊、焊条电弧焊或细丝埋弧焊填充及盖面的焊接工艺。筒体与管接头焊接材料的选择见表 11-24。筒体与管接头的焊接工艺见表 11-25。

表 11-24　筒体与管接头焊接材料的选择

筒体材料	下降管接头			小管接头		
	管接头材料	焊接方法	焊接材料	管接头材料	焊接方法	焊接材料
Q245R（20g）	Q235A 20G	SMAW	AWS E7018 – A1	Q235A，20G Q345（16Mn）	GTAW	ER50 – 6
		FCAW	AWS E71T – 1		SMAW	E5015
		SAW	H08MnA + SJ101		FCAW	AWS E71T – 1
					SAW	H08MnA + SJ101
Q345R （16Mng）	20GQ345R （16Mn）	SMAW	AWS E7018 – A1	20G Q345（16Mn）	GTAW	ER50 – 6
		FCAW	AWS E71T – 1		SMAW	E5015
	20G		H08MnA + SJ101		FCAW	AWS E71T – 1
	Q345 （16Mn）	SAW	H10Mn2 + SJ101	20G Q345（16Mn）	SAW	H08MnA + SJ101
						H10Mn2 + SJ101
P355GH 19Mn6 SA – 299	20G SA106C 20MnMo	SMAW	AWS E7018 – A1	20G SA – 106C SA – 210C	GTAW	ER50 – 6
		FCAW	AWS E71T – 1		SMAW	E5015
	20G		H08MnA + SJ101		FCAW	AWS E71T – 1
	SA – 106C	SAW	H10Mn2 + SJ101	20G SA – 210C	SAW	H08MnA + SJ101
	20MnMo		H08MnMoA + SJ101	SA – 106C		H10Mn2 + SJ101
DIWA353 BHW35	20MnMo	SMAW	AWS E7018 – A1	20G	GTAW	ER50-6
		FCAW	AWS E81T – 1		SMAW	E5015
		SAW	H08MnMoA + SJ101		FCAW	AWS E71T – 1
					SAW	H08MnA + SJ101

注：表中 FCAW 为药芯焊丝电弧焊，下同。

表 11-25　筒体与管接头的焊接工艺

接管	坡口形式	焊接参数及操作			
		焊接方法	焊材规格/mm	焊接电流/A	电弧电压/V
下降管		SMAW	$\phi4.0$	160 ~ 180	23 ~ 27
		SMAW	$\phi5.0$	200 ~ 240	24 ~ 28
		FCAW	$\phi1.2$	240 ~ 280	32 ~ 38
		1. SMAW 先焊接坡口侧，背面清除垫板后焊满 2. 先焊接坡口侧，SMAW 焊接至 20 ~ 30mm，然后采用 FCAW 焊满坡口，背面清除垫板后焊满 3. 对于筒体壁厚大于等于 100mm 的接头，采用加长型焊条（500mm）进行焊接 4. 焊后消应力退火处理 5. 对于筒身壁厚≥150mm 时，需作中间热处理			

（续）

接管	坡口形式	焊接参数及操作			
		焊接方法	焊材规格/mm	焊接电流/A	电弧电压/V
下降管		焊接方法	焊材规格/mm	焊接电流/A	电弧电压/V	焊接速度/m·h
		SAW	φ3.0	380 ~ 450	28 ~ 30	20 ~ 25
		1. 坡口侧使用马鞍形埋弧焊机焊满 2. 背面清除垫板后，打磨光滑，焊缝高度不够的地方，采用 SMAW 补焊				

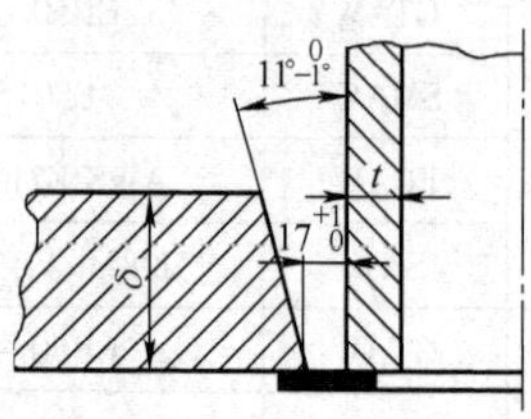

注：下降管表末行为：焊接方法 / 焊材规格/mm / 焊接电流/A / 电弧电压/V / 焊接速度/m/h

接管	坡口形式	焊接方法	焊材规格/mm	焊接电流/A	电弧电压/V
小管接头	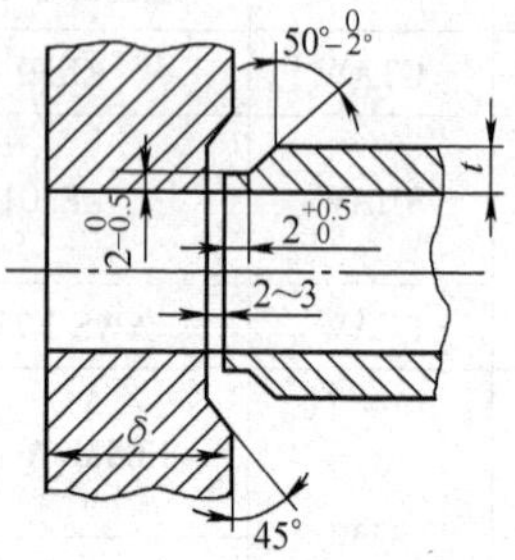	手工 GTAW	φ2.4	160 ~ 180	11 ~ 14
		SMAW	φ3.2	110 ~ 130	22 ~ 26
			φ4.0	160 ~ 180	23 ~ 27
			φ5.0	200 ~ 240	24 ~ 28
		FCAW	φ1.2	200 ~ 240	27 ~ 30
				260 ~ 280	28 ~ 30
		A – GTAW	—	160 ~ 180	13 ~ 15
		1. 打底焊采用 M – GTAW 或 A – GTAW 2. 用 SMAW 填充和盖面，第一层用 φ3.2mm 焊条，第二层用 φ4.0mm 焊条，其余层用 φ5.0mm 焊条 3. 使用 FCAW 填充和盖面焊，首层选用小规范，其他层使用大规范				

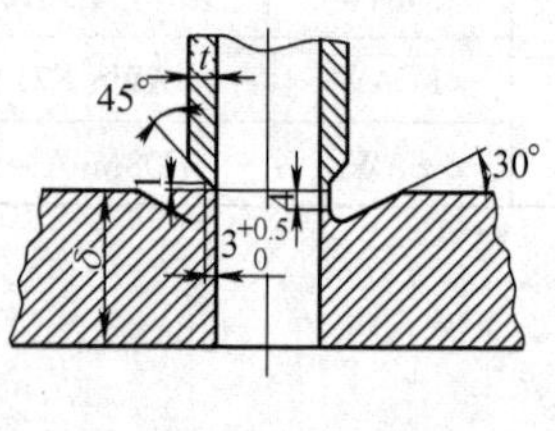

接管	坡口形式	焊接方法	焊材规格/mm	焊接电流/A	电弧电压/V	焊接速度/m·h
		SAW	φ2.0	280 ~ 320	28 ~ 30	20 ~ 25
		1. 打底焊采用 M – GTAW 或 A – GTAW 不填丝自动焊，焊接参数同上 2. 填充和盖面焊采用细丝 SAW 焊接 3. 焊后消应力退火处理					

第九节　锅炉集箱的制造工艺

一、集箱的结构简介

在各种型号或等级的锅炉中，集箱的结构基本相似，大多是由筒体、端盖、大小管接头、三通、弯头、附件（预焊件或吊耳）等零件组成。典型的集箱结构如图 11-33 所示。

电站锅炉中集箱的筒体直径范围一般为 φ89 ~ φ914mm，壁厚范围为 7 ~ 150mm，最大长度约 23000mm。集箱的材质为碳钢、低合金耐热钢（如 15CrMo、12Cr1MoV、SA – 335P12、SA335 – P22）、中合金耐热钢（如 SA – 335P91）等。集箱制造中常用的设备一般包括钻床、镗床、环缝埋弧焊接机、CO_2 气体保护焊机、弯管机、水压机、热处理炉及柱塞式水压泵等。

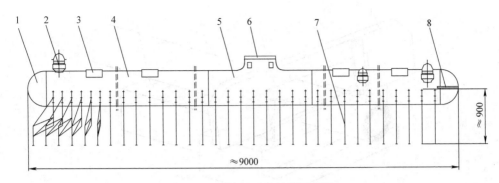

图 11-33　过热器集箱结构简图

1—半球形端盖　2—手孔装置　3—圆弧板　4—筒体　5—三通　6—包装预焊件　7—小管接头　8—导向板

二、集箱的制造

集箱的工艺流程：筒体下料→加工坡口→环缝拼接（筒体、三通）→100% RT + 100% MT→筒体钻孔→装焊弯头、端盖→100% RT + 100% MT→装焊管接头及附件→100% MT→整体热处理→喷砂→矫正→水压试验→去余量→倒角→内部清理→涂装、包装。

（一）筒体的下料

集箱筒体一般都采用大直径无缝钢管。筒体的下料一般采用磁力气割机进行气割。此种方法是在磁力小车上加装火焰气割枪，由磁力小车吸附在管壁上带动气割枪做圆周运动，将管子割断，在切割厚壁管时，需要在割前预钻 $\phi20mm$ 的孔，如图 11-34 所示。这种下料方法具有操作简便、速度快、切口整齐的特点，切割前应根据筒体的壁厚和材质附加预热措施。但对于 SA335P91 等级材料的筒体，由于其热切割性能极差，可选用大型带锯床进行锯切下料，如图 11-35 所示。

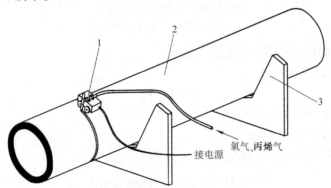

接电源

氧气、丙烯气

图 11-34　大直径管的磁力气割下料

1—磁力气割机　2—大直径管　3—支架

（二）弯头的压制

集箱或管道中的弯头大部分为大直径厚壁弯头，弯曲半径等于管径的 1 或 1.5 倍，采用压制的工艺。大直径厚壁弯头的弯曲角度有 90°、75°、45°或 40°、30°等，其中 90°弯头最常用。

弯头的压制一般有两种方法：一种是毛坯全部采用大直径无缝钢管，通过多次压缩和挤压的方法来制成弯头，主要用于加工厚壁短半径弯头，为保证弯头圆度及减薄量的要求，必须控制每次压制前预变形的压扁量，最后采用精整模进行精校成形，如图 11-36a 所示；另一种是毛坯采用钢板，先压成两个弯曲的半圆瓦片，然后对接焊制而成，其焊缝采用全焊透

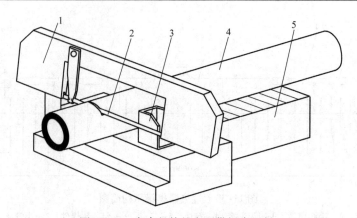

图 11-35　大直径管的大型带锯床下料

1—带锯机机头　2—带锯　3—固定夹块　4—大直径管　5—送料辊道

结构，焊前背面加衬环，焊后清除衬垫，弯头两侧无直段，此种压制方法适用于壁厚较薄的弯头，如图 11-36b 所示。

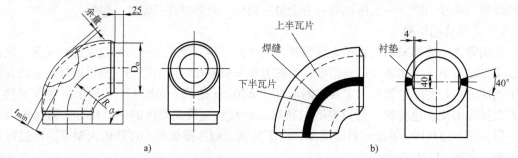

图 11-36　大直径管压制弯头

a）厚壁压制弯头　b）薄壁压制弯头

弯头毛坯尺寸的确定通常应用如下公式：

1. 毛坯管外径的计算公式

$$D = D_0 + \delta$$

式中　D——毛坯管外径（mm）；

　　　D_0——弯头名义外径（mm）；

　　　δ——外径余量（mm）。详见表 11-26。

表 11-26　弯头毛坯管外径余量　　　　　　　　　　（单位：mm）

D_0	$\phi324$	$\phi356$	$\phi406$	$\phi457$	$\phi508$	$\phi559$	$\phi610$	$\phi762$	$\phi813$
δ	32	50	51	51	51	51	75	113	117

2. 毛坯管壁厚的计算公式

$$T = t_{min} + 10$$

式中　T——毛坯管壁厚（mm）；

　　　t_{min}——弯头理论最小壁厚（mm）。

3. 毛坯管长度的计算公式

$$L = k\alpha\pi R/180$$

式中 L——毛坯管下料长度（mm）；

    α——弯头角度（°）；

    R——弯头名义半径（mm）；

    k——修正系数，$k=1.4$。

（三）三通的焊接

我国锅炉行业中的三通制造大体分为：锻造挤压三通（以下简称锻压三通）、焊接三通、冲焊三通。几种三通的结构如图11-37所示。

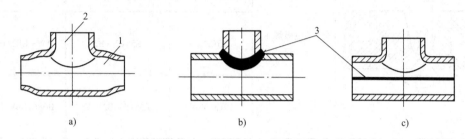

图 11-37 三种三通结构示意

a）腰鼓形锻压三通 b）等径焊接三通 c）等径冲焊三通

1—主管 2—支管 3—焊缝

锻压三通的毛坯采用大直径无缝管，经过开孔、预变形、翻边、精整、缩径等多次热压过程而成形。三通的结构一般要设计成等径三通，或支管直径小于主管直径，受到模具的限制，一般主管长度不超过1200mm、支管高度不超过200mm。

焊接三通的支管端部应加工成马鞍形坡口，焊缝外表面要求打磨成圆滑过渡，主管内孔棱角打磨出半径为$r \geqslant 8$mm的圆角，焊缝在热处理前后需分别进行100% RT + 100% UT + 100% MT的检测。

冲焊三通采用厚壁钢板，先冲压出三通的上下半圆瓦片，然后在上半瓦片上开孔、冲压翻边、精整，制造出三通的支管，最后将上下半瓦片对接，可采用窄间隙埋弧焊工艺方法拼接两条纵缝。

无论采用何种三通，其任何部位的实际壁厚必须大于理论最小壁厚，作为坯料的无缝钢管或钢板必须经过100%的超声波检测。焊接三通常用的焊接方法及焊接材料见表11-27。

表 11-27 焊接三通常用的焊接方法及焊接材料

坡口形式	焊接方法	三通材质		焊接材料	
		主管	支管	焊条电弧焊	药芯焊丝气体保护焊
	焊条电弧焊或药芯焊丝气体保护焊	20G SA106B SA106C	20G SA106B SA106C	GB E5015 AWS E7015	AWS E71T-1
		SA335P12 15CrMo	SA335P12 15CrMo	GB E5515-B2	AWS E81T-1-B2（M）
		12Cr1MoV	12Cr1MoV	GB E5515-B2-V	—
		SA335P22	SA335P22	GB E6015-B3	AWS E91T-1-B3（M）

冲焊三通纵缝常用的坡口型式及焊接材料的选择见表 11-28。

表 11-28　冲焊三通纵缝常用的坡口型式及焊接材料

坡口形式	焊接方法	三通材质	焊接材料	
			焊条电弧焊	埋弧自动焊
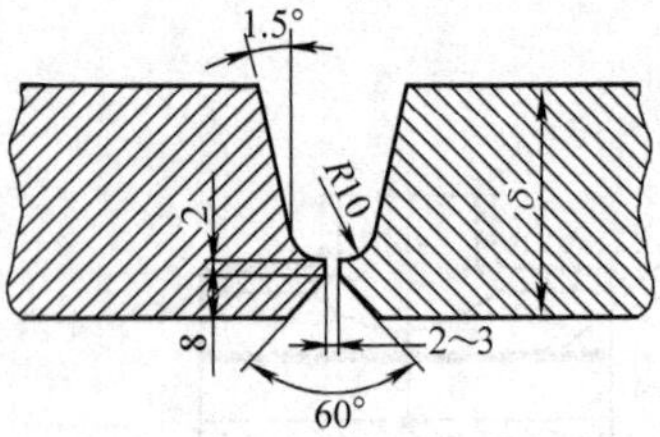	焊条电弧焊 + 埋弧焊	Q245R（20g）	E5015 AWS E7015	H08MnA/HJ350
		15CrMo	E5515 – B2	AWS EB2/HJ350
		12Cr1MoV	E5515 – B2 – V	H08CrMoV/HJ350

（四）环缝的拼接

由于集箱在高温高压条件下运行，因此对环缝焊接的要求较高，必须是采用全焊透的接头形式。而集箱内径较小，无法通过内部施焊实现双面焊透，因此通常采用氩弧焊单面焊双面成形的工艺，以保证根部全焊透。常用的集箱环缝焊接工艺见表 11-29。锅炉集箱常用的大直径无缝钢管牌号、规格及其焊接材料的选用见表 11-30。

表 11-29　常用的集箱环缝焊接工艺

筒体直径/mm	筒体壁厚/mm	坡口型式	焊接方法
$\phi89 \sim \phi426$	$\delta = 7 \sim 16$	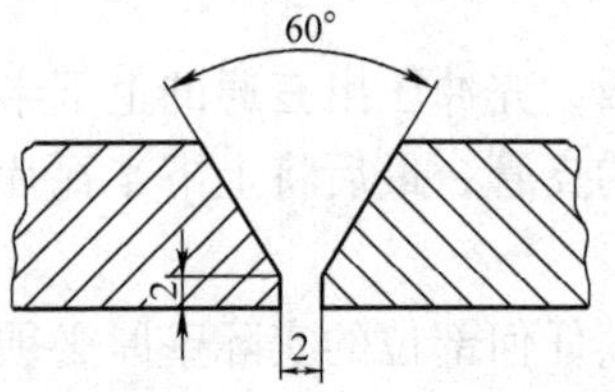	手工钨极氩弧焊 + 焊条电弧焊
$\phi < 273$	$\delta = 18 \sim 40$	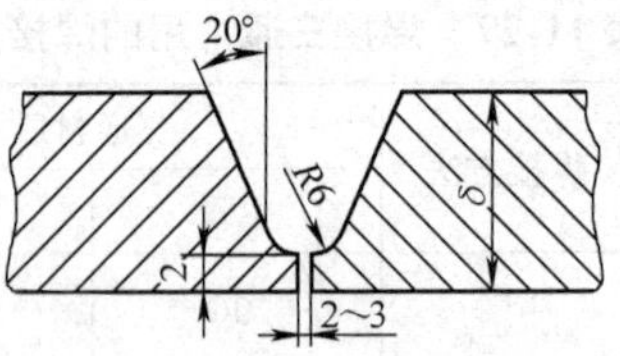	手工钨极氩弧焊 + 焊条电弧焊
$\phi \geqslant 273$	$\delta = 20 \sim 40$		手工钨极氩弧焊 + 焊条电弧焊 + 埋弧焊
$\phi273 \sim \phi914$	$\delta = 42 \sim 150$	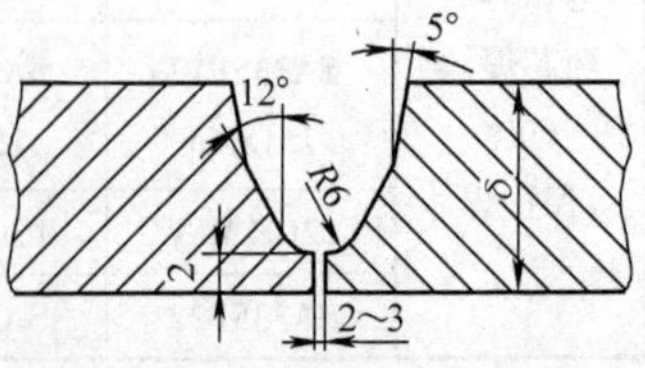	手工钨极氩弧焊 + 焊条电弧焊 + 埋弧焊

表 11-30　　锅炉集箱常用的大直径无缝钢管牌号、规格及其焊接材料的选用

材质	焊接材料		
	手工钨极氩弧焊	焊条电弧焊	埋弧焊
20G、ST45.8	ER49 – 1	E5015 AWS E7015	H08MnA/HJ350
SA106B	ER49 – 1	E5015 AWS E7015	H10Mn2/HJ350
SA106C、SA299	ER49 – 1	E5015 AWS E7015	H08MnMoA/HJ350
WB36	H08Mn2MoA	E6015 – D1	H10Mn2MoA
15CrMo、SA335P12	H08CrMnSiMoA AWS ER80S – B2L	E5515 – B2	AWS EB2/HJ350
12Cr1MoV	H08CrMnSiMoVA	E5515 – B2 – V	H08CrMoV/HJ350
SA335P22	AWS ER90S – B3L	E6015 – B3 AWS E9015 – B3	AWS EB3/PF200
SA335P91	AWS ER90S – B9	E6015 – B9 AWS E9015 – B9	US – 9cb/PF200S

（五）筒体的钻孔

管孔的加工采用摇臂钻床或数控多轴钻床，采用数控多轴钻床加工管孔，具有生产效率高、管孔节距尺寸精确、设计的钻孔刀具可一次性加工出管孔的坡口等特点。

（六）管接头的装焊

集箱筒体上的管接头一般有两种：一种是直径超过 101.6mm 的大直径管接头，如集箱端盖和环缝附近开设的手孔管接头和阀座。另一种是直径小于 101.6mm 的小直径管接头，用于集箱与省煤器、过热器和再热器等管屏组焊。在集箱筒体全长度上焊有大量密排的小直径管接头，有的是长度小于 300mm 的短管接头，也有的是弯成一定形状、长度为 300 ~ 1700mm 的长管接头。

大管接头的接头形式为马鞍形，通常采用氩弧焊（包括手工和自动两种工艺）打底，焊条电弧焊或 CO_2 气保焊填充盖面的焊接工艺，其中 CO_2 气体保护焊，配以药芯焊丝，是近些年新兴的焊接技术，具有焊接效率高、焊缝成形美观的特点，其焊接效率可达到焊条电弧焊的 2 倍以上。

小管接头在集箱中数量最多，结构形式也最复杂，由于要与受热面管屏相接，为吸收管屏受热产生的膨胀量，一般小管接头均弯曲成一定形状，所以在装焊时，小管接头的定位十分关键。小管接头的装配采用定位多孔板的方法，即首先将位于集箱端部的各排小管接头装配定位，然后在管端拉线，并装配定位多孔板，将其余的小管接头再按照定位多孔板上的管孔进行装焊，这样就保证了所有小管接头的节距尺寸。

1. 管接头焊接的工艺方法　集箱管接头角焊缝的坡口形式及焊接方法的选择见表 11-31。

2. 管接头焊接的焊接材料选用　常用集箱的管接头材质及焊接材料的选择见表 11-32。

表 11-31　集箱管接头角焊缝的坡口形式及焊接方法的选择

管接头直径及长度/mm	管接头壁厚/mm	坡口形式	焊接工艺
$\phi \leq 101.6$ $L \leq 300$	3 ~ 12	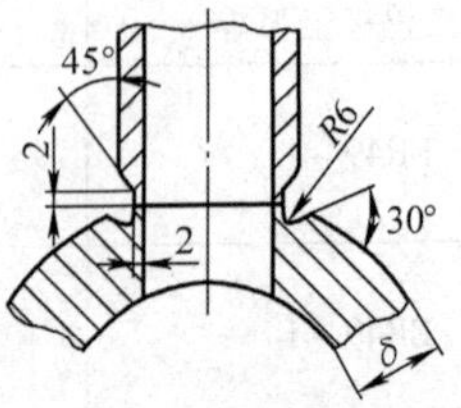 45°, 2, R6, 2, 30°, δ	手工钨极氩弧焊 + 焊条电弧焊 或 自动钨极氩弧焊 + 焊条电弧焊
		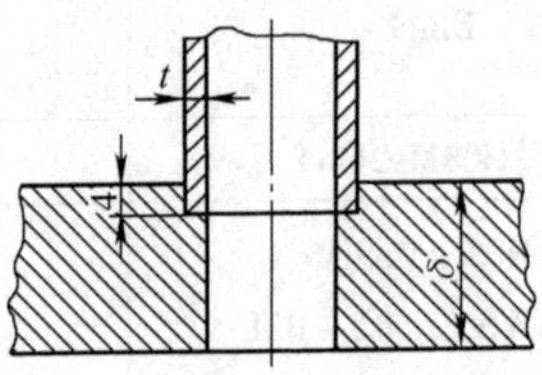 t, δ	焊条电弧焊
		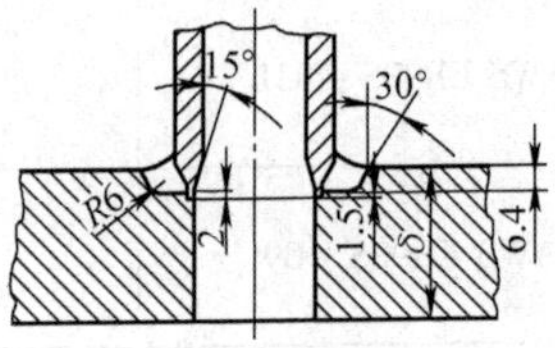 15°, 30°, R6, 2, 1.5, δ, 6.4	焊条电弧焊
$\phi \leq 101.6$ $L > 300$	3 ~ 12	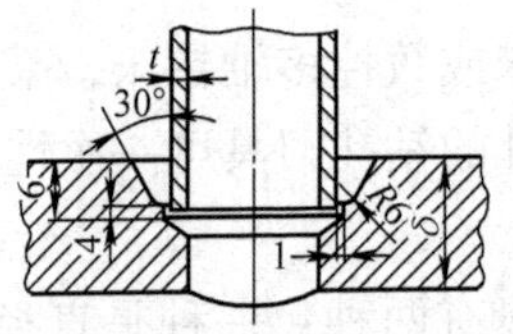 30°, R6, 4, R6, 1	焊条电弧焊
$\phi \geq 101.6$ $L \leq 400$	8 ~ 88	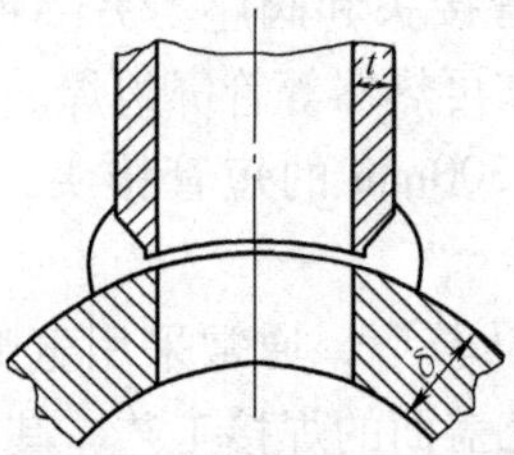 t, δ	氩弧焊（包括自动和手工）+ 焊条电弧焊 或 氩弧焊（包括自动和手工）+ 药芯焊丝气体保护焊

表 11-32　常用集箱的管接头材质及焊接材料的选择

筒体材质	管接头材质	焊接材料		
		手工钨极氩弧焊	焊条电弧焊	药芯焊丝气体保护焊
20G、ST45.8	20G	ER49 – 1	E5015 AWS E7015	AWS E71T – 1
SA106B	20G			
SA106C、SA299	SA210C			
WB36	20G			—
	15CrMoG	H08Mn2MoA	E6015 – D1	

（续）

筒体材质	管接头材质	焊接材料		
		手工钨极氩弧焊	焊条电弧焊	药芯焊丝气体保护焊
15CrMo、SA335P12	15CrMoG	AWS ER80S-B2	E5515-B2	AWS E81T-B2（M）
	12Cr1MoVG			
12Cr1MoV	15CrMoG	H08CrMnSiMoVA	E5515-B2-V	—
	12Cr1MoVG			
	12Cr1MoVG			
SA335P22	SA213T22	AWS ER90S-B3	E6015-B3 AWS E9015-B3	AWS E91T-B3（M）
SA335P91	SA213T91	AWS ER90S-B9	E6015-B9 AWS E9015-B9	AWS E101T1-B9
	SA213T91			
	SA213T22			
	12Cr1MoVG			

3. 管接头焊条电弧焊的操作要求　对于直径 $\geqslant \phi 101.6mm$ 的管接头，其盖面层要求必须采用向上立焊，其他层采用平焊或横焊，每层之间的起弧及收弧处应错开 $10 \sim 15mm$。向上立焊的起弧位置，分别为时钟的 3 点及 9 点钟位置，起弧及收弧处的搭接长度为 $5 \sim 10mm$（包括其他层的搭接）。

对于其他小管接头则采用平焊或横焊，如管接头较长，每层无法连续焊接，则可分段焊接，即将焊缝圆周分成两段焊接，相对两个半圆周之间相差不得大于 1 层。接头处应留出梯形斜坡，接头处搭接长度为 $5 \sim 10mm$，每层之间接头处应错开 $6 \sim 8mm$。

4. 大管接头药芯焊丝气体保护焊的操作要求　锅炉集箱大直径管接头采用马鞍形全焊透式结构。

（1）坡口形式　锅炉集箱马鞍形管接头药芯焊丝 CO_2 气体保护焊的坡口形式，如图11-38所示。

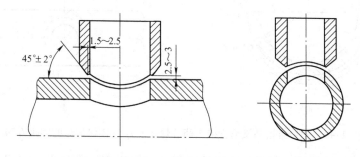

图 11-38　锅炉集箱马鞍形管接头药芯焊丝 CO_2 气体保护焊的坡口形式

（2）焊接参数　焊接参数见表 11-33。

（3）焊接位置　封底及填充焊时在横焊位置（即管接头中心线与水平面垂直，即平角焊），盖面焊时在立焊位置（即管接头中心线与水平面平行）。在肩部时焊枪与集箱筒体成 45°，随着焊接位置的不同，焊枪与焊缝表面的角度在 70°~90° 之间变化，如图 11-39 所示。

表 11-33　集箱马鞍形管接头药芯焊丝 CO_2 气体保护焊的焊接参数

焊层	电流极性	焊接电流 /A	电弧电压 /V	保护气体成分（体积分数）	气体流量 /(L/min)	焊丝伸出长度 /mm
封底焊	直流反接	100 ~ 150	18 ~ 22	Ar（80%）＋CO_2（20%）	15 ~ 20	10 ~ 12
填充焊	直流反接	200 ~ 240	32 ~ 38	CO_2	15 ~ 20	14 ~ 18
盖面焊	直流反接	150 ~ 200	22 ~ 28	CO_2	15 ~ 20	14 ~ 18

注：封底焊采用实芯焊丝混合气体保护焊。

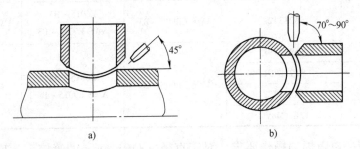

图 11-39　锅炉集箱马鞍形管接头药芯焊丝 CO_2 气体保护焊的焊枪位置

a）横焊位置　b）立焊位置

（4）焊接操作技术　根据马鞍形管接头的特点，肩部坡口小，填充金属少，腹部坡口大，填充金属多。为使各层坡口内焊缝金属的填充量均匀，并保证肩部和腹部焊缝厚度趋于一致，在焊接过程中应注意适当增加腹部的焊道层数或摆动幅度。如图 11-40a 所示，一侧从肩部时钟位置的 9 点钟起弧焊接到 4 点钟收弧，反过来从 3 点钟起弧焊接到 8 点钟收弧，另一侧焊接方式同前。其他层按此方法继续施焊，可保证肩部和腹部的焊缝厚度基本相同。焊接过程中根据腹部焊缝的情况可随时调整重复焊道的长度，此外还应注意坡口外缘焊缝（道）之间圆滑过渡，保证马鞍形管接头焊缝的外缘形状。

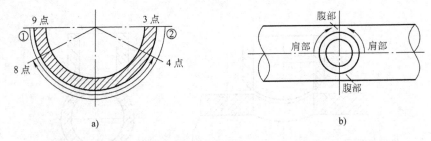

图 11-40　锅炉集箱马鞍形管接头药芯焊丝 CO_2 气体保护焊的焊接方向

盖面焊分两层焊接，第一层对马鞍形坡口焊缝进行局部填平补焊，使焊缝均匀、圆整、高度一致，为盖面焊打下基础；第二层进行成形盖面焊接。两层施焊方法如图 11-40b 所示，上面焊接时，从左右两侧肩部开始焊接，焊接时焊丝水平方向摆动，始终保持焊道与水平面平行，防止形成焊瘤。随着焊接的进行，焊道与管接头中心线的角度不断变化，焊至腹部最低点（两侧焊缝相接处）时形成一个三角形空焊区。在三角形空焊区接焊时，注意焊枪摆动幅度不能过大，电弧不能超过已焊焊道，以保证接头均匀，成形美观。

第十节　锅炉受热面管件的制造工艺

一、受热面管件的制造工艺简介

（一）受热面管件的分类

锅炉受热面管件在锅炉的受压元件中所占比重最大、金属耗量最多、分布最广泛，它起着加热介质，产生蒸汽的作用。受热面管件按照受热方式的不同一般分为辐射受热面管件和对流受热面管件。辐射受热面管件接受的是炉膛中火焰燃烧所发出的辐射热；而对流受热面接受的是与之对流的烟气所传输的热量。具体地说，辐射受热面管件又分为辐射蒸发器、辐射过热器、辐射再热器；而对流受热面管件分为对流过热器、对流再热器等。其中辐射蒸发器即为炉膛水冷壁，或称为膜式水冷壁；辐射过热器、辐射再热器、对流过热器和对流再热器，则统称为蛇形管部件。

炉膛水冷壁，是由小直径管与扁钢相焊接组成的膜式壁管屏，围绕在炉膛的周围，接受火焰的辐射热，再传递给管内流动的介质，使之变成饱和蒸汽。

过热器和再热器，是由多根规格与材质相同或不同的、展开长度超过 20m 的小直径管，经过往复多次的弯曲，并通过一些起连接、固定作用的附件，多管圈套装在一起组成的蛇形管管屏，它们位于炉膛的上部和烟道中。

（二）受热面管件的制造设备

对于大型电站锅炉的制造厂来说，受热面管件的制造一般都配备自动化程度高、占地面积较大、成系统布置的生产线，如水冷壁管屏气体保护焊焊接生产线、蛇形管屏系统弯生产线等，这些生产线集直管焊接、探伤、弯曲、焊接成屏于一身，在受热面管件产品的生产中发挥了重要的作用。另外配备用于管子表面清理、下料、坡口加工、管屏弯曲、水压等设备，如直管抛丸（抛光）清理机、切管机、坡口机、管端成型机、成排弯曲机及水压泵等。

（三）受热面管件常用的材质及规格

受热面管件根据其壁温和压力的不同，所选用的材质及规格也不同。受热面管子材质比较复杂，从碳钢、低合金耐热钢、中合金耐热钢到奥氏体不锈钢等。随着锅炉参数的不断提高，新材料的不断研究与开发，大量的新材料被应用到锅炉制造中，例如 HR3C（P310HCbN）、SUPER304H、TP347HFG、HCM12A、NF616、HCM2S 等新材料已相继在超临界及超超临界锅炉制造中得到了应用。典型 300MW 亚临界锅炉受热面承压部件材料的选择见表 11-34。

（四）受热面管件对接常用的焊接方法及坡口形式

受热面管件的对接，可采用手工 TIG 焊、机械冷丝 TIG 焊、机械热丝 TIG 焊、机械 TIG＋MIG 焊、摩擦焊、（FRW）、等离子弧焊（PAW）等焊接工艺方法。焊接坡口的准备应遵循"内倒外磨"的原则（摩擦焊除外），以提高焊接质量，即管子内壁均进行内镗孔或内倒角，消除内错边；管件外壁坡口两侧 20～50mm 范围内进行磨光。对于受热面管件来说应尽量采用机械焊接，这样既可以保证焊接质量，又提高生产效率，在受到产品规格和结构的限制时，才采用手工 TIG 焊。对于直径较大，管壁较厚的管子推荐采用机械热丝 TIG 焊或机械 TIG＋MIG 焊接。摩擦焊主要适用于直径为 ϕ32～51mm，壁厚为 3.5～7mm，材质为 20G、15CrMo、12Cr1MoV 的受热面小径管焊接。小径管对接常见的坡口形式见图 11-41。

表 11-34　300MW 亚临界锅炉受热面承压部件材料的选择

部件 ＼ 参数	进/出口压力/MPa	允许金属壁温/℃	选用材料	规格/mm
省煤器	19. 254/19. 192	360	20G	$\phi 42 \times 5.5$
水冷壁	18. 913/18. 913	408	SA – 210A1	$\phi 63.5 \times 7.112$MWT①
		420	20G	$\phi 63.5 \times 8$
水平低温过热器	18. 486/18. 41	410	20G	$\phi 57 \times 7$
		489	15CrMoG	$\phi 57 \times 7$
立式低温过热器		410	20G	$\phi 57 \times 7$
		489	15CrMoG	$\phi 57 \times 7$
分隔屏	18. 331/18. 120	502 ~ 524	12Cr1MoVG	$\phi 51 \times 6$、$\phi 51 \times 7$
		555 ~ 583	SA – 213TP304H	$\phi 51 \times 7$
后屏过热器	18. 078/17. 905	534 ~ 578	12Cr1MoVG	$\phi 54 \times 8$
				$\phi 54 \times 9$
				$\phi 54 \times 10$
				$\phi 54 \times 11$
		584 ~ 608	SA – 213T91	$\phi 54 \times 8$
				$\phi 54 \times 9$
				$\phi 60 \times 8$
				$\phi 60 \times 9$
		611	SA – 213TP304H	$\phi 54 \times 9$
		628 ~ 637	SA – 213TP347H	$\phi 54 \times 8$、$\phi 60 \times 9.5$
末级过热器	17. 79/17. 556	558	12Cr1MoVG	$\phi 51 \times 9$
		589	SA – 213T91	$\phi 51 \times 7$
后屏再热器	3. 7828/3. 7527	580	12Cr1MoVG	$\phi 63 \times 4.5$、$\phi 63 \times 7$
		634	SA – 213T91	$\phi 63 \times 4$
		656	SA – 213TP304H	$\phi 63 \times 4$
末级再热器	3. 7326/3. 7019	580	12Cr1MoVG	$\phi 63 \times 4$
		634/635	A – 213S30432	$\phi 63 \times 4$、$\phi 63 \times 7$
		656	SA – 213TP310HCbN	$\phi 63 \times 4$

① MWT 是英文首字母缩写，全称为 Minimum Wall Thickness，意思为管子的最小壁厚，此部分管子一般采用内螺纹管。

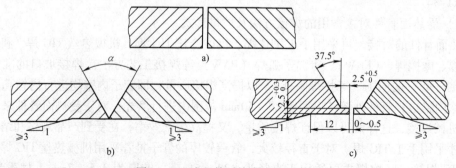

图 11-41　小径管对接常见坡口形式

a) 摩擦焊及等离子弧焊　b) 氩弧焊　c) TIG 焊 + MIG 焊

（五）受热面管件焊接时焊接材料的选择

受热面管件通常是在高温下运行的，因而在选择焊接材料时，要重点考虑高温性能及焊接材料与母材化学成分的一致性，管件对接焊接材料的选择见表11-35。管件与承载附件焊接时，焊接材料的选择见表11-36。

（六）受热面管件的质量检验

对于受热面管件的对接接头，可选用100％工业电视检测（X－TV）、100％的射线检测（RT）、100％的超声波检测（UT）等无损检测方法。对于一些重要承受载荷的附件焊缝、如吊耳、密封板以及与马氏体耐热钢焊接的附件焊缝，焊后进行100％的PT或MT检测。为检验焊接接头和弯头的内部流通截面积，清理内部杂物，所有受热面管件采用100％的通球检验，通球检验包括钢球和海绵球。

二、膜式水冷壁管屏的制造

水冷壁管屏的制造工艺流程：抛丸或抛光→切管→坡口加工→直管接长→100％的RT→磨焊缝→装焊管子与扁钢角焊缝→100％的目视检查→划线→成排弯→开孔→装焊孔弯管→100％的RT→装焊密封板→矫正划线→割磨边鳍及余量→倒角→水压→通球→涂装、包装。

（一）管子与扁钢的备料

由于膜式壁管屏最主要的制造技术就是光管加扁钢的焊接技术，所以管子与扁钢的表面质量非常重要，管子在进入焊机前，必须经过直管抛丸（抛光）清理机进行表面清理，以保证焊接质量。

管屏由多根管子与扁钢组成，从钢厂购买的管子与扁钢均有制造公差，为了消除这些制造公差，使之在组合后累积公差不超差，最终精确地控制管屏外形尺寸，就必须对扁钢的宽度进行精整，同时清理扁钢表面，满足焊接的要求。扁钢的处理一般都采用高强度扁钢精整清理机，该设备上配有专用的精整轮、校直轮，使扁钢宽度尺寸精确，扁钢平直无扭曲，便于焊接。

（二）管屏角焊缝的焊接

1. 膜式壁光管加扁钢结构的管屏焊接方法　膜式壁光管加扁钢结构采用的焊接工艺，主要有以下几种：

（1）自动熔化极活性气体保护焊　其保护气体的混合组分为$\varphi(\mathrm{Ar})85\% \sim 90\% + \varphi(\mathrm{CO_2})15\% \sim 10\%$，在设备中管子与扁钢由上下滚轮压紧并向前输送，可采用多个焊枪上下面同时进行焊接。

（2）细丝埋弧焊　该设备属于固定框架式焊接工作站，机床具有钢管和扁钢定位、夹紧、送进、焊接和焊剂自动回收等功能，一般都装有4个或8个焊枪同时完成水平位置4条或8条角焊缝的焊接。此技术操作简单，对管子和扁钢表面要求不高，但只能在水平位置单侧焊接，无法实现上下面同时焊接。

（3）半自动熔化极气体保护焊　以该方法焊接时应先对管屏进行定位焊固定，然后由手工操作焊枪进行焊接。该焊接方法既无法上下面同时进行焊接，又难以实现多焊枪连续均匀的焊接，因而很难控制焊接变形。当采用半自动熔化极气体保护焊进行管屏焊接时，必须注意合理选择焊接顺序，尽量减少焊接变形。管屏上局部开孔处密封扁钢的角焊缝，以及冷灰斗及燃烧器喷口等异形管屏的角焊缝常采用半自动熔化极气体保护焊进行焊接。

表 11-35　管件对接焊接材料的选择

管子材料类别及牌号＼管子材料类别及牌号	C 20, 20G SA210C	C－0.5Mo SA209T1	1Cr－0.5Mo 15CrMo SA213T12	2.25Cr－1Mo SA213T22	1Cr－Mo－V 12Cr1MoV	9Cr－1Mo－V SA213T91	18Cr－8Ni 1C8Ni9 SA213TP304H	18Cr－9Ni－Ti(Nb) 1Cr18Ni9Ti SA213TP347H
C 20, 20G SA210C	ER49－1 AWS ER80S－G	ER49－1 AWS ER80S－G	ER49－1 AWS ER80S－G	—	ER49－1	—	ER309	ER309
C－0.5Mo SA209T1	ER49－1 AWS ER80S－G	AWS ER80S－G	AWS ER80S－G	—	—	—	ER309	ER309
1Cr－0.5Mo 15CrMo SA213T12	ER49－1 AWS ER80S－G	AWS ER80S－G	AWS ER80S－G	AWS ER80S－B2	AWS ER80S－B2	AWS ER90S－B9	ERNiCr－3	ERNiCr－3
2.25Cr－1Mo SA213T22	—	—	AWS ER80S－B2	AWS ER90S－B3	AWS ER80S－B2	AWS ER90S－B9	ERNiCr－3	ERNiCr－3
1Cr－Mo－V 12Cr1MoV	ER49－1	—	AWS ER80S－B2	AWS ER80S－B2	H08CrMnSiMoV	AWS ER90S－B9	ERNiCr－3	ERNiCr－3
9Cr－1Mo－V SA213T91	—	—	AWS ER90S－B9	AWS ER90S－B9	AWS ER90S－B9	AWS ER90S－B9	ERNiCr－3	ERNiCr－3
18Cr－8Ni 1C8Ni9 SA213TP304H	ER309	ER309	ERNiCr－3	ERNiCr－3	ERNiCr－3	ERNiCr－3	ER308H	ER308H
18Cr－9Ni－Ti(Nb) 1Cr18Ni9Ti SA213TP347H	ER309	ER309	ERNiCr－3	ERNiCr－3	ERNiCr－3	ERNiCr－3	ER308H	ER347H

表 11-36　管件与承载附件（支撑耳板、密封板等）焊接材料的选择

管子材料类别及牌号 \ 附件材料类别及牌号	C B3 Q235 20	1Cr-0.5Mo 15CrMo 13CrMo44 SA387GR12CL1	2.25Cr-1Mo SA387Gr22CL1 SA217WC9	1Cr-Mo-V 12Cr1MoV 13CrMoV42	18Cr-8NiTi（Nb），25Cr-13Ni，25Cr-20Ni 1Cr18N9Ti，Cr25Ni20
C 20, 20G SA210C	E5015	E5015	E5015	E5015	ENiCrFe-2
C-0.5Mo SA209T1	E5015	AWS E7018-A1	AWS E7018-A1	AWS E7018-A1	ENiCrFe-2
1Cr-0.5Mo 15CrMo SA213T12	E5015	E5515-B2	E5515-B2	E5515-B2	ENiCrFe-2
2.25Cr-1Mo SA213T22	E5015	E5515-B2	E6015-B3	E5515-B2-V	ENiCrFe-2
1Cr-Mo-V 12Cr1MoV	E5015	E5515-B2	E5515-B2-V	E5515-B2-V	ENiCrFe-2
9Cr-1Mo-V SA213T91	—	AWS E9015-B9	AWS E9015-B9	AWS E9015-B9	ENiCrFe-2
18Cr-8Ni 1Cr18Ni9 SA213TP304H	—	ENiCrFe-2	ENiCrFe-2	ENiCrFe-2	E308
18Cr-9Ni-Ti（Nb） 12Cr18Ni9Ti（1Cr18Ni9Ti） SA213TP347H	—	ENiCrFe-2	ENiCrFe-2	ENiCrFe-2	E347

　　膜式壁管屏熔化极活性气体保护自动焊接生产线，是目前世界上最先进的膜式壁管屏制造技术和设备，从管子上料、扁钢开卷、精整、矫平，到焊接等都可以实现自动控制。上下焊枪可同时施焊，焊接变形小，焊后几乎不需要矫正，使管屏的几何尺寸准确、角焊缝质量优良、成形美观、焊接速度快、生产效率高。

　　2. 膜式壁管屏熔化极活性气体保护自动焊接生产线焊枪的布置　熔化极活性气体保护自动焊接生产线一般有两类：一类是负责将管子和扁钢组焊成小管片，根据焊枪数量的不同分为 12 极、20 极或 44 极管屏焊机，可一次性焊成 3 根管 4 根扁钢、5 根管 6 根扁钢、11 根管 12 根扁钢的小管片；另一类是负责将前一类焊机焊出的管片组合成整个管屏，按照焊枪数量的不同分为 4 极、8 极管屏焊机。每台焊机焊枪的布置方式如图 11-42、图 11-43 和图 11-44 所示。

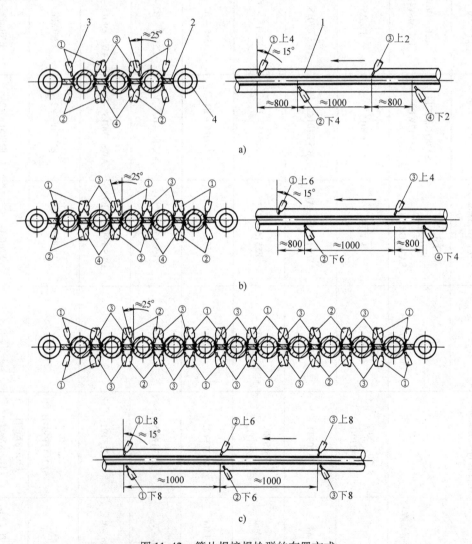

图 11-42　管片焊接焊枪群的布置方式

a）12 极焊枪群布置方式　b）20 极焊枪群布置方式　c）44 极焊枪群布置方式

1—小直径管子　2—扁钢　3—焊枪　4—工艺管

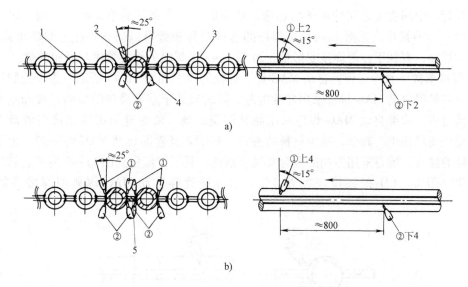

图 11-43　管片合屏的焊枪布置方式

a）4 极合屏焊枪布置方式　b）8 极合屏焊枪布置方式

1—已焊好的第 1 组管片　2—合屏用的管子　3—已焊好的第 2 组管片　4—焊枪　5—合屏用的扁钢

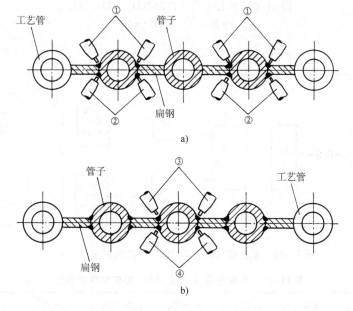

图 11-44　12 极管屏自动焊机鳍片管结构的形成示意图

a）①和②两组焊枪所焊接而成的鳍片管　b）③和④两组焊枪所焊接而成的鳍片管

图中①、②、③、④分别代表同一截面上的一组焊枪，同组焊枪前后错开距离为 60～85mm，上下相邻的两组焊枪，组成了一焊枪群，完成一组完整的鳍片管的焊接。如图 11-42a 中，①和②两组焊枪（4 上 4 下）组成第一个焊枪群，③和④两组焊枪（2 上 2 下）组成第二个焊枪群。焊接时先由第一群焊枪焊接两侧边管与扁钢之间的 8 条角焊缝，形成两个单独的鳍片管结构，即"－○－"型的鳍片管结构，见图 11-44a；然后由第二群焊枪焊接两个鳍片管与中间管子之间的 4 条角焊缝，从而形成一个完整的单元组件结构，即 " – ○ – ○ – ○ – " 型管片，见图 11-44b。焊枪的这种对称布置可以防止焊枪之间的电弧干扰，实现对称焊接，有利于控制焊接变形量，20 极与 44 极焊机的焊接顺序与此相类似。

3. 焊接参数　水冷壁管屏自动 MAG 焊，焊枪的角度如图 11-45 所示。为了控制焊接变形，水冷壁管屏自动 MAG 焊应采用脉冲电源，同时有助于获得最佳的熔滴过渡和基本无飞溅的焊接过程。管屏自动 MAG 焊应采用筒装层绕焊丝，使焊缝的断弧和接头数量大大减少，从而提高焊接生产效率，减少材料的浪费。对于多极管屏自动 MAG 焊来说，为了保证焊接过程的稳定，推荐采用专用的混合气供应系统，其工作流程见图 11-46 所示。氩气的纯度应 ≥99.997%，CO_2 的纯度应 ≥99.7%。水冷壁管屏自动 MAG 焊典型焊接参数见表 11-37。

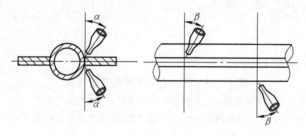

图 11-45　水冷壁管屏自动 MAG 焊焊枪位置

$\alpha = 25° \pm 5°$　$\beta = 15° \pm 5°$

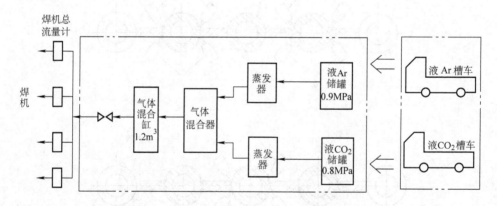

图 11-46　水冷壁管屏自动 MAG 焊供气系统工作流程

表 11-37　水冷壁管屏自动 MAG 焊典型焊接参数

焊接参数	焊接电流[①] /A	电弧电压 V	焊接速度 /(mm/min)	焊丝伸出 长度/mm	保护气体 (体积分数)	气体流量 /(L/min)	气体喷嘴直径/mm	
							上喷嘴	下喷嘴
取值范围	200 ~ 300	25 ~ 30	700 ~ 800	20 ± 2	Ar85% + $CO_2$15%	20 ~ 25	18 ~ 20	14 ~ 16

① 同群焊枪中边部焊枪的焊接电流比中间焊枪的焊接电流大 10 ~ 20A，上侧焊枪的焊接电流比下侧焊枪的焊接电流大 10 ~ 20A。

4. 焊接熔深的要求　由于炉膛四周的膜式壁管屏是锅炉的主要受热面之一，主要接受炉膛内煤粉燃烧火焰的辐射热，管子作为主受热面需要吸收热量传给内部流动的介质，而扁钢作为管子的扩展受热面也吸收了大量的热量，这些热量需要通过管子传递给流动的介质，并由流动的介质将热量带走，达到冷却管子与扁钢并汽化介质的目的；另外，大型煤粉火室燃烧的锅炉在运行时炉膛处于微正压状态，炉膛水冷壁必须具有一定的刚度和强度，防止锅炉外爆。所以上述两项因素都要求管子与扁钢之间必须焊接牢固、连接紧密，除了不能有咬边、气孔、夹渣、烧穿等缺陷外，还要对管子与扁钢之间焊缝的断面连接面积做出规定，即角焊缝的焊接熔深要求。角焊缝的焊接熔深的要求依据设计的要求来确定，常见的熔深要求如图 11-47 所示。

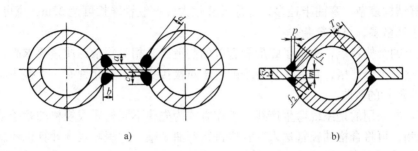

图 11-47　焊缝熔深示意图

a）焊缝熔深要求 I　　b）焊缝熔深要求 II

$a \geqslant 4mm$　　$b \geqslant 4mmm$　　$c \geqslant a + 1mm$　　$d \geqslant 3mm$　　$f_1, f_2 \geqslant S/2$　　$f_1 + f_2 \geqslant 1.25S$　　$p \leqslant T_o/2$　　$m \leqslant 0.5S$

（三）管屏螺柱的焊接

在循环流化床锅炉的炉膛下部水冷壁、出烟口、分离器中，为了防止燃烧的煤粉、烟气中的飞灰对管子的磨损，需在管子上敷设大量的防磨耐火材料，这些防磨耐火材料都要靠焊在管子上的螺柱牢固地附着在管壁上，所以螺柱的焊接必须可靠。以往螺柱的焊接都采用焊条电弧焊，由于螺柱布置十分密集、数量巨大，一台中小型循环流化床锅炉中的螺柱数量就达数 10 万只，所以采用焊条电弧焊劳动强度大、焊接速度慢、易发生漏焊、少焊，出现大面积脱落的现象。目前锅炉管屏螺柱的焊接大多数采用专用的电弧螺柱焊机进行焊接。焊接时首先在管子上划好螺柱的位置线，并保证螺柱位置在管子与扁钢上均布，然后在螺柱端部装上瓷保护圈，装入螺柱焊枪，用力紧贴在管子或扁钢的表面上进行焊接。

（四）管屏的加工

管屏两端坡口的加工，采用双头倒角机和万能钻床，备有专用工装，如管端倒角器，导柱铣刀、导柱内镗孔刀等。

管屏的最终宽度尺寸采用双头气割机进行气割修宽，并消除管屏的旁弯度、横向收缩对管屏宽度的影响，保证工地现场的安装。

管屏的成排弯曲，一般采用成排弯管机一次弯制成形，按照弯管机弯曲主轴的布置方式分为卧式和立式成排弯管机两种。卧式成排弯管机的弯曲主轴为水平布置，立式成排弯管机的弯曲主轴为垂直布置。这两种成排弯管机均可弯制直弯头管屏，即弯头中心线与管屏轴线方向相垂直；对于卧式成排弯管机还可以弯制带有螺旋角弯头的管屏，这种管屏在炉膛四周是呈螺旋缠绕上升的，炉膛四角的管屏上带有螺旋弯头，该螺旋弯头与管屏的轴线成小于90°的夹角，此角即为螺旋倾角，一般出现在超临界锅炉中。在弯制螺旋管屏时，管屏与弯曲主轴之间成与螺旋角相同的夹角进行弯曲。

三、蛇形管管屏的制造

蛇形管管屏制造工艺流程：抛丸→切管→管端成形→坡口加工→磨光→直管接长→100%的 RT 或工业电视检测→系统弯管→小 R 挤压→配套→装焊附件→整体热处理→矫正划线→割余量→倒角→水压试验→通球→油漆、包装。

（一）蛇形管管屏的结构特点

1）采用的管子都是小直径管，管子壁厚相差较大，例如过热器管壁相对较厚，最大可达 13mm，而再热器管壁又较薄，约 3~4mm。

2）管屏结构复杂，弯曲半径多，外形尺寸较大，一般管屏长可达 22m，宽可达 4m。

3）管子规格多，材质复杂。

由于以上的结构特点，决定了蛇形管管屏的制造工艺相对复杂，质量要求高，尤其是对焊接技术的要求十分严格，在锅炉数万个的管子对接接头中，不允许有一个接头泄漏。

（二）蛇形管的弯曲

蛇形管弯曲采用的是系统弯生产线，工作方式为先将不同材质或规格的管子接长，经过工业电视检测，再将合格的长管送入弯管机进行弯曲。整个过程可实现计算机控制，具有一次可加工多种弯曲半径、尺寸控制精确、弯曲成形好、生产效率高的特点。

在蛇形管部件中，设计结构要求采用大量的相对弯曲半径 $R_x = 0.6~1.5$mm 的小 R 弯头。为保证小 R 弯头在圆度、壁厚减薄量、外形尺寸等方面达到要求，国内一般采用从美国 CE 公司引进的技术——小 R 挤压及精整的工艺，该工艺的加工过程如图 11-48 所示。

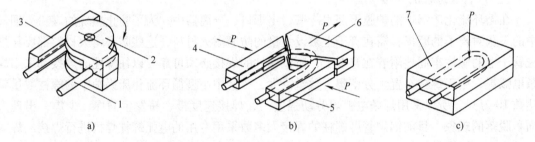

图 11-48　小 R 挤压及精整工艺流程示意图

a）预弯　b）热挤压　c）热精整

1—管子　2—扇形盘　3—滑槽　4—左挤压模　5—右挤压模　6—背压模　7—精整模

概括地说就是"先预弯后挤压、精整"的方法，先采用 $R = 1.5D$ 弯曲半径的弯管模进行预弯，预弯的角度必须是 180°，然后加热整个预弯弯头，加热方式可根据不同的材质和壁厚选择中频感应加热或煤气炉加热。无论是哪一种加热方式，都必须控制加热均匀，温度适当，否则挤压后弯头成形会很差，加热温度过低或不均，易造成"偏头"、"尖头"或"方头"等缺陷，如图 11-49 所示；加热温度过高，会使管子发生过烧、氧化皮严重，精整后弯头外表面粗糙，压痕严重等。精整是利用挤压后的余热，将小 R 弯头立即放入精整模进行整形，精整的动作要及时，控制好终压温度。若受某些条件的限制，挤压和精整也可分开单独进行，但在精整前要重新加热弯头，并按上述要求控制加热过程，保证弯头加热温度的准确和均匀。

（三）管端的成形技术

对于不同外径和壁厚的管子对接，为保证接头焊接质量，满足无损检测要求，采用专用的设备对管端进行两种成形加工，一种是将较大外径的管子进行冷缩口；另一种是对不同壁

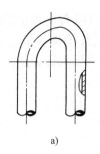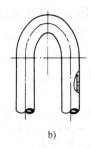

a)　　　　　　　　　　b)　　　　　　　　　c)

图 11-49　小 R 挤压常见缺陷示意图

a) 偏头　b) 尖头　c) 方头

厚的管子，将较薄的管子进行热镦粗。这种技术具有管材适应范围广、一次成形能力强、速度快、质量高等优点，如图 11-50 所示。但热镦粗也存在着一定缺陷，例如对于马氏体耐热钢或奥氏体不锈钢，采用热镦粗工艺加工管端成形有一定的困难，同时热成形后的热处理要求也较为复杂和严格。而一些锅炉制造厂家又不具备管端镦粗的加工能力。为此可采用中间增加过渡管接头的方法，即选择组成接头的两种管子中高等级的材料作为过渡管，如图 11-51 所示，一端内镗削薄后分别与两种壁厚不同的管子相接。但此种方式也会带来另一问题，即增加了管子对接接头的数量。

（四）直管对接常用焊接工艺简介

1. 热丝 TIG 焊　热丝 TIG 焊是一种高效的 TIG 焊方法，主要用于机械化焊接生产中。这种方法与普通的填丝 TIG 焊的区别在于，普通 TIG 焊所填焊丝为冷丝（焊丝未经通电加热），热丝 TIG 焊的填充焊丝在进入熔池之前约 10cm 处开始，由热丝电源通过导电块对其通电，依靠电阻热将焊丝加热至预定温度。热丝 TIG 焊的原理如图 11-52 所示。热

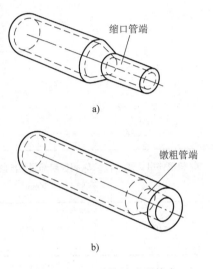

图 11-50　两种管端成形技术

a) 管端缩口　b) 管端镦粗

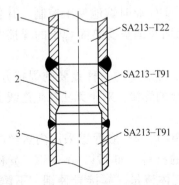

图 11-51　不等厚管子对接过渡管示意图

1—厚壁低等级材料的管子　2—厚壁高等级材料制成的过渡管　3—薄壁高等级材料的管子

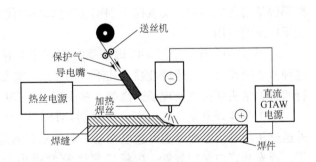

图 11-52　热丝 TIG 焊的原理

丝 TIG 的熔敷速度可达普通 TIG 焊的 2 倍。受热面管子热丝 TIG 焊时焊枪的角度及位置如图 11-53 所示，常见坡口形式如图 11-41b 所示。环缝焊接时，焊枪偏移量（W）随管径的变化而变化，且可根据坡口加工、焊缝成形等情况加以调整，既要保证焊透，又要保证铁液不过分下淌，焊枪偏移量（W），通常为 1～6mm。

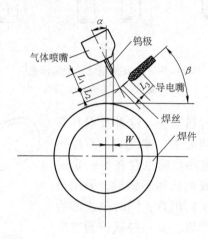

L_1 钨极伸出长度 /mm	L_2 钨极端部到焊丝的距离 /mm	L_3 焊丝伸出长度 /mm	TIG 焊枪转角 α/（°）	热丝枪倾斜角 β/（°）
≤19	2～4	12～19	2～5	45～50

图 11-53　热丝 TIG 焊时焊枪的角度及位置

2. 自动 TIG 焊 + MIG 焊　采用 MIG 焊进行受热面管子的焊接时，容易在引弧处和接头的搭接处产生未熔合或未焊透等焊接缺陷。为了解决上述问题，目前在锅炉受热面管子的制造中，普遍采用的焊接方法是 TIG 焊 + MIG 焊。自动 TIG 焊 + MIG 焊时，根部焊道采用自动 TIG 焊，其他层焊道采用自动 MIG 焊焊接，常见坡口形式见图 11-41c。TIG 打底焊时，可采用填丝也可不填丝（自熔）。TIG + MIG 焊接法，既保留了 TIG 焊时熔池易于控制，有利于根部焊道熔透的特点，又发挥了 MIG 焊效率高的优势，因而在锅炉受热面管子的焊接中得到了广泛的应用。

3. 手工 TIG 焊　手工 TIG 焊是受热面管子对接焊中不可缺少的一种重要的焊接方法。这种方法操作灵活、适应性强，几乎可用于所有金属和合金的焊接。对于无法在生产线上进行弯管的接头焊接以及现场返修等，多采用手工 TIG 焊。

手工 TIG 焊常见的坡口形式见图 11-41b。管子手工 TIG 焊的打底焊道采用内送丝法或外送丝法均可，盖面焊道可适当摆动。对于需要内部保护的材料，如 T91、不锈钢、异种钢等，要安装好内保护装置，内保护气体流量稍小于保护气体流量。焊接异种钢、不锈钢、T91 钢时，要采用小电流、短弧操作，收弧时要填满弧坑；衰减时间要比焊接其他钢种长 3～5s，且停弧后，应在焊接区停留 3s 左右再停气。

12Cr1MoV + 12Cr1MoV　ϕ54mm ×9mm 直管对接典型焊接工艺及参数见表 11-38。

表11-38　12Cr1MoV + 12Cr1MoV　φ54mm×9mm 直管对接 TIG 焊 + MIG 焊、热丝 TIG 焊及手工 TIG 焊的典型焊接参数

焊接方法	焊材	焊接参数	操作要求
TIG 焊 + MIG 焊	ER55 - B2 - MnV φ0.8	预热时间：6~9s 预热电流：110~130A 预热电压：11~13V 滞后送丝时间：6.5~9.5s 电流上升时间：0.5s 延时转动时间：7~10s 提前通气时间：2~3s 延时停气时间：3~5s TIG 焊： 平均电流：130~150A 平均电压：12~14V 电流衰减时间：8~15s 填弧坑电流：30~40A 填弧坑时间：2s 搭接时间/角度：4s/15° 转动速度：0.5~0.7rpm MIG 焊： 平均电流：90~110A 平均电压：20~24V 脉冲电流：260~300A 脉冲时间：0.01s 基值电流：30A 基值时间：0.01s 摆动速度：15~40mm/s 电弧坑电流：50~60A 填弧坑时间：1~1.5s 搭接时间/角度：2s/15° 转动时间/角度：0.5~2.7rpm	TIG 焊：自熔 MIG 焊：填丝 保护气体： TIG 焊：Ar100%　10~14L/min MIG 焊：$\varphi(Ar)95\% + \varphi(CO_2)5\%$； 18~22L/min 钨极：WCe φ3.0mm 或 φ3.2mm MIG 焊金属过渡方式：射流 MIG 焊焊丝干伸出长度：12~14mm
热丝 TIG 焊	ER55 - B2 - MnV φ1.2	平均电流：150~200A 平均电压：9.5~11.5V 预热停留时间：3.0~5.0s 预热电流：120~180A 预热送丝时间：9.5~10.0V 滞后送丝时间：3.2~5.5s 电流上升时间：0.5~1.0s 延时转动时间：3.5~6.0s TIG 焊： 摆动宽度：5~12mm 提前通气时间：3.0~4.0s 延时停气时间：3.0~5.0s 摆动速度：21~34mm/s 电弧坑衰减时间：6.0~8.0s 填弧坑电流：30~40A 填弧坑时间：2.0~3.0s 焊丝回抽时间：0.2~0.5s 送丝速度：100~350cm/min 摆动停留时间：0.10~0.20s 转动速度：0.4~1.0rpm 送丝角度：30°~55° 热丝电流：30~65A 热丝电压：2.5~4.5V	保护气体： $\varphi(Ar)$ 100%　15~20L/min 钨极：WCeφ3.2mm 焊丝伸出长度：12~19mm
手工 TIG 焊	ER55 - B2 - MnV φ2.5	$I = 90~130A$ $U = 9~13V$	钨极：WCeφ2.5mm 电流衰减时间：2~4s

（五）管屏的热处理

对于过热器、再热器管屏均采用整体消除应力的热处理。管屏的热处理可采用台车式煤气加热热处理炉，或贯通式全纤维整体自控热处理生产线进行。前者进行管屏的热处理可一炉处理较多管屏，设备形式简单，造价便宜，较为常用，但对管屏的摆放与支垫要求很高，若控制不好，热处理后管屏会发生较大的变形，矫正十分困难，同时管子外表面氧化皮严重，清理困难；后者是一种新型设备，设备主要包括上下料辊道、炉膛、冷却风室、计算机控制系统等，炉件的热处理方式为贯通式，既可周期式往复加热，又可连续式加热，热处理后管屏变形极小，可对 T91、T92 等耐热合金钢和 TP347H、A‑213S30432（Super304H）或更高等级的奥氏体不锈钢管子或管屏进行整体的热处理。

第十二章 焊 接 检 验

第一节 焊接检验的目的和方法

一、焊接检验的目的

焊接检验贯穿于整个焊接生产过程中。在不同阶段焊接检验的目的也各不相同。按不同的焊接检验阶段，焊接检验可分为：焊前检验、焊接过程中检验和焊后检验。

（一）焊前检验

焊前检验可以减少和降低产生焊接缺欠的各种影响因素，对预防焊接缺欠的产生具有重要意义。

焊前检验包括：

1）所用焊接材料和母材的检查和验收。

2）检查焊接材料及母材的牌号和规格、焊接坡口形式及尺寸是否与焊接工艺文件的要求一致，焊前清理和焊前预热是否符合规定，焊接设备的运行是否正常等。

3）生产前焊接试样检验，在产品部件焊接前，焊前应对试样进行断口或接头力学性能等试验，试验合格后，才能焊接产品。

（二）焊接过程中的检验

焊接过程中的检验可以防止和及时发现焊接缺欠，分析缺欠产生的原因，采取必要的纠正措施，保证焊件在制造过程中的质量。

焊接过程中的检验包括：

1）焊接工艺纪律检查，包括焊接参数和层间温度的检查等。

2）焊缝的外观质量检查和各种无损检测。

（三）焊后检验

焊后检验为全部焊接工作完成后，对焊接接头进行的成品检验。

焊后检验是为了保证所制造的产品各项性能指标完全满足该产品的设计要求，是保证焊接结构获得可靠产品质量的重要手段。

焊后检验包括：

1）接头的外观质量检验，包括目视检查、着色检测、磁粉检测等。

2）接头的内部质量检验，一般采用超声波检测和射线检测检验。

3）接头和整体结构的压力检验和致密性检验。

4）产品试板的理化试验和力学性能检验等。

本章主要论述对焊后焊接接头的质量和性能检验。对焊接材料和母材的检查和验收、对工艺文件和工艺纪律检查等方面不作讨论。

二、常用的焊接检验方法

常用的焊接检验方法分非破坏性检验和破坏性检验两大类，其详细分类见图 12-1。非

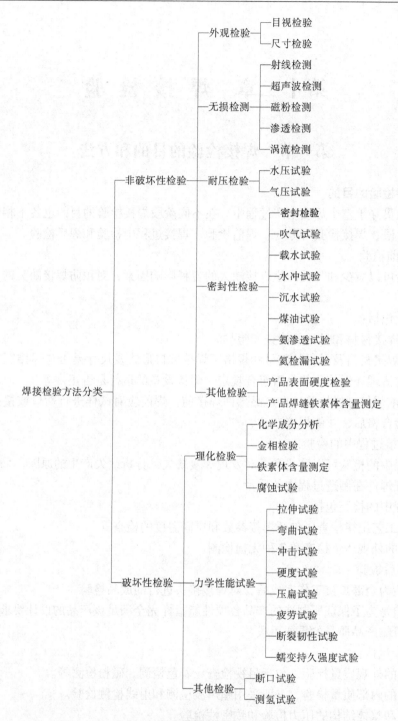

图 12-1　常用的焊接检验方法分类

破坏性检验中包括外观检验、无损检测和焊缝铁素体含量测定等检验。检验对象可以是产品焊接接头，也可以是焊接试板（例如焊接工艺评定试板和产品试板）；压力试验和致密性试验的试验对象为产品整体或产品部件。破坏性检验通过焊接试板进行，产前通过焊接性试验试板、焊接工艺评定试板和产前试件，产后通过产品试板对焊接接头进行破坏性检验。

第二节　外观检验

　　焊接接头的外观检验是一种简便而又广泛应用的检验方法。外观检验贯穿整个焊接过程的始终，它不仅是对产品最终焊缝外观尺寸和表面质量的检验，对产品焊接过程中的每一道焊缝也应进行外观检验，如厚壁焊件进行多层焊时，为防止前道焊道的缺欠带到下一焊道，每焊完一道焊道便需进行外观检验。

　　外观检验主要通过目视方法检查焊缝表面的缺欠和借助测量工具检查焊缝尺寸上的偏差。外观检验分为目视检验和尺寸检验。

一、焊缝的目视检验

（一）目视检验的方法

　　1. 直接目视检验　　焊缝外形应均匀，焊道与焊道及焊道与基本金属之间应平滑过渡。目视检验也称近距离目视检验，是用眼睛直接观察和分辨缺欠的形貌。在检验过程中可采用适当照明设施，利用反光镜调节照射角度和观察角度，或借助于低倍放大镜观察，以提高眼睛发现缺欠和分辨缺欠的能力。

　　2. 远距离目视检验　　远距离目视检验主要用于眼睛不能接近被检物体，而必须借助于望远镜、内孔管道镜（窥视镜）、照相机等辅助设施进行观察的场合。

（二）目视检验的程序

　　目视检验工作较简单、直观、方便、效率高。应对焊接结构的所有可见焊缝进行目视检验。对于结构庞大、焊缝种类或形式较多的焊接结构，为避免目视检验时遗漏，可按焊缝的种类或形式分为区、块、段逐次检查。

（三）目视检验的项目

　　焊接工作结束后，要及时清理熔渣和飞溅，然后按表 12-1 中的项目进行检验。

表 12-1　焊缝目视检验的项目

序号	检验项目	检验部位	质量要求	备注
1	清理	所有焊缝及其边缘	无熔渣飞溅及阻碍外观检查的附着物	
2	几何形状	1. 焊缝与母材连接处	焊缝完整不得有漏焊，连接处应圆滑过渡	可用测量尺
		2. 焊缝形状和尺寸急剧变化的部位	焊缝高低、宽窄及结晶鱼鳞波应均匀变化	
3	焊接缺欠	1. 整条焊缝和热影响区附近 2. 重点检查焊缝的接头部位，收弧部位及形状和尺寸突变部位	1. 无裂纹、夹渣、焊瘤、烧穿等缺欠 2. 气孔、咬边应符合有关标准规定	1. 接头部位易产生焊瘤、咬边等缺欠 2. 收弧部位易产生弧坑、裂纹、夹渣、气孔等缺欠
4	伤痕补焊	1. 装配拉肋板拆除部位	无缺肉及遗留焊疤	
		2. 母材引弧部位	无表面气孔、裂纹、夹渣、疏松等缺欠	
		3. 母材机械划伤部位	划伤部位不应有明显棱角和沟槽，伤痕深度不超过有关标准的规定	

目视检验若发现裂纹、夹渣、气孔、焊瘤、咬边等不允许存在的缺陷，应清除、补焊、修磨，使焊缝表面质量符合要求。

二、焊缝外形尺寸的检验

焊缝外形尺寸的检验是按图样标注尺寸或技术标准规定的尺寸对实物进行测量检查。通常在目视检验的基础上，选择焊缝尺寸正常部位、尺寸变化的过渡部位和尺寸异常变化的部位进行测量检查，然后相互比较，找出焊缝外形尺寸变化的规律，与标准规定的尺寸对比，从而判断焊缝的外形几何尺寸是否符合要求。

（一）对接焊缝外形尺寸的检验

对接焊缝的外形尺寸包括：焊缝的余高 h、焊缝宽度 c、焊缝边缘直线度 f、焊缝宽度差和焊缝表面凹凸度。焊缝的余高 h、焊缝宽度 c 是重点检查的外形尺寸。

1. 焊缝的余高 h、焊缝宽度 c

JB/T 7949—1999《钢结构焊缝外形尺寸》就对接焊缝余高 h、焊缝宽度 c 作如下规定：

I形坡口对接焊缝（包括I形带垫板对接焊缝）见图 12-2。其焊缝宽度 $c = b + 2a$ 及余高 h 值应符合表 12-2 中I形焊缝的规定。

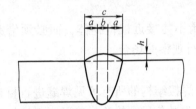

图 12-2 I形坡口对接焊缝尺寸

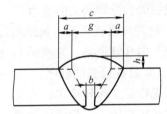

图 12-3 非I形坡口对接焊缝尺寸

非I形坡口对接焊缝（GB/T 985—2008 中除I形坡口外的各种对接坡口形式的焊缝）见图 12-3 其焊缝宽度 $c = g + 2a$ 及余高 h 值应符合表 12-2 中非I形焊缝的规定。

表 12-2 焊缝外形尺寸 （单位：mm）

焊接方法	焊缝形式	焊缝宽度 c		焊缝余高 h
		c_{min}	c_{max}	
埋弧焊	I形焊缝	$b + 8$	$b + 28$	0 ~ 3
	非I形焊缝	$g + 4$	$g + 14$	
焊条电弧焊及气体保护焊	I形焊缝	$b + 4$	$b + 8$	平焊：0 ~ 3
	非I形焊缝	$g + 4$	$g + 8$	其余：0 ~ 4

注：1. 表中 b 值为符合 GB/T 985.1—2008 要求的实际装配值。

2. g 值为坡口张开的最大宽度，参见图 12-3。

g 值的计算公式是由坡口形式来确定的，本节推荐了常用的 V 形坡口和 U 形坡口 g 值的计算公式。图 12-4a g 值的计算公式为：

$$g = b + 2(\delta - P)\tan\beta$$

图 12-4b g 值的计算公式为：

$$g = 2R + b + 2(\delta - R - P)\tan\beta$$

对接焊缝余高 h 和宽度 c 的测量方法如图 12-5 所示。

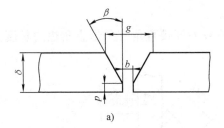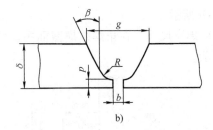

图 12-4　g 值计算示意图

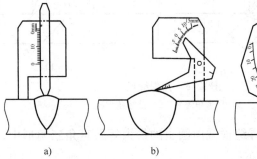

图 12-5　用焊接检验尺测余高和高度

a）测较小的焊缝余高　b）测较大的焊缝余高　c）测焊缝宽度

2. 焊缝边缘直线度 f　在任意 300mm 连续焊缝长度内，焊缝边缘沿焊缝轴向的直线度 f（见图 12-6），其值应符合表 12-3 的规定。

3. 焊缝表面凹凸度　在焊缝任意 25mm 长度范围内，焊缝余高 $h_{max} - h_{min}$ 的差值不得大于 2mm，如图 12-7 所示。

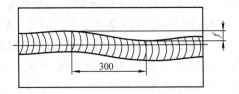

图 12-6　焊缝边缘直线度示意图

表 12-3　焊缝边缘直线度

焊　接　方　法	焊缝边缘直线度 f/mm
埋　弧　焊	≤4
焊条电弧焊及气体保护焊	≤3

4. 焊缝宽度差　焊缝最大宽度 c_{max} 和最小宽度 c_{min} 的差值，在任意 50mm 焊缝长度范围内不得大于 4mm，整个焊缝长度范围内不得大于 5mm。

（二）角焊缝外形尺寸的检验

角焊缝外形尺寸包括焊脚、焊脚尺寸、凹、凸度和焊缝边缘直线度等。大多数情况下，焊缝计算厚度不能进行实测，需要通过焊脚尺寸进行计算。

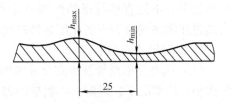

图 12-7　焊缝表面凹凸度示意图

要了解角焊缝外形尺寸的检验，必须首先了解角焊缝外形尺寸有关术语定义。

1. 角焊缝外形尺寸的有关术语定义　焊脚、焊脚尺寸、焊缝计算厚度的术语的定义。

（1）焊脚　角焊缝的横截面，从一个直角面上的焊趾到另一个直角面表面的最小距离，如图 12-8 所示。

（2）焊脚尺寸　在角焊缝横截面中，画出的最大等腰直角三角形直角边的长度。如图 12-8 所示。

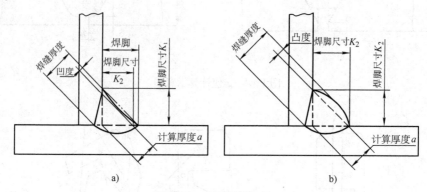

图 12-8　角焊缝尺寸

a）凹形角焊缝　b）凸形角焊缝

（3）焊缝计算厚度　在角焊缝横截面画出的最大等腰直角三角形中，从直角顶点到斜边的垂直长度，如图 12-8 中所示。

从上述术语的定义可知角焊缝的焊脚与焊脚尺寸是角焊缝的两个尺寸。设计图样上标注的 K 为角焊缝的焊脚尺寸大小，而不是焊脚大小。一般情况图样上标注的角焊缝两侧的焊脚尺寸相等（即 $K_1 = K_2 = K$）。尽管焊缝计算厚度是保证角焊缝强度的关键尺寸，但是图样上不标注对焊缝计算厚度要求，因为，从焊脚尺寸、焊缝计算厚度的定义可知，如果焊脚尺寸大小满足图样标注尺寸或技术标准规定的尺寸，则焊缝计算厚度也就满足有关规定。因此，在角焊缝外形尺寸的检验时，主要检验焊脚尺寸是否符合有关技术条件和图样的规定，不需要检验焊缝计算厚度。如果角焊缝是理想的平直焊缝（没有凸凹度），可以用图 12-9 所示的专用检验尺测量出焊脚大小，该情况下，焊脚大小就是焊脚尺寸大小。但是除了典型形状的角焊缝可以测得的焊脚尺寸大小外，在一般情况下，不能直接测得的焊脚尺寸大小，只

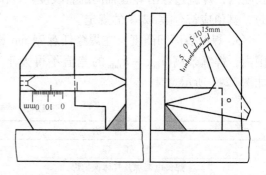

图 12-9　用焊接检验尺测量焊脚尺寸

有通过作图法确定。下面介绍各种形状的角焊缝焊脚尺寸的确定方法。

2. 焊脚尺寸的确定

（1）典型凸形角焊缝焊脚尺寸的测定　典型凸形角焊缝可以通过专用检验尺测量出焊脚大小，该情况下，焊脚大小就是焊脚尺寸大小，见图 12-10d 所示。测得的 K_1，K_2 值在 K 的公差范围内就合格。为了减小角焊缝焊趾处的应力集中，不希望角焊缝外形为凸形。一般产品技术条件和图样上要求角焊缝为焊趾处圆滑过渡的凹形角焊缝，如图 12-10a 所示。

（2）典型的凹形角焊缝厚度的测定　如图 12-10a 所示。用图 12-9 中的检验尺测得的值为焊脚大小，而不是焊脚尺寸的大小。此时，可以用角焊缝厚度尺直接测量出角焊缝的实际焊缝厚度 a 值，如图 12-11 所示。根据有关定义计算出 $K_1 = K_2 = \sqrt{2}a$。

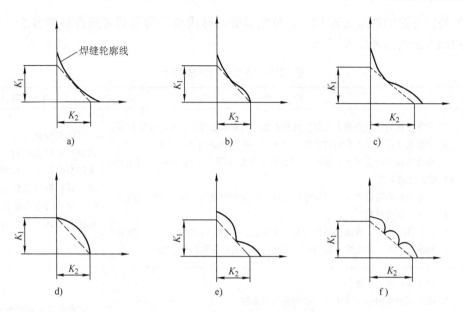

图 12-10 焊脚尺寸 K_1、K_2 的确定

（3）复杂形状角焊缝焊脚尺寸的测定 实际角焊缝表面几何形状很不规则，焊缝尺寸不能直接测定，只能作图法确定。其步骤是先用检查尺测出角焊缝两侧焊脚大小，再根据外表面凹度情况，测量一至两个凹点到两侧直角面表面的距离。作出角焊缝横截面图，如图 12-10b、c、e 和 f 所示。在角焊缝横截面中画出最大等腰直角三角形，测得直角三角形直角边边长就是该角焊缝焊脚尺寸。

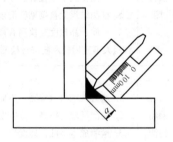

图 12-11 用焊接检验尺测量角焊缝厚度

JB/T 7949《钢结构焊缝外形尺寸》标准中规定，角焊缝的焊脚尺寸 K 值由设计或有关技术文件注明，其焊脚尺寸 K 值的偏差应符合表 12-4 的规定。检查人员应按照产品制造技术条件和图样的技术要求对角焊缝外形尺寸进行测量和验收。

表 12-4 焊脚尺寸允许偏差 （单位：mm）

焊 接 方 法	尺 寸 偏 差	
	$K < 12$	$K \geqslant 12$
埋 弧 焊	+4	+5
焊条电弧焊及气体保护焊	+3	+4

第三节 无损检测

焊接结构的无损检测是检验其焊缝质量的有效方法，一般包括射线检测、超声波检测、磁粉检测、渗透检测和涡流检测等。其中射线和超声波检测适合于焊缝内部缺欠的检测，磁粉、渗透和涡流检测则适用于焊缝表面质量的检测。每一种无损检测方法都有其优点和局限性，各种检测方法的特点见表 12-5，根据焊缝的材质与结构形状来选择检测方法，不同材质焊缝检测方法的选择见表 12-6。

表 12-5　各类检测方法对比

方法	特　点	应　用
射线检测	1. 用底片作为记录介质，可以直接得到缺欠的直观图像，且可以长期保存 2. 对缺欠在焊件厚度方向的位置、尺寸（高度）的确定比较困难 3. 检测薄焊件没有困难，几乎不存在检测厚度下限，但检测厚度上限受射线穿透能力的限制 4. 随着焊件厚度的增加，小尺寸缺欠及一些面积型缺欠漏检的可能性增大 5. 适用于所有材料 6. 对试件的形状、表面粗糙度没有严格要求，材料晶粒度对其不产生影响 7. 检测成本高、速度慢。射线对人体有伤害，需要采取防护措施	对体积型缺欠（气孔、夹渣类）有很高的检出率，对面积型的缺欠（如裂纹、未熔合类）则受透照方向的影响。它不能检出垂直照射方向的薄层缺欠，例如钢板的分层
超声波检测	1. 检验成本低、速度快 2. 检测仪器体积小，重量轻，现场使用较方便 3. 对缺欠定位较准确 4. 无法得到缺欠直观图像、定性困难，定量精度不高 5. 检测结果无直接见证记录 6. 材质、晶粒度对检测有影响，例如铸钢材料和奥氏体不锈钢焊缝，因晶粒粗大不宜用超声波进行检测	面积型缺欠的检出率较高，而体积型缺欠的检出率较低。适宜检测厚度较大的焊件，不适宜检测较薄的焊件
磁粉检测	1. 适宜铁磁材料检测，不能用于非铁磁材料检测 2. 检测灵敏度很高，可以发现极细小的裂纹以及其他缺欠 3. 检测成本很低，速度快 4. 污染较轻	可以检出表面和近表面缺欠，不能用于检查内部缺欠。可检出的缺欠埋藏深度与焊件状况、缺欠状况以及工艺条件有关，一般为 1～2mm，较深者可达 3～5mm
渗透检测	1. 适宜任何非多孔材料 2. 形状复杂的部件也可用渗透检测，并一次操作就可大致做到全面检测 3. 同时存在几个方向的缺欠，用一次检验操作就可完成检测，形状复杂的缺欠，也很容易观察出显示痕迹 4. 不需要大型的设备，携带式喷罐着色渗透检验，不需要水、电，十分便于现场使用 5. 试件表面粗糙度影响大，检验结果往往容易受操作人员技术的影响 6. 检测程序多，速度慢 7. 检测灵敏度比磁粉检测低 8. 材料较贵、成本较高 9. 有些材料易燃、有毒、污染严重	可以检出表面张口的缺欠，但对埋藏缺欠或闭合型的表面缺欠无法检出
涡流检测	1. 影响涡流的因素多，信号分析困难 2. 采用电信号显示，存储、再现及数据比较处理方便 3. 灵敏度较低 4. 污染轻	可检验各种导电材料、焊缝及堆焊层表面与近表面缺欠

表 12-6 不同材质焊缝检测方法的选择

检验方法 检验对象		射线检测	超声波检测	磁粉检测	渗透检测	涡流检测
铁素体钢焊缝	内部缺欠	○	○	×	×	-
	表面缺欠	△	△	○	○	△
奥氏体钢焊缝	内部缺欠	○	△	×	×	-
	表面缺欠	△	△	×	○	△
铝合金焊缝	内表面、内部缺欠	○	○	×	×	-
	外表面、表面缺欠	△	△	×	○	△
其他金属焊缝	内部缺欠	○	-	×	×	-
	表面缺欠	△		×	○	△

注：○—适合 △—有附加条件时适合 ×—不适合。

一、射线检验——Radiographic Testing（缩写 RT）

射线检验是利用射线透照焊接接头检查内部缺欠的无损检测法。它可检验金属材料的内部缺欠（如焊缝中的气孔、夹渣、裂纹等）；也可检查非金属材料的内部情况（如医院透视内脏、骨骼拍片等）；还可用于海关、机场和车站的安全检查。目前射线检测已广泛应用于工业、医疗和安全检查等领域。射线检测具有直观性强、准确度高和可靠性好的独特优点，且得到的射线底片既可用于缺欠分析，又可作为质量凭证存档。射线检测按其所使用的射线源种类不同，分为 X 射线或 γ 射线检验。γ 射线的波长较 X 射线短，能量高，但成像质量比相同穿透力的 X 射线低。因此有些产品的无损检测规定，尽量避免使用 γ 射线。

射线检测法在锅炉、压力容器的制造检验中得到了广泛的应用，它适宜的检测对象是各种熔焊方法（电弧焊、气体保护焊、电渣焊、气焊）的对接接头。也适宜检测铸钢件，特殊情况下也可用于检测角焊缝或其他一些特殊结构试件。它一般不适宜钢板、钢管、锻件的检测，也较少用于钎焊、摩擦焊等焊接方法接头的检测。

（一）原理

射线在穿透物质过程中会与物质发生相互作用，因吸收和散射而使其强度减弱。平行射线束穿过焊件时，由于缺欠内部介质（空气、非金属夹渣等）对射线的吸收能力比金属对射线的吸收能力要低得多，因而透过缺欠部位（图 12-12 中 A、B）的射线强度高于周围完好部位（如 C 处）。在感光胶片上，有缺欠部位将接受较强的射线曝光，经暗室处理后在底片上将变得较黑（图中 A、B 处黑度比 C 大）。因此，焊件中的缺欠通过射线检测后，就会在底片上产生黑色缺欠影像。这种缺欠影像的大小实际上就是在焊件中缺欠在投影面上的大小。

值得注意的是，缺欠在底片上的显示与缺欠和射线之间相对位置有关。由图 12-12 可知，缺欠沿射线方向尺寸越大，在底片上缺欠影像黑度就越大，如 B 处黑度比 A 处大。因此，像裂纹类的缺欠，如果其长度方向与射线平行则容易发现，如果垂直则不易发现，甚至不能显示出来。

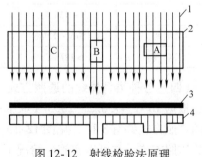

图 12-12 射线检验法原理
1—X 射线 2—焊件 3—胶片
4—底片黑度变化

（二）射线实时成像检验

射线实时成像是一种在射线透照的同时即可观察到所产生的图像的检验方法。这种方法的主要过程是利用小焦点或微焦点的 X 射线源透照焊件，再利用一定的器件将 X 射线图像转换为可见光图像，通过电视摄像机摄像后，将图像或直接显示或通过计算机处理后显示在监视屏上通过观察监视屏来评定焊件内部质量。该检验方法具有快速、高效、动态、多方位在线检测、劳动条件好等优点，是工业射线检测很有发展前途的一种新技术。为提高生产效率，电站锅炉受热面管子焊接生产线上已经大量采用了工业电视进行实时监控。

（三）射线源及影像质量

射线源的主要参数是射线的能量与射线源尺寸。射线源尺寸越小缺欠影像越清晰。射线源选择时，在能够达到穿透焊件使胶片感光的前提下，应当选择能量较低的射线以提高缺欠影像的反差。

为了评定射线检测技术对缺欠影像质量的影响，习惯上在焊件的表面放置一个钢丝或钻孔形的像质计随焊件一起透照，因此它的影像也出现在底片上。通常把眼睛可识别的最小钢丝直径或孔径的影像用来衡量射线检测技术与底片处理过程的质量，简称像质指数或像质计灵敏度。底片上影像的质量与射线检测技术与器材有关，按照采用的射线源种类及其能量的高低、胶片类型、增感方式、底片黑度、射线源尺寸和射线源与胶片距离等参数，可以把射线检测技术划分为若干个级别。例如 JB/T 4730.2—2005《承压设备无损检测　第 2 部分：射线检测》标准中就把射线透照技术划分为三级：A 级——低灵敏度技术；AB 级——中灵敏度技术；B 级——高灵敏度技术，射线检测技术等级选择应符合制造、安装、在用等有关标准及设计图样规定。承压设备对接焊接接头的制造、安装、在用时的射线检测，一般应采用 AB 级射线检测技术进行检测。对重要设备、结构、特殊材料和特殊焊接工艺制作的对接焊接接头，可采用 B 级技术进行检测。

常见射线源可穿透钢材的厚度见表 12-7。

表 12-7　常见射线源可穿透钢材的厚度

射线源	能量	母材（钢材）厚度/mm	
		A 级，AB 级	B 级
Se – 75	—	10 ~ 40	14 ~ 40
Ir192	0.66MeV	20 ~ 100	20 ~ 90
Co60	1.25MeV	40 ~ 200	60 ~ 150
X 射线	1 ~ 4MeV	30 ~ 200	50 ~ 180
X 射线	>4MeV ~ 12MeV	$\geqslant 50$	$\geqslant 80$
X 射线	>12MeV	$\geqslant 80$	$\geqslant 100$

（四）各种类型焊缝的透照方式

根据 JB/T 4730.2—2005《承压设备无损检测 第 2 部分：射线检测》标准的规定，典型的透照方式共有 8 种（见图 12-13 ~ 图 12-16），应根据焊件特点和技术条件的要求选择适宜的透照方式。在可以实施的情况下应选用单壁透照方式，在单壁透照不能实施时才允许采用双壁透照方式。图 12-13 中 d 表示射线源，F 表示焦距，b 表示焊件至胶片距离，f 表示射线源至焊件距离，T 表示公称厚度，D_0 表示管子外径。

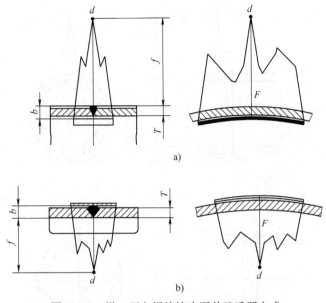

图 12-13 纵、环向焊接接头源单壁透照方式

a) 在外单壁透照方式　b) 在内单壁透照方式

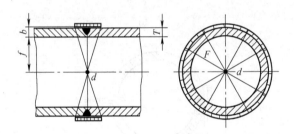

图 12-14 环向焊接接头源在中心周向透照方式

（五）缺欠影像的识别

对于射线底片上影像所代表的缺欠的性质的识别，通常可以从以下三个方面来进行综合分析与判断。

1. 缺欠影像的几何形状　影像的几何形状是判断缺欠性质的最重要依据。分析缺欠影像几何形状时，一是分析单个或局部影像的基本形状；二是分析多个或整体影像的分布形状；三是分析影像轮廓线的特点。不同性质的缺欠具有不同的几何形状和空间分布特点。例如，气孔一般呈球状，在底片上呈黑色斑点。裂纹多为宽度很小、且为变化的缝隙，在底片上呈两头尖，中间宽的黑色线条等。

应注意，对于不同的透照布置，同一缺欠在射线底片上形成的影像的几何形状将会发生变化。例如，球形可能变成椭圆形，裂纹可能呈为鲜明的细线，也可能呈现为模糊的片状影像等。

2. 缺欠影像的黑度分布　影像的黑度分布是判断影像性质的另一个重要依据。分析影像黑度特点时，一是考虑影像黑度相对于焊件本体黑度的高低；二是考虑影像自身各部分黑度的分布。在缺欠具有相同或相近的几何形状时，影像的黑度分布特点往往成为判断影像缺欠性质的主要依据。

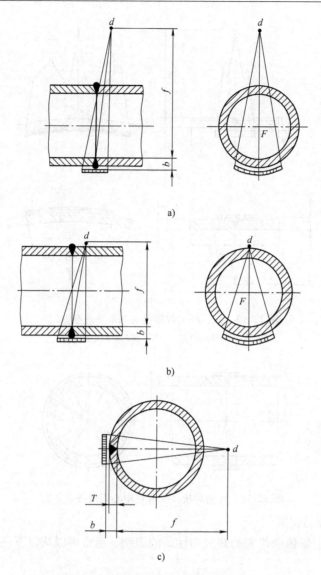

图 12-15　纵、环向焊接接头源在外双壁单影透照方式

a）环向焊接接头源在外双壁单影透照方式（1）

b）环向焊接接头源在外双壁单影透照方式（2）

c）纵向焊接接头源在外双壁单影透照方式

　　不同性质的缺欠，其内含物性质往往是不同的。可以认为气孔内部不存在物质，夹渣是不同于焊件本体材料的物质等。这种不同内在性质的缺欠对射线的吸收也不同，从而形成缺欠影像的黑度分布也就不同。

　　3. 缺欠影像的位置　缺欠影像在射线底片上的位置是判断影像缺欠性质的又一重要依据。缺欠影像在底片上的位置是缺欠在焊件中位置的反映，而缺欠在焊件中出现的位置常具有一定的规律，某些性质的缺欠只能出现在焊件的特定位置上。例如，对接焊缝的未焊透缺欠，其影像出现在焊缝影像中心线上；而未熔合缺欠的影像往往偏离焊缝影像中心。

　　以上是评片的基本方法和技巧。正确地识别射线照片上的影像，判断影像所代表的缺欠

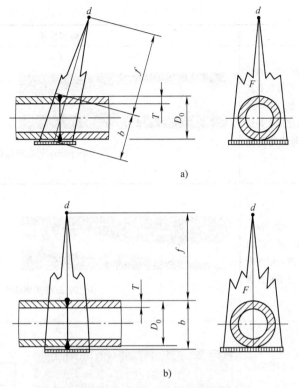

图 12-16　小径管环向对接焊接接头透照方式

a）倾斜透照方式（椭圆成像）　　b）垂直透照方式（重叠成像）

性质，需要丰富的实践经验和一定的材料及工艺方面的知识，并掌握焊接接头中主要的缺欠类型、缺欠形态和缺欠产生规律，有时还要配合其他试验才能得出正确的结论。底片上常见焊接缺欠影像特征及典型影像见表 12-8。

表 12-8　底片上常见焊接缺欠影像特征及典型影像

种类	影像特征	典型影像
气孔	多数为圆形、椭圆形黑点。其中心黑度较大，也有针状、柱状气孔。其分布情况不一，有密集的、单个的和链状的	$\delta=18mm$ 焊条电弧焊
夹渣	形状不规则，有点、条块等，黑度不均匀。一般条状夹渣都与焊缝平行，或与未焊透、未熔合等混合出现	$\delta=10mm$ 焊条电弧焊

（续）

种类	影像特征	典型影像
未焊透	在底片上呈现规则的、直线状的黑色线条，常伴有气孔或夹渣。在 X、V 形坡口的焊缝中，根部未焊透都出现在焊缝中间，K 形坡口则偏离焊缝中心	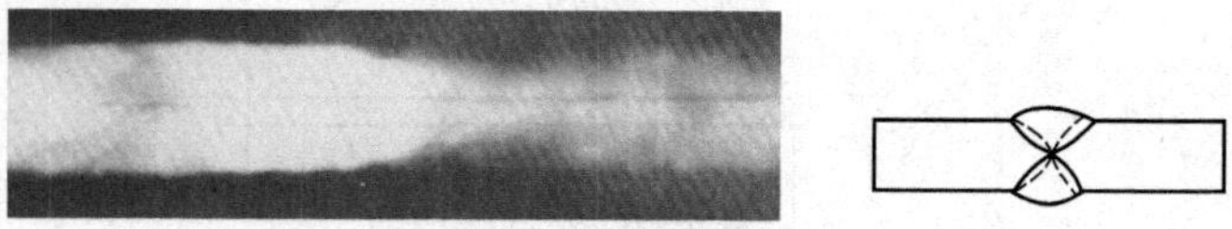 δ=10mm 焊条电弧焊
未熔合	坡口未熔合影像一般一侧平直，另一侧有弯曲，黑度淡而均匀，时常伴有夹渣。层间未熔合影像不规则，且不易分辨	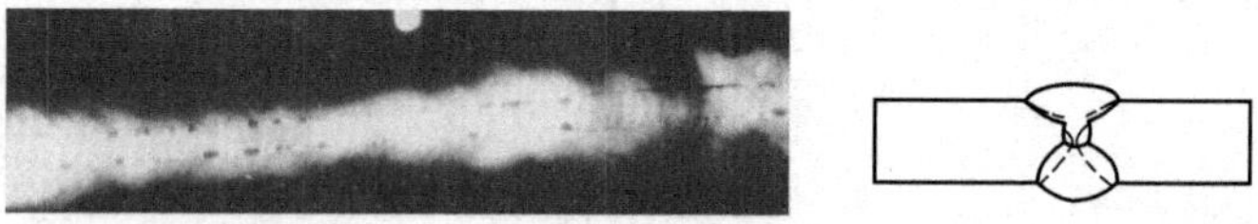 δ=10mm 焊条电弧焊
裂纹	一般呈直线或略带锯齿状的细纹. 轮廓分明，两端尖细，中部稍宽，有时呈现树枝状影像。裂纹可能是横向的，也可能是纵向的	 δ=10mm 焊条电弧焊 δ=10mm 埋弧焊
夹钨	夹钨表现为非常亮的区域或不规则亮斑点，且轮廓清晰。这是因为钨的密度大于周围材料的密度	 δ=13mm 焊条电弧焊
咬边	在底片的焊缝边缘（焊趾处）或焊根影像边缘（焊趾处），靠母材侧呈现粗短的黑色条状影像。黑度不均匀，轮廓不明显，两端无端角	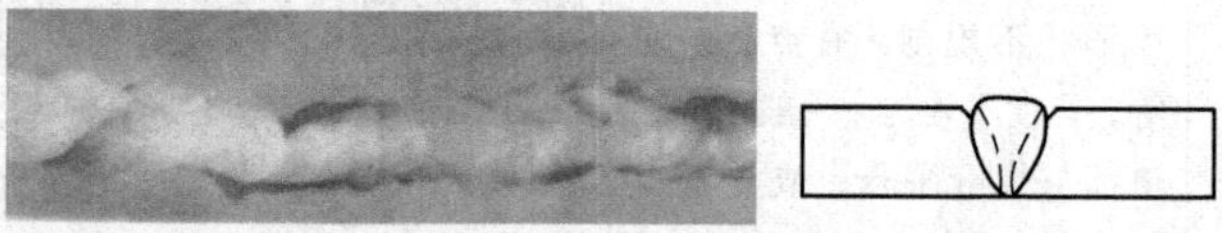 δ=6.5mm 焊条电弧焊

（续）

种类	影像特征	典型影像
焊瘤	在底片上多出现在焊趾线外侧，光滑完整的白色半圆形的影像	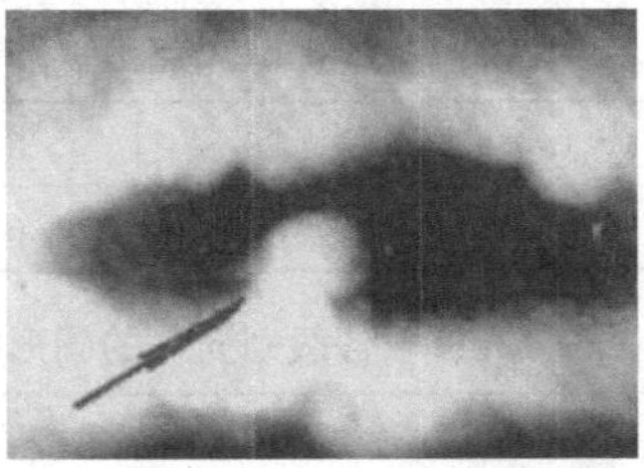 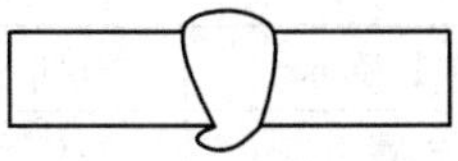 φ60mm×3.5mm 焊条电弧焊
烧穿	在底片的焊缝影像中，其形状多为不规则的圆形，黑度大而不均匀，轮廓清晰	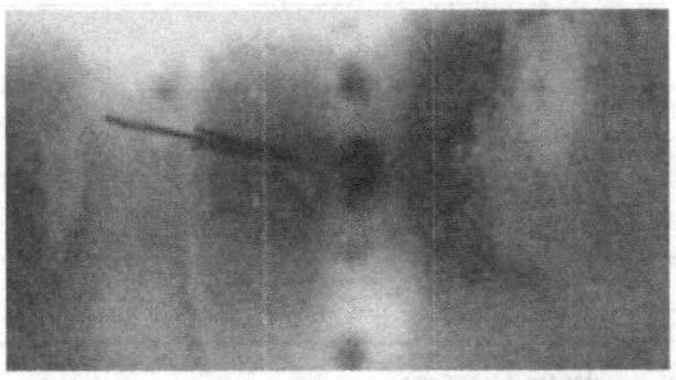 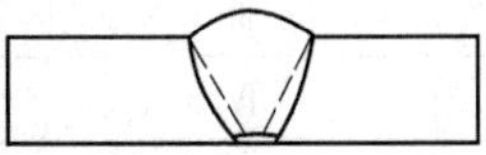 φ32mm×3mm 等离子弧焊

（六）射线检验质量分级——JB/T4730.2—2005《承压设备无损检测　第2部分：射线检测》标准简介

锅炉和压力容器产品射线检验均执行 JB/T 4730.2—2005《承压设备无损检测　第2部分：射线检测》标准。首先应对底片本身质量进行检查，看其像质指数、黑度、识别标记与伪缺欠影像等指标是否达到标准的要求，对于合格底片则根据缺欠的性质、数量和密集程度进行焊缝质量评级。在质量分级中，共有两种类型的分级，分别是：承压设备熔化焊对接焊接接头射线检测质量分级和承压设备管子及压力管道熔化焊环向对接焊接接头射线检测质量分级。根据这两种分级的对接焊接接头中存在的缺陷性质、数量和密集程度，其质量等级可划分为Ⅰ、Ⅱ、Ⅲ、Ⅳ级。以钢、镍、铜制承压设备熔化焊对接焊接接头射线检测质量分级为例：

Ⅰ级　对接焊接接头内不允许存在裂纹、未熔合、未焊透和条状缺陷。

Ⅱ级和Ⅲ级　对接焊接接头内不允许存在裂纹、未熔合和未焊透。

Ⅳ级　对接焊接接头中的缺陷超过Ⅲ级者评为Ⅳ级。

当各类缺陷评定的质量级别不同时，以质量最差的级别作为对接焊接接头的质量级别。

不加垫板的单面焊中的未焊透允许长度按表 12-13 中的条状夹渣长度的Ⅲ级评定。

1. 圆形缺陷的分级　圆形缺陷用圆形缺陷评定区进行质量分级评定，圆形缺陷评定区为一个与焊缝平行的矩形，其尺寸见表 12-9。圆形缺陷评定区应选在缺陷最严重的区域。

表 12-9　缺欠评定区规定　　　　　　　　（单位：mm）

母材厚度 δ	≤25	>25～100	>100
评定区尺寸	10×10	10×20	10×30

在圆形缺陷评定区内或与圆形缺陷评定区边界线相割的缺陷均应划入评定区内。将评定区内的缺陷按表 12-10 的规定换算为点数，按表 12-11 的规定评定对接焊接接头的质量级别。

表 12-10 缺欠点数换算规定

缺欠长径/mm	≤1	>1~2	>2~3	>3~4	>4~6	>6~8	>8
点数/个	1	2	3	6	10	15	25

表 12-11 各级别允许的圆形缺陷点数

评定区/mm	10×10			10×20		10×30
质量等级　　母材公称厚度 δ/mm	≤10	>10~15	>15~25	>25~50	>50~100	>100
I	1	2	3	4	5	6
II	3	6	9	12	15	18
III	6	12	18	24	30	36
IV	缺陷点数大于III级或缺陷长径大于 δ/2					

注：当母材公称厚度不同时，取较薄板的厚度。

缺陷的尺寸小于表 12-12 的规定时，分级评定时不计该缺陷的点数。质量等级为 I 级的对接焊接接头和母材公称厚度 δ≤5mm 的 II 级对接焊接接头，不计点数的缺陷在圆形缺陷评定区内不得多于 10 个，超过时对接焊接接头质量等级应降低一级。

表 12-12 不记点数的缺陷尺寸 （单位：mm）

母材公称厚度 δ	缺陷长径
≤25	≤0.5
>25~50	≤0.7
>50	≤1.4%δ

2. 条状缺陷的分级 条状缺陷按表 12-13 的规定进行分级评定。

表 12-13 各级别对接焊接接头允许的条形缺陷长度 （单位：mm）

质量等级	单个条形缺陷最大长度	一组条形缺陷累计最大长度
I	不允许	
II	≤δ/3（最小可为4），且≤20	在长度为 12δ 的任意选定条状缺陷评定区内，相邻缺陷间距不超过 6L 的任一组条状缺陷的累计长度应不超过 δ，但最小可为 4
III	≤2δ/3（最小可为6），且≤30	在长度为 6δ 的任意选定条状缺陷评定区内，相邻缺陷间距不超过 3L 的任一组条状缺陷的累计长度应不超过 δ，但最小可为 6
IV	大于III级者	

注：1. 表中 L 为该组条状缺陷中最长缺陷本身的长度，δ 为母材公称厚度，当母材公称厚度不同时取较薄板的厚度。

　　2. 条状缺陷评定区是指与焊缝方向平行的、具有一定宽度的矩形区，δ≤25mm，宽度为 4mm；25mm<δ≤100mm，宽度为 6mm；δ>100mm，宽度为 8mm。

　　3. 当两个或两个以上条状缺陷处于同一直线上、且相邻缺陷的间距小于或等于较短缺陷长度时，应作为 1 个缺陷处理，且间距也应计入缺陷的长度之中。

3. 综合评级　在圆形缺陷评定区内，同时存在圆形缺陷和条状缺陷时，应进行综合评级。综合评级时，应对圆形缺陷和条状缺陷分别评定级别，将两者级别之和减一作为综合评级的质量级别。

二、超声波检测——Ultrasonic Testing（缩写 UT）

一般把频率超过人耳听觉，频率大于 20kHz 的声波称为超声波。它是一种机械波，它能透入物体内部并可以在物体中传播。利用超声波在物体中的多种传播特性，例如反射与折射、衍射与散射、衰减、谐振以及声速等的变化，可以测知许多物体表面与内部缺欠、组织变化等。例如用于医疗上的超声波诊断（如 B 超）、海洋学中的声纳、鱼群探测、海底形貌探测、海洋测深、地质构造探测、工业材料及制品上的缺欠探测（如焊缝中裂纹、未熔合、未焊透、夹渣、气孔等缺欠）、硬度测量、测厚、显微组织评价、混凝土构件检测、陶瓷土坯的湿度测定、气体介质特性分析、密度测定等。超声波检测具有灵敏度高、设备轻巧、操作方便、探测速度快、成本低且对人体无害等优点。

（一）超声波的发生和接收

产生超声波的方法有机械法、热学法、电动力法、磁滞伸缩法和压电法等。其中，压电法产生超声波较其他方法简单，且用很小的功率就能发生很高频率的超声波；另外，压电法制成的检测仪结构灵巧、工作方便，并能满足检测所要求的工作频率的变化。因此，超声波检测中多采用压电法来产生超声波。

压电法是利用压电晶体来产生超声波的。这种晶体切出的晶片具有压电效应。即受拉应力或压应力而变形时，会在晶片表面出现电荷；反之，在电荷或电场作用时，会发生变形。如图 12-17 所示。前者称为正压电效应，后者称为逆压电效应。

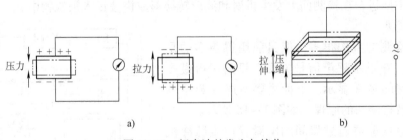

图 12-17　超声波的发生与接收
a）正压电效应　b）逆压电效应

超声波检测仪中超声波的产生和接收，是利用超声波探头中压电晶片的压电效应来实现的。由超声波检测仪产生的电振荡，以高频电压形式加于探头中的压电晶片两面电极上，由于逆压电效应的结果，晶片会在厚度方向产生伸缩变形的机械振动。若压电晶片与焊件表面有较好耦合时，机械振动就以超声波形式进入被检焊件传播，这就是超声波的产生。反之，当晶片受到超声波作用而发生伸缩变形时，正压电效应又会使晶片两表面产生不同极性电荷，形成超声频率的高频电压，以回波电信号形式经检测仪显示，这就是超声波的接收。

（二）超声波的特点与种类

超声波检测主要用于探测试件的内部缺欠，其应用十分广泛。用于检测的超声波频率为 1～5MHz。超声波的特点是：①超声波的指向性好，能形成窄的波束；②波长短，小的缺欠也能够较好地反射；③距离的分辨力好，缺欠的分辨率高；④超声波穿透能力强，在钢铁中其穿透能力可达数米。

超声波通过介质时，根据介质质点的振动方向与波的传播方向间相互关系的不同。可分有纵波、横波、表面波和板波等。

（1）纵波（L）　声波在介质中传播时，介质质点的振动方向和波的传播方向相同的波，称之为纵波。它能在固体、液体和气体中传播。

在工程技术上，纵波的产生和接收都比较容易，因此在工业检测和其他领域都得到较广泛的应用。

（2）横波（S）　声波在介质中传播时，介质质点的振动方向和波的传播方向相互垂直的波，称之为横波。由于介质质点传播横波是通过交变的切应力作用，而液体、气体没有剪切弹性就不能传播横波。故横波只能在固体中传播。

利用横波检测有其独特的优点，诸如灵敏度较高，分辨率较好等，在检测中常用于焊缝及纵波难以探测的场合，应用也比较广泛。

（3）表面波（R）　仅在固体表面传播且介质表面质点做椭圆运动的声波，称之为表面波。表面波的能量随着深度的增加而迅速减弱，在一般检测中，认为沿材料表面深度方向的有效距离为两个波长的范围。在实际检测中，表面波常用来检测焊件表面裂纹及渗碳层或覆盖层的表面质量。

（4）板波　在板厚与波长相当的薄板状固体中传播的波，称之为板波。在检测中，板波主要用于探测薄板和薄壁管内分层、裂纹等缺欠，另外还用于探测复合材料的粘接质量。

在超声波检测中，通常用直探头来产生纵波，纵波是与探头接触面垂直的方向传播的。横波通常是用斜探头来发生的。斜探头是将晶片贴在有机玻璃制的斜楔上，晶片振动发生的纵波在斜楔中前进，在检测面上发生折射和波形转换形成横波传入被检物中。

（三）原理

超声波检测的方法很多，但目前用得最多的是脉冲反射法，在显示超声信号方面，目前用得最多而且较为成熟的是 A 显示。下面主要叙述 A 显示脉冲反射超声波检测法的原理。如图 12-18 所示。

利用压电换能器通过瞬间的电激发产生脉冲机械振动，借助于声耦合介质传入到焊缝金属中形成脉冲超声波。超声波在传播时如果遇到缺欠就会产生反射并返回到换能器，由于压电效应是可逆的，再把声脉冲信号转换成电脉冲信号。测量该信号的幅度及其传播时间就可评定工件中缺欠的位置及严重程度。

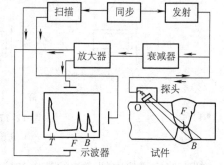

图 12-18　A 显示脉冲反射超声波检测原理

在超声波检测中有各种检测方式及方法。按探头与焊件接触方式分类，可将超声波检测分为直接接触法和液浸法两种。

使探头直接接触焊件进行检测的方法称之为直接接触法。使用直接接触法应在探头和被探焊件表面涂有一层耦合剂，作为传声介质。常用的耦合剂有全损耗系统用油、变压器油、甘油、化学浆糊、水及水玻璃等。焊缝检验多采用化学浆糊和甘油。由于耦合剂层很薄，因此可看作探头与焊件直接接触。锅炉、压力容器焊缝较常用的超声波检测方法是直接接触法。

液浸法是将焊件和探头头部浸在液体中，探头不接触焊件的检测方法。根据焊件和探头浸没方式，可分为全没液浸法、局部液浸法和喷流式局部液浸法等。

直接接触法主要采用 A 型脉冲反射法工作原理，由于操作方便，检测图形简单，判断容易且检测灵敏度高，因此在实际生产中得到最广泛应用。但该法对焊件探侧面的表面粗糙度要求较高，一般要求 Ra 值在 6.3μm 以下。垂直入射法和斜角检测法是直接接触法超声波检测的两种基本方法。

垂直入射法（简称垂直法）是采用直探头将声束垂直入射焊件的检测面进行检测。由于该法是利用纵波进行检测，故又称纵波法，如图 12-19 所示。显然，垂直法检测能发现与检测面平行或近于平行的缺欠，适用于钢板、锻件、轴类等几何形状简单工件的检测。

斜角检测法（简称斜射法）是采用斜探头将声束倾斜入射焊件检测面进行检测。由于它是利用横波进行检测。故又称横波法，如图 12-20 所示。斜角检测法能发现与探侧表面成角度的缺欠，常用于焊缝、环状锻件、管材的检测。焊缝的超声波检测，经常使用斜角探测法，其原因是焊缝表面有一定的增高，表面凸凹不平，用垂直入射法（直探头）检测，探头难以放置，所以必须在焊缝两侧即母材上，用斜角入射的方法进行检测。另外，焊缝中危险性的缺欠大致垂直于焊缝表面，斜角探测容易发现。

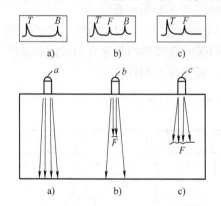

图 12-19　垂直法检测
a）无缺欠　b）小缺欠　c）大缺欠

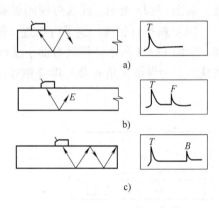

图 12-20　斜角法检测
a）无缺欠　b）小缺欠　c）接近板端

（四）各种焊接接头的扫查方式

检测前检测人员应了解受检焊件的材质、结构、厚度、曲率、坡口形式、焊接方法和焊接过程情况等资料。检测灵敏度应调到不低于评定线。检测过程中，探头移动速度不大于 150mm/s，相邻两次探头移动间隔至少有探头宽度 10% 的重叠。

1. 单探头的扫查方法　单探头扫查是用一个发射兼接收的斜探头进行扫查。为了发现缺欠及对缺欠进行准确定位，必须正确移动探头和布置探头。

（1）锯齿形扫查　锯齿形扫查探头以锯齿形轨迹作往复移动扫查，同时探头还应在垂直于焊缝中心线位置上作 ±10°～15°的左右转动，以便使声束尽可能垂直于缺欠，如图 12-21 所示。该扫查方法常用于焊缝初始检测。

（2）基本扫查　基本扫查方式有四种，如图 12-22 所示。其中，转角扫查的特点是探头作定点转动，用于确定缺欠方向并区分点、条状缺欠。同时，转角扫查的动态波形特征有助于对裂纹的判断；环绕扫查的特点是以缺欠为中心，变换探头位置，主要估判缺欠形状，

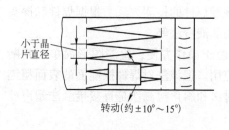

图 12-21　锯齿形扫查

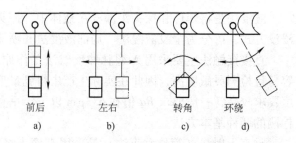

图 12-22　斜探头基本扫查方式

a) 转角扫查　b) 环绕扫查　c) 左右扫查　d) 前后扫查

尤其是对点状缺欠的判断；左右扫查的特点是探头作平行于焊缝或缺欠方向作左右移动，主要是通过缺欠沿长度方向的变化情况来判断缺欠形状，尤其是区分点、条状缺欠，并用此法来确定缺欠长度；前后扫查的特点是探头垂直于焊缝前后移动，常用于估判缺欠形状和估计缺欠高度。

（3）平行扫查　在斜角探伤中，将探头置于焊缝及热影响区表面，使声束指向焊缝方向，并沿焊缝方向移动的扫查方法。其特点是在焊缝边缘或焊缝上作平行于焊缝的移动扫查，如图 12-23 所示。此法可探测焊缝及热影响区的横向缺欠（如横向裂纹）。

（4）斜平行扫查　斜平行扫查，使探头与焊缝方向成一角度（$\alpha = 10° \sim 45°$）的平行扫查，如图 12-24 所示。该法有助于发现焊缝及热影响区的横向裂纹和与焊缝方向成倾斜角度的缺欠。为保证夹角 α 及与焊缝相对位置 y 的稳定不变，需要使用扫查工具。

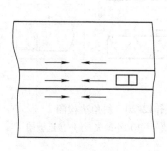

图 12-23　平行扫查

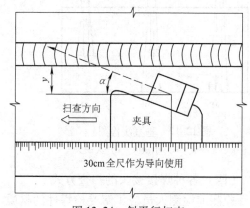

图 12-24　斜平行扫查

2. 双探头的扫查方法　双探头扫查是用两个斜探头，一个用于发射超声波，另一个用于接收超声波。

（1）串列扫查　串列扫查是将两个斜探头垂直于焊缝作同向前后布置进行横方形或纵方形扫查，如图 12-25 所示。该法主要用于探测垂直于探测面的平面状缺欠（如窄间隙焊中的边界未熔合）。常用于板厚大于 100mm 的焊缝及板厚大于 40mm 的

图 12-25　串列扫查

窄间隙焊缝的检测。

（2）交叉扫查 交叉扫查是将两个探头置于焊缝的同侧或两侧且成60°～90°布置，探头作平行于焊缝移动，如图12-26所示。该法可探测焊缝中的横向或纵向面状缺欠。

（3）V形扫查 V形扫查将收、发探头分别置于焊缝两侧且垂直于焊缝作对向布置，如图12-27所示。该法可探测与检测面平行的面状缺欠（如多层焊中的层间未熔合）。

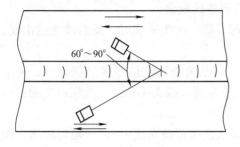

图12-26 交叉扫查

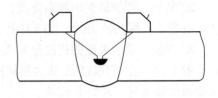

图12-27 V形扫查

3. 常见T形接头及管座角接头的扫查位置 超声波检测在选择检测面和探头时应考虑到检测各种类型缺欠的可能性，并使波束尽可能垂直于焊缝中的主要缺欠。典型接头形式的扫查方法如图12-28所示。

4. 探头扫查移动区的确定 超声波检测时探头必须在检测面上作前后左右的移动扫查，且应有足够的移动区宽度，以保证声束能扫查到整个焊缝截面，扫查区域如图12-29所示。

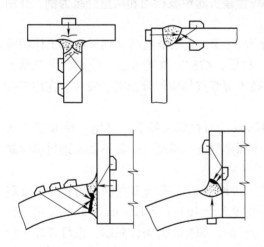

图12-28 T形接头和管座的扫查方式

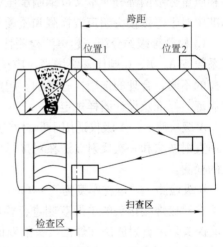

图12-29 扫查区域

采用一次反射法或串列式扫查检测时，探头移动区宽度应 >1.25×跨距（mm）。

采用直射法检测时，探头移动区宽度应 >0.75×跨距（mm）。

跨距 = $2 \times K \times T$，其中 K 为探头折射角的正切值，T 为焊缝厚度。

（五）缺欠性质的估判

判定焊件或焊接接头中缺欠的性质称之为缺欠定性。在超声波检测中，不同性质的缺欠其反射回波的波形区别不大，往往难于区分。因此，缺欠定性一般采取综合分析方法，即根据缺欠波的大小、位置及探头运动时波幅的变化特点（所谓静态波形特征和动态波形包络线特征），并结合焊接工艺情况对缺欠性质进行综合判断。这在很大程度上要依靠检测人员的实际经验和操作技能，因而存在着较大误差。到目前为止，超声波检测在缺欠定性方面还没有一个成熟的方法，这里仅是简单介绍焊缝中常见缺欠的波形特征。

1. 气孔　单个气孔回波高度低，波形为单峰，较稳定，当探头环绕缺欠转动时，缺欠波高大致不变，但探头定点转动时，反射波立即消失；密集气孔会出现一簇反射波，其波高随气孔大小而不同，当探头作定点转动时，会出现此起彼伏现象。

2. 裂纹　裂纹缺欠回波高度大，波幅宽，常出现多峰。探头平移时，反射波连续出现，波幅有变动；探头转动时，波峰有上下错动现象。

3. 夹渣　点状夹渣的回波信号类似于点状气孔。条状夹渣回波信号多呈锯齿状，由于其反射率低，波幅不高且形状多呈树枝状，主峰边上有小峰。探头平移时，波幅有变动；探头绕缺欠移动时，波幅不相同。

4. 未焊透　未焊透反射率高（厚板焊缝中该缺欠表面类似镜面反射），波幅均较高。探头平移时，波形较稳定。在焊缝两侧检测时，均能得到大致相同的反射波幅。

5. 未熔合　当声波垂直入射该缺欠表面时，回波高度大。探头平移时，波形稳定。焊缝两侧探测时，反射波幅不同，有时只能从一侧探测到。

（六）焊接接头超声波检测和质量分级

根据 JB/T4730.3《承压设备无损检测　第 3 部分：超声波检测》标准，焊接接头的质量分级包括承压设备对接焊接接头以及承压设备管子、压力管道环向对接焊接接头超声波检测和质量分级两部分，本文以钢制承压设备对接焊接接头超声波检测和质量分级为例，介绍标准中对于焊接接头超声波检测和质量分级。

1. 检测等级的分级　超声波检测技术等级分为 A、B、C 三个检测级别，检验工作的难度系数按 A、B、C 顺序逐级增高。应按照焊件的材质、结构、焊接方法、使用条件及承受载荷的不同，合理的选用检验级别。超声波检测技术等级选择应符合制造、安装、在用等有关规范、标准及设计图样规定。

A 级检测——A 级仅适用于母材厚度为 8～46mm 的对接焊接接头。可用一种 K 值探头采用直射波法和一次反射波法在对接焊接接头的单面单侧进行检测。一般不要求进行横向缺欠的检测。

B 级检测——母材厚度为 8～46mm 时，一般用一种 K 值探头采用直射波法和一次反射波法在对接焊接接头的单面双侧进行检测。母材厚度大于 46mm 至 120mm 时，一般用一种 K 值探头采用直射波法在焊接接头的双面双侧进行检测，如受几何条件限制，也可在焊接接头的双面单侧或单面双侧采用两种 K 值探头进行检测。母材厚度大于 120mm 至 400mm 时，一般用两种 K 值探头采用直射波法在焊接接头的双面双侧进行检测。两种探头的折射角相差应不小于 100°。应进行横向缺欠的检测。检测时，可在焊接接头两侧边缘使探头与焊接接头中心线成 10°～20°角作两个方向的斜平行扫查，，如焊接接头余高磨平，探头应在焊接接头及热影响区上作两个方向的平行扫查。

C 级检测——采用 C 级检测时应将焊接接头的余高磨平，对焊接接头两侧斜探头扫查经过的母材区域要用直探头进行检测。母材厚度为 8～46mm 时，一般用两种 K 值探头采用直射波法和一次反射波法在焊接接头的单面双侧进行检测。两种探头的折射角相差应不小于 100°，其中一个折射角应为 45°。母材厚度大于 46～400mm 时，一般用两种角度探头采用直射波法在焊接接头的双面双侧进行检测。两种探头的折射角相差应不小于10°。对于单侧坡口角度小于5°的窄间隙焊缝，如有可能应增加对检测与坡口表面平行缺欠的有效检测方法。同时需进行横向缺欠的检测，检测时，将探头放在焊缝及热影响区上作两个方向的平行扫查。

2. 距离–波幅曲线简介　根据焊件厚度和曲率选择合适的对比试块，按要求对比试块上实测绘制距离–波幅曲线。距离–波幅曲线族如图12-30所示。该曲线由判废线RL，定量线SL和评定线EL组成。评定线以上至定量线以下为Ⅰ区（弱信号评定区），定量线至判废线以下为Ⅱ区（长度评定区），判废线及以上区域为Ⅲ区（判废区）。

3. 质量分级　焊接接头的质量分级按照表12-14的规定进行

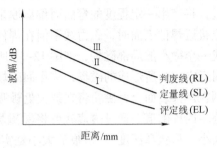

图 12-30　距离–波幅曲线的示意图

表 12-14　焊接接头质量分级

等级	板厚 δ/mm	反射波幅（所在区域）	单个缺陷指示长度 L	多个缺陷累计长度 L'
Ⅰ	6 ~ 400	Ⅰ	非裂纹类缺陷	
	6 ~ 120	Ⅱ	$L = \delta/3$，最小为10，最大不超过30	在任意 9δ 焊缝长度范围内 L' 不超过 δ
	>120 ~ 400		$L = \delta/3$，最大不超过50	
Ⅱ	6 ~ 120	Ⅱ	$L = 2\delta/3$，最小为12，最大不超过40	在任意 4.5δ 焊缝长度范围内 L' 不超过 δ
	>120 ~ 400		最大不超过75	
Ⅲ	6 ~ 400	Ⅱ	超过Ⅱ级者	超过Ⅱ级者
		Ⅲ	所有缺陷	
		Ⅰ、Ⅱ、Ⅲ	裂纹等危害性缺陷	

注：1. 母材板厚不同时，取薄侧厚度值。
　　2. 当焊缝长度不足 9δ（Ⅰ级）或 4.5δ（Ⅱ级）时，可按比例折算。当折算后的缺陷累计长度小于单个缺陷指示长度时，以单个缺陷指示长度为准。

三、磁粉检测——Magnetic particle Testing（缩写 MT）

磁粉检测是用来检查铁磁性材料（如铁、钴、镍及其合金）表面或近表面（表面下5 ~ 7mm）缺欠的一种检测方法。

（一）磁粉检测的原理

自然界有些物体具有吸引铁、钴、镍等物质的特性，我们把这些具有磁性的物体称为磁体。使原来不带磁性的物体变得具有磁性则称为磁化，能够被磁化的材料称为磁性材料。磁体各处的磁性大小不同，在它的两端最强，这两端称为磁极。磁体周围空间存有力的作用，我们把磁力作用的空间称为磁场。为了形象地描述磁场，采用了磁力线的概念，磁力线方向表示磁场的方向，磁力线密度表示磁感应强度的大小，磁力线密度大的地方表示磁感应强度大，磁力线密度小的地方则表示磁感应强度小。

我们知道，如果把一个铁磁性材料制成的焊件放在两磁极之间，这时焊件被磁化，焊件就有磁力线通过。如果焊件本身没有缺欠且各处的磁导率都一致，且磁力线在其内部是均匀连续分布的。但是，当焊件内部存在缺欠时，如裂纹、夹杂、气孔等，由于它们是非铁磁性物质，其磁阻非常大，磁导率低。必将引起磁力线的分布发生变化。缺欠处的磁力线不能通过，将产生一定程度的弯曲而偏离原来的方向，这种现象则称为磁力线的逸散。当缺欠位于或接近焊件表面时，磁力线不但在焊件内部产生弯曲，而且还会穿过焊件表面漏到空气中形成一个微小的局部磁场，如图 12-31 所示。这种由于介质磁导率的变化而使磁通泄漏到缺欠附近空气中所形成的磁场，称作漏磁场。它使缺欠两侧形成 N—S 磁极。这时如果把磁粉喷洒在焊件表面上，磁粉将在缺欠处被吸附，形成与缺欠形状相应的磁粉聚集线，称为磁粉痕迹. 简称磁痕。通过磁痕就可将漏磁场检测出来，并能确定缺欠的位置（有时包括缺欠的大小、形状和深度）。磁痕的大小是实际缺欠的几倍或几十倍，从而易被肉眼察觉。当焊件在相同的磁化条件下，表面磁粉聚集越明显，则反映此处的缺欠离表面越近和越严重。但是，缺欠距表面一定深度或在焊件内部时，因其造成的漏磁场磁力线逸散在表面处反映不出来，见图 12-31。因此，这种方法只适合于检查焊件表面和近表面缺欠。当缺欠方向与磁力线同向时，漏磁场很小，见图 12-32a，如果其构成的角度小于 20°，则难以发现。

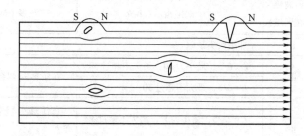

图 12-31　缺欠附近的磁通分布

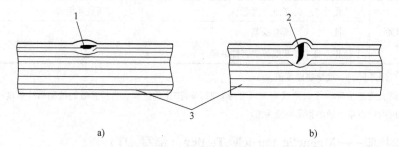

图 12-32　缺欠位置不同时磁通的变化
a）缺欠与磁力线同向　b）缺欠与磁力线垂直
1、2—缺欠　3—焊件

磁粉检测分为荧光磁粉检测和非荧光磁粉检测两种。磁粉检测的设备分为直流电磁化和交流电磁化设备，即称为磁粉检验仪。直流电产生的磁场强度大，可检出较深处的缺欠。交流电由于集肤效应，磁力线集中于材料表面，只能发现浅层 1~2mm 之内的缺欠。但交流磁化法检测表面裂纹能力较直流法灵敏。

为检测出各种不同方向的线性缺欠，在检测时，至少要对被测表面进行两个相互垂直方向的磁化。利用旋转磁场检测机，一次磁化可发现各个方向上的缺欠，能显著提高检测效率。检测仪器上还带有滚轮装置可在焊缝上移动。

（二）磁化

进行磁粉检测时，首先应磁化构件的待检区，磁化时可采用交流、直流、脉动电流等，并保持磁场方向与缺欠方向尽量地垂直。由于交流有集肤效应，一般适合于探测表面缺欠（最大深度约 $2 \sim 3mm$），直流磁场渗透较深可检测表面与近表面缺欠（最大深度达 $5 \sim 8mm$）。采用的磁化方法应与被检查的结构和焊缝相匹配，各种磁化方法的特点与适用范围见表 12-15。

表 12-15　各种磁化方法的特点与适用范围

磁化方法	示意图	特点与应用
线圈法	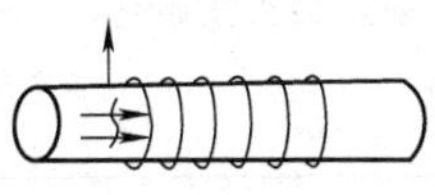	在线圈中形成纵向磁场。易发现焊件周向缺欠。可检测管或管节点与接管角焊缝上的纵向裂纹 采用电缆环绕焊件较方便，但在焊件端部会出现磁场泄漏，使检测灵敏度下降。故在端部区，最好采用含有"快断电路"的磁化系统以保持检测灵敏度
触头法	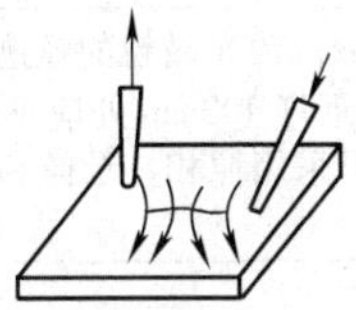	用支杆触头接触焊件表面，电流从支杆导入焊件。适于焊缝或大型焊件的局部检测。缺点是存在电接触点，易产生火花，烧损焊件表面 通过触头位置的摆放可改变磁场方向，可检测焊缝表面的纵向与横向裂纹
磁轭法	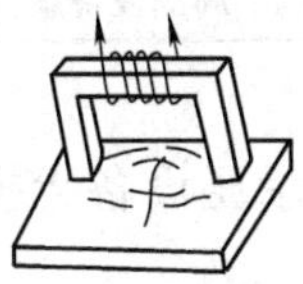	由电磁轭或永久磁铁将焊缝表面两磁极间的区域磁化，既适合于平面焊缝也适合于角焊缝，为检测纵向与横向缺欠，应作两次不同方向磁化 检测速度慢，磁极与焊件表面接触不良会影响检测灵敏度，设备轻便，易于携带
旋转磁场法	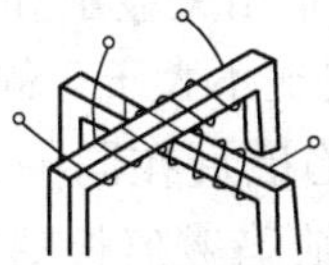	焊件表面磁场方向连续改变，呈旋转规律。一次可检测出焊缝表面上任意方向的缺欠，检测速度快 适于探测平面焊缝结构

（三）磁粉及磁悬液

磁粉是磁粉检测的显示介质。磁粉检测的灵敏度除取决于磁场强度、磁力线方向、磁化方法、焊件磁导率及其表面粗糙度外，还与磁粉的质量，即磁粉的磁导率、粒度等有很大的关系。选择磁粉时要求具有很高的磁化能力，即磁阻小、高磁导率；具有极低的剩磁性，磁粉间不应相互吸引；磁粉的颗粒度应均匀，通常为 $2 \sim 1mm$（$200 \sim 300$ 目）；杂质少，并应有较高的对比度；悬浮性能好。目前国产磁粉有黑色、白色、棕色、橙色和红色等。

磁悬液是湿法磁粉检测时，将磁粉混合在液体介质中形成的磁粉悬浮液。把磁粉悬浮在水里成为水磁悬液，磁粉悬浮在油里则成为油磁悬液（通常采用煤油或变压器油）。水磁悬液的应用比油磁悬液广，其优点是检验灵敏度较高，运动粘度较小，便于快速检验。

在磁悬液里的磁粒子数目称为浓度，如果磁悬液的浓度不适当，其检测结果会不准确。磁粒子太少，将得不到应有的检测显示或显示很不清楚；磁粒子太多，检测的显示就将被掩盖或模糊不清。因此，需经常核对磁悬液的浓度。

（四）磁粉检验的一般程序

焊缝磁粉检测的一般程序包括预处理、磁化、施加磁粉或悬浊液、磁痕的观察与记录、缺陷评级、退磁等，其工艺要点见表12-16。

表12-16　磁粉检测的工艺要点

程序项目	要　　点
预处理	清理焊缝及附近母材，如去除焊缝表面污垢、焊接飞溅物、松散的铁锈与氧化皮、厚度较大的各种覆盖层。使用干磁粉时，或者使用与清洗液性质不同的磁悬液时，必须等焊缝表面干燥后才能进行检验
磁化	焊缝检测区应在两个互相垂直的方向分别各磁化一次，一般采用连续磁化法，一次通电时间为1~3s，其磁化规范采用标准推荐值或符合标准要求的灵敏度试片测定 采用旋转磁场磁化时，移动速度不大于3m/min；采用触头法磁化时。触头间距为75~200mm，采用磁轭法的磁极间距为50~200mm 易产生冷裂纹的焊接结构不允许采用触头法检测
施加磁粉或悬浊液	湿法：在磁化过程中施加磁悬液，伴随液体流动带动磁粉在漏磁场处形成磁粉堆积即磁痕 干法：均匀地施加磁粉，利用柔和气流使其流动，促使在漏磁场上形成磁痕
磁痕的观察与记录	非荧光磁粉的痕迹在白光下观察，光强应不小于1000lx；荧光磁粉的痕迹在白光不大于20lx的暗环境中采用紫外线灯照射观察，紫外线灯的亮度在距灯400mm处应不低于1000μW/cm²，可借助于2~10倍的放大镜观察。缺陷磁痕的显示记录可采用照相、录像和可剥性塑料薄膜等方式记录
缺陷评级	按照磁粉检测质量分级要求进行评级
退磁	当剩磁会影响焊件的后续机械加工工序、焊接、使用性能、周围设备或仪表时应进行退磁

（五）磁痕显示的分类与磁粉检测质量分级

磁痕的分类与检测质量分级，应按JB/T 4730.4—2005《承压设备无损检测第4部分：磁粉检测》规定进行。该标准简述如下：

1. 磁痕显示的分类　磁痕显示分为三类，即相关显示、非相关显示和伪显示。长度与宽度之比大于3的缺陷磁痕，按条状磁痕处理；长度与宽度之比不大于3的磁痕，按圆形磁痕处理。长度小于0.5mm的磁痕不计。两条或两条以上缺陷磁痕在同一直线间距不大于2mm时，按一条磁痕处理，其长度为两条磁痕之和加间距。缺陷磁痕长轴方向与焊件（轴类或管类）轴线或母线的夹角大于或等于30°时，按横向缺欠处理，其他按纵向缺欠处理。

2. 磁粉检测质量等级

磁粉检测不允许存在任何裂纹和白点，紧固件和轴类零件不允许产生横向缺陷。

（1）焊接接头的磁粉检测质量分级　见表12-17。

表12-17　焊接接头的磁粉检测质量分级

等级	线性缺陷磁痕	圆形缺陷磁痕 （评定框尺寸为35mm×100mm）
Ⅰ	不允许	$d \leqslant 1.5$，且在评定框内不大于1个
Ⅱ	不允许	$d \leqslant 3.0$，且在评定框内不大于2个
Ⅲ	$l \leqslant 3.0$	$d \leqslant 4.5$，且在评定框内不大于4个
Ⅳ	大于Ⅲ级	

注：l表示线性缺陷磁痕长度，mm；d表示圆形缺陷磁痕长径，mm。

（2）受压加工部件和材料磁粉检测质量分级　见表 12-18。

表 12-18　受压加工部件和材料磁粉检测质量分级　（单位：mm）

等级	线性缺陷磁痕	圆形缺陷磁痕 （评定框面尺寸为 2500mm^2，其中一条矩形边长最大为 150）
I	不允许	$d \leq 2.0$，且在评定框内不大于 1 个
II	$l \leq 4.0$	$d \leq 4.0$，且在评定框内不大于 2 个
III	$l \leq 6.0$	$d \leq 6.0$，且在评定框内不大于 4 个
IV		大于 III 级

注：l 表示线性缺陷磁痕长度，mm；d 表示圆形缺陷磁痕长径，mm。

（3）综合评级　在圆形缺陷评定区内同时存在多种缺陷时，应进行综合评级。对各类缺陷分别评定级别，取质量级别最低的级别作为综合评级的级别；当各类缺陷的级别相同时，则降低一级作为综合评级的级别。

四、渗透检测——Penetrant Testing（缩写 PT）

（一）渗透检测的原理

渗透检测是利用毛细管作用原理检查表面开口性缺欠的一种无损检测方法。其简单原理是将渗透性很强的液态物质（渗透剂）渗进材料表面缺欠内，然后用一种特殊方法或介质（显像剂）再将其吸附到表面上来，以显示出缺欠的形状和部位。渗透检测的基本过程如图 12-33 所示。渗透检测的优点是可检查非磁性材料，如奥氏体不锈钢、铜、铝等，及非金属材料，如塑料、陶瓷等的各种表面缺欠，可发现表面裂纹、分层、气孔、疏松等缺欠，不受缺欠形状和尺寸的影响，不受材料组织结构和化学成分的限制。

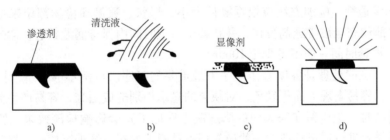

图 12-33　渗透检测的基本过程
a）渗透　b）清洗　c）显像　d）检测

但渗透检测也有一定的局限性，当零件表面太粗糙时易造成假象，降低检测效果。粉末冶金零件或其他多孔材料不宜采用。

（二）渗透检测的分类及应用

渗透检测根据渗透液所含的染料成分，可分为荧光法、着色法和荧光着色法三大类。荧光法是渗透液内加入荧光物质，制成荧光液，缺欠内的荧光物质在紫外线下能激发出荧光并显示出缺欠的图像。渗透液内含有有色染料，缺欠图像在白光或日光下显色的为着色法，它适合于没有电源的场合。荧光法比着色法灵敏度高，可检测出更细小的裂纹。荧光着色法兼备荧光法和着色法两种方法的特点，缺欠图像在白光下能显红色，在紫外线下又激发出荧光。渗透检测按渗透液去除方式分类，可分为水洗型、后乳化型和溶剂去除型，见表 12-19。

表 12-19　渗透剂类别与适用范围

方法名称	渗透剂种类	特点与应用范围
荧光渗透检测	水洗型荧光渗透剂	零件表面上多余的荧光渗透液可直接用水清洗掉。在紫外线灯下，缺欠有明显的荧光痕迹，易于水洗，检查速度快，适于中小件的批量检查
	后乳化型荧光渗透剂	零件表面上多余的荧光渗透液，要用乳化剂乳化处理后方能水洗清除。有极明亮的荧光痕迹，灵敏度很高，适于高质量检测的要求
	溶剂去除型荧光渗透剂	零件表面上多余的荧光渗透液要用溶剂去除。检验成本高，一般不用
着色渗透检测	水洗型着色渗透剂	与水洗型荧光渗透剂相似，不需要紫外线光源
	后乳化型着色渗透剂	与水洗后乳化型荧光渗透剂相似，不需要紫外线光源
	溶剂去除型着色渗透剂	一般装在喷罐中，便于携带，广泛用于无水区高空、野外结构的焊缝检验

（三）渗透检测的操作程序

渗透检测通常分为预清洗、施加渗透液、去除、干燥处理、施加显像剂、观察及评定显示痕迹、后处理等7个步骤。

（1）预清洗　预清洗之前要对焊件被检部位表面进行清理，以清除被检表面的焊渣、飞溅、铁锈及氧化皮等。清洗范围应从检测部位四周向外扩展25mm。清洗后，检测面上遗留的溶剂和水分等必须干燥，且应保证在施加渗透剂前不被污染。

（2）施加渗透剂　施加方法应根据零件大小、形状、数量和检测部位来选择。所选方法应保证被检部位完全被渗透剂覆盖，并在整个渗透时间内保持润湿状态。渗透温度应控制在10~50℃，渗透时间一般不得少于10min。

（3）去除　去除处理是各项操作程序中最重要的工序。清洗不够，整个检测部位会留有残余渗透液，容易出现大面积颜色，对缺欠的显示识别造成困难，容易产生假显示，造成误判。清洗过度时（把应留在缺欠中的渗透液也洗掉了）会影响检测效果。所以要掌握清洗方法，根据需要进行适量清洗。一般应先用不易脱毛的布或纸进行擦拭，然后再用蘸过清洗剂的干净不易脱毛的布或纸进行擦拭，直至全部擦净。操作应注意不得往复擦拭，也不得用清洗剂直接冲洗被检面，以免过洗。

（4）干燥处理　当采用快干式或施加湿式显像剂之后，被检面需经干燥处理。可采用热风或自然干燥，但应注意被检面的温度不得大于50℃。干燥时间通常为5~10min。

（5）施加显像剂　检验部位经清洗后便可施加显像剂，显像剂经自行挥发，很快就把缺欠中的渗透液吸附出来，形成白底红色的缺欠痕迹。这道工序也是十分重要的，其操作质量好坏都直接影响检测结果的准确性。显像剂在使用前应充分搅拌均匀，并施加均匀。显像时间一般不少于7min。

（6）观察与评定　观察显示痕迹应在显像剂施加后7~30min内进行。当出现显示痕迹时，必须确定是真缺欠还是假缺欠，必要时用低倍放大镜进行观察或进行复验。

（7）检测结束后，为防止残留的显像剂腐蚀焊件表面或影响其使用，应清除残余显像剂。

（四）渗透显示的分类和质量分级

1. 渗透显示的分类　渗透显示分为相关显示、非相关显示和虚假显示。非相关显示和虚假显示不必记录和评定。小于 0.5mm 的显示不计，除确认显示是由外界因素或操作不当造成的之外，其他任何显示均应作为缺陷处理。缺陷显示在长轴方向与零件（轴类或管类）轴线或母线的夹角大于或等于 30°时，按横向缺陷处理，其他按纵向缺欠处理。长度与宽度之比大于 3 的缺陷显示，按线性缺欠处理；长度与宽度之比小于或等于 3 的缺陷显示，按圆形缺陷处理。两条或两条以上缺陷线性显示在同一条直线上且间距不大于 2mm 时，按一条缺欠显示处理，其长度为两条缺陷显示之和加间距。

2. 质量分级　渗透检测不允许任何裂纹和白点，紧固件和轴类零件不允许任何横向缺陷显示。

焊接接头和坡口的质量分级按表 12-20 进行。

表 12-20　焊接接头和坡口的质量分级

等级	线性缺陷磁痕	圆形缺陷磁痕 （评定框尺寸 35mm × 100mm）
I	不允许	$d \leqslant 1.5$，且在评定框内少于或等于 1 个
II	不允许	$d \leqslant 4.5$，且在评定框内少于或等于 4 个
III	$l \leqslant 4$	$d \leqslant 8$，且在评定框内少于或等于 6 个
IV		大于 III 级

注：l 表示线性缺陷长度，mm；d 表示圆形缺陷在任何方向上的最大尺寸，mm。

五、涡流检测——Eddy current Testing（缩写 ET）

（一）涡流检测的原理

涡流检测是建立在电磁感应原理之上的一种无损检测方法，它适用于所有导电材料。当把通有交变电流的线圈（励磁线圈）靠近导电物体时，线圈产生的交变磁场会在导电体中感应出涡流，当涡流在传播过程中遇到缺欠时，就会发生偏离，涡流本身也要产生交变磁场，通过检测其交变磁场的变化，可以达到对导电体检测的目的，见图 12-34。涡流的分布及大小除了与励磁条件有关外，还与导电体本身的电导率、磁导率、导电体的形状与尺寸、导电体与励磁线圈间的距离、导电体表面或近表面缺欠的存在或组织变化等都有密切关系。因此，利用涡流检测技术，可以检测导电物体上的表面和近表面缺欠、涂镀层厚度、热处理质量（如淬火透入深度、硬化层厚度、硬度等）以及材料牌号分选等。

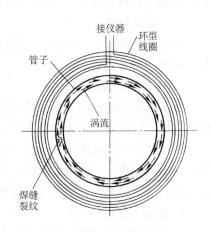

图 12-34　涡流检测原理

涡流检测时，在靠近检测线圈的焊件表面上其检测灵敏度为最高，随着与检测线圈之间距离的增加，其检测灵敏度将逐渐减小，因此对同样大小的缺欠，离检测线圈较远缺欠的反应信号将小于离检测线圈较近的缺欠信号。

（二）涡流检测线圈的形式及应用

涡流检测应根据待检焊件的形式来选择涡流线圈的种类。涡流检验常见线圈的形式及应用如图 12-35 所示。

锅炉、压力容器制造中，涡流检测主要用于小直径薄壁管原材料的检测。随着多频及远场涡流技术的开发应用，涡流检测的应用范围越来越广泛。

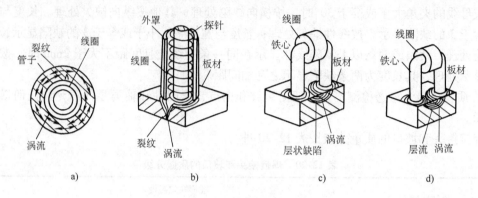

图 12-35 涡流检验常见的形式

第四节 产品整体性能和产品接头表面性能检验

耐压试验和致密性试验是两种对锅炉、压力容器产品部件进行整体性能检验的方法。耐压试验是把液体或气体等介质充入产品部件中缓慢加压，以检查其泄漏、耐压、破坏等性能的试验。致密性试验是对有致密性要求的储存液体或气体的容器进行充气或充液试验，以检查容器是否有贯穿裂纹、气孔、夹渣、未焊透等泄漏缺陷。

一、耐压检验

耐压检验分成液压试验、气压试验以及气－液组合试验三种。GB 150—2008《压力容器》对耐压检验规定如下：

（一）液压试验

由于水的压缩性小，在试验过程中一旦发现缺陷扩展而发生泄漏，水压立即下降，不易引起爆炸。故采用水作为试验介质，既安全又廉价。因此水压试验是常用的液压试验。

试验液体一般采用水，试验合格后应立即将水排净吹干，无法完全排净吹干时，对奥氏体不锈钢制容器，应控制水的氯离子含量不超过 25mg/L。需要时，也可采用不会导致发生危险的其他试验液体，但试验时液体的温度应低于其闪点或沸点，并有可靠的安全措施。

1. 试验温度

1）Q345R、Q370R、07MnMnVR 钢制容器进行试验时，液体温度不得低于 5℃。其他碳钢和低合金钢制容器，液压试验时温度不得低于 15℃。低温容器液压试验的液体温度不低于壳体材料和焊接接头的冲击试验温度（取其高者）加 20℃。如果由于板厚等因素造成材料无塑性转变温度升高，则需相应提高试验温度。

2）当有试验数据支持时，可使用较低温度液体进行试验，但试验时应保证试验温度（容器器壁金属温度）比容器器壁金属无塑性转变温度至少高 30℃。

2. 试验压力

（1）内压容器

$$p_T = 1.25p[\sigma]/[\sigma]^t$$

式中　p_T——试验压力（MPa）；

　　　　p——设计压力（MPa）；

　　$[\sigma]$——容器元件材料在试验温度下的许用应力（MPa）；

　　$[\sigma]^t$——容器元件材料在设计温度下的许用应力（MPa）。

（2）外压容器和真空容器

$$p_T = 1.25p$$

式中　p_T——试验压力（MPa）；

　　　　p——设计压力（MPa）。

3. 试验程序和步骤

1）试验容器内的气体应当排净并充满液体，试验过程中，应保持容器观察表面的干燥。

2）当试验容器的金属壁温与液体温度相近时，方可缓慢升至设计压力，确认无泄漏后继续升至规定的试验压力，保压时间一般不少于30min，然后降至设计压力，保压足够时间进行检查，检查期间压力应保持不变。

4. 液压试验的合格标准　试验过程中，容器无泄漏，无可见的变形和异常声响。

（二）气压试验和气-液组合压力试验

对于不适宜进行液压试验的容器，可采用气压试验或气-液组合压力试验。试验所用气体应为干燥洁净的空气、氮气或其他惰性气体；试验液体与液压试验的规定相同。气压试验和气-液组合压力试验应有安全措施，试验单位的安全管理部门应当派人进行现场监督。

1. 试验温度　气压试验和气-液组合压力试验的试验温度与液压试验温度相同。

2. 气压试验和气-液组合压力试验压力

（1）内压容器

$$p_T = 1.1p[\sigma]/[\sigma]^t$$

式中　p_T——试验压力（MPa）；

　　　　p——设计压力（MPa）；

　　$[\sigma]$——容器元件材料在试验温度下的许用应力（MPa）；

　　$[\sigma]^t$——容器元件材料在设计温度下的许用应力（MPa）。

（2）外压容器

$$p_T = 1.1p$$

式中　p_T——试验压力（MPa）；

　　　　p——设计压力（MPa）。

3. 气压试验和气-液组合压力试验程序　试验时压力应缓慢升压至规定试验压力的10%，保压5min，并且对所有焊接接头和连接部位进行初次泄漏检查；确认无泄漏后，再继续升压至规定试验压力的50%；如无异常现象，其后按规定试验压力的10%的级差逐级升压，直到试验压力。保压10min；然后将压力降至设计压力，保压足够时间进行检查，检查期间压力应保持不变。

4. 气压试验和气 – 液组合压力试验的合格标准 对于气压试验，容器无异常响声，经肥皂液或其他检漏液检查无漏气，无可见的变形；对于气 – 液组合压力试验，应保持外壁干燥，经检查无液体泄漏后，再以肥皂液或其他检漏液检查无漏气，无异常的声响，无可见的变形即为合格。

二、密封性检验

储存液体或气体的焊接容器都有密封性要求。常用密封性检验来发现贯穿性裂纹、气孔、夹渣、未焊透等缺欠。常见的密封性检验方法及适用范围见表 12-21。

表 12-21 密封性检验方法及适用范围

序号	名称	检验方法	适用范围
1	气密性试验	将焊接容器密封，按图样规定的压力通入压缩空气，在焊缝外面涂以肥皂水检查，不产生肥皂泡为合格	密封容器
2	吹气试验	用压缩空气对着焊缝的一面猛吹，焊缝的另一面涂以肥皂水，不产生气泡为合格 试验时，要求压缩空气的压力 >405.3kPa，喷嘴到焊缝表面的距离不超过 30mm	敞口容器
3	载水试验	将容器充满水，观察焊缝外表面，无渗水为合格	敞口容器
4	水冲试验	对着焊缝的一面用高压水流喷射，在焊缝的另一面观察，无渗水为合格 水流的喷射方向与试验焊缝的夹角不小于 70°。水管喷嘴直径为 15mm 以上，水压应使垂直面上的反射水环直径大于 400mm；检查竖直焊缝应从下往上移动喷嘴	大型敞口容器，如船甲板等密封性焊缝的检查
5	沉水试验	现将容器浸到水中，再向容器内充入压缩空气，使检验焊缝处在水面下 50mm 左右的深处，观察无气泡浮出为合格	小型容器密封性检查
6	煤油试验	煤油的粘度小，表面张力小，渗透性强，具有透过极小的贯穿性缺欠的能力。试验时，将焊缝表面清理干净，涂以白垩粉水溶液，待干燥后，在焊缝的另一面涂上煤油浸润，经半小时后白垩粉一面无油浸为合格	敞口容器，如储存石油、气油的固定式储器和同类型的其他产品
7	氨渗透试验	氨渗漏属于比色检漏，以氨为示踪剂、试纸或涂料为显色剂进行渗漏检查和贯穿性缺欠的定位。试验时，在检验焊缝上贴上比焊缝宽的石蕊试纸或涂料显色剂，然后向容器内通入规定压力的含氨气的压缩空气，保压5 ~ 30min，检查试纸或涂料，未发现色变为合格	密封容器，如尿素设备的焊缝检查
8	氦检漏试验	氦气质量轻，能穿过微小的空隙。利用氦气检漏仪可以发现千分之一的氦气存在，相当于标准状态下漏氦气率为 1cm³/年，是灵敏度很高的致密性试验方法	用于致密性要求很高的压力容器

根据有关规定，气密性试验之前，必须先经水压试验，合格后才能进行气密性试验。而已经作了气压试验且合格的产品可以免做气密性试验。

三、产品接头表面性能检验

随着科学技术的发展，新型检验仪器的出现，一些焊接接头性能不需要采用破坏性方法检验，可以用特殊仪器在产品接头表面进行检验。另外，有些技术条件也规定接头的某些性能必须在产品的接头上检验。产品表面性能检验项目很多，例如焊接接头和母材的硬度检验、焊缝铁素体的测量，焊缝和母材的化学成分以及焊接接头的表面残留应力等。焊接接头的硬度检验和焊缝铁素体的测量是常用的检验项目。

产品焊接接头的硬度检验、焊缝铁素体的测量是使用专门的硬度和铁素体测定仪器，直接在产品焊接接头或焊缝上进行硬度和焊缝铁素体含量测定，以检验产品焊接接头或焊缝的硬度和焊缝铁素体含量是否符合产品制造技术条件的规定。

为避免硬度检验过程中压痕对产品表面质量的不良影响，产品焊接接头的硬度检验时，使用硬度计的压头必须是低应力压头。检测点的位置和数量应符合产品制造技术条件的规定。

如果不锈钢产品制造技术条件对不锈钢焊缝的铁素体含量有要求时，应在产品上进行产品不锈钢焊缝的铁素体含量测定。采用专门的铁素体含量磁性检测仪，根据技术条件和实际情况，适当选择合理部位，在选定的部位取 10 个均匀分布点，取其平均值作为测量结果。

第五节　焊接接头的破坏性检验

在产品投产前，要进行焊接性试验和焊接工艺评定试验，其试验结果是编制焊接工艺文件的依据。焊接性试验和焊接工艺评定试验时，要进行焊接接头大量的破坏性检验。在制造过程中，产品的一些重要焊接接头，要制备产品焊接试板或直接从产品部件上截取检查试件进行焊接接头的破坏性检验，以检验产品焊接接头的性能是否符合产品技术条件的要求。

一、破坏性检验的项目

破坏性检验项目包括理化性能检验、力学性能以及产品制造技术条件所要求的其他使用性能检验。

1. 理化性能检验　焊接接头的理化性能检验包括化学成分分析、金相检验、铁素体含量测定和腐蚀试验等。目的是检验焊缝金属或焊接接头的化学成分、组织及在特定条件下的理化性能是否满足产品的制造技术条件所规定的性能要求。

2. 力学性能试验　常用的焊接接头力学性能的试验项目包括：焊接接头的拉伸试验、弯曲及压扁试验、冲击试验、焊接接头及堆焊金属硬度试验和焊缝金属的拉伸试验。而焊接接头断裂韧性试验、疲劳试验、持久强度和蠕变试验等使用焊接性试验，只是在材料进行焊接性试验时，应有选择性的进行。

二、理化性能检验

（一）焊缝金属的化学成分分析试验

碳钢焊缝金属分析的元素有碳、锰、硅、硫、磷；合金钢或不锈钢焊缝金属有时需分析铬、钼、钒、铁、镍、铝、铜元素等；必要时还要分析焊缝中的氢、氧、氮或铝等元素的含量。

（二）金相检验

金相检验的目的是通过对焊接接头横截面中焊缝金属和热影响区的宏观和微观组织观

察，分析焊接接头的组织状态及微小缺欠、夹杂物、氢白点的数量及分布情况，进而分析焊接接头的性能，为选择调整焊接或热处理规范提供依据。

金相检验的主要内容是检查焊缝的中心、过热区或淬火区的组织；检查焊缝金属树枝状偏析、层状偏析和区域偏析；不同组织特征区域的组织结构；异类接头熔合线两侧组织和性能的变化；不锈钢焊缝中铁素体的测量。金相检验可分为宏观检验和微观检验两种。

1. 宏观检验　宏观检验是在焊接试板上截取试样，经过刨削、打磨、抛光、浸蚀和吹干，用肉眼或低倍放大镜观察，以检验焊缝的金属结构、未焊透、夹渣、气孔、裂纹和偏析等。

（1）宏观金相检验　管件金相试样应沿试件的长度方向切取。管接头试样应沿试件纵向切取并通过试件的中心线。试样应包括焊缝金属热影响区和母材金属。试样磨光浸蚀后用肉眼或低倍放大镜检查。

（2）宏观断口检验　焊缝的断口检查方法简单、迅速、易行，不需要特殊仪器、设备，因此，生产中和安装工地现场都广泛采用。

（3）钻孔检验　对焊缝进行局部钻孔，可检查焊缝内部的气孔、裂纹、夹渣等缺欠。在不便使用其他方法检验的产品部位，才用钻孔检验。

2. 微观检验　微观检验是将试样的金相磨片在显微镜下观察，以检查金属的显微组织和缺欠。必要时可把显微组织制成金相照片。微观试样可从宏观试样上切取。

（三）铁素体含量的测定

耐酸不锈钢焊缝中含有一定量的铁素体，能提高焊缝金属的抗裂性和耐晶间腐蚀性能。但铁素体含量过多，会导致焊缝金属在温度较高的工作条件下形成 σ 相，也可以促使在非氧化性介质中的化学耐腐蚀性能的降低，通常要求普通耐酸不锈钢焊缝中铁素体的含量（体积分数）在 5% 以内。

铁素体含量有两个单位：即"铁素体数（FN）"和"铁素体百分数"。

破坏性法测定铁素体含量方法有两种，即金相法和图表法。

1. 金相法测定　这是一种破坏性试验方法。从焊缝金属或堆焊金属长度方向切取金相试样，铁素体的含量采用金相割线法，在显微镜下选择至少 10 个有代表性的视场，取其平均值作为该试样中铁素体的平均含量。

2. 图表计算法　它是首先测定焊缝熔敷金属的化学成分，按照不锈钢焊缝金属组织图中的公式计算焊缝熔敷金属 Cr 当量和 Ni 当量值。从对应图中，求得焊缝的铁素体含量。常用的不锈钢焊缝金属组织图有两种，它们是不锈钢焊缝金属德龙（FN）图（见图 12-36）和不锈钢焊缝金属舍夫勒铁素体体积分数（百分数）图（见图 12-37）。前一个图求得的铁素体含量单位是"铁素体数（FN）"，后一个图求得的铁素体含量单位是"铁素体数体积分数（百分数）"。

（四）腐蚀试验

腐蚀试验的目的是，在给定条件下，了解金属抗腐蚀的能力，估计其使用寿命，分析引起腐蚀的原因，找出防止或延缓腐蚀的方法。

焊接接头的腐蚀试验用于不锈钢焊件焊缝和堆焊层。接头的腐蚀破坏分为晶间腐蚀、应力腐蚀、疲劳腐蚀、大气腐蚀和高温腐蚀等。

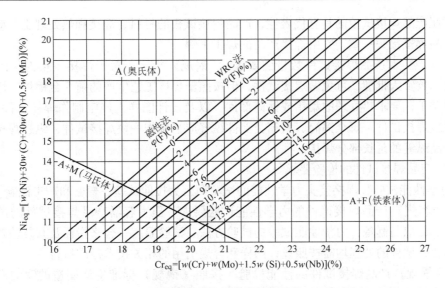

图 12-36 不锈钢焊缝金属德龙铁素体数（FN）图

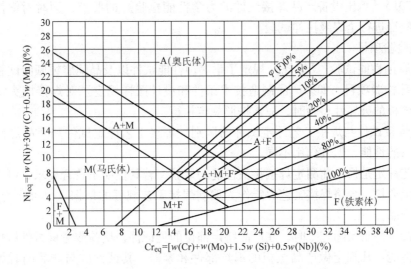

图 12-37 不锈钢焊缝金属舍夫勒铁素体百分数

三、产品焊接试件的破坏性检验

要检验产品焊接接头使用性能，必须制作产品试板，并对产品试板进行破坏性检验。TSGR0004—2009《固定式压力容器安全技术监察规程》（本文简称容规）和 TSGG0001 – 2012《锅炉安全技术监察规程》（本文简称锅规）均将破坏性检验的产品试板称为产品焊接试件，试件的数量和检验要求如下：

（一）产品焊接试件的数量的要求

1. 《容规》对产品焊接试件数量的要求　《容规》规定，每台压力容器必须制备产品焊接试件的数量，由制造单位根据压力容器材料、厚度、结构与焊接工艺按照相关技术标准和设计图样要求确定。

圆筒形压力容器应当在筒节纵向焊缝的延长部位与筒节同时施焊。

为了使产品焊接试板的具有代表性，产品焊接试板的材料、焊接和热处理工艺应与其所代表的产品焊接接头一致，并由焊接产品的焊工施焊。

2.《锅规》对产品焊接试件数量的要求　《锅规》规定，对于焊接质量稳定的制造单位，经技术负责人批准，可免做焊接试件，但按照新焊接工艺生产的前 5 台锅炉，用合金钢制作的以及工艺要求热处理的集箱或锅筒部件，以及设计图样上规定制作焊接试件的锅炉，需制作纵缝焊接试件。每个锅筒、集箱类部件纵缝应当制作一块焊接试件，纵缝焊接试件应当作为产品纵缝的延长部分焊接。

（二）产品焊接试件的检验要求

1. 力学性能试验　焊接接头力学性能的试验项目为拉伸试验、弯曲和冲击试验。

（1）《容规》产品焊接试件的力学性能试验要求　压力容器产品焊接试件的试样的种类、数量、截取与制备，力学性能试验的试验方法、试验温度、合格指标及其复验要求，以及被判不合格试件的处理均需按照设计图样和容规引用的相关技术标准执行。

（2）《锅规》产品焊接试件的性能检验　按照《锅规》标准生产制造的锅炉产品，焊接试件的力学性能试验类别、试样数量、取样和加工要求、试验方法、合格指标及复验应当符合 NB/T47016《承压设备产品焊接试件的力学性能检验》的要求，同时对锅筒、集箱类部件纵缝还应当进行全焊缝拉伸试验。

2. 其他检验项目

（1）耐腐蚀性能试验　《容规》规定了耐腐蚀性能试件以及晶间腐蚀倾向试验的要求。

（2）特殊检验项目　如果产品制造技术条件和设计图样规定了对焊接接头特殊检验项目，在产品试板的破坏性检验时，应该按照规定执行。

3. 产品焊接试件与焊接工艺评定试件的区别　焊接工艺评定试件和产品焊接试件都是考核焊接接头的性能，但其作用不同。

焊接工艺评定是投产前测定焊接接头性能的试验，若其性能不符合要求，可改变工艺重新试验，直至合格。合格焊接工艺评定作为编制焊接工艺规程的依据，也可作为技术储备，适用于其他产品。

产品焊接试件是实际施工时，在产品特定部位的见证件，检验或考核试件所代表的产品焊接接头的性能。凡规定做产品试板的锅炉部件和容器，其试件应与产品同时焊接、热处理。焊接试件是对生产条件下材料、工艺及焊工技能的稳定性和可靠性的综合检验，其性能仅对所代表的产品有效，不作为技术储备，也不能被替代。

第十三章　焊接安全与卫生

焊接工作中的安全和卫生已经越来越受到人们的重视，我国已经制定了相应的国家或行业标准来保证实施焊接和切割操作过程中避免人身伤害和财产损失。从事焊接和切割操作的人员，应该严格遵守焊接安全法规和焊接安全操作规程，把安全和卫生放在重要位置。

第一节　焊接过程中的有害因素

焊接作业中可能对人体健康产生影响的因素有：电、辐射、热、噪声、粉尘及焊接时产生的气体。

一、电对人体的危害

焊接生产中一般焊条电弧焊的电流为 100~400A，自动焊电流为 1000A 左右，而一次侧电源电压为 380V 或 220V。如果不慎触电会给人体健康和生命造成危害。

二、辐射线的危害

辐射线是一种能量，它由空气或介质传递。频率不同，性质差别很大。辐射线可分为红外线、紫外线、可见光、X 射线和 γ 射线等。

辐射线对人体的危害程度主要受强度和波长的影响。红外线、可见光和紫外线都可以来自焊接作业，其中不易被人立即察觉的紫外线对人体造成的危险最大。

焊缝射线检测或进行电子束焊接时，焊接人员可能接触到 X 射线和 γ 射线。X 射线和 γ 射线可破坏人体细胞组织结构。

1. 紫外线　在所有电弧焊接作业的场所会产生使眼角膜受损的紫外线，紫外线能刺激眼睛网膜，产生电光性眼炎，感觉有如沙粒在眼内。紫外线也可对人体造成皮肤灼伤，长时间暴露在紫外线的环境下，会出现皮肤发红，甚至皮肤癌症病变。人体短时间暴露在紫外线环境，将使皮肤干燥、变色、缺乏弹性、角质化等。

2. 红外线　焊接、切割生产的红外线虽对焊接人员不具有病变表现，但易被皮肤表面吸收进入内层组织造成热灼伤。长期暴露在红外线环境下，会造成眼角膜受损，使视力显著下降，晶状体受伤会造成白内障。

3. 强烈的可见光　眼睛受强烈光线照射会刺激视神经，使瞳孔收缩而使眼疲劳，严重时会引起网膜炎。

4. X 射线和 γ 射线　这些射线对人体所有部位都可能产生不良影响，如红骨髓，眼球晶状体以及生殖等较敏感部位。

三、热源的危害

焊接过程中可能对人体产生影响的热源主要有预热的焊件、经焊接后尚未冷却的焊件、焊接熔池、焊炬（焊枪）等。

金属温度较高时呈暗红色，这时由于颜色和热辐射很容易引起注意，但灼热金属在较低的温度下，不易被察觉，往往容易发生烫伤，应引起足够的重视。

人体受热源的侵袭后在生理上的影响主要是皮肤烫伤、中暑、全身发热等。

四、噪声的危害

碳弧气刨、火焰切割、等离子弧切割及砂轮修磨等产生较大的噪声，长期处于高噪音作业环境将导致听力下降甚至耳聋等不可逆的身体伤害。

五、焊接烟尘与气体的危害

吸入焊接烟尘及气体，是焊接过程中对焊接人员健康造成伤害的主要原因。焊接与切割作业中可能产生的烟尘和气体种类，可分为两类：一种是可使肺部产生慢性硬化或发炎；另一种是不但能使肺部受到刺激，而且还使其他器官产生中毒反应，影响人的正常生理活动，造成严重的疾病。

第二节　焊接烟尘及噪声的控制

一、烟尘与气体

我国对焊接操作环境空气中有害物质的最高容许浓度作了明确规定。焊接作业环境空气中，各种有害物质浓度的允许极限列于表13-1。

表13-1　有害物质的最高允许极限

烟尘种类	最高允许浓度 /（mg/m³）	烟尘种类	最高允许浓度 /（mg/m³）
焊接烟尘	6	锰及其氧化物	0.2
$w(SiO_2) > 10\% / w(SiO_2) < 10\%$	2/10	二氧化铬、铬酸盐，重铬酸盐	0.05
氧化铁粉尘	10	金属	0.01
铝及其合金粉尘	4	氟化氢及氟化物	1
氧化锌	5	臭氧	0.3
铅烟尘/铅金属、含铅漆粒，铅尘	0.03/0.05	氧化氮	5
氧化镉	0.1	一氧化氮	30

二、噪声

我国国家标准规定工作人员在不同条件下容许的噪声极限见表13-2，作业环境的噪声量可由噪声计来测量。

表13-2　国家噪声卫生标准

每天接触时间/h	国内标准/dB	每天接触时间/h	国内标准/dB
8	85	2	91
4	88	1	94

第三节　焊接安全及防护

焊接、切割过程中必须采取可靠的预防措施，保护劳动者的人身安全和健康。操作者的安全和健康只有在规定的安全条件下，才能得到保证，在现场管理及监督者准许的前提下，才可实施焊接或切割操作。

一、工作区域的防护

1. 设备　焊接设备、焊机、切割机具、钢瓶、电缆及其他器具必须放置稳妥，并保持良好的秩序，使之不会对附近的作业或过往人员构成妨碍。

2. 警告标志　焊接和切割区域必须有明显标志和必要的警告标志。

3. 防护屏板　为了防止作业人员或邻近区域的其他人员受到焊接、切割电弧的辐射及飞溅伤害，应使用不可燃或耐火屏板（或屏罩）加以隔离保护或形成焊接隔间。

二、人身防护

依据 GB 11651—2008《个体防护装备选用规范》选择防护用品的同时，还应做如下考虑：

1. 眼睛及面部防护　作业人员在观察电弧时，必须使用带有滤光镜的头罩或手持面罩，或佩戴安全镜、护目镜或其他合适的眼镜。辅助人员亦应配戴类似的眼保护装置。面罩及护目镜必须符合 GB/T 3609.1—2008《职业眼面部防护　焊接防护　第 1 部分　焊接防护具》的要求。

大面积观察（诸如培训、展示、演示及一些自动焊操作）时，可以使用一个大面积的滤光窗、滤光幕。滤光窗或滤光幕的材料必须对观察者提供安全的保护效果，使其免受弧光、碎渣飞溅的伤害。镜片遮光号可参照表 13-3 中的数据加以选择。

表 13-3　护目镜遮光号的选择指南[1]

焊接方法	焊条尺寸/mm	电弧电流/A	最低遮光号	推荐遮光号
焊条电弧焊	<2.5	<60	7	
	2.5~4	60~160	8	10
	4~6.4	160~250	10	12
	>6.4	250~550	11	14
气体保护电弧焊及药芯焊丝电弧焊	—	<60	7	
		60~160	10	11
		160~250	10	12
		250~500	10	14
钨极气体保护电弧焊	—	<50	8	10
		50~100	8	12
		150~500	10	14
空气碳弧切割	—	500	10	12
		500~1000	11	14
等离子弧焊	—	20	6	6~8
		20~100	8	10
		100~400	10	12
		400~800	11	14
等离子弧切割[2]	—	<300	8	9
		300~400	9	12
		400~800	10	14
气焊	板厚/mm			
	<3		—	4 或 5
	3~13			5 或 6
	>13			6 或 8
气割	板厚/mm			
	<25		—	3 或 4
	25~150			4 或 5
	>150			5 或 6

① 建议使用可看清焊接区域的镜片，但遮光号不要低于下限值。在氧燃气焊接或切割时焊炬产生亮黄光的地方，希望使用滤光镜以吸收操作视野范围内的黄色光线或紫外线。

② 当电弧被焊件所遮蔽时，可以使用轻度的滤光镜。

2. 身体保护

（1）防护服　防护服应根据具体的焊接和切割操作特点选择。防护服必须符合 GB 15701—1995《焊接防护服》的要求，并可以提供足够的保护面积。

（2）手套　所有焊工和切割工必须佩戴符合相应国家标准 GB 12624—2006《劳动防护手套通用技术条件》规定的耐火的防护手套。

（3）围裙　当身体前部需要对火花和辐射做附加保护时，必须使用耐火皮制作的或其他材质的围裙。

（4）护腿　需要对腿做附加保护时，必须使用耐火的护腿或其他等效的用具。

（5）披肩、斗篷及套袖　在进行仰焊、切割或其他操作过程中，必要时必须佩戴用皮制作或其他耐火材质的套袖或披肩。

（6）耳套、耳塞　当噪声无法控制在国家标准规定的允许声级范围内时，必须采用耳套、耳塞等保护装置。

（7）其他　利用通风手段无法将作业区域内的空气污染降至允许限值，或这类控制手段无法实施时，必须使用呼吸保护装置，例如，长管面具、防毒面具等。

三、通风

1. 充分通风　为了保证作业人员在无害的呼吸氛围内工作，所有焊接、切割、钎焊及有关的操作必须要在足够的通风条件下（包括自然通风或机械通风）进行。

2. 防止烟气　必须采取措施避免作业人员直接呼吸到焊接操作所产生的烟气。

3. 通风方式　为了确保车间空气中焊接烟尘的污染程度低于 GB 16194—2008《车间空气中电焊烟尘卫生标准》的规定值，可根据需要采用自然通风、机械通风等手段。

四、消防措施

1. 防火职责　必须明确焊接操作人员、监督人员及管理人员的防火职责，并建立切实可行的安全防火管理制度。

2. 指定的操作区域　焊接及切割作业应在为减少火灾隐患而设计、建造（或特殊指定）的区域内进行。因特殊原因需要在非指定的区域内进行焊接或切割操作时，必须经检查、核准。

3. 放有易燃物区域的作业　焊接或切割作业只能在无火灾隐患的条件下实施。若必须在放有易燃物区域作业，则应采取洒水、铺盖湿沙、金属薄板或其他有效方法防止火灾的发生。

五、灭火

1. 灭火器及喷水器　在进行焊接及切割操作的地方必须配置足够的灭火设备。其配置取决于现场易燃物品的性质和数量，可以是水池、沙箱、水龙带、消防栓或手提灭火器。在有喷水器的地方，焊接或切割过程中，喷水器必须处于可使用状态。如果焊接地点距自动喷水头很近，可根据需要用不可燃的薄材或潮湿的棉布将喷头临时遮蔽，而且这种临时遮蔽要便于迅速拆除。

2. 火灾警戒人员的设置　在下列焊接或切割的作业点及可能引发火灾的地点，应设置火灾警戒人员：

（1）靠近易燃物之处　建筑结构或材料中的易燃物距作业点 10m 以内。

（2）开口　在墙壁或地板有开口的 10m 半径范围内（包括墙壁或地板内的隐蔽空间）

放有外露的易燃物。

（3）金属墙壁　靠近金属间壁、墙壁、天花板、屋顶等处操作而另一侧有易受传热或辐射而引燃的易燃物。

（4）船上作业　在油箱、甲板、顶架和舱壁进行船上作业时，焊接时透过的火花、热传导可能导致隔壁舱室起火。

3. 火灾警戒职责　火灾警戒人员必须经必要的消防训练，并熟知消防紧急处理程序。火灾警戒人员的职责是监视作业区域内的火灾情况；在焊接或切割作业完成后应检查并消灭可能存在的残火。火灾警戒人员可以同时承担其他职责，但不得对其火灾警戒任务有干扰。

4. 装有易燃物容器的焊接或切割　当焊接或切割装有易燃物的容器时，必须采取特殊的安全措施并经严格检查批准方可作业，否则严禁工作。

六、封闭空间内的安全要求

在封闭空间内作业时要求采取特殊的措施（封闭空间是指一种相对狭窄或受限制的空间，诸如箱体、锅炉、容器、舱室等导致恶劣的通风条件）。

1. 封闭空间内的通风　除了正常的通风要求之外，封闭空间内的通风还要求防止可燃混合气的聚集及大气中富氧。

（1）人员的进入　封闭空间内在未进行良好的通风之前禁止人员进入。如要进入封闭空间内，操作人员必须佩戴合适的供气呼吸设备并由戴有类似设备的他人监护。必要时在进入之前，对封闭空间要进行毒气、可燃气、有害气、氧量等的测试，确认无害后方可进入。

（2）邻近的人员　封闭空间内适宜的通风不仅必须确保焊工或切割工自身的安全，还要确保区域内所有人员的安全。

（3）使用的空气　通风所使用的空气，其数量和质量必须保证封闭空间内的有害物质污染浓度低于规定值。供给呼吸器或呼吸设备的压缩空气必须满足正常的呼吸要求。呼吸器的压缩空气管必须是专用管线，不得与其他管路相连接。除了空气之外，氧气、其他气体或混合气不得用于通风。在对生命和健康有直接危害的区域内实施焊接切割或相关工艺作业时，必须采用强制通风、供气呼吸设备或其他合适的方式。

2. 使用设备的安置

（1）气瓶及焊接电源　在封闭空间内实施焊接及切割时，气瓶及焊接电源必须放置在封闭空间的外面。

（2）通风管　用于焊接、切割或相关工艺局部抽气通风的管道，必须由不可燃材料制成。这些管道必须根据需要进行定期检查以保证其功能稳定，其内表面不得有可燃残留物。

3. 相邻区域　在封闭空间邻近处实施焊接或切割作业而使得封闭空间内存在危险时，必须使人们知道封闭空间内的危险后果，在缺乏必要的保护措施条件下严禁进入这样的封闭空间。

4. 紧急信号　当作业人员从人孔或其他开口处进入封闭空间时，必须具备向外部人员提供救援信号的手段。

5. 封闭空间的监护人员　在封闭空间内作业时，如存在着严重危害生命安全的气体，封闭空间外面必须设置监护人员。监护人员必须具有在紧急状态下迅速救出或保护封闭空间内作业人员的救护措施，具备实施救援行动的能力。他们必须随时监护封闭空间内作业人员的状态并与他们保持联络，备好救护设备。

七、公共展览及演示时的安全技术

在公共场所进行焊接、切割操作的展览、演示时，除了保障操作者的人身安全之外，还必须保证观众免受弧光、火花、电击、辐射等伤害。

八、警告标志

在焊接及切割作业所产生的烟尘、气体、弧光、火花、电击、热、辐射及噪声可能导致危害的地方，应通过使用适当的警告标志使人们对这些危害有清楚的了解。

第四节　焊接安全操作

焊接和切割操作者在懂得操作时可能产生的危害的同时，还应遵循焊接安全操作的规程，保护生命和财产安全。

一、电弧焊安全操作

电弧焊安全操作规程见表13-4。

表13-4　电弧焊安全操作规程

项目	安全操作规程
电弧焊焊接安全操作一般要求	1. 从事电弧焊、火焰切割的人员均为特种作业人员，必须经专门安全技术培训并考试合格，持有特种作业人员操作证后方能独立操作 2. 焊接场地应保证足够的照明和良好的通风，并备有消防灭火器材 3. 作业场地10m内，不准储存木制品、油类等易燃、易爆物品（包括盛有易燃、易爆气体的器皿、管线）。临时作业场所此类物品不能清除的情况下操作时，必须通知消防部门和负责生产安全的部门到现场检查监督，并采取可靠的安全措施后方可进行操作 4. 工作前操作者必须穿戴好防护用品，操作时（包括打渣），还必须戴好防护眼镜或面罩，仰面焊接时，应扣紧衣领，扎紧袖口，戴好防护帽 5. 焊机的安装、修理、改装应由电工进行 6. 对受压容器、密闭容器、各种油桶、管道、盛装或沾有可燃气体和溶液等的物件进行焊接操作时，必须事先进行检查，并根据情况采取卸压、通风（置换）、清洗（扫）、化验、监护等安全防护措施，确认安全无误后方可操作 7. 禁止在涂装或喷涂过涂料的容器内焊接 8. 焊机接地（零）线及焊工作回线的都不准搭接在易燃、易爆物品上及机床设备和管道上。工作回线应绝缘良好，机壳接地必须符合安全规定 9. 高处作业应遵守高处作业的安全规程。作业时不准将电缆线缠在操作者的身上，现场应有人监护 10. 潮湿环境、容器内作业应采取相应的电气隔离或绝缘措施 11. 焊机的屏护装置必须完好牢固。焊钳把与导线的连接处不得裸露，手柄要有良好的绝缘，二次线接头应牢固且符合要求 12. 使用气瓶时，必须遵守气瓶的安全管理规定 13. 工作完毕，应检查场地，熄灭火种，切断电源才能离开
焊条电弧焊	1. 应遵守焊接安全操作的一般要求 2. 工作前，应检查焊机电源线、引出线及各接线点是否连接良好，线路跨越车行道应架空或加保护盖。焊接回路线接头不宜超过3个 3. 雨天及五级以上（含五级）大风天禁止在露天进行焊接作业。在潮湿地点工作时，应站在铺有绝缘物品的地方并穿好绝缘鞋 4. 应有防止焊机受到碰撞或剧烈振动的可靠措施（特别是整流式焊机）

（续）

项目	安全操作规程
焊条电弧焊	5. 合上电源开关后再起动焊机 6. 移动式焊机从电力网上接线、拆线以及接地线等工作均应由电工进行 7. 推刀开关时，操作者身体要偏斜些，要一次推足，然后再开启电焊机。停机时要先关闭焊机，然后才能拉断电源刀开关 8. 变动焊机的位置时，需先停机断电后进行。焊接中突然发生停电情况时，应立即关闭焊接电源 9. 在人员较多的地方焊接时，应安设遮栏挡住弧光。无遮栏时应提醒周围人员不要直视弧光 10. 操作者更换焊条时应戴好手套，身体不要靠在铁板或其他导电物体上。清理熔渣时应戴上防护眼镜 11. 修理煤气管道或在泄漏煤气的地方进行焊接时，要事先通知相关部门，得到允许后方可工作。工作前必须关闭气源，加强通风，并将残余煤气排除干净 12. 修理机械设备应将其保护接零（地）线暂时拆开，焊完后再连接上 13. 工作完毕应关闭焊机，再断开电源
埋弧焊	1. 应遵守焊接安全操作的一般要求 2. 检查焊接设备的接地装置、防护装置、限位装置的电气线路是否完好和符合安全要求。对机械运转部分应试验是否灵活，按设备管理规定定期进行润滑保养 3. 检查设备周围有无障碍物，作业场地应通风良好，保持干燥。如过于潮湿，必要时可加设风扇及绝缘垫 4. 操作者合闸时要戴手套，一次推足，脸避开电门。合闸后不准任意拔掉控制箱通往变压器及焊接机头（如焊接小车）的插销 5. 焊接时，应将导线放置在不会被焊渣烧坏的地方。导线如破皮露线应及时更换或用胶布包扎好 6. 吊运焊件时，应注意避免吊物与焊接设备（特别是检修机架时）碰撞 7. 自动焊机导向轨道上不得站人 8. 应用专用工具清除焊药、焊渣，并必须戴好手套和防护眼镜 9. 在工作时发生故障或暂时离开时，必须关闭电源总闸 10. 在高处操作时，注意力应集中，防止滑落跌倒 11. 定期清理除尘设备中的粉尘并妥善处理，防止二次污染 12. 工作结束后，关闭电源及通风设备
钨极氩弧焊	1. 遵守焊工安全操作技术一般要求 2. 工作前，检查设备、工具是否良好。检查电气设备接地是否可靠，传动部分是否正常，氩气、水源必须畅通，如有漏水漏气现象，应立即通知修理 3. 自动钨极氩弧焊和全位置钨极氩弧焊时，必须由专人操作开关 4. 自动钨极氩弧焊和全位置钨极氩弧焊操纵按钮时，不得远离电弧，以便在发生故障时可以随时关闭 5. 采用高频引弧应经常检查有否漏电 6. 设备发生故障，应由有关人员停电检修，操作工人不得自行修理 7. 不准在电弧附近吸烟、进食 8. 尽量选用铈钨极 9. 手工钨极氩弧焊工，应佩戴静电防尘口罩，操作时尽量减少高频电作用时间。连续工作不得超过6h 10. 工作中应开动通风设备，保持工作场地空气流通。通风装置失效时应停止工作 11. 氩气瓶使用时，必须遵守气瓶使用的安全操作规程，不许撞、砸，立放时应有支架，并远离明火 12. 在容器内部进行手工钨极氩弧焊时，应戴专用面罩，以减少吸入有害烟气，容器外应设人员监护配合

（续）

项目	安全操作规程
CO_2 气体保护焊	1. 遵守焊接安全操作的一般要求和气瓶使用的安全操作规程 2. 操作者应熟悉焊接设备性能，工作前应检查设备是否正常，提前接通电源预热 15min。并穿戴好规定的防护用品 3. 不得在狭小密闭潮湿的地方进行焊接，焊接场地应通风良好或装有通风除尘装置 4. 打开气瓶时，操作者必须站在气瓶嘴的侧面 5. 禁止 CO_2 气瓶在阳光下曝晒或靠近热源，移动 CO_2 气瓶时，避免压坏焊接电线，以免漏电事故发生 6. 修理设备时，必须断电进行
电弧气刨	1. 遵守焊接安全操作一般要求 2. 露天作业时，尽可能在上风操作，防止吹散的铁液及熔渣伤人。并应特别注意场地防火 3. 在容器内部操作时，必须加强通风及排烟除尘措施 4. 气刨时使用的电流较大，应注意防止焊机过载和连续使用而发热 5. 操作时，操作者的工作服要扎紧，周围不准站人，作业场所及其周围不准存有易燃、易爆物品 6. 气刨时应使用专用碳棒，以免产生过多有害气体及烟尘 7. 在刨削时，不允许中断压缩空气，以免烧损刨枪 8. 刨削时，碳棒伸出长度不得小于 30mm 9. 在焊接或修理有三氯联苯的电容器时，必须戴上防毒口罩或面具。在敲打产品时，注意锤头或打下的小铁块，防止飞溅伤人 10. 工作位置周围 5m 内不得放置油类等易燃、易爆物品 11. 工作后，应将焊钳放在不导电的地方，切断电源，以免发生短路
等离子弧焊接与切割	1. 检查设备、工具是否完好，焊接电源正常后，方可施焊 2. 工作时，操作者应穿戴好保护用品，必须戴眼镜，穿绝缘鞋，地面应铺绝缘垫 3. 工作场地必须设置灭火器材，并悬挂安全标志 4. 设备送电后严禁触及带电部分，焊（割）接前打开通风设备。严禁用双手同时触及焊、割枪的正极或负极 5. 操作时需要拔出钨极时，必须先切断电源。磨削钨极时，操作者必须戴手套、口罩操作 6. 气瓶使用必须遵守气瓶使用的安全操作规程 7. 工作场地不要吸烟和饮食 8. 工作完毕后，先切断设备的电源，最后切断总电源

二、其他焊接方法安全操作

其他焊接方法的安全操作规程见表 13-5。

表 13-5　其他焊接方法的安全操作规程

项目	安全操作规程
电渣焊	1. 工作前认真检查电气、水源、水套是否畅通，机械运转是否正常 2. 焊接前认真检查板极是否拧紧。板极与板极、板极与模块、板极与水套是否有短路现象，以免发生事故 3. 焊接模块放置要牢固，不得倾斜。水套与模块要贴紧，预防漏渣。地线与模块必须焊牢 4. 起弧造渣后，试探渣池深度，探棍必须沿水套向下试探，严禁探棍与水套、电极同时接触，防止击穿水套引起爆炸。工作时应戴防护眼镜，防止电弧光伤眼 5. 开通变压器及水套的循环水后，方可接通电源。当电器设备发生故障时要及时找电工检修，严禁自己修理 6. 焊接模块两侧不准站人，发生流渣应及时堵好 7. 操作者在工作时不能任意离开工作岗位 8. 起吊模块时，应由起重作业人员指挥；高处作业应有脚手架并遵守高处作业安全操作规程

（续）

项目	安全操作规程
摩擦焊	1. 工作前必须检查设备是否完好。水源、气源、电源及接地线必须处于正常状态，并符合工艺要求 2. 操作者应站在绝缘木台上操作，按规定穿戴好防护用品 3. 操作者应戴防护眼镜，眼睛视线必须避开火花飞溅的方向，以防灼伤眼睛 4. 旋转侧管子压辊必须可靠，防止管子在旋转中甩出，附近不得有人通过或停留 5. 作业区附近不准有易燃、易爆物品 6. 工作完毕后，应关闭电源、气源

三、气焊（割）安全操作

气焊（割）安全操作具体要求见表13-6。

表13-6　气焊（割）安全操作规程

项目	安全操作规程
气焊和气割安全操作一般要求	1. 严格遵守有关电石、乙炔发生器（或燃气瓶）、水封安全器、橡胶软管、气瓶、焊（割）炬等安全操作规程 2. 工作前或停工时间较长再工作时，必须检查所用设备。乙炔发生器、燃气瓶、氧气瓶及橡胶软管的接头、阀门及紧固件都应紧固牢靠，不准有松动、破损和漏气现象 3. 检查设备、附件及管路是否漏气时，只准用肥皂水试验。试验时周围不准有明火，不准吸烟，严禁用明火检查 4. 氧气瓶、燃气瓶（乙炔发生器）与明火的距离应保持在10m以上。如条件限制，也不准低于5m，并应采取隔离措施 5. 禁止用易产生火花的工具去开启氧气或燃气阀门 6. 设备管道冻结时，严禁用火烤或用工具敲击冻块。氧气阀门或管道要用40℃的温水溶化。乙炔发生器、回火保险器及管道可用热水或蒸汽加热解冻 7. 焊接场地应备有相应的消防灭火器材，露天作业时应有防止阳光直射在氧气瓶或燃气瓶（乙炔发生器）上的防护措施 8. 承压容器及其安全附件（压力表、安全阀）应按规定定期进行校验、检查。检查、调整压力器件及安全附件时，应取出电石筐，消除余气后才能进行检查 9. 工作完毕或离开工作现场，要拧上气瓶的安全帽，收拾好现场，把气瓶或乙炔发生器放在指定地点。下班时应将乙炔发生器卸压、放水并取出电石筐
气瓶的使用	1. 气瓶必须在规定的检验周期（三年）内使用，并做到色标明显，瓶帽、防振橡胶圈齐全，气瓶的储存、运输、检验必须符合气瓶安全管理要求 2. 在气瓶附件有毛病或缺损、阀门螺杆滑丝及压力调节器、压力表不正常、表无铅封或安全阀不可靠等情况下必须停止使用，在查明原因，经有关人员修复后再用。禁止在带压力的氧气瓶上以拧紧瓶阀和垫圈螺母的方法来消除滞漏 3. 气瓶使用前应进行安全状况的检查，对盛装气体进行确认 4. 气瓶应直立安放在固定支架上使用，以免跌倒发生事故 5. 气瓶的放置地点不得靠近热源，距明火10m以外，夏季应避免曝晒。氧气瓶与燃气瓶不得放在一起，应相距5m以上。盛装易起聚合反应或分解反应气体的气瓶，应避免开放射性射线源 6. 不得用吊车吊运氧气瓶、燃气瓶等爆炸性气瓶 7. 严禁用温度超过40℃的热源加热气瓶 8. 严禁对瓶体进行挖补和焊接 9. 气瓶在运输、装卸过程中应轻装、轻卸、严禁抛、滑、滚、碰 10. 氧气瓶无防振圈或在-10℃以下使用时，禁止用转动方式搬运氧气瓶

（续）

项目	安全操作规程
气瓶的使用	11. 气瓶使用中严禁敲击、碰撞 12. 严禁在气瓶上引燃电弧 13. 气瓶应装设专用的减压器，乙炔或其他燃气气瓶还应装设回火保险器 14. 氧气瓶及其附件、橡胶软管、工具上不能沾有油脂和泥垢，不准用带有油污的手套去开启氧气瓶 15. 气瓶中的气体不允许全部用完，氧气瓶至少应留 0.05MPa 的剩余压力。对于燃气瓶，当环境温度小于 0°C 时，余压为 0.05MPa；当环境温度为 0~15°C 时，余压为 0.1MPa；当环境温度为 25~40°C 时，余压为 0.3MPa。空瓶应将阀门拧紧，并做好"空瓶"标记 16. 使用氧气瓶前，应稍打开瓶阀，吹出瓶阀口粘附的细屑或脏物后立即关闭，然后接上减压表再使用 17. 开启氧气阀门时，要用专用工具，操作者应站在瓶阀气体喷出方向的侧面并缓慢开启，并观察压力表指针是否灵活正常。避免氧气流朝向人体、易燃气体或火源喷出 18. 开启燃气瓶时，操作者应站在阀门的侧后方，轻缓开启，拧开瓶阀不宜超过 1.5 圈 19. 工作完毕、工作间歇、工作地点转移之前都应关闭瓶阀，戴上瓶帽 20. 当氧气瓶在电弧焊工作场地时，瓶底部应垫阻燃绝缘物，防止被串入焊机回路。严禁将燃气瓶放置在通风不良及有放射性射线的场所 21. 氧气瓶并联使用的汇流输出总管上应装设单向阀 22. 燃气瓶在使用时必须直立固定，严禁卧放或倾倒，一旦要使用已卧放的燃气瓶必须先直立静止 20min 后再连接减压表使用 23. 燃气瓶使用的环境温度超过 40°C 时应采取降温措施 24. 燃气瓶使用时，一把焊（割）炬应配置一个岗位回火保险器及减压器 25. 焊接工作场地燃气瓶的存放量不得超过 5 只，超过时车间内应有单独的储存间。若超过 20 只气瓶，应放置在气瓶库 26. 燃气瓶严禁与氯气瓶、氧气瓶、电石及其他易燃、易爆物品同库存放 27. 严禁铜、银、汞等及其制品与乙炔接触，必须使用铜合金器具时，铜的质量分数应低于 70%
橡胶软管的使用	1. 橡胶软管必须经压力试验合格后方可使用。未经压力试验的以及代用、老化、脆裂、漏气的胶管不准使用，沾有油污的胶管也不准使用。新管使用前应用压缩空气吹净管内的滑石粉或灰屑 2. 软管长度一般为 10~20m。不准使用过长或过短的软管。接头处必须用专用卡子或退火后的金属丝扎牢 3. 氧气软管为黑色，乙炔软管为红色，与焊炬连接时不可错接 4. 燃气软管在使用中发生脱落、破裂、着火时，应先将焊炬或割炬的火焰熄灭，然后停止供气。氧气软管着火时应迅速关闭氧气瓶阀门、停止供氧，不准用弯折的办法来消除氧气软管的着火。乙炔软管着火时可用弯折前段胶管的办法将火熄灭 5. 禁止把橡胶管放在高温管道和电线上，或把重、热的物件放在软管上，也不准将软管与焊接用的导线敷设在一起。软管经过车行道或人行道时应加护套或盖板 6. 禁止使用回火烧损的胶管
焊（割）炬的使用	1. 通透焊嘴时，应用铜丝或竹签，禁止使用铁丝。在使用中禁止将焊炬、割炬的嘴头与平面摩擦来清除嘴头中的堵塞物 2. 使用前应检查焊炬或割炬的射吸能力。办法是：先接上氧气管，打开焊（割）炬上的燃气阀（此时燃气管与焊炬、割炬应脱开）和氧气阀（此时乙炔管与焊炬、割炬应脱开），用手指轻轻接触焊炬上的燃气进气口处，如有吸力，说明射吸能力良好。接燃气管时应先检查燃气流是否正常，确认正常后才能接上 3. 应根据焊件的厚度，选择适当的焊炬、割炬、焊嘴、割嘴，避免使用焊炬切割较厚的金属，避免应用小号割嘴切割厚金属 4. 工作地点备有足够清洁的水，供冷却焊嘴用。当焊炬（或割炬）由于强烈加热而发出"嘶啪"声时，必须立即关闭燃气供气阀门，并将焊炬（或割炬）放入水中进行冷却。注意最好不关氧气阀

（续）

项目	安全操作规程
焊（割）炬的使用	5. 短时间休息，必须把焊炬（或割炬）的阀门闭好，不准将焊炬放在地上。较长时间休息或离开工作地点时，必须熄灭焊炬，关闭气瓶阀门，除去减压器的压力，放出管中余气。使用乙炔发生器时应停止向乙炔发生器供水，然后收拾好软管和工具 6. 焊炬（或割炬）的点燃 1）点火前，急速开启焊炬（或割炬）阀门，用氧吹风，以检查喷嘴的出口，但不要对准操作者的脸部进行试风。无风时不得使用 2）进入容器内焊接时，点火和熄火都应在容器外进行 3）对于射吸式焊炬（或割炬）点火时，应先微微开启焊炬（或割炬）上的氧气阀，再开启乙炔阀，然后点燃再调节把手阀门来控制火焰 4）使用乙炔切割机时，应先放乙炔气，再放氧气引火 5）使用氢气切割机时，应先放氢气，后放氧气引火 7. 熄灭火焰时，焊炬应先关闭燃气阀，再关氧气阀。割炬应先关闭切割氧，再关燃气和预热氧气阀门。当回火发生后，胶管或回火防止器上喷火，应迅速关闭焊炬上的氧气阀和乙炔阀，再关上一级氧气阀和乙炔阀，然后采取灭火措施 8. 氧氢并用时，先放出乙炔气，再放出氢气，最后放出氧气，再点燃。熄灭时，先关氧气，后关氢气，最后关乙炔 9. 操作焊炬或割炬时，不准将橡胶软管背在背上操作，禁止使用焊炬（或割炬）的火焰来照明 10. 使用过程中，如发现气体通路或阀门有漏气现象，应立即停止工作，消除漏气后才能继续使用 11. 气焊（割）场地必须通风良好，容器内焊（割）时应采用机械通风 12. 设置在切割机上的电气开关应与切割机头上的割炬气体阀门隔离，以防被电火花引爆 13. 装在切割机上的燃气开关箱（阀），应使空气流通并保持气路连接处紧密不泄漏，以防可燃气体积聚引爆
气体减压器	1. 减压器必须选用符合各种气体特性的专用减压器，不得使用未经检验合格的减压器 2. 减压器在专用气瓶上应安装牢固。采用螺纹联接时，应拧足5个螺纹以上。采用专门夹具压紧时，装夹应平稳牢靠 3. 同时使用两种不同气体进行焊接或切割时，不同气体减压器的出口端应各自装有单向阀，防止相互倒灌 4. 减压器接通气源后，如发现表盘指针迟滞不动或有误差，应停止使用并由专业部门修理，禁止焊工自行调整 5. 禁止用棉、麻绳或一般橡胶等易燃物料作为氧气减压器的密封垫圈 6. 溶解乙炔气瓶、液体二氧化碳气瓶等用的减压器必须保证减压器位于瓶体的最高部位，防止瓶内液体流出 7. 减压器卸压的顺序是：先关闭高压气瓶的瓶阀，然后放出减压器内的全部余气，放松压力调节杆，使表针降到"0"位 8. 不准在高压气瓶或集中供气的汇流导管的减压器上挂放任何物件

附　　录

附录 A 见书后插页。

附录 B　GB/T 324—2008《焊缝符号表示法》简介

为了建立图样中各种焊接符号的单一性，各国都相应的制定了焊缝图样表示法的一些标准。我国相应的标准为 GB/T 324—2008《焊缝符号表示法》。焊工读懂图样中每一个字母及图形的含义，是准确完成工作的前提。本附录就 GB/T 324—2008《焊缝符号表示法》的一些主要内容加以介绍。

一、焊缝符号的组成及标注

完整的焊缝符号包括基本符号、指引线、补充符号及数据等。

1. 基本符号

基本符号表示焊缝横截面的基本形式或特征，本标准中共给出了 20 个基本符号，见表 B-1。标注双面焊焊缝或接头时，基本符号可以组合使用，本标准给出了 5 个基本符号的组合，见表 B-2。

表 B-1　基本符号

序　号	名　称	示意图	符　号
1	卷边焊缝 （卷边完全熔化）	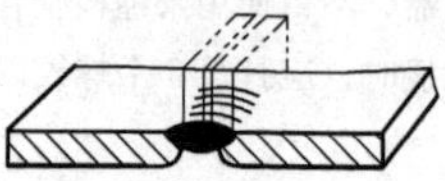	 八
2	I 形焊缝		 ‖
3	V 形焊缝		 V
4	单边 V 形焊缝		 V
5	带钝边 V 形焊缝		Y
6	带钝边单边 V 形焊缝		 Y
7	带钝边 U 形焊缝		 Y
8	带钝边 J 形焊缝		Ч
9	封底焊缝		⌓

（续）

序　号	名　称	示　意　图	符　号
10	角焊缝	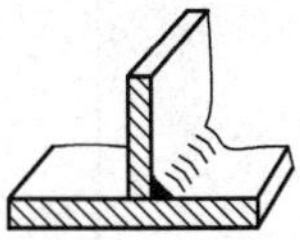	
11	塞焊缝或槽焊缝	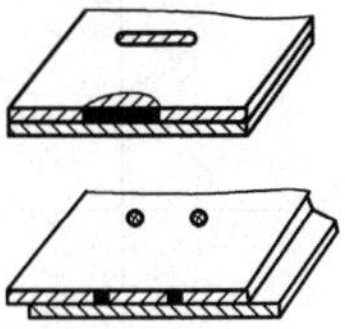	
12	点焊缝	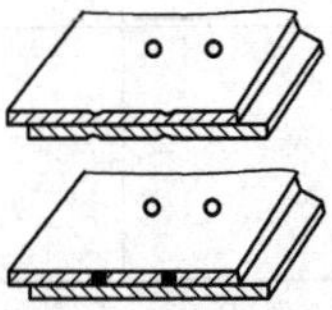	
13	缝焊缝	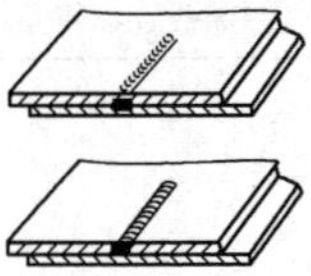	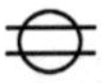
14	陡边 V 形焊缝		
15	陡边单 V 形焊缝	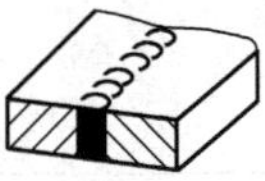	
16	端焊缝		
17	堆焊缝	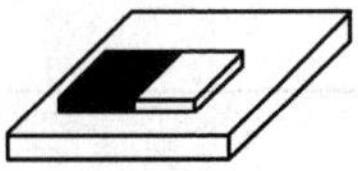	

（续）

序 号	名 称	示 意 图	符 号
18	平面连接 （钎焊）	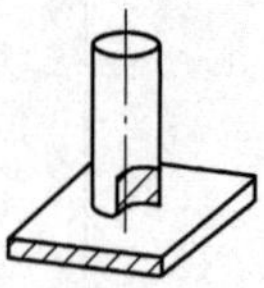 	 ＝
19	斜面连接 （钎焊）	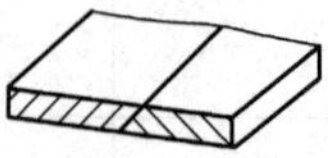	 ∥
20	折叠连接 （钎焊）		 ⌇

表 B-2 基本符号的组合

序 号	名 称	示 意 图	符 号
1	双面 V 形焊缝 （X 形焊缝）	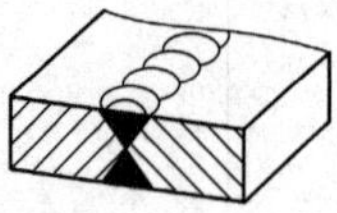	 X
2	双面单 V 形焊缝 （K 焊缝）	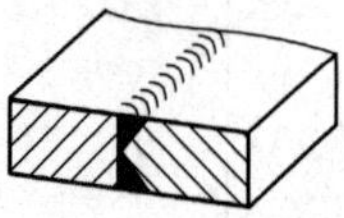	 K
3	带钝边的双面 V 形焊缝	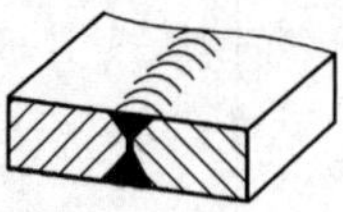	 Ⅹ
4	带钝边的双面单 V 形焊缝	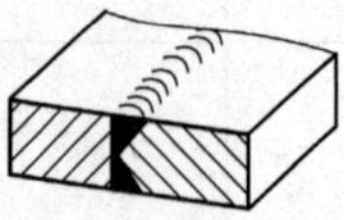	 K
5	双面 U 形焊缝	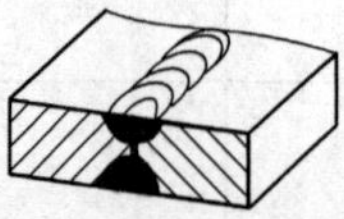	 Ⅹ

2. 补充符号

补充符号用来补充说明焊缝或接头的某些特征（诸如表面形状、衬垫、焊缝分布、施焊地点等），补充符号参见表 B-3。

表 B-3　补充符号

序　号	名　称	符　号	说　明
1	平面符号	——	焊缝表面通常经过加工后平整
2	凹面符号	⌣	焊缝表面凹陷
3	凸面符号	⌢	焊缝表面凸起
4	圆滑过渡	⌣⌣	焊趾处过渡圆滑
5	永久衬垫	M	衬垫永久保留
6	临时衬垫	MR	衬垫在焊接完成后拆除
7	三面焊缝	⊏⊐	三面带有焊缝
8	周围焊缝	○	沿着焊件周边施焊的焊缝，标注位置为基准线与箭头线交点处
9	现场焊缝	⚑	在现场焊接的焊缝
10	尾部	<	可以表示所需的信息

3. 指引线

指引线由箭头线和基准线（实线和虚线）组成。见图 B-1。

4. 基本符号和指引线的位置规定

在焊缝符号中，基本符号和指引线为基本要素，焊缝的准确位置通常由基本符号和指引线之间的相对位置决定，具体位置包括箭头线的位置、基准线的位置和基本符号的位置。

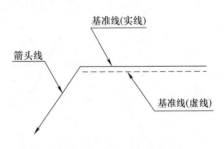

图 B-1　指引线

4.1　箭头线

箭头直接指向的接头侧为"接头的箭头侧"，与之相对的则为"接头的非箭头侧"参见图 B-2。

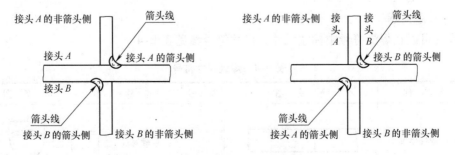

图 B-2　接头的"箭头侧"和"非箭头侧"示例

4.2　基准线

基准线一般应与图样的底边平行，必要时也可与底边垂直。

实线和虚线的位置可以根据需要互换。

4.3　基本符号与基准线的相对位置

——基本符号在实线侧时，表示焊缝在箭头侧，见图 B-3a。

——基本符号在虚线侧时，表示焊缝在非箭头侧，见图 B-3b。

——对称焊缝允许省略虚线，见图 B-3c。

——在明确焊缝位置的情况下，有些双面焊缝也可以省略虚线，见图 B-3d。

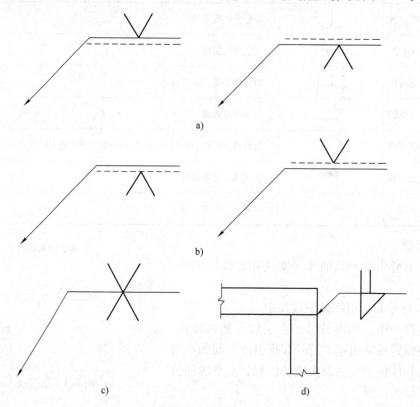

图 B-3　基本符号与基准线的相对位置

a）焊缝在接头的箭头侧　b）焊缝在接头的非箭头侧　c）对称焊缝　d）双面焊缝

5. 尺寸及标注

5.1　一般要求

必要时可以在焊缝符号中标注尺寸，尺寸符号参见表 B-4。

表 B-4　焊缝尺寸符号

符　号	名　称	示　意　图	符　号	名　称	示　意　图
δ	焊件厚度		c	焊缝宽度	

（续）

符 号	名 称	示 意 图	符 号	名 称	示 意 图
α	坡口角度		K	焊脚尺寸	
β	坡口面角度		d	点焊：熔核直径 塞焊：孔径	
b	根部间隙		n	焊缝段数	
p	钝边		l	焊缝长度	
R	根部半径		e	焊缝间距	
H	坡口深度		N	相同焊缝数量符号	
S	焊缝有效厚度		h	余高	

5.2 标注规则

尺寸的标注方法参见图 B-4。

——横向尺寸标注在基本符号的左侧。

——纵向尺寸标注在基本符号的右侧。

——坡口角度、坡口面角度、根部间隙标注在基本符号的上侧或下侧。

——相同焊缝数量标注在尾部。

——当尺寸较多不易分辨时，可在尺寸数据前标注相应的尺寸符号。

当箭头线方向改变时，上述规则不变。

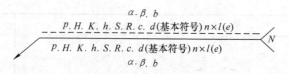

图 B-4　焊缝尺寸的标注原则

5.3　关于尺寸的其他规定

确定焊缝位置的尺寸不在焊缝符号中标注，应将其标注在图样上。

在基本符号的右侧无任何尺寸标注又无其他说明时，意味着焊缝在焊件的整个焊缝长度方向上是连续的。

在基本符号的左侧无任何尺寸标注又无其他说明时，意味着对接焊缝应完全焊透。

塞焊缝、槽焊缝带有斜边时，应标注其底部的尺寸。

6. 其他补充说明

6.1　周围焊缝

当焊缝围绕焊件周边时，可采用圆形的符号，见图 B-5。

6.2　现场焊缝

用一个小旗表示野外或现场焊缝，见图 B-6。

6.3　焊接方法的标注

必要时，可以在尾部标注焊接方法代号，见图 B-7。

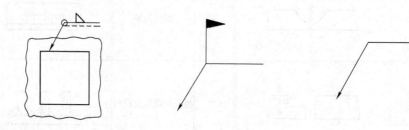

图 B-5　周围焊缝的标注　　　图 B-6　现场焊缝的表示　　　图 B-7　焊接方法的尾部标注

尾部需要标注的内容较多时，可参照如下次序排列：

——相同焊缝数量。

——焊接方法代号（按照 GB/T 5185 规定）。

——缺欠质量等级（按照 GB/T 19418 规定）。

——焊接位置（按照 GB/T 16672 规定）。

——焊接材料（按照相关焊接材料标准）。

——其他。

其中每一项之间用"／"分开。

二、焊缝符号的应用示例

基本符号的标注示例见表 B-5，补充符号的标注示例见表 B-6，焊缝尺寸的标注示例见表 B-7。

表 B-5　基本符号的标注示例

序　号	符　号	示　意　图	标注示例
1		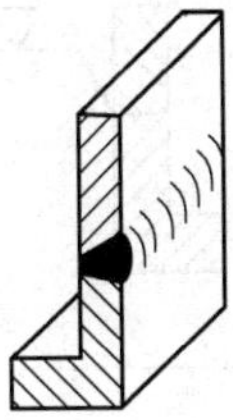	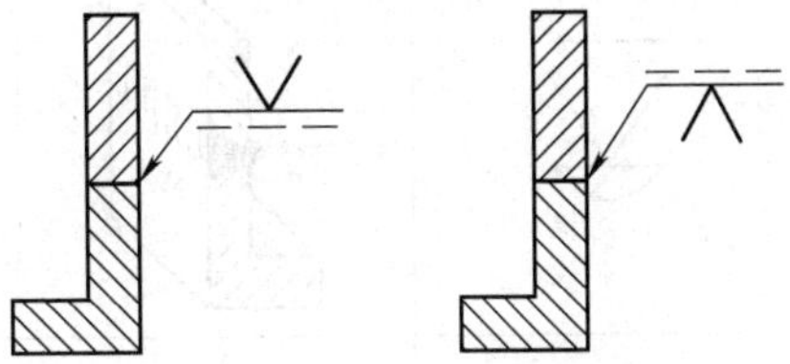
2		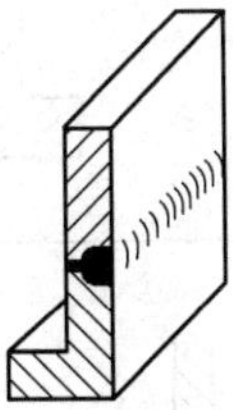	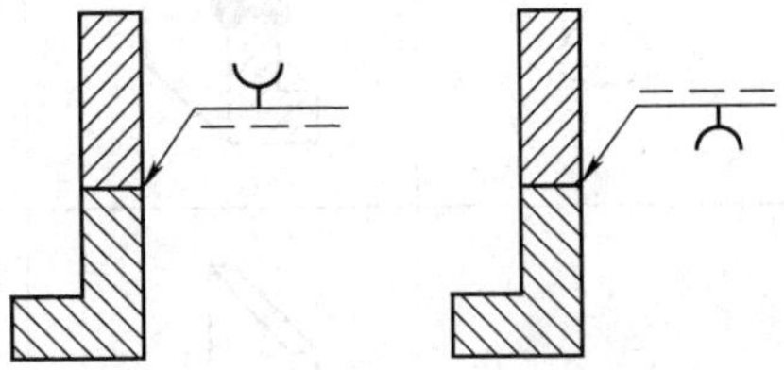
3		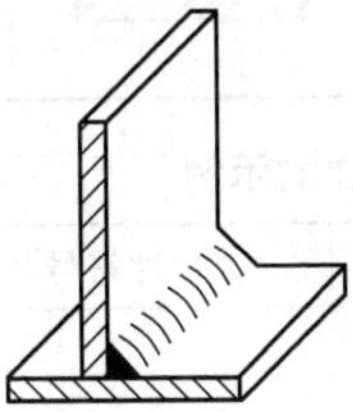	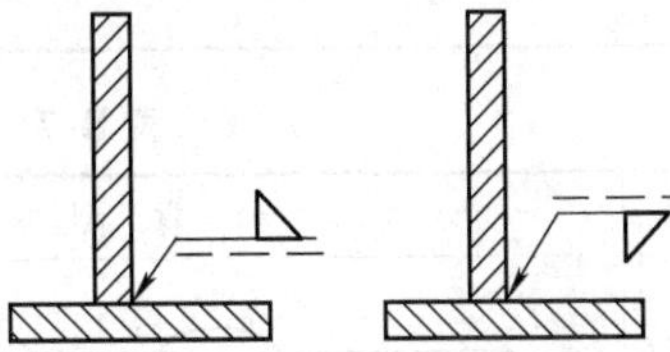
4		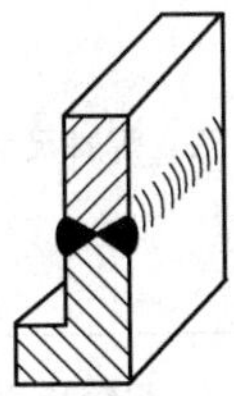	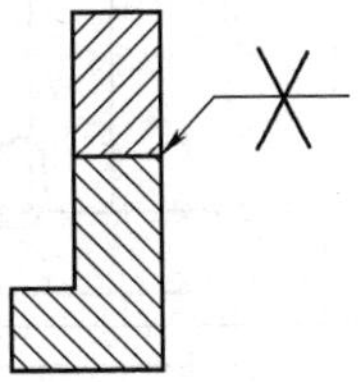
5		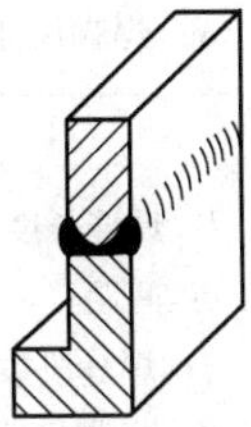	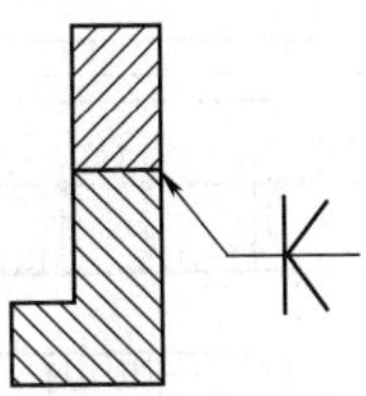

表 B-6　补充符号的标注示例

序　号	符　号	示　意　图	标注示例
1		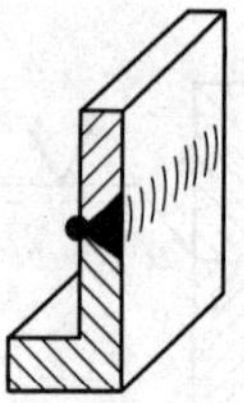	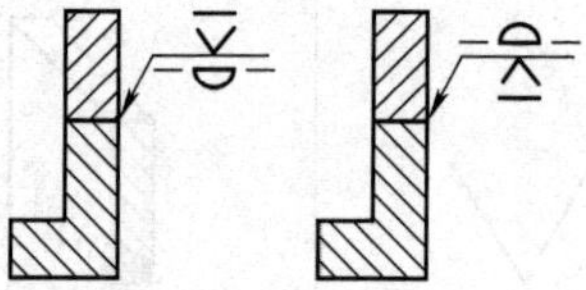
2		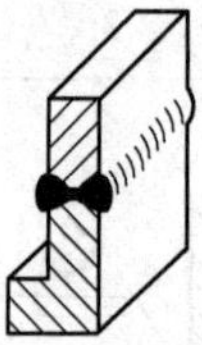	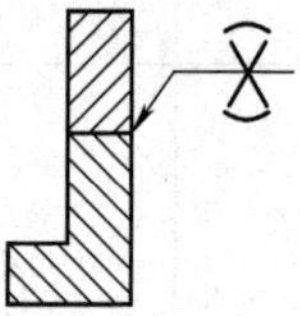
3		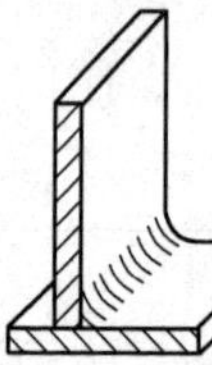	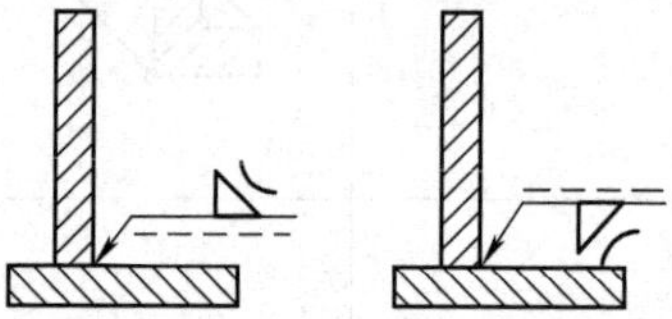

表 B-7　焊缝尺寸标注的示例

序号	名称	示　意　图	尺寸符号	标注方法
1	对接焊缝	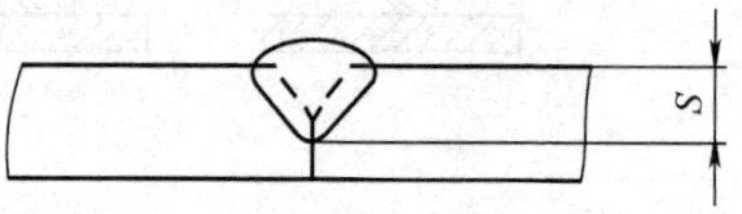	S：焊缝有效厚度	
2	连续角焊缝	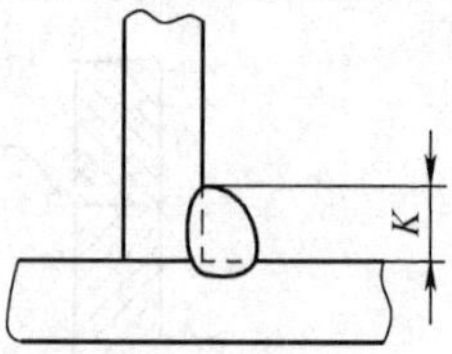	K：焊脚尺寸	
3	断续角焊缝	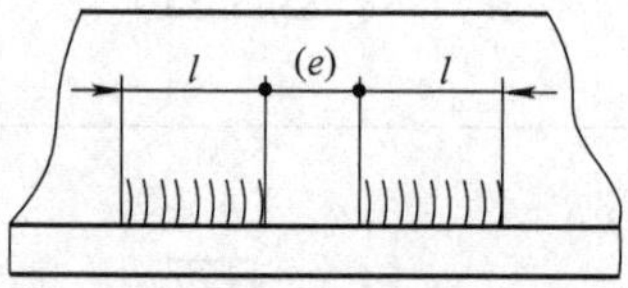	l：焊缝长度 e：间距 n：焊缝段数 K：焊脚尺寸	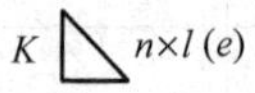 $K \triangleright n \times l (e)$
4	交错断续角焊缝	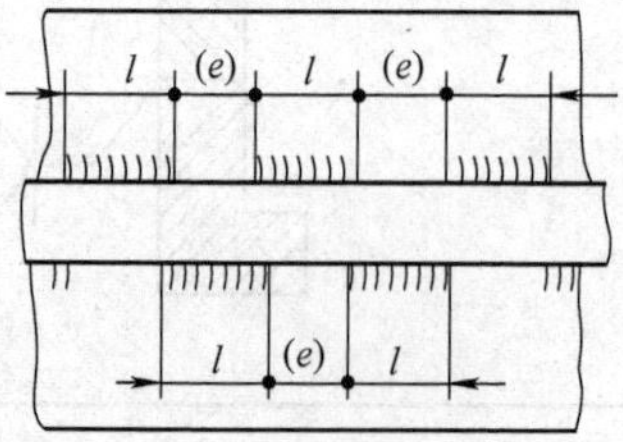	l：焊缝长度 e：间距 n：焊缝段数 K：焊脚尺寸	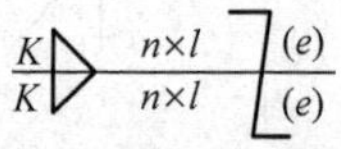

（续）

序号	名称	示　意　图	尺寸符号	标注方法
5	塞焊缝或槽焊缝		l：焊缝长度 e：间距 n：焊缝段数 c：槽宽 e：间距 n：焊缝段数 d：孔径	$c \sqcap n \times l(e)$ $d \sqcup n \times (e)$
6	点焊缝		n：焊点数量 e：焊点距 d：熔核直径	$d \bigcirc n \times (e)$
7	缝焊缝		l：焊缝长度 e：间距 n：焊缝段数 c：焊缝宽度	$c \ominus n \times l(e)$

参 考 文 献

［1］ 中国机械工程学会焊接学会. 焊接手册：1，2，3 卷 ［M］. 3 版. 北京：机械工业出版社，2008.

［2］ Cynthia L Jenney，Annette O Brien. Welding Handbook：Volume 1　Welding Science & Technology ［M］. 9th ed. MIAMI：American Welding Society，2001.

［3］ R L O Brien. Welding Handbook：Volume 2　Welding Processes ［M］. 8th ed. MIAMI：American Welding Society，1995.